EDA 工程与应用丛书

Multisim 14 电路设计与仿真

吕 波 王 敏 等编著

机 械 工 业 出 版 社

NI Multisim是美国NI公司推出的以Windows系统为平台的仿真工具，适用于板级的模拟/数字电路板的设计工作。它包含了电路原理图的图形输入、电路硬件描述语言输入方式，具有丰富的仿真分析功能。

为适应不同的应用场合，Multisim推出了许多版本，用户可以根据自己的需要进行选择。本书将以教育版为演示软件，结合教学的实际需要，简要地介绍该软件的概况和使用方法，并给出数个应用实例。

本书以NI Multisim的最新版本NI Multisim 14.0为平台，包括Multisim与Ultiboard，介绍了电路设计与仿真的相关知识，主要包括原理图环境设置、原理图设计基础、原理图的设计、层次原理图的设计、虚拟仪器设计、原理图编辑中的高级操作、原理图的后续处理、原理图仿真设计、CAE元器件设计、PCB设计、电路板的布局与布线、电路板的后期操作和封装元器件设计。本书的介绍由浅入深、从易到难，各章节既相对独立又前后关联。在介绍的过程中，编者根据自己多年的经验及教学心得，及时给出总结和相关提示，以帮助读者快速掌握相关知识。全书内容讲解翔实，图文并茂，思路清晰。

随书赠送的多媒体教学光盘包含全书实例操作过程的视频讲解文件和实例源文件，读者可以通过光盘方便、直观地学习本书的内容。

本书既可以作为初学者的入门教材，也可以作为电路设计及相关行业工程技术人员及各院校相关专业师生的学习参考书。

图书在版编目（CIP）数据

Multisim 14电路设计与仿真/吕波等编著. —北京：机械工业出版社，2016.4（2024.5重印）

（EDA工程与应用丛书）

ISBN 978-7-111-53447-1

Ⅰ.①M… Ⅱ.①吕… Ⅲ.①电子电路-计算机仿真-应用软件 Ⅳ.①TN702

中国版本图书馆CIP数据核字（2016）第067434号

机械工业出版社（北京市百万庄大街22号　邮政编码100037）
策划编辑：尚　晨　责任编辑：尚　晨
责任校对：张艳霞　责任印制：常天培
北京中科印刷有限公司印刷
2024年5月第1版·第9次印刷
184mm×260mm·26.25印张·646千字
标准书号：ISBN 978-7-111-53447-1
　　　　　ISBN 978-7-89386-002-7（光盘）
定价：89.00元（含1DVD）

电话服务
客服电话：010-88361066
　　　　　010-88379833
　　　　　010-68326294

网络服务
机 工 官 网：www.cmpbook.com
机 工 官 博：weibo.com/cmp1952
金 书 网：www.golden-book.com
机工教育服务网：www.cmpedu.com

前　言

20 世纪 80 年代中期以来，计算机应用进入各个领域并发挥着越来越大的作用。在这种背景下，美国 ACCEL Technologies Inc 公司推出了第一个应用于电子线路设计的软件包——TANGO，这个软件包开创了电子设计自动化（EDA）的先河。

虽然该软件包现在看来比较简陋，但在当时给电子线路设计带来了设计方法和方式的革命。自此人们开始了用计算机来设计电子线路，直到今天在国内许多科研单位还在使用这个软件包。但在电子业飞速发展的时代，TANGO 日益显示出其不适应时代发展需要的弱点。

美国 NI 公司（美国国家仪器公司）的 Multisim 软件就是这方面很好的一个工具。而且 Multisim 计算机仿真与虚拟仪器技术（LabVIEW）（也是美国 NI 公司的）可以很好地解决理论教学与实际动手实验能力培养相脱节的问题。读者可以很好、很方便地把刚刚学到的理论知识用计算机仿真真实的再现出来。并且可以用虚拟仪器技术创造出真正属于自己的仪表。极大地提高了学员的学习热情和积极性。真正地做到了变被动学习为主动学习。这些在教学活动中已经得到了很好的体现。计算机仿真与虚拟仪器对教学是一个很好的提高和促进。

Multisim 是一款主要用于开发和仿真的软件，是 NI 公司出品的系列辅助开发软件之一，最新的 NI Multisim 14.0 不局限于电子电路的虚拟仿真，其在 LabVIEW 虚拟仪器、单片机仿真等技术方面有许多创新和提高，属于 EDA 技术的高层次范畴。

本系列图书采用了以实例推动理论知识讲解的写作方式，回避枯燥的理论知识讲解，通过实例的讲解来演绎软件的功能。为了达到快速提高读者工程应用能力和熟悉软件功能的目的，在具体的实例讲解过程中本书注意了以下 4 点。

1. 循序渐进

内容的讲解由浅入深，从易到难。以必要的基础知识作为铺垫，结合实例来逐步引导读者掌握软件的功能与操作技巧。潜移默化地让读者进入顺畅的学习轨道，逐步提高软件应用能力。

2. 覆盖全面

本书在立足基本软件功能应用的基础上，全面介绍了软件的各个功能模块，使读者能够全面掌握软件的强大功能，提高 CAD/CAM/CAE 工程应用能力。

3. 学以致用

本书实例完全来源于工程实践，忠实于工程客观实际，帮助读者身临其境地演练工程设计案例，达到培养读者完整的工程设计能力的目的。

4. 画龙点睛

本书在讲解基础知识和相应实例的过程中，及时对某些技巧进行总结，对知识的关键点给出提示，这样就使读者能够少走弯路，快速提高能力。

随书配送的多媒体教学光盘包含全书实例操作过程的视频讲解文件和实例源文件，读者可以通过光盘方便、直观地学习本书的内容。

本书主要由军械工程学院的吕波与王敏编写。其中吕波执笔编写了第 1 ~ 8 章，王敏执笔编写了第 9 ~ 14 章。另外，甘勤涛、刘昌丽、李兵、康士廷、孟培、杨雪静、闫聪聪、王培合、闫国超、王玮、王艳池、孙立明、谢江坤和井晓翠等人员也参加了部分章节的编写工作。

本书经作者几易其稿，由于时间仓促加之水平有限，书中不足之处在所难免，望广大读者登录 www. sjzswsw. com 或联系 win760520@ 126. com 批评指正，作者将不胜感激，也欢迎加入三维书屋图书学习交流群（QQ 群号：379090620）交流探讨。

编　者

2015 年 11 月

目　　录

第1章 绪　　论

NI Multisim 14.0 作为新一代的板卡级设计软件，以友好的界面环境及智能化的性能为电路设计者提供了最优质的设计体验。

本章将从 NI Multisim 14.0 的功能特点及发展历史讲起，介绍 NI Multisim 14.0 的界面环境及基本操作，以使读者能对该软件有一个大致的了解。

知识点

- NI Multisim 14.0 概述
- NI Multisim 14.0 编辑环境
- 文件管理系统
- 窗口的管理

1.1 EDA 技术概述

EDA 技术（Electronic Design Automatic，电子设计自动化）是在 CAD（Computer Aided Design，计算机辅助设计）技术基础上发展起来的计算机设计系统。它是计算机技术、信息技术和 CAM（计算机辅助制造）和 CAT（计算机辅助测试）等技术发展的产物。

1.1.1 EDA 技术

EDA 技术已经在电子设计领域得到广泛应用。发达国家目前已经基本上不存在电子产品的手工设计。一台电子产品的设计过程，从概念的确立，到包括电路原理、PCB 版图、单片机程序、机内结构、FPGA 的构建及仿真、外观界面、热稳定分析和电磁兼容分析在内的物理级设计，再到 PCB 钻孔图、自动贴片、焊膏漏印、元器件清单和总装配图等生产所需资料等全部在计算机上完成。EDA 技术借助计算机存储量大、运行速度快的特点，可对设计方案进行人工难以完成的模拟评估、设计检验、设计优化和数据处理等工作。

电子产品从系统设计、电路设计到芯片设计、PCB 设计都可以用 EDA 工具完成，其中仿真分析、规则检查、自动布局和自动布线是计算机取代人工的最有效部分。利用 EDA 工具，可以大大缩短设计周期，提高设计效率，减小设计风险。

1. EDA 技术分为 3 个阶段

20 世纪 70 年代为 CAD 阶段，建立了国际通用的 Spice 标准模型，并逐步开始用计算机辅助进行 IC 版图编辑、PCB 布局布线，取代了手工操作，产生了计算机辅助设计的概念。

20 世纪 80 年代为 CAE（Computer Aided Engineering，计算机辅助工程）阶段，新增了电路功能设计和结构设计，并且通过网络表将两者结合在一起，实现了工程设计，CAE 的主要功能是：原理图输入、逻辑仿真、电路分析、自动布局布线和 PCB 后分析等。

20 世纪 90 年代以后为 EDA 阶段，人们开始追求贯彻整个设计过程的自动化技术，于是产生了 EDA 技术。

2. EDA 技术的范畴

（1）系统级设计

设计人员针对设计目标进行功能描述。

（2）电路级设计

设计师确定设计方案，选择能实现该方案的合适元器件，进行仿真分析。

（3）物理级设计

物理级设计主要指 ASIC、PLD 器件设计和 PCB 加工等，一般由半导体器件和 PCB 制造厂家完成。

1.1.2 常用 EDA 软件

EDA 已经成为集成电路、印制电路板、电子整机系统设计的主要技术手段。主要包括以下几种设计工具。

1. 电子电路设计与仿真工具

电子电路设计与仿真工具包括 PSPICE、Electronic Workbench 等。

2. PCB 设计软件

PCB（Printed Circuit Board）设计软件种类很多，如 Protel、OrCAD、TANGO、PowerPCB、PCB Studio 等，目前在我国较流行的是 Protel。

3. PLD 设计工具

最有代表性的 PLD 厂家为 Altera、Xilinx 和 Lattice 公司。

EDA 工具软件具有以下功能。

（1）电路设计

电路设计主要指原理电路的设计、PCB 设计、ASIC 设计、可编程逻辑器件设计和单片机（MCU）设计。具体的说。就是设计人员可以在 EDA 软件的图形编辑器中，利用软件提供的图形工具（包括通用绘图工具盒包含垫子元器件图形符号及外观图形的元器件图形库）准确、快捷地画出产品设计所需要的电路原理图和 PCB 图。

（2）电路仿真

电路仿真是利用 EDA 软件工具的模拟功能对电路环境（含电路元器件及测试仪器）和电路过程（从激励到响应的全过程）进行仿真。这项工作对应着传统电子设计中的电路搭建和性能测试，即设计人员将目标电路的原理图输入到由 EDA 软件建立的仿真器中，利用软件提供的仿真工具（包括仿真测试仪器和电子器件仿真模型的参数库）对电路的实际工作情况进行模拟，器件模拟的真实程度主要取决于电子元器件仿真模型的逼真程度。由于不需要真实电路环境的介入，因此花费少，效率高，而且显示结果快捷、准确、形象。

（3）系统分析

系统分析就是应用 EDA 软件自带的仿真算法包对所设计电路的系统性能进行仿真计算，设计人员可以用仿真得出的数据对该电路的静态特性（如直流工作点等静态参数）、动态特性（如瞬态响应等动态参数）、频率特性（如频谱、噪声、失真等频率参数）、系统稳定性

（如系统传递函数、零点和极点参数）等系统性能进行分析，最后，将分析结果用于改进和优化该电路的设计。有了这个功能以后，设计人员就能以简单、快捷的方式对所涉及电路的实际性能做出较为准确的描述。同时，非设计人员也可以通过使用 EDA 软件的这个功能深入了解实际电路的综合性能，为其对这些电路的应用提供依据。

1.2 NI Multisim 14.0 概述

NI Multisim 是美国国家仪器（NI）有限公司推出的以 Windows 系统为基础的仿真工具，适用于板级的模拟/数字电路板的设计工作。它包含了电路原理图的图形输入、电路硬件描述语言输入方式，具有丰富的仿真分析能力。

1.2.1 软件发展

20 世纪 80 年代，加拿大图像交互技术公司 Interactive Image Technologies（IIT 公司）推出了以 Windows 系统为基础的仿真工具，EWB（Electrical Workbench）。适用于板级的模拟/数字电路板的设计工作。以界面形象直观、操作方便、分析功能强大、易学易用而得到迅速推广，推出 EWB 4.0、EWB 5.0。

1996 年 IIT 推出 EWB 5.0 版本，在 EWB 5.0 版本后，从 EWB 6.0 版本开始，IIT 对 EWB 进行了较大变动，名称改为 Multisim（多功能仿真软件），也就是 Multisim 2001，它允许用户自定义元器件属性，可以把一个子电路当作一个元器件使用。

2003 年，Multisim 7.0 面世，增加了 3D 元器件以及安捷伦的万用表、示波器和函数信号发生器等仿实物的虚拟仪表，使得虚拟电子工作平台更加接近实际的实验平台。

2004 年，Multisim 8.0 面世，它在功能和操作方法上既继承了前者优点，又在功能和操作方法上有了较大改进，极大地扩充了元器件数据库，增强了仿真电路的实用性。增加了功率表、失真仪、光谱分析仪、网络分析仪等测试仪表，扩充电路的测试功能并支持 VHDL 和 Verilog 语言的电路仿真和设计。

2005 年，IIT 后来被美国 NI 公司收购，软件更名为 Multisim，推出 Multisim 9.0。该版本与之前的版本有着本质的区别。不仅拥有大容量的元器件库、强大的仿真分析能力、多种常用的虚拟仪器仪表，还与虚拟仪器软件完美结合，提高了模拟及测试性能。Multisim 9.0 继承了 LabVIEW8 图形开发环境软件和 SignalExpress 交互测量软件的功能。该系列组件包括 Ultiboatd 9 和 Ultiroute 9。

2007 年，NI Multisim 10 面世，名称在原来的基础上添加 NI，不只在电子仿真方面有诸多提高，在 LabVIEW 技术应用、MultiMCU 单片机中的仿真、MultiVHDL 在 FPGA 和 CPLD 中的仿真应用、MultiVerilog 在 FPGA 和 CPLD 中的仿真应用、Commsim 在通信系统中的仿真应用等方面的功能同样强大。

2010 年，NI Multisim 11.0 面世，包含 NI Multisim 和 NI Ultiboard 产品。引入全新设计的原理图网表系统，改进了虚拟接口，以创建更明确的原理图；通过更快地操作大型原理图，缩短文件了加载时间，并且节省打开用户界面的时间，有助于操作者使用 NI Multisim 11.0 更快地完成工作；NI Multisim 捕捉和 Ultiboard 布局之间的设计同步化比以前更好，在为设计更改提供最佳透明度的同时，可以对更多属性进行注释。

2012 年，NI Multisim 12.0 面世，NI Multisim 12.0 与 LabVIEW 进行了前所未有的紧密集成，可实现模拟和数字系统的闭环仿真。使用该全新的设计方法，工程师可以在结束桌面仿真阶段之前验证模拟电路（例如用于功率应用）可编程门阵列（FPGA）数字控制逻辑。NI Multisim 专业版为满足布局布线和快速原型需求进行了优化，使其能够与 NI 硬件（例如 NI 可重新配置 I/O（RIO）FPGA 平台和用于原型校验的 PXI 平台）无缝集成。

2013 年，NI Multisim 13.0 面世，提供了针对模拟电子、数字电子及电力电子的全面电路分析工具。这一图形化互动环境可帮助教师巩固学生对电路理论的理解，将课堂学习与动手实验学习有效地衔接起来。NI Multisim 的这些高级分析功能也同样应用于各行各业，帮助工程师通过混合模式仿真探索设计决策，优化电路行为。

2015 年，NI Multisim 14.0 面世，进一步增强了强大的仿真技术，可帮助教学、科研和设计人员分析模拟数字和电力电子场景。新增的功能包括全新的参数分析、新嵌入式硬件的集成以及通过用户可定义的模板简化设计。NI Multisim 标准服务项目（SSP）客户还可参加在线自学培训课程。

1.2.2 NI Multisim 14.0 新特性

1. 主动分析模式

全新的主动分析模式可以更快速获得仿真结果和运行分析。

2. 电压、电流和功率探针

通过全新的电压、电路、功率和数字探针可视化交互仿真结果。

3. 了解基于 Digilent FPGA 板卡支持的数字逻辑

使用 NI Multisim 14.0 探索原始 VHDL 格式的逻辑数字原理图，以便在各种 FPGA 数字教学平台上运行。

4. 基于 NI Multisim 和 MPLAB 的微控制器教学

全新的 MPLAB 教学应用程序集成了 NI Multisim 14.0，可用于实现微控制器和外设仿真。

5. 借助 Ultiboard 完成高级设计项目

Ultiboard 学生版新增了 Gerber 和 PCB 制造文件导出函数，以帮助学生完成毕业设计项目。

6. 用于 iPad 的 Multisim Touch

借助全新的 iPad 版 NI Multisim 14.0，可随时随地进行电路仿真。

7. 来自领先制造商的 6000 多种新组件

借助领先半导体制造商的新版和升级版仿真模型，可扩展模拟和混合模式应用。

8. 先进的电源设计

借助来自 NXP 和美国国际整流器公司开发的全新 MOSFET 和 IGBT，可搭建先进的电源电路。

9. 基于 NI Multisim 14.0 和 MPLAB 的微控制器设计

借助 NI Multisim 14.0 与 MPLAB 之间的新协同仿真功能，使用数字逻辑搭建完整的模拟电路系统和微控制器。

1.2.3 安装步骤

由 NI Multisim 14.0 对计算机软、硬件配置的要求来看，目前的主流计算机都可以比较顺畅地运行这套软件。安装 NI Multisim 14.0 的过程也相对比较简单。以下对 NI Multisim 14.0 在 Windows 7 操作系统中的安装过程进行详细介绍。

插入 NI Multisim 14.0 的安装光盘，显示如图 1-1 所示的安装文件，光盘会自动运行安装程序 autorun. exe，安装程序的启动界面如图 1-2 所示。

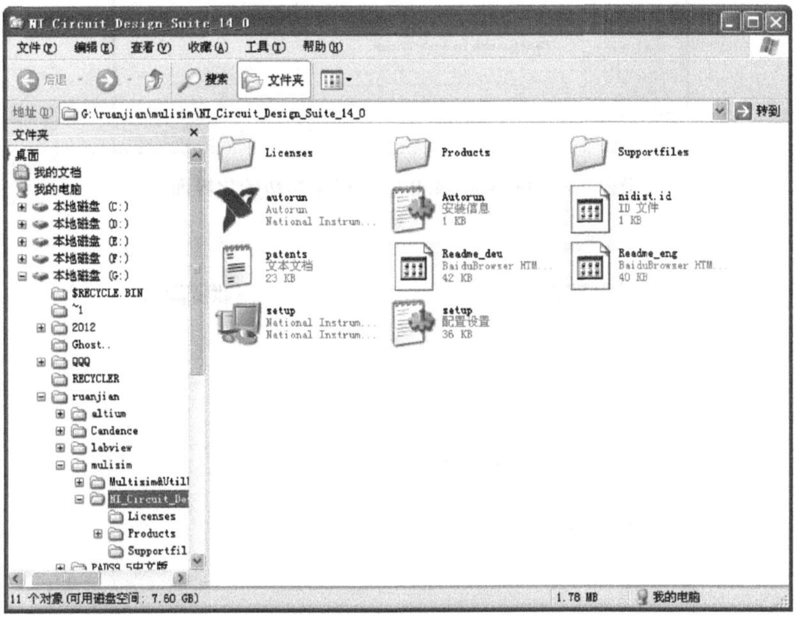

图 1-1 安装文件

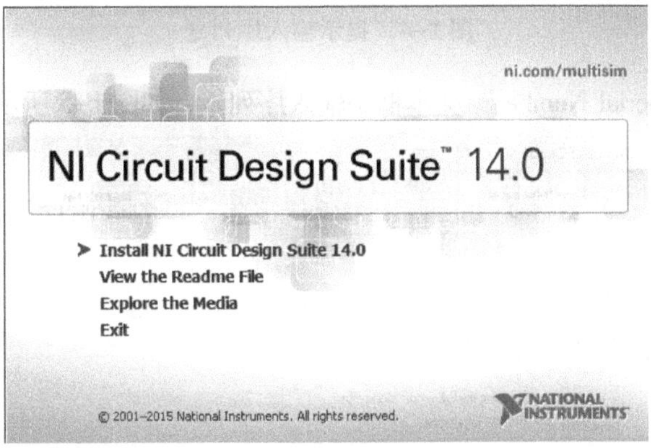

图 1-2 安装界面

1）单击“Install NI Circuit Design Suite 14.0”选项，进入安装初始化界面，如图 1-3 所示。

2）单击按钮，显示用户信息，使用默认信息，默认输入用户信息，如图 1-4 所示。

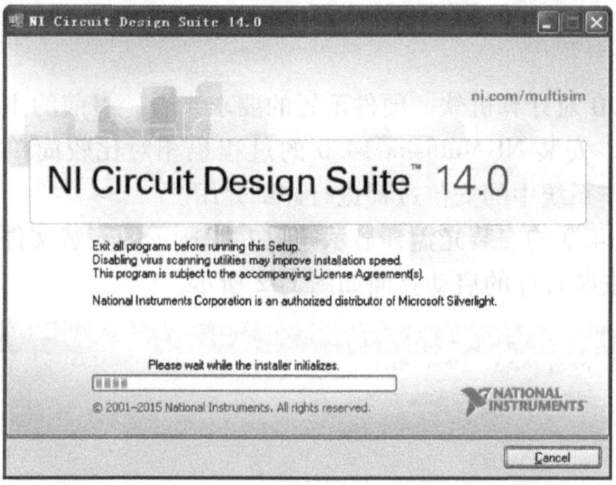

图 1-3　Multisim 14.0 安装程序的初始化界面

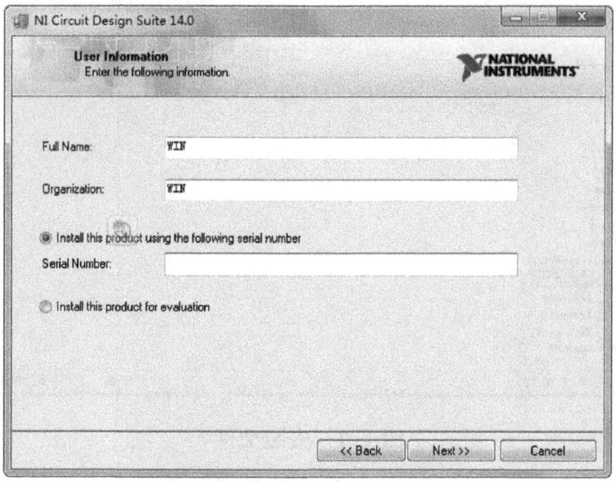

图 1-4　提示输入序列号

3）在图 1-4 中“Serial Number”文本框中输入序列号，如图 1-5 所示，继续执行安装步骤。

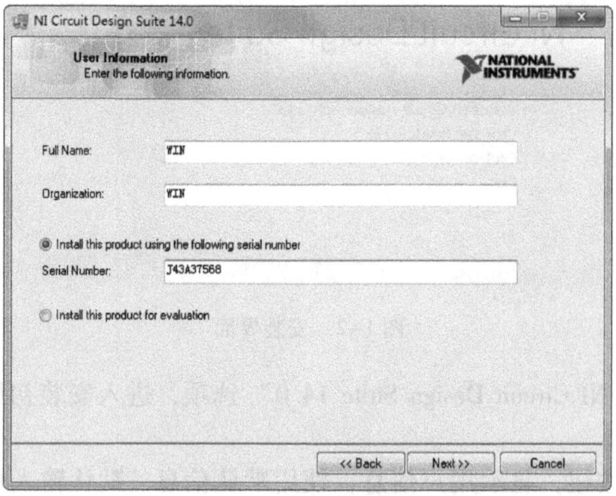

图 1-5　输入序列号

4）单击 Next >> 按钮，提示选择目标安装路径，如图 1-6 所示。

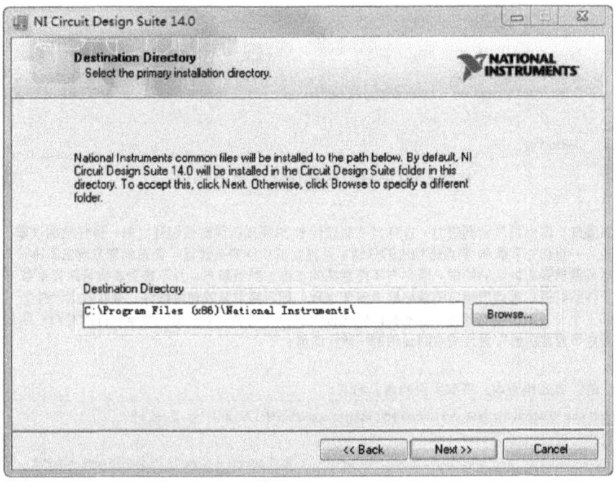

图 1-6 选择安装目标路径

5）单击 Next >> 按钮，提示对需要安装的组件进行选择，如图 1-7 所示。

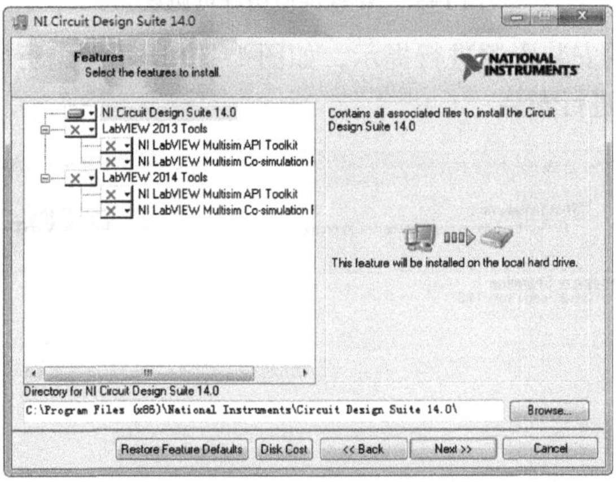

图 1-7 选择所需要安装的组件

6）单击 Next >> 按钮，出现提示用户已经选择的配置信息，如图 1-8 所示。

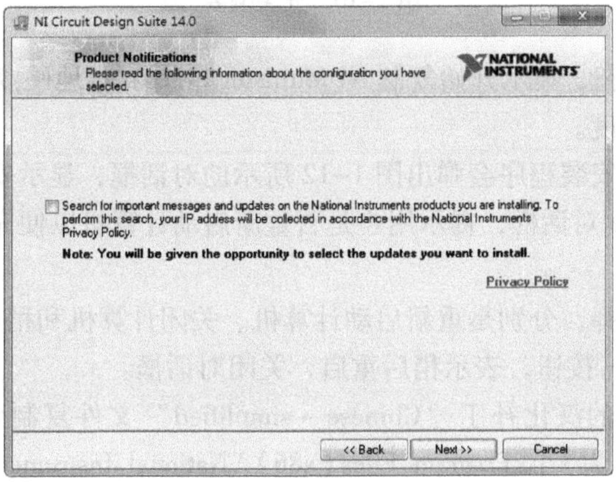

图 1-8 已经选择的配置信息

7）单击按钮，出现 NI 软件使用许可协议。选择同意才可继续，如图 1-9 所示。

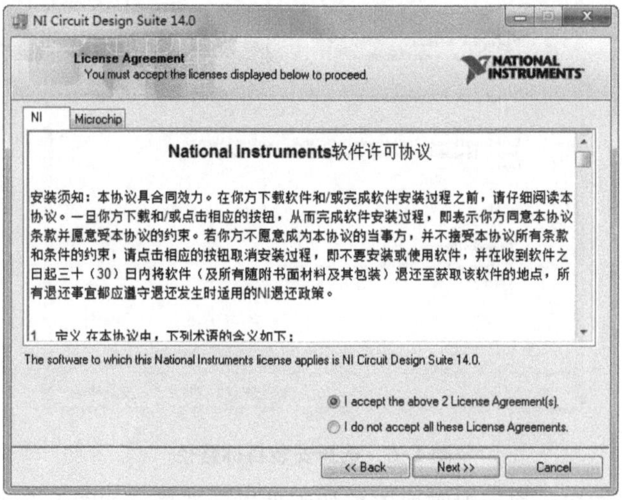

图 1-9　NI 软件使用许可协议

8）对用户所选择的安装资源进行提示，如图 1-10 所示。进行安装，返回上一步重新配置资源，向下进一步进行安装。

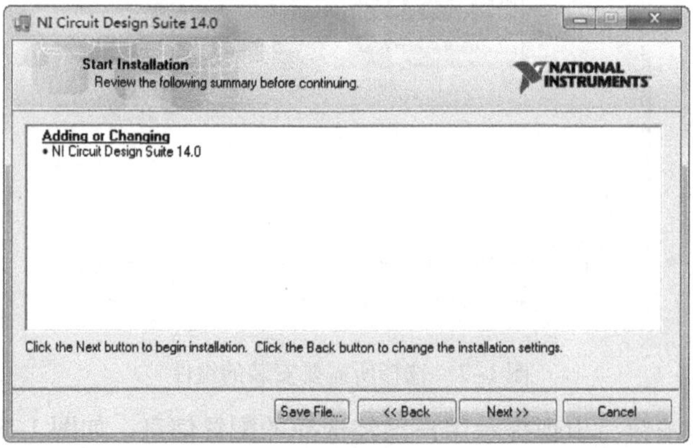

图 1-10　安装摘要

9）单击按钮，显示开始复制 NI Multisim 14.0 到本地硬盘，在图 1-11 所示的窗口中显示复制文件的进度。

文件复制结束后，安装程序会弹出图 1-12 所示的对话框，显示安装完成。单击按钮，弹出图 1-13 所示对话框，提示用户是否重新启动计算机以便完成 NI Multisim 14.0 的安装。

这里用户有 3 种选择，分别是重新启动计算机、关闭计算机和稍后重启。

10）单击按钮，表示稍后重启，关闭对话框。

11）将安装文件中的汉化补丁“Chinese - simplified”文件复制到软件目录下的 stringfiles 文件夹，默认目录为 C:\Program Files(x86)\National Instruments\Circuit Design Suite 14.0\stringfiles，完成软件汉化。

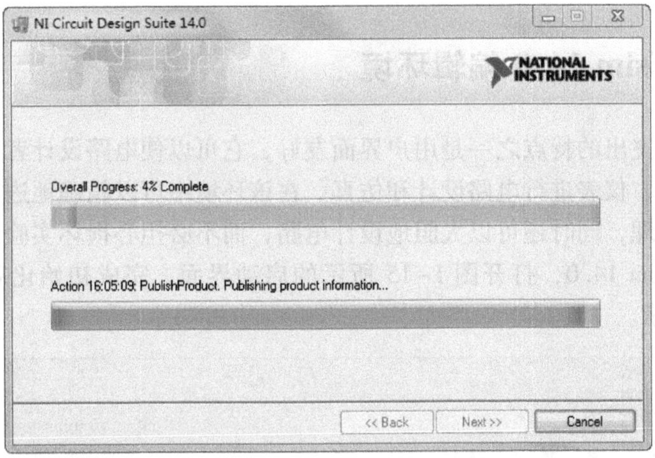

图 1-11　Multisim 14.0 安装进度

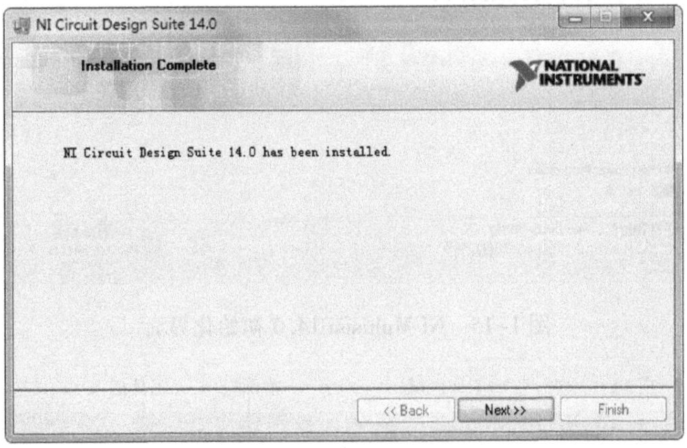

图 1-12　提示安装完成

12）重新启动计算机后，用户就可以启动 NI Multisim 14.0 进行程序设计了。

注意

Ultiboard 用于布线，应用于 PCB 设计，与 NI Multisim 14.0 配合使用。激活该选项组下选项，如图 1-14 所示，即可使用 NI Ultiboard 14.0。

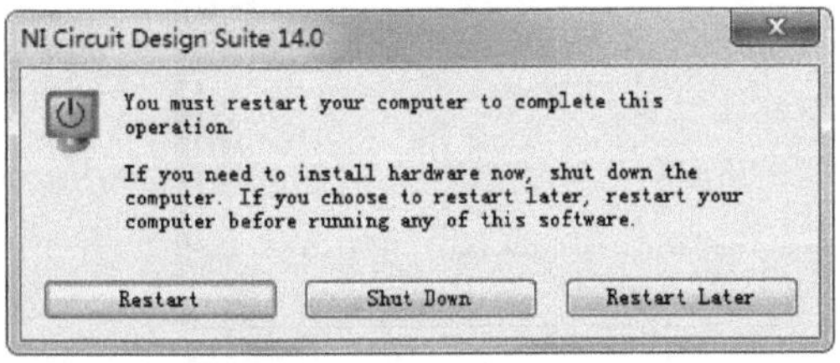

图 1-13　重新启动

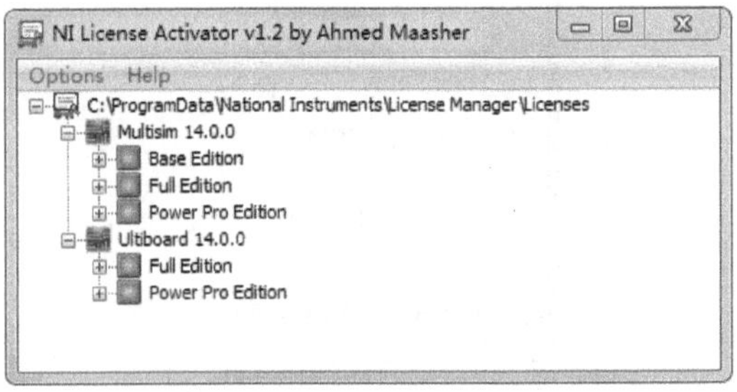

图 1-14　激活 NI Ultiboard 14.0

1.3 NI Multisim 14.0 编辑环境

NI Multisim 最突出的特点之一是用户界面友好，它可以使电路设计者方便、快捷地使用虚拟元器件和仪器、仪表进行电路设计和仿真。在该环境中可以精确地进行电路分析，深入理解电子电路的原理，同时还可以大胆地设计电路，而不必担心损坏实验设备。

启动 NI Multisim 14.0，打开图 1-15 所示的启动界面，完成初始化后，便可进入主窗口，如图 1-16 所示。

图 1-15 NI Multisim 14.0 初始化界面

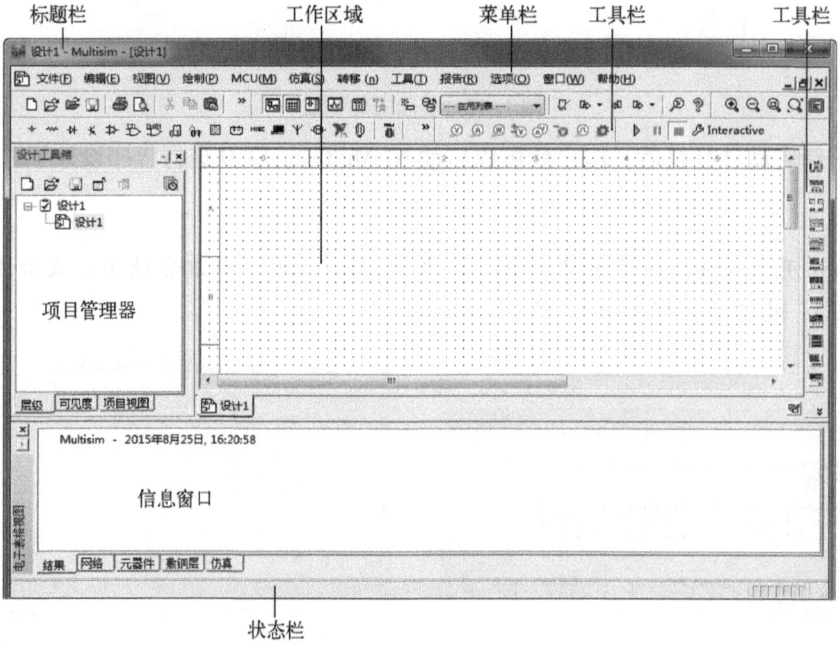

图 1-16 NI Multisim 14.0 的主窗口

主窗口类似于 Windows 的界面风格，主要包括标题栏、菜单栏、工具栏、工作区域、电子表格视图（信息窗口)、状态栏及项目管理器 7 个部分。

下面简单介绍该编辑环境的主要组成部分。

- 标题栏：显示当前打开软件的名称及当前文件的路径、名称。
- 菜单栏：同所有的标准 Windows 应用软件一样，NI Multisim 采用的是标准的下拉式菜单。
- 工具栏：在工具栏中收集了一些比较常用功能，将它们图标化以方便用户操作使用。
- 项目管理器：在工作区域左侧显示的窗口统称为“项目管理器”，此窗口中只显示“设计工具箱”，可以根据需要打开和关闭，显示工程项目的层次结构。
- 工作区域：用于原理图绘制、编辑的区域。
- 电子表格视图：在工作区域下方显示的窗口，也可称为“信息窗口”，在该窗口中可以实时显示文件运行阶段消息。
- 状态栏：在进行各种操作时状态栏都会实时显示一些相关的信息，所以在设计过程中应及时查看状态栏。

在上述图形界面中，除了标题栏和菜单栏之外，其余的各部分可以根据需要进行打开或关闭。

1.3.1 菜单栏

菜单栏位于界面的上方，在设计过程中，对原理图的各种编辑操作都可以通过菜单栏中的相应命令来完成。菜单栏包括文件（F)、编辑（V)、视图（V)、绘制（P)、MCU（M)、仿真（S)、转移（N)、工具（T)、报告（R)、选项（O）窗口（W）和帮助（H）12 个菜单。

1. 文件

该菜单提供了文件的打开、新建、保存等操作，如图 1-17 所示。

- 设计：用于新建一个文件，当启动 NI Multisim 14.0 时，总是自动打开一个新的无标题电路窗口。
- 打开：用于打开已有的 NI Multisim 14.0 可以识别的各种文件。
- 打开样本：用于系统自带样例文件，如果需要的话，可以通过改变路径或驱动器找到所需文件。
- 关闭：关闭当前文件。
- 全部关闭：关闭打开的所有文件。
- 保存：用于保存当前的文件。单击后将显示一个标准的保存文件对话框。当然根据需要也可以选择所需的路径或驱动器。对于 Window 用户，文件的扩展名将会被自动被定义为“.msm”。
- 另存为：用于另存当前的文件。
- 全部保存：用于保存所有文件。
- Export template：将当前文件保存为模板文件输出。

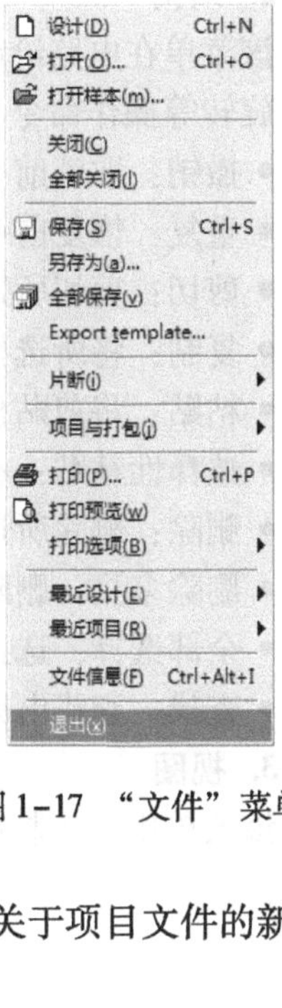

图 1-17 “文件”菜单

- 片断：将选中对象保存为片段，以便后期使用。
- 项目与打包：选择该命令，弹出如图 1-18 所示的子菜单，包含关于项目文件的新建、打开、保存、关闭、打包、解包、升级和版本控制。

- 打印：打印电路工作区内的电原理图。
- 打印预览：预览打印的电路图文件。
- 打印选项：包括“打印设置”和“打印电路工作区内的仪表”命令。
- 最近设计：选择打开最近打开过的文件。
- 最近项目：选择打开最近打开过的项目。
- 文件信息：显示当前文件基本信息。选择该命令，弹出“文件信息”对话框，该对话框中可显示文件名称、软件名称、应用程序版本、创建日期、用户信息、设计内容等。如图 1-19 所示。
- 退出：用于退出 NI Multisim 14.0。

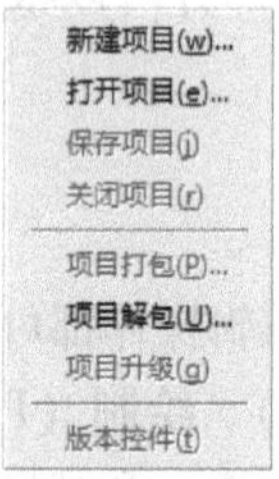

图 1-18 “项目与打包”子菜单

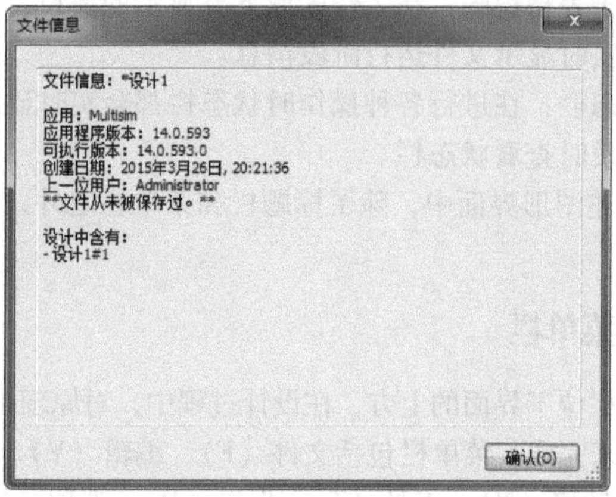

图 1-19 “文件信息”对话框

2. 编辑

该菜单在电路绘制过程中，提供对电路和元器件进行剪切、粘贴、旋转等操作命令，共 23 个命令，如图 1-20 所示。

- 撤销：取消前一次操作。
- 重复：恢复前一次操作。
- 剪切：剪切所选择的元器件，放在剪贴板中。
- 复制：将所选择的元器件复制到剪贴板中。
- 粘贴：将剪贴板中的元器件粘贴到指定的位置。
- 选择性粘贴：将剪贴板中的子电路粘贴到指定的位置。
- 删除：删除所选择的元器件。
- 删除多页：删除多页面。
- 全部选择：选择电路中所有的元器件、导线和仪器仪表。
- 查找：查找电原理图中的元器件。

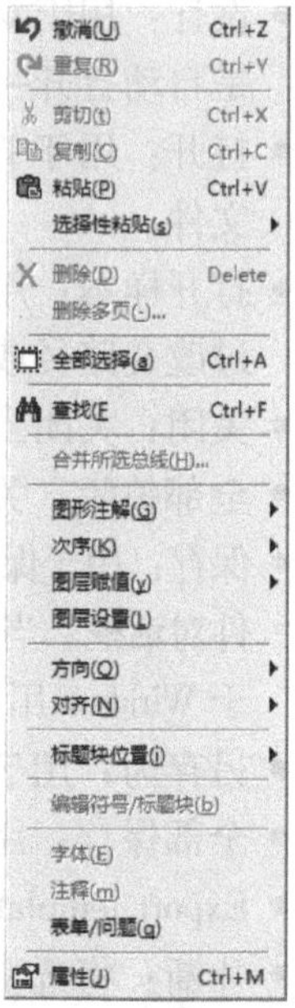

图 1-20 “编辑”菜单

3. 视图

该菜单用于控制仿真界面上显示的内容的操作命令，如图 1-21 所示。

4. 绘制

该菜单提供了在电路工作窗口内放置元器件、连接器、总线和文字等命令，如图 1-22 所示。

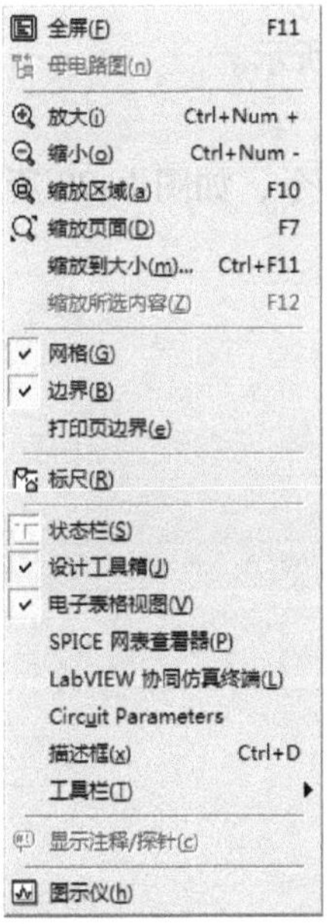

图 1-21 “视图”菜单

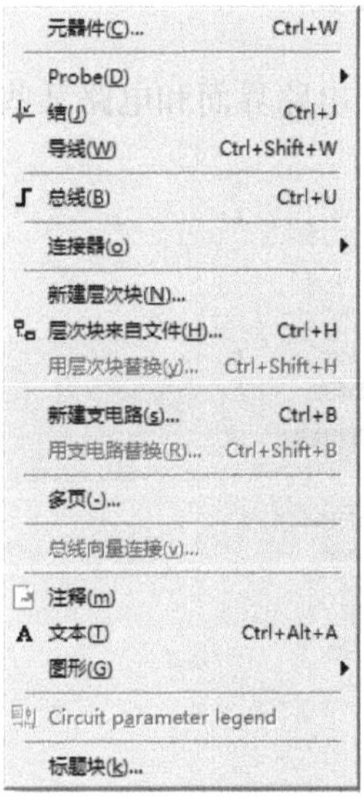

图 1-22 “绘制”菜单

5. MCU（微控制器）菜单

该菜单提供在电路工作窗口内 MCU 的调试操作命令，如图 1-23 所示。

6. 仿真

该菜单提供 18 个电路仿真设置与操作命令，如图 1-24 所示。

7. 转移

该菜单提供 6 个传输命令，如图 1-25 所示。

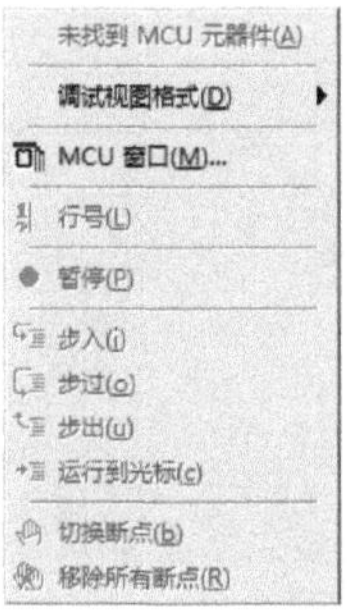

图 1-23 “MCU”菜单

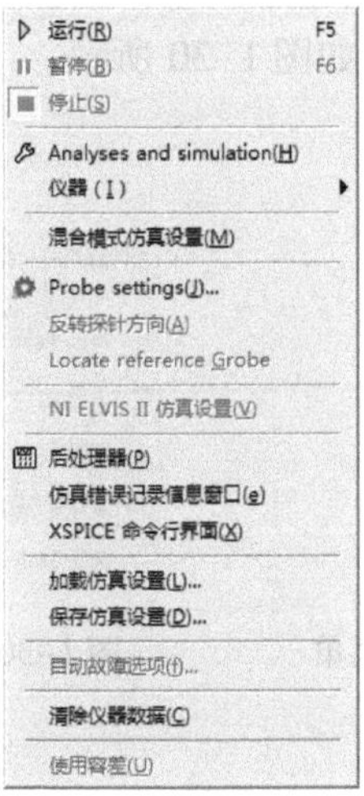

图 1-24 “仿真”菜单

图 1-25 “转移”菜单

8. 工具

该菜单提供 18 个元器件和电路编辑或管理命令，如图 1-26 所示。

9. 报告

该菜单提供材料清单等 6 个报告命令，如图 1-27 所示。

10. 选项

该菜单提供 5 个电路界面和电路某些功能的设定命令，如图 1-28 所示。

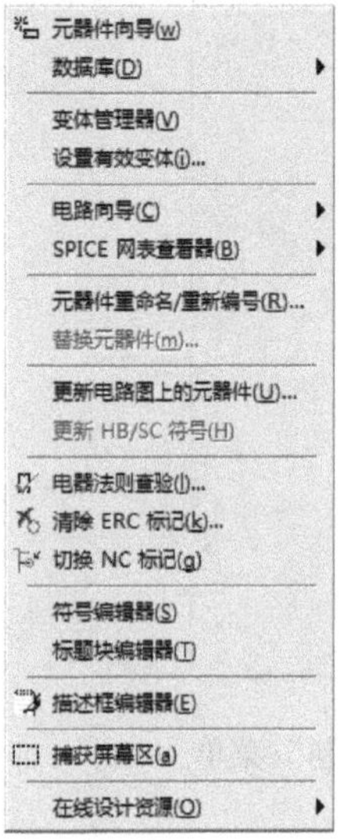

图 1-26 “工具”菜单

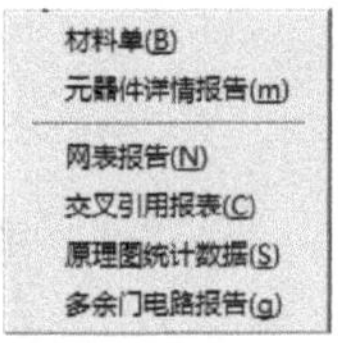

图 1-27 “报告”菜单

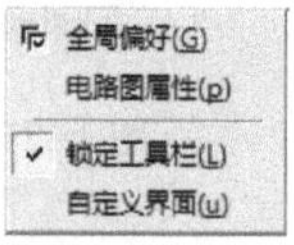

图 1-28 “选项”菜单

11. 窗口

该菜单用于对窗口进行纵向排列、横向排列、打开、层叠及关闭等操作，如图 1-29 所示。

12. 帮助

该菜单用于打开各种帮助信息，如图 1-30 所示。

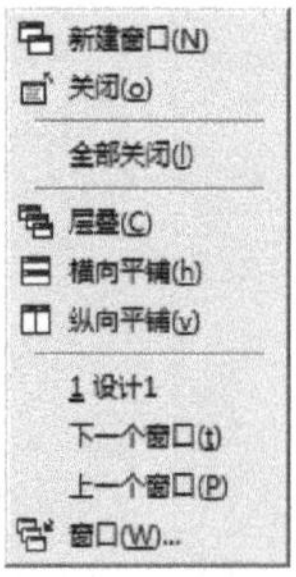

图 1-29 “窗口”菜单

图 1-30 “帮助”菜单

1.3.2 工具栏

选择菜单栏中的“选项”→“自定义界面”命令，系统弹出图 1-31 所示的“自定义”对话框，打开“工具栏”选项卡，对工具栏中的功能按钮进行设置，以便用户创建自己的个性工具栏。

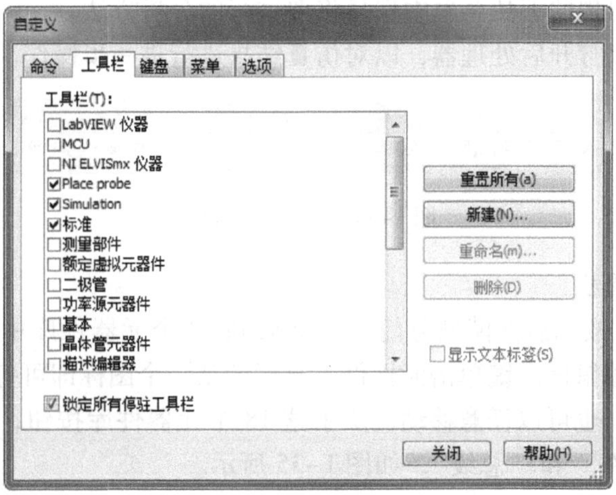

图 1-31 “自定义”对话框

在原理图的设计界面中，NI Multisim 14.0 提供了丰富的工具栏，共有 22 种，在图 1-31 中勾选需要的工具栏，则该工具栏显示在软件界面中。

其中绘制原理图常用的工具栏介绍如下。

1. “标准”工具栏

“标准”工具栏中为用户提供了一些常用的文件操作快捷方式，如新建、打开、打印、复制、粘贴等，以按钮图标的形式表示出来，如图 1-32 所示。如果将光标悬停在某个按钮图标上，则该按钮所要完成的功能就会在图标下方显示出来，便于用户操作。

2. “视图”工具栏

“视图”工具栏中为用户提供了一些视图显示的操作方法，如放大、缩小、缩放区域、缩放页面、全屏等，方便调整所编辑电路的视图大小，如图 1-33 所示。

图 1-32 “标准”工具栏

图 1-33 “视图”工具栏

3. “主”工具栏

“主”工具栏是 NI Multisim 的核心，使用它可进行电路的建立、仿真及分析，并最终输出设计数据等，完成对电路从设计到分析的全部工作，其中的按钮可以直接开关下层的工具栏，如图 1-34 所示。

- 设计工具箱：显示工程文件管理窗口，用于层次项目栏的开启。
- 电子表格视图：用于开关当前电路的电子数据表，位于电路工作区下方，可以显示当前工作区所有元器件的细节并可进行管理。
- 数据库管理：可开启数据库管理对话框，对元器件进行编辑。
- 元器件向导：打开创建新元器件向导，用于调整或增加、创建新元器件。
- 仿真按钮（Run/Stop Simulation（F5））：用以开始、结束电路仿真。

- 绘图工具栏（Show Grapher）：用于显示分析的图形结果。
- 分析按钮：在出现的下拉菜单中选择将要进行的分析方法。
- 后处理器：用以打开后处理器，以对仿真结果进行进一步操作。

图 1-34 “主”工具栏

4. “元器件”工具栏

“元器件”工具栏按元器件模型分门别类地放到 18 个元器件库中，每个元器件库放置同一类型的元器件，用鼠标左键单击元器件工具栏的某一个图标即可打开该元器件库。通常放在工作窗口的左边，也可以任意移动。除了这 18 个元器件库按钮，“元器件”工具栏还包括“层次块来自文件”和“总线”，如图 1-35 所示。

图 1-35 “元器件”工具栏

5. “Simulation”（仿真）工具栏

“Simulation”（仿真）工具栏是运行仿真的一个快捷键，原理图输入完毕，加载虚拟仪器后（没挂虚拟仪器时开关为灰色，即不可用），用鼠标单击即运行或停止仿真，如图 1-36 所示。

6. “Place probe”（放置探针）工具栏

“Place probe”（放置探针）工具栏由 8 个按钮组成，如图 1-37 所示。

图 1-36 “Simulation”（仿真）工具栏

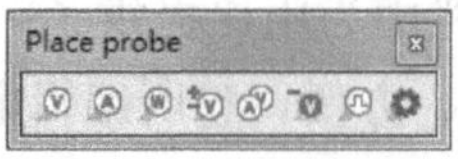

图 1-37 “Place probe”（放置探针）工具栏

7. “虚拟”工具栏

“虚拟”工具栏由 9 个按钮组成，如图 1-38 所示。

图 1-38 “虚拟”工具栏

按钮从左到右依次是显示/隐藏模拟系列、显示/隐藏基本系列、显示/隐藏二极管系列、显示/隐藏晶体管系列、显示/隐藏测量系列、显示/隐藏其他系列、显示/隐藏功率源系列、显示/隐藏额定系列和显示/隐藏信号源系列。

8. “仪表”工具栏

“仪表”工具栏如图 1-39 所示，它是进行虚拟电子实验和电子设计仿真的最快捷而又形象的特殊窗口。

仪表工具栏从左到右分别为万用表、函数发生器、功率表、示波器、4 通道示波器、频率特性测试仪、频率计数器、字发生器、逻辑分析仪、IV 分析仪、失真分析仪、光谱分析仪、网络分析仪、Agilent 函数发生器、Agilent 万用表、Agilent 示波器、Tektronix 示波器、

LabVIEW 仪器、NI ELVISmx 仪器和电流探针。

9.“图形注解”工具栏

“图形注解”工具栏用于在原理图中绘制所需要的标注信息，不代表电气连接，如图 1-40 所示。

图 1-39 “仪器”工具栏

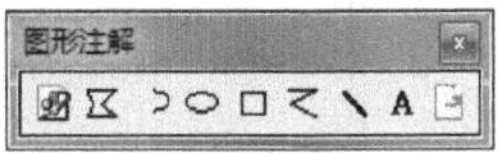

图 1-40 “图形注解”工具栏

10. 调用工具栏

除以上介绍的工具栏之外，用户还可以尝试操作其他的工具栏。总之，在“视图”菜单下“工具栏”命令的子菜单中列出了所有原理图设计中的工具栏，在工具栏名称左侧有“√”标记则表示该工具栏已经被打开了，否则该工具栏是被关闭的，如图 1-41 所示。

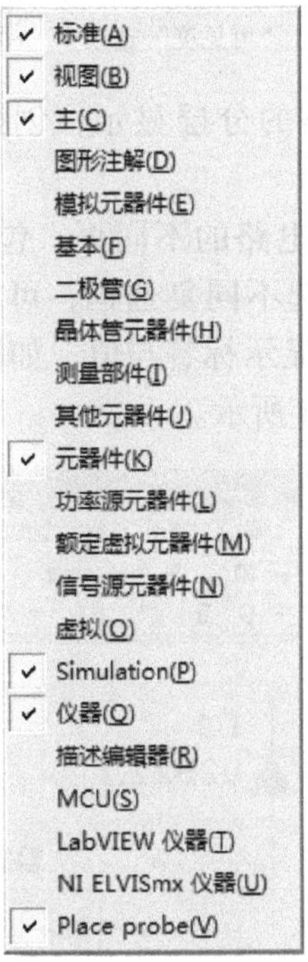

图 1-41 “工具栏”命令子菜单

1.3.3 项目管理器

在原理图设计中经常用到的工作面板有“设计工具箱”面板、“SPICE 网表查看器”面板及“LabVIEW 协同仿真终端”面板。

1.“设计工具箱”面板

“设计工具箱”面板如图 1-42 所示，基本位于工作界面左侧，主要用于层次电路的显示。启动软件，默认创建的“设计 1”以分层的形式显示出来。

该面板显示 3 个选项卡，如图 1-42 所示。

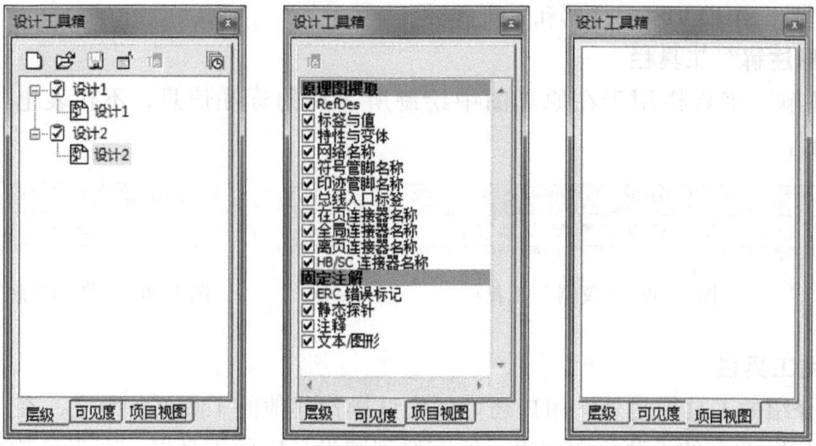

a)　　　　　　　　b)　　　　　　　　c)

图 1-42　“设计工具箱”

a）“层级”选项卡　b）“可见度”选项卡　c）“项目视图”选项卡

“层次”选项卡用于对不同电路的分层显示，创建的“设计 2”以同样的分层方式显示。

“可见度”选项卡用于显示同一电路的不同页，包括“原理图撷取”和“固定注解”两个选项组，在这两个选项卡下勾选不同复选框，可在原理图中显示对应属性，如勾选“标签与值”复选框，则在原理图中显示标签与值，如图 1-43 所示。反之，取消勾选该复选框，则不显示标签与值，如图 1-44 所示。

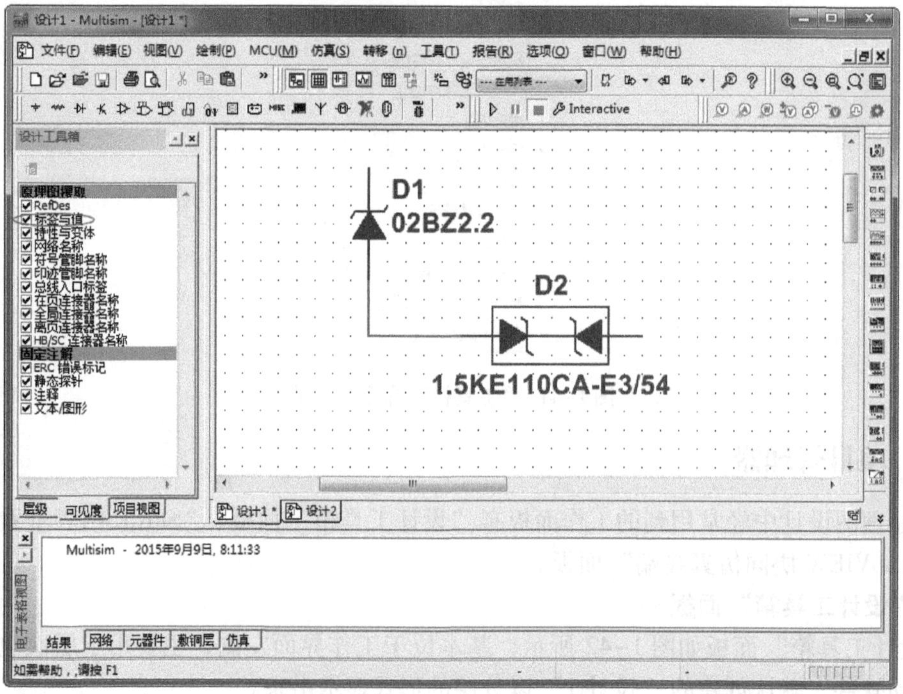

图 1-43　勾选“标签与值”复选框

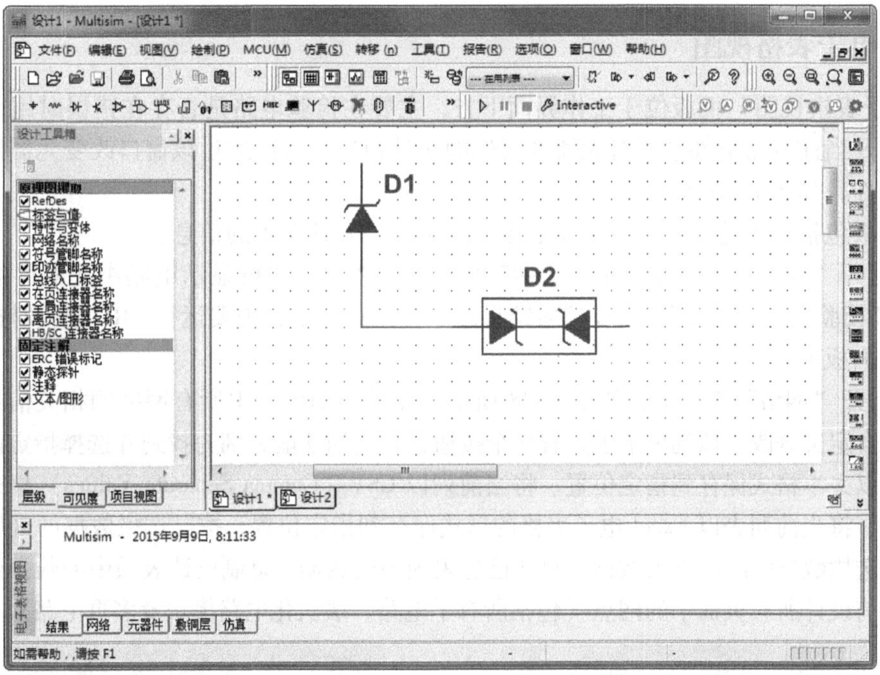

图 1-44　取消勾选“标签与值”复选框

“项目视图”选项卡用于显示同一电路的不同页，如图 1-42 所示。

2.“SPICE 网表查看器”面板

“SPICE 网表查看器”面板如图 1-45 所示。在该面板中显示 SPICE 网表的输入、输出情况。选择菜单栏中的“视图”→“SPICE 网表查看器”命令，可以控制该面板的打开与关闭。

3.“LabVIEW 协同仿真终端”面板

“LabVIEW 协同仿真终端”面板如图 1-46 所示。在该面板中显示使用 LabVIEW 元器件情况，显示输入、输出与未使用信息。选择菜单栏中的“视图”→“LabVIEW 协同仿真终端”命令，可以控制该面板的打开与关闭。

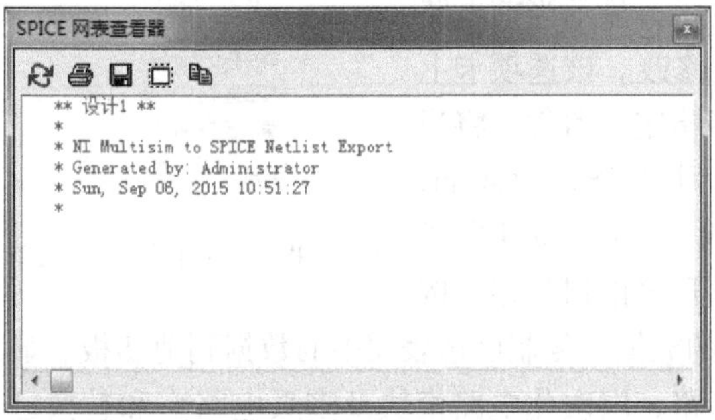

图 1-45　“SPICE 网表查看器”面板

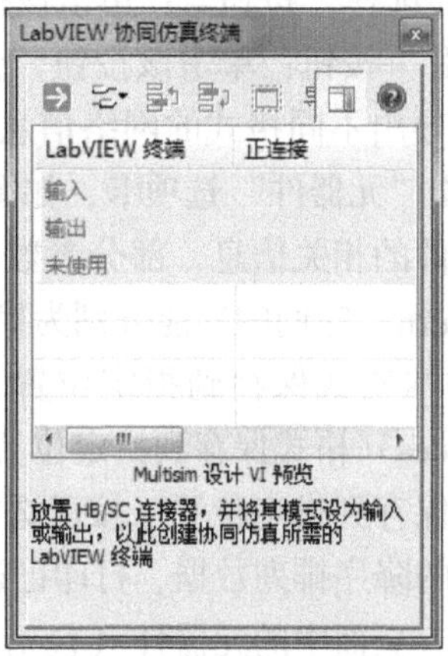

图 1-46　“LabVIEW 协同仿真终端”面板

1.3.4 电子表格视图

“电子表格视图”面板位于工作界面下方，主要在检验电路是否存在错误时用来显示检验结果以及当前电路文件中所有元器件属性的统计窗口，可以通过该窗口改变元器件部分或全部的属性，如图 1-47 所示。

该面板包括 5 个选项卡，分别显示原理图中不同属性对象的信息。

1）打开“结果”选项卡，如图 1-47 所示，该选项卡面可显示电路中元器件的查找结果和 ERC 校验结果，但要使 ERC 校验结果显示在该页面上，需要运行 ERC 校验时选择将结果显示在面板上。

2）打开“网络”选项卡，如图 1-48 所示，显示当前电路中所有网络的相关信息，部分参数可以自定义修改。该选项卡上方有 9 个按钮，它们的功能分别为找到并选择指定网点、将当前列表以文本格式保存到指定位置、将当前列以 CSV（Comma Separate Values）格式保存到指定位置、将当前列表以 Excel 电子表格的形式保存到指定位置、按已选栏数据的升序排列数据、按已选栏数据的降序排列数据、打印已选表项中的数据、复制已选表项中的数据到剪切板和显示当前设计所有页面中的网点（包括所有子电路、层次化电路模块及多页电路）。

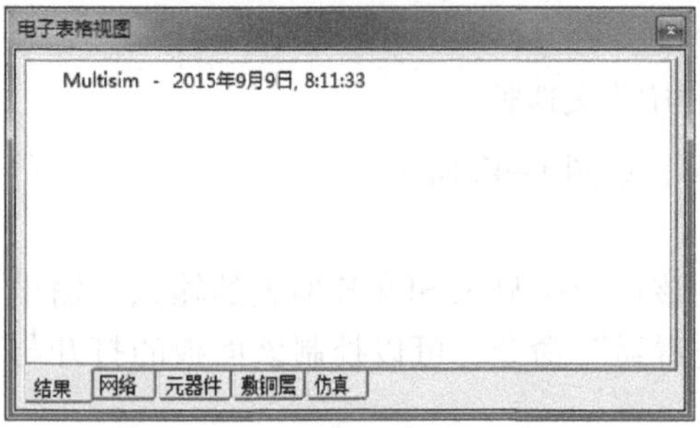

图 1-47 “电子表格视图”面板

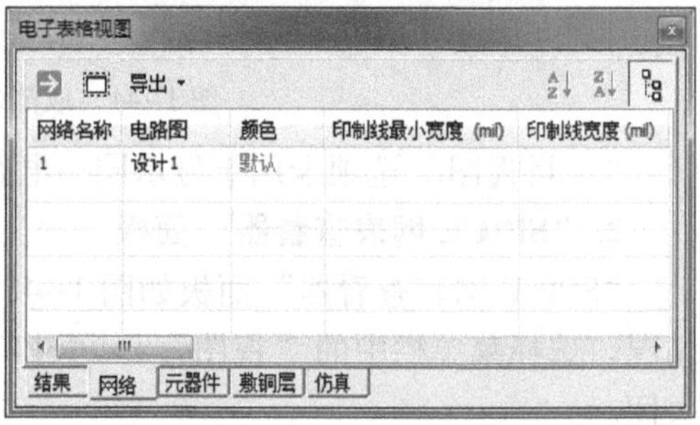

图 1-48 “网络”选项卡

- “前往并选择元器件”按钮：选择网络名称下的某网络，激活该按钮。单击该按钮，选中网络显示在工作区中央并高亮显示。
- “全部选择”按钮：单击该按钮，一次性选中列表中所有网络。
- “导出”按钮：单击该按钮，弹出图 1-49 所示的下拉菜单，可将选中的网络以不同形式导出不同格式的网络信息文件，从而更直观地显示网络信息。

图 1-49 “导出”下拉菜单

3）打开“元器件”选项卡，如图 1-50 所示，显示当前电路中所有元器件的相关信息，部分参数可自定义修改。该选项卡上方有 10 个按钮，它们的功能分别为找到并选择指定元器件、将当前列表以文本格式保存到指定位置、将当前列以 CSV（Comma Separate Values）格式保存到指定位置、将当前列表以 Excel 电子表格的形式保存到指定位置、按已选栏数据的升序排列数据、按已选栏数据的降序排列数据、打印已选表项中的数据、复制已选表项中的数据到剪切板、显示当前设计所有页面中的元器件（包括所有子电路、层次化电路模块及多页电路）和替换已选元器件。

同样地，原理图的元器件信息也可以使用不同文件格式输出。

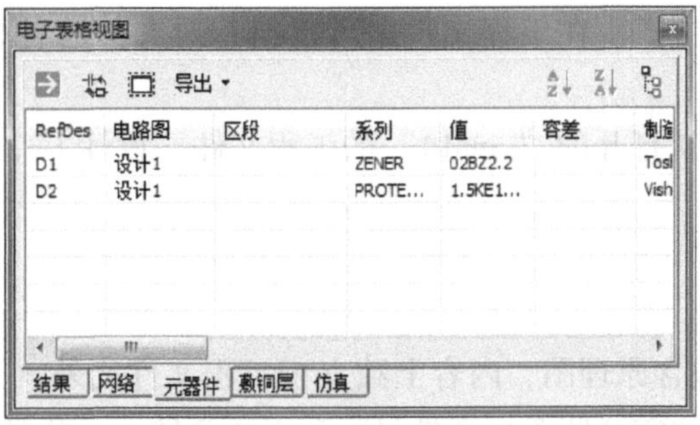

图 1-50 “元器件”选项卡

- “替换所选元器件”按钮：在不选中任何元器件的情况下，激活该按钮。单击该按钮，在列表框中或在工作区中单击元器件，该元器件进入编辑状态，激活元器件所有属性，可进行修改编辑。

4）打开“敷铜层”选项卡，如图 1-51 所示，显示原理图图层使用信息。

- “升序”按钮：按照名称首字母升序排列。
- “降序”按钮：按照名称首字母降序排列。

5）打开“仿真”选项卡，如图 1-52 所示，显示仿真结果。

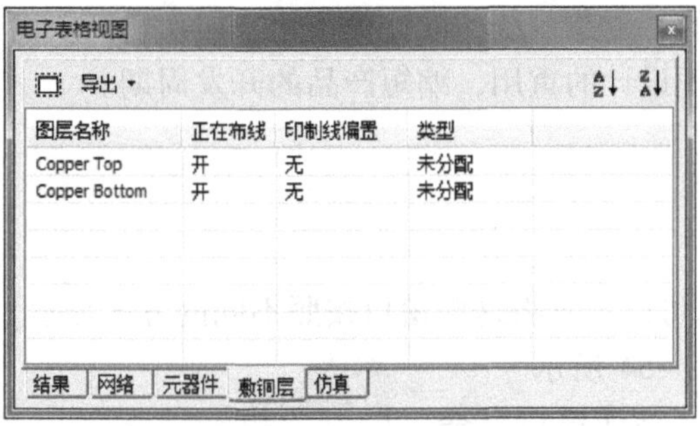

图 1-51 “敷铜层”选项卡

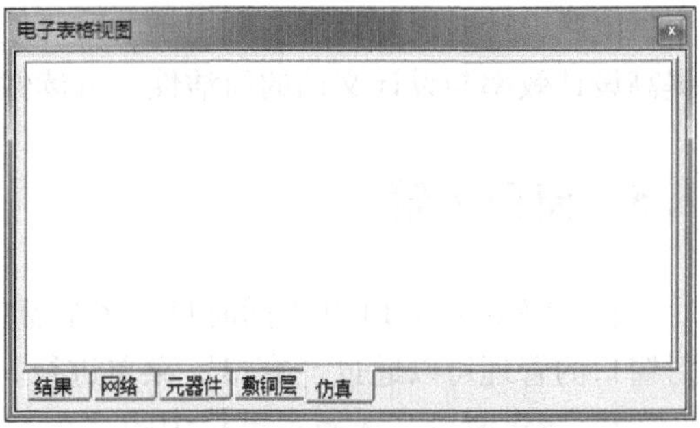

图 1-52 “仿真”选项卡

1.4 文件管理系统

对于一个成功的企业，技术是核心，健全的管理体制是关键。同样，评价一个软件的好坏，文件的管理系统也是很重要的一个方面。NI Multisim 14.0 的“设计工具箱”面板提供了 3 种文件——工程文件、设计时生成的图页文件和支电路文件，如图 1-53 所示。设计时生成的文件可以放在工程文件夹中，在存盘时，是以工程文件的形式整体存盘。下面简单介绍这 3 种文件类型。

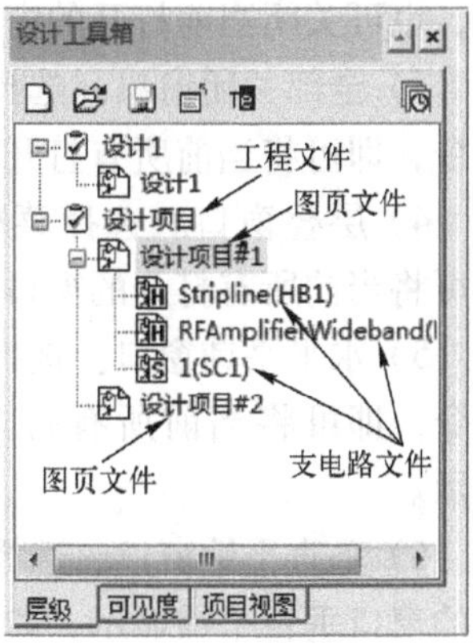

图 1-53 文件管理

1.4.1 工程文件

NI Multisim 14.0 支持工程级别的文件管理，在一个工程文件里包括设计中生成的一切文件。可以将电路图文件、设计中生成的各种报表文件及元器件的集成库文件等存储在一个工程文件中，这样非常便于文件管理。一个工程文件类似于

Windows 系统中的“文件夹”，在工程文件中可以执行对文件的各种操作，如新建、打开、关闭、复制与删除等。

如图 1-53 所示，默认打开的“. ms14”的工程文件“设计 1”，自动添加同名的图页文件“设计 1”。

1.4.2 图页文件

图页文件是指实际包含原理图，内容上独立于工程文件之外，又不能单独保存的文件。在 NI Multisim 14.0 中，通常这些图页文件显示在工程文件下一个级别上。

图页文件的存在方便了设计的进行，将图页文件从工程文件夹中删除时，文件将会彻底被删除。

1.4.3 支电路文件

层次电路是各个电路设计软件中都会涉及的电路绘制方法，在后面会进行详细讲解。这里关注绘制“层次电路”特定的“支电路”，在图页电路文件下一级中显示，如图 1-53 所示。

支电路是由用户自己定义的一个电路（相当于一个电路模块），可存储在自定元器件库中供电路设计时反复调用。利用子电路可使大型的、复杂系统的设计模块化、层次化，从而提高设计效率与设计文档的简洁性、可读性，实现设计的重用，缩短产品的开发周期。

1.5 窗口的管理

在 NI Multisim 14.0 中同时打开多个窗口时，可以设置将这些窗口按照不同的方式显示。对窗口的管理可以通过“窗口”菜单进行，如图 1-54 所示。

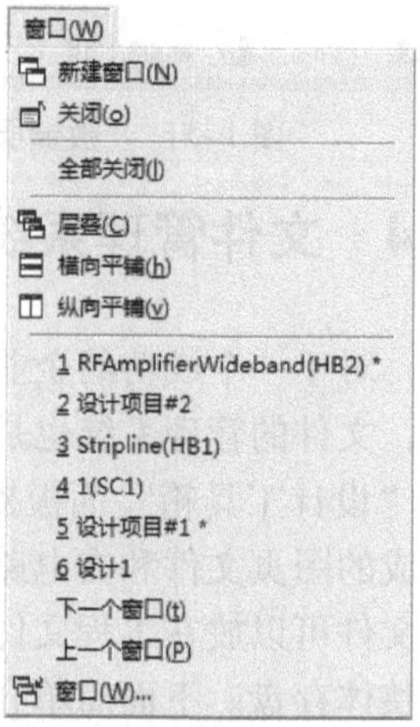

图 1-54 “窗口”菜单

1）新建窗口。选择菜单栏中的“窗口”→“新建窗口”命令，即可创建与当前窗口中文件内容相同的原理图页文件，如图 1-55 所示。

2）关闭窗口。选择菜单栏中的“窗口”→“关闭”命令，即可将当前打开的窗口关闭。单击窗口右上角的“关闭”按钮 ×，也可关闭当前打开的窗口。

3）全部关闭窗口。选择菜单栏中的“窗口”→“全部关闭”命令，即可将当前所有打开的窗口关闭。

4）层叠窗口。选择菜单栏中的“窗口”→“层叠”命令，即可将当前所有打开的窗口层叠显示，如图 1-56 所示。

5）水平平铺窗口。选择菜单栏中的“窗口”→“横向平铺”命令，即可将当前所有打开的窗口水平平铺显示，如图 1-57 所示。

6）垂直平铺窗口。选择菜单栏中的“窗口”→“纵向平铺”命令，即可将当前所有打开的窗口垂直平铺显示，如图 1-58 所示。

7）窗口切换。要切换窗口，可以单击窗口的标签，也可以在“窗口”菜单中选中各个

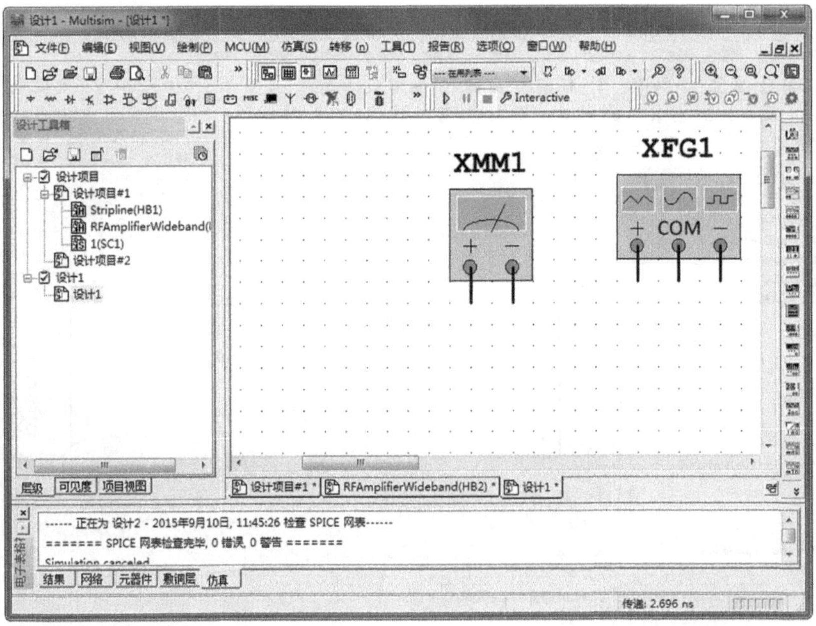

a)

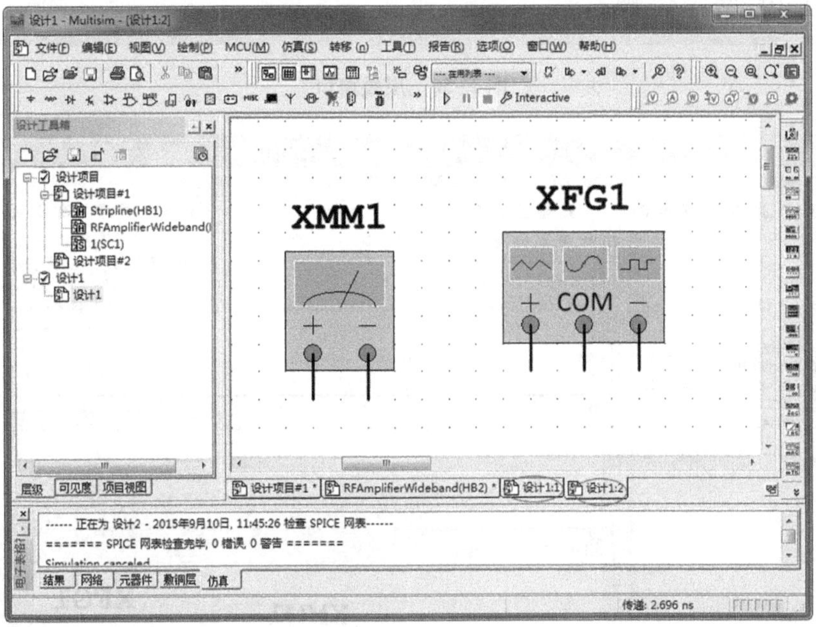

b)

图 1-55　新建窗口

a）执行命令前　b）执行命令后

窗口的文件名来切换。此外，也可以右键单击工作窗口的标签栏，在弹出的菜单中对窗口进行管理。

8）视图窗口。选择菜单栏中的“窗口”→“窗口”命令，可以显示所有打开的窗口缩略图，如图 1-59 所示，在某一窗口缩略图上单击，即可打开该窗口。

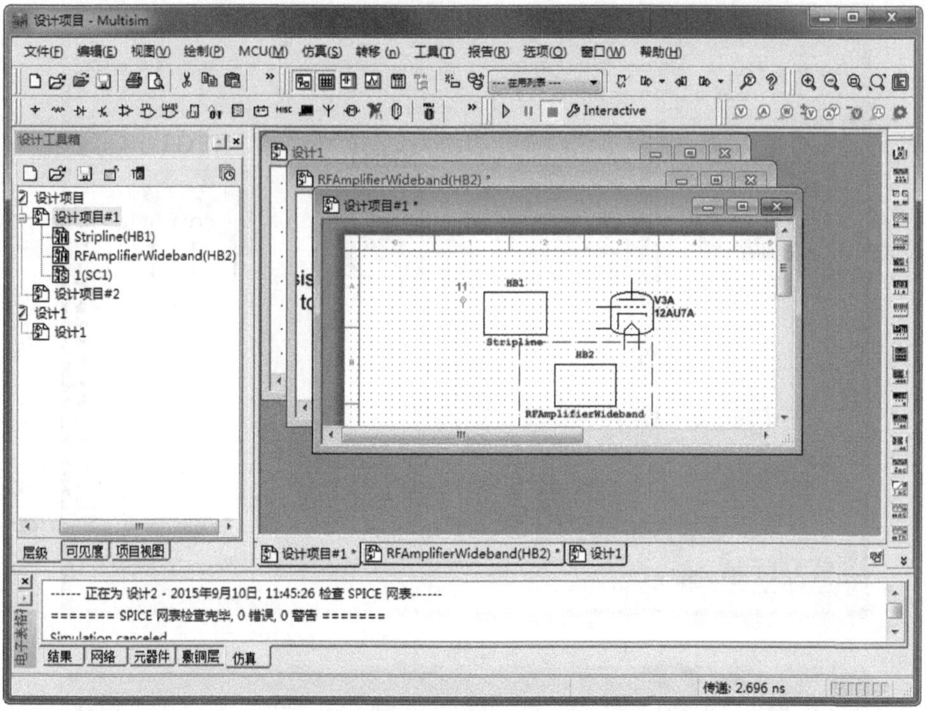

图 1-56　层叠窗口

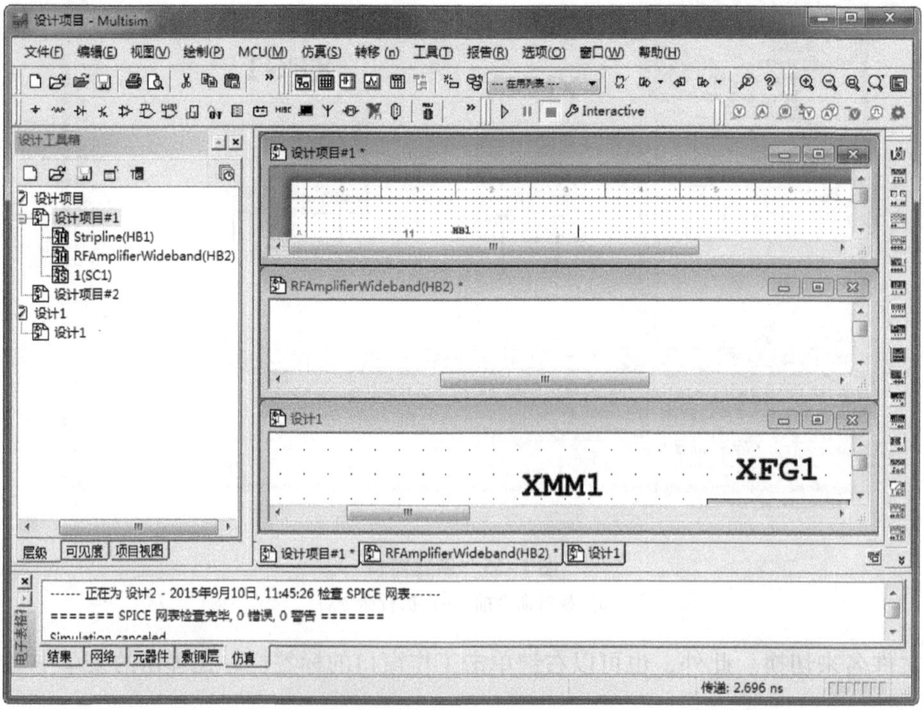

图 1-57　窗口水平平铺显示

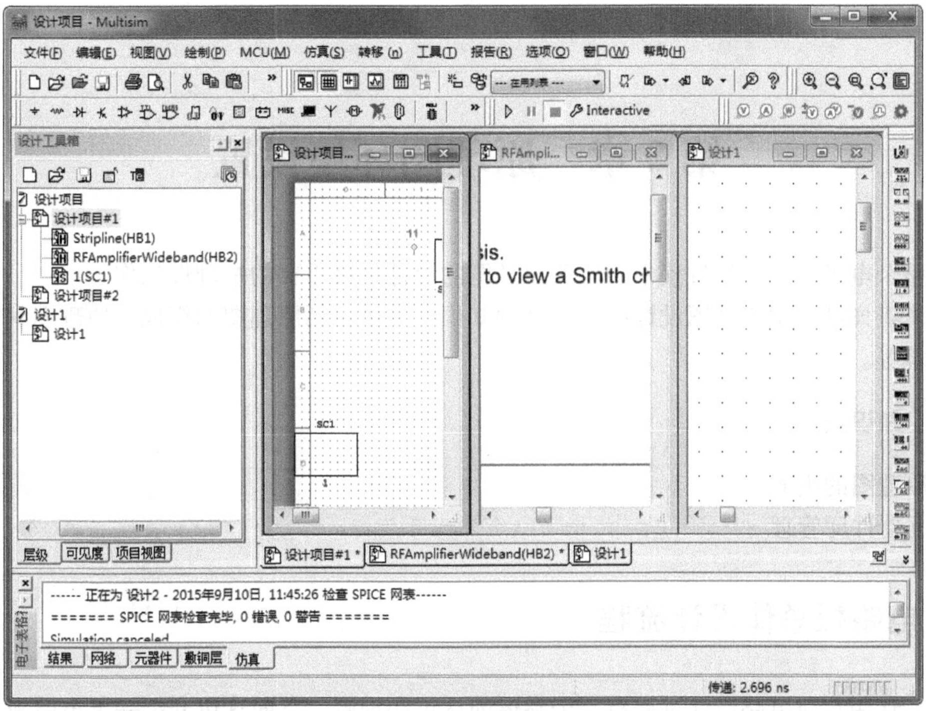

图 1-58　窗口垂直平铺显示

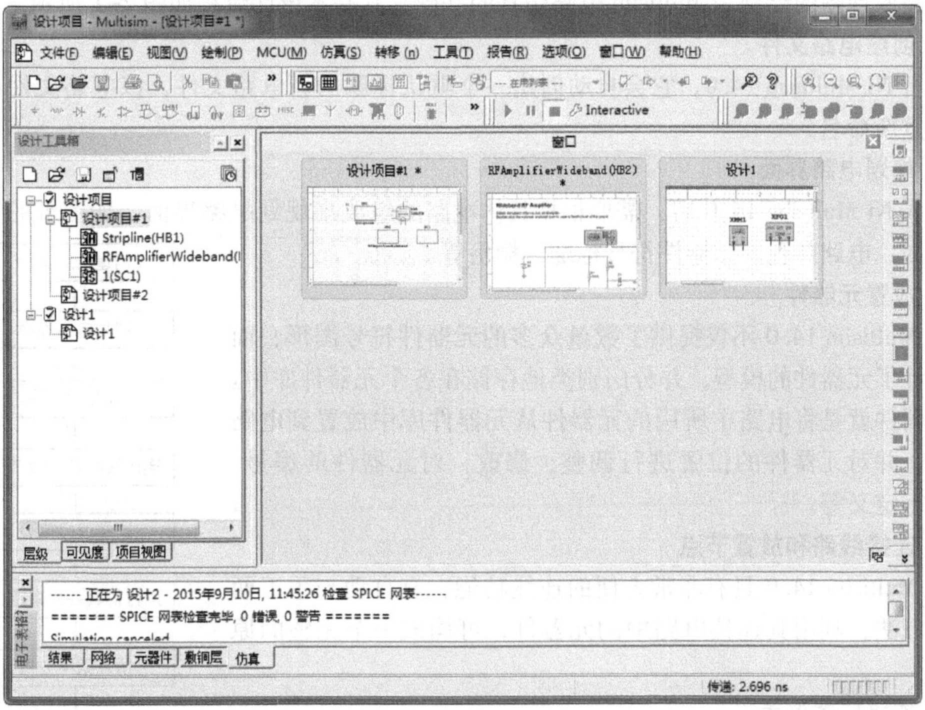

图 1-59　窗口视图

第 2 章　原理图环境设置

在整个电子电路设计过程中，电路原理图的设计是最重要的基础性工作。

本章将详细介绍原理图设计的一些基础知识，具体包括原理图的组成、原理图编辑器的工作环境等。

知识点

- 原理图的组成
- 元器件库管理

2.1　电路板总体设计流程

为了让用户对电路设计过程有一个整体的认识和理解，下面这里介绍一下电路板设计的总体设计流程。

电路原理图的绘制是 Multisim 电路仿真的基础，其基本设计流程如图 2-1 所示。

1. 创建电路文件

运行 NI Multisim 14.0，它会自动创建一个默认标题的新电路文件，该电路文件可以在保存时重新命名。

2. 规划电路界面

进入 NI Multisim 14.0 后，需要根据具体电路的组成来规划电路界面，如图纸的大小及摆放方向、电路颜色、元器件符号标准、栅格等。

3. 放置元器件

NI Multisim 14.0 不仅提供了数量众多的元器件符号图形，而且还设计了元器件的模型，并分门别类地存储在各个元器件库中。放置元器件就是将电路中所用的元器件从元器件库中放置到电路工作区，并对元器件的位置进行调整、修改，对元器件的编号、封装进行定义等。

4. 连接线路和放置节点

NI Multisim 14.0 具有非常方便的连线功能，有自动与手工两种连线方法，利用其连接电路中的元器件，可构成一个完整的原理图。

5. 连接仪器仪表

电路图连接好后，根据需要将仪表从仪表库中接入电路，以供实验分析使用。

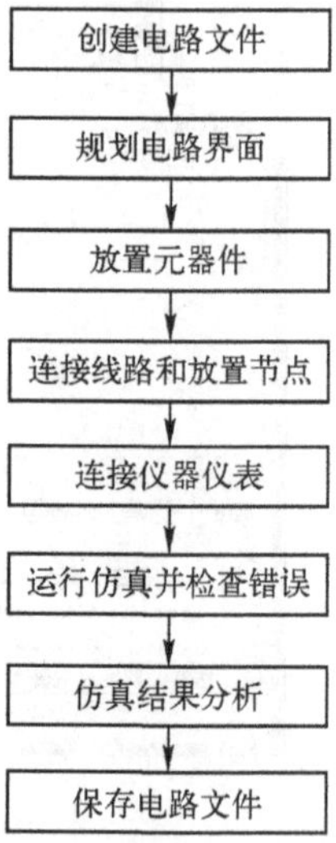

图 2-1　电路原理图和基本设计流程

6. 运行仿真并检查错误

电路图绘制好后，运行仿真观察仿真结果。如果电路存在问题，需要对电路的参数和设置进行检查和修改。

7. 仿真结果分析

通过测试仪器得到的仿真结果对电路原理进行验证，观察结果和设计的目的是否一致。如果不一致，则需要对电路进行修改。

8. 保存电路文件

保存原理图文件和打印输出原理图及各种辅助文件。

2.2 原理图的组成

原理图，即电路板工作原理的逻辑表示，主要由一系列具有电气特性的符号构成。如图 2-2 所示是一张用 NI Multisim 14.0 绘制的原理图，在原理图上用符号表示了 PCB 的所有组成部分。PCB 各个组成部分与原理图上电气符号的对应关系如下。

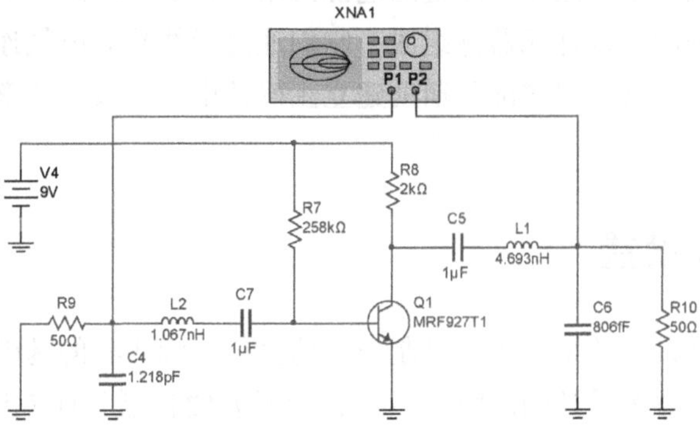

图 2-2　用 Multisim 14.0 绘制的原理图

1. 元器件

在原理图设计中，元器件以元器件符号的形式出现。元器件符号主要由元器件引脚和边框组成，其中元器件引脚需要和实际元器件一一对应。

如图 2-3 所示为图 2-2 中采用的一个元器件符号，该符号在 PCB 上对应的是一个晶体管。

2. 仪表

在 Multisim 14.0 中进行原理图设计中，虚拟仪表元器件是必不可少的。与一般元器件符号相同，虚拟仪表主要由元器件引脚和边框组成，其中元器件引脚需要和实际元器件一一对应。

如图 2-4 所示为图 2-2 中采用的一个网路分析仪符号。

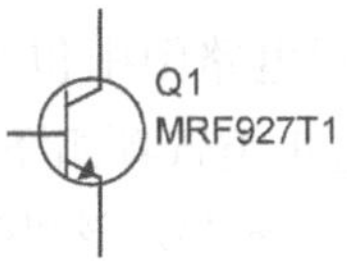

图 2-3　元器件符号

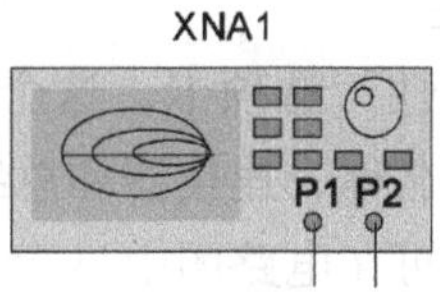

图 2-4　元器件符号

3. 导线

原理图设计中的导线也有自己的符号，它以线段的形式出现。NI Multisim 14.0 中还提供了总线，用于表示一组信号，它在 PCB 上对应的是一组由铜箔组成的有时序关系的导线。

4. 丝印层

丝印层是 PCB 上元器件的说明文字，对应于原理图上元器件的说明文字。

5. 端口

在原理图编辑器中引入的端口不是指硬件端口，而是为了建立跨原理图电气连接而引入的具有电气特性的符号。当原理图中采用了一个端口时，该端口就可以和其他原理图中同名的端口建立一个跨原理图的电气连接。

6. 网络标号

网络标号和端口类似，通过网络标号也可以建立电气连接。原理图中的网络标号必须附加在导线、总线或元器件引脚上。

7. 电源符号

这里的电源符号只用于标注原理图上的电源网络，并非实际的供电器件。

总之，绘制的原理图由各种元器件组成，它们通过导线建立电气连接。在原理图上除了元器件之外，还有一系列其他组成部分辅助建立正确的电气连接，使整个原理图能够和实际的 PCB 对应起来。

2.3 电路图属性设置

原理图设计是电路设计的第一步，是制板、仿真等后续步骤的基础。因此，一幅原理图正确与否，直接关系到整个设计的成败。另外，为了方便自己和他人读图，原理图的美观、清晰和规范也是十分重要的。

Multisim 14.0 的原理图设计大致可分为 9 个步骤，如图 2-5 所示。

在原理图的绘制过程中，可以根据所要设计的电路图的复杂程度，先对图纸进行设置。虽然在进入电路原理图的编辑环境时，NI Multisim 14.0 系统会自动给出相关的图纸默认参数，但是在大多数情况下，这些默认参数不一定适合用户的需求，尤其是图纸尺寸。用户可以根据设计对象的复杂程度来对图纸的尺寸及其他相关参数进行重新定义。

选择菜单栏中的“编辑”→“属性”命令，或选择菜单栏中的“选项”→“电路图属性”命令或在编辑窗口中右键单击，在弹出的右键快捷菜单中选择“属性”命令，或按组合键〈Ctrl〉+〈M〉，系统将弹出“电路图属性”对话框，如图 2-6 所示。

在该对话框中，有“电路图可见性”“颜色”“工作区”“布线”“字体”“PCB”和“图层设置”7 个选项卡，利用其中的选项可进行如下设置。

1. 设置对象可见性

单击“电路图可见性”选项卡，这个选项卡中显示电路图中包含对象的分类，主要分为 4 类：元器件、网络名称、连接器和总线入口。在这 4 类选项组下包含 15 个特征，勾选特征前面的复选框，即可在电路图中显示该特征，反之，不显示该特征。

在“网络名称”选项组下包含 3 个单选钮，选择其中之一，设置网络名称显示状态。

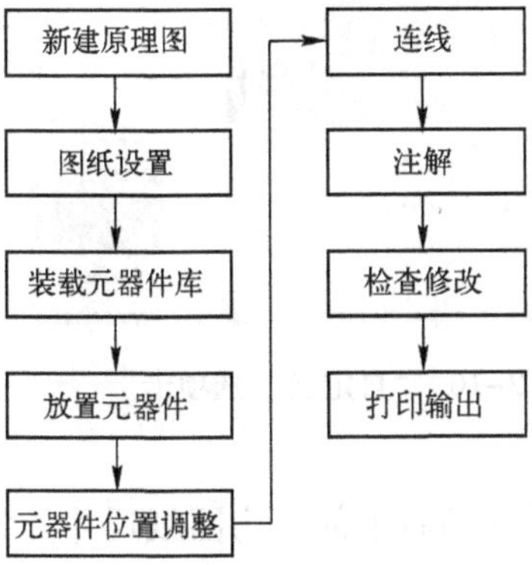

图 2–5　原理图设计的步骤

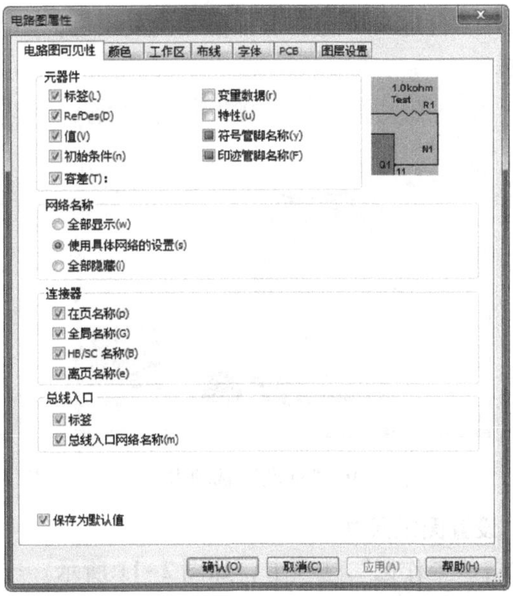

图 2–6　“电路图属性”对话框

2. 设置图纸颜色

在“颜色”选项卡中，单击“颜色方案”下拉列表，显示 5 种程序预制的颜色方案。包括“白色背景”、“黑色背景”、“白与黑”、“黑与白”和“自定义”。默认选择“白色背景”，如图 2–7 所示。在右侧显示选中颜色方案对应的预览视图。

当选择“自定义”方案时，由用户指定颜色。激活下面 10 种设置对象，默认颜色设置如图 2–8 所示。单击设置对象对应的颜色框，弹出“颜色”对话框，在“标准”选项卡下选择图纸的颜色，如图 2–9 所示。

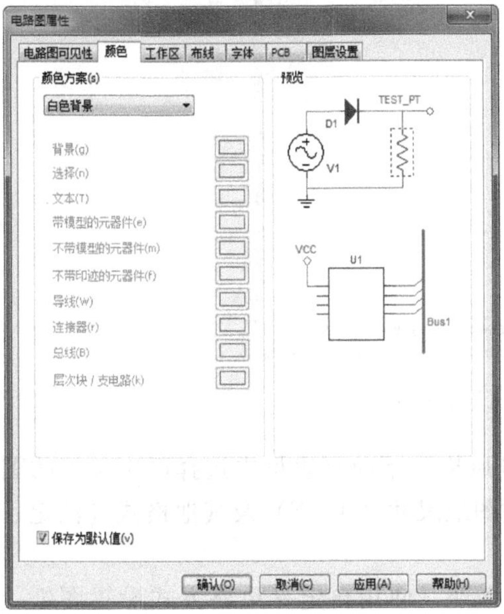

图 2–7　“颜色”选项卡

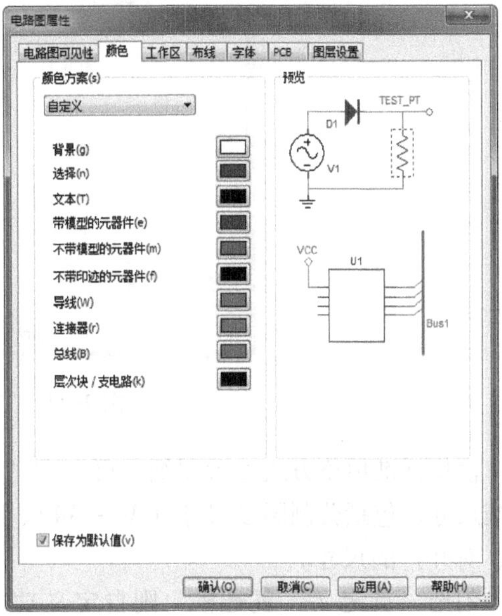

图 2–8　“自定义”方案

打开“自定义”选项卡，精确设置颜色，如图 2-10 所示。单击“确认”按钮，即可完成修改。

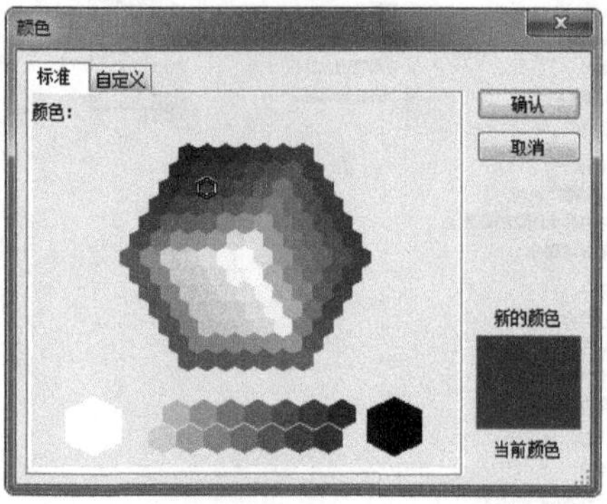

图 2-9 “标准”选项卡

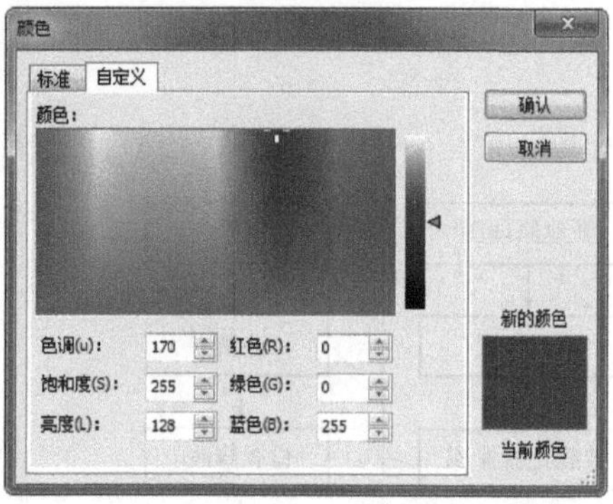

图 2-10 “自定义”选项卡

3. 设置图纸尺寸

单击“工作区”选项卡，如图 2-11 所示。这个选项卡的右半部分为图纸尺寸的设置区域。NI Multisim 14.0 给出了两种图纸尺寸的设置方式，一种是标准风格，另一种是自定义风格，用户可以根据设计需要进行选择，默认的格式为标准样式。

图 2-11 “工作区”选项卡

使用标准风格方式设置图纸，可以在“标准风格”下拉列表框中选择已定义好的图纸标准尺寸，包括公制图纸尺寸（A0 ~ A4）、英制图纸尺寸（A ~ E）及其他格式（法定、执行、对开）的尺寸。

勾选“自定义”复选框，则自定义功能被激活，使用自定义风格方式设置图纸，在“宽度”“高度”文本框中可以分别输入自定义的图纸尺寸。

4. 设置图纸方向

单击“工作区”选项卡，图纸方向可通过“方向”选项组下设置，可以设置为水平方向，即横向；也可以设置为垂直方向，即纵向。一般在绘制和显示时设为横向，在打印输出时可根据需要设为横向或纵向。

5. 设置图纸单位

单击“工作区”选项卡，图纸单位有两种：英寸、厘米。通过选择这两个单选钮，设定单位选择方式。

6. 设置图纸网格点

进入原理图编辑环境后，可以看到编辑窗口的背景是网格型的，这种网格就是可视网格，是可以改变的。网格为元器件的放置和线路的连接带来了极大的方便，使用户可以轻松地排列元器件、整齐地走线。

单击“工作区”选项卡，勾选“显示网格”命令，则显示可视网格，如图 2–12 所示；反之，不显示，如图 2–13 所示。选择菜单栏中的“编辑”→“网格”命令，同样可以控制可视网格的打开与关闭。

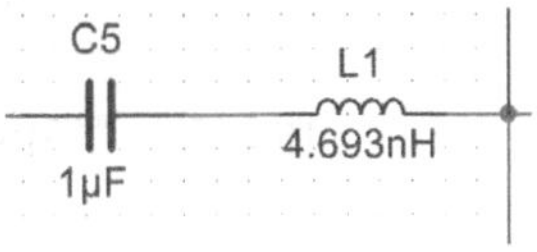

图 2–12　显示网格

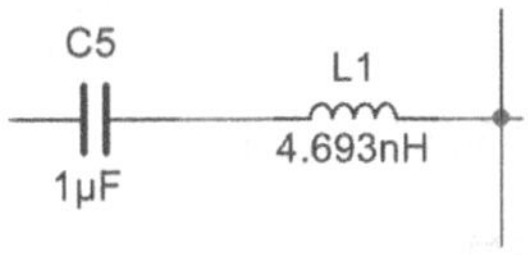

图 2–13　不显示网格

7. 设置图纸边框

在“工作区”选项卡中，通过“显示边界”复选框可以设置是否显示边框。勾选该复选框表示显示边框，否则不显示边框。

8. 设置页面边界

在“工作区”选项卡中，通过“页面边界”复选框可以设置是否显示边界。勾选该复选框表示显示边界，否则不显示边界。

9. 设置线宽

在“布线”选项卡中，设置导线宽度与总线宽度，在线宽文本框左侧显示预览图，默认状态下，导线宽度为 1，总线宽度为 3，如图 2–14 所示。

10. 设置图纸所用字体

在“字体”选项卡中，分两部分：属性设置、对象设置。

在上半部分设置字体属性。可设置字体种类、字形、大小。同时还可设置字体对齐方式为左对齐、居中、右对齐，预览字体设置结果。

在下半部分设置要更改的字体包括的对象，对象种类包括原理图中的元器件引脚文字和注释文字等，勾选对象前的复选框即可将字体设置应用到该类型中。在“应用到”选项组下选择“整个电路”选项，将更改应用到整个电路中。通常字体采用默认设置即可，如图 2–15 所示。

11. 设置 PCB 信息

在“PCB”选项卡中，如图 2–16 所示。包括接地选项、单位设置、敷铜层和 PCB 设置这 4 个选项组。“单位”下拉列表中包括 4 种形式：mil、nm、mm、μm。在“敷铜层”设置层对、单层层叠、顶、底、内层的数目。在“PCB 设置”选项组下交换引脚与栅极。

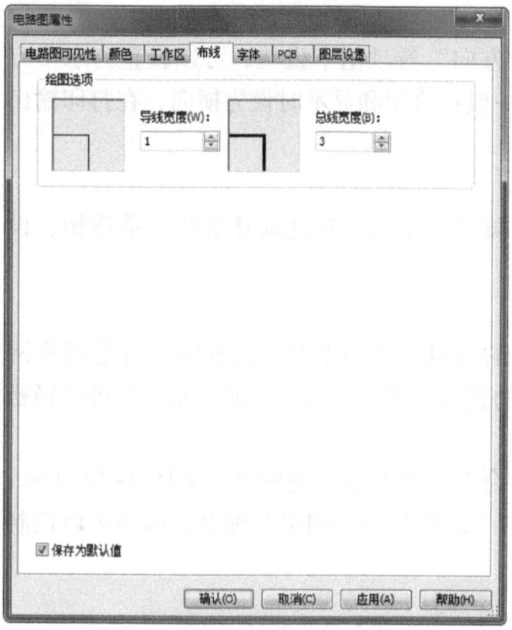

图 2-14 “布线”选项卡

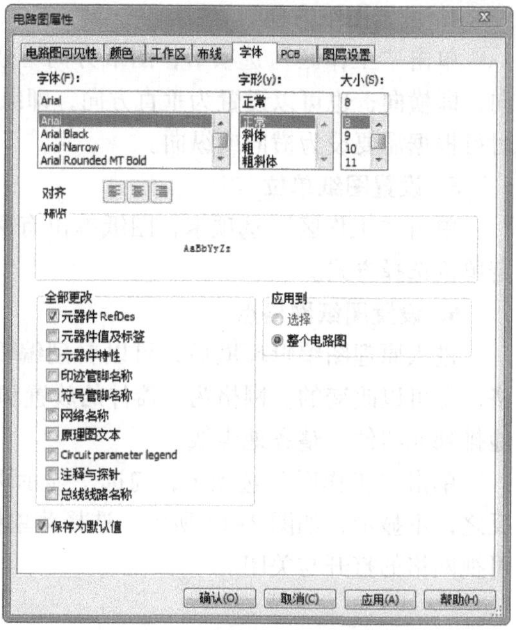

图 2-15 “字体”选项卡

12. 设置图层信息

图层的信息记录了电路原理图的默认信息和更新记录。这项功能可以使用户更系统、更有效地对自己设计的图纸图层进行管理。建议用户对此项进行设置。当原理图中包含很多图层时，图层参数信息就显得非常有用了。

该选项卡包括“固定图层”与“自定义图层”两个选项组，如图 2-17 所示。在“固定图层”列表中显示原理图默认的固有图层；在“自定义图层”列表框右侧单击“添加”

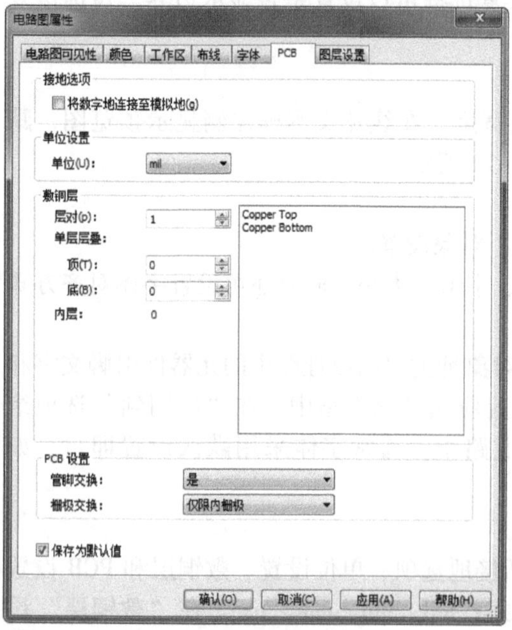

图 2-16 “PCB”选项卡

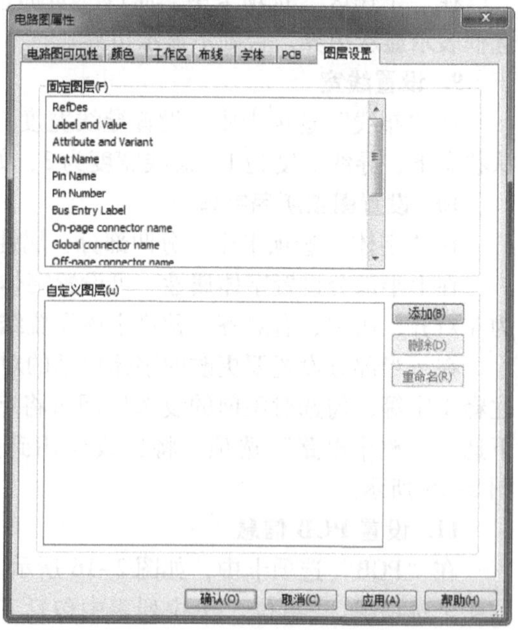

图 2-17 “图层设置”选择卡

按钮，即可添加自定义图层，并可对自定义图层进行删除、重命名操作。“固定图层”不能进行此类操作。

2.4 设置原理图工作环境

在原理图的绘制过程中，其效率和正确性往往与环境参数的设置有着密切的关系。参数设置合理与否，直接影响到设计过程中软件的功能是否能得到充分的发挥。

选择菜单栏中的“选项”→“全局偏好”命令，系统将弹出“全局偏好”对话框。“全局偏好”对话框中主要有7个选项卡，包括“路径”“消息提示”“保存”“元器件”“常规”“仿真”和“预览”，完成这些设置后，能够创造一个更适合自己的工作界面，可以更方便地在工作窗口中调用元器件和绘制仿真电路图。

2.4.1 设置原理图的路径参数

电路原理图的文件路径设置通过“路径”选项卡来实现，如图2-18所示，其中各主要参数的含义如下。

1. “常规”选项组

- “设计默认路径”：创建的项目文件默认路径，单击默认路径右侧 按钮，弹出图2-19所示的“浏览文件夹”对话框，可重新选择默认文件路径。

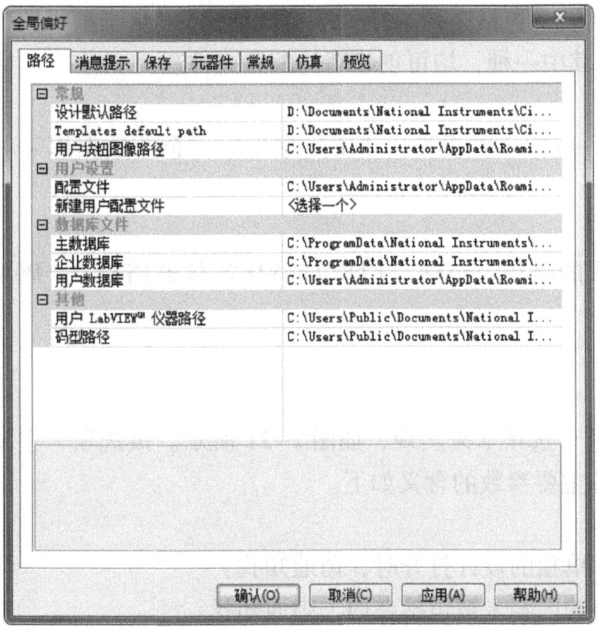

图2-18 “路径”选项卡

图2-19 “浏览文件夹”对话框

- “Templates default path”：系统提供的模板文件默认路径。
- “用户按钮图像路径”：软件中使用到的用户按钮图像的路径。

2. “用户设置”选项组

- “配置文件”：软件运行使用的配置文件路径，单击默认路径右侧 按钮，弹出

图 2-20 所示的“选择用户配置文件”对话框，可选择需要的配置文件。

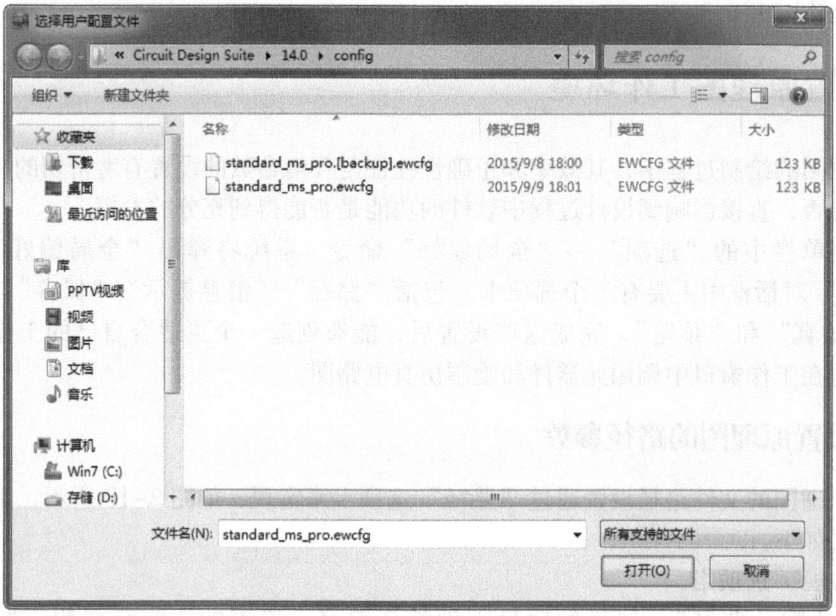

图 2-20 “选择用户配置文件”对话框

- “新建用户配置文件”：在该下拉列表中包括 3 种选择“从模板创建”“从当前设置创建”和“创建新的空文件”，选择其中一种，均可创建新的配置文件。

3. “数据库文件”选项组

该选项组用于设置数据库文件路径。包括 3 种类型：“主数据库”“企业数据库”和“用户数据库”。

4. “其他”选项组

该选项组用于设置其他类型文件默认的路径。包括“用户 LabVIEW 仪器路径”“码型路径”。

2.4.2 设置消息提示参数

消息提示的参数设置通过“消息提示”选项卡来实现，如图 2-21 所示。该选项卡主要用来设置显示消息、提示的情况，其中各主要参数的含义如下。

1. “片段”选项组

- 当放下多个文件会将每个文件当作单独的设计打开时，请通知我。
- 创建片段时，如果层次块或支电路的内容未被包括在内，则通知我。

2. “注解和导出”选项组

- 如果有不带关联印迹的元器件被导出时，请通知我。

3. “Wiring and components（导线和元器件）”选项组

- 当放置对象的操作会导致虚拟连接时，提示进行虚拟连接或对网络进行重命名。
- Notify me if a power probe is placed incorrectly：当电源指针放置的位置错误时，显示提示。

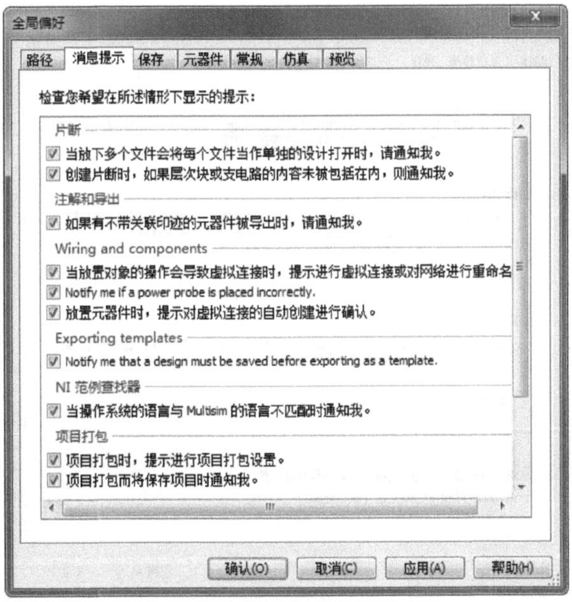

图 2-21 “消息提示”选项卡

- 放置元器件时，提示对虚拟连接的自动创建进行确认。

4. “Exporting templates（输出模板）”选项组

- Notify me that a design must be saved before exporting as template：当设计文件在输出为模板文件之前保存时，显示提示。

5. “NI 范例查找器”选项组

- 当操作系统的语言与 Multisim 的语言不匹配时通知我。

6. “项目打包”选项组

- 项目打包时，提示进行项目打包设置。
- 项目打包而将保存项目时通知我。

2.4.3 设置文件保存参数

文件保存的参数设置通过“保存”选项卡来实现，如图 2-22 所示。该选项卡主要用来设置文件保存的情况，其中各主要参数的含义如下。

1）“创建一个‘安全副本’”复选框：勾选该复选框，保存文件的同时创建一个“安全副本”文件，在保存的文件损坏或无法使用的情况下，安全副本文件可恢复成原文件。

2）“自动备份”复选框：勾选该复选框，自动间隔一定时间创建备份文件，防止出现故障来不及保存从而丢失数据的情况出现。间隔的时间越短，保存的数据文件越完整，但频繁备份文件会产生无用文件，影响运行速度，在默认情况下，设置备份时间为 5 分钟。

3）“用仪器保存仿真数据”复选框：勾选该复选框，自动获取仪器测试得到的实验数据。

4）“附上时间戳，让正向注解文件名称具有唯一性”复选框：勾选该复选框，在保存的注解文件名称中显示保存时间，时间的不同确定文件的不同，不存在重复相同的文件，使每一个文件都成为唯一。

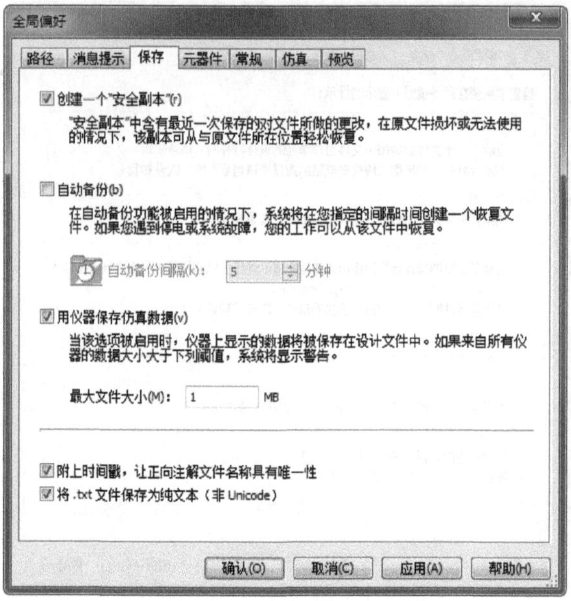

图 2-22 “保存”选项卡

5）“将 . txt 文件保存为纯文本”复选框：勾选该复选框，“. txt”文件保存后文件内容中将不包括编码。

2.4.4 设置元器件参数

元器件的参数设置通过“元器件”选项卡来实现，如图 2-23 所示。该选项卡主要用来设置元器件在原理图中的显示情况，其中各主要参数的含义如下。

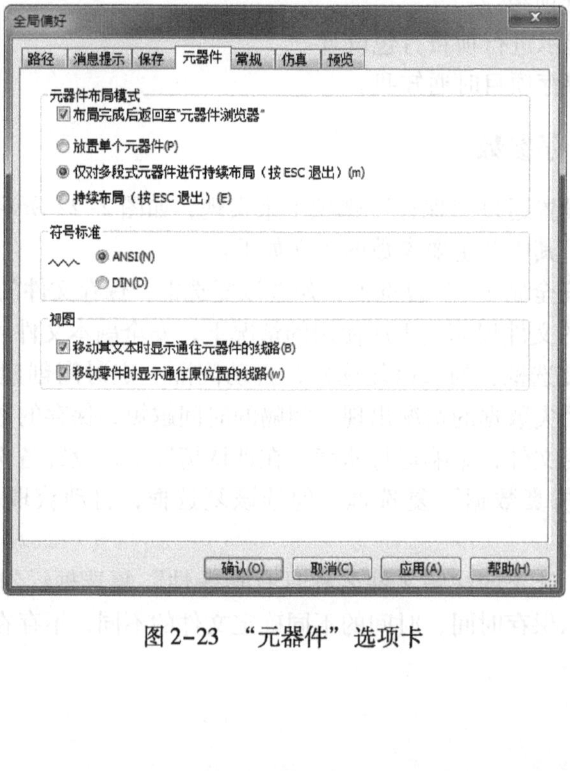

图 2-23 “元器件”选项卡

1. “元器件布局模式” 选项组

该选项组主要是关于元器件放置方式的设置。

- “布局完成后返回‘元器件浏览器’”：勾选该复选框，在完成放置后，返回“元器件浏览器”。
- “放置单个元器件”：选择该单选钮，从元器件库中取出元器件后，只能放置一次。
- “仅对多段式元器件进行持续布局（按〈ESC〉键退出）”：选择该单选钮，如果从元器件库中选择的是多不见元器件，则可以连续放置元器件。
- “持续布局（按〈ESC〉键退出）”：选择该单选钮，从元器件库中选择元器件后可以连续放置要停止放置元器件，可按〈ESC〉键退出。

2. “符号标准” 选项组

该选项组是关于选择元器件符号模式的设置，其中，ANSI 项表示采用美国标准元器件符号；DIN 项表示采用欧洲标准元器件符号，建议选择 DIN，即选取元器件符号为欧洲标准模式，我国元器件符号与欧洲标准模式相同。

3. “视图” 选项组

该选项组用于选择相移路线。包括“移动其文本时显示通往元器件的线路”“移动零件时显示通往原位置的线路”两个复选框。

2.4.5 设置常规参数

常规参数设置通过“常规”选项卡来实现，如图 2-24 所示。该选项卡主要用来设置原理图中的常规情况，其中各主要参数的含义如下。

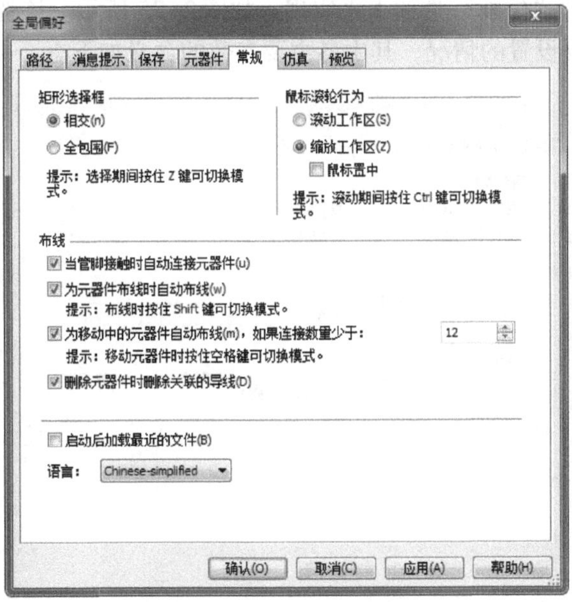

图 2-24 “常规”选项卡

1. “矩形选择框” 选项组

该选项组用于设置选择对象使用的矩形框的使用方法，矩形框在何种情况下选中对象，包括两种：相交、全包围。其中，选择期间按住 Z 键可切换模式。

2. “鼠标滚轮行为”选项组

该选项组用于设置滚轮行为的作用。包括两种：滚动工作区、缩放工作区。

3. “布线”选项组

- 该选项组下设置在何种情况下激活“布线”操作。
- “当管脚接触时自动连接元器件”复选框：勾选该复选框后，当两元器件在放置过程中引脚接触后，则自动连接接触的两个引脚。
- “为元器件布线时自动布线”复选框：勾选该复选框后，在元器件布线时，选择的元器件可进行自动连接。
- “为移动中的元器件自动布线，如果连接数量少于”复选框：勾选该复选框后，元器件在移动过程中同样额可以自动连接。
- “删除元器件时删除关联的导线”复选框：勾选该复选框后，在删除某元器件后，一直相连接的导线随之自动删除。

4. “其余”选项组

- “启动后加载最近的文件”复选框：勾选该复选框后，启动 Multisim 时，自动打开上次最后关闭的文件。
- 语言：默认有三种语言“Chniese - simplified（简体中文）、English（英语）、German（德语）。执行该操作同样可检验是否执行汉化操作。

2.4.6 设置仿真参数

仿真参数设置通过“仿真”选项卡来实现，如图 2-25 所示。该选项卡主要用来设置原理图在仿真过程中需要设置的情况，其中各主要参数的含义如下。

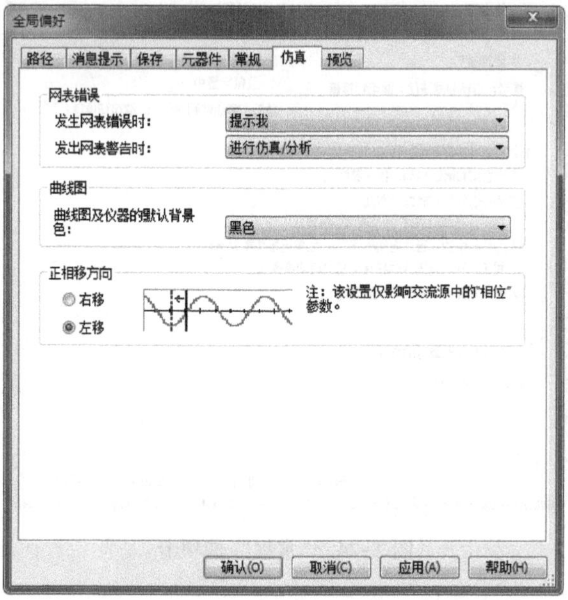

图 2-25 “仿真”选项卡

1. “网表错误”选项组

在该选项组下显示在发生网表错误与网表警告时，系统的操作有 3 种方法：提示我、取消仿真/分析、进行仿真/分析。

2. “曲线图”选项组

在该选项组下设置曲线图及仪器的默认背景色为黑色，也可选择白色。

3. “正相移方向”选项组

在该选项组下选择相移方向：左移、右移。在右侧显示了缩略图。

2.4.7 设置预览参数

预览参数设置通过“预览”选项卡来实现，如图 2-26 所示。该选项卡主要用来设置原理图在窗口中的预览方式。

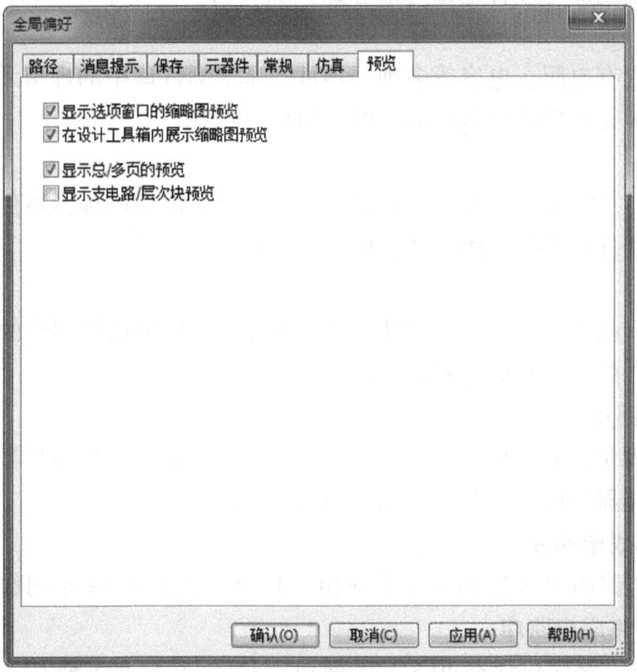

图 2-26 “预览”选项卡

2.5 元器件库管理

在绘制电路原理图的过程中，首先要在图纸上放置需要的元器件符号。Multisim 14.0 作为一个专业的电子电路计算机辅助设计软件，一般常用的电子元器件符号都可以在它的元器件库中找到，用户只需要在 Multisim 14.0 元器件库中查找所需的元器件符号，并将其放置在图纸中适当的位置即可。

2.5.1 “元器件”工具栏

元器件是电路组成的基本元素，电路仿真软件也离不开元器件。Multisim 14.0 提供了丰富的元器件库，元器件库栏图标和名称如图 2–27 所示。

图 2–27 “元器件”工具栏

用鼠标左键单击元器件库栏的任意一个图标即可打开该元器件库。元器件库中的各个图标所表示的元器件含义如下面所示。关于这些元器件的功能和使用方法将在后面介绍。读者还可使用在线帮助功能查阅有关的内容。

1. 电源/信号源库

电源/信号源库包含有接地端、直流电压源（电池）、正弦交流电压源、方波（时钟）电压源、压控方波电压源等多种电源与信号源。

2. 基本器件库

基本器件库包含有电阻、电容等多种元器件。基本器件库中的虚拟元器件的参数是可以任意设置的，非虚拟元器件的参数是固定的，但可以选择。

3. 二极管库

二极管库包含有二极管、可控硅等多种器件。二极管库中的虚拟器件的参数是可以任意设置的，非虚拟元器件的参数是固定的，但可以选择。

4. 晶体管库

晶体管库包含有晶体管、FET 等多种器件。晶体管库中的虚拟器件的参数是可以任意设置的，非虚拟元器件的参数是固定的，但可以选择。

5. 模拟集成电路库

模拟集成电路库包含有多种运算放大器。模拟集成电路库中的虚拟器件的参数是可以任意设置的，非虚拟元器件的参数是固定的，但可以选择。

6. TTL 数字集成电路库

TTL 数字集成电路库包含有 74××系列和 74LS××系列等 74 系列数字电路器件。

7. CMOS 数字集成电路库

CMOS 数字集成电路库包含有 40××系列和 74HC××系列多种 CMOS 数字集成电路系列器件。

8. 数字器件库

数字器件库包含有 DSP、FPGA、CPLD、VHDL 等多种器件。

9. 数模混合集成电路库

数模混合集成电路库包含有 ADC/DAC、555 定时器等多种数模混合集成电路器件。

10. 指示器件库

指示器件库包含有电压表、电流表、七段数码管等多种器件。

11. 电源器件库

电源器件库包含有三端稳压器、PWM 控制器等多种电源器件。

12. 其他器件库

其他器件库包含有晶体、滤波器等多种器件。

13. 键盘显示器库

键盘显示器库包含有键盘、LCD 等多种器件。

14. 机电类器件库

机电类器件库包含有开关、继电器等多种机电类器件。

15. 微控制器库

微控制器件库包含有 8051、PIC 等多种微控制器。

16. 射频元器件库

射频元器件库包含有射频晶体管、射频 FET、微带线等多种射频元器件。

其余类型这里不再赘述。

2.5.2 打开元器件库对话框

打开元器件库对话框的方法如下。

- 选择菜单栏中的“绘制”→“元器件”命令，弹出“选择一个元器件”对话框，显示全部元器件，如图 2-28 所示。

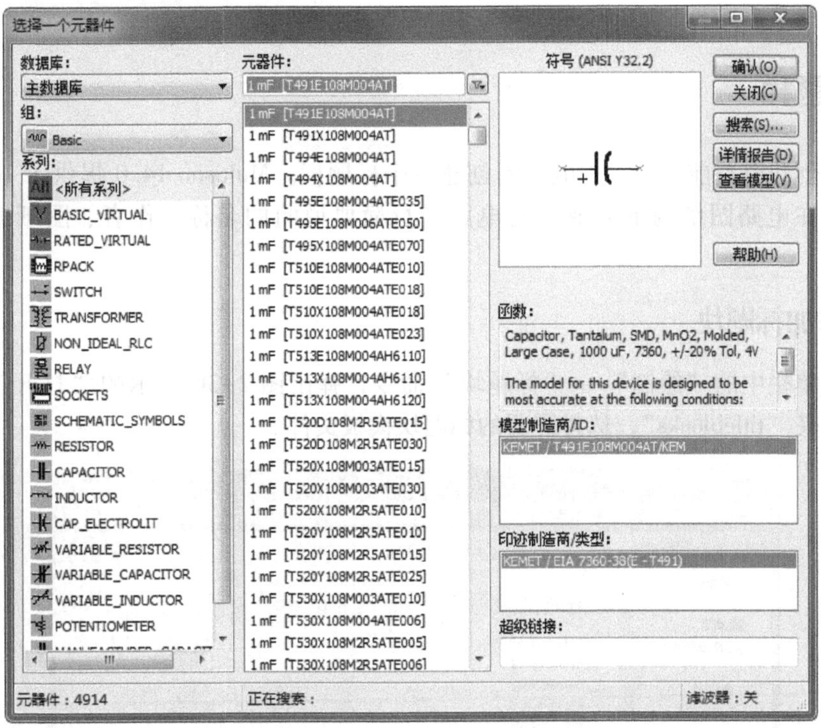

图 2-28 “选择一个元器件”对话框

- 单击“元器件”工具栏中的任一按钮，弹出“选择一个元器件”对话框，显示该类元器件库，如图 2-29 所示。
- 单击右键，弹出快捷菜单，选择“放置元器件”命令，同样弹出“选择一个元器件”对话框。

图 2-29　显示电源类元器件库

2.6　标题栏

在开始创建电路前，可以为电路图创建一个标题栏。Multisim 14.0 提供了 10 种模板标题块，可以在电路图纸的下方放置对电路进行简要说明的名称、作者、图纸编号等常用信息。

2.6.1　添加标题块

选择菜单栏中的“绘制”→“标题块”命令，弹出图 2-30 所示的“打开”对话框打开系统文件夹“titleblocks”，选择需要的标题块模板文件。

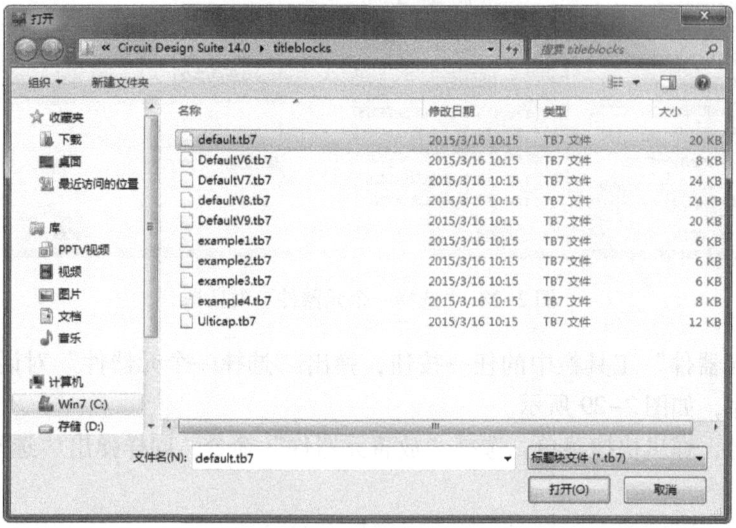

图 2-30　“打开”对话框

单击“打开”按钮，在工作区显示浮动的标题块图标，如图 2-31 所示。在工作区域单击，放置标题块，如图 2-32 所示。

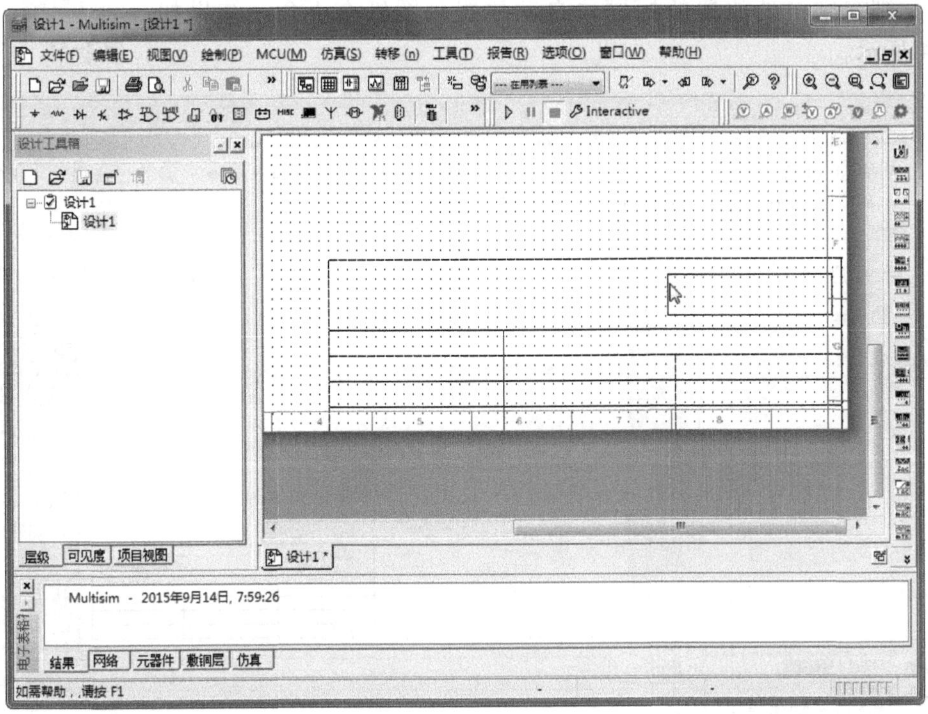

图 2-31　放置浮动标题块

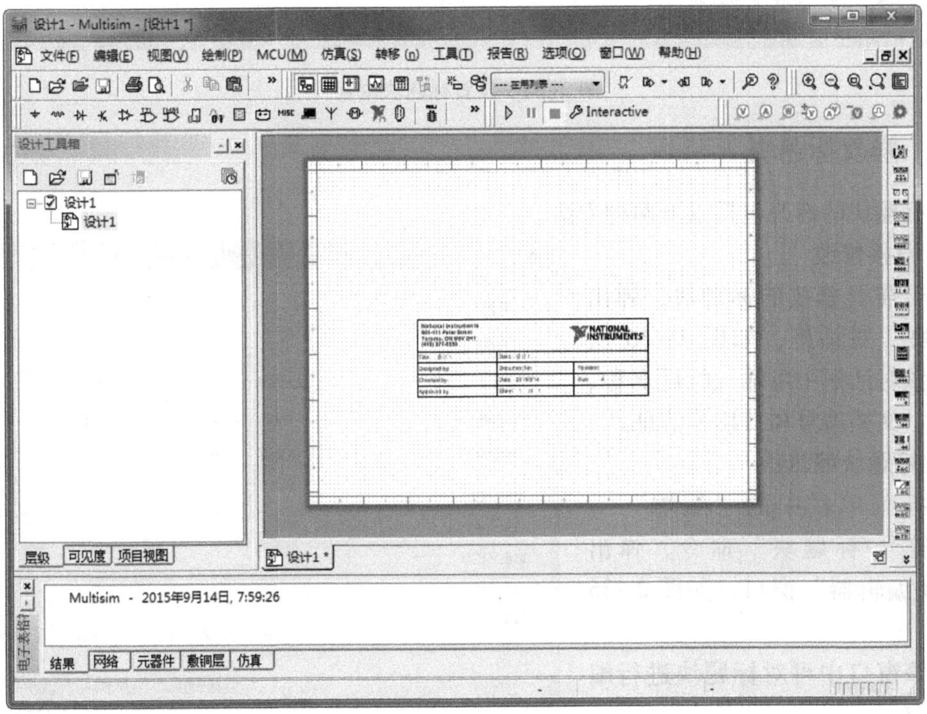

图 2-32　放置标题块

为了精确定位，选中标题块，选择菜单栏中的“编辑”→“标题块位置”命令，弹出图2-33所示的子菜单，显示可以放置的位置，选择“右下”，则在空白处放置的标题块自动放置到图纸右下角，结果如图2-34所示。

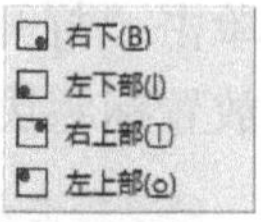

图2-33　子菜单

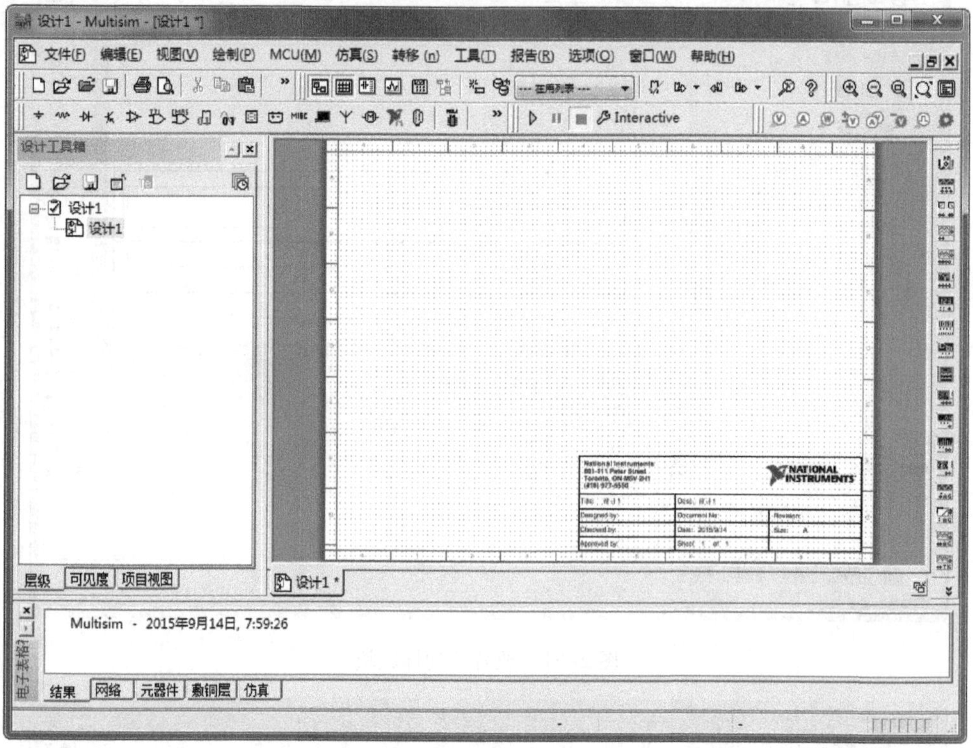

图2-34　设置标题块位置

2.6.2　修改标题块

对标题块的修改包括以下两种方法。

1. 直接修改

双击需要修改的标题块，弹出“标题块”对话框，如图2-35所示。在该对话框中可输入标题名称、设计者、文档编号和日期等信息。

2. 标题块编辑器

选择菜单栏中的“编辑”→“编辑符号/标题块”命令，弹出“标题块编辑器”窗口，如图2-36所示。

在该窗口中可对标题块进行编辑、修改。

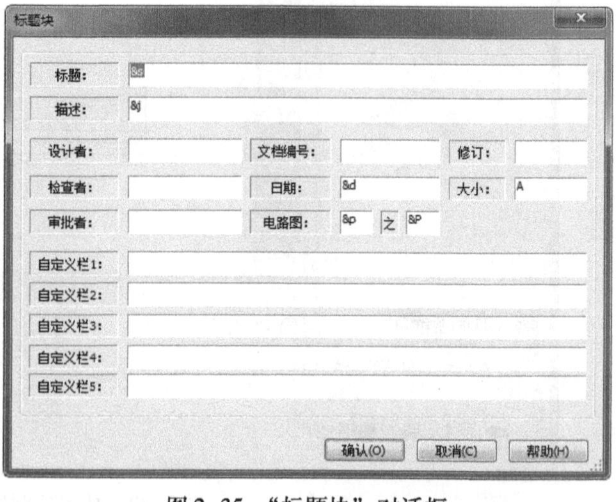

图2-35　“标题块”对话框

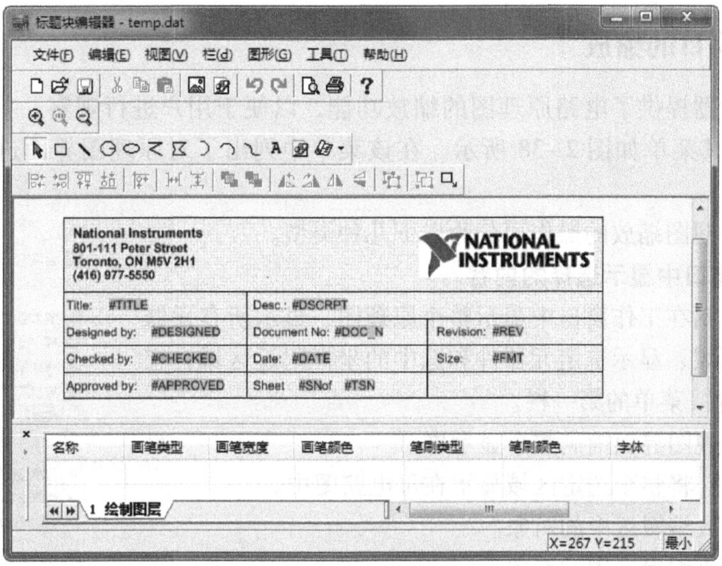

图 2-36 “标题块编辑器”窗口

选择菜单栏中的“工具”→“标题块编辑器”命令，弹出“标题块编辑器”窗口，创建新的标题块模板，如图 2-37 所示。

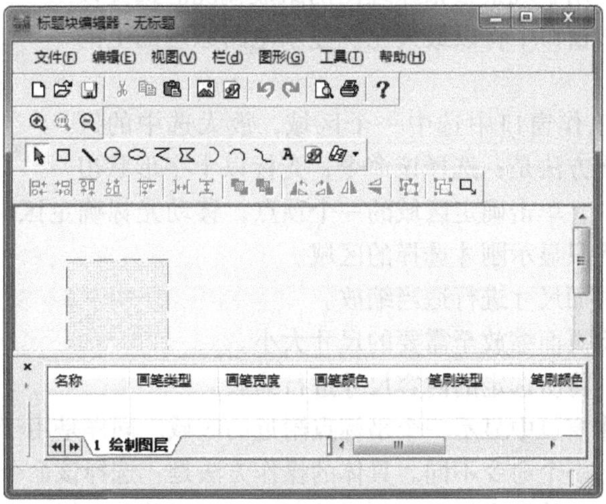

图 2-37 创建新的标题块模板

2.7 视图操作

在用 Multisim 14.0 进行电路原理图的设计和绘图时，少不了要对视图进行操作，熟练掌握视图操作命令，将会极大地方便实际工作的需求。

在进行电路原理图的绘制时，可以使用多种缩放命令将绘图环境缩放到适合的大小，再进行绘制。

2.7.1 工作窗口的缩放

原理图编辑器提供了电路原理图的缩放功能，以便于用户进行观察。单击菜单栏中的“视图”按钮，其菜单如图 2-38 所示。在该菜单中列出了对原理图界面进行缩放的多种命令。

菜单中有关视图缩放的操作可分为以下几种类型。

1. 在工作窗口中显示选择的内容

该类操作包括在工作窗口中显示整个原理图、显示所有元器件、显示选定区域、显示选定元器件和选中的坐标附近区域，它们构成了“查看”菜单的第一栏。

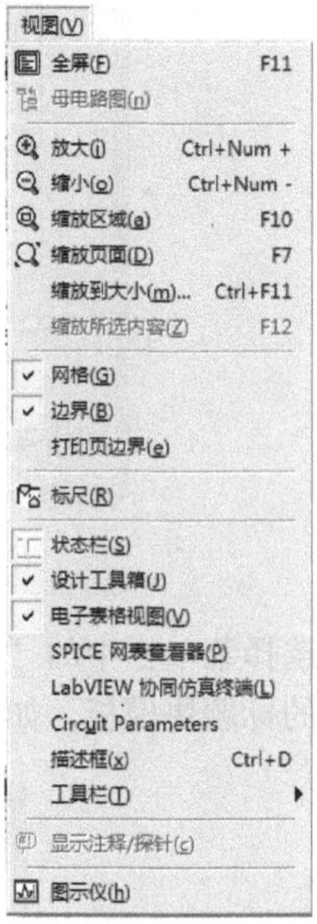

图 2-38 “视图”菜单

- 全屏：将视图界面铺满整个显示屏。
- 母电路图：将整个选定区域显示在母电路图中。
- 放大：放大编辑区中的对象。
- 缩小：缩小编辑区中的对象。
- 适合文件：用于观察并调整整张原理图的布局。选择该命令后，在编辑窗口中将以最大的比例显示整张原理图的内容，包括图纸边框、标题栏等。
- 适合所有对象：用于观察整张原理图的组成概况。选择该命令后，在编辑窗口中将以最大比例显示电路原理图上的所有元器件。
- 缩放区域：在工作窗口中选中一个区域，放大选中的区域。具体的操作方法是：选择该命令，光标以十字形状出现在工作窗口中，单击确定区域的一个顶点，移动光标确定区域的对角顶点后单击，在工作窗口中将只显示刚才选择的区域。
- 缩放页面：将页面尺寸进行适当缩放。
- 缩放到大小：将页面缩放至需要的尺寸大小。
- 缩放所选内容：将所选定的内容尺寸进行缩放。
- 点周围：在工作窗口中显示一个坐标点附近的区域。同样是用于放大选中的区域，但区域的选择与上一个命令不同。具体的操作方法是：选择该命令，光标以十字形状出现在工作窗口中，移动光标至想显示的点，单击后移动光标，在工作窗口中将出现一个以该点为中心的虚线框，确定虚线框的范围后单击，将会显示虚线框所包含的范围。
- 被选中的对象：用于放大显示选中的对象。单击选择该命令后，选中的多个对象将以适当的尺寸放大显示。

2. 显示比例的缩放

该类操作包括确定原理图的显示比例、原理图的放大和缩小显示以及按原比例显示原理图上坐标点附近的区域，它们一起构成了“查看”菜单的第二栏和第三栏。

- 50%：在工作窗口中按 50% 的比例显示实际图纸。
- 100%：在工作窗口中按正常大小显示实际图纸。

- 200%：在工作窗口中按200%的比例显示实际图纸。
- 400%：在工作窗口中按400%的比例显示实际图纸。
- 放大：以光标为中心放大画面。
- 缩小：以光标为中心缩小画面。
- 摇镜头：在工作窗口中按原比例显示以光标所在位置为中心的区域内的内容。其具体操作为：移动光标确定想要显示的范围，选择该命令，在工作窗口中将显示以该点为中心的内容。该操作提供了快速显示内容切换功能，与“点周围”命令的操作不同，这里的显示比例没有发生改变。

3. 使用快捷键和工具栏按钮执行视图显示操作

Multisim 14.0 为大部分视图操作提供了快捷键，如下所示。

- 〈Ctrl〉+〈Page Down〉：在工作窗口中显示整个原理图。
- 〈Ctrl〉+〈5〉：在工作窗口中按50%的比例显示实际图纸。
- 〈Ctrl〉+〈1〉：在工作窗口中按正常大小显示实际图纸。
- 〈Ctrl〉+〈2〉：在工作窗口中按200%的比例显示实际图纸。
- 〈Ctrl〉+〈4〉：在工作窗口中按400%的比例显示实际图纸。
- 〈Page Up〉：放大显示。
- 〈Page Down〉：缩小显示。
- 〈Home〉：按原比例显示以光标所在位置为中心的附近区域。

同时为常用视图操作提供了工具栏按钮，如图2-39所示。

- （适合所有对象）按钮：在工作窗口中显示所有对象。
- （缩放区域）按钮：在工作窗口中显示选定区域。
- （选择缩放）按钮：在工作窗口中显示选定元器件。

图2-39 “视图”工具栏

4. 使用鼠标滚轮平移和缩放

使用鼠标滚轮平移和缩放图纸的操作方法如下。

- 平移：向上滚动鼠标滚轮则向上平移图纸，向下滚动则向下平移图纸；按住〈Shift〉键的同时向下滚动鼠标滚轮会向右平移图纸；按住〈Shift〉键的同时向上滚动鼠标滚轮会向左平移图纸。
- 放大：按住〈Ctrl〉键的同时向上滚动鼠标滚轮会放大显示图纸。
- 缩小：按住〈Ctrl〉键的同时向下滚动鼠标滚轮会缩小显示图纸。

2.7.2 刷新原理图

绘制原理图时，在完成滚动界面、移动元器件等操作后，有时会出现界面显示残留的斑点、线段或图形变形等问题。虽然这些内容不会影响电路的正确性，但是为了美观起见，建议用户，选择菜单栏中的“查看”→“刷新”命令，或者按〈End〉键，刷新原理图。

第 3 章　原理图设计基础

只有先设计出符合需要和规则的电路原理图，然后才能顺利地对其进行仿真分析，最终变为可以用于生产的 PCB 印制电路板设计文件。

在图纸上放置好电路设计所需要的各种元器件并对它们的属性进行相应的设置是最基本的操作，本章将进行详细介绍。

知识点

- 元器件分类
- 放置元器件
- 属性编辑

3.1　元器件分类

NIMultisim 14.0 不仅提供了数量众多的元器件符号图形，而且还设计了元器件的模型，并分门别类地存储在各个元器件库中。下面按照元器件库的命名不同详细介绍常用的元器件。

3.1.1　电源库

单击“元器件”工具栏中的“放置源”按钮 ，Sources 库的“系列”栏包含以下几种，如图 3-1 所示。

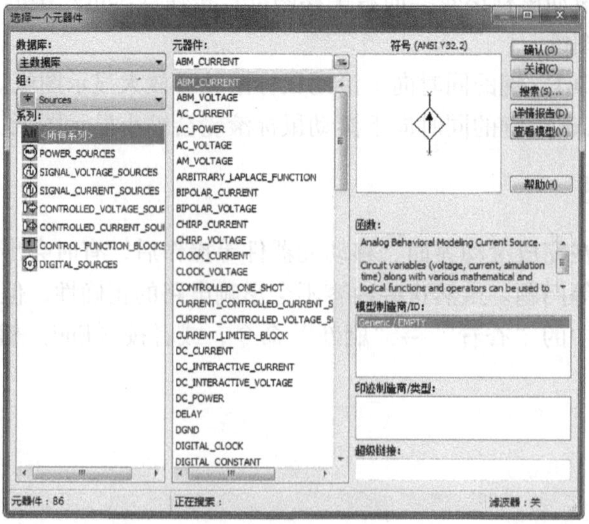

图 3-1　Sources 库

- 电源（POWER - SOURCES）：包括常用的交直流电源、数字地、地线、星形或三角形连接的三相电源、VCC、VDD、VEE、VSS 电压源，其“元器件”栏下内容如图 3-2 所示。
- 电压信号源（SIGNAL - VOLTAG…）：包括交流电压、时钟电压、脉冲电压、指数电压、FM、AM 等多种形式的电压信号，其“元器件”栏下内容如图 3-3 所示。

交流电源	AC_POWER
直流电源	DC_POWER
数字地	DGND
地线	GROUND
非理想电源	NON_IDEAL_BATTERY
星形三相电源	THREE_PHASE_DELTA
三角形三相电源	THREE_PHASE_WYE
TTL电源	VCC
CMOS电源	VDD
TTL地端	VEE
CMOS地端	VSS

图 3-2　电源

交流信号电压源	AC_VOLTAGE
调幅信号电压源	AM_VOLTAGE
时钟信号电压源	CLOCK_VOLTAGE
指数信号电压源	EXPONENTIAL_VOLTAGE
调频信号电压源	FM_VOLTAGE
线性信号电压源	PIECEWISE_LINEAR_VOL
脉冲信号电压源	PULSE_VOLTAGE
噪声信号源	WHITE_NOISE

图 3-3　电压信号源

- 电流信号源（SIGNAL - CURREN…）：包括交流、时钟、脉冲、指数、FM 等多种形式的电流源，其“元器件”栏下内容如图 3-4 所示。
- 受控电压源（CONTROLLED - VO…）：包括电压控制电压源和电压控制电流源，其“元器件”栏下内容如图 3-5 所示。

交流信号电流源	AC_CURRENT
时钟信号电流源	CLOCK_CURRENT
直流信号电流源	DC_CURRENT
指数信号电流源	EXPONENTIAL_CURRENT
调频信号电流源	FM_CURRENT
磁通量信号源	MAGNETIC_FLUX
磁通量类型信号源	MAGNETIC_FLUX_GENERA
线性信号电流源	PIECEWISE_LINEAR_CUR
脉冲信号电流源	PULSE_CURRENT

图 3-4　电流信号源

单脉冲控制器	CONTROLLED_ONE_SHOT
电流控电压器	CURRENT_CONTROLLED_V
键控电压器	FSK_VOLTAGE
电压控线性源	VOLTAGE_CONTROLLED_P
电压控正弦波	VOLTAGE_CONTROLLED_S
电压控方波	VOLTAGE_CONTROLLED_S
电压控三角波	VOLTAGE_CONTROLLED_T
电压控电压器	VOLTAGE_CONTROLLED_V

图 3-5　受控电压源

- 受控电流源（CONTROLLED - CU…）包括电流控制电流源和电压控制电流源，其“元器件”栏下内容如图 3-6 所示。
- 控制功能模块（CONTROL - FUNCT…）：包括除法器（DIVIDER）、乘法器（MULTIPLIER）、积分（VOLTAGE - INTEGRATOR）、微分（VOLTAGE - DIFFERENTIATOR）等多种形式的功能块，其“元器件”栏下内容如图 3-7 所示。
- 数字控制模块（DIGITAL_SOURCES）：包括数字时钟（DIGITAL_CLOCK）、数字常数（DIGITAL_CONSTANT）等。

图 3-6　受控电流源

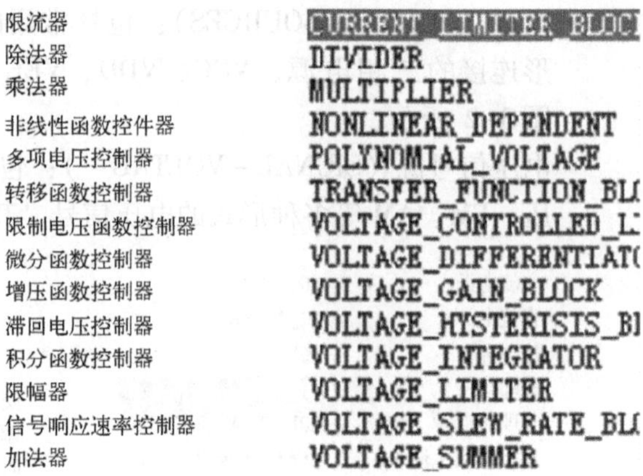

图 3-7　控制功能模块

3.1.2　基本元器件库

单击“元器件”工具栏中的“放置基本”按钮，Basic 库的“系列”栏中包含以下几种，如图 3-8 所示。

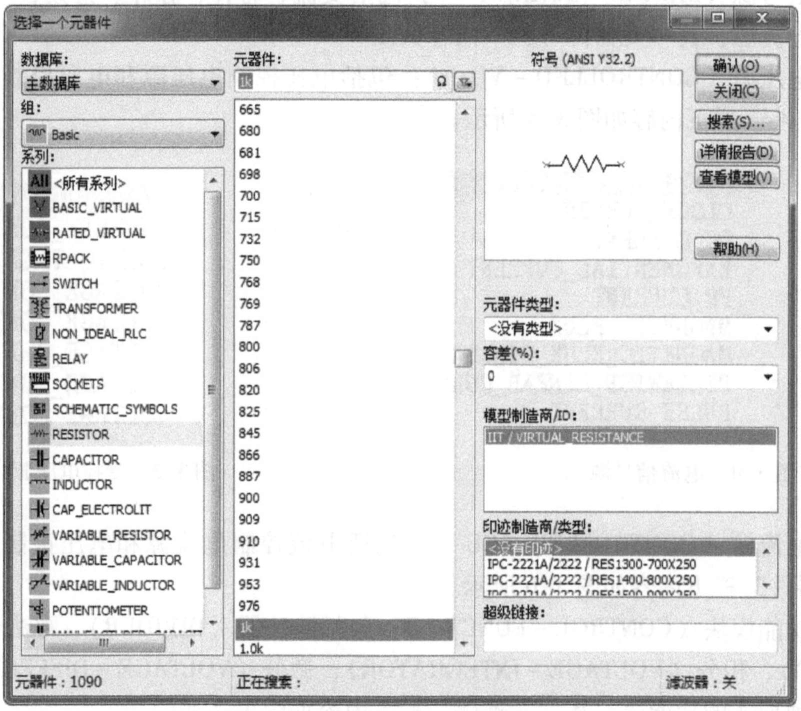

图 3-8　Basic 库

- 基本虚拟器件（BASIC_VIRTUAL）：包含一些常用的虚拟电阻、电容、电感、继电器、电位器、可调电阻、可调电容等，其“元器件”栏中如图 3-9 所示。
- 定额虚拟器件（RATED_VIRTUAL）：包含额定电容、电阻、电感、晶体管、电机、继电器等，其“元器件”栏中如图 3-10 所示。

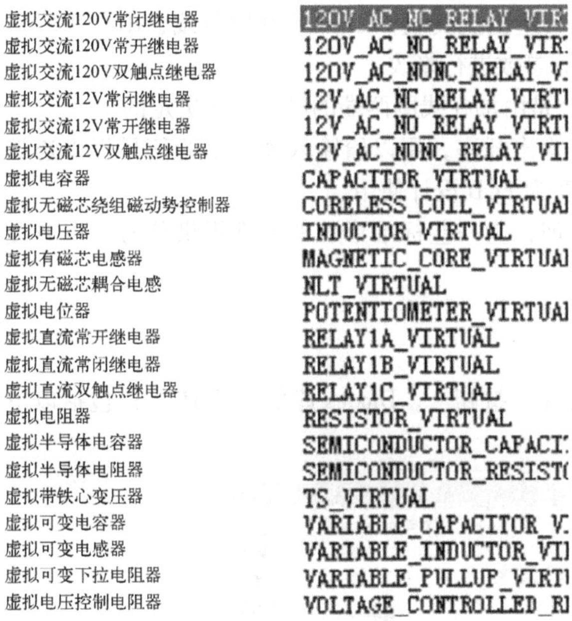

虚拟交流120V常闭继电器 120V_AC_NC_RELAY_VIRT
虚拟交流120V常开继电器 120V_AC_NO_RELAY_VIR
虚拟交流120V双触点继电器 120V_AC_NONC_RELAY_V
虚拟交流12V常闭继电器 12V_AC_NC_RELAY_VIRT
虚拟交流12V常开继电器 12V_AC_NO_RELAY_VIRT
虚拟交流12V双触点继电器 12V_AC_NONC_RELAY_VI
虚拟电容器 CAPACITOR_VIRTUAL
虚拟无磁芯绕组磁动势控制器 CORELESS_COIL_VIRTUA
虚拟电压器 INDUCTOR_VIRTUAL
虚拟有磁芯电感器 MAGNETIC_CORE_VIRTUA
虚拟无磁芯耦合电感 NLT_VIRTUAL
虚拟电位器 POTENTIOMETER_VIRTUA
虚拟直流常开继电器 RELAY1A_VIRTUAL
虚拟直流常闭继电器 RELAY1B_VIRTUAL
虚拟直流双触点继电器 RELAY1C_VIRTUAL
虚拟电阻器 RESISTOR_VIRTUAL
虚拟半导体电容器 SEMICONDUCTOR_CAPACI
虚拟半导体电阻器 SEMICONDUCTOR_RESIST
虚拟带铁心变压器 TS_VIRTUAL
虚拟可变电容器 VARIABLE_CAPACITOR_V
虚拟可变电感器 VARIABLE_INDUCTOR_VI
虚拟可变下拉电阻器 VARIABLE_PULLUP_VIRT
虚拟电压控制电阻器 VOLTAGE_CONTROLLED_R

图 3-9 基本虚拟器件

额定虚拟三五时基电路 555_TIMER_RATED
额定虚拟NPN晶体管 BJT_NPN_RATED
额定虚拟NPN晶体管 BJT_PNP_RATED
额定虚拟电解电容器 CAPACITOR_POL_RATED
额定虚拟电容器 CAPACITOR_RATED
额定虚拟二极管 DIODE_RATED
额定虚拟熔丝管 FUSE_RATED
额定虚拟电感器 INDUCTOR_RATED
额定虚拟蓝发光二极管 LED_BLUE_RATED
额定虚拟绿发光二极管 LED_GREEN_RATED
额定虚拟红发光二极管 LED_RED_RATED
额定虚拟黄发光二极管 LED_YELLOW_RATED
额定虚拟电动机 MOTOR_RATED
额定虚拟直流常闭继电器 NC_RELAY_RATED
额定虚拟直流常开继电器 NO_RELAY_RATED
额定虚拟直流双触点继电器 NONC_RELAY_RATED
额定虚拟运算放大器 OPAMP_RATED
额定虚拟普通发光二极管 PHOTO_DIODE_RATED
额定虚拟光电管 PHOTO_TRANSISTOR_RATED
额定虚拟电位器 POTENTIOMETER_RATED
额定虚拟下拉电阻 PULLUP_RATED
额定虚拟电阻 RESISTOR_RATED
额定虚拟带铁心变压器 TRANSFORMER_CT_RATED
额定虚拟无铁心变压器 TRANSFORMER_RATED
额定虚拟可变电容器 VARIABLE_CAPACITOR_RATED
额定虚拟可感电容器 VARIABLE_INDUCTOR_RATED

图 3-10 定额虚拟器件

- 电阻（RESISTOR）：该元器件栏中的电阻都是标称电阻，是根据真实电阻元器件而设计的，其电阻值不能改变。
- 排阻（RESISTOR PACK）：相当于多个电阻并列封装在一个壳内，它们具有相同的阻值。
- 电位器（POTENTIOMETER）：即可调电阻，可以通过键盘字母动态调节电阻，大写表示增加电阻值，小写表示减小电阻值，调节增量可以设置。
- 电容（CAPACITOR）：所有电容都是无极性的，不能改变参数，没有考虑误差，也未考虑耐压大小。
- 电解电容器（CAP_ELECTROLIT）：所有电容都是有极性的，“+”极性端子需要接直流高电位。
- 可变电容（VARIABLE_CAPACITOR）：电容量可在一定范围内调整，使用情况和电位器类似。
- 电感（INDUCTOR）：使用情况和电容、电阻类似。
- 可变电感（VARIABLE_INDUCTOR）：使用方法和电位器类似。
- 开关（SWITCH）：包括电流控制开关、单刀双掷开关（SPDT）、单刀单掷开关（SPST）、时间延时开关（TD_SW1）、电压控制开关。
- 变压器（TRANSFORMER）：包括线形变压器模型，变比 N = V1/V2，V1 是一次线圈电压、V2 是二次线圈电压，二次线圈中心抽头的电压是 V2 的一半。这里的电压比不能直接改动，如果要变动，则需要修改变压器的模型。使用时要求变压器的两端都接地。
- 非线性变压器（NON_LINEAR - TRANSFORMER）：该变压器考虑了铁心的饱和效应，可以构造初、次级线圈间损耗、漏感、铁心尺寸大小等物理效应。

- 复数（或 Z）负载（Z_LOAD）：包括一些阻抗负载，如 RLC 并联负载、RLC 串联负载等，可对其中的电感、电阻、电容等参数进行修改。
- 继电器（RELAY）：继电器的触点开合是由加在线圈两端的电压大小决定的。
- 连接器（CONNECTORS）：作为输入/输出插座，用以给输入和输出的信号提供连接方式，不会对仿真结果产生影响，主要为 PCB 设计使用。
- 插座/管座（SOCKETS）：与连接器类似，为一些标准形状的插件提供位置，以方便 PCB 设计。

3.1.3　二极管库

单击“元器件”工具栏中的“放置二极管”按钮，Diodes 库的“系列”栏包括以下几种，如图 3-11 所示。

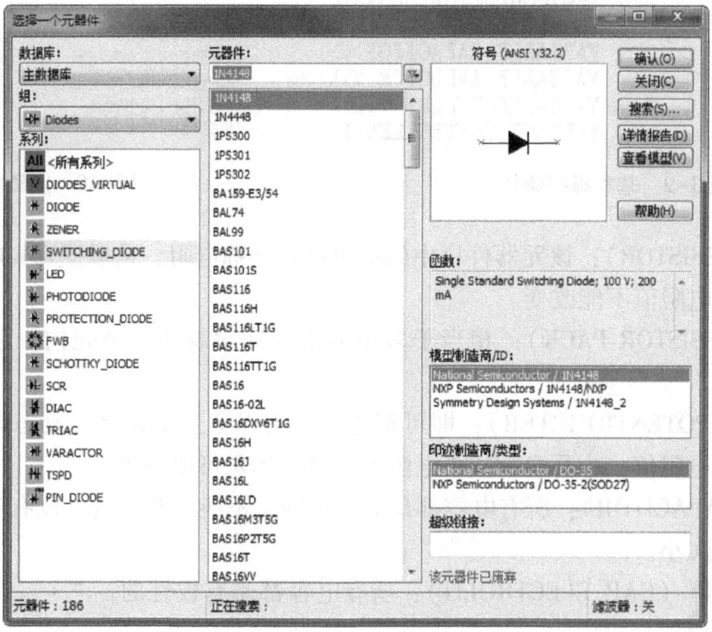

图 3-11　Diodes 库

- 虚拟二极管（DIODES - VIRTUAL）：相当于理想二极管，其 SPICE 模型是典型值。
- 二极管（DIODE）：包含众多产品型号。
- 齐纳二极管（ZENER）：即稳压二极管，包括众多产品型号。
- 发光二极管（LED）：含有 6 种不同颜色的发光二极管，当有正向电流流过时才可发光。
- 全波桥式整流器（FWB）：相当于使用 4 个二极管对输入的交流进行整流，其中的 2、3 端子接交流电压，1、4 端子作为输出直流端。
- 可控硅整流桥（SCR）：只有当正向电压超过正向转折电压，并且有正向脉冲电流流进栅极 G 时 SCR 才能导通。
- 双向二极管开关（DTAC）：相当于两个肖特基二极管并联，是依赖于双向电压的双向开关。当电压超过开关电压时，才有电流流过二极管。

- 三端开关可控硅开关（TRIAC）：相当于两个单相可控硅并联。
- 变容二极管（VARACTOR）：相当于一个电压控制电容器。本身是一种在反偏时具有相当大结电压的 PN 结二极管，结电容的大小受反偏电压的大小控制。

3.1.4 晶体管库

单击“元器件”工具栏中的“放置晶体管”按钮，Transistors 库的“系列”栏包含以下几种，如图 3-12 所示。

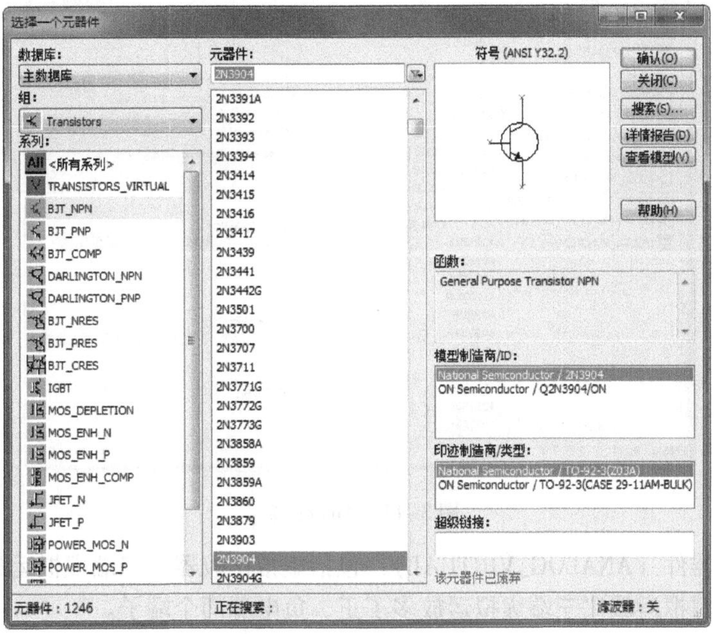

图 3-12　Transistors 库

- 虚拟晶体管（TRANSISTORS_VIRTUAL）：虚拟晶体管，包括 BJT、MOSFET、JFET 等虚拟元器件。
- 双极结型 NPN 晶体管（BJT_NPN）、双极结型 PNP 晶体管（BJT_PNP）、达林顿 NPN 管（DARLNIGTON_NPN）、达林顿 PNP 管（DARLNIGTON_PNP）。
- 双极结型晶体管阵列（BJT_ARRAY）：晶体管阵列，是由若干个相互独立的晶体管组成的复合晶体管封装块。
- 绝缘栅双极型晶体管（IGBT）：IGBT 是一种 MOS 门控制的功率开关，具有较小的导通阻抗，其 C、E 极间能承受较高的电压和电流。
- N 沟道耗尽型金属－氧化物－半导体场效应管（MOS_3TDN）、N 沟道增强型金属－氧化物－半导体场效应管（MOS_3TEN）、P 沟道增强型金属－氧化物－半导体场效应管（MOS_3TEP）。
- N 沟道耗尽型结型场效应管（JFET_N）、P 沟道耗尽型结型场效应管（JFET_P）、N 沟道 MOS 功率管（POWER－MOS_N）、P 沟道 MOS 功率管（POWER_MOS_P）。
- UJT 管（UJT）：可编程单结型晶体管。
- 温度模型（THERMAL_MODELS）：带有热模型的 NMOSFET。

3.1.5 模拟元器件库

单击“元器件”工具栏中的“放置模拟”按钮，Analog 库的“系列”栏包含以下几种，如图 3-13 所示。

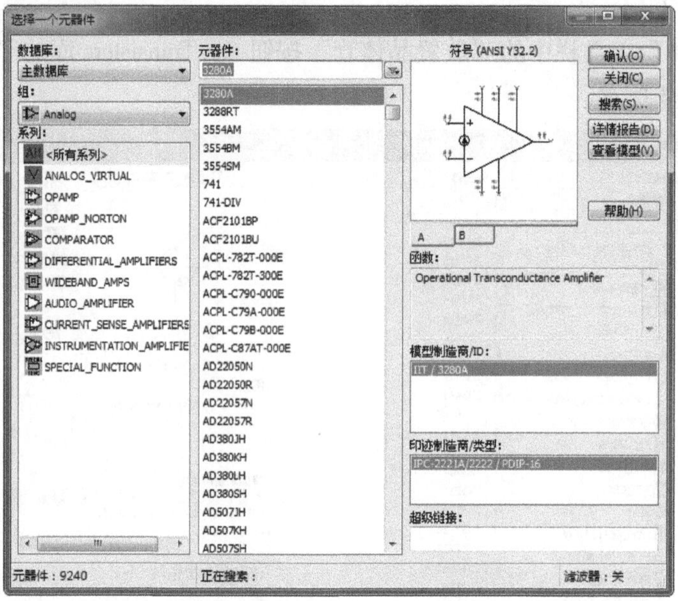

图 3-13　Analog 库

- 模拟虚拟器件（ANALOG_VIRTUAL）：包括虚拟比较器、三端虚拟运放和五端虚拟运放。五端虚拟运放比三端虚拟运放多了正、负电源两个端子。
- 运算放大器（OPAMP）：包括五端、七端和八端运放。
- 诺顿运算放大器（OPAMP_NORTON）：即电流差分放大器（CDA），是一种基于电流的器件，其输出电压与输入电流成比例。
- 比较器（COMPARATOR）：比较两个输入电压的大小和极性，并输出对应状态。
- 宽带放大器（WIDEBAND_AMPS）：单位增益带宽可超过 10 MHz，典型值为 100 MHz，主要用于要求带宽较宽的场合，如视频放大电路等。
- 特殊功能运算放大器（SPECIAL_FUNCTION）：主要包括测试运放、视频运放、乘法器/除法器、前置放大器和有源滤波器。

3.1.6 TTL 库

TTL 元器件库含有 74 系列的 TTL 数字集成逻辑器件，单击“元器件”工具栏中的“放置 TTL”按钮，TTL 库的“系列”栏包含以下几种，如图 3-14 所示。

- 74STD 系列（74STD）：标准型集成电路，型号范围为 7400 ~ 7493。
- 74LS 系列（74LS）：低功耗肖特基型集成电路，型号范围为 74LS00N ~ 74LS93N。

注意

当含有 TTL 或 CMOS 数字元器件进行仿真时，电路中应含有数字电源和接地端，它们可以象征性地放在电路中，不进行任何电气连接，否则，启动仿真时 Multisim 将提示出错。

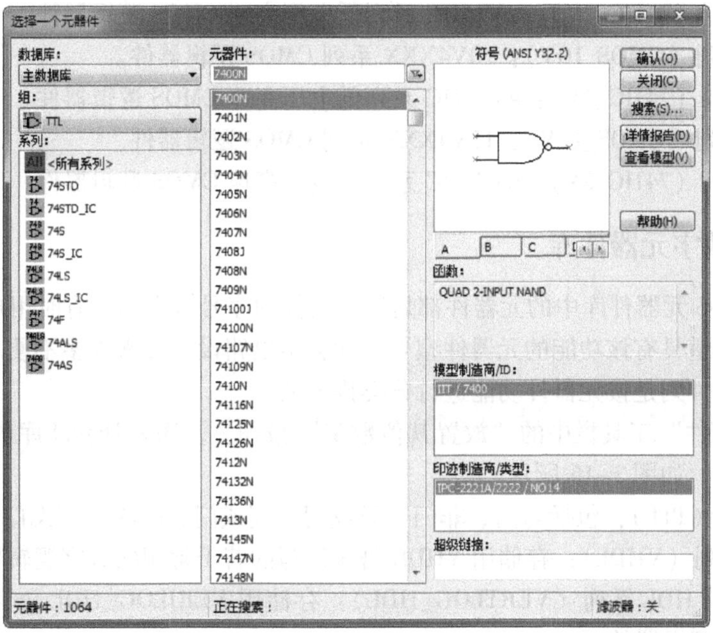

图 3-14　TTL 库

3.1.7　CMOS 库

CMOS 元器件库含有 74HC 系列和 4XXX 系列的 CMOS 数字集成逻辑器件，单击“元器件”工具栏中的“放置 CMOS 库”按钮，CMOS 库的“系列”栏包含包括以下几种，如图 3-15 所示。

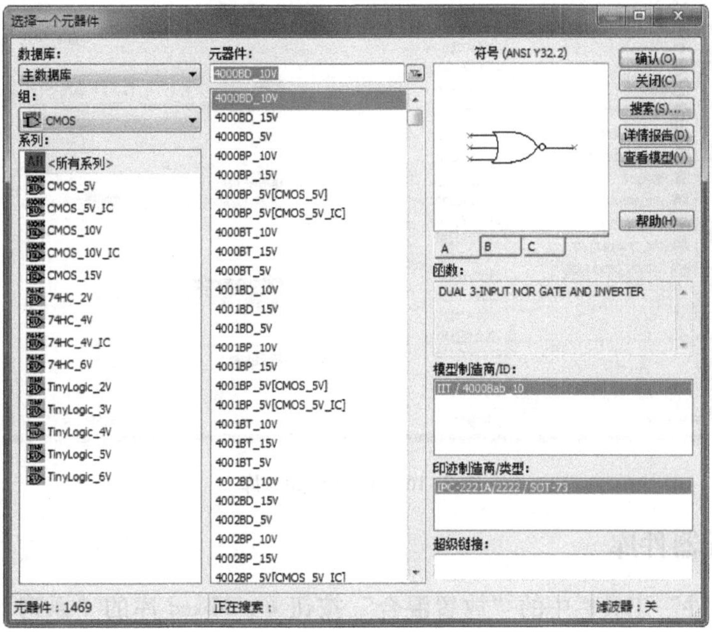

图 3-15　CMOS 库

- CMOS 系列（CMOS_5V）：5V4XXX 系列 CMOS 逻辑器件。
- 74HC 系列（74HC_2V）：2V74HC 系列低电压高速 CMOS 逻辑器件。
- CMOS 系列（CMOS_10V）：10V4XXX 系列 CMOS 逻辑器件。
- 74HC 系列（74HC_4V）：4V74HC 系列低电压高速 CMOS 逻辑器件。
- CMOS 系列（CMOS_15V）：15V4XXX 系列 CMOS 逻辑器件。
- 74HC 系列（74HC_6V）：6V74HC 系列低电压高速 CMOS 逻辑器件。

3.1.8 其他数字元器件库

TTL 和 CMOS 元器件库中的元器件都是按元器件的序号排列的，有时用户仅知道元器件的功能，而不知道具有该功能的元器件型号，就会给电路设计带来许多不便。而其他数字元器件库中的元器件则是按元器件功能进行分类排列的。

单击“元器件”工具栏中的“放置其他数字”按钮，Misc Digital 库的“系列”栏包含包括以下几种，如图 3-16 所示。

- TTL 系列（TTL）：包括与门、非门、异或门、同或门、RAM、三态门等。
- VHDL 系列（VHDL）：存储用 VHDL 语言编写的若干常用的数字逻辑器件。
- VERTLOG_HDL 系列（VERTLOG_HDL）：存储用 VERILOG_HDL 语言编写的若干常用的数字逻辑器件。

事实上，这是用 VHDL、Verilog_HDL 等高级语言编辑其模型的元器件。

图 3-16　Misc Digital 库

3.1.9 混合元器件库

单击“元器件”工具栏中的“放置混合”按钮，Mixed 库的“系列”栏包含以下几种，如图 3-17 所示。

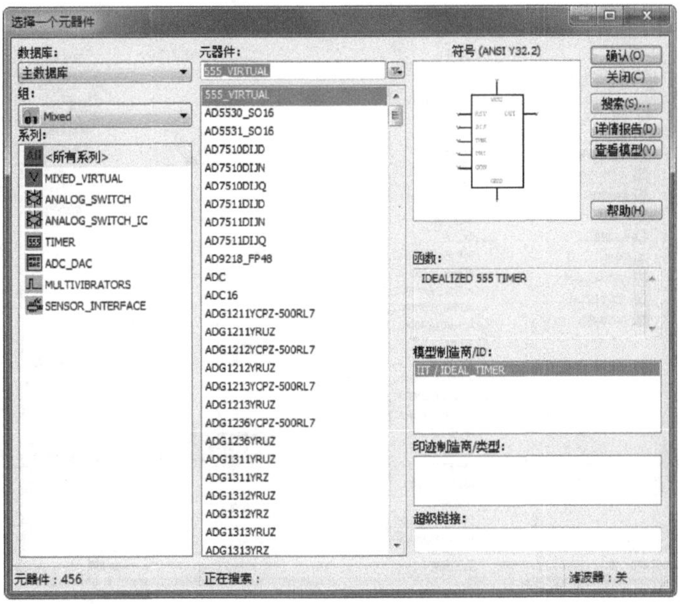

图 3-17　Mixed 库

- 虚拟混合器件（MIXED_VIRTUAL）：包括 555 定时器、单稳态触发器、模拟开关、锁相环。
- 定时器（TIMER）：包括 7 种不同型号的 555 定时器。
- 模数 - 数模转换器（ADC_DAC）：包括一个 A - D 转换器和两个 D - A 转换器，其量化精度都是 8 位，都是虚拟元器件，只能作仿真用，没有封装信息。
- 模拟开关（ANALOG_SWITCH）：也称电子开关，其功能是通过控制信号控制开关的通断。

3.1.10　指示器元器件库

指示器元器件库包含可用来显示仿真结果的显示器件。对于指示器元器件库中的元器件，软件不允许从模型上进行修改，只能在其属性对话框中对某些参数进行设置。单击“元器件”工具栏中的“放置指示器”按钮，Indicator 库的“系列”栏包含以下几种，如图 3-18 所示。

- 电压表（VOLTMETER）：可测量交、直流电压。
- 电流表（AMMETER）：可测量交、直流电流。
- 探测器（PROBE）：相当于一个 LED，仅有一个端子，使用时将其与电路中某点连接，当该点达到高电平时探测器就发光。
- 蜂鸣器（BUZZER）：该器件是用计算机自带的扬声器模拟理想的压电蜂鸣器，当加在端口上的电压超过设定电压值时，该蜂鸣器将按设定的频率响应。
- 灯泡（LAMP）：工作电压和功率不可设置，对直流该灯泡将发出稳定的光，对交流该灯泡将闪烁发光。
- 虚拟灯（VIRTUAL_LAMP）：相当于一个电阻元器件，其工作电压和功率可调节，其余与现实灯泡原理相同。
- 十六进制 - 显示器（HEX_DISPLAY）：包括 3 个元器件，其中 DCD_HEX 是带译码的

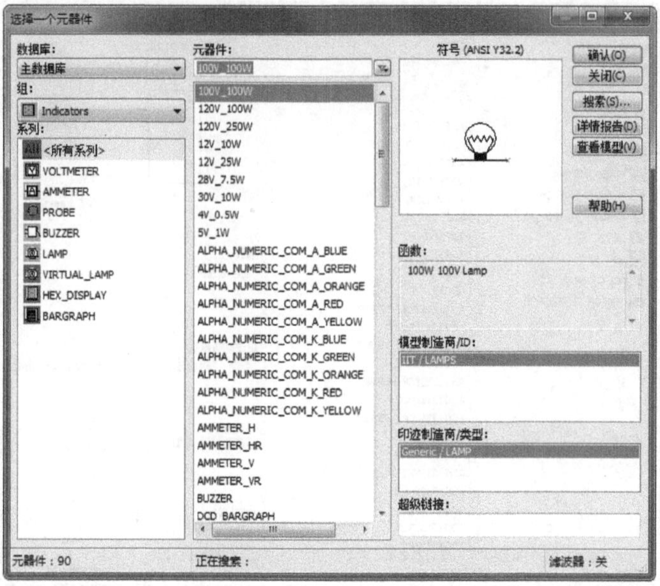

图 3-18　NIdicator 库

7 段数码显示器，有 4 条引线，从左到右分别对应 4 位二进制的最高位和最低位。其余两个是不带译码的 7 段数码显示器，显示十六进制时需要加译码电路。

- 条柱显示（BARGRAPH）：相当于 10 个 LED 同向排列，左侧是阳极，右侧是阴极。

3.1.11　功率元器件库

单击“元器件”工具栏中的“放置功率元器件”按钮，Power 库的“系列”栏包含以下几种，如图 3-19 所示。

图 3-19　Power 库

3.1.12 其他元器件库

Multisim 14.0 把不能划分为某一类型的元器件另归一类，称为其他元器件库。单击“元器件”工具栏中的“放置其他”按钮，Misc 库的“系列”栏包含以下几种，如图 3-20 所示。

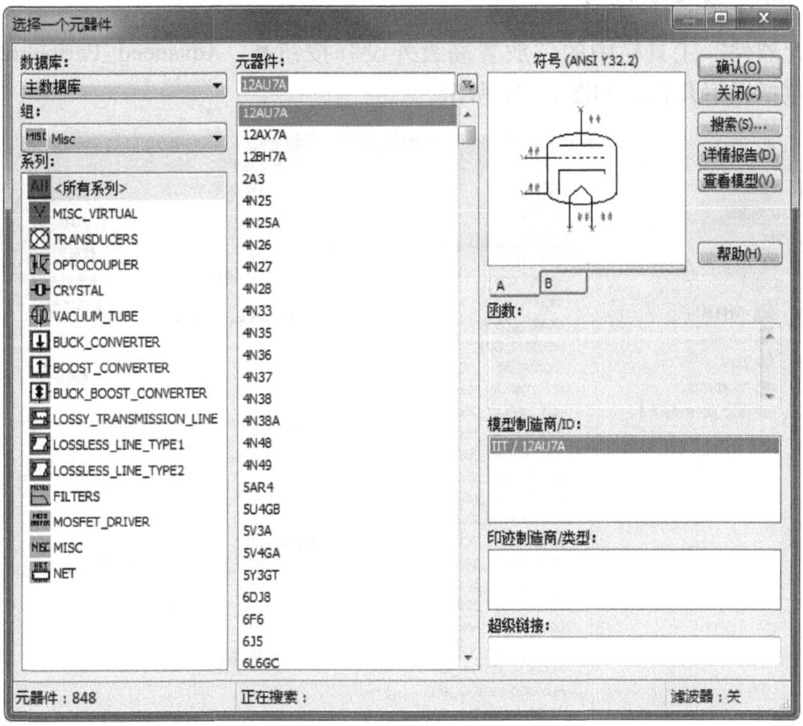

图 3-20 Misc 库

- 多功能虚拟器件（MISC_VIRTUAL）：包括晶振、保险、电机、光耦等虚拟元器件。
- 传感器（TRANSDUCERS）：包括位置检测器、霍尔效应传感器、光敏晶体管、发光二极管、压力传感器等。
- 晶体（CRYSTAL）：包括多个振荡频率的现实晶振。
- 真空管（VACUUM_TUBE）：该元器件有 3 个电极，常作为放大器在音频电路中使用。
- 降压转换器（BUCK_CONVERTER）、升压转换器（BOOST_CONVERTER）、升降压转换器（BUCK_BOOST_CONVERTER）：用于对直流电压降压、升压、升降压变换。
- 有损耗传输线（LOSSY_TRANSMISSION_LINE）：相当于模拟有损耗媒质的二端口网络，它能模拟由特性阻抗和传输延迟导致的电阻损耗。如将其电阻和电导参数设置为 0 时，就成了无损耗传输线，用这种无损耗线进行仿真的结果会更精确。
- 无损耗传输线 1（LOSSLESS_LINE_TYPE1）：模拟理想状态下传输线的特性阻抗和传输延迟等特性，无传输损耗，其特性阻抗是纯电阻性的。
- 无损耗线路 2（LOSSLESS_LINE_TYPE2）：与类型 1 相比，不同之处在于传输延迟是通过在其属性对话框中设置传输信号频率和线路归一化长度来确定的。

- 网络（NET）：这是一个建立电路模型的模板，允许用户输入一个 2～20 个管脚的网络表，建立自己的模型。
- 多功能元器件（MISC）：只含一个元器件 MAX2740ECM，该元器件是集成 GPS 接收机。

3.1.13 高级外设元器件库

单击“元器件”工具栏中的“放置高级外设”按钮，Advanced_Peripherals 库的“系列”栏包含包括以下几种，如图 3-21 所示。

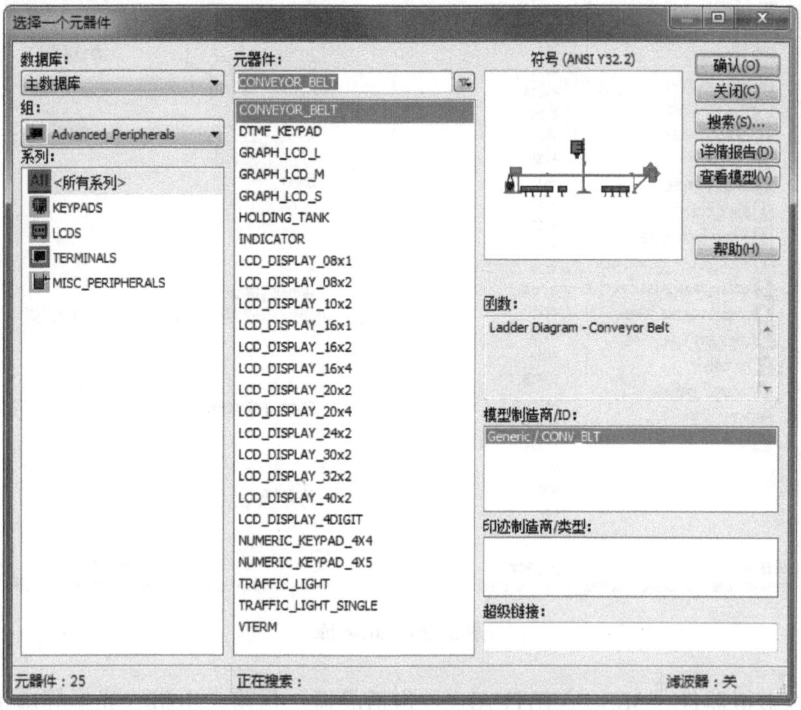

图 3-21 Advanced_Peripherals 库

3.1.14 射频元器件库

当电路工作于射频状态时，由于电路的工作频率很高，将导致元器件模型的参数发生很多变化，在低频下的模型将不能适用于射频工作状态，因而 Multisim 14.0 提供了专门适合射频电路的元器件模型。

单击“元器件”工具栏中的“放置 RF”按钮，RF 库的“系列”栏包含包括以下几种，如图 3-22 所示。

射频电容（RF_CAPACITOR）、射频电感（RF_INDUCTOR）、射频双极结型 NPN 管（RF_BJT_NPN）、射频双极结型 PNP 管（RF_BJT_PNP）、射频 N 沟道耗尽型 MOS 管（RF_MOS_3TDN）、隧道二极管（TUNNET_DIODE）、带（状）线（SATRIP_LINE）和铁氧体磁环（FERRITE_BEADS）。

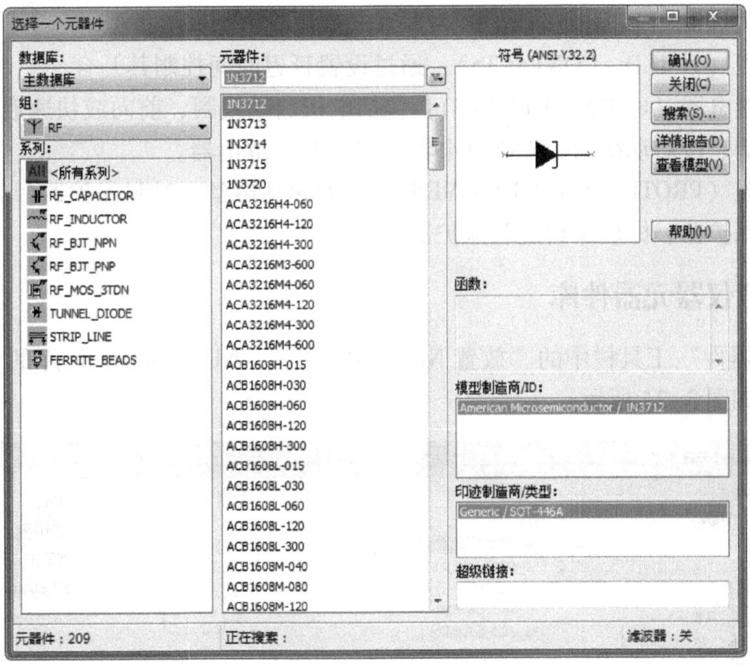

图 3-22　RF 库

3.1.15　机电类元器件库

单击“元器件”工具栏中的“放置机电式”按钮，Electro_Mechanical 库的“系列”栏包含包括以下几种，如图 3-23 所示。

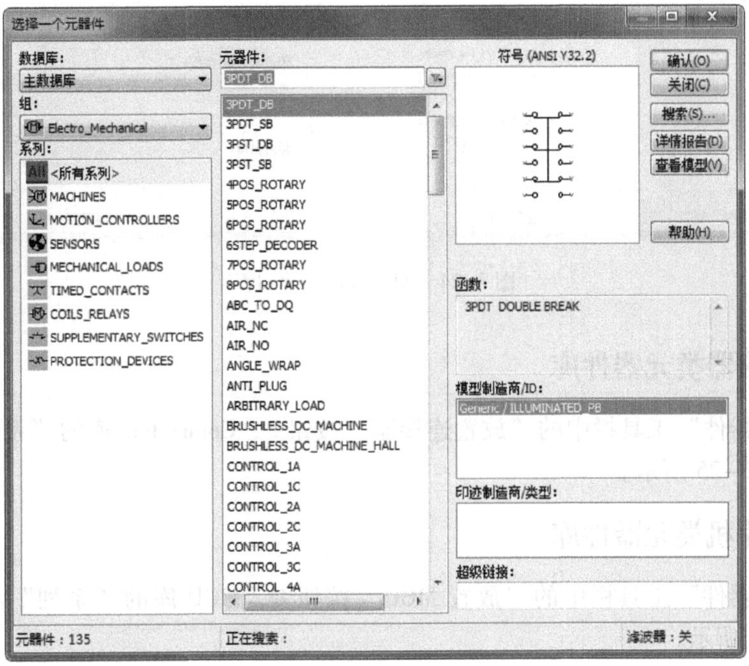

图 3-23　Electro_Mechanical 库

- 辅助开关（SUPPLEMENTARY - SWITCHES）：与检测开关类似。
- 同步触点（TIMED - CONTACTS）：通过设置延迟时间控制其开合。
- 线圈 - 继电器（COILS - RELAYS）：包括电机启动线圈、前向或快速启动线圈、反向启动线圈、慢启动线圈、控制继电器、时间延迟继电器。
- 保护装置（PROTECTION - DEVIVES）：主要包括熔丝、过载保护器、热过载保护器、磁过载保护器、梯形逻辑过载保护器。

3.1.16　虚拟仪器元器件库

单击“元器件”工具栏中的“放置 NI 元器件”，NI_Components 库的“系列”栏包含以下几种，如图 3-24 所示。

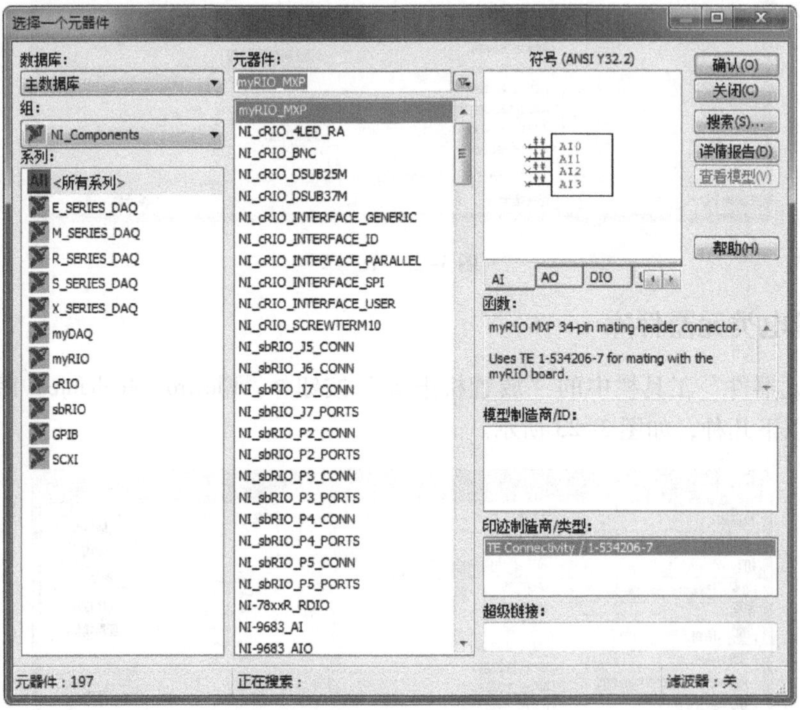

图 3-24　NI_Components 库

3.1.17　连接器类元器件库

单击“元器件”工具栏中的“放置连接器”按钮，Connectors 库的“系列”栏包含以下几种，如图 3-25 所示。

3.1.18　单片机类元器件库

单击“元器件”工具栏中的“放置 MCU”按钮，MCU 库的“系列”栏包含以下几种，如图 3-26 所示。

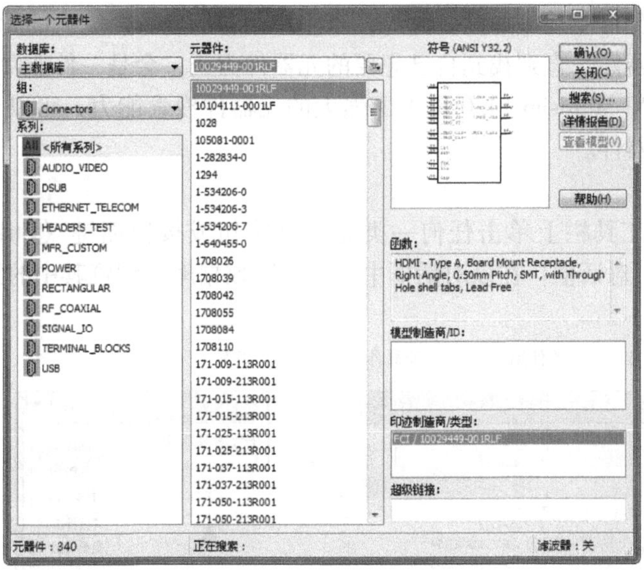

图 3-25　Connectors 库

图 3-26　MCU 库

3.2　放置元器件

原理图有两个基本要素，即元器件符号和线路连接。绘制原理图的主要操作就是将元器件符号放置在原理图图纸上，然后用线将元器件符号中的引脚连接起来，建立正确的电气连接。在放置元器件符号前，需要知道元器件符号在哪一个元器件库中，并载入该元器件库。

3.2.1　查找元器件

在加载元器件库的操作有一个前提，就是用户已经知道了需要的元器件符号在哪个元器件库中，而实际情况可能并非如此。此外，当用户面对的是一个庞大的元器件库时，逐个寻找列表中的所有元器件，直到找到自己想要的元器件为止，会是一件非常麻烦的事情，而且工作效率会很低。NI Multisim 14.0 提供了强大的元器件搜索能力，可以帮助用户轻松地在元器件库中定位元器件。

1. 浏览元器件

在“元器件”工具栏上单击任何一类元器件按钮或按快捷键〈Ctrl〉+〈W〉，弹出“选择一个元器件”对话框，在该对话框中显示不同数据库，浏览其中的元器件，如图 3-27 所示。

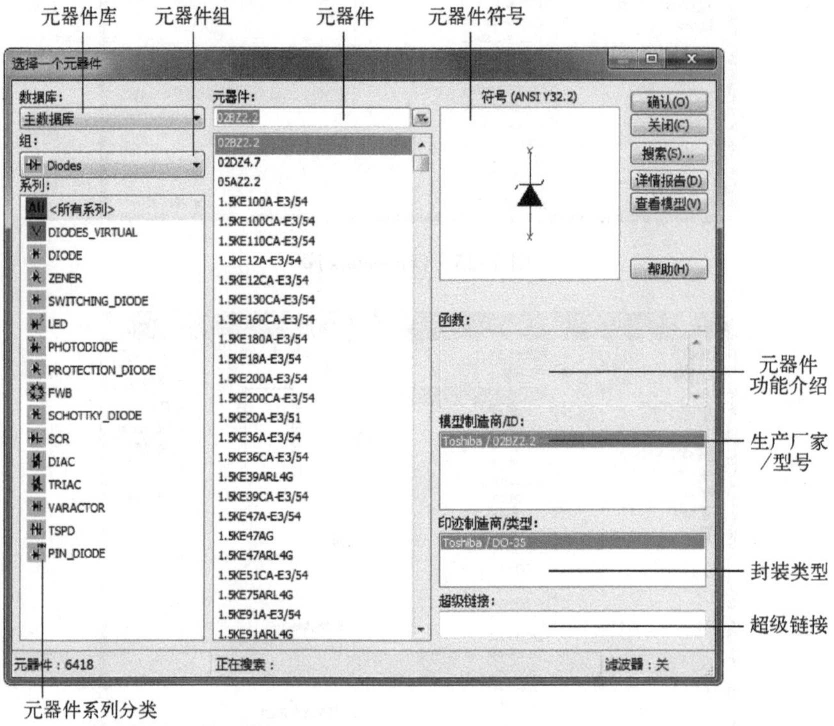

图 3-27 “选择一个元器件”对话框

在默认情况下，只有“主数据库”中包含元器件，因此“数据库”下拉列表中默认选择“主数据库”；在“组”下拉列表中选择元器件组，在“系列”下拉列表中选择相应的系列，这时，在元器件区弹出该系列的所对应的元器件列表，选择一种元器件，在功能区出现该元器件的信息。

2. 搜索元器件

如果对元器件分类信息已经有了一定的了解，NI Multisim 14.0 还提供了强大的搜索功能帮助用户快速找到所需要的元器件。

在“选择一个元器件”对话框中，单击“搜索”按钮，弹出“元器件搜索”对话框，如图 3-28 所示。在该对话框中用户可以搜索需要的元器件。

1）“组”“系列”下拉列表框：用于选择查找元器件所在组与系列，系统会在选择的元器件类别中查找。

2）“函数”文本框：输入需要查找的函数关键词。

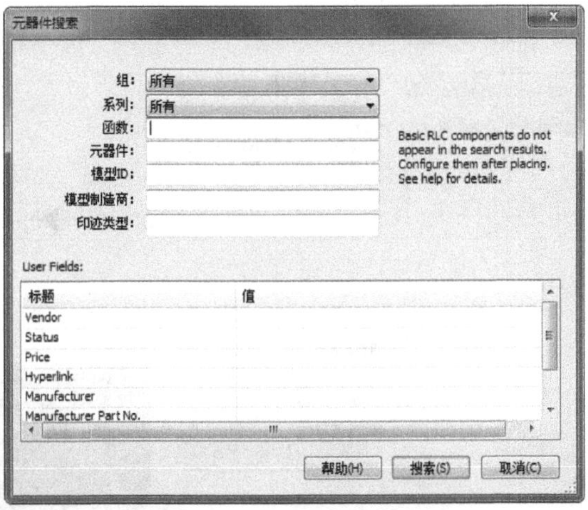

图 3-28 “搜索库”对话框

3）“元器件”文本框：输入需要查找的元器件关键词。

4）“模型 ID”文本框：输入需要查找的元器件对应的模型关键词。

5）“模型制造商”文本框：输入需要查找的元器件对应的模型制造商关键词。

6）“印迹类型”文本框：输入需要查找的元器件对应的印迹类型关键词。

设置的关键字越多，查找越精确，如图 3-29 所示。在该选项的文本框中，可以输入一些与查询内容有关的过滤语句表达式，有助于使系统进行更快捷、更准确的查找。在文本框中输入“1n4148”，单击“搜索”按钮后，系统开始搜索。

图 3-29 查找元器件

3. 显示找到的元器件及其所属元器件库

执行上述操作，查找到元器件“1N4148”后的“搜索结果”对话框如图 3-30 所示。可以看到，符合搜索条件的元器件名、描述、所属库文件及封装形式在该面板上被一一列出，供用户浏览参考。

4. 加载找到元器件的所属元器件库

单击“确认”按钮，则元器件所在的库文件被加载，如图 3-31 所示。

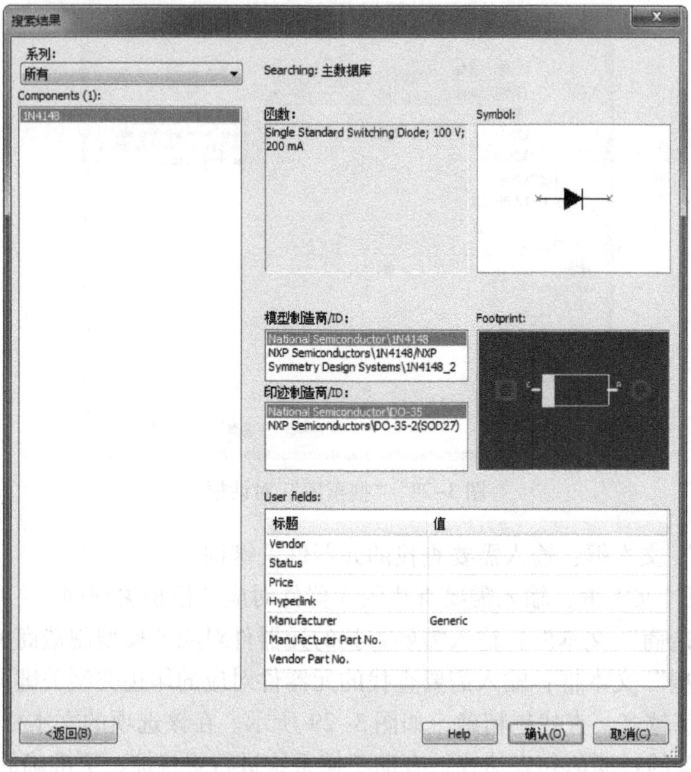

图 3-30　查找到元器件

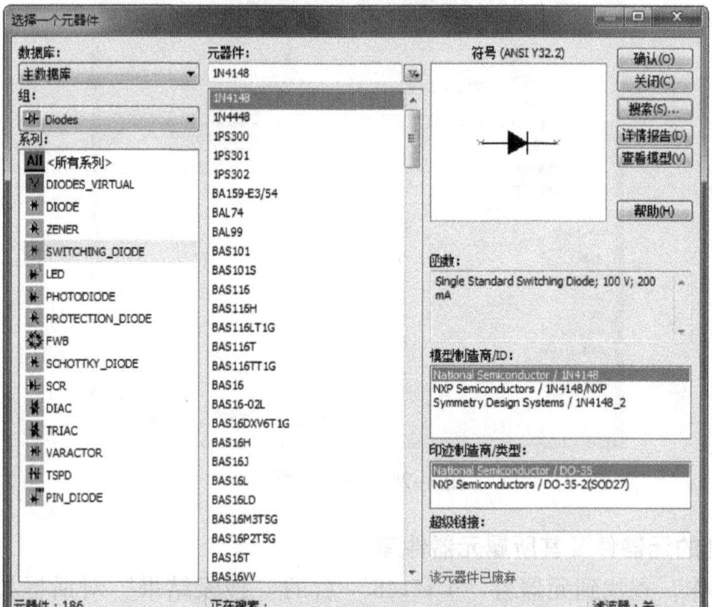

图 3-31　显示加载结果

3.2.2 放置元器件

在元器件库中找到元器件后，加载该元器件，以后就可以在原理图上放置该元器件了。在 NI Multisim 14.0 中元器件放置是通过“选择一个元器件”对话框来完成的。下面以放置元器件“1N4148”为例，对元器件放置过程进行详细说明。

在放置元器件之前，应该先选择所需要的元器件，并且确认所需要的元器件所在的库文件已经被装载。若没有装载库文件，请先按照前面介绍的方法进行装载，否则系统会提示所需要的元器件不存在。

1）打开“选择一个元器件”对话框，选择所需要放置元器件所属的库文件。在这里，需要的元器件“1N4148”在“主数据库”→“Diodes”→“SWITCHING_DIODE”系列下，打开这个元器件库，在元器件列表中输入“1N4148”，在列表栏中显示该元器件，如图 3-32 所示。

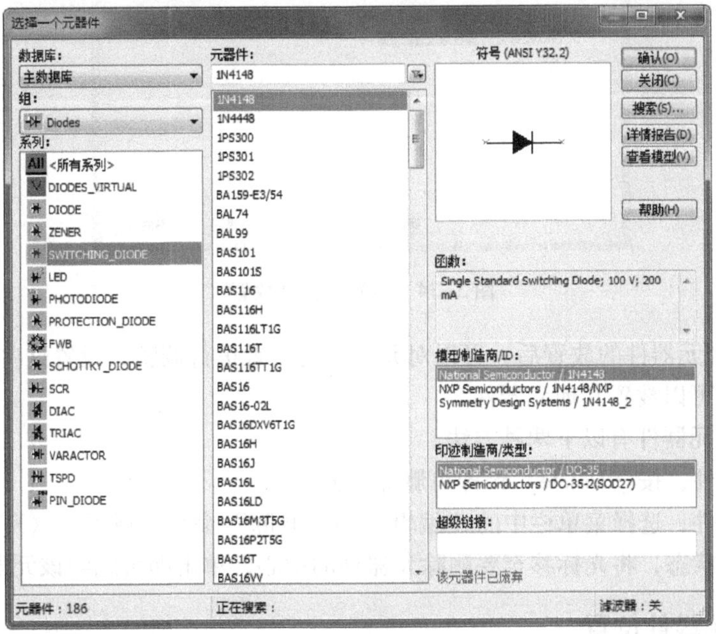

图 3-32 选择元器件

2）在浏览器中选中所需要放置的元器件，该元器件将以高亮显示，此时可以放置该元器件的符号。由于元器件库中的元器件很多，为了快速定位元器件，可以在上面的文本框中输入所要放置元器件的名称或元器件名称的一部分，包含输入内容的元器件会以列表的形式出现在浏览器中。这里所需要放置的元器件为 1N4148，因此输入“ * 4148 * ”字样。

3）选中元器件后，在对话框中将显示元器件符号和元器件模型的预览。确定该元器件是所需要放置的元器件后，单击“确认”按钮或双击该元器件，光标将变成十字形状并附带着元器件 1N4148 的符号出现在工作窗口中，如图 3-33 所示。

4）移动光标到合适的位置后单击，元器件将被放置在光标停留的位置。此时，完成元器件放置。

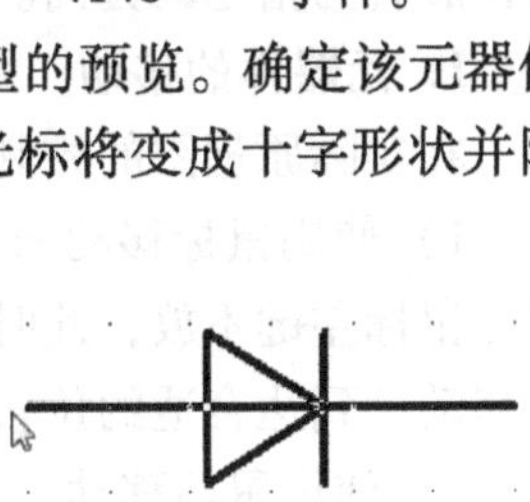

图 3-33 放置元器件

若仍须放置同类元器件，需要进行参数设置。选择菜单栏中的“选项”→“全局偏好”命令，弹出“全局偏好”对话框，打开

“元器件”选项卡，在“元器件布局模式”选项组下勾选“持续布局”单选钮，如图 3-34 所示。即完成单个元器件放置后，系统仍处于放置元器件的状态，可以继续放置该元器件。在完成选中元器件的放置后，右击或者按〈Esc〉键退出元器件放置的状态，结束元器件的放置。

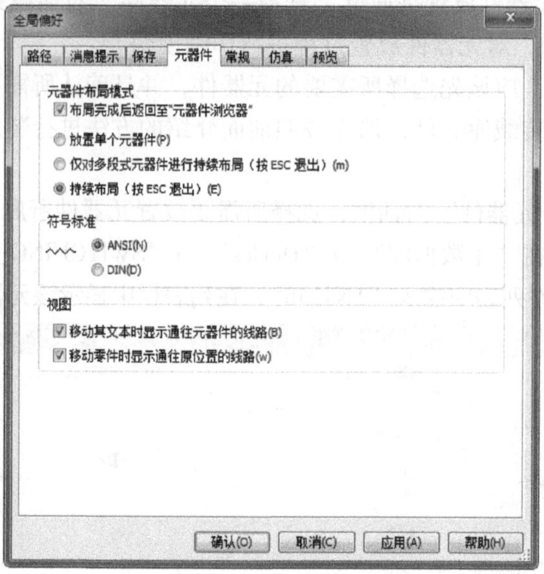

图 3-34　设置元器件放置

5）完成多个元器件的放置后，可以对元器件的位置进行调整，设置这些元器件的属性。重复上述步骤，可以放置其他元器件。

删除多余的元器件有以下两种方法。

- 选中元器件，按〈Delete〉键即可删除该元器件。
- 选中元器件，选择菜单栏中的“编辑”→“删除”命令，或者按〈E〉+〈D〉键进入删除操作状态，将光标移至要删除元器件的中心，单击即可删除该元器件。

3.2.3　调整元器件位置

每个元器件被放置时，其初始位置并不是很准确。在进行连线前，需要根据原理图的整体布局对元器件的位置进行调整。这样不仅便于布线，也会使所绘制的电路原理图清晰、美观。

元器件位置的调整实际上就是利用各种命令将元器件移动到图纸上指定的位置，并将元器件旋转为指定的方向。

1. 元器件的移动

在实际原理图的绘制过程中，最常用的方法是直接使用鼠标实现元器件的移动。

1）使用鼠标移动未选中的单个元器件。将光标指向需要移动的元器件（不需要选中），按住鼠标左键不放，此时光标会自动滑到元器件的电气节点上。拖动鼠标，元器件会随之一起移动。到达合适的位置后，释放鼠标左键，元器件即被移动到当前光标的位置。

2）使用鼠标移动已选中的单个元器件。如果需要移动的元器件已经处于选中状态，则将光标指向该元器件，同时按住鼠标左键不放，拖动元器件到指定位置后释放鼠标左键，元器件即被移动到当前光标的位置。

3）使用鼠标移动多个元器件。需要同时移动多个元器件时，首先应将要移动的元器件全部选中，然后在其中任意一个元器件上按住鼠标左键并拖动，到达合适的位置后释放鼠标左键，则所有选中的元器件都移动到了当前光标所在的位置。

4）使用键盘移动元器件。元器件在被选中的状态下，可以使用键盘来移动元器件。

- 〈Left〉键：每按一次，元器件左移 1 个网格单元。
- 〈Right〉键：每按一次，元器件右移 1 个网格单元。
- 〈Up〉键：每按一次，元器件上移 1 个网格单元。
- 〈Down〉键：每按一次，元器件下移 1 个网格单元。

2. 元器件的旋转

1）对于元器件的旋转，系统提供了相应的菜单命令。选择菜单栏中的“编辑”→“方向”命令，其子菜单如图 3-35 所示。

2）除了使用菜单命令移动元器件外，单击右键弹出快捷菜单，如图 3-36 所示，同样包括水平翻转、垂直翻转、顺时针旋转 90°、逆时针旋转 90°。

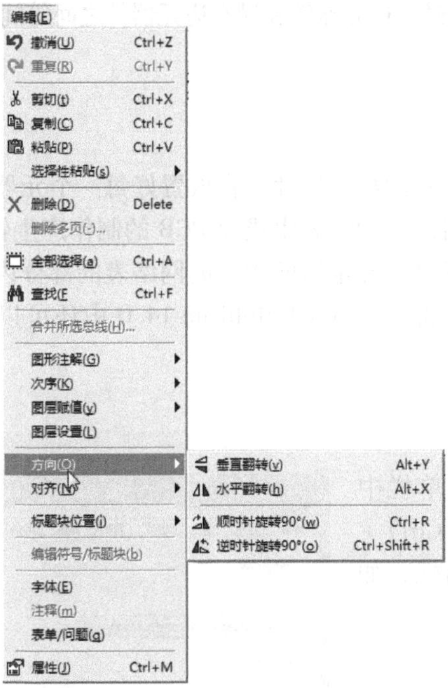

图 3-35 “方向”命令子菜单

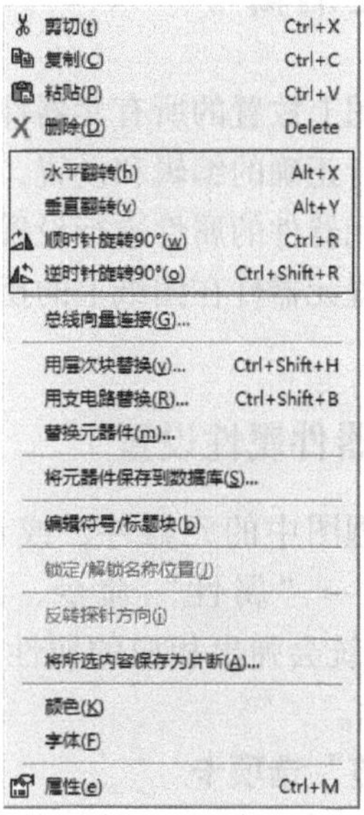

图 3-36 快捷菜单

3）单击要旋转的元器件并按住鼠标左键不放，按下面的功能键，即可实现旋转。旋转至合适的位置后放开鼠标左键，即可完成元器件的旋转。

- 〈Alt〉+〈X〉键：被选中的元器件上下对调。
- 〈Alt〉+〈Y〉键：被选中的元器件左右对调。
- 〈Ctrl〉+〈R〉键：每按一次，被选中的元器件顺时针旋转 90°。
- 〈Ctrl〉+〈Shift〉+〈R〉键：每按一次，被选中的元器件逆时针旋转 90°。

在 NI Multisim 14.0 中，还可以将多个元器件同时旋转，其方法是：先选定要旋转的元器件，然后单击其中任何一个元器件并按住鼠标左键不放，再按功能键，即可将选定的元器件旋转，放开鼠标左键完成操作。

3. 元器件的对齐

在布置元器件时，为使电路图美观以及连线方便，应将元器件摆放整齐、清晰，这就需要使用 NI Multisim 14.0 中的对齐功能。

选择菜单栏中的“编辑”→“对齐”命令，其子菜单如图 3-37 所示。其中各命令的说明如下。

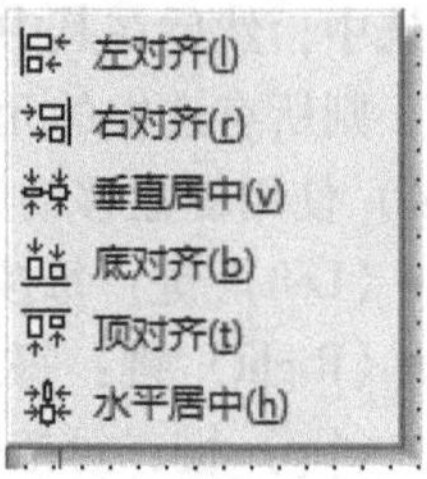

图 3-37 “对齐”子菜单

- “左对齐”命令：将选定的元器件向左边的元器件对齐。
- “右对齐”命令：将选定的元器件向右边的元器件对齐。
- “垂直居中”命令：将选定的元器件向最上面元器件和最下面元器件的中间位置对齐。
- “底对齐”命令：将选定的元器件向最下面的元器件对齐。
- “顶对齐”命令：将选定的元器件向最上面的元器件对齐。
- “水平居中”命令：将选定的元器件向最左边元器件和最右边元器件之间等间距对齐。

3.3 属性编辑

在原理图上放置的所有元器件都具有自身的特定属性，在放置好每一个元器件后，应该对其属性进行正确的编辑和设置，以免使后面的网络表生成及 PCB 的制作产生错误。

通过对元器件的属性进行设置，一方面可以确定后面生成的网络表的部分内容，另一方面也可以设置元器件在图纸上的摆放效果。此外，在 NI Multisim 14.0 中还可以设置元器件的所有引脚。

3.3.1 元器件属性设置

双击原理图中的元器件，或者选择菜单栏中的“编辑”→“属性”命令，或者按〈Ctrl〉+〈M〉键，系统会弹出相应的属性设置对话框，如图 3-37 所示。

1.“标签”选项卡

该选项卡用于设置元器件的标志和编号。编号是由系统自动分配，必要时可以修改，但必须保证编号的唯一性，如图 3-38 所示。

1）单击 Advanced RefDes configuration... 按钮，弹出“重命名元器件位号”对话框，如图 3-39 所示，在该对话框中设置元器件编号。

2）单击“替换”按钮，弹出“选择一个元器件”对话框，在该对话框中选择更换该元器件的对象。

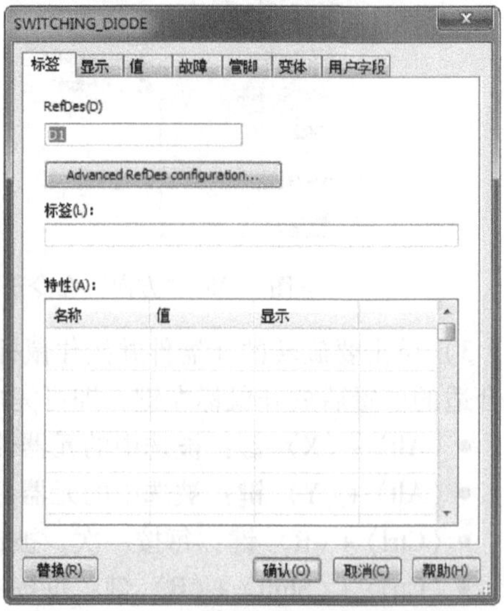

图 3-38 元器件属性设置对话框

2. “显示”选项卡

该选项卡用于设置标识、编号的显示方式，如图3-40所示。它的设置与“电路图的属性”对话框的设置有关。

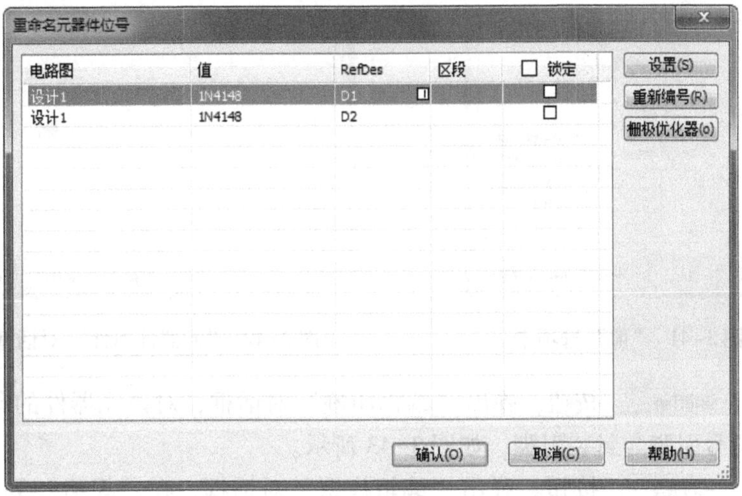

图3-39 “重命名元器件位号”对话框

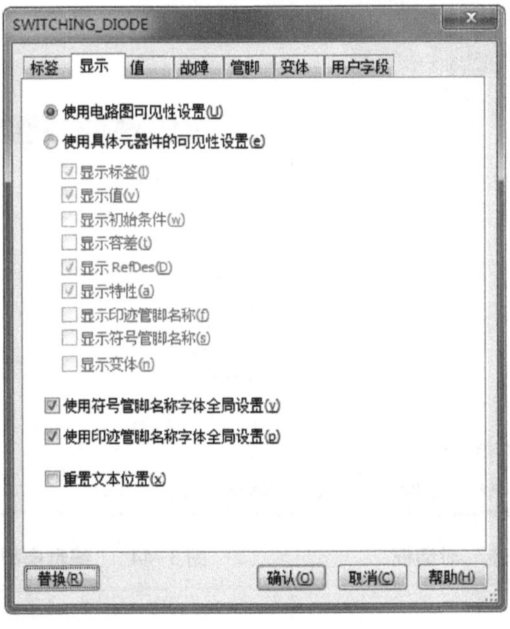

图3-40 “显示”选项卡

3. “值”选项卡

该选项卡显示该元器件的 Source location（库位置）、值（元器件名称）、印迹、制造商、函数、超级链接，如图3-41所示。

1）单击在数据库中编辑元器件按钮，弹出图3-42所示的“元器件属性”对话框，在“符号”选项卡中对元器件进行编辑。

图 3-41 “值”选项卡

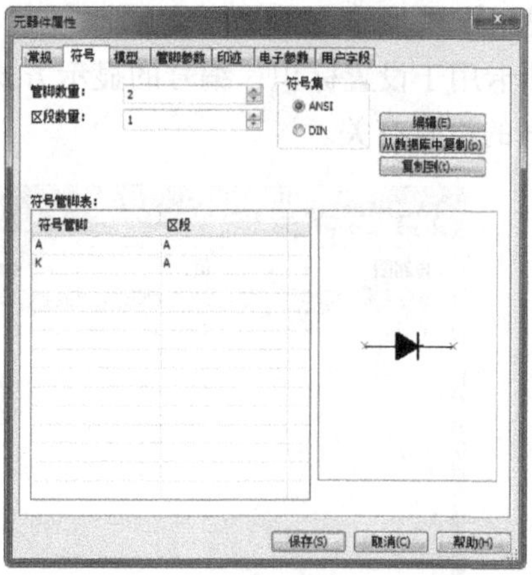

图 3-42 “元器件属性”对话框

2）单击 编辑印迹 按钮，弹出“编辑印迹”对话框，对该元器件的印迹进行编辑，同时可以修改符号引脚与封装引脚，如图 3-43 所示。

3）单击 编辑模型 按钮，弹出“编辑模型”对话框，在“模型”列表显示该元器件模型参数，并可以进行修改，如图 3-44 所示。单击 重置为默认值(d) 按钮，重置修改结果。

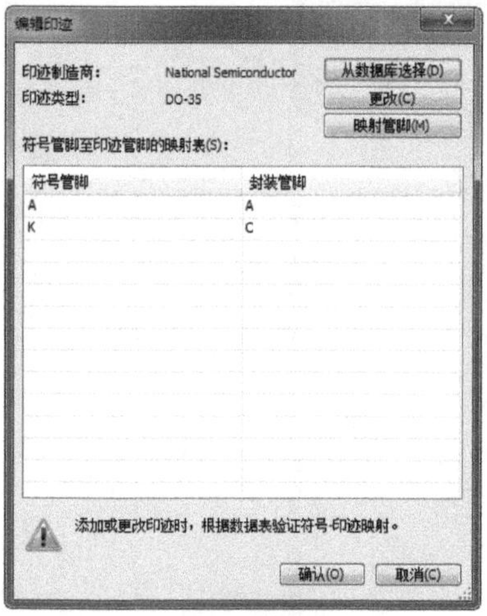

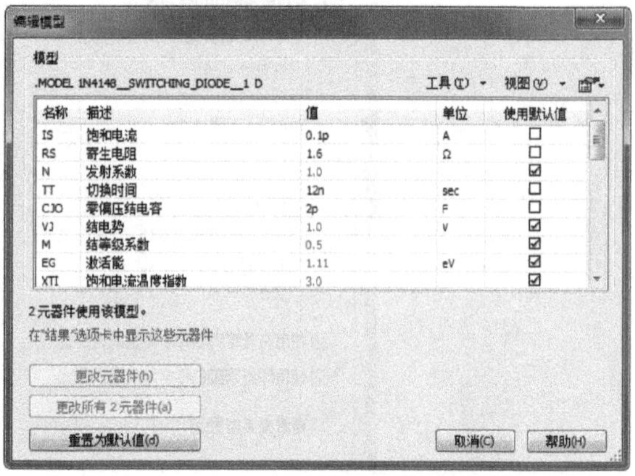

图 3-43 “编辑印迹”对话框

图 3-44 “编辑模型”对话框

4. “故障”选项卡

该选项卡可供人为设置元器件的隐含故障，经过该选项卡的设置，为电路的故障分析提供了方便，如图 3-45 所示。

故障的设置有 4 种设置方法：无、打开、短、泄漏。

5. “管脚”选项卡

该选项卡中显示元器件所有引脚的名称、类型、网络、ERC 状态、NC。可根据需要对引脚参数进行修改，如图 3-46 所示。

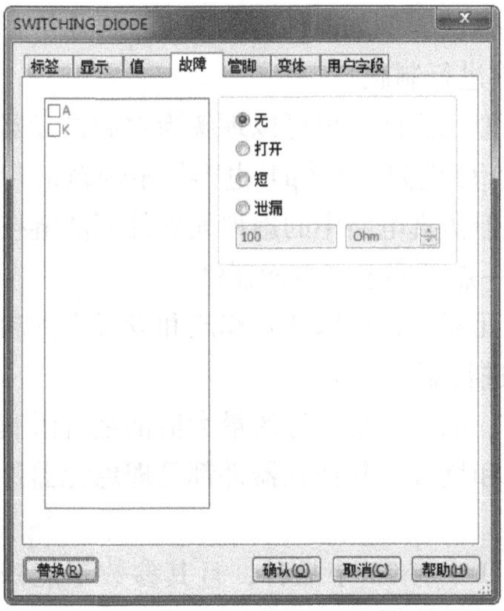

图 3-45 “故障”选项卡

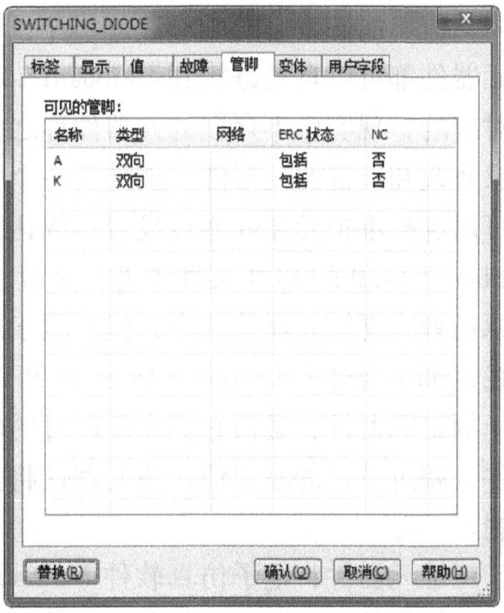

图 3-46 “管脚”选项卡

6. **“变体”选项卡**

在该选项卡中显示元器件中包含的“变体”，变体状态包括含、不含，如图 3-47 所示。

7. **“用户字段”选项卡**

在该选项卡中显示默认的用户字段，在默认状态下不进行修改，如图 3-48 所示。

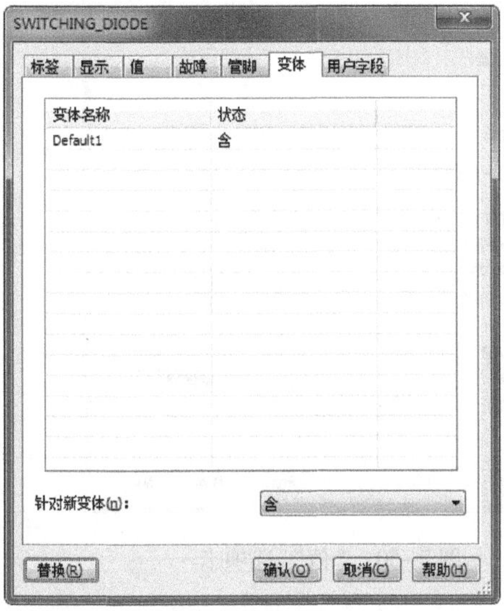

图 3-47 “变体”选项卡

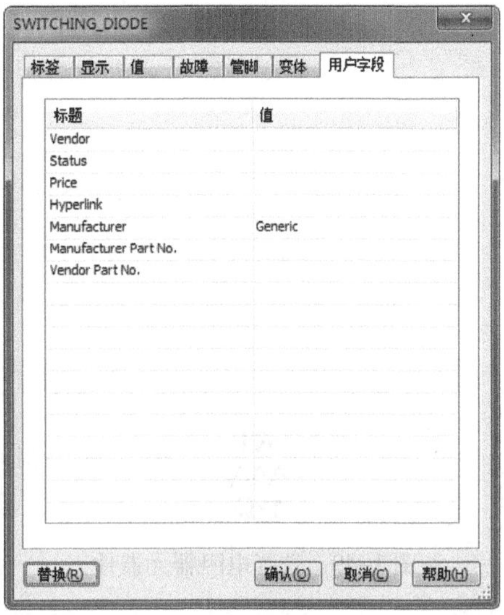

图 3-48 “用户字段”选项卡

完成元器件参数设置后，单击“确认”按钮，关闭对话框。

3.3.2 参数属性设置

在现实中元器件库中可以直接找到的元器件称为真实元器件或称现实元器件。例如电阻的“元器件”栏中就列出了从 1.0 Ω 到 22 MΩ 的全系列现实中可以找到的电阻。现实电阻只能调用，但不能修改它们的参数（极个别可以修改，例如晶体管的 β 值）。凡仿真电路中的真实元器件都可以自动链接到 Ultiboard 14.0 中进行制版。

相对应的，现实中不存在的元器件称之为虚拟元器件，也可以理解为它们是元器件参数可以任意修改和设置的元器件。例如要一个 1.0 1 Ω 电阻、2.3 μF 电容等不规范的特殊元器件，就可以选择虚拟元器件通过设置参数达到；但仿真电路中的虚拟元器件不能链接到制版软件 Ultiboard 14.0 的 PCB 文件中进行制版，这一点不同于其他元器件。

电源虽列在现实元器件栏中，但它属于虚拟元器件，可以任意修改和设置它的参数；电源和地线也都不会进入 Ultiboard 14 的 PCB 界面进行制版。

关于额定元器件，是指它们允许通过的电流、电压、功率等的最大值都是有限制的称额定元器件，超过它们的额定值，该元器件将击穿和烧毁。其他元器件都是理想元器件，没有定额限制。

关于三维元器件，电子仿真软件 Multisim14.0 中有 23 个品种，且其参数不能修改，只能搭建一些简单的演示电路，但它们可以与其他元器件混合组建仿真电路。

显示元器件直接按照参数值调用即可，虚拟元器件则需要对显示元器件进行修改，选择图 3-49 所示的电阻元器件，双击该元器件，弹出“电阻器”对话框，打开“值”选项卡，如图 3-50 所示。

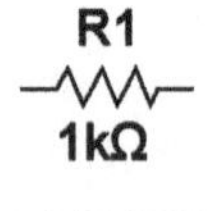

图 3-49　选择电阻器元器件

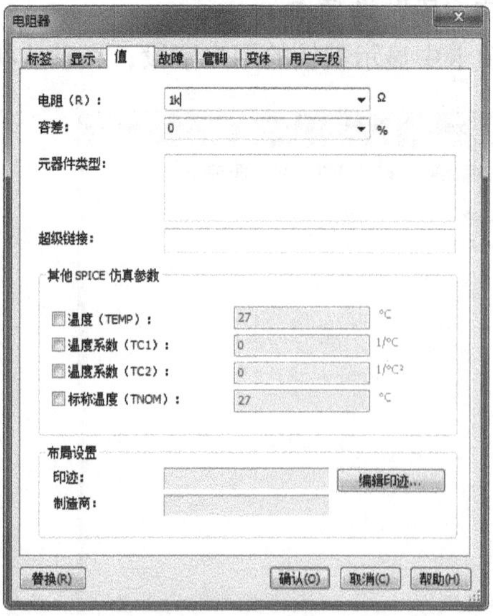

图 3-50　“值”选项卡

在该选项卡下显示电阻、容差等参数值，可进行修改。修改前，该元器件为现实元器件，修改后，该元器件变为虚拟元器件。其中，修改的结果不同于元器件库中可以查找到的参数值，否则，直接选取相应参数值得电阻器即可。

3.4　操作实例——音量控制电路

音量控制电路是所有音响设备中必不可少的单元电路。本实例将设计一个音量控制电路，用于控制音响系统的音量、音效和音调，如低音（bass）和高音（treble）。

1. 设置工作环境

1）单击图标 NI Multisim 14.0，打开 NI Multisim 14.0。

2）单击“标准”工具栏中的“新建”按钮，弹出“New Design”（新建设计文件）对话框，选择“Blank and recent”选项，如图 3-51 所示。单击 Create 按钮，创建一个 PCB 项目文件。

3）选择菜单栏中的“文件”→“保存工程为”命令，将项目另存为“音量控制电路.ms14”，“设计工具箱”面板中将显示出用户设置的名称，如图 3-52 所示。

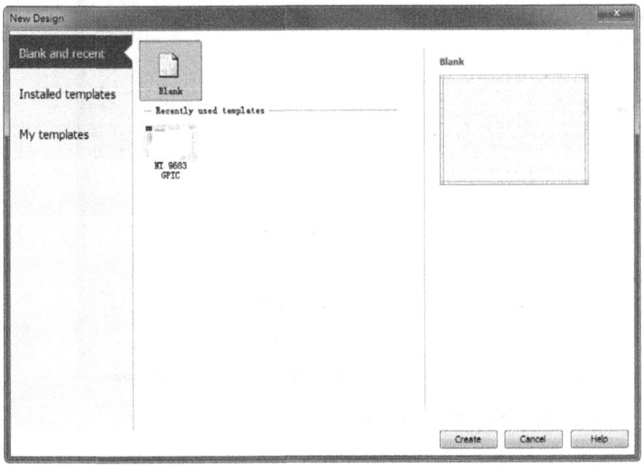

图 3-51　新建 PCB 项目文件

图 3-52　保存设计文件

2. 设置原理图图纸

选择菜单中的“选项”→“电路图属性”命令，系统弹出“电路图属性”对话框，按照图 3-53 设置图纸大小，完成设置后，单击“确认”按钮，关闭对话框。

图 3-53　设置“电路图属性”对话框

3. 设置图纸的标题栏

选择菜单栏中的“绘制”→“标题块”命令，在弹出的“打开”对话框中选择标题块模板，如图 3-54 所示。

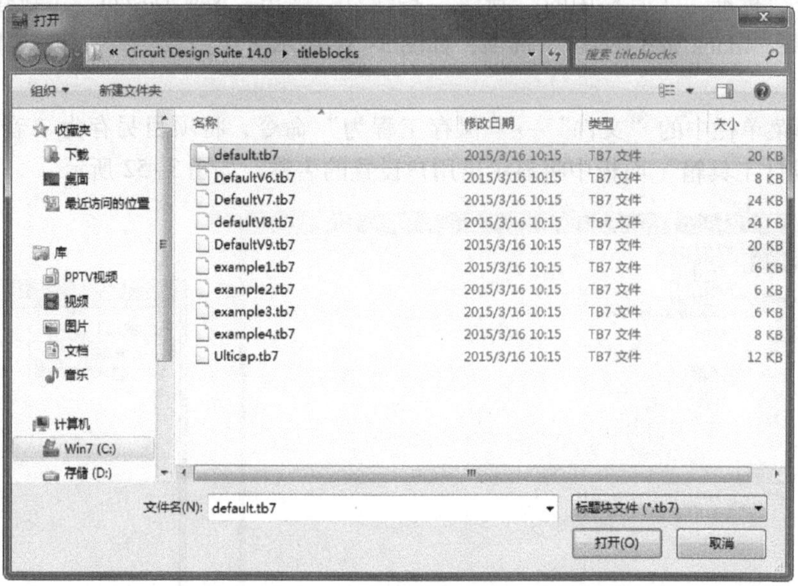

图 3-54 “打开”对话框

单击“打开”按钮，在图纸右下角放置图 3-55 所示的标题块。选择菜单栏中的“编辑”→“标题块位置”→“右下”命令，精确放置标题栏，如图 3-56 所示。

图 3-55 插入的标题块

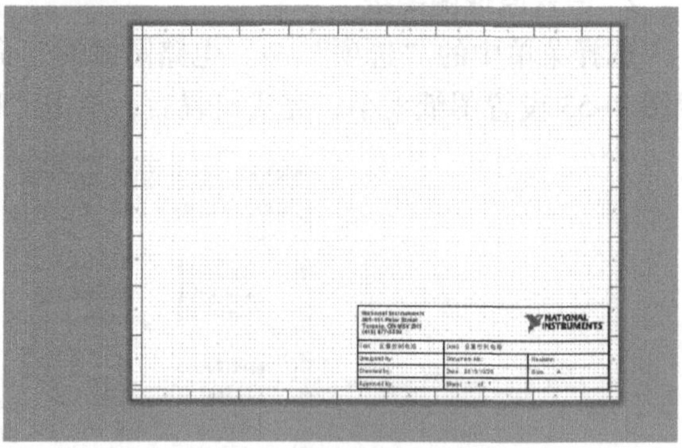

图 3-56 放置标题块

4. 放置元器件

1）选择菜单栏中的“绘制”→“元器件”命令，打开“选择一个元器件”对话框，选择“用户数据库→所有组→Res”系列，选中元器件 $R1$，如图 3-57 所示。

① 双击该元器件或单击“确认”按钮，然后将光标移动到工作窗口，进入图 3-58 所示的电阻放置状态。

② 在适当的位置单击，即可在原理图中放置电阻 $U1$，同时编号为 $U2$ 的电阻自动附在光标上，继续放置电阻，如图 3-59 所示。

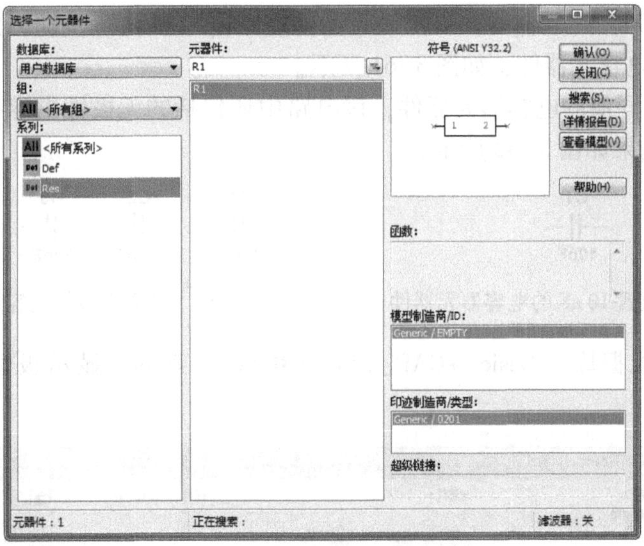

图 3-57　选择一个元器件

图 3-58　选择元器件

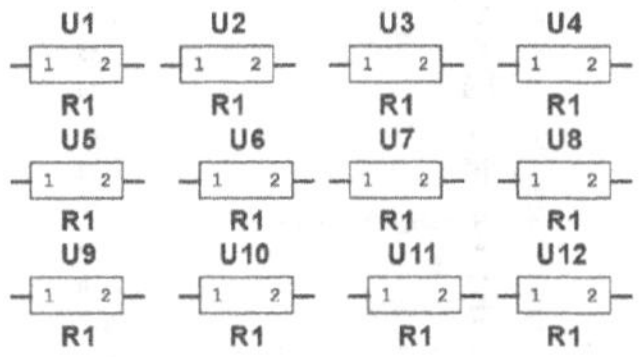

图 3-59　放置电阻元器件

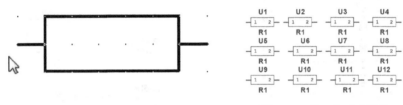

2）选择“主数据库→Basic→CAPACITOR”系列，显示无极性电容元器件，元器件库中的电容器均为真实元器件，包括不同容值的无极性电容性，一个参数值对用一个唯一的元器件，如图 3-60 所示。

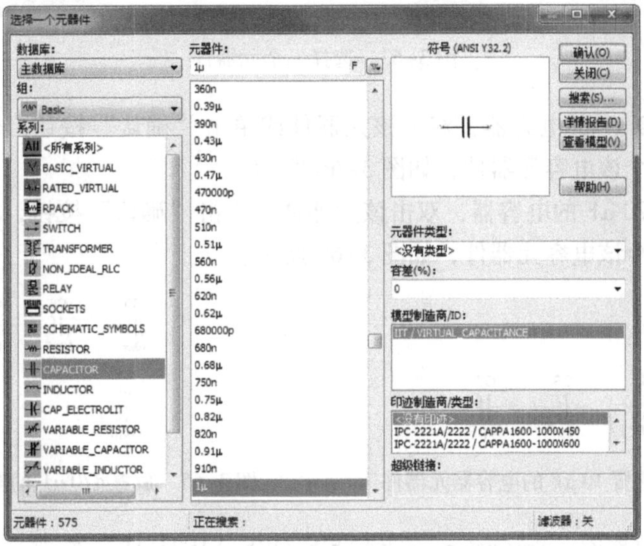

图 3-60　选择一个元器件

① 选择值为 10 nF 的电容器，双击该元器件或单击“确认”按钮，然后将光标移动到工作窗口，放置该电容元器件，如图 3-61 所示。

② 继续放置不同值的电容器元器件，该电路中还包括的无极性电容有 100 nF、6.8 nF、30 nF 电容，放置结果如图 3-62 所示。

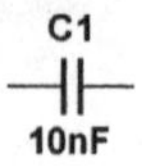

图 3-61　放置 10 nF 的电容器元器件

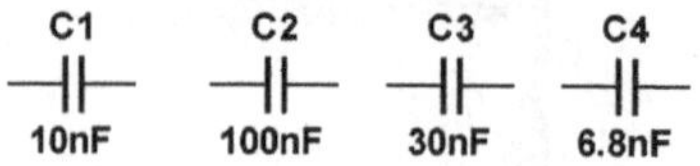

图 3-62　放置无极性电容元器件

3）选择“主数据库→Basic→CAP_ELECTROLIT”系列，显示极性电容元器件，如图 3-63所示。

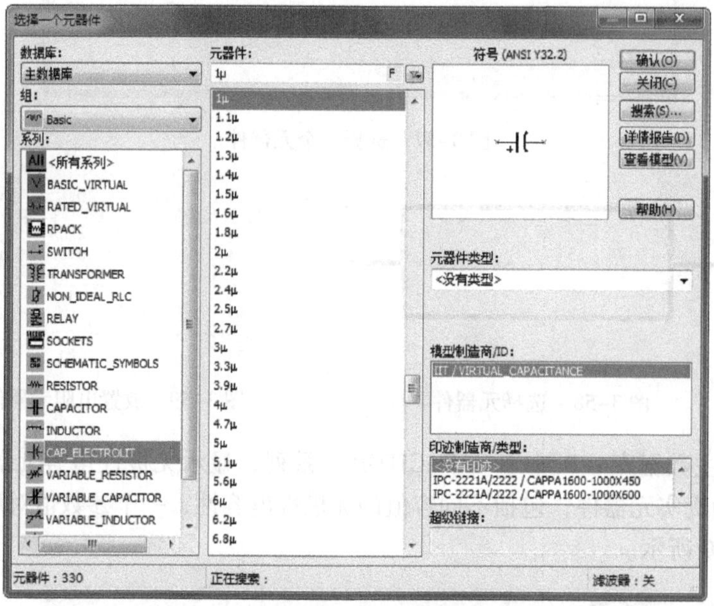

图 3-63　选择一个元器件

① 选择值为 10 μF 的电容器，双击该元器件或单击“确认”按钮，然后将光标移动到工作窗口，放置 3 个该电容元器件，如图 3-64 所示。

② 选择值为 470 μF 的电容器，双击该元器件或单击“确认”按钮，然后将光标移动到工作窗口，放置 1 个该电容元器件，如图 3-65 所示。

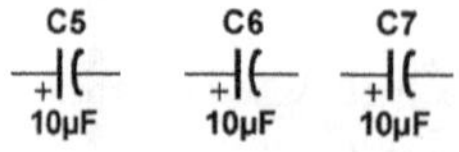

图 3-64　放置 10 μF 的电容器元器件

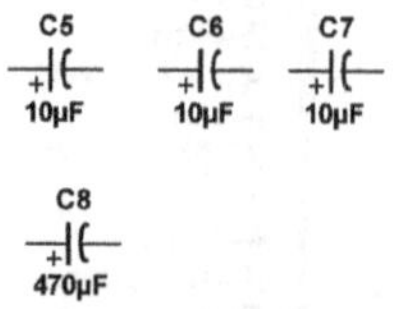

图 3-65　放置 470 μF 的电容器元器件

4）选择“主数据库→Transistors→TRANSISTORS_VIRTUAL”系列，选中晶体管元器件 BJT_NPN，如图 3-66 所示。

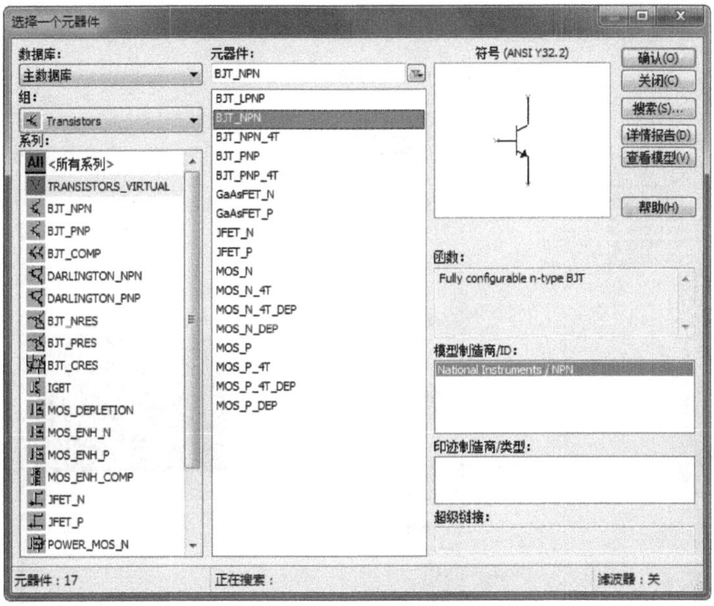

图 3-66　选择一个元器件

① 双击该元器件或单击“确认”按钮，然后将光标移动到工作窗口，放置两个晶体管元器件，如图 3-67 所示。

按〈ESC〉键，返回“选择一个元器件”对话框。

② 单击“搜索”按钮，弹出“元器件搜索”对话框，在“元器件”栏输入“ * meter * ”，如图 3-68 所示，单击“搜索”按钮，在“搜索结果”对话框中显示符合关键词的结果，如图 3-69 所示。

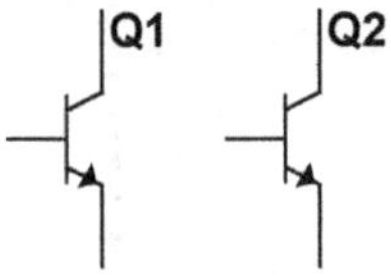

图 3-67　放置晶体管元器件

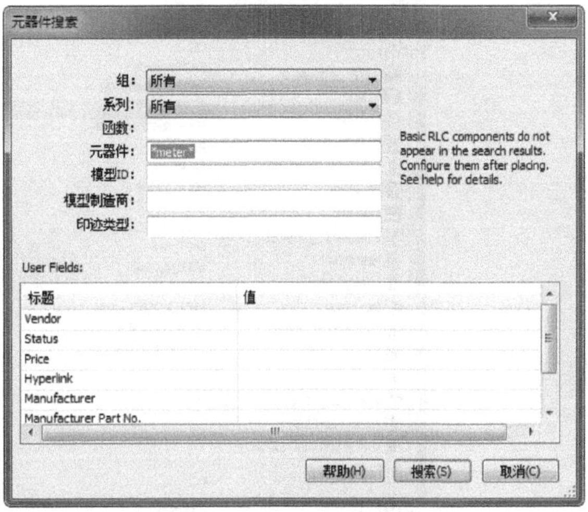

图 3-68　“元器件搜索”对话框

③ 单击“确认”按钮，返回“选择一个元器件”对话框，显示搜索结果所在库路径，如图 3-70 所示，在左侧列表框中单击该选项，显示该电位器列表中不同阻值的元器件，选择电路需要的“50 k”，如图 3-71 所示。

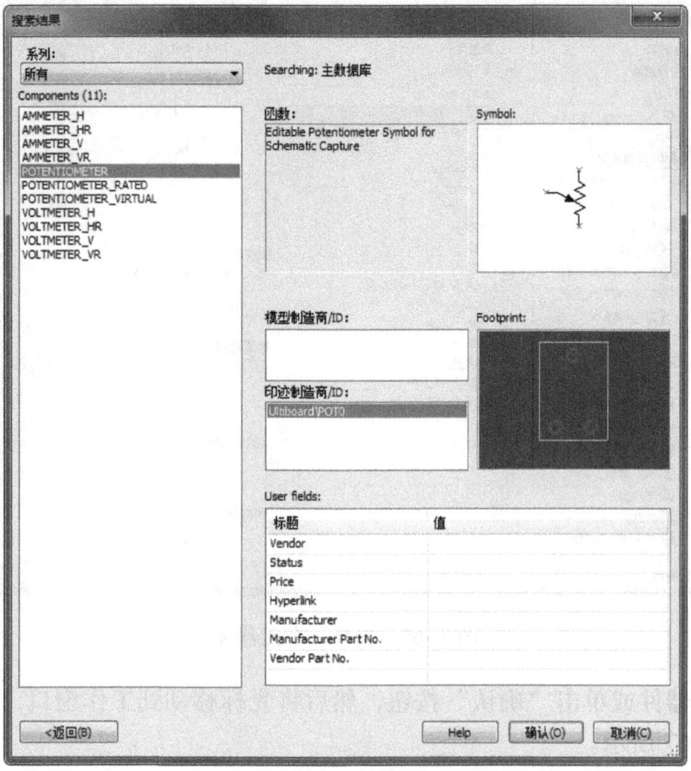

图 3-69 “搜索结果”对话框

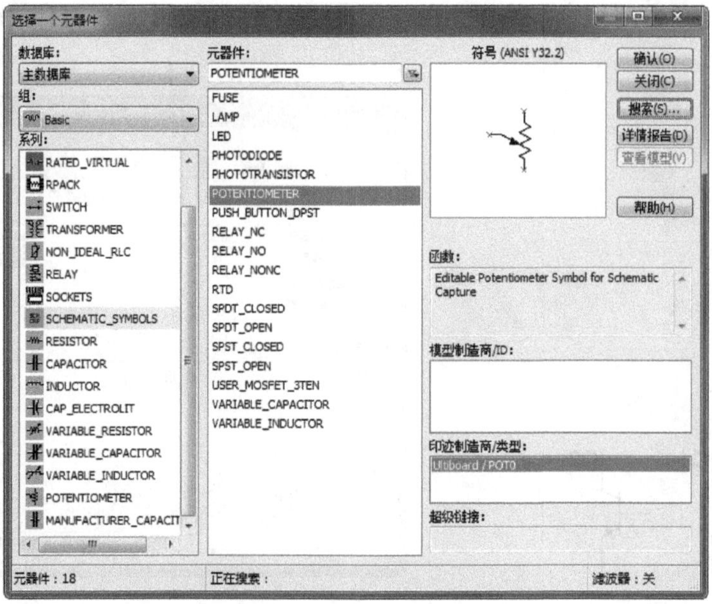

图 3-70 显示搜索结果路径

④ 采用同样的方法选择和放置两个电位器，如图 3-72 所示。

至此完成所有元器件的放置，结果如图 3-73 所示。

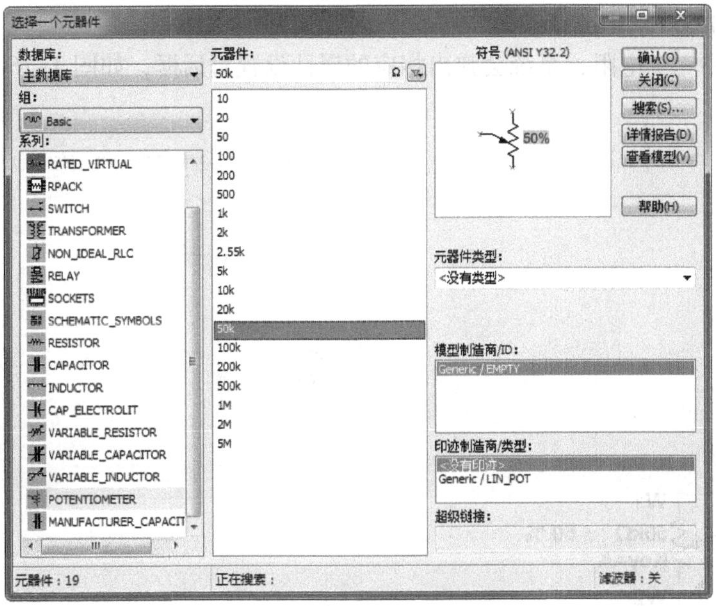

图 3-71　选择不同阻值的元器件

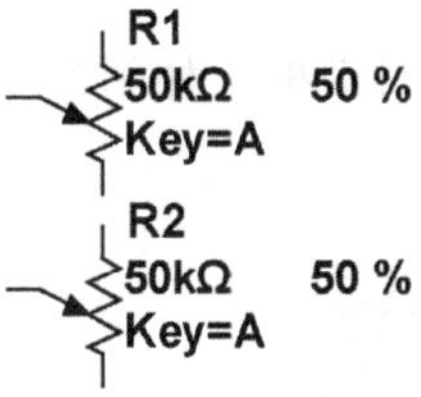

图 3-72　放置电位器

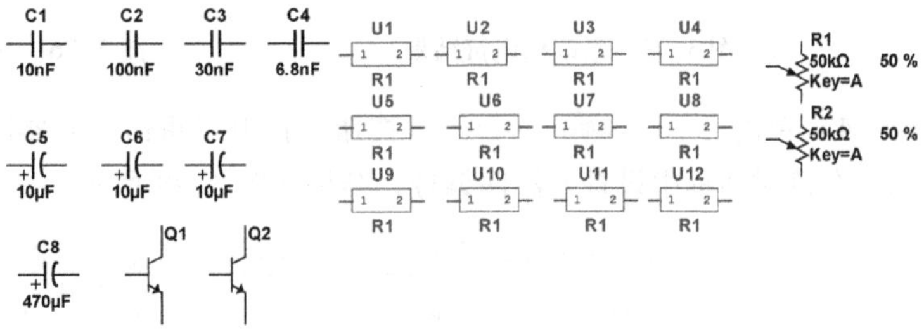

图 3-73　放置元器件

5. 编辑元器件属性

1）双击其中一个电位器，系统会弹出相应的属性设置对话框，在“标签”选项卡中修改“RefDes”（标识符），如图 3-74 所示。

2）同样的方法修改另一个电位器元器件，结果如图 3-75 所示。

虽然库中包含不同参数值的真实元器件，但同样包括不存在的虚拟元器件。在本电路中，电阻器是自定义绘制的，默认阻值为 1 Ω，其余阻值的电阻器需要在该真实元器件的基础上进行修改，得到虚拟元器件。

本例中用到 12 个电阻，为 $R1 \sim R12$，阻值分别为 560 kΩ、470 kΩ、2.2 kΩ、1 kΩ、12 kΩ、1.2 kΩ、3.3 kΩ、8.2 kΩ、2.7 kΩ、

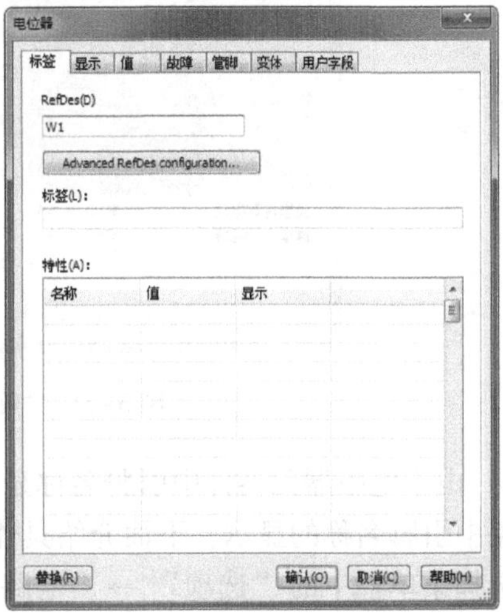

图 3-74　元器件属性设置对话框

10 kΩ、2.2 kΩ 和 560 Ω。

3）双击其中一个电阻，系统会弹出相应的属性设置对话框，如图 3-76 所示。

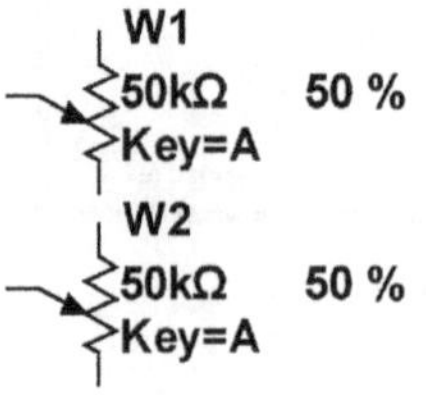

图 3-75　修改标识符结果

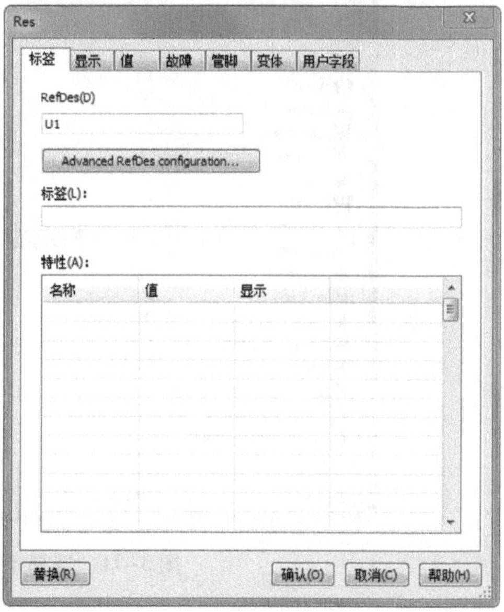

图 3-76　元器件属性设置对话框

4）单击 Advanced RefDes configuration... 按钮，弹出“重命名元器件位号”对话框，如图 3-77 所示，在该对话框中设置元器件编号，结果如图 3-78 所示。

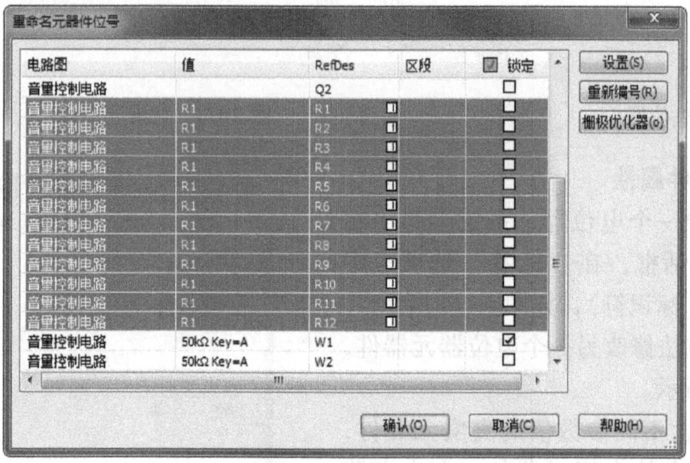

图 3-77　“重命名元器件位号”对话框

5）由于电阻器元器件中引脚名称显示，需要取消，单个修改过于烦琐，因此统一取消该电路中引脚名称的显示，下面介绍具体操作。

选择菜单栏中的“选项”→“电路图属性”命令，弹出“电路图属性”对话框，在“电路图可见性”选项卡中取消“符号管脚名称”复选框的勾选，如图 3-79 所示。

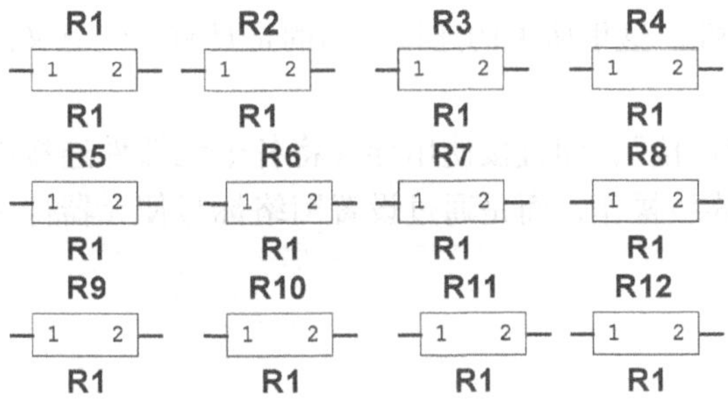

图 3-78　编号结果

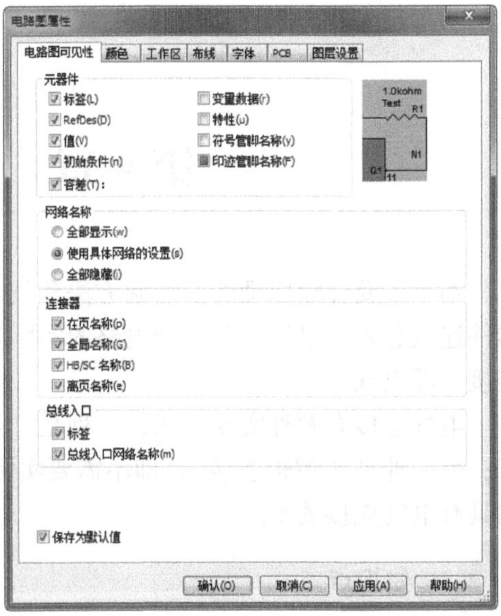

图 3-79　“显示”选项卡

6. 布局元器件

元器件放置完成后，需要适当进行调整，将它们分别排列在原理图中最恰当的位置，这样有助于后续的设计。

1）单击选中元器件，按住鼠标左键进行拖动，将元器件移至合适的位置后释放鼠标左键，即可对其完成移动操作。在移动对象时，可以通过按鼠标中键来缩放视图，以便观察细节。

2）选中元器件，按〈ALT〉+〈X〉或〈ALT〉+〈Y〉键实现镜像元器件，按〈Ctrl〉+〈R〉键或〈Ctrl〉+〈Shift〉+〈R〉键实现旋转元器件。

3）采用同样的方法调整所有元器件，效果如图 3-80 所示。

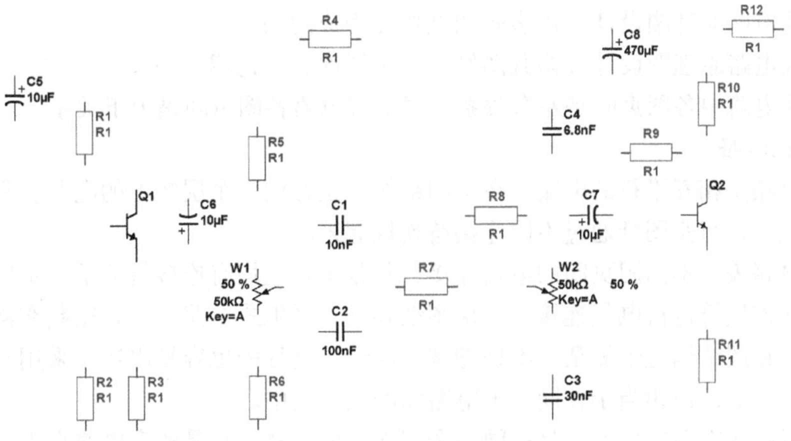

图 3-80　元器件调整效果

第4章 原理图的设计

本章主要介绍原理图的绘制方法和技巧，根据电路设计的具体要求，可以着手将各个元器件连接起来，以建立并实现电路的实际连通性。这里所说的连接，指的是具有电气意义的连接，即电气连接。

电气连接有两种实现方式，一种是“物理连接”，即直接使用导线将各个元器件连接起来；另一种是“逻辑连接”，即不需要实际的连线操作，而是通过设置网络标号使元器件之间具有电气连接关系。

知识点

- 原理图分类
- 简单电路的设计
- 平坦式电路的设计

4.1 原理图分类

随着电子技术的发展，所要绘制的电路越来越复杂，在一张图纸上就很难完整地绘制出来，即使绘制出来也因为过于复杂，不利于用户的阅读分析与检测，也容易出错，于是衍生出两种电路设计方法（平坦式电路、层次式电路）来解决这种问题。

原理图设计分类如下：

- 进行简单的电路原理图设计（只有单张图纸构成的）；
- 平坦式电路原理图设计（由多张图纸拼接而成的）；
- 层次式电路原理图设计（多张图纸按一定层次关系构成的）；
- 平坦式电路中各图页间是左右关系、层次式电路各图页间是上下关系。

1. 平坦式电路

平坦式电路是相互平行的电路，在空间结构上是在同一个层次上的电路，只是分布在不同的电路图纸上，每张图纸通过不同连接符连接起来。

平坦式电路表示不同图页间的电路连接，每张图页上均有连接符显示，不同图页依靠相同名称的页间连接符进行电气连接。如果图纸够大，平坦式电路也可以绘制在同一张电路图上，但由于电路图结构过于复杂，不易理解，在绘制过程中也容易出错。采用平坦式电路虽然不在一张图页上，但相当于在同一个电路图的文件夹中。

平坦式电路在空间结构上看是在同一个层次上的电路，只是整个电路在不同的电路图纸上，每张电路图之间是通过端口连接器连接起来的。

平坦式电路表示不同页面之间的电路连接，在每页上都有“连接符”，而且在不同页面上相同名称的端口连接器在电学上是相同的。平坦式电路虽然不是在同一页面上，但它们是同一层次的，相当于在同一个电路图的文件夹中，结构如图 4-1 所示。

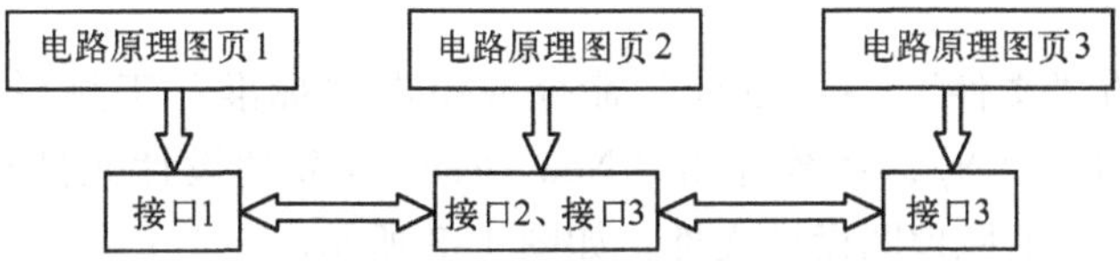

图 4-1　平坦式电路图结构

2. 层次式电路

层次式电路是在空间结构上属于不同层次的，一般是先在一张图纸上用方框图的形式设置顶层电路，在另外的图纸上设计每个方框图所代表的子原理图。

在后面的章节将详细讲述两种电路设计方法，除设计方法外，单张图页的设计方法是相同的，在下面的章节中将详细讲述如何绘制一张完整的电路图页。

层次原理图设计功能非常强大，能够实现多层的层次化设计功能。用户可以将整个电路系统划分为若干个子系统，每一个子系统可以划分为若干个功能模块，而每一个功能模块还可以再细分为若干个基本的小模块，这样依次细分下去，就可以把整个系统划分为多个层次，使电路设计化繁为简。

当一个电路比较复杂时，就应该采用层次电路图来设计，即将整个电路系统按功能划分成若干个功能模块，每一个模块都有相对独立的功能。按功能分，层次原理图分为顶层原理图、子原理图，然后，在不同的原理图纸上分别绘制出各个功能模块。然后在这些子原理图之间建立连接关系，从而完成整个电路系统的设计。由顶层原理图和子原理图共同组成，这就是所谓的层次化结构。而层次化符号就是各原理图连接的纽带。

如图 4-2 所示为一个层次原理图的基本结构图。

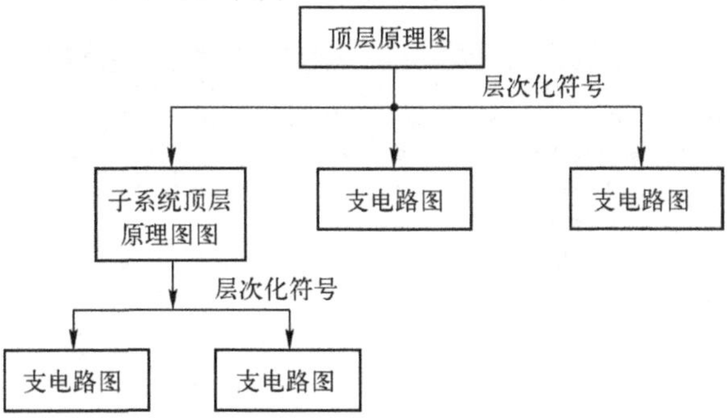

图 4-2　层次原理图的基本结构图

4.2　原理图文件管理

NI Multisim 14.0 为用户提供了一个十分友好且易用的设计环境，它延续传统的 EDA 设计模式，各个文件之间互不干扰又互有关联。

本节将介绍有关文件管理的一些基本操作方法，包括新建文件、保存文件、打开文件等，这些都是进行 NI Multisim 14.0 操作基础的知识。

4.2.1 新建设计文件

选择菜单栏中的“文件”→“设计”命令或单击“标准”工具栏中的“设计”按钮，或按快捷键〈Ctrl〉+〈N〉，系统弹出“New Design（新建设计文件）”对话框，在该对话框中可以创建一个新的原理图设计文件，如图4-3所示。

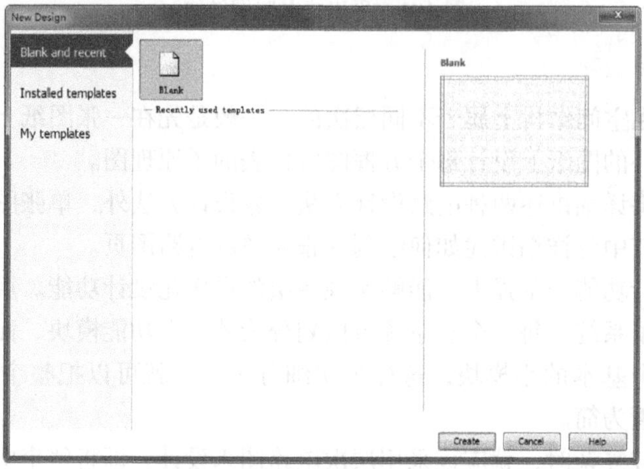

图4-3 新建原理图文件

下面介绍3种新建文件的方法。

1. 空白文件

默认选择“Blank and recent”选项，如图4-3所示，在右侧显示空白文件缩略图，不带标题栏，带图纸边界，单击按钮，创建空白的原理图文件，如图4-4所示。

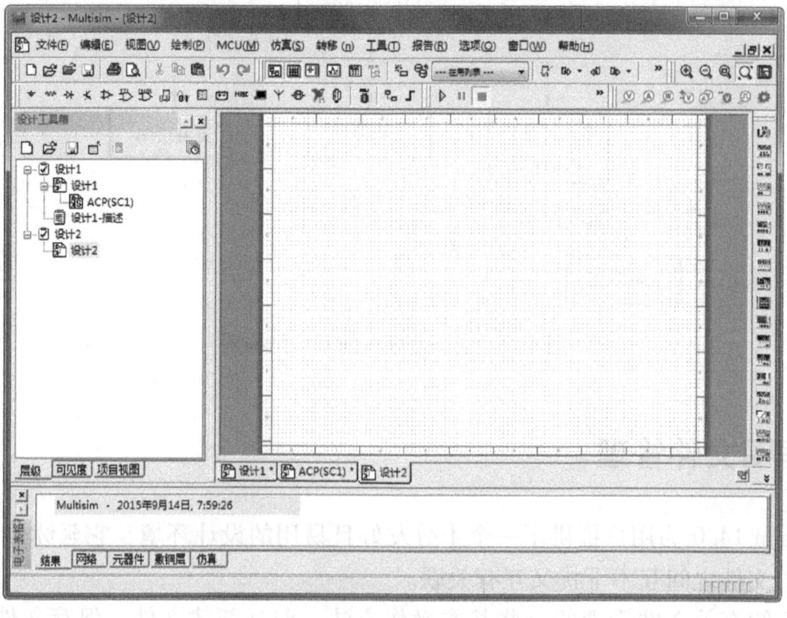

图4-4 空白文件

2. 系统安装模板文件

选择“Installed templates”选项，显示系统安装的 7 种模板文件，如图 4-5 所示。在右侧显示选中的第一种 NI_9683GPIC 模板文件的预览图，单击 Create 按钮，弹出图 4-6 所示的进度提示对话框，进度更新完成后，创建带模板的原理图文件，如图 4-7 所示。

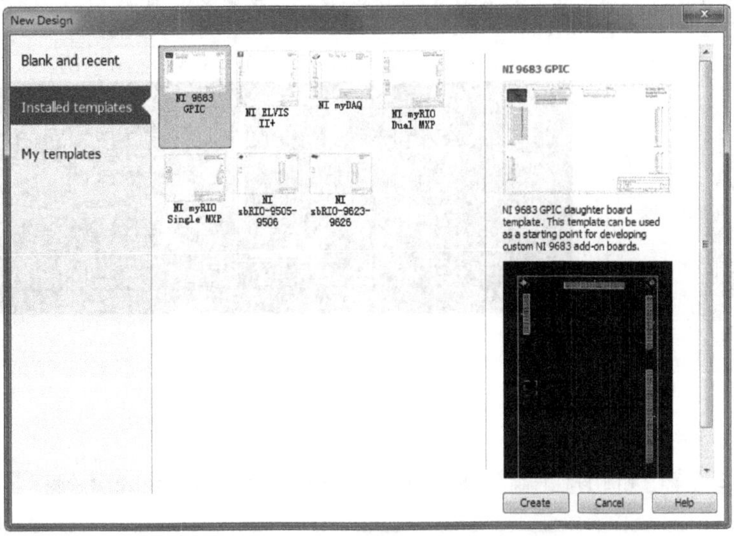

图 4-5　选择模板文件

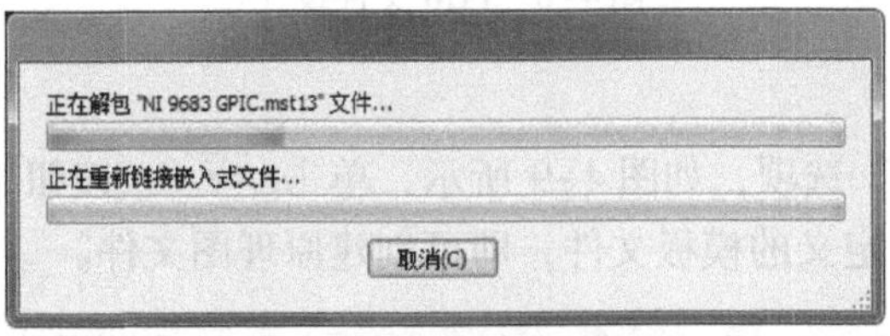

图 4-6　进度更新对话框

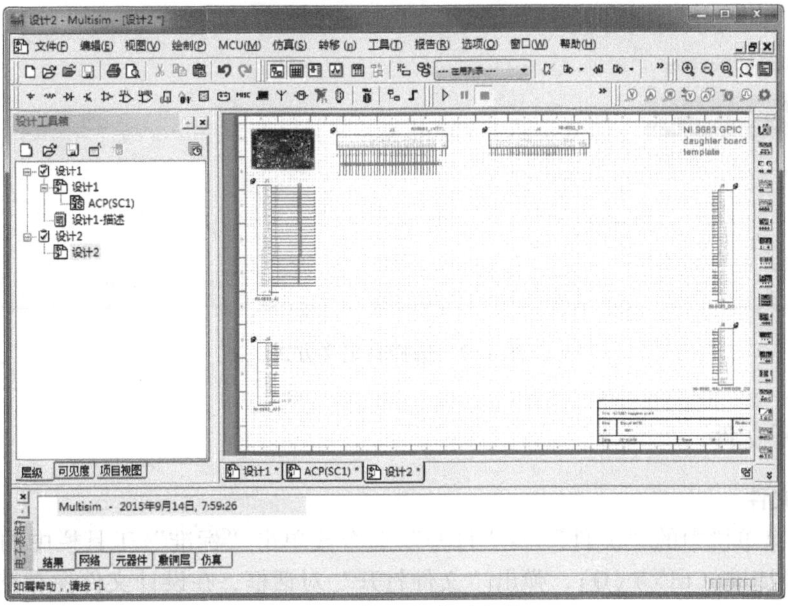

图 4-7　模板电路图文件

同时，自动打开对应的 PCB 文件，在 Multisim 14.0 中，只能设计原理图文件，若进行 PCB 设计需要打开 Ultiboard 14.0 窗口，图 4-8 所示为模板文件对应的 PCB 文件。

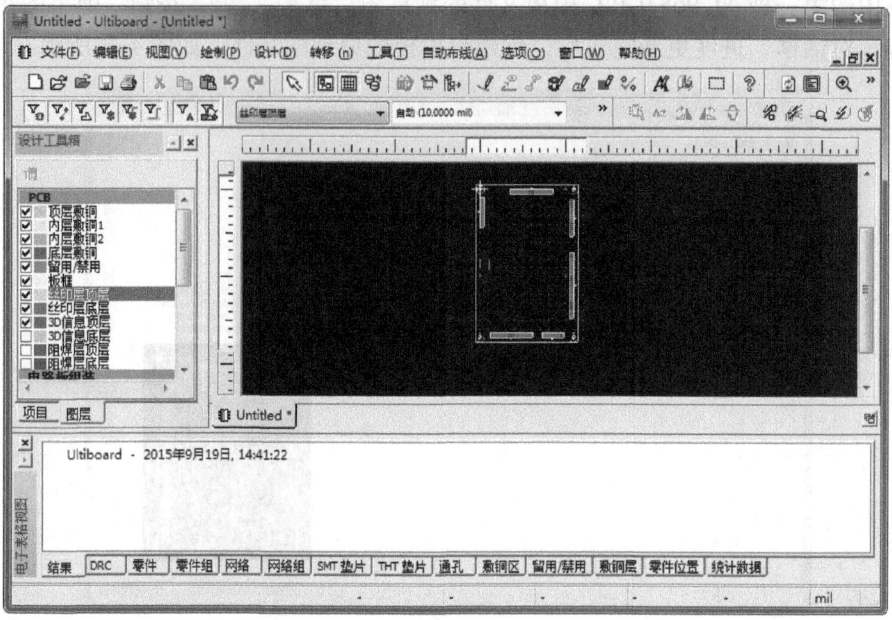

图 4-8　PCB 文件设计

3. 自定义模板文件

选择“My templates”选项，如图 4-9 所示，单击 Browse... 按钮，弹出“打开”对话框，如图 4-10 所示，选择自定义的模板文件，即可创建原理图文件。

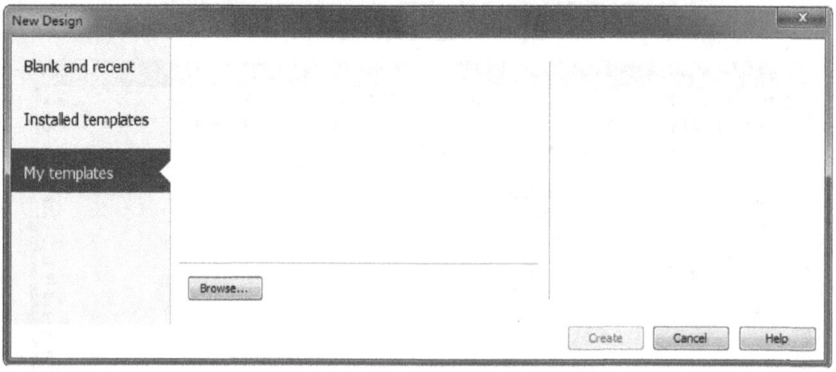

图 4-9　选择自定义方式

4.2.2　打开文件

1. 打开文件

1）选择菜单栏中的“文件”→“打开”命令或单击“标准”工具栏中的“打开”按钮，或按快捷键〈Ctrl〉+〈O〉，弹出“文件打开”对话框，在设计文件保存路径下打开已存在的设计文件，如图 4-11 所示。

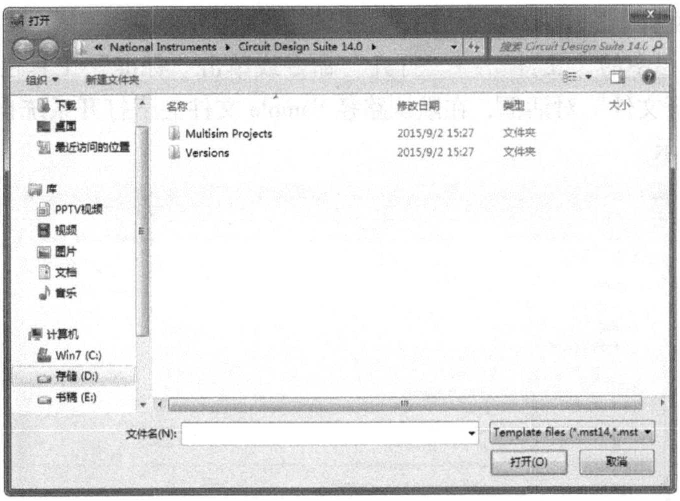

图 4-10 “打开”对话框

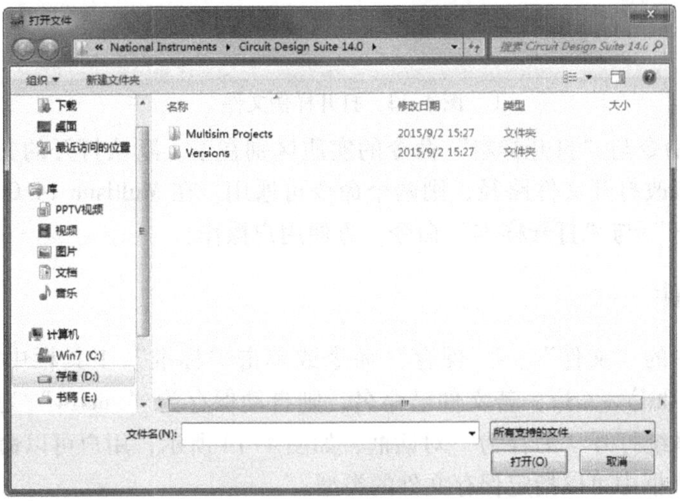

图 4-11 打开原理图文件

2）在“文件名”后面的下拉列表中显示所支持的文件类型，如图 4-12 所示。在 Multisim 14.0 中可以打开这些类型的所有文件。

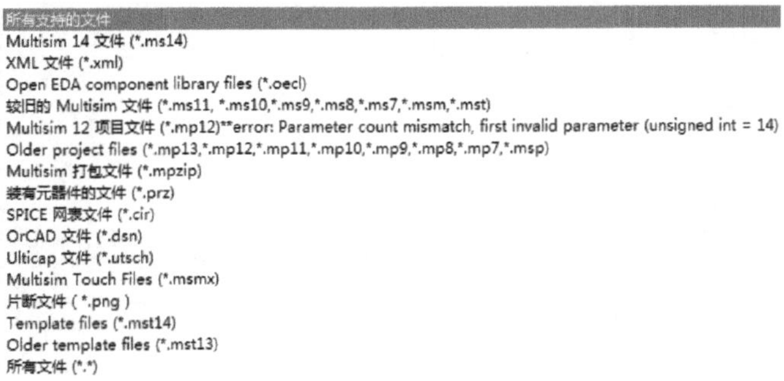
所有支持的文件
Multisim 14 文件 (*.ms14)
XML 文件 (*.xml)
Open EDA component library files (*.oecl)
较旧的 Multisim 文件 (*.ms11, *.ms10,*.ms9,*.ms8,*.ms7,*.msm,*.mst)
Multisim 12 项目文件 (*.mp12)**error: Parameter count mismatch, first invalid parameter (unsigned int = 14)
Older project files (*.mp13,*.mp12,*.mp11,*.mp10,*.mp9,*.mp8,*.mp7,*.msp)
Multisim 打包文件 (*.mpzip)
装有元器件的文件 (*.prz)
SPICE 网表文件 (*.cir)
OrCAD 文件 (*.dsn)
Ulticap 文件 (*.utsch)
Multisim Touch Files (*.msmx)
片断文件 (*.png)
Template files (*.mst14)
Older template files (*.mst13)
所有文件 (*.*)

图 4-12 文件类型

2. 打开样本文件

1）选择菜单栏中的“文件”→“打开”命令或单击“标准”工具栏中的“打开”按钮，弹出“打开文件”对话框，在默认路径 Sample 文件夹下打开系统自带的样例设计文件，如图 4-13 所示。

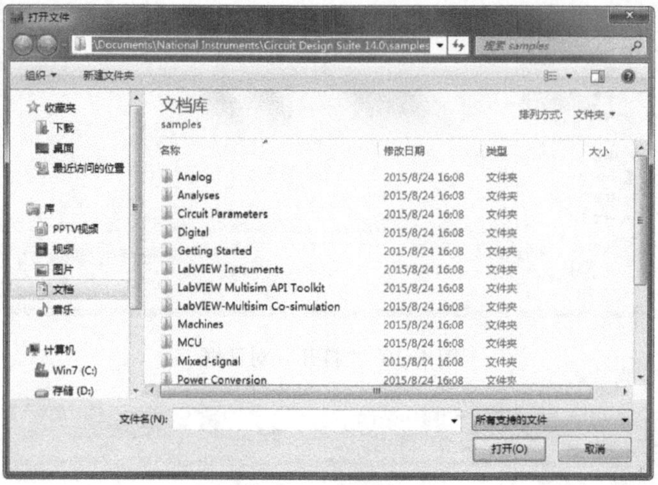

图 4-13　打开样例文件

2）“打开”命令与“打开样本”命令的实质区别在于，默认打开的文件路径不同，在必要的情况下，修改打开文件路径，则两个命令可通用。在 Multisim 14.0 中将“打开”命令详细分为“打开”与“打开样本”命令，方便用户操作。

4.2.3　保存文件

选择菜单栏中的“文件”→“保存”命令或单击“标准”工具栏中的“保存”按钮，或按快捷键〈Ctrl〉+〈S〉，若文件已命名，则自动保存为“.ms14”为后缀的文件；若文件未命名，则系统打开“另存为”对话框，如图 4-14 所示，用户可以命名保存。在“文件类型”下拉列表框中可以指定保存文件的类型。

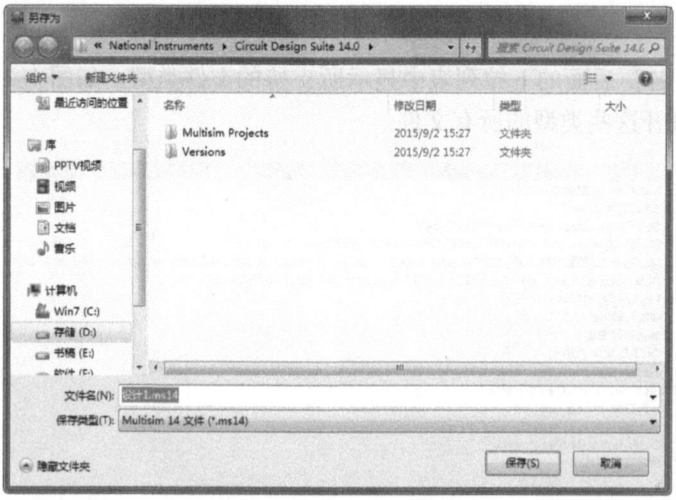

图 4-14　“另存为”对话框

1）选择菜单栏中的“文件”→“另存为”命令，直接弹出图 4-14 所示的对话框，保存文件。

2）为了防止因意外操作或计算机系统故障导致正在绘制的图形文件丢失，可以对当前图形文件设置自动保存。

4.2.4 备份文件

为了防止数据意外丢失，需要设置备份文件，在大多数软件中都有备份文件的设置。

选择菜单栏中的“选项”→“全局偏好”命令，弹出“全局偏好”窗口。单击“保存”选项卡，则系统进入文件保存设置界面，如图 4-15 所示。

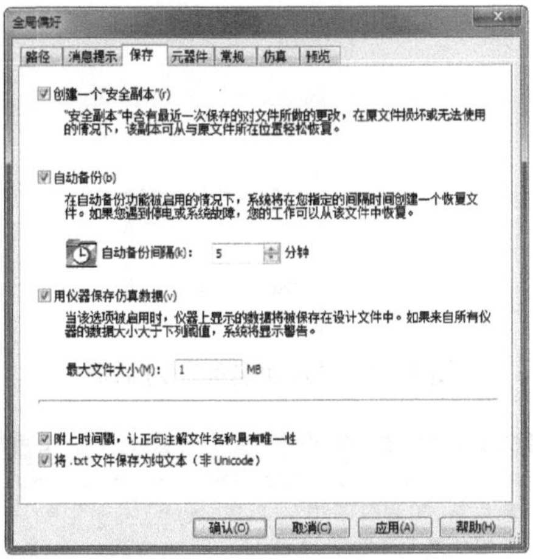

图 4-15 “保存”选项卡

勾选“自动备份”复选框，在“自动备份间隔（分钟）”文本框中输入保存间隔，默认设置为 5 分钟。

4.2.5 新建电路图页文件

将新建的设计文件置为当前，如图 4-16 所示。

选择菜单栏中的“绘制”→“多页”命令，弹出图 4-17 所示的“页面名称”对话框，由于设计文件默认创建一张图页，因此新建页面默认名称为 2。

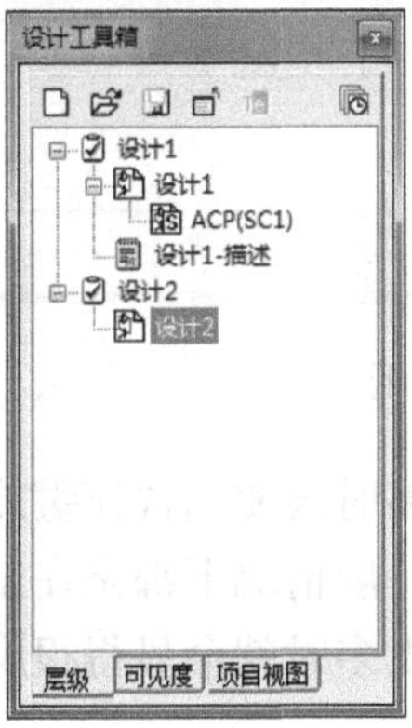

图 4-16 创建设计文件

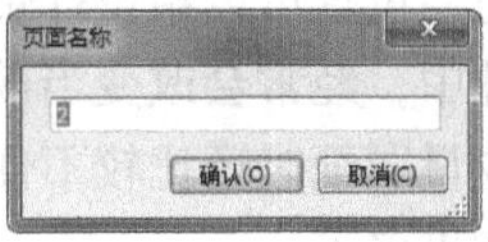

图 4-17 “页面名称”对话框

单击“确认”按钮，在该设计文件夹下创建图页文件，如图4-18所示。“设计2”文件下包括两个图页文件“设计2#1”“设计2#2”。

电路图页的创建是平坦电路设计的实质，默认创建的图页文件与新建的图页文件完全相同。图页文件的命名格式为“设计文件名称#页面名称”，因此所有图页文件前半部分名称相同，后半部分可以修改，可随意命名，如图4-19所示，输入“多页”，则在“设计工具箱”中显示该图页名称为“设计2#多页”，如图4-20所示。在工作区中显示平坦电路中的3个图页，如图4-21所示。

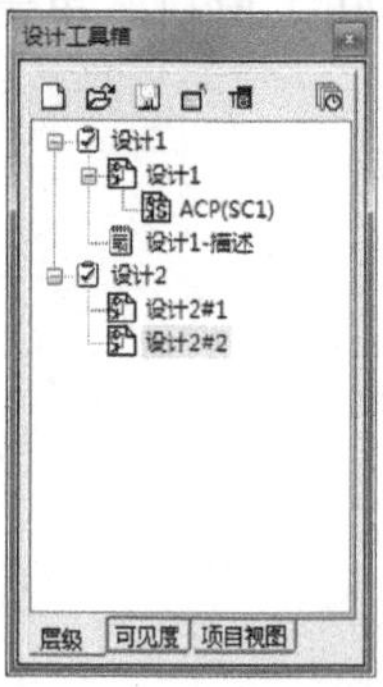

图4-18　创建图页文件

图4-19　“页面名称”对话框

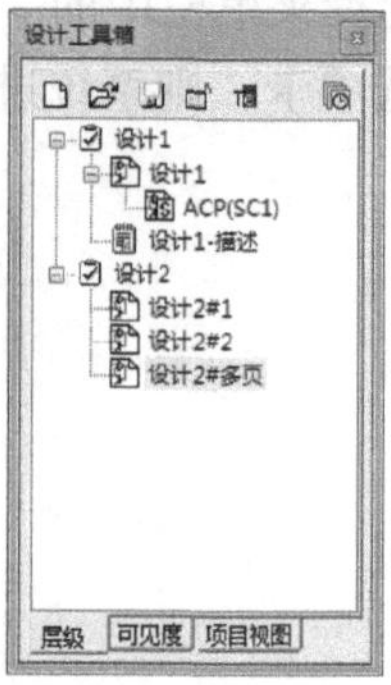

图4-20　设计工具箱

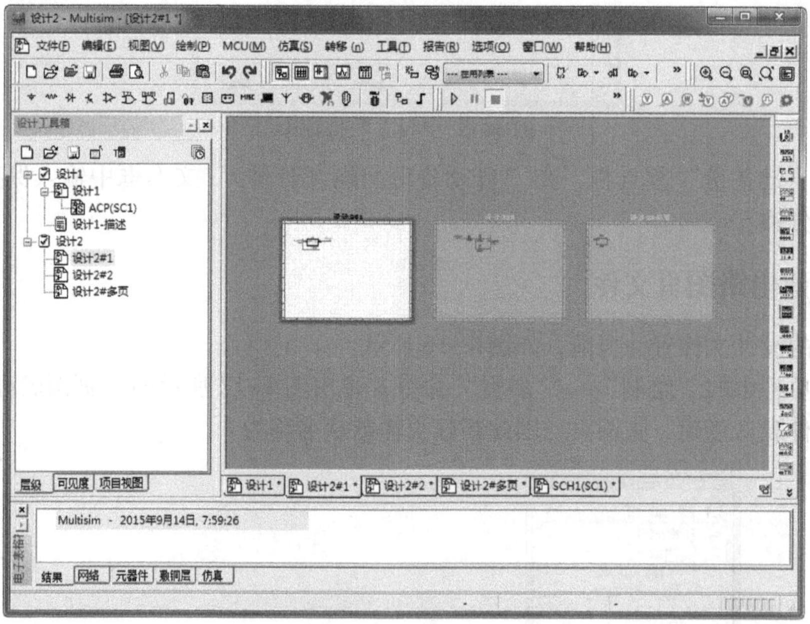

图4-21　显示平坦电路图纸

除了对图纸的适当设置可以给设计带来方便外，很多时候使用快捷键或者快捷命令是最方便的。例如在设计中，经常会改变当前显示图纸，在一般情况下都是在工具栏中单击所需要的图纸，当设计少量图纸时还比较不便，但是当图纸太多时就会显得很麻烦。这时如果使用数字快捷命名就省事多了。

4.3　简单电路设计

简单电路包括单页图纸，设计简单。在 Multisim 14.0 中对原理图进行连接的操作方法有 3 种。下面简单介绍这 3 种方法。

1. 使用菜单命令

菜单栏中的“绘制”菜单就是原理图连接工具菜单，如图 4-22 所示。在该菜单中，提供了放置各种元器件的命令，也包括导线、总线、连接器等连接工具的放置命令。其中，“在原理图上绘制”子菜单如图 4-23 所示，经常使用的有“导线”命令、“总线”命令等。

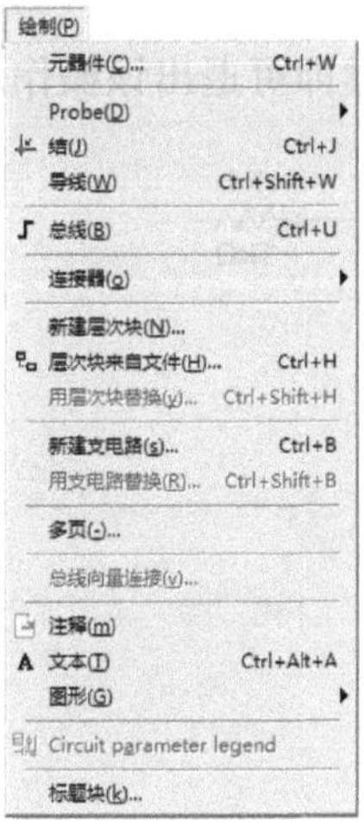

图 4-22　“绘制”菜单

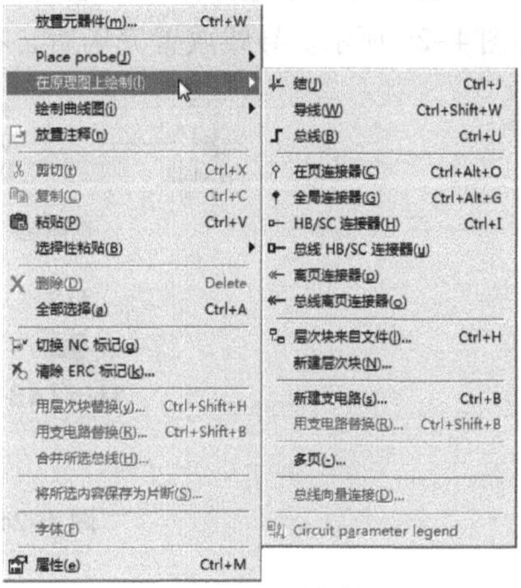

图 4-23　“在原理图上绘制”子菜单

2. 右键快捷命令

在工作区单击右键，快捷命令分别与“绘制”菜单栏中的按钮一一对应，直接选择快捷命令中的相应按钮，即可完成相同的功能操作。

3. 使用快捷键

上述各项命令都有相应的快捷键。例如，绘制总线的快捷键是〈Ctrl〉+〈U〉，绘制结的快捷键是〈Ctrl〉+〈J〉等。使用快捷键可以大大提高操作速度。

4.3.1　放置导线

元器件之间电气连接的主要方式是通过导线来连接的。导线是电路原理图中最重要、用得最多的图元，具有电气连接的意义，不同于一般的绘图工具。绘图工具没有电气连接的意义。

导线是电气连接中最基本的组成单位，Multisim 包括自动连线与手动连线两种方法，自动连线为 Multisim 特有，选择引脚间最好的路径完成连线，它可以避免连线通过元器件和连线重叠；手工连线要求用户控制连线路径。可以将自动连线与手工连线结合使用。

1. 自动连线

将光标指向要连接的元器件的引脚上，鼠标指针自动变为实心圆圈状，单击左键并移动光标，即可拉出一条虚线；如果要从某点转折，则在该处单击，固定该点，确定导线的拐弯位置；然后移动光标，将鼠标放置到终点引脚处，显示红色实心圆，单击鼠标左键，即可完成自动连线。若连接点与其他元器件距离太近，可能导致连线不成功。

2. 手动连线

选择菜单栏中的“绘制”→“导线”命令，或右键单击选择“在原理图上绘制”→“导线”命令，或按快捷键〈Ctrl〉+〈Shift〉+〈W〉，此时光标变成实心圆圈状，激活导线命令。

将光标移动到想要完成电气连接的元器件的引脚上，单击放置导线的起点，电气连接很容易完成。移动光标，多次单击可以确定多个固定点，最后放置导线的终点，当出现红色的实心圆圈符号时，表示电气连接成功。完成两个元器件之间的电气连接。此时光标仍处于放置导线的状态，重复上述操作可以继续放置其他导线。

如图 4-24 所示。导线放置完毕后，右击或按〈Esc〉键即可退出该操作。

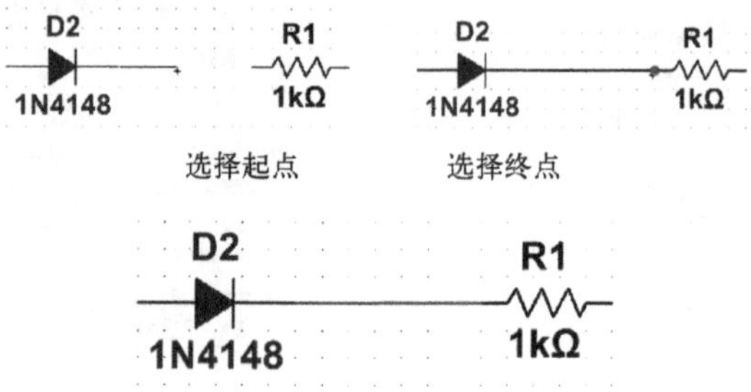

选择起点　　选择终点

确定终点

图 4-24　导线的绘制过程

3. 设置导线的属性

任何一个建立起来的电气连接都称为一个网络，每个网络都有自己唯一的名称。系统为每一个网络设置默认的名称，用户也可以自行设置。

双击导线或选中导线单击右键弹出图 4-25 所示的快捷菜单，选择“属性”命令，弹出如图 4-26 所示的“网络属性”对话框，在该对话框中可以对导线的颜色、线宽等参数进行设置。

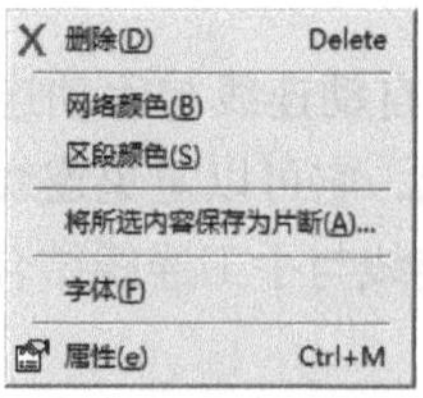

图 4-25　快捷菜单

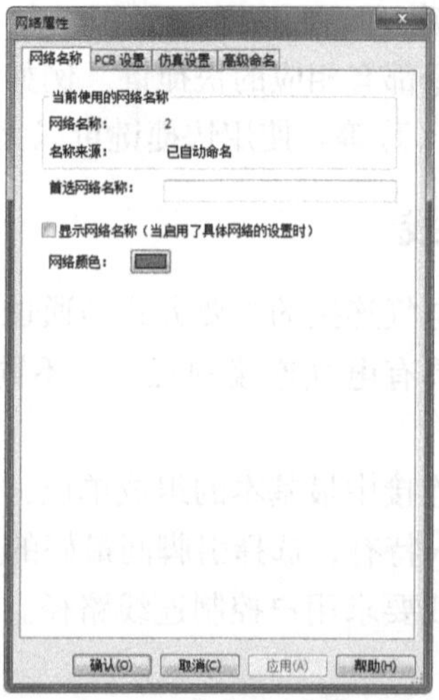

图 4-26　“网络属性”对话框

4. 命名

在“网络名称”选项卡下，显示当前默认的以数字排序的网络名称，在“首选网络名称”文本框中输入要修改的网络名。

勾选“显示网络名”复选框，则在选中的导线上方显示输入的网络名称，结果如图 4-27 所示。

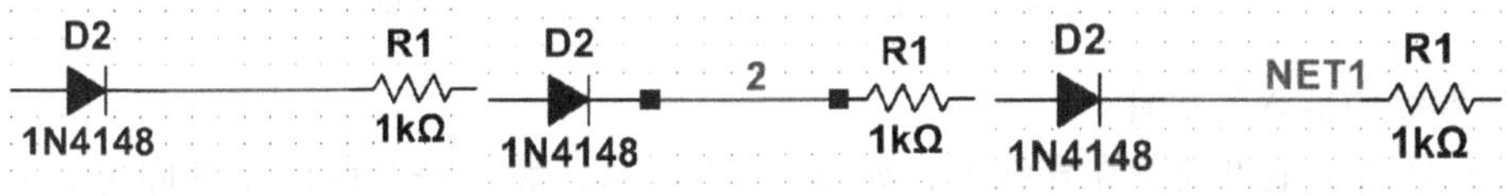

a)　　b)　　c)

图 4-27　设置网络名称

a）默认状态　b）显示默认名称　c）显示修改名称

在“高级命名”选项卡下显示复杂的命名格式，在特殊情况下使用该操作设置网络名称。

1）在“网络名称”选项卡下，单击“网络颜色”颜色框，系统将弹出图 4-28 所示的“颜色”对话框，在该对话框中可以选择并设置需要的导线颜色。系统默认设置为红色。

2）在“网络名称”选项卡下，显示“印制线宽度”的默认值、最大值、最小值；“印制线长度”的最大值、最小值；“间隙”选项组下印制线到不同区域的间隙。系统选择默认。在实际中应该参照与其相连的元器件印制线的宽度进行选择。

3）仿真分析参数

在“仿真设置”选项卡中，勾选“对瞬态分析使用 IC”“对 DC 使用 NODESET”复选框，添加仿真参数，为元器件进行仿真分析提供条件。

5. 编辑导线轨迹

选中导线，导线两端显示矩形实心夹点。

1）将光标移动到夹点上，光标显示为双箭头，拖曳光标可改变导线形状，如图 4-29 所示。

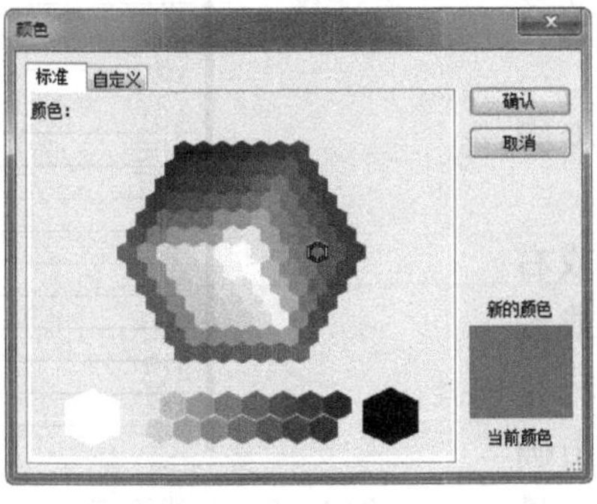

图 4-28　“颜色”对话框

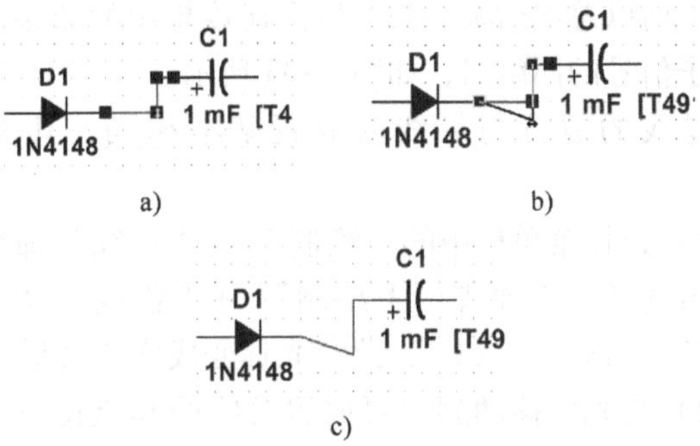

图 4-29　改变导线形状

a）选中导线　b）拖动光标　c）改变导线轨迹

2）光标移动到导线上会显示为双箭头形状，拖曳光标可平移该导线，如图 4-30 所示。

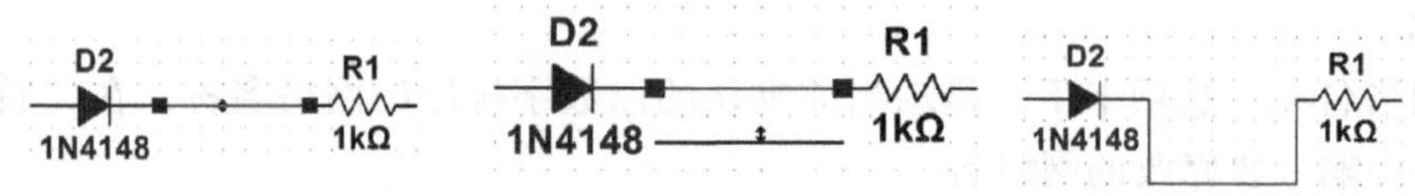

a)　　b)　　c)

图 4-30　移动导线

a）选中导线　b）向下平移导线　c）导线平移结果

6. 在导线中插入元器件

将元器件直接拖曳放置在导线上，如图 4-31 所示，然后松开鼠标左键即可将元器件插入在电路中，如图 4-32 所示。

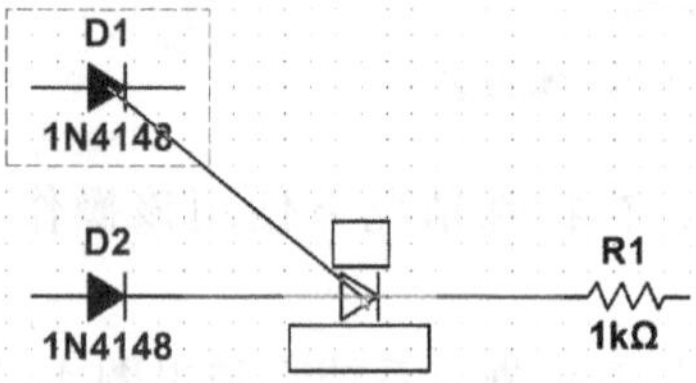

图 4-31　拖曳元器件

图 4-32　添加元器件

4.3.2　放置总线

总线是一组具有相同性质的并行信号线的组合，如数据总线、地址总线、控制总线等的组合。在大规模的原理图设计，尤其是数字电路的设计中，如果只用导线来完成各元器件之间的电气连接，那么整个原理图的连线就会显得杂乱而烦琐。而总线的运用可以大大简化原理图的连线操作，使原理图更加整洁、美观。

原理图编辑环境下的总线没有任何实质的电气连接意义，仅仅是为了绘图和读图方便而采取的一种简化连线的表现形式。

通常总线总会有网络定义，会将多个信号定义为一个网络，而以总线名称开头，后面连接想用的数字及总线各分支子信号的网络名，如图 4-33 所示。

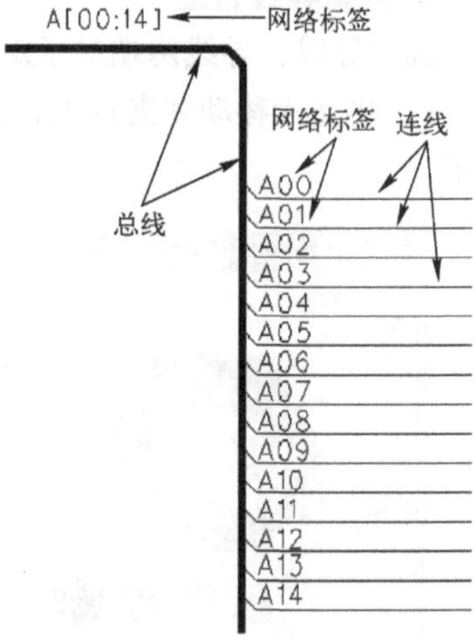

图 4-33　总线示意图

总线的放置与导线的放置基本相同，其操作步骤如下。

1）选择菜单栏中的“绘制”→“总线”命令，或右键单击选择“在原理图上绘制”→“总线”命令，或按快捷键〈Ctrl〉+〈U〉，此时光标变成实心圆形状。

2）将光标移动到想要放置总线的起点位置，单击确定总线的起点，然后拖动光标，单击确定多个固定点，最后确定终点，如图 4-34 所示。总线的放置不必与元器件的引脚相连，它只是为了方便接下来对总线分支线的绘制而设定的。

3）设置总线的属性。双击总线，弹出图 4-35 所示的“总线设置”对话框，在该对话框中可以对总线的属性进行设置。

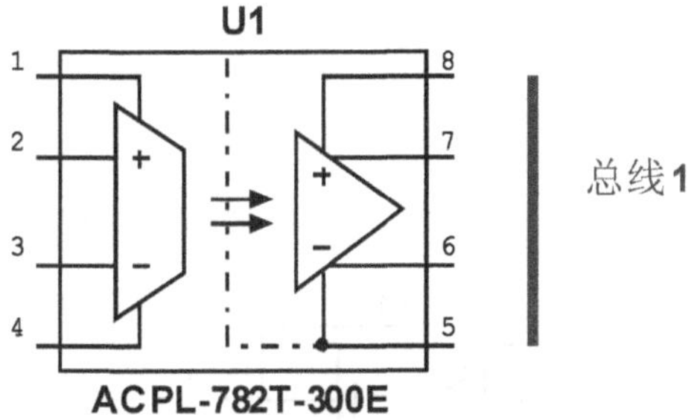

图 4-34　放置总线

图 4-35　“总线设置”对话框

总线属性设置对话框中的选项与导线属性设置对话框中的选项类似，这里不再赘述。

4.3.3　放置总线入口

总线入口是单一导线与总线的连接线，不可单独出现，是导线与总线的连接过渡。使用总线入口把总线和具有电气特性的导线连接起来，可以使电路原理图更为美观、清晰，且具有专业水准。与总线一样，总线入口也不具有任何电气连接的意义，而且它的存在也不是必须的。即使不通过总线入口，直接把导线与总线连接也是正确的。

以上步骤完成了总线的绘制，下一步还要将各信号线连接在总线上，在连线过程中，如果需要与总线相交，则相交处为一段斜线段。

1）在图 4-36 中捕捉起点，向右侧拖动，在正对总线处，显示悬浮的总线入口，如图 4-36 所示。

2）此时，从引脚引出的连线自动分配给总线，相交处自动添加一小段斜线，如图 4-37 所示。

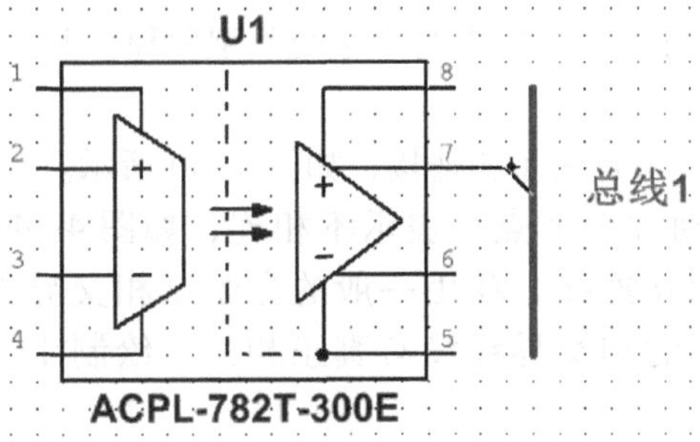

图 4-36　显示总线入口

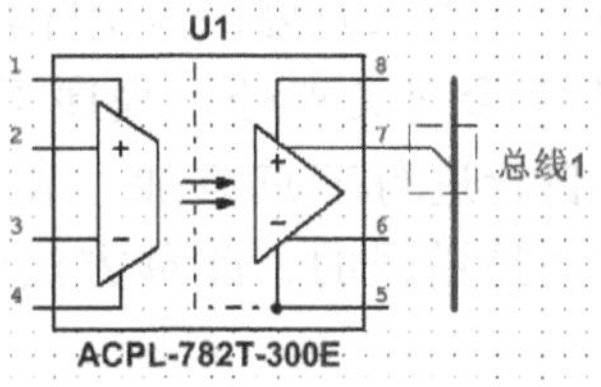

图 4-37　添加连接

3）同时自动弹出“总线入口连接”对话框，在对话框中显示总线与总线线路名称，如图 4-38 所示。

4）单击“总线入口连接”对话框中的“确认”按钮，总线入口到线上自动附着输入的网络名，标志着这两条线的关系不仅仅相交而且是同一网络，结果如图 4-39 所示。

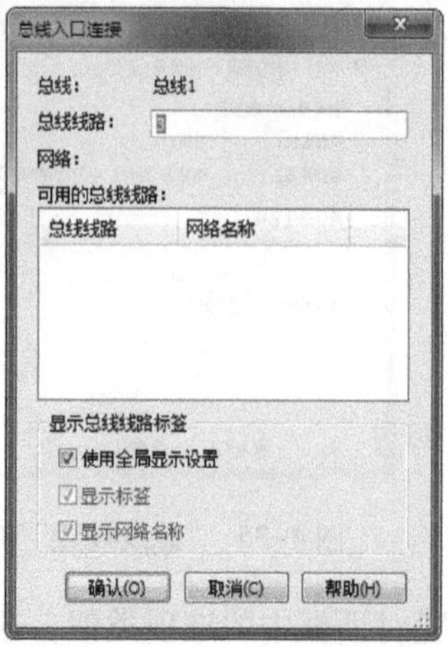

图 4-38 “总线入口连接”对话框

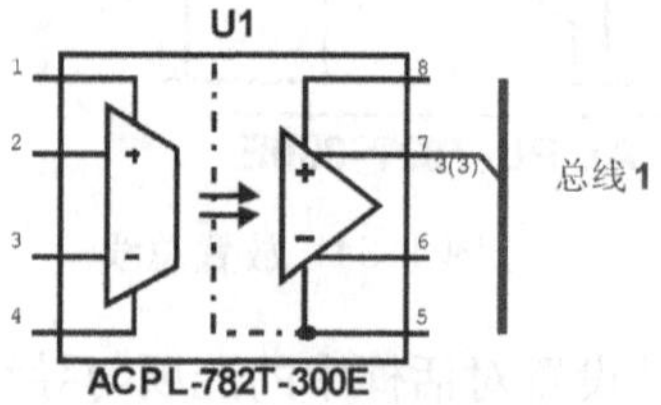

图 4-39 完成连线

4.3.4 放置节点

在 Multisim 14.0 中，默认情况下，系统会在导线的 T 型交叉点处自动放置电气节点，表示所画线路在电气意义上是连接的。但在其他情况下，如十字交叉点处，由于系统无法判断导线是否连接，因此不会自动放置电气节点。如果导线确实是相互连接的，就需要用户自己手动放置电气节点。

“节点”是一个小圆点，一个“节点”最多可以连接来自 4 个方向的导线。可以直接将“节点”插入连线中。

1. 添加节点

选择菜单栏中的“绘制”→“结”命令，或按快捷键〈Ctrl〉+〈J〉，此时光标变成一个电气节点符号。移动光标到需要放置电气节点的地方，单击即可完成放置。

节点应用于相互交叉的导线中，交叉导线分丁字形与十字交叉型两种，下面讲解这两种交叉导线的连接方法。

1）在丁字形交叉点处，程序自动放置节点表示相连接，如图 4-40 所示。

2）在十字形交叉点处，程序不自动放置节点，表示不相连，如图 4-41 所示。若有需要，可自行进行节点添加，表示相互连接。利用一般的先绘制相交导线，最后添加节点的方法是错误的，此种方法绘制的相交导线没有真正相连。绘制十字相交导线有两种方法。

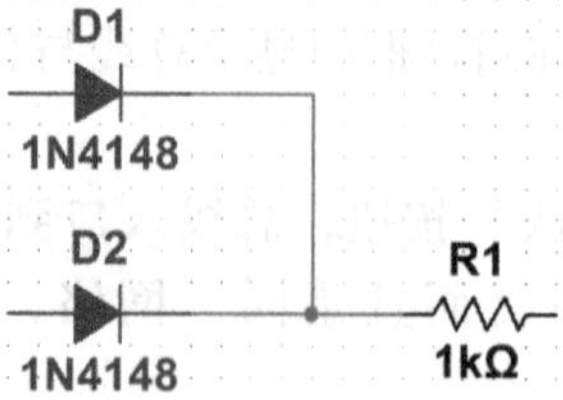

图 4-40 丁字交叉

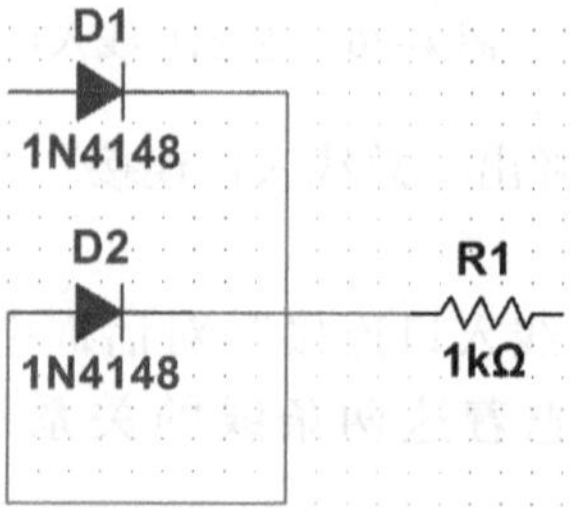

图 4-41 十字交叉不相连

① 在交叉处放置一个节点，在绘制与该节点相交的4条导线形成十字交叉线；

② 先绘制一根导线，再绘制一根导线形成丁字交叉，相交处自动添加节点，如图4-42所示，最后在交点处绘制第4根导线，形成十字交叉，如图4-43所示。

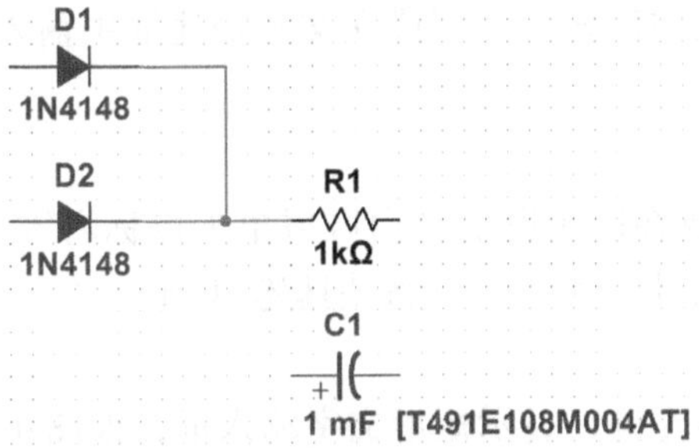

图4-42　绘制丁字交叉

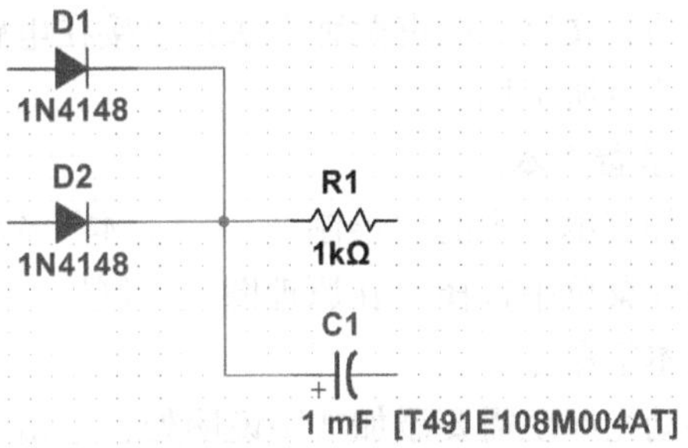

图4-43　绘制十字交叉

2. 节点显示

在连接电路时，Multisim 14.0自动为每个节点分配一个编号。选择菜单栏中的“选项”→“电路图属性”命令，弹出“电路图属性”对话框，在“电路图可见性”选项卡中设置是否显示节点编号。

勾选“RefDes”复选框，可以选择是否显示连接线的节点编号。

3. 编辑导线

在放置电气节点的导线中，用户可以对导线进性调整。对包含节点、已连接好、不符合要求的连接线，将鼠标放置到节点处，鼠标变为单向箭头状，如图4-44所示。

单击并移动鼠标，显示虚线状的移动轨迹，如图4-45所示。

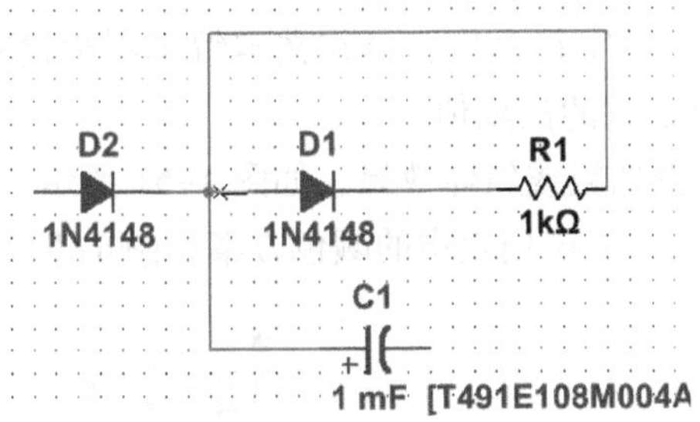

图4-44　进入调整状态

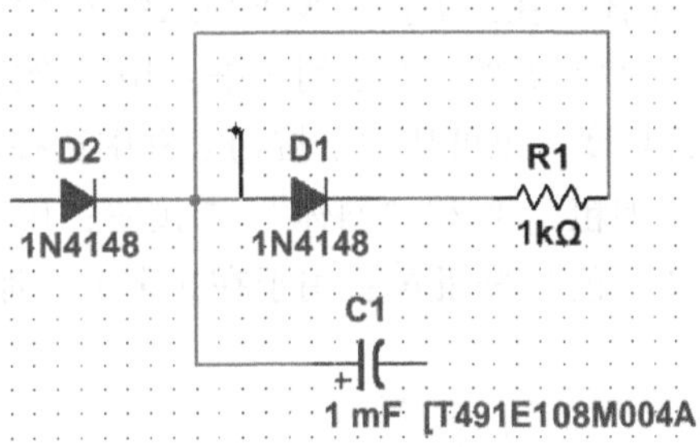

图4-45　移动鼠标

将鼠标放置在要移动到的位置上，显示节点图标，如图4-46所示，在终点处单击，显示导线轨迹更改，结果如图4-47所示。

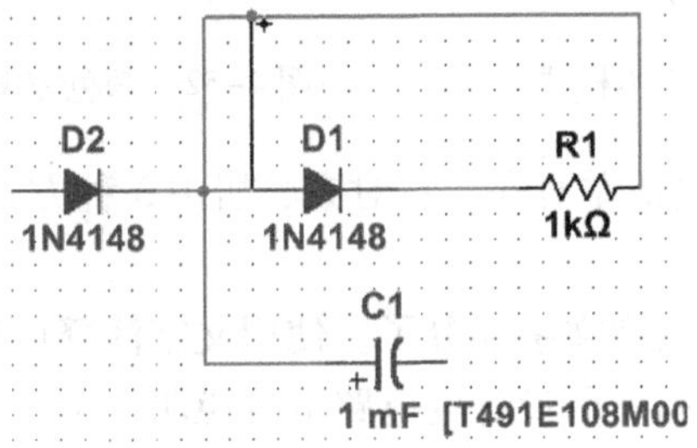

图4-46　确定终点

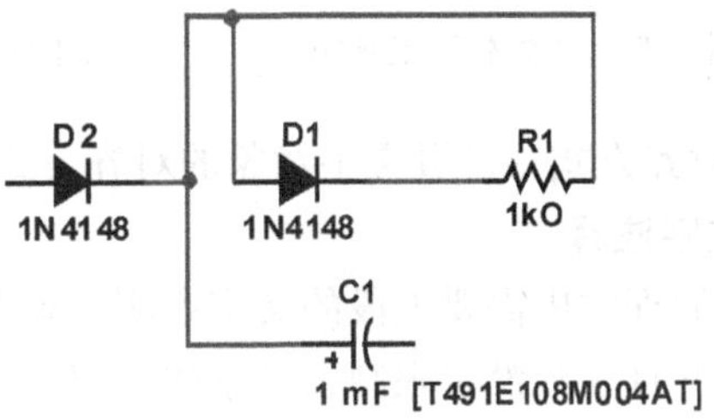

图4-47　轨迹更改结果

4.3.5 放置文字说明

在绘制电路原理图的时，为了增加原理图的可读性，设计者会在原理图的关键位置添加文字说明，文字说明有两种方法：直接在电路工作区输入文字或在文本描述框中输入文字，操作方式有所不同。

1. 放置文本

选择菜单栏中的“绘制”→“文本”命令或在原理图的空白区域单击鼠标右键，在弹出的快捷菜单中选择“在原理图上绘制”→“文本”命令，或按快捷键〈Ctrl〉+〈T〉，启动放置文本字命令。

移动光标至需要添加文字说明处，单击鼠标左键，显示矩形文字输入框，如图 4-48 所示，即可输入文本字。如图 4-49 所示。

图 4-48 显示文字输入框

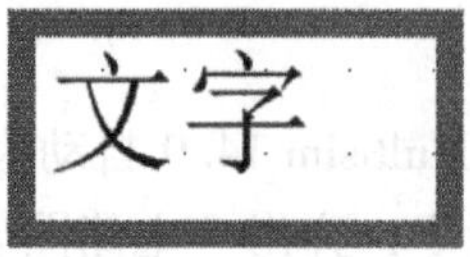

图 4-49 放置文本

在放置状态下，弹出“文本”工具箱，可对输入的文本进行设置，如图 4-50 所示。

完成文字输入后，若需要修改，直接双击文字，在需要修改的文字外侧显示矩形框，弹出文本工具箱，可进行直接修改。

下面详细介绍文本工具箱中的按钮选项。

1）字体：在该下拉列表下显示输入文字可选字体。

2）“文字高度”下拉列表框：用于确定文本的字符高度，可在文本编辑器中设置输入新的字符高度，也可从此下拉列表框中选择已设定过的高度值。

3）“加粗”和“斜体”按钮：用于设置加粗或斜体效果，如图 4-51 所示。

4）“颜色”按钮：用于在文字上添加颜色，下拉列表中的颜色方案如图 4-52 所示。

图 4-50 “文本”工具箱

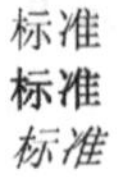

图 4-51 文本样式

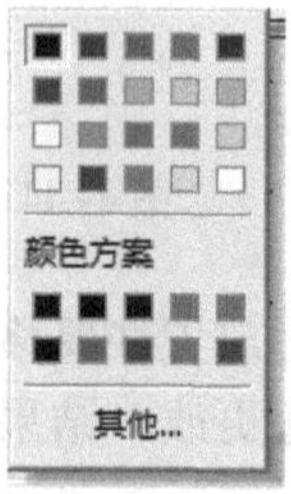

图 4-52 颜色方案

5）对齐方式：设置文字对象的对齐方式，包括左对齐、右对齐、居中 3 种方式。

2. 文字注释

如果原理图中需要大段的文字说明，就需要用到文字注释了。使用文字注释可以放置多行文本，并且字数没有限制，文字注释仅仅是对用户所设计的电路进行说明，本身不具有电气意义。

选择菜单栏中的“绘制”→“注释”命令或在原理图的空白区域单击鼠标右键，在弹出的菜单中选择“放置注释”命令，或按快捷键〈Ctrl〉+〈D〉，鼠标变为状。

移动光标至需要添加文字说明处，单击鼠标左键，显示图 4-53 所示的文本输入框，输入所需要的文字。

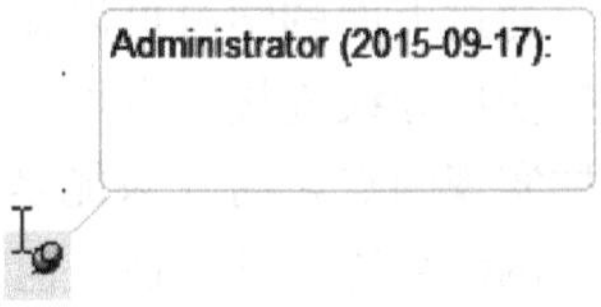

图 4-53　显示文字输入框

单击文本描述左下方的 Advanced RefDes configuration... 按钮，弹出图 4-54 所示的“注释特性”对话框，该对话框包括两个选项卡。

3. “显示”选项卡

在该选项卡中可以设置注释文字的颜色、大小及可见度，如图 4-54 所示。

注释文字颜色包括背景颜色、文本颜色；颜色的设置包括系统与自定义，选择“自定义”单选钮，激活“选择颜色”按钮，单击该按钮，弹出“颜色”对话框，在该对话框中选择颜色。

注释文本框的大小有两种设置方法，在“大小”选项组下，勾选“自动调整大小”复选框，可自动调整文本框大小；取消该复选框的勾选，直接在“宽度”“高度”文本框中输入参数值。需要注意的是，若勾选“自动调整大小”复选框，则无法修改参数值。

在“注释文本”列表框中可输入需要的文字。

4. “字体”选项卡

在该选项卡下设置注释文字的字体、字形、大小及应用范围，如图 4-55 所示。

图 4-54　“显示”选项卡

图 4-55　“字体”选项卡

4.3.6 放置在页连接器

通过上面的学习可以知道，在同一张图纸上设计原理图时，两点之间的电气连接，可以直接使用导线连接，也可以通过设置相同的网络标签来完成，即使用电路的在页连接器，能同样实现两点之间（只能是同个电路之间）的电气连接。

网络名称有唯一性，但添加了在页连接器的相同名称的端口是存在的，在电气关系上是连接在一起的。

选择菜单栏中的“绘制”→“连接器”→“在页连接器”命令，或按快捷键〈Ctrl〉+〈Alt〉+〈O〉，鼠标变为状，在工作区单击，弹出“在页连接器”对话框，如图 4-56 所示。在该对话框中可以确定连接器名称。

在“可用的连接器”列表框中显示当前电路图中的其余在页连接器，双击“新建”命令，新建连接器，如图 4-57 所示。

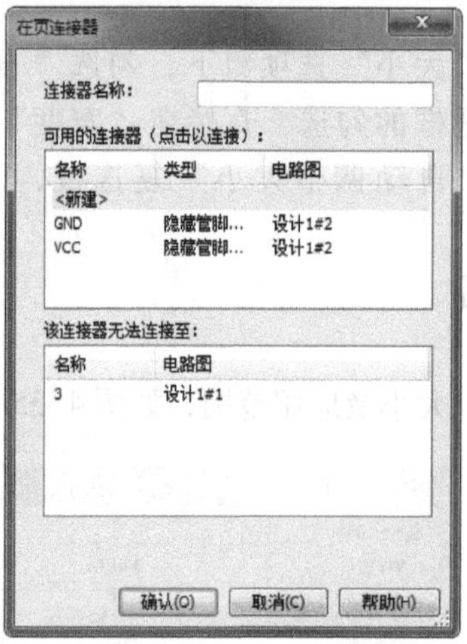

图 4-56 “在页连接器”对话框

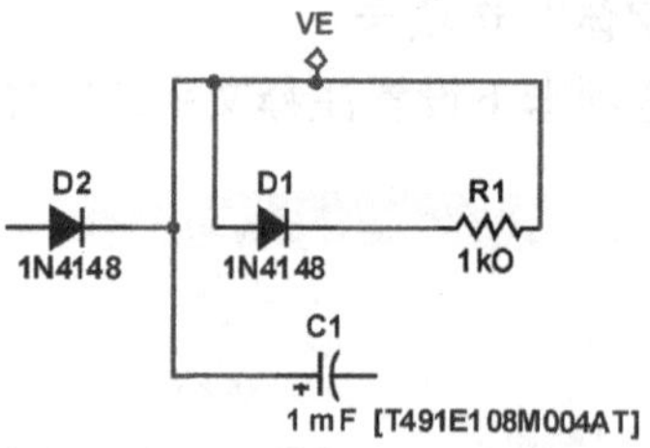

图 4-57 放置在页连接器

在“该连接器无法连接至”列表框中显示当前打开的其余电路图中的在页连接器，由于该列表框中的在页连接器不在当前图纸中，因此不可用，无法与该连接器进行连接。

4.3.7 放置全局连接器

在同一张图纸上表示两点之间的电气连接，不止在页连接器，还包括全局连接器，能在同个电路之间实现两点之间的电气连接。

选择菜单栏中的“绘制”→“连接器”→“全局连接器”命令，或按快捷键〈Ctrl〉+〈Alt〉+〈G〉，鼠标变为状，在工作区单击，弹出“全局连接器”对话框，如图 4-58 所示。在该对话框中可以确定连接器名称。

在“可用的连接器”列表框中显示当前打开的所有电路图中的连接器，包括在页与全局。全局连接器应用范围广，不仅适用于当前图页，还可以应用在当前打开的其余图纸中。双击“新建”命令，新建不同类型的连接器，如图 4-59 所示。

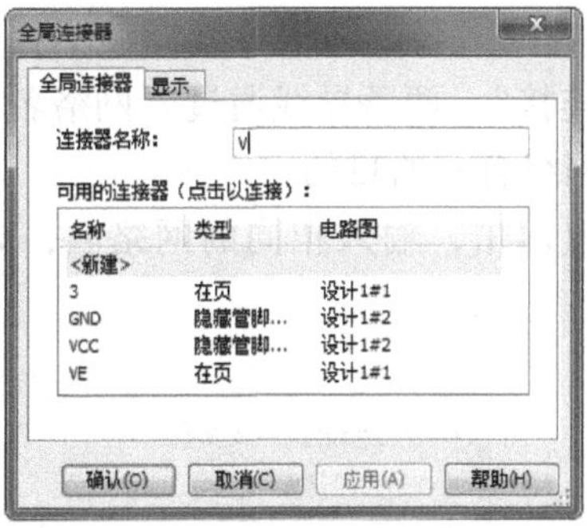

图 4-58 “全局连接器”对话框

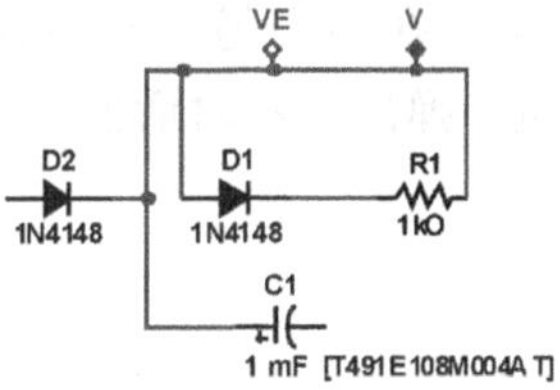

图 4-59 放置全局连接器

4.3.8 放置网络符号

在原理图绘制过程中，元器件之间的电气连接除了使用导线外，还可以通过设置网络标签的方法来实现。

网络标签具有实际的电气连接意义，具有相同网络标签的导线或元器件引脚不管在图上是否连接在一起，其电气关系都是连接在一起的。特别是在连接的线路比较远，或者线路过于复杂，而使走线比较困难时，使用网络标签代替实际走线可以大大简化原理图。

将鼠标放置在元器件引脚处，鼠标变为实心圆状，单击该引脚，向外拖动，在空白处双击，绘制悬浮线。未与其余元器件引脚或其余对象相连的导线悬浮显示，悬浮端端点处显示为实心圆，如图 4-60 所示。

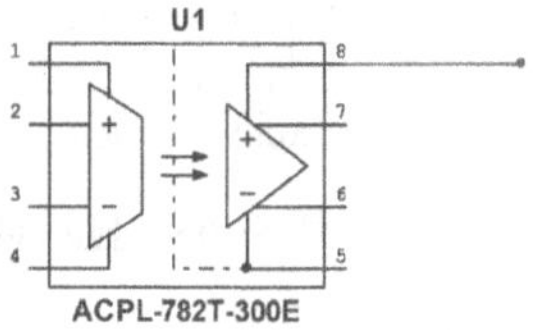

图 4-60 绘制悬浮导线

所有连线都会被赋予一个固定的网络名称，也可以通过相同的方式显示名称，此时，连线被赋予一个默认的名称，双击该线，在弹出的“网络属性”对话框中打开“网络名称”选项卡，如图 4-61 所示，勾选“显示网络名称”复选框即可在悬浮线上显示导线网络名，结果如图 4-62 所示。

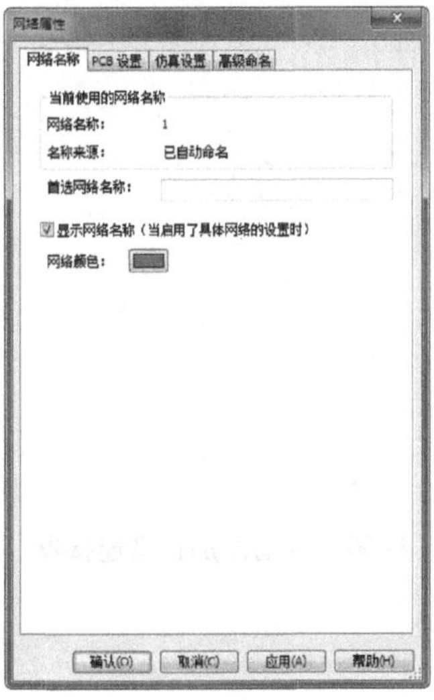

图 4-61 设置网络名

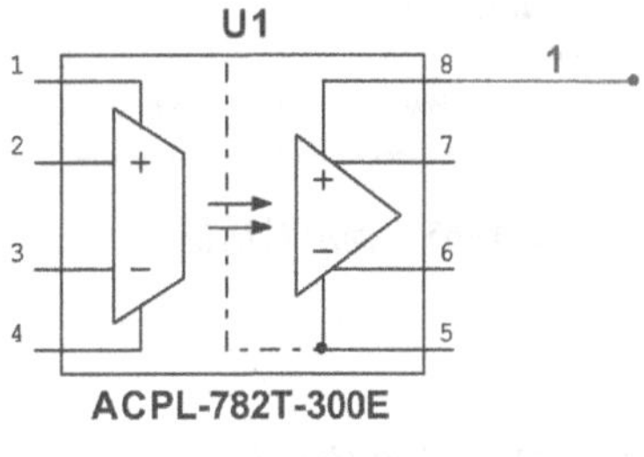

图 4-62 显示悬浮线网络名

在“首选网络名称”显示框中输入修改的网络名，两根导线即使不相连，如果网络名称相同，也能够完成了实际意义上的“电气连接”，两条导线通过“网络名称”下的网络来与被选择的网络连接成一个网络，从而达到网络合并的目的。

如图 4-63 所示，在图中另一根悬浮线上双击，输入相同的网络名，如图 4-64 所示。单击“确认”按钮，弹出提示对话框。

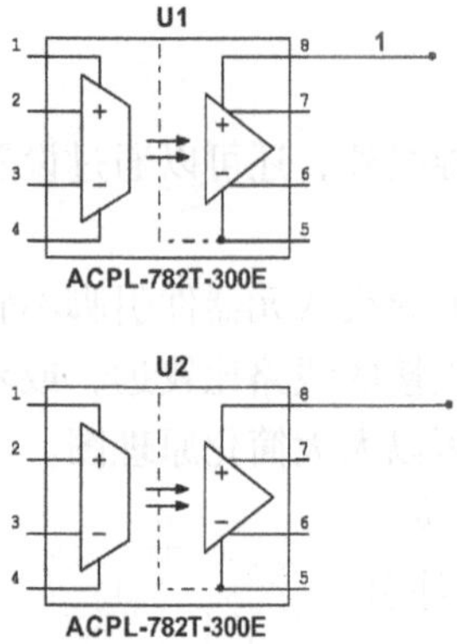

图 4-63　显示悬浮线

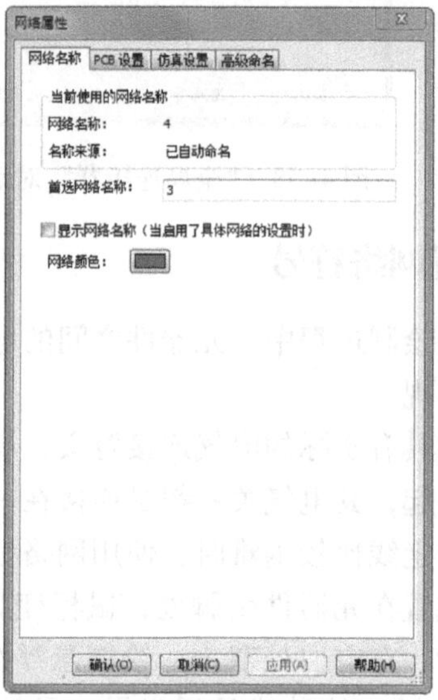

图 4-64　“网络属性”对话框

由于网络的唯一性，单纯的两条网络线不可能存在的，因此出现警告提示对话框，该对话框提出两条解决方法，添加在页连接器或修改网络名，如图 4-65 所示。

默认选择“用在页连接器连接两个网络”单选钮，单击“确认”按钮，在原理图中悬浮线端点上取消显示实心圆，自动添加在页连接器，如图 4-66 所示。

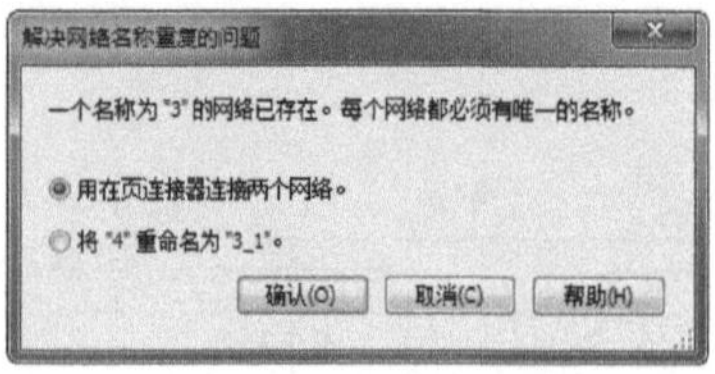

图 4-65　提示对话框

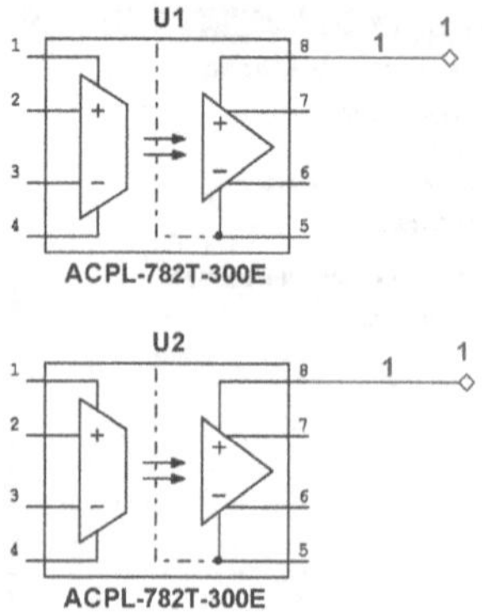

图 4-66　自动添加在页连接器

注意

若需要大量显示对象的网络名，可以进行统一设置，若无要求，可按照上面的方法对需要的对象进行显示设置。

选择菜单栏中的“选项”→“电路图属性”命令，弹出“电路图属性”对话框，如图4-67所示，打开“电路图可见性”选型卡，在右侧“选项”选项组下选择“全部显示”单选钮，单击“确认”按钮，退出对话框。完成此设置后，在原理图中显示所有网络名。

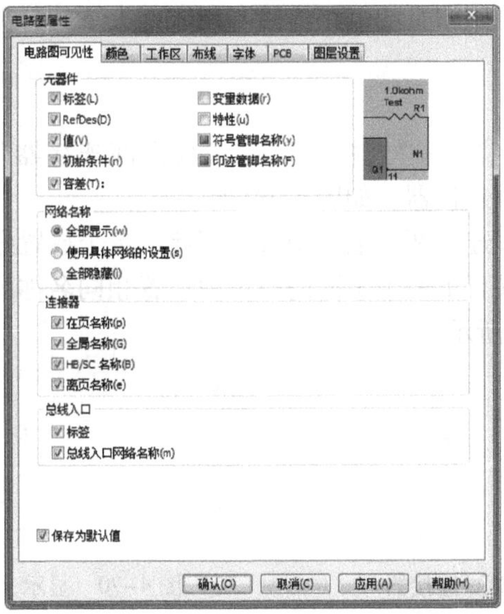

图4-67 “电路图属性”对话框

4.4 平坦式电路设计

不管是平坦式连接还是层次式连接，都包含多张原理图页，图纸间的电气连接使用输入、输出端口与各种连接器，选择菜单栏中的“绘制”→“连接器”命令，弹出图4-68所示的子菜单。

在不同的图纸结构中使用不同的命令，在前面已介绍，在单张图页中使用“在页连接器”“全局连接器”可应用于当前所有打开的原理图，不局限于是否同张图纸、是平坦电路还是层次电路，是否在同一个设计文件下，均可应用于全局。

在平坦式电路中，特有的连接命令为“离页连接器”“总线离页连接器”，下面进行详细介绍。

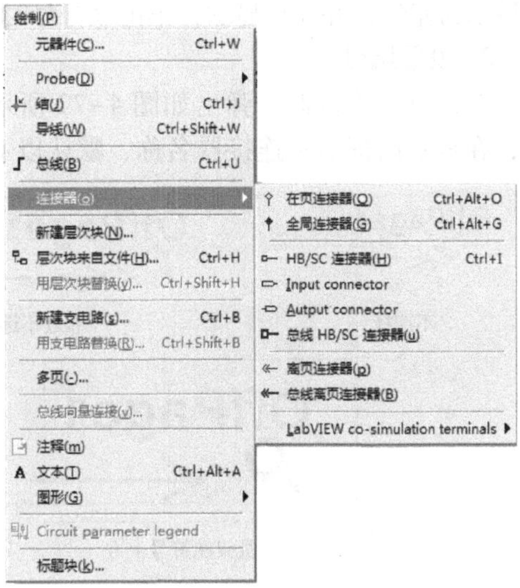

图4-68 “连接器”子菜单

4.4.1 离页连接器

“在页连接器”与“离页连接器”是两个相对的概念，顾名思义，“在页连接器”是指在同一的图页中的连接器，“离页连接器”是指在不同图页间的连接器。

在原理图设计中添加页间连接器，用于 Page1 与 Page2 间的电气连接。在左右两页连接的端口处放置页间连接器，平坦式电路页与页之间完成了完美的电气连接。

在使用页间连接器时，这些电路图页必须在同一个电路文件夹下，且分页端口连接器要有相同的名字，才能保证电路图页的电路连接不同文件夹下的分页连接器即使有相同的名称也不会在电路上进行连接。

1. 放置离页间连接器

选择菜单栏中的“绘制”→“连接器”→“离页间连接器”命令，鼠标变为<<←状，在适当位置单击，放置离页连接器，如图 4-69 所示。

由于离页连接器是代表连接两个电路图页，因此，单个放置好的符号是不具有电器连接作用的，只有在同一设计项目下两个不同的图页中放置相同名称的离页连接器，才能代表完成了电气连接，如图 4-70 所示。

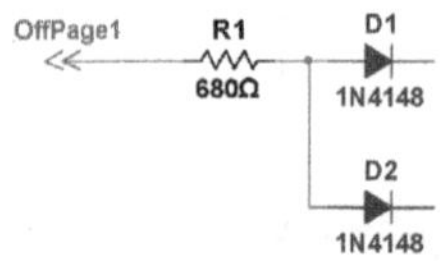

图 4-69　放置离页连接器

图 4-70　显示是否连接

2. 显示离页间连接器

在离页连接器左侧附带放大镜符号，不选择离页连接器时，不显示该符号；将鼠标放置在离页连接器附近，系统自动捕捉到时，显示该符号为灰色；将鼠标放置在该符号上方时，该符号显示为蓝色，并高亮显示；单击该符号时，显示离页连接器是否连接，如图 4-71 所示。

3. 设置属性

双击离页连接器，弹出如图 4-72 所示的“Off－Page Connector”（离页连接器）对话框，在该对话框显示连接器名称，默认以 OffPage 为前缀，后面以数字递增。

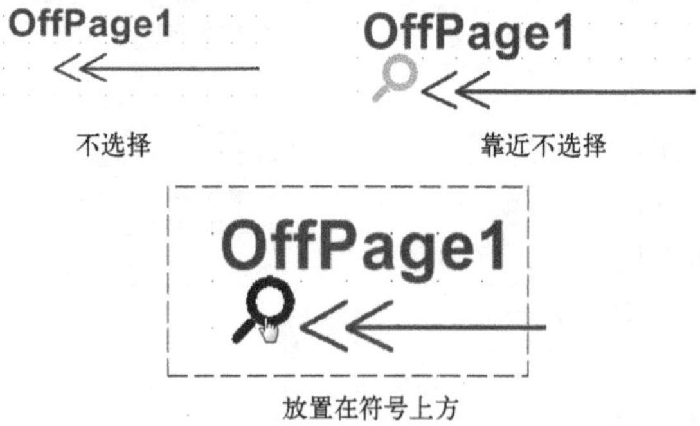

图 4-71　离页连接器符号显示

图 4-72　“Off－Page Connector（离页连接器）”对话框

单击 Advanced RefDes configuration... 按钮，弹出如图 4-73 所示的“重命名元器件位号”对话框，显示离页连接符所在设计文件下所有元器件，可设置元器件参数。

4. 放置另一离页连接器

同样在另一个页面，该网络的另一端也放置好同名的页间连接器，在两个原理图页面建立了电气连接，如图4-74所示。

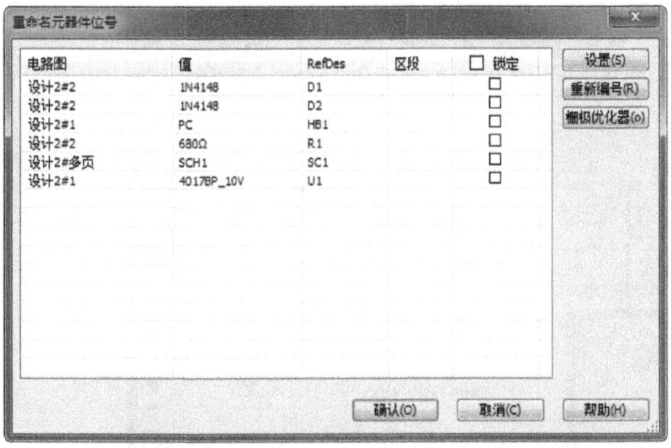

图4-73 “重命名元器件位号”对话框

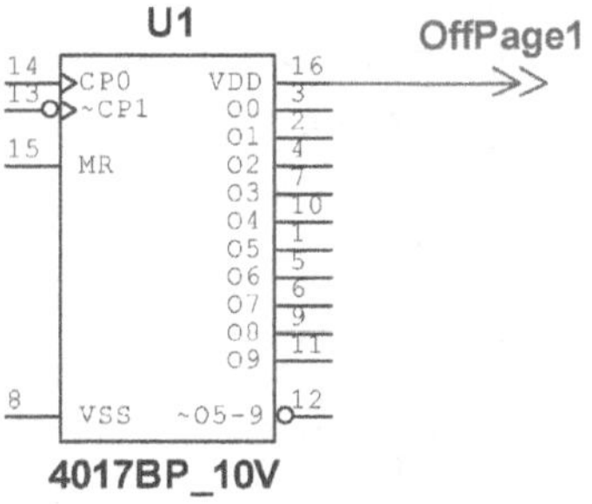

图4-74 不同图页间放置同名页间连接符

4.4.2 总线离页连接器

连线有了导线与总线的区别，离页连接器就分成“离页连接器”与“总线离页连接器”。离页连接器连接导线端，总线离页连接器连接总线端。

1. 放置总线离页连接器

选择菜单栏中的“绘制”→“连接器”→“总线离页间连接器”命令，鼠标变为单项箭头状。

箭头方向朝左，需要放置箭头方向为右的总线离页间连接器，按照元器件旋转方向的操作，按〈Alt〉+〈X〉键，调转箭头方向，在适当位置单击，放置离页连接器，如图4-75所示。

同样在另一个页面，该网络的另一端也放置好同名的页间连接器，在两个原理图页面建立了电气连接，如图4-76所示。

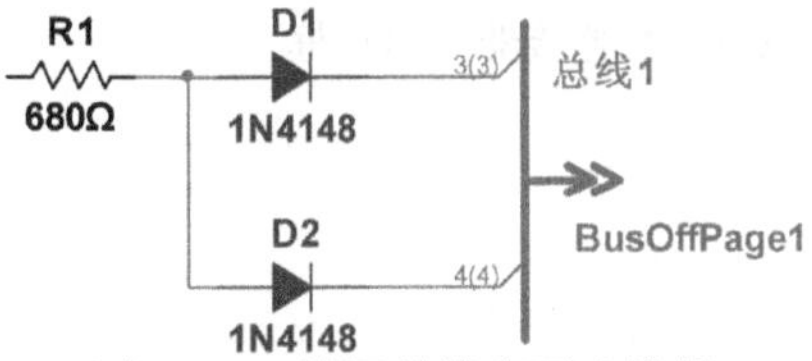

图4-75 放置总线离页连接器

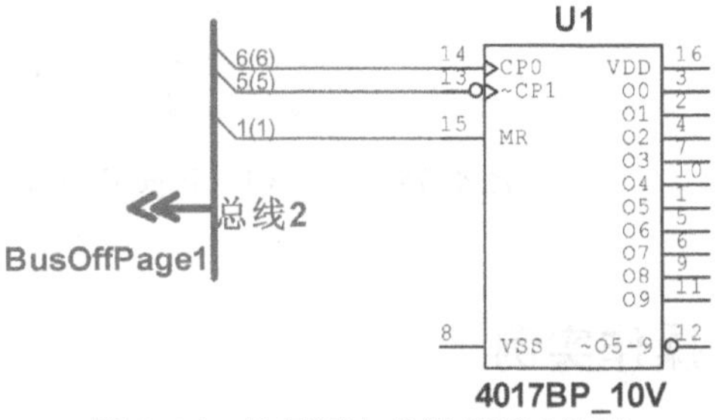

图4-76 放置同名总线离页连接器

2. 显示总线离页连接器

由于离页连接器是代表连接两个电路图页，因此，放置好的符号是有电气连接作用的，单击其中一个总线离页连接器的放大镜符号，显示连接的另一方图纸名称及图纸缩略，如图4-77所示。

3. 设置属性

双击离页连接器，弹出如图4-78所示的“Bus Off-Page Connector”（总线离页连接器）对话框，在该对话框显示连接器名称，默认以BusOffPage为前缀，后面以数字递增。

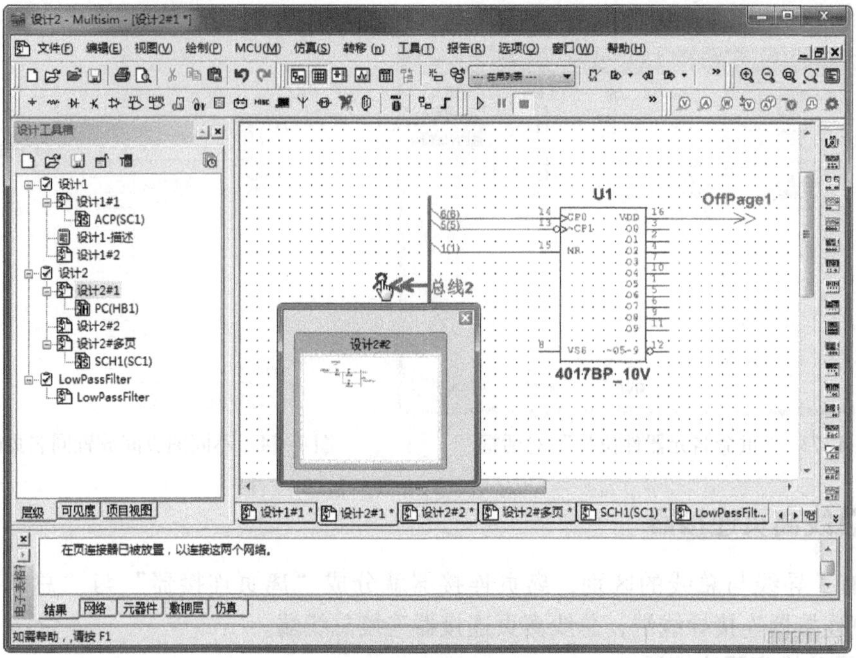

图 4-77　显示另一网络

图 4-78　“Bus Off - Page Connector”（总线离页连接器）对话框

4.5　操作实例

4.5.1　最小系统电路

1. 设置工作环境。

1）单击图标 NI Multisim 14.0，打开 NI Multisim 14.0。

2）单击“标准”工具栏中的“新建”按钮，弹出“New Design”（新建设计文件）对话框，选择“Blank and recent”选项。单击 Create 按钮，创建一个 PCB 项目文件。

3）单击菜单栏中的“文件”→“保存工程为”命令，将项目另存为“最小系统电路 . ms14”，“设计工具箱”面板中将显示出用户设置的名称，如图 4-79 所示。

2. 设置原理图图纸

选择菜单中的“选项”→“电路图属性”命令，系统弹出“电路图属性”对话框，按照图 4-80 设置图纸大小，完成设置后，单击“确认”按钮，关闭对话框。

图 4-79　保存设计文件

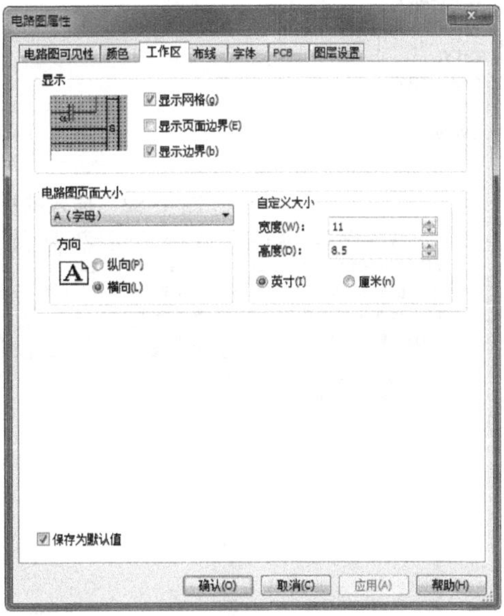

图 4-80　设置“电路图属性”对话框

3. 设置图纸的标题栏

选择菜单栏中的“绘制”→“标题块”命令，在弹出的“打开”对话框中选择标题块模板，如图 4-81 所示。

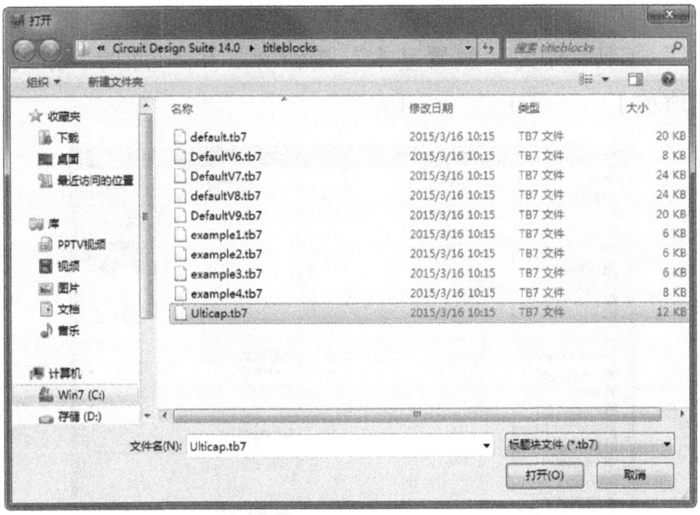

图 4-81　“打开”对话框

单击“打开”按钮，在图纸右下角放置如图 4-82 所示的标题块。选择菜单栏中的“编辑”→“标题块位置”→“右下”命令，精确放置标题栏，如图 4-83 所示。

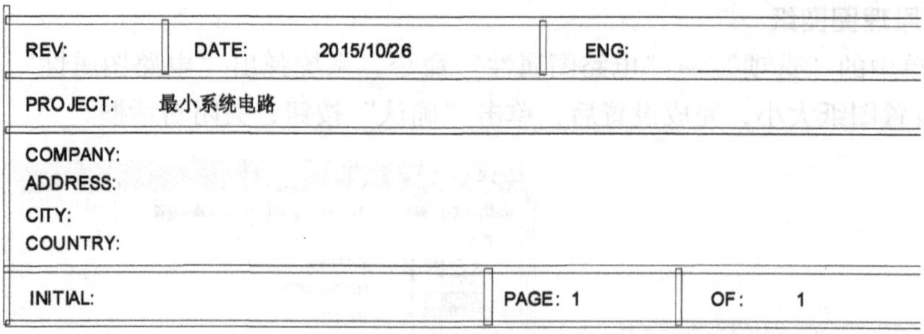
REV:
DATE:
2015/10/26
ENG:
PROJECT:
最小系统电路
COMPANY:
ADDRESS:
CITY:
COUNTRY:
INITIAL:
PAGE: 1
OF:
1

图 4-82　插入的标题块

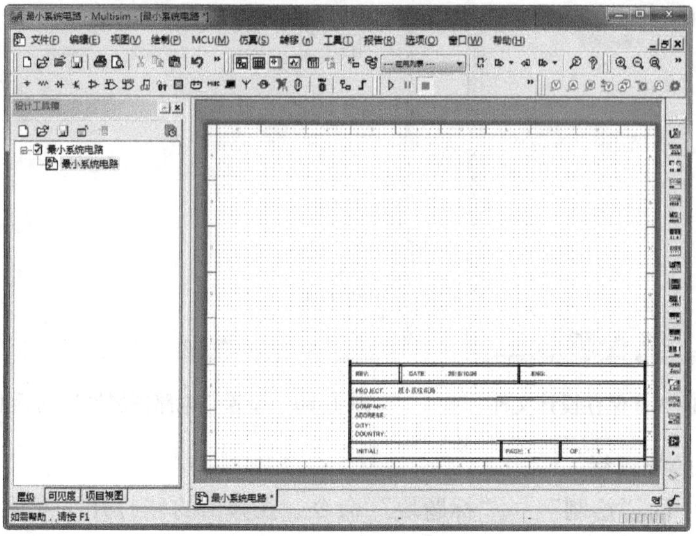

图 4-83　布置标题块

4. 增加元器件

单击“元器件”工具栏中的“放置基本”按钮，Basic 库的“系列”栏中包含以下几种，如图 4-84 所示。

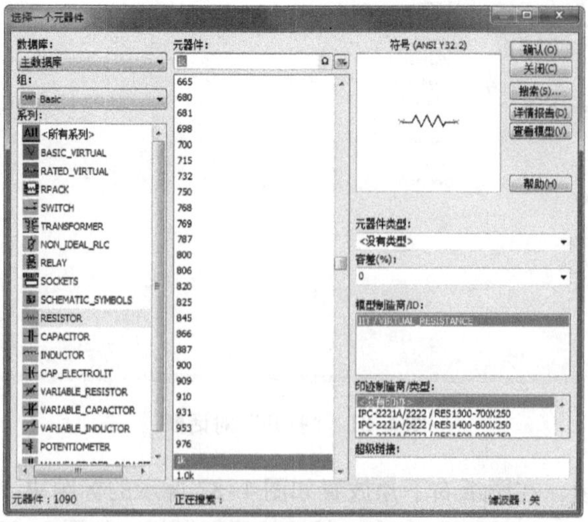

图 4-84　Basic 库

5. 放置电阻

选择“定额虚拟器件（RATED_VIRTUAL）”系列，在“元器件”栏选择“RESISTOR_RATED”，如图 4-85 所示。

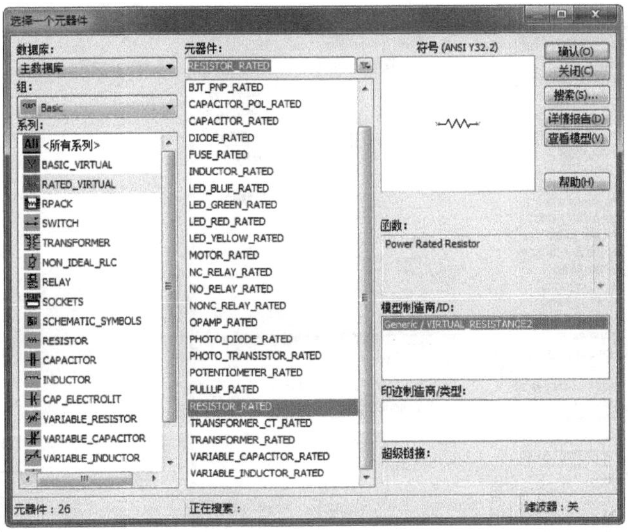

图 4-85　选择电阻器

双击该虚拟电阻元器件，在工作区放置 4 个电阻器，阻值均为 1 kΩ，如图 4-86 所示。

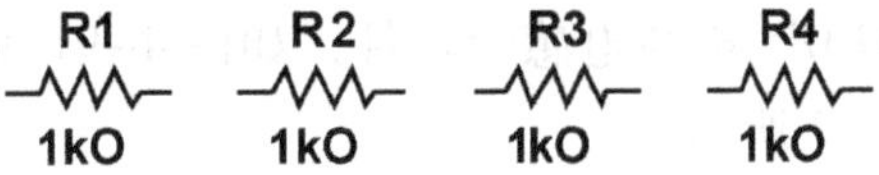

图 4-86　放置电阻器

6. 放置无极性电容

选择“CAPACITOR_RATED”虚拟无极性电容元器件，如图 4-87 所示。双击改元器件，在工作区放置 7 个电容，参数值均为 1 uF，如图 4-88 所示。

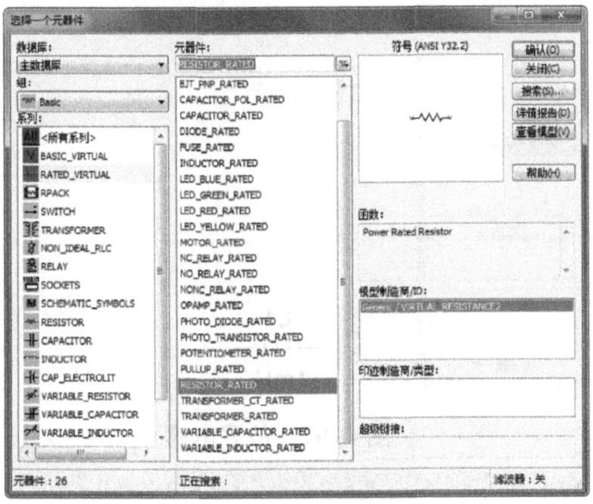

图 4-87　选择虚拟电容

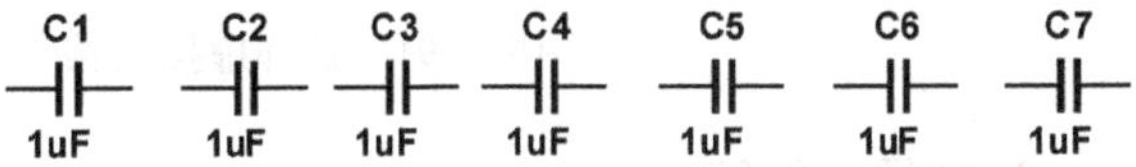

图 4-88　放置无极性电容

7. 放置可变电容

选择“VARIABLE_CAPACITOR_RATED”虚拟可变电容元器件，如图 4-89 所示。双击改元器件，在工作区放置 1 个电容，参数值为 1 uF，如图 4-90 所示。

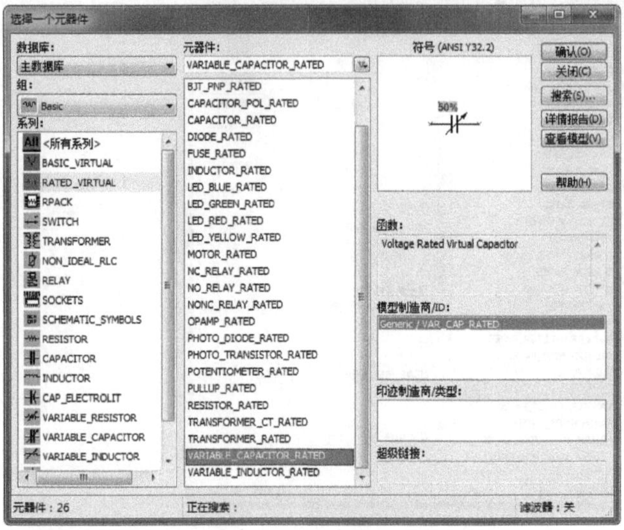

图 4-89　选择虚拟可变电容

图 4-90　放置可变电容

8. 放置电感

选择“INDUCTOR_RATED”虚拟电感元器件，如图 4-91 所示。双击改元器件，在工作区放置 1 个电感，如图 4-92 所示。

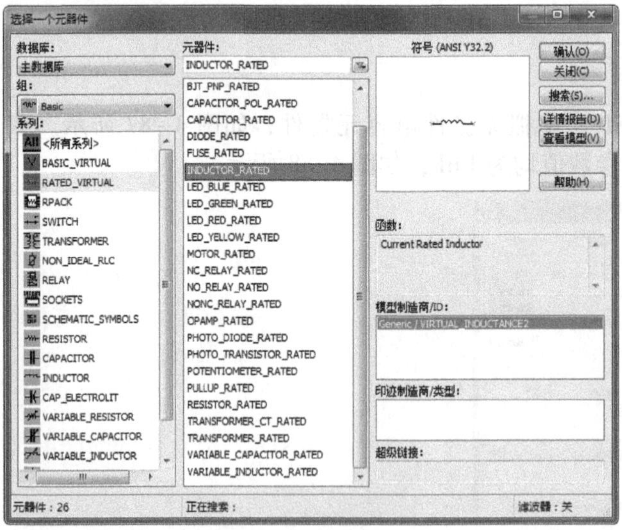

图 4-91　选择虚拟电感

图 4-92　放置电感

9. 放置晶体管

选择“BJT_NPN_RATED”虚拟晶体管元器件，如图 4-93 所示。双击改元器件，在工作区放置 1 个晶体管，如图 4-94 所示。

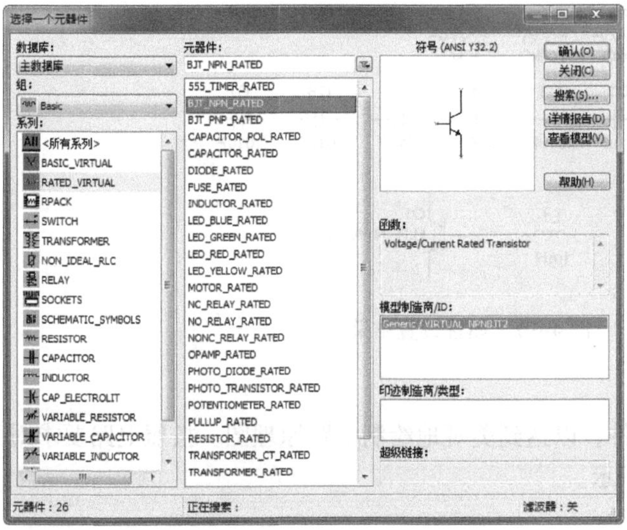

图 4-93　选择虚拟可变电容

图 4-94　放置晶体管

10. 编辑元器件

1）双击电容元器件 $C1$，弹出图 4-95 所示的属性设置对话框，在“值”选项卡“电容”栏中输入修改的参数值 0.01 u，单击“确认”按钮，完成属性值设置。

2）双击电容元器件 $R1$，弹出图 4-96 所示的属性设置对话框，在“值”选项卡“电阻”栏中输入修改的参数值 47 k，单击“确认”按钮，完成属性值设置。

同样的方法可以对其余电容、电感和电阻值的设置。设置好的元器件属性见表 4-1。属性设置结果如图 4-97 所示。

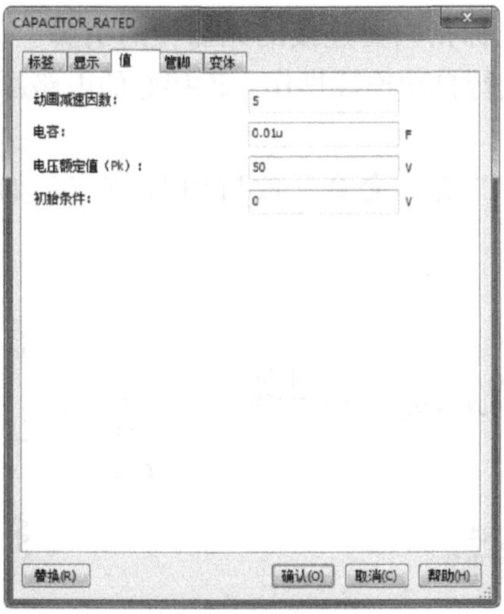

图 4-95　“CAPCITOR_RATED”对话框

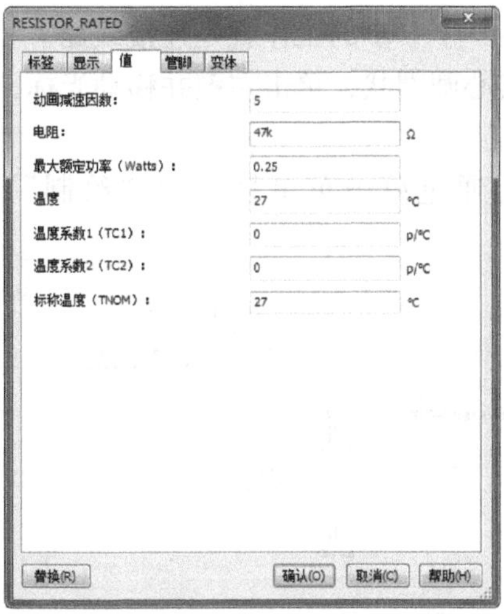

图 4-96　“RESISTOR_RATED”对话框

表 4-1　元器件属性

编号	注释/参数值
C1	0.01 μF
C2	0.01 μF
C3	0.01 μF
C4	5 pF
C5	0.01 μF
C6	0.01 μF
C7	0.01 μF
C8	
Q1	
L1	
R1	47 kΩ
R2	39 kΩ
R3	100 kΩ
R4	10 kΩ

在设计电路图的时候，需要设置的元器件参数只有元器件序号、元器件的注释、一些有值元器件的值等。其他的参数不需要专门去设置，也不要随便修改。

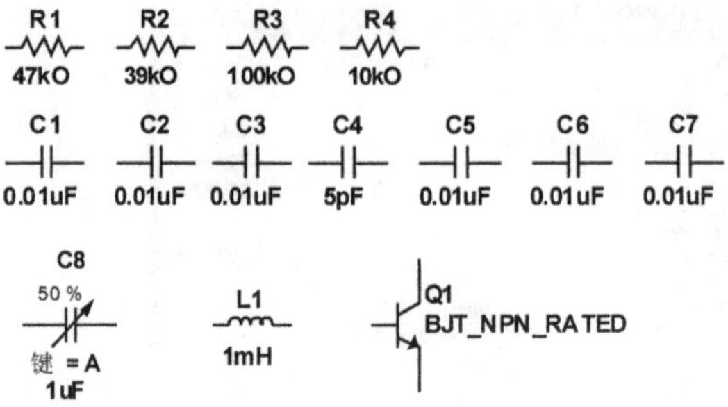

图 4-97　属性设置结果

11. 元器件布局

根据电路图合理地放置元器件，以达到美观地绘制电路原理图。按照电路要求对元器件进行布局操作，结果如图 4-98 所示。

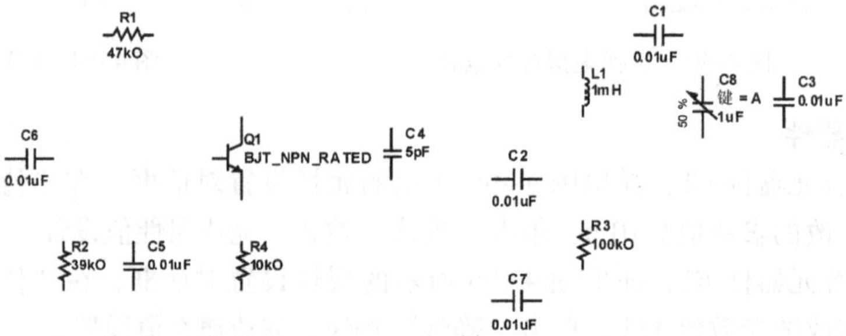

图 4-98　元器件布局结果

12. 连接线路

布局好元器件后，下一步的工作就是连接线路。将光标指向要连接的元器件的引脚上，鼠标指针自动变为实心圆圈状，单击左键并移动光标，执行自动连线操作。连接好的电路原理图如图 4-99 所示。

在必需的位置上通过单击菜单栏中的“绘制”→“结”命令，放置电气节点，如图 4-100 所示。

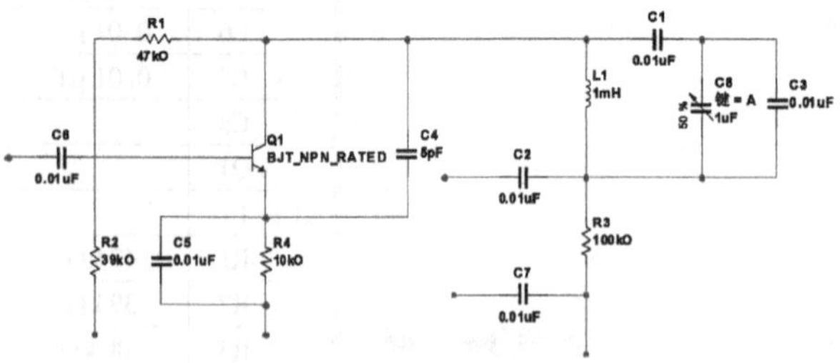

图 4-99　布线结果

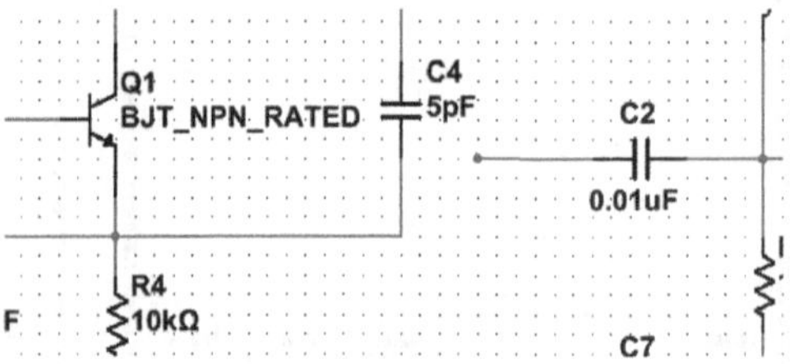

图 4-100　添加电气节点

13. 放置电源和接地符号

单击“元器件”工具栏中的“放置源”按钮，在 Sources 库的“系列”栏选择“POWER_SOURCES”→“GROUND”，如图 4-101 所示。

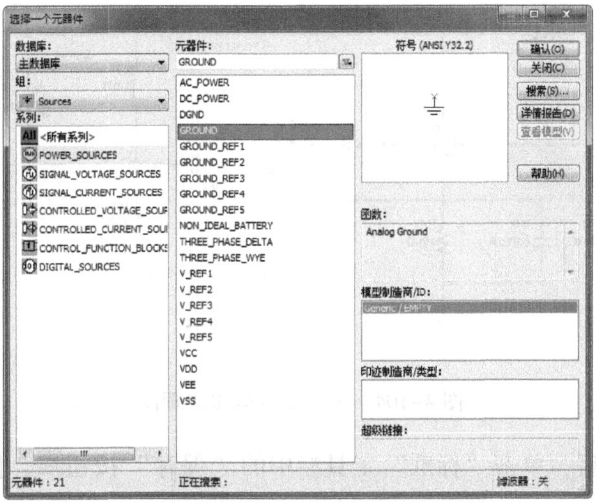

图 4-101　选择电源

双击该接地电源，放置电源，本例共需要 5 个接地，结果如图 4-102 所示。

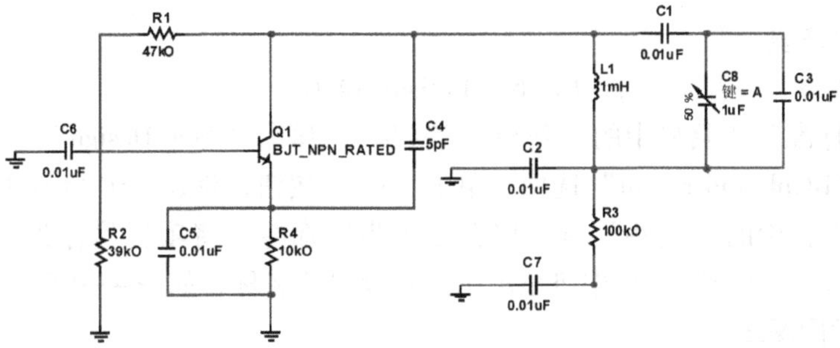

图 4-102　放置接地电源

选择“V_REF4”，选择环形电源，如图 4-103 所示。双击该电源，放置电源，本例共需要 1 个接地，结果如图 4-104 所示。

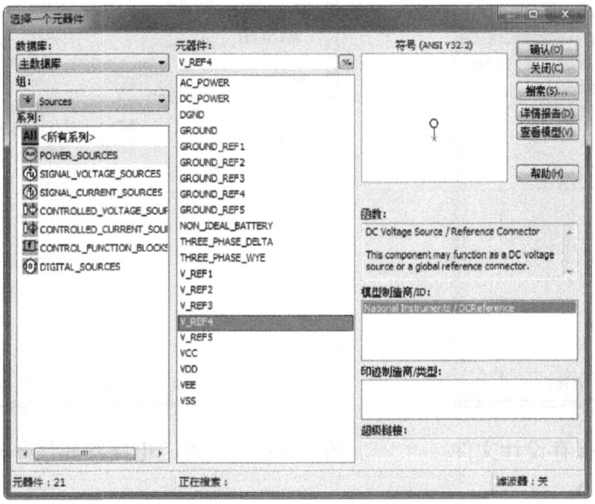

图 4-103　选择电源

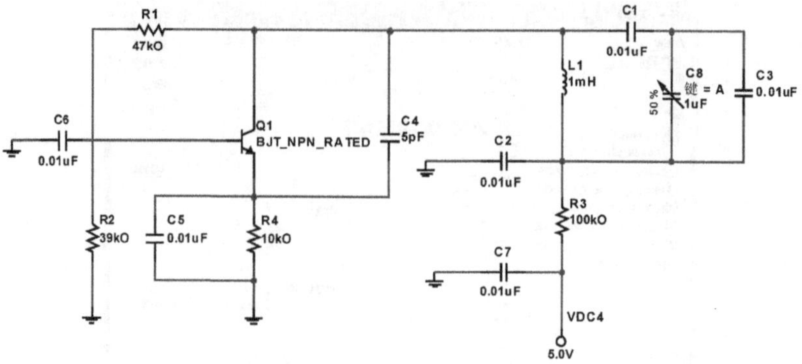

图 4-104　最小系统电路原理图

原理图绘制完成后，单击“标准”工具栏中的“保存”按钮，保存绘制好的原理图文件。

选择菜单栏中的“文件”→“退出”命令，退出 NI Multisim 14.0。

4.5.2　最小锁存器电路

1. 设置工作环境

1）单击图标 NI Multisim 14.0，打开 NI Multisim 14.0。

2）单击“标准”工具栏中的“新建”按钮，弹出“New Design”（新建设计文件）对话框，选择“Blank and recent”选项。单击 Create 按钮，创建一个 PCB 项目文件。

3）单击菜单栏中的“文件”→“保存工程为”命令，将项目另存为“最小锁存器电路.ms14”，“设计工具箱”面板中将显示出用户设置的名称，如图 4-105 所示。

2. 设置原理图图纸

选择菜单中的“选项”→“电路图属性”命令，系统弹出“电路图属性”对话框，按照图 4-106 设置图纸大小，完成设置后，单击“确认”按钮，关闭对话框。

图 4-105　保存设计文件

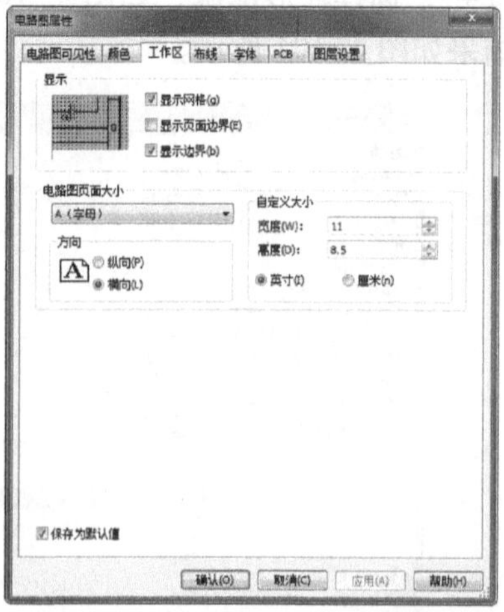

图 4-106　设置“电路图属性”对话框

3. 设置图纸的标题栏

选择菜单栏中的“绘制”→“标题块”命令，在弹出的“打开”对话框中选择标题块模板“default. tb7”，在图纸右下角放置标题块。选择菜单栏中的“编辑”→“标题块位置”→“右下”命令，精确放置标题栏，如图4-107所示。

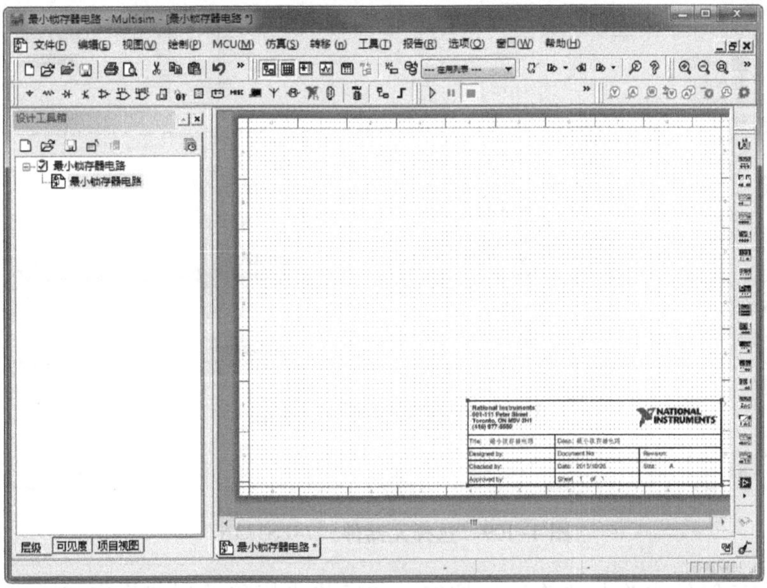

图4-107　布置标题块

4. 增加元器件

单击“元器件”工具栏中的“放置TTL”按钮，打开“选择一个元器件”对话框，选择“74LS_IC”系列，选中元器件74LS273DW，如图4-108所示。双击该元器件或单击“确认”按钮，然后将光标移动到工作窗口，放置元器件。

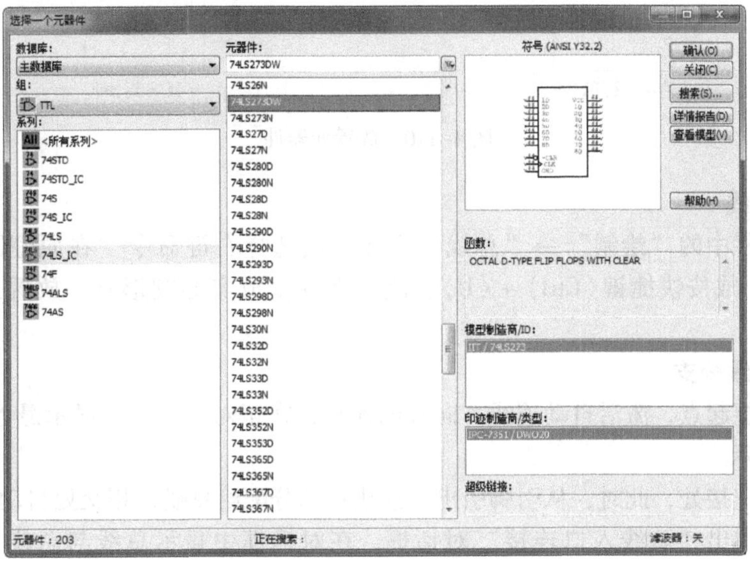

图4-108　选择元器件“74LS273DW”

1）按〈Esc〉键，结束放置元器件状态，返回“选择一个元器件”对话框，选中元器件 74LS373N，如图 4-109 所示。

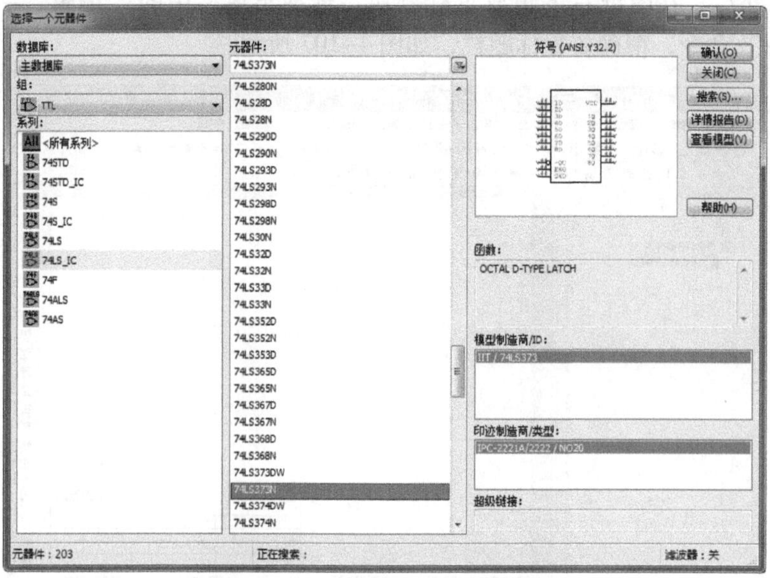

图 4-109　选择元器件“74LS373N”

2）双击该元器件或单击“确认”按钮，然后将光标移动到工作窗口，进入如图 4-110 所示的放置状态。

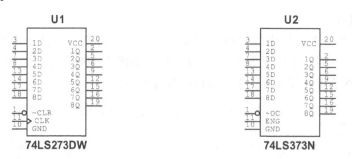

图 4-110　放置元器件

5. 放置总线

选择菜单栏中的“绘制”→“总线”命令，或选择右键命令“在原理图上绘制”→“总线”命令，或按快捷键〈Ctrl〉+〈U〉，此时光标变成实心圆形状，放置总线，结果如图 4-111所示。

6. 添加总线分支

在图中捕捉起点，激活自动连线，向右侧拖动，在正对总线处，显示悬浮的总线入口，如图 4-112 所示。

单击总线连接处，此时，从引脚引出的连线自动分配给总线，相交处自动添加一小段斜线，同时自动弹出“总线入口连接”对话框，在对话框中显示总线与总线线路名称，如图 4-113 所示。

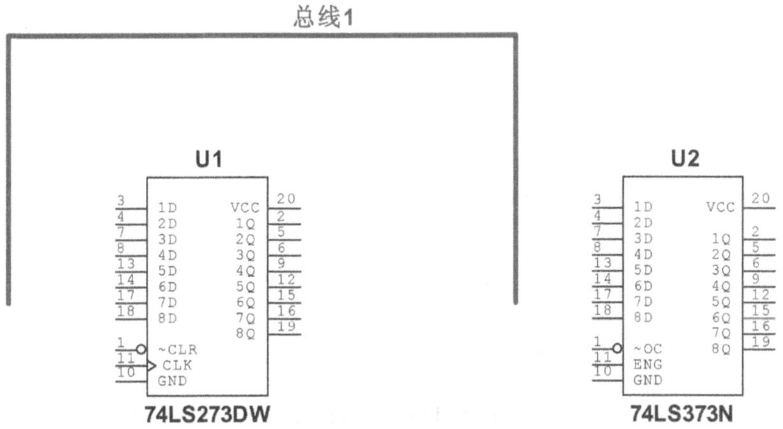

图 4-111　添加总线

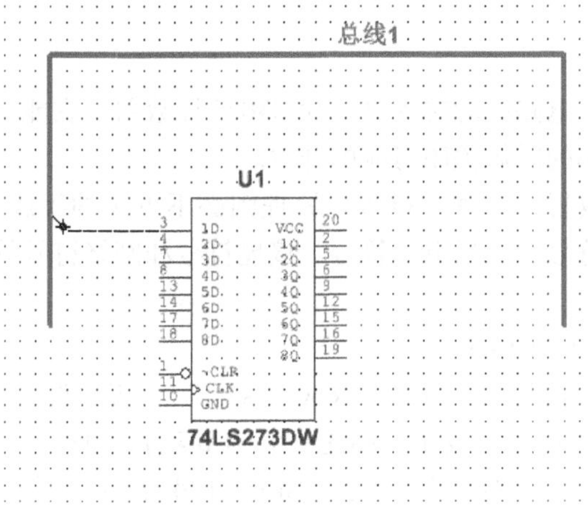

图 4-112　显示总线入口

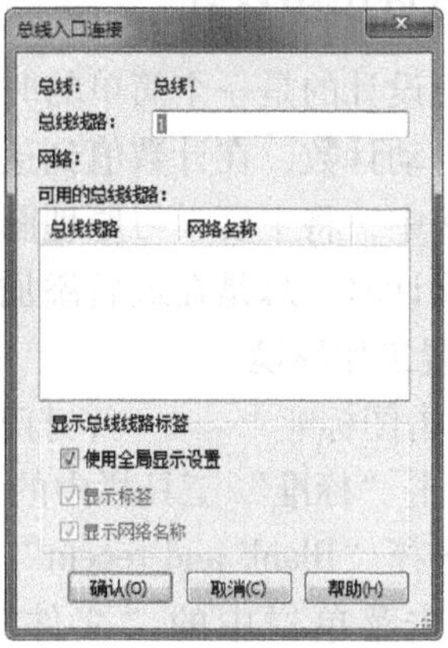

图 4-113　“总线入口连接”对话框

单击“确认”按钮，完成命名，在绘图区显示命名的总线分支，如图 4-114 所示。

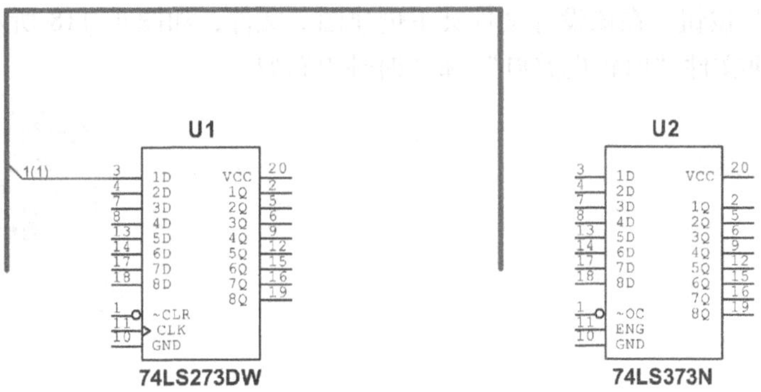

图 4-114　添加连接

使用同样的方法连接其余对象，最终结果如图 4-115 所示。

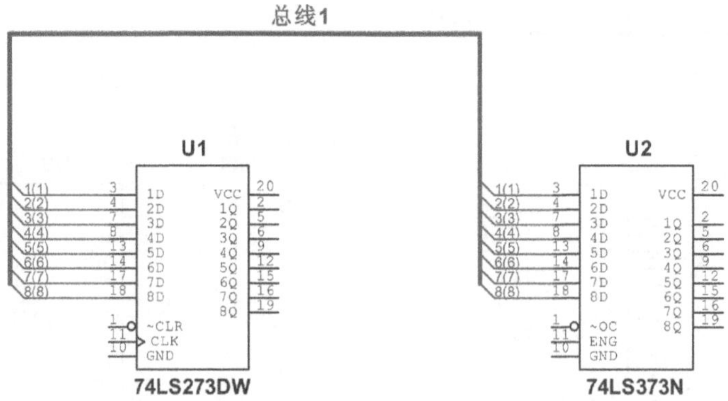

图 4-115　完成连线

其中，具有相同网络名的连线相当于实际的连接。

4.5.3　时钟电路设计

本例要设计的是一个简单的时钟电路，电路中的芯片是一片 CMOS 计数器，它能够对收到的脉冲自动计数，在计数值到达一定大小的时候关闭对应的开关。

在本例中，将主要学习原理图符号的放置，原理图符号是原理图必不可少的组成元素。在原理图设计时，总是在最后添加原理图符号，包括电源符号、接地符号和网络符号等。

1. 设置工作环境

1）单击图标 NI Multisim 14.0，打开 NI Multisim 14.0。

2）单击“标准”工具栏中的“新建”按钮，弹出“New Design”（新建设计文件）对话框，选择“Blank and recent”选项。单击 Create 按钮，创建一个 PCB 项目文件。

3）单击菜单栏中的“文件”→“保存工程为”命令，将项目另存为“时钟电路.ms14”，“设计工具箱”面板中将显示出用户设置的名称，如图 4-116 所示。

选择菜单栏中的“绘制”→“多页”命令，弹出图 4-117 所示的“页面名称”对话框，由于设计文件默认创建一张图页，因此新建页面默认名称为 2。

单击“确认”按钮，在该设计文件夹下创建图页文件，如图 4-118 所示。“设计 2”文件下包括两个图页文件“时钟电路#1”和“时钟电路#2”。

图 4-116　保存设计文件

图 4-117　“页面名称”对话框

图 4-118　创建图页文件

2. 设置原理图图纸

选择菜单中的“选项”→“电路图属性”命令，系统弹出“电路图属性”对话框，按照图 4-119 设置图纸大小，完成设置后，单击“确认”按钮，关闭对话框。

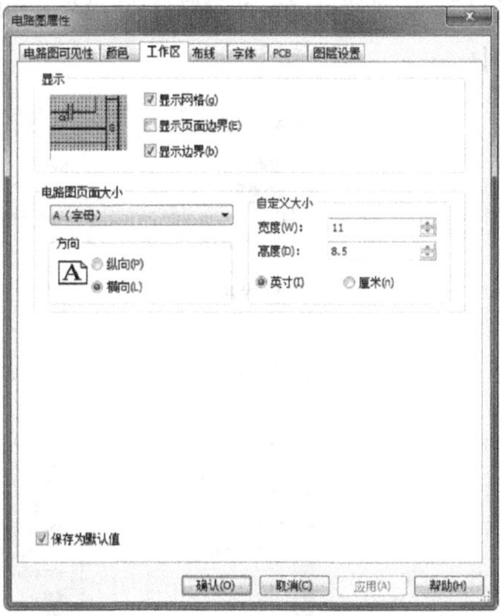

图 4-119　设置“电路图属性”对话框

3. 设计时钟电路 1

（1）放置元器件

在“TI Logic Gate2. NItLib”元器件库中找到 SN74LS04D，在“TI Logic Counter. NItLib”元器件库中找到计数器芯片，从另外两个库中找到其他常用的一些元器件。将它们一一放置在原理图中。

单击“元器件”工具栏中的“放置基本”按钮，选择“SWITCH”系列栏中的“DSWPK_8”，如图 4-120 所示，双击该元器件，将其放置在原理图中。

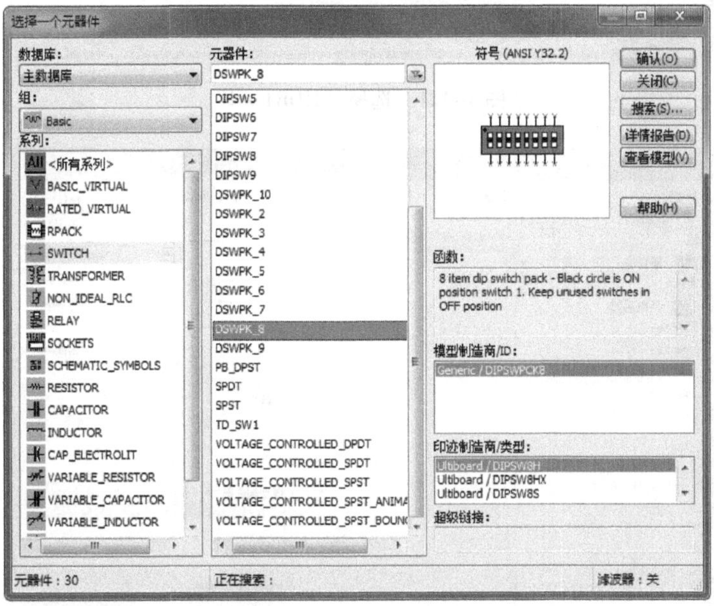

图 4-120　选择“DSWPK_8”

单击“元器件”工具栏中的“放置连接器”按钮，在 Connectors 库选择“HEADERS_TEST”系列，选择“HDR1 ×4”，如图 4-121 所示，双击该元器件，将其放置在原理图中。

由于在系统所带的元器件库中找不到所需元器件 SN74HC4040D 的原理图符号，自己绘制原理图符号过于烦琐，可以在元器件库中选择外形相似的元器件，并进行属性编辑，得到该元器件。

单击“元器件”工具栏中的“放置基本”按钮，选择“用户数据库→所有组→

SN74”系列栏中的“SN74LS273”，如图 4-122 所示，双击该元器件，将其放置在原理图中。

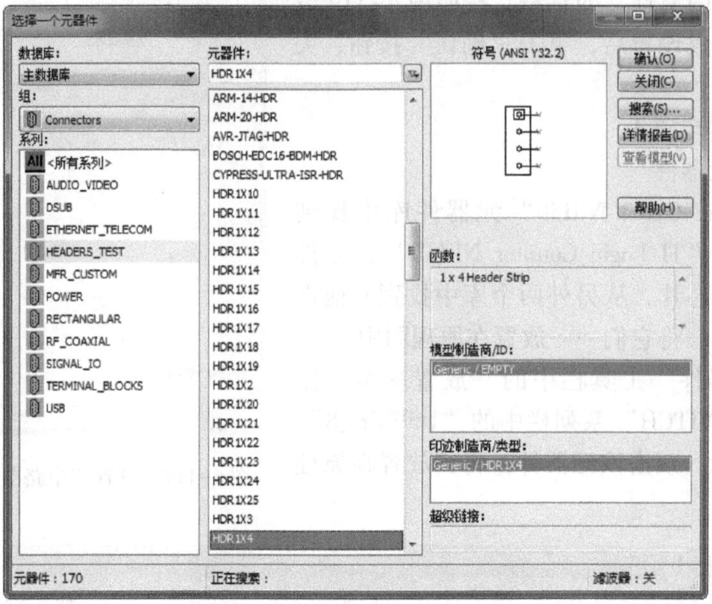

图 4-121　选择“HDR1 ×4”

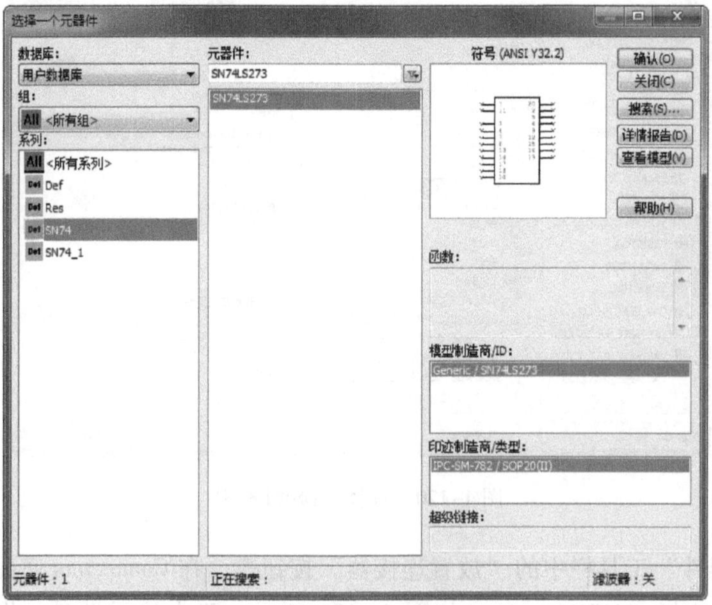

图 4-122　选择“SN74LS273”

元器件放置结果如图 4-123 所示。

(2) 编辑元器件

选中元器件 *U*1，单击右键，选择“编辑标题块/符号”命令，弹出“符号编辑器”窗口，如图 4-124 所示。

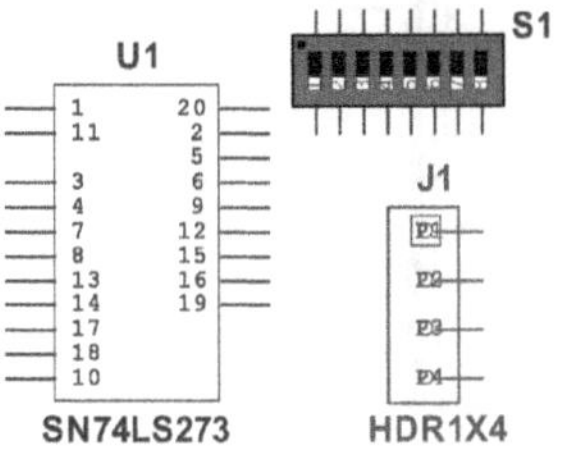

图 4-123　放置元器件

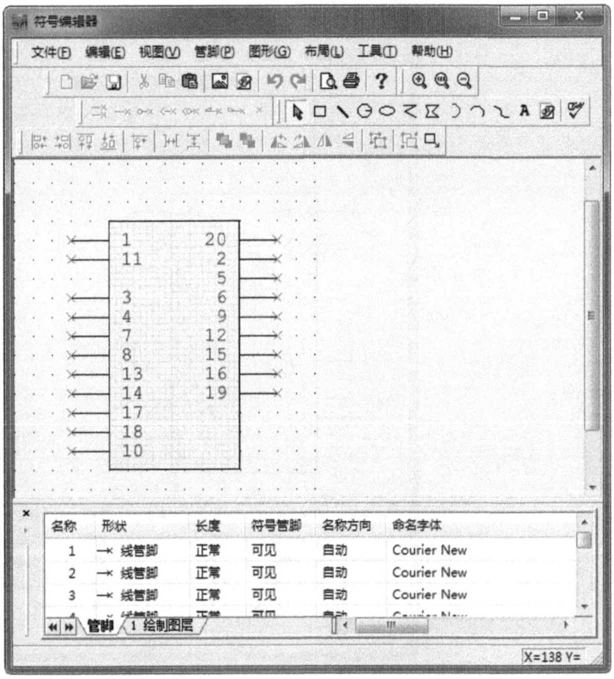

图 4-124　“符号编辑器”窗口

调整管脚位置，结果如图 4-125 所示。

在“电子表格”栏选择“管脚”选项卡，设置引脚 11 为时钟引脚，如图 4-126 所示。

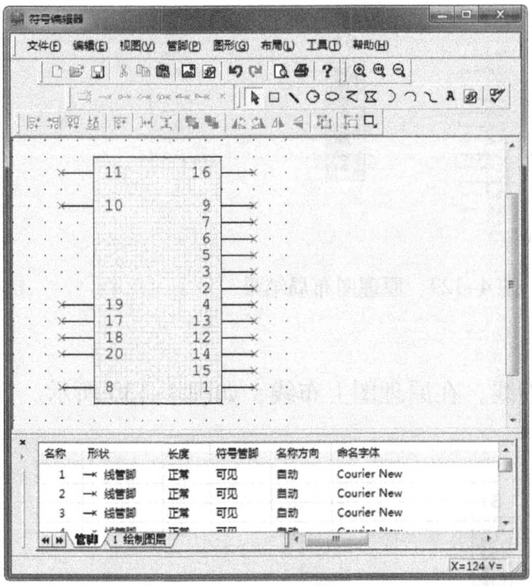

图 4-125　引脚调整结果

图 4-126　设置引脚类型

同样的方法，设置其余引脚类型，结果如图 4-127 所示。

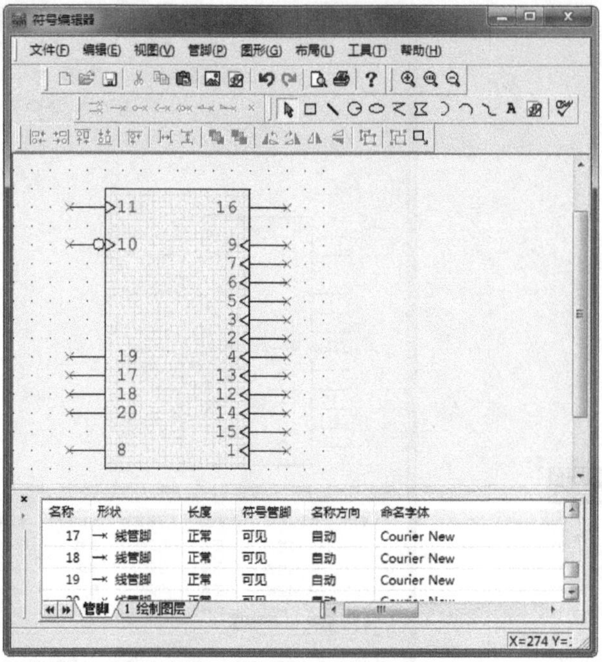

图 4-127　设置引脚类型

关闭该窗口，返回工作区，元器件编辑结果如图 4-128 所示。

按照电路要求对元器件进行布局操作，结果如图 4-129 所示

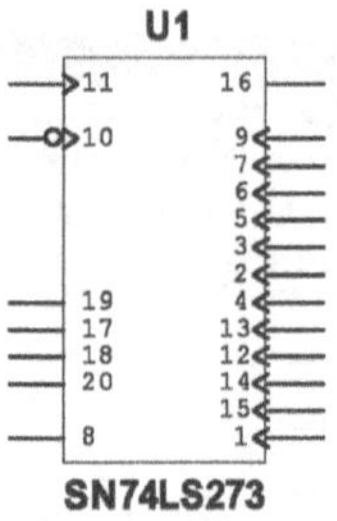

图4-128　元器件编辑结果

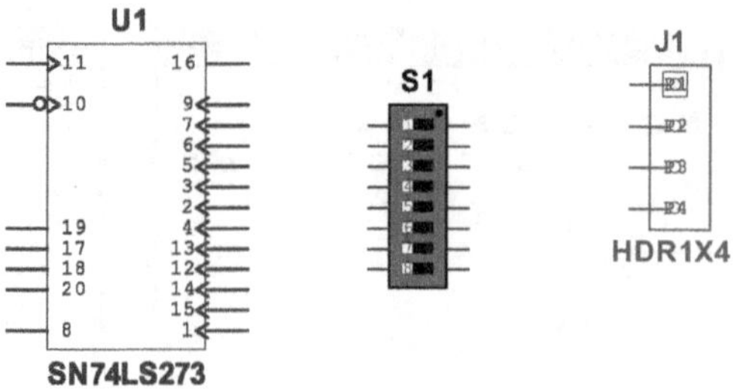

图 4-129　原理图布局结果

（3）自动连线

将鼠标放置到元器件引脚附近，激活自动连线，在原理图上布线，如图 4-130 所示。

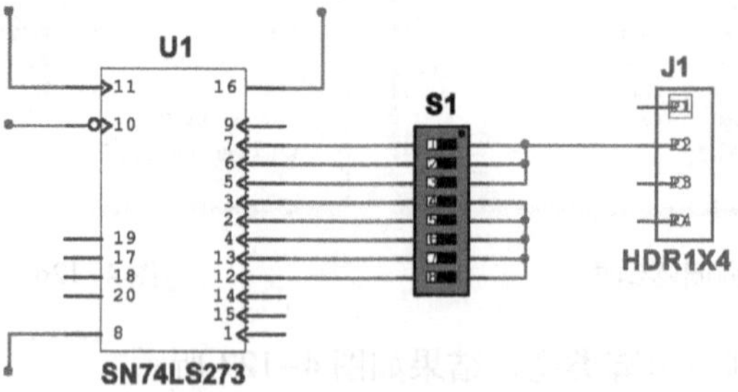

图 4-130　完成原理图布线

(4) 放置离页连接器

选择菜单栏中的“绘制”→“连接器”→“离页间连接器”命令，鼠标变为≪状，在适当位置单击，放置离页连接器，双击连接器符号名称，修改名称为 NI，如图 4-131 所示。单击“确认”按钮，完成修改，结果如图 4-132 所示。

图 4-131 “Off-Page Connector”对话框

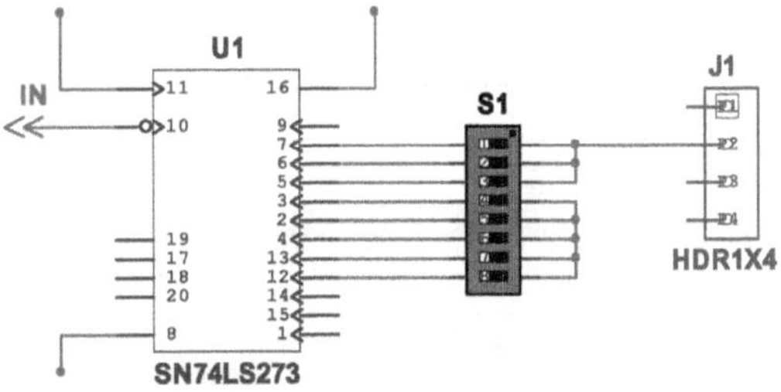

图 4-132 放置离页连接器

(5) 放置电源和接地符号

单击“元器件”工具栏中的“放置源”按钮，在 Sources 库的“系列”栏选择“POWER_SOURCES”→“GROUND”，如图 4-133 所示。

双击该接地电源，放置电源，本例共需要 3 个接地，在放置过程中按〈Ctrl〉+〈R〉，旋转接地符号，结果如图 4-134 所示。

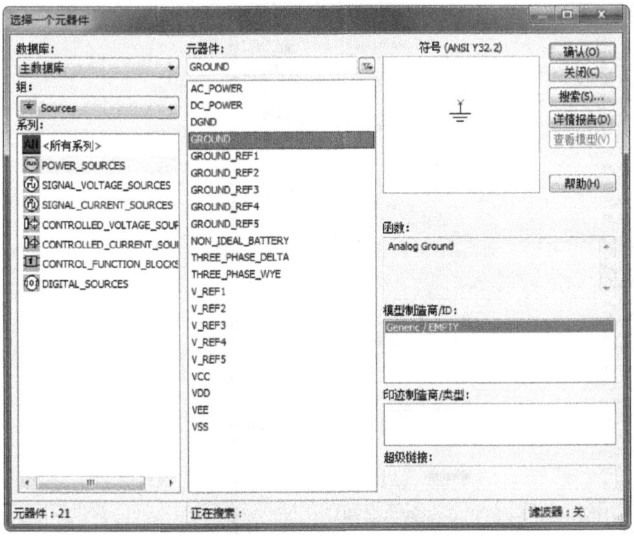

图 4-133 选择电源

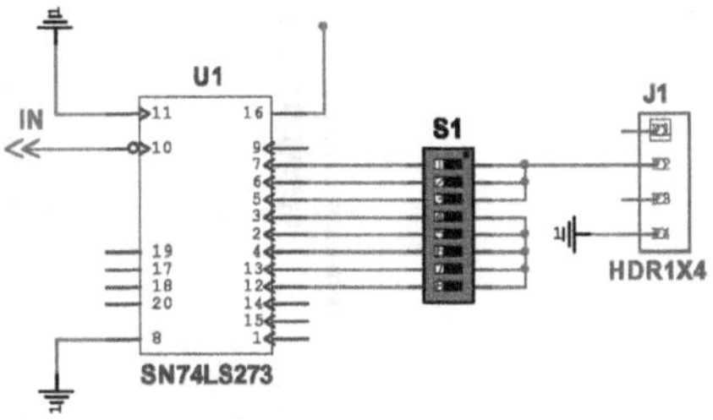

图 4-134 放置接地电源

选择“V_REF5”，选择电源，如图 4-135 所示。双击该电源，放置电源，本例共需要 1 个接地，结果如图 4-136 所示。

原理图绘制完成后，单击“标准”工具栏中的“保存”按钮，保存绘制好的原理图#1 文件。

2. 设计时钟电路 2

打开原理图文件“时钟电路#2”。

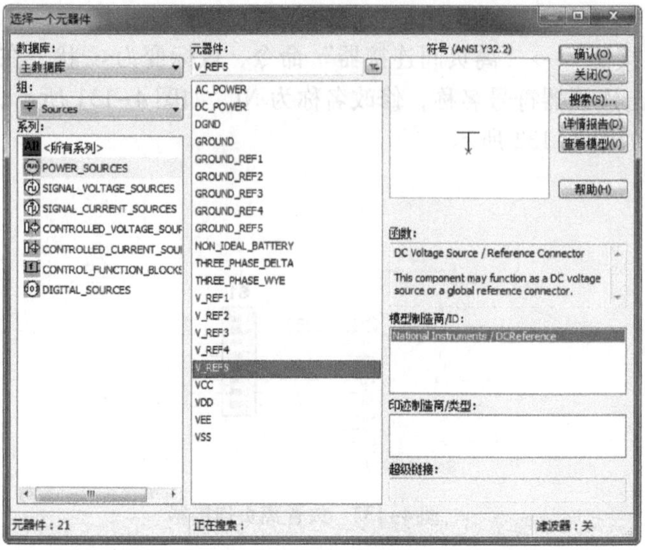

图 4-135　选择电源

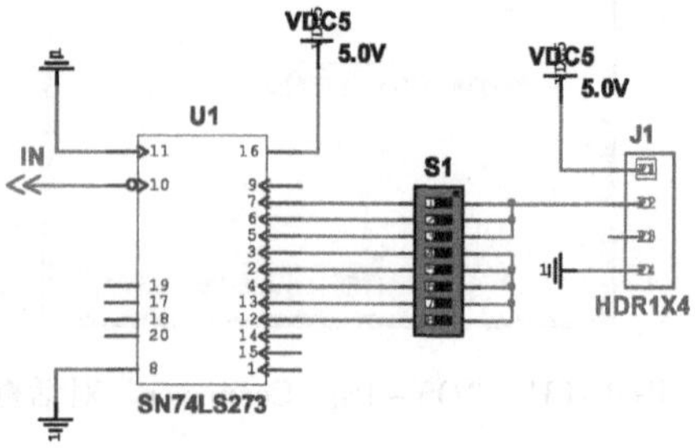

图 4-136　放置电源结果

（1）放置元器件

单击“元器件”工具栏中的“放置 CMOS 库”按钮，在“CMOS→74HC_6V”元器件库中找到计数器芯片 74HC04N_6V，如图 4-137 所示。

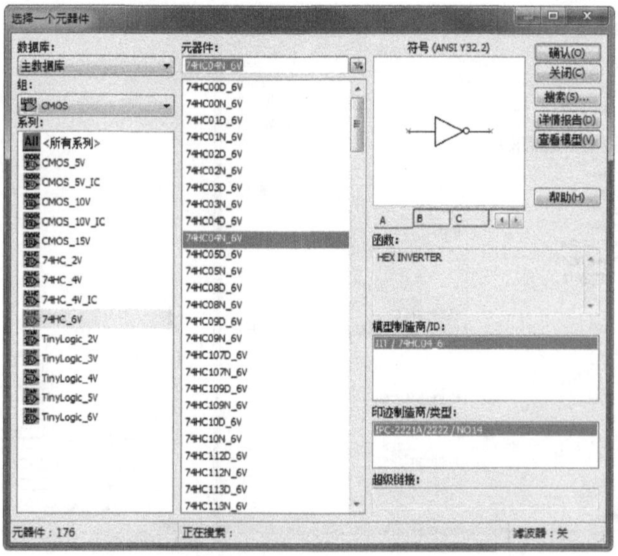

图 4-137　选择元器件“74HC04N_6V”

双击该元器件，切换到工作区，由于该器件为多部件元器件，因此弹出选择部件对话框，以英文字母命名，选择要放置的部件名称，如图 4-138 所示。

选择部件 A，在工作区单击，放置该器件，结果如图 4-139 所示。

由于两个电路图页均在同一该设计文件下，因此元器件命名在上个电路图页的基础上递增显示。

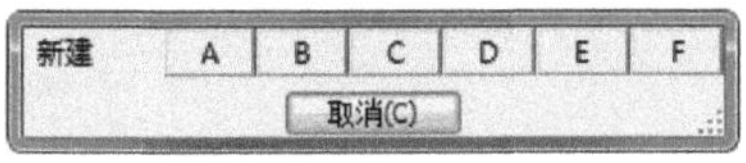

图 4-138　选择部件

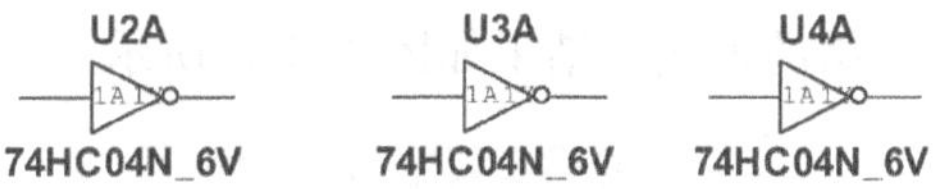

图 4-139　放置部件

单击“元器件”工具栏中的“放置其他”按钮，选择多功能虚拟器件“MISC - VIRTUAL”系列，选中晶振元器件 CRYSTAL_VIRTUAL，如图 4-140 所示。

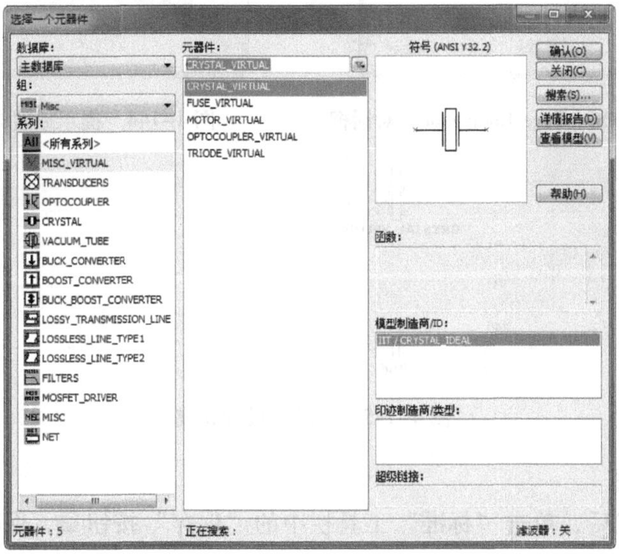

图 4-140　选择“CRYSTAL_VIRTUAL”

从另外两个库中找到其他常用的一些元器件，如电阻、电容元器件。将它们一一放置在原理图中，如图 4-141 所示。

（2）自动连线

在原理图上布线，编辑元器件属性，如图 4-142 所示。

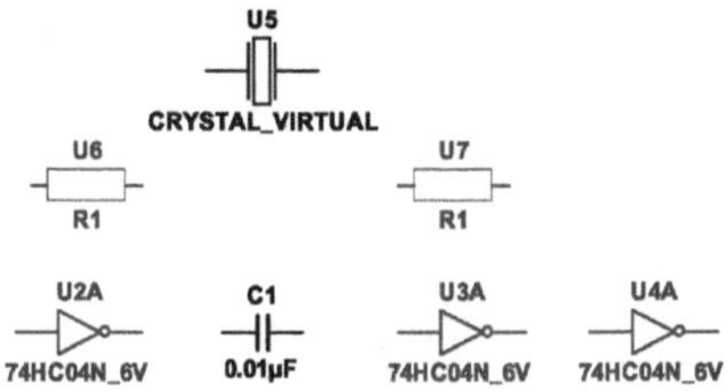

图 4-141　放置元器件

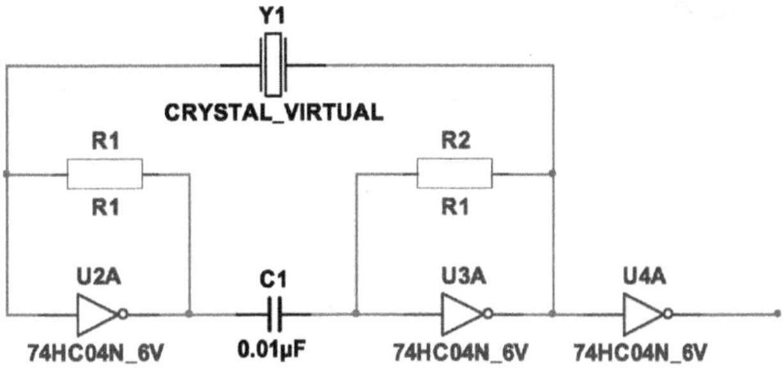

图 4-142　完成原理图布线

（3）放置离页连接器

选择菜单栏中的“绘制”→“连接器”→“离页间连接器”命令，鼠标变为≪─状，在适当位置单击，放置离页连接器，双击连接器符号名称，修改名称为 NI，如图 4-143 所示。单击“确认”按钮，弹出如图 4-144 所示的提示对话框，单击“是”按钮，完成不同页间同名网络的连接，结果如图 4-145 所示。

图 4-143 “Off - Page Connector”对话框

图 4-144 提示放置离页连接器

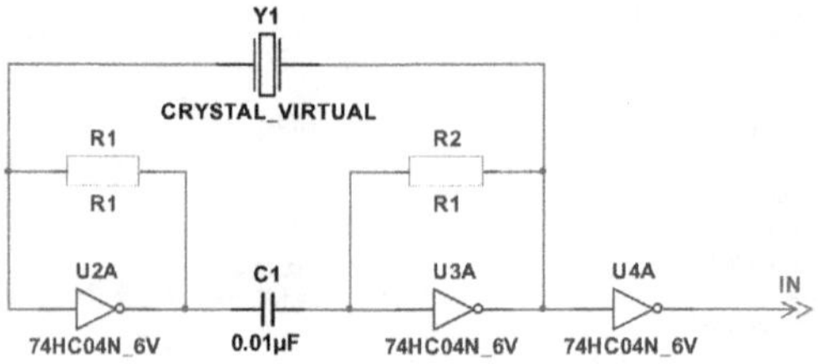

图 4-145 原理图设计完成

（4）保存原理图

原理图绘制完成后，单击“标准”工具栏中的“保存”按钮，保存绘制好的原理图#2 文件。

（5）退出

选择菜单栏中的“文件”→“退出”命令，退出 NI Multisim 14.0。

至此，时钟电路完整绘制完成。

在本例的设计中，主要介绍了原理图符号的放置。原理图符号有电源符号、离页符号等，这些原理图符号给原理图设计带来了更大的灵活性，应用它们，可以给设计工作带来极大的便利。

第 5 章　层次原理图的设计

前面章节介绍了一般电路原理图的基本设计方法，而对于大规模的电路系统来说，由于所包含的电气对象数量繁多，结构关系复杂，其错综复杂的结构也非常不利于电路的阅读、分析与检查。

因此，对于大规模的复杂系统，应该采用另外一种设计方法，即电路的模块化设计方法。将整体系统按照功能分解成若干个电路模块，每个电路模块具有特定的独立功能及相对独立性，可以由不同的设计者分别绘制在不同的原理图上。这样可以使电路结构更清晰，同时也便于设计团队共同参与设计，加快工作进程。

知识点

- 层次结构原理图的基本结构和组成
- 层次结构电路原理图的设计方法
- 连接器端口
- 自上而下的设计方法
- 自下而上的设计方法

5.1　层次结构原理图的基本结构和组成

层次结构电路原理图的设计理念是将实际的总体电路进行模块划分，划分的原则是每一个电路模块都应具有明确的功能特征和相对独立的结构，而且还要有简单、统一的接口，便于模块间的连接。

针对每一个具体的电路模块，可以分别绘制相应的电路原理图，该原理图一般称之为子原理图，而各个电路模块之间的连接关系则采用一个顶层原理图来表示。顶层原理图主要由若干个原理图符号即图纸符号组成，用来表示各个电路模块之间的系统连接关系，描述了整体电路的功能结构。这样，整个系统电路就分解成顶层原理图和若干个子原理图以分别进行设计。

在 NI Multisim 14.0 中，层次电路将模块符号称之为层次块，层次块代表完整的支电路。其中，支原理图是用于描述某一电路模块具体功能的普通电路原理图，只不过增加了一些输入、输出端口，作为与上层原理图进行电气连接的接口。普通电路原理图的绘制方法在前面已经学习过，主要由各种具体的元器件、导线等构成。

顶层电路图即母图的主要构成元素不再是具体的元器件，而是代表子原理图的图纸符号。如图 5-1 所示是一个采用层次结构设计的顶层原理图。

该顶层原理图主要由 5 个层次块符号组成，每一个层次块符号都代表一个相应的子原理图文件，层次块符号包括两种类型：带电路端口与不带电路端口。其中，SCH1 ~ SCH4 为带电路端口层次块符号，SCH5 为不带电路端口层次块符号。带电路端口图纸符号的内部给出了一个或多个表示连接关系的电路端口，对于这些端口，在子原理图中都有相同名称的输入、输出连接器与之相对应，以便建立起不同层次间的信号通道。

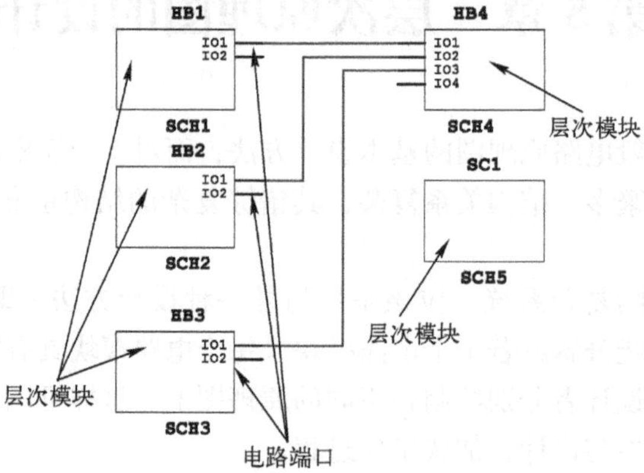

图 5-1　采用层次结构设计的顶层原理图

层次块之间是借助于电路端口进行连接的，也可以使用导线或总线完成连接。此外，同一个工程的所有电路原理图（包括顶层原理图和子原理图）中，相同名称的输入、输出连接器之间，在电气意义上都是相互连通的。

5.2　层次结构电路设计方法

层次电路原理图设计的具体实现方法有两种，一种是自上而下的设计方法，另一种是自下而上的设计方法，如图 5-2 所示。

1. 自上而下的设计方法

在绘制电路原理图之前，要求设计者对这个设计有一个整体的把握，把整个电路设计分成多个模块，确定每个模块的设计内容，然后对每一模块进行详细的设计。在 C 语言中，这种设计方法被称为自顶向下，逐步细化。该设计方法要求设计者在绘制原理图之前就对系统有比较深入的了解，对电路的模块划分比较清楚。

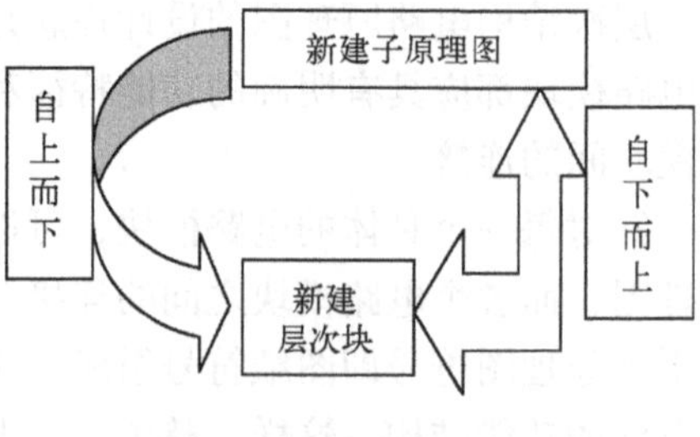

图 5-2　原理图设计方法

采用层次电路的设计方法，将实际的总体电路按照电路模块的划分原则划分为 N 个电路模块，即模块 1、模块 2、模块 3 等，然后连接各模块绘制出层次原理图中的顶层原理图，再分别打开模块 1、模块 2、模块 3 对应的支电路，绘制出具体原理图。

2. 自下而上的设计方法

对于一个功能明确、结构清晰的电路系统来说，采用层次电路设计方法，使用自上而下的设计流程，能够清晰地表达出设计者的设计理念。但在有些情况下，特别是在电路的模块化设计过程中，不同电路模块的不同组合，会形成功能完全不同的电路系统。用户可以根据自己的具体设计需要，选择若干个已有的电路模块，组合产生一个符合设计要求的完整电路系统。此时，该电路系统可以使用自下而上的层次电路设计流程来完成。

设计者先绘制支电路图，根据子原理图生成原理图符号，进而生成上层原理图，最后完成整个设计。这种方法比较适用于对整个设计不是非常熟悉的用户，是一种适合初学者选择的设计方法。

5.3 连接器端口

每一个方框图就代表一个子电路，方框图中引脚对应子电路中的输入输出连接器。为了能对子电路进行外部连接，需要对子电路添加输入、输出功能，带有输入、输出符号的子电路才能与外电路连接。

通过上面的学习可以知道，在设计原理图时，两点之间的电气连接，可以直接使用导线连接，也可以通过设置相同的网络标签来完成。还有一种方法，即使用电路的输入、输出端口，能同样实现两点之间（一般是两个电路之间）的电气连接。相同名称的输入、输出端口在电气关系上是连接在一起的，一般情况下在一张图纸中是不使用端口连接的，层次电路原理图的绘制过程中常用到这种电气连接方式。

5.3.1 HB/SC 连接器

1. 放置连接器符号

选择菜单栏中的“绘制”→“连接器”→“HB/SC 连接器”命令，光标将变为十字形状，并带有一个连接器符号标志，如图 5-3 所示。

移动光标到需要放置连接器符号的地方，单击确定符号位置，即可完成连接器符号的放置。

图 5-3 连接器符号

此时放置的图纸符号并没有具体的意义，需要进一步设置，包括其名称、所表示的子原理图文件及一些相关的参数等。

此时，光标仍处于放置连接器符号的状态，重复上一步操作即可放置其他连接器符号，右键单击或者按〈Esc〉键即可退出操作。

注意

选择菜单栏中的“选项”→“全局偏好”命令，系统将弹出“全局偏好”对话框。在对话框中的“元器件”标签页选择“持续布局”（按〈ESC〉退出）单选钮，可以选择连接器（或元器件）后连续放置对象，按〈ESC〉键停止放置。如图 5-4 所示。

该设置适用于整个电路，选择其余对象时，同样在完成一次放置后仍处于放置状态，可继续执行前一步的放置操作，直到按〈ESC〉键取消放置操作。进行此设置对于放置同类元器件或连接器的操作，可以大大地减少时间并编短步骤。在后面的章节中默认此设置。

2. 设置属性

双击连接器符号，弹出“Hierarchical Connector”（层次连接器）对话框，如图 5-5 所示。在该对话框中“Name”（名称）文本框中输入连接器名称，默认名称为“IO1”。

图 5-4 “元器件”选项卡

图 5-5 “Hierarchical Connector（层次连接器）”对话框

在“Direction”（方向）下拉列表中显示“输入”“输出”和“未使用”3 种电气类型，显示连接器符号方向，如图 5-6 所示。电气通常与电路端口外形的设置一一对应，这样有利于直观理解。端口的属性是由 I/O 类型决定的，这是电路端口最重要的属性。

图 5-6 设置端口属性

3. 快捷命令

在连接器符号上单击右键，显示如图 5-7 所示的快捷菜单，可对该符号进行操作，常用操作如下。

- 剪切：剪切端口连接器。
- 复制：复制端口连接器。
- 粘贴：粘贴端口连接器。
- 删除：删除端口连接器。
- 水平翻转：电路端口连接器左右翻转。
- 垂直翻转：电路端口连接器上下翻转。
- 顺时针旋转 90°：电路端口连接器顺时针旋转 90°。
- 逆时针旋转 90°：电路端口连接器逆时针旋转 90°。
- 字体：设置端口连接器字体，执行该命令，弹出如图 5-8 所示的对话框。
- 颜色：设置端口连接器颜色，执行该命令，弹出如图 5-9 所示的对话框。

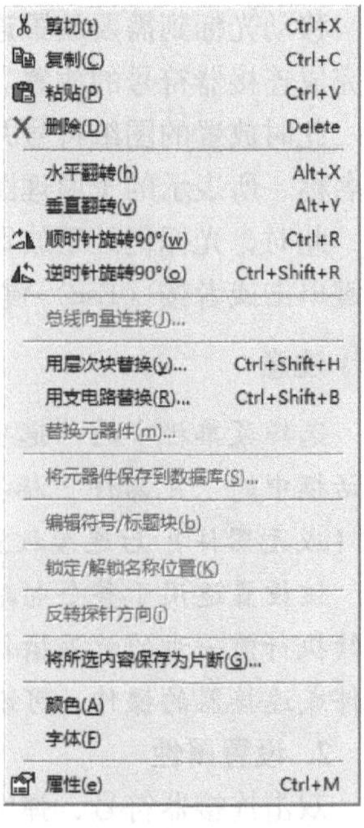

图 5-7 快捷菜单

单独的连接器是不具备任何意义的，如图 5-10 所示，单击连接器符号左侧的放大镜符号，显示提示信息，该连接器未与页面连接。只有通过层次化符号连接子电路与顶层电路，才能实现连接器符号的真正意义。

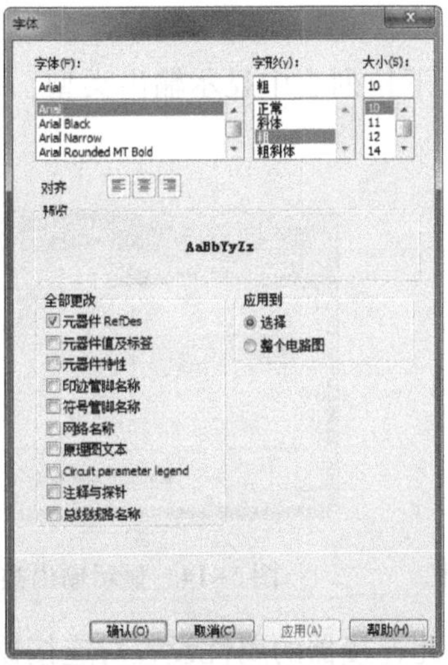

图 5-8 “字体”对话框

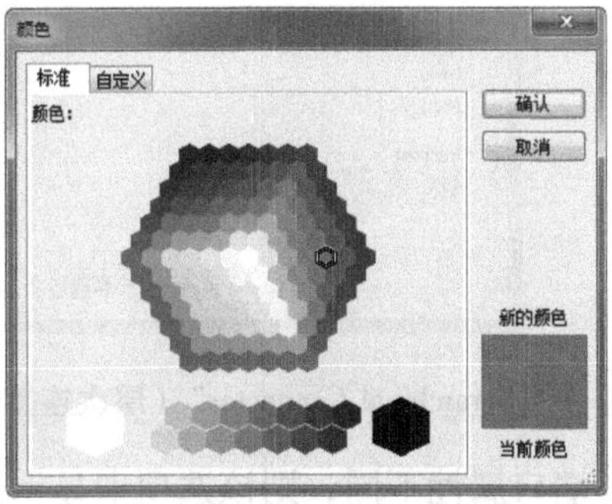

图 5-9 “颜色”对话框

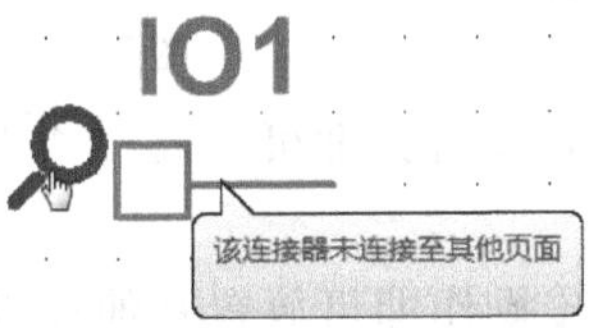

图 5-10 显示连接器信息

图 5-11 “Co - simulation”选项卡

5.3.2 输入连接器

连接器端口符号的电气类型包括输入、输出、未使用 3 种，除了在属性设置对话框中设置连接器类型，还可以直接使用输入、输出连接器端口命令。

1. 放置输入连接器符号

选择菜单栏中的“绘制”→“连接器”→“Input connector”命令，光标将变为十字形状，并带有一个输入连接器符号标志。

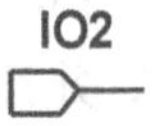

图 5-12 连接器符号

移动光标到需要放置连接器符号的地方，单击确定符号位置，即可完成连接器符号的放置，如图 5-12 所示。

此时，光标仍处于放置连接器符号的状态，重复上一步操作即可放置其他连接器符号，右键单击或者按〈Esc〉键即可退出操作。

2. 设置属性

双击连接器符号，弹出“Hierarchical Connector”（层次连接器）对话框，如图 7-4 所示。在该对话框中“Name”（名称）文本框中输入连接器名称，默认名称前缀为“IO”后缀名以数字递增，在“Direction”（方向）下拉列表中显示“输入”类型，显示电气连接器符号方向，如图 5-13 所示。

在“Co - simulation”选项卡下“Type”（类型）下拉列表中显示输出类型，包括电压、电流这两个选项，如图 5-14 所示。

图 5-13 “Hierarchical Connector”（层次连接器）对话框

图 5-14 显示输出类型

选择的端口属性不同，则该选项卡显示不同。因此连接器的属性设置对连接器是否可以在电路中实现作用，起到很大的作用。

5.3.3 输出连接器

1. 放置输出连接器符号

选择菜单栏中的“绘制”→“连接器”→“Output connector”命令，光标将变为十字形状，并带有一个输出连接器符号标志，如图 5-15 所示。

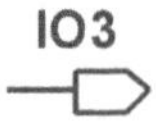

图 5-15 连接器符号

移动光标到需要放置连接器符号的地方，单击确定符号位置，即可完成连接器符号的放置。

此时，光标仍处于放置连接器符号的状态，重复上一步操作即可放置其他连接器符号，右键单击或者按〈Esc〉键即可退出操作。

2. 设置属性

双击连接器符号，弹出“Hierarchical Connector”（层次连接器）对话框，如图 5-16 所示。在该对话框中“Name”（名称）文本框中输入连接器名称，默认名称前缀为“IO”，后缀名以数字递增，在“Direction”（方向）下拉列表中显示“输出”类型，显示电气连接器符号方向。

在“Co - simulation”选项卡下“Type”（类型）下拉列表中显示与输入连接器相同的输出类型，并且不可更改，如图 5-17 所示。

图 5-16 “Hierarchical Connector”（层次连接器）对话框

图 5-17 显示输出类型

5.3.4 总线 HB/SC 连接器

单页原理图是所有电路图设计的基础。由于单页原理图电气连接包括导线与总线，二者不可混用。因此，平坦电路电气连接包括离页连接器与总线离页连接器，分别对应导线连接与总线连接；同样地，层次电路中导线与总线需要区分开来，包括 HB/SC 连接器与总线 HB/SC 连接器。

1. 放置输出连接器符号

选择菜单栏中的“绘制”→“连接器”→“总线 HB/SC 连接器”命令，光标将变为十字形状，并带有一个连接器符号标志，如图 5-18 所示。

移动光标到需要放置连接器符号的地方，单击确定符号位置，即可完成连接器符号的放置。

此时，光标仍处于放置连接器符号的状态，重复上一步操作即可放置其他连接器符号，右键单击或者按〈Esc〉键即可退出操作。

2. 设置属性

双击连接器符号，弹出“Bus Hierarchical Connector”（总线层次连接器）对话框，如图 5-19所示。在该对话框中“名称”文本框中输入连接器名称，默认名称前缀为“Bus-IO”，后缀名以数字递增。

图 5-18 连接器符号

图 5-19 “Bus Hierarchical Connector（层次连接器）”对话框

5.4 自上而下设计方法

自上而下的设计方法是指在创建层次块符号的同时，系统自动创建同名的子电路，这种方法创建的子电路只包含层次块符号中的电路端口所对应的连接器电路端口，或者是空白的。

层次电路中顶层电路与子电路的连接主要依靠层次块符号，以此体现电路的层次性。层次块符号外轮廓包含方框、输入、输出电路端口（可有可无），每一个层次化符号代表一张原理图。

5.4.1 放置层次块

在层次电路的创建过程中经常碰到两种情况：一是电路的规模过大，全部在屏幕上显示不方便，对于这种情况，设计者可先将某一部分电路用一个方框图加上适当的引脚来表示，如图 5-20a 所示；二是某一部分电路在多个电路中重复使用，将其用一个方框图代替，不包含电路端口，如图 5-20b 所示；将上述两种方框图（带引脚、不带引脚）统称为层次符号，层次符号的使用不仅简化图纸复杂程度，还将给电路的编辑带来方便。

层次块符号的放置也包括两种不同命令，“新建层次块”与“新建支电路”命令，“新建层次块”命令只能创建带电路端口的层次块符号，“新建支电路”命令则没有限制，可以随意创建两种层次块符号。

下面介绍放置两种层次化符号的方法。

1. 放置带电路端口层次块符号

1）选择菜单栏中的“绘制”→“新建层次块”命令，弹出如图 5-21“层次块属性”对话框。

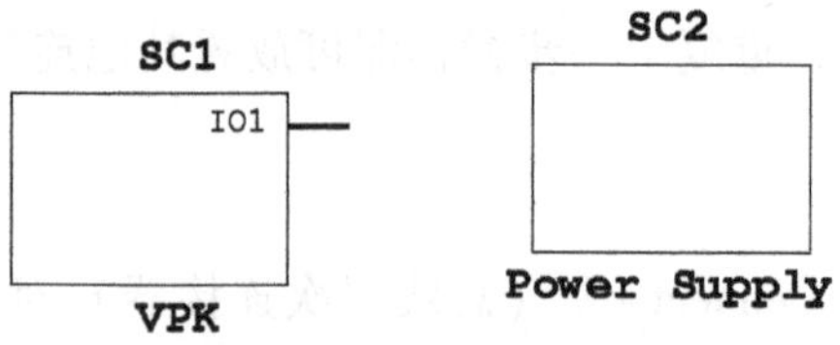

a) b)

图 5-20 层次块符号

a）带电路端口方框图 b）不带电路端口方框方框图

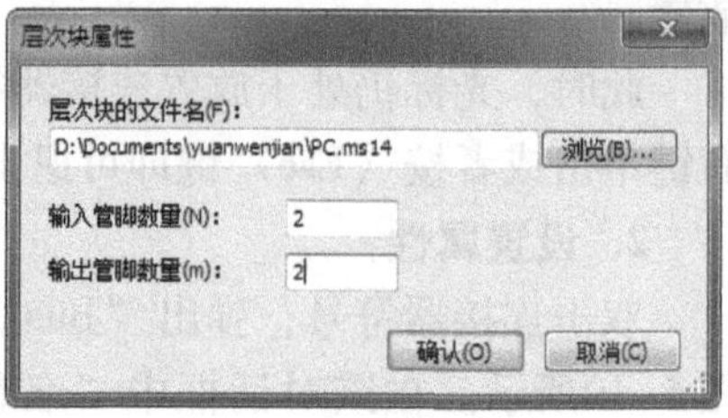

图 5-21 “层次块属性”对话框

2）在该对话框中显示层次化符号设置参数：文件名称、路径，输入、输出电路端口数量。输入的层次块名称，即层次块所对应的子原理图名称。

在该对话框中设置电路端口数量不能为 0，即只能放置带电路端口层次块符号。

3）单击“浏览”按钮，弹出如图 5-22 所示的“新建层次块文件”对话框，选择新建的与层次块同名的支电路文件路径。

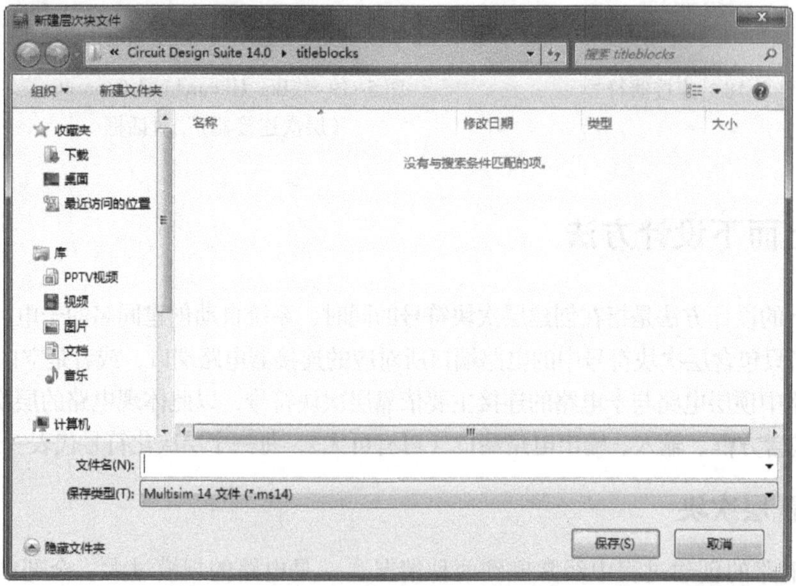

图 5-22 “新建层次块文件”对话框

4）完成设置后，单击 确认(O) 按钮，退出对话框，光标将变为十字形状，并带有一个原理图符号标志，如图 5-23 所示。

5）移动光标到需要放置原理图符号的地方，单击确定原理图符号的一个顶点，移动光标到合适的位置，再一次单击确定其对角顶点，即可完成原理图符号的放置，如图 5-24 所示。

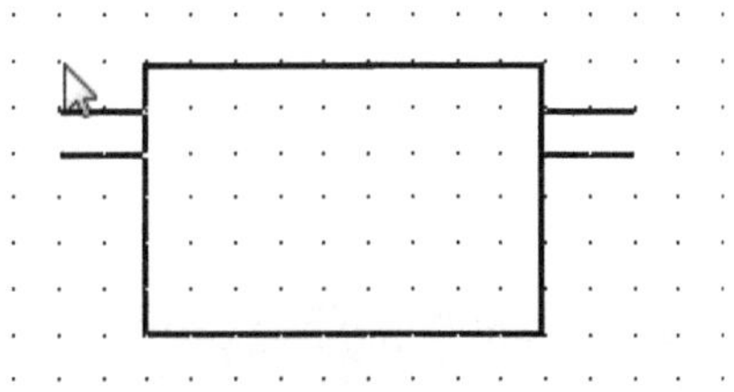

图 5-23　显示层次块符号

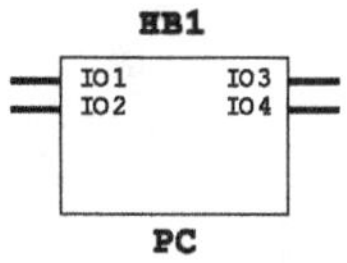

图 5-24　编辑层次化符号

此时放置的图纸符号并没有具体的意义，需要进行进一步设置，包括其标识符、所表示的子原理图文件及一些相关的参数等。

创建层次块的同时自动创建支电路，在“设计工具箱”中显示电路的层次性，如图 5-25 所示。

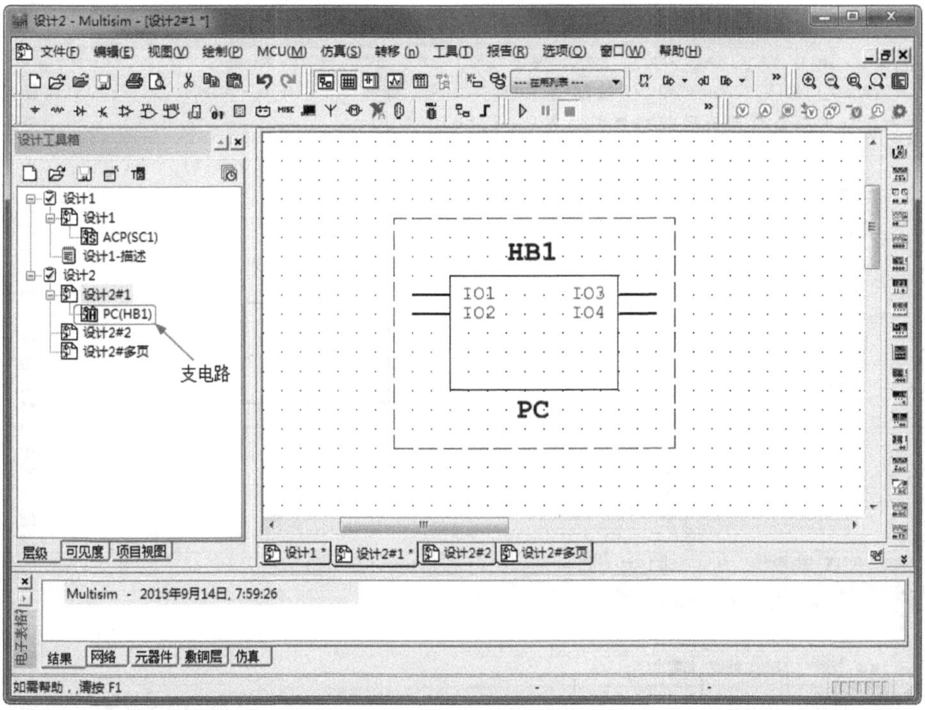

图 5-25　添加支电路

2. 放置不带电路端口的层次块符号

1）在“设计工具箱”中选择原理图页文件，选定电路。被选择电路的部分由周围的方框表示，表示完成母电路的选择，如图 5-26 所示。

2）子电路的创建

① 选择菜单栏中的“绘制”→“新建支电路”命令，弹出如图 2－27 所示的“支电路名称”对话框。

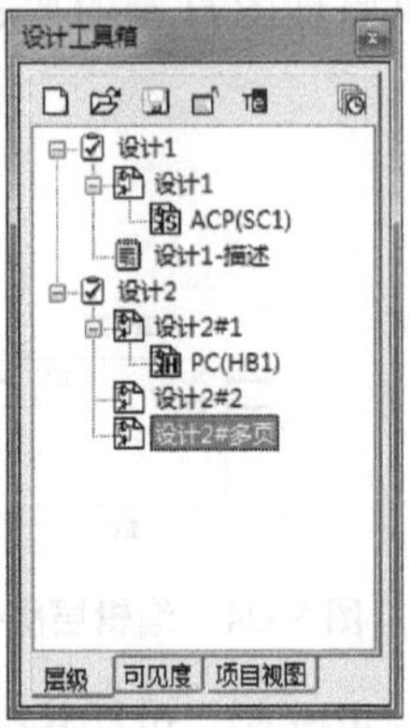

图5-26　选择母电路

图 5-27　“支电路名称”对话框

② 在对话框中输入子电路名称，单击“确认”按钮，选择的电路复制到用户器件库中，同时给出子电路图标，完成子电路的创建，如图 5-28 所示。

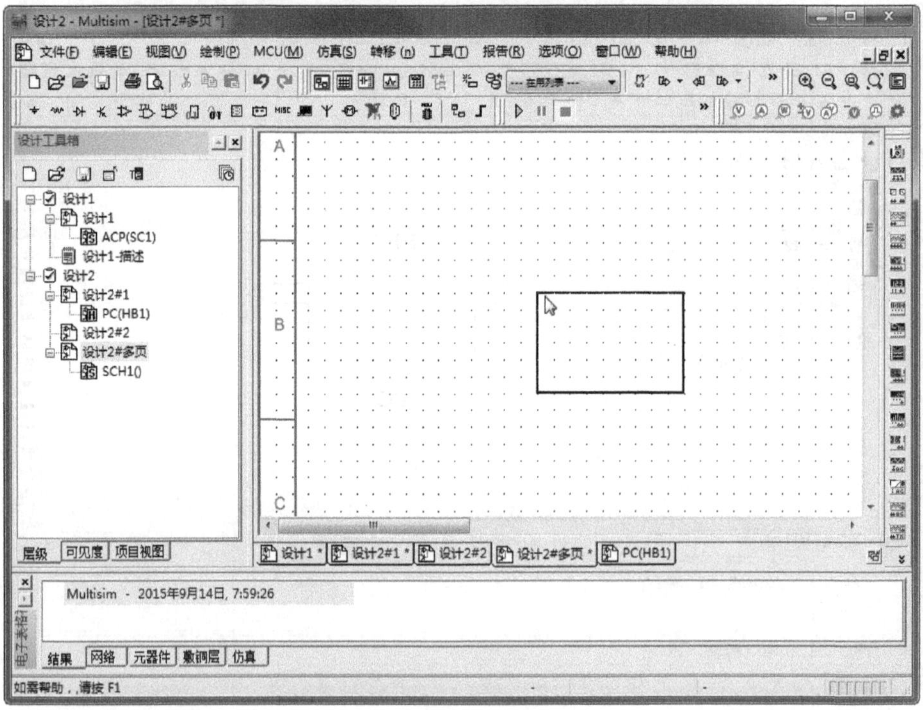

图 5-28　显示电路符号

放置好的空白支电路符号，如图 5-29 所示，利用支电路创建的层次块符号不带电路端口。

③ 双击打开新建的支电路文件，进入该支电路，显示空白文件，如图 5-30 所示。

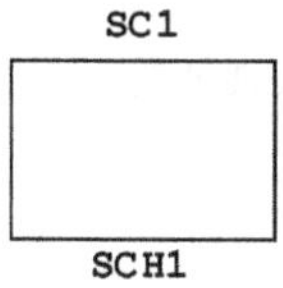

图 5-29　创建的层次块符号

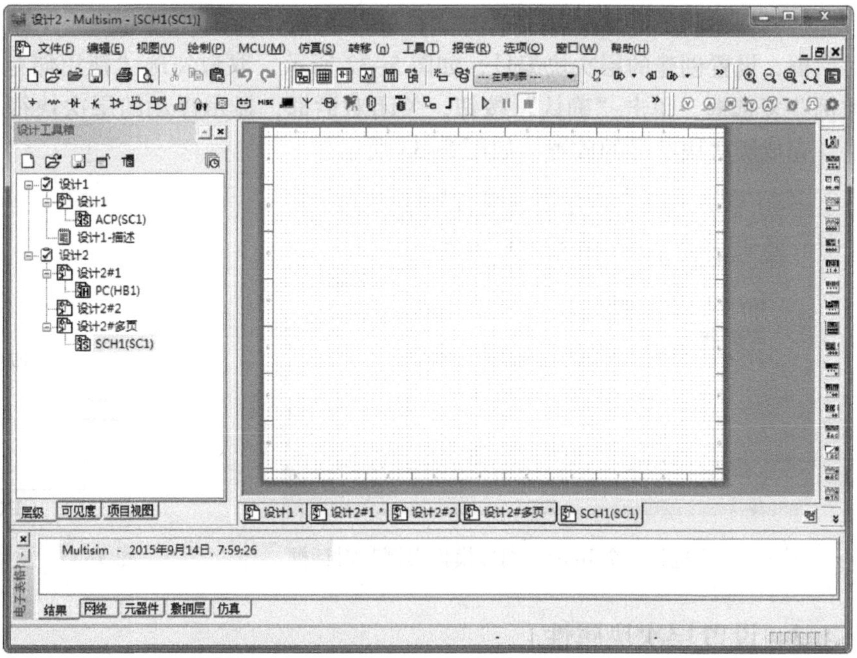

图 5-30　显示支电路文件

5.4.2　调用层次块

选择菜单栏中的“绘制”→“层次块来自文件”命令，弹出如图 5-31“打开”对话框，打开自定义创建的支电路文件“PC. ms14”，即可在电路图中显示对应的层次块符号。

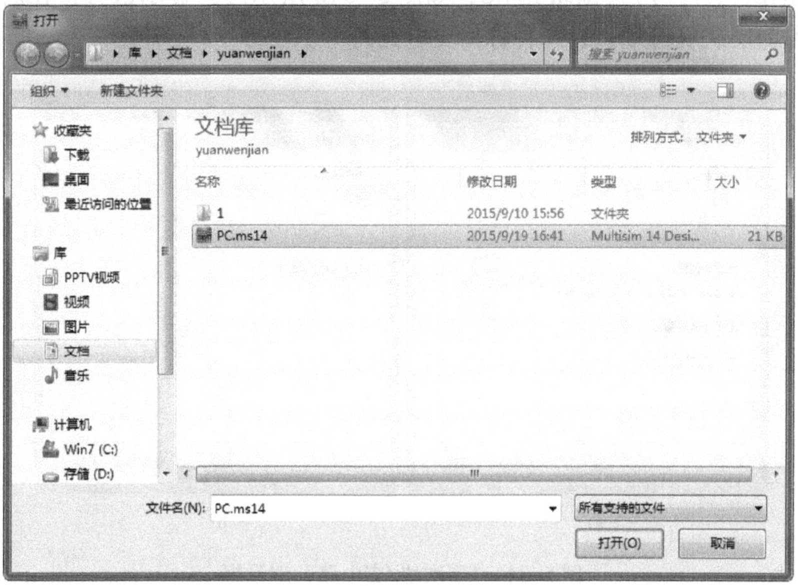

图 5-31　“打开”对话框

选择创建的支电路文件，单击“打开”按钮，弹出“选择一个 RefDes 编号模板实例”对话框，设置创建的层次块编号，如图 5-32 所示，取消勾选“使用储存在层次块中的命名惯例”复选框，单击“确认”按钮，关闭对话框，显示浮动的层次块符号，在适当位置单击，完成层次块符号的放置，如图 5-33 所示。

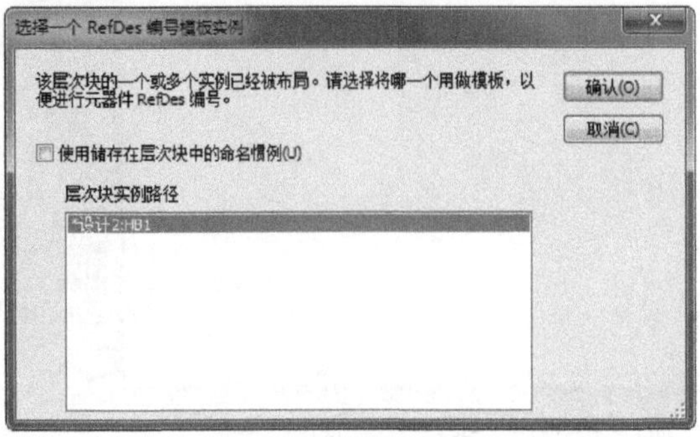

图 5-32 “选择一个 RefDes 编号模板实例”对话框

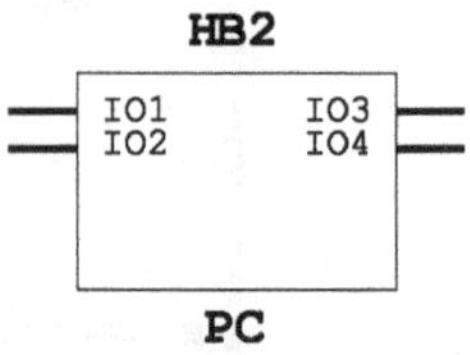

图 5-33 放置层次块符号

5.4.3 设置层次块属性

放置的层次块符号并没有具体的意义，只是层次电路的转接枢纽，需要进一步进行设置，包括其标识符、所表示的子原理图文件以及一些相关的参数等。

双击需要设置属性的层次块符号，或选择右键命令“属性”，系统将弹出相应的“层次块/支电路”对话框，如图 5-34 所示。

层次块有两种创建方法，创建的层次块符号显示有所不同，利用“新建层次块”命令创建的符号“RefDes（序号）”前缀为 HB，如图 5-34a 所示；利用“新建支电路”命令创建的符号“RefDes（序号）”前缀为 SC，如图 5-34b 所示。为显示区分，在后面的章节将前一种符号称为层次块符号，后一种称为支电路符号。

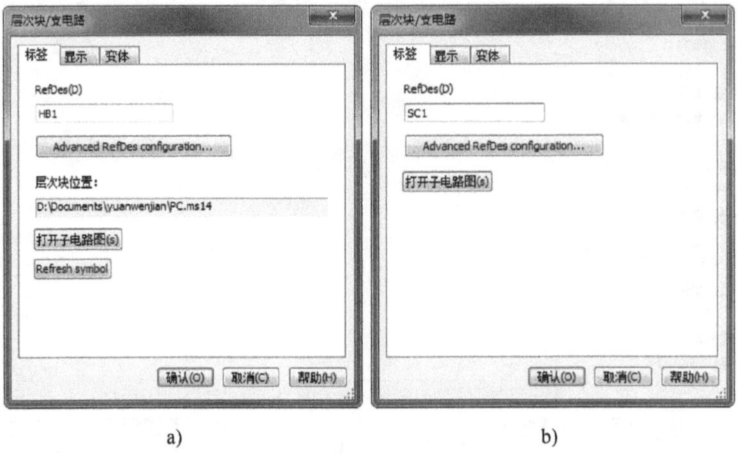

图 5-34 “层次块/支电路”对话框

a）层次块符号 b）支电路符号

1）打开“标签”选项卡，显示各选项参数。

- “RefDes”文本框：表示原理图符号在原理图上显示的标签名。
- Advanced RefDes configuration... ：单击该按钮，弹出“重命名元器件位号”对话框，可以修改层次块标签名，如图 5-35 所示。单击“设置”按钮，弹出如图 5-36 所示的“位号前缀设置”对话框，可直接修改对象。

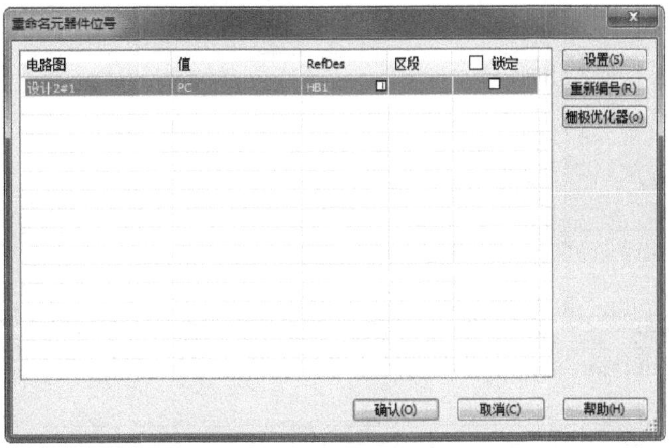

图 5-35 “重命名元器件位号”对话框

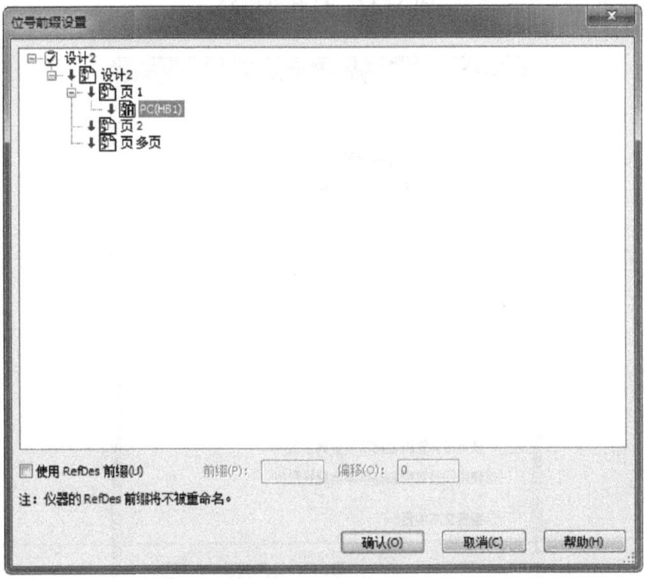

图 5-36 “位号前缀设置”对话框

- “层次块位置”显示框：用于设置支电路文件路径。
- 打开子电路图(s)：单击该按钮，在工作区打开该层次块所对应的支电路，如图 5-37 所示。
- Refresh symbol：单击该按钮，根据修改结果刷新层次块符号。

2）打开“显示”选项卡，如图 5-38 所示，显示各选项参数。

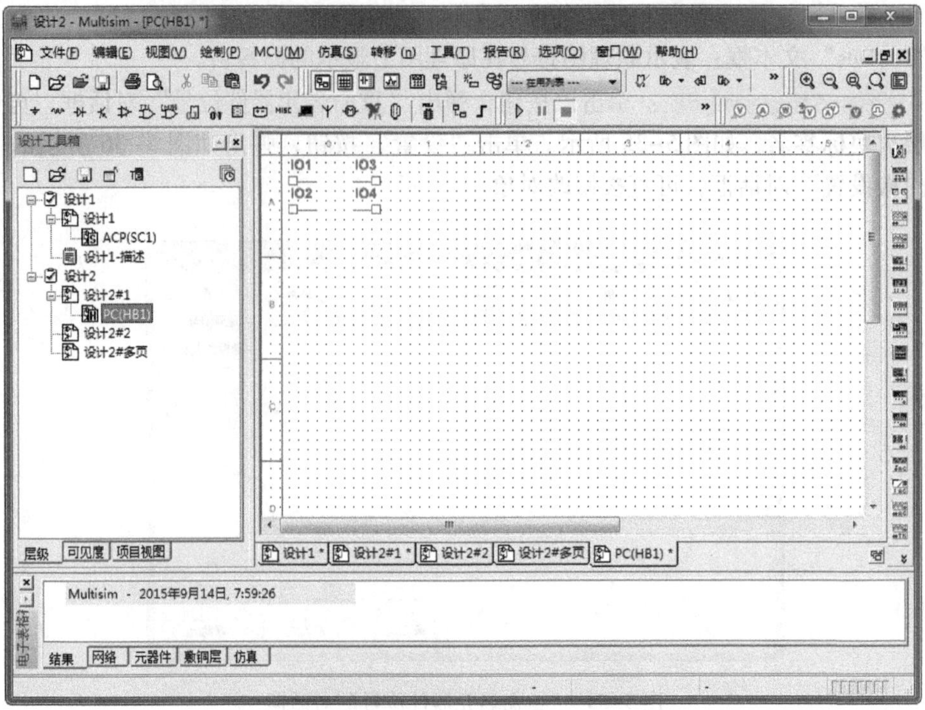

图 5-37　打开支电路

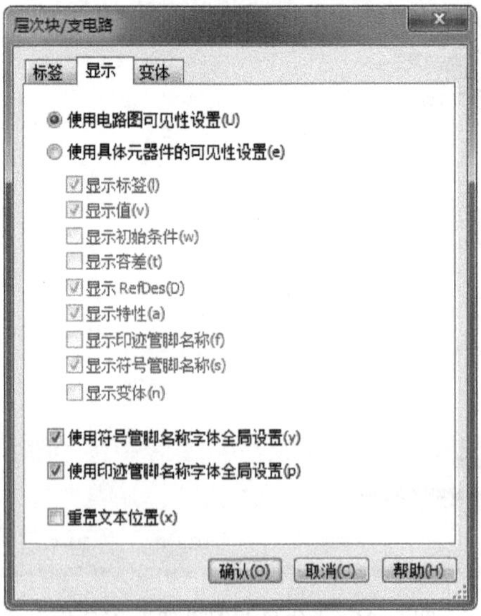

图 5-38　“显示”选项卡

① 可见性设置。对层次块符号中对象的可见性设置包括两个单选钮：使用电路图可见性设置、使用具体元器件的可见性设置。

- 使用电路图可见性设置：选择该选项，默认选择与电路图设置的“电路图属性”对话框“电路图可见性”选项卡下的“元器件”可见性相同。在某种意义上，可以把层次块当作元器件看待，该元器件的特殊性在于，它代表的不是一个单纯的元器件，而是一个电路图。

- 使用具体元器件的可见性设置：选择该选项，激活下面的 9 个复选框，自定义设置层次块的对象显示情况。

② 其余设置。其余设置中包括以下 3 个选项：使用符号引脚名称字体全局设置、使用印迹引脚名称字体全局设置和重置文本位置。

3）“变体”选项卡。

由于添加层次块符号的同时在原理图页下添加子电路，显示层次性“母电路→子电路”，因此变体中显示母变体、子变体，在该选项卡下设置母变体、子变体，如图 5-39 所示。

图 5-39 “变体”选项卡

5.5 绘制子电路

子电路是用户自己建立的一种单元电路。将子电路存储在用户器件库中，可以反复调用并使用子电路。利用子电路可使复杂系统的设计模块化、层次化，可以增加设计电路的可读性，提高设计效率，缩短电路设计周期。

层次结构中的子电路与一般单页电路的区别在于，连接器端口符号。层次结构的连接不能使用导线、总线等，因此只能使用连接器端口。其余绘制方法与一般电路相同，这里不再赘述。

5.6 自下而上设计方法

自下而上的设计方法是指将原理图中的电路替换成层次块符号或支电路符号，选中电路自动转换成子电路。

5.6.1 用层次块替代

未选中电路的情况下，该命令为灰色，未激活；因此，若要执行该操作，应首先选中需要替换的电路对象。

打开图 5-40 所示的设计文件，打开子电路“VPK”，按〈Ctrl〉+〈A〉键，全部选择该子电路。选择菜单栏中的“绘制”→“用层次块替换”命令，弹出如图 5-41 所示的“层次块属性”对话框。

在该对话框中输入层次块的文件名，单击“浏览”按钮，打开文件路径对话框，显示生成的层次块 VPK 所在原理图文件路径。

单击“确认”按钮，弹出光标将变为十字形状，并带有一个连接器符号标志，在工作区适当位置放置层次块符号，如图 5-42 所示。其中，VPK 为层次块名称，HB1 为层次块序号。

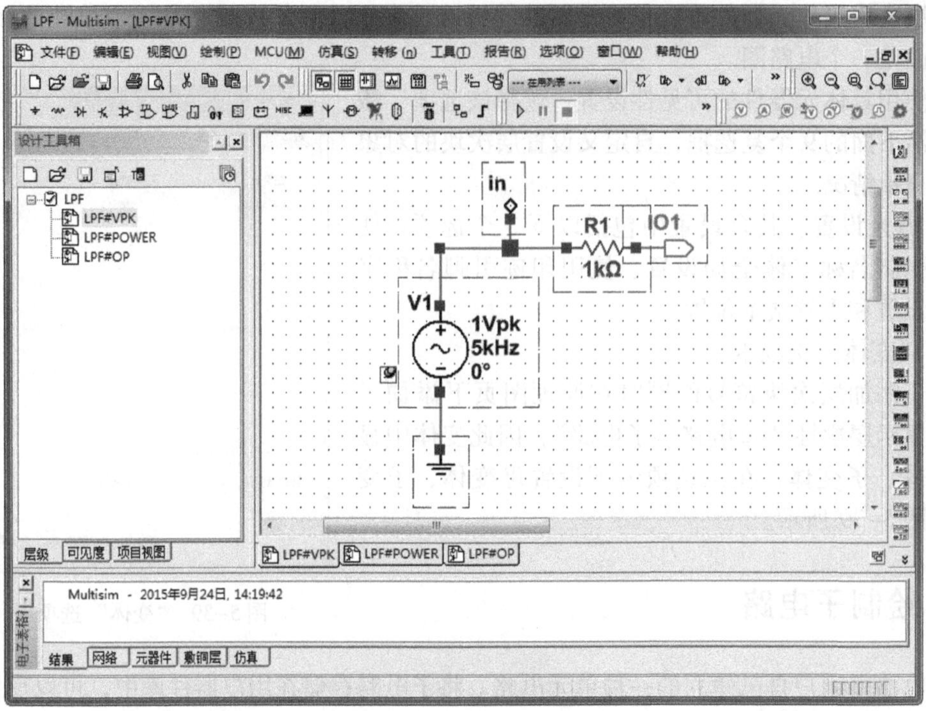

图 5-40　显示子电路文件

在设计工具箱“层级”选项卡下显示子电路 VPK（HB1）在层次块符号所在原理图下一层级中，如图 5-43 所示。

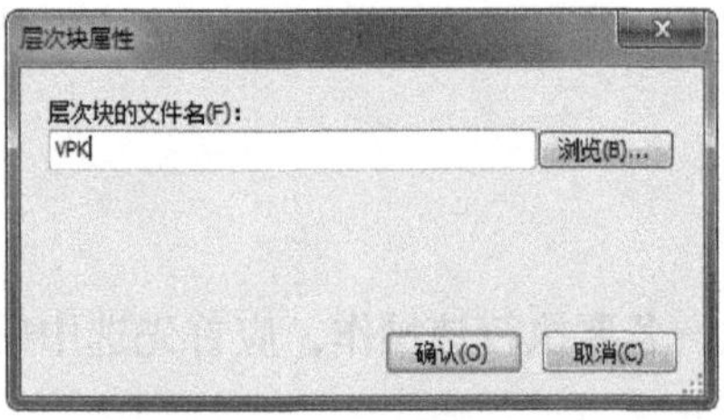

图 5-41　“层次块属性”对话框

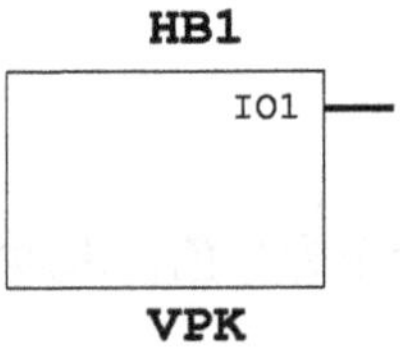

图 5-42　放置层次块符号

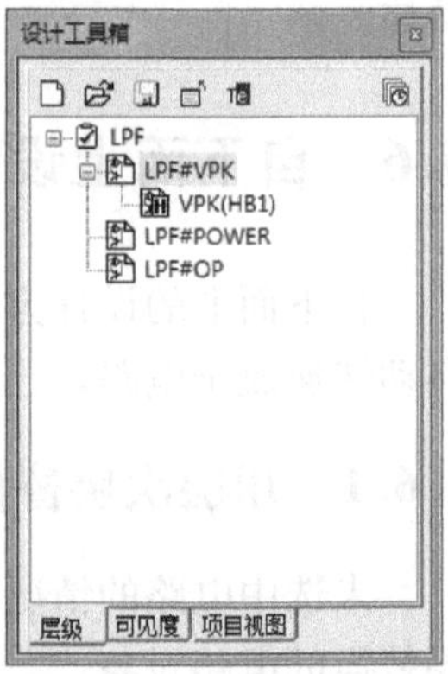

图 5-43　设计工具箱

打开子电路“LPF#OP”，按〈Ctrl〉+〈A〉键，全部选择该子电路，如图 5-44 所示。选择菜单栏中的“绘制”→“用层次块替换”命令，弹出“层次块属性”对话框，输入层次块的名称 OP，如图 5-45 所示。

单击“确认”按钮，弹出光标将变为十字形状，并带有一个连接器符号标志，在工作区适当位置放置层次块符号 HB2（OP），如图 5-46 所示。

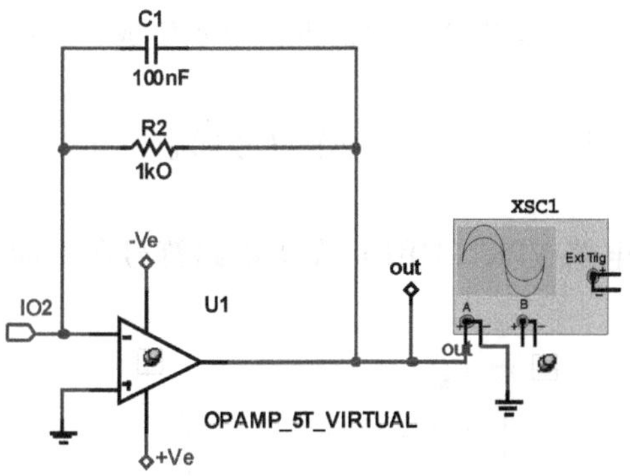

图 5-44　显示子电路文件

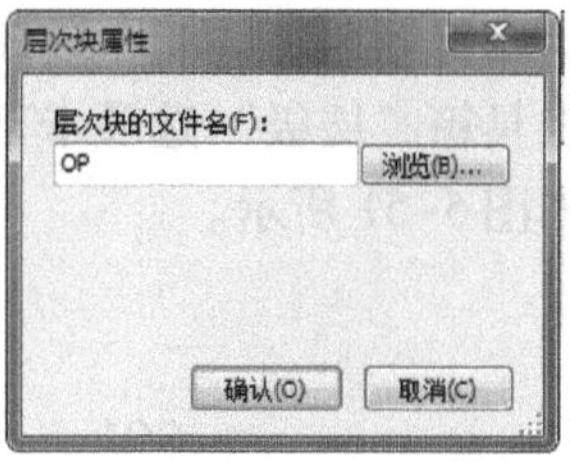

图 5-45　“层次块属性”对话框

在设计工具箱“层级”选项卡下显示子电路 VPK（HB1）在层次块符号所在原理图下一层级中，如图 5-47 所示。

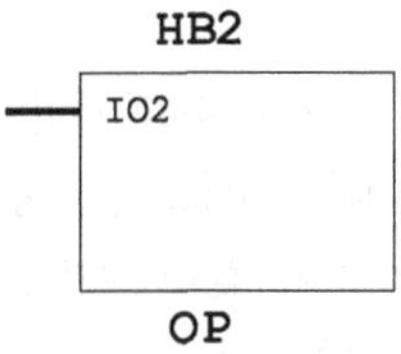

图 5-46　放置层次块符号

图 5-47　设计工具箱

5.6.2　用支电路替代

在未选中电路的情况下，该命令为灰色，未激活；因此，若要执行该操作，首先选中需要替换的电路对象。

打开子电路“LPF#POWER”，按〈Ctrl〉+〈A〉键，全部选择该子电路，如图 5-48 所示。选择菜单栏中的“绘制”→“用支电路替换”命令，弹出图 5-49 所示的“支电路名称”对话框。

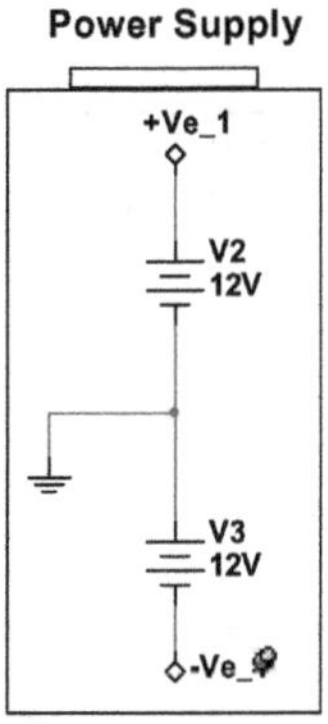

图 5-48　显示子电路文件

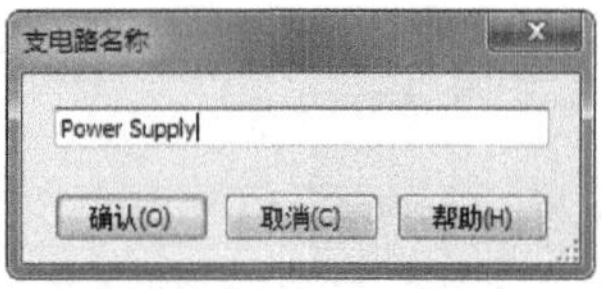

图 5-49　“支电路名称”对话框

在该对话框中输入支电路符号的文件名，打开文件路径对话框，显示生成的支电路符号所在原理图文件路径。

单击“确认”按钮，弹出光标将变为十字形状，并带有一个符号标志，在工作区适当位置放置支电路符号 SC1，如图 5-50 所示。

在设计工具箱“层级”选项卡下显示子电路 VPK（HB1）在支电路符号所在原理图下一层级中，如图 5-51 所示。

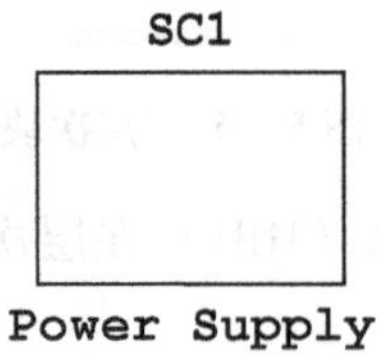

图 5-50　放置支电路符号

图 5-51　设计工具箱

5.6.3　绘制顶层电路

子电路在不同的原理图页中，各自替换的层次块、支电路符号也在不同的原理图页中，顶层原理图只有一个，层次块/支电路符号需要放置在同一个图页中才可以进行电气连接。

打开子电路“LPF#OP”，选中层次块符号 HB2，选择菜单栏中的“编辑”→“剪切”命令，剪切该符号；打开子电路“LPF#VPK”，选择菜单栏中的“编辑”→“粘贴”命令，粘贴该符号，两个层次块符号均显示在“LPF#VPK”图页中；同时粘贴的层次块符号 HB2 下级的子电路“OP（HB2）”转移到该图页下，如图 5-52 所示。

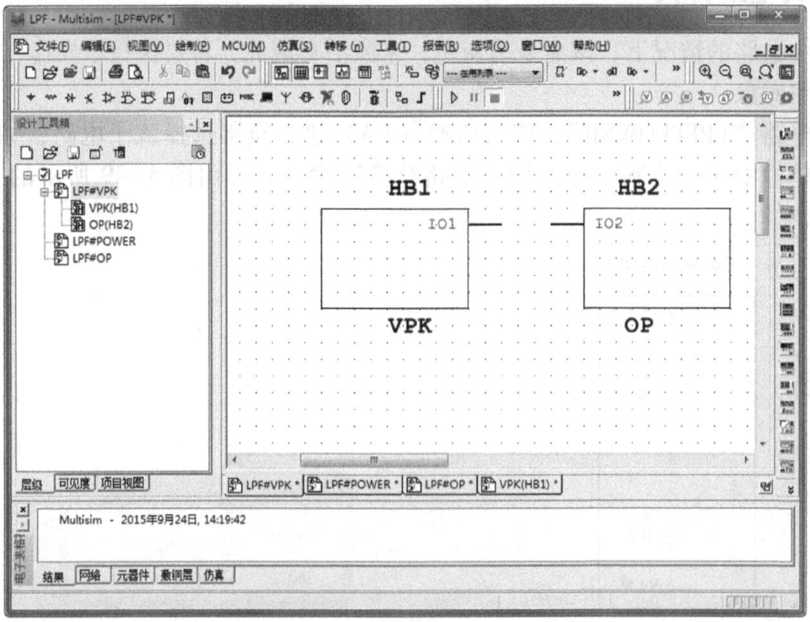

图 5-52　移动层次块位置

选中空白子电路“LPF#OP”，单击右键弹出如图 5-53 所示的快捷菜单，选择“Delete Page”（删除图页）命令，弹出如图 5-54 所示的提示对话框，显示该操作无法撤销，单击“确认”按钮，删除该图页。

图 5-53　快捷菜单

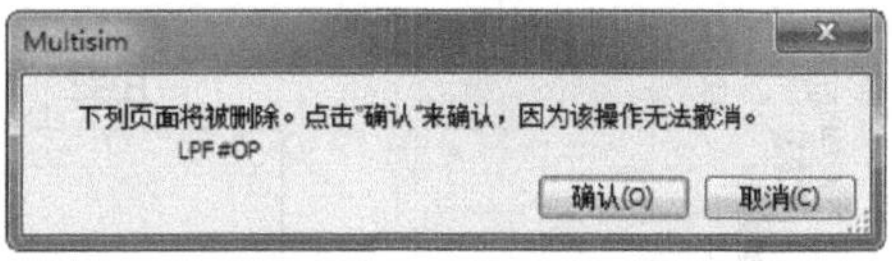

图 5-54　提示对话框

同样的方法，添加子电路“LPF#POWER”中的支电路符号 SC1，删除空白图页，在设计工具箱中显示电路中的层次关系，结果如图 5-55 所示。

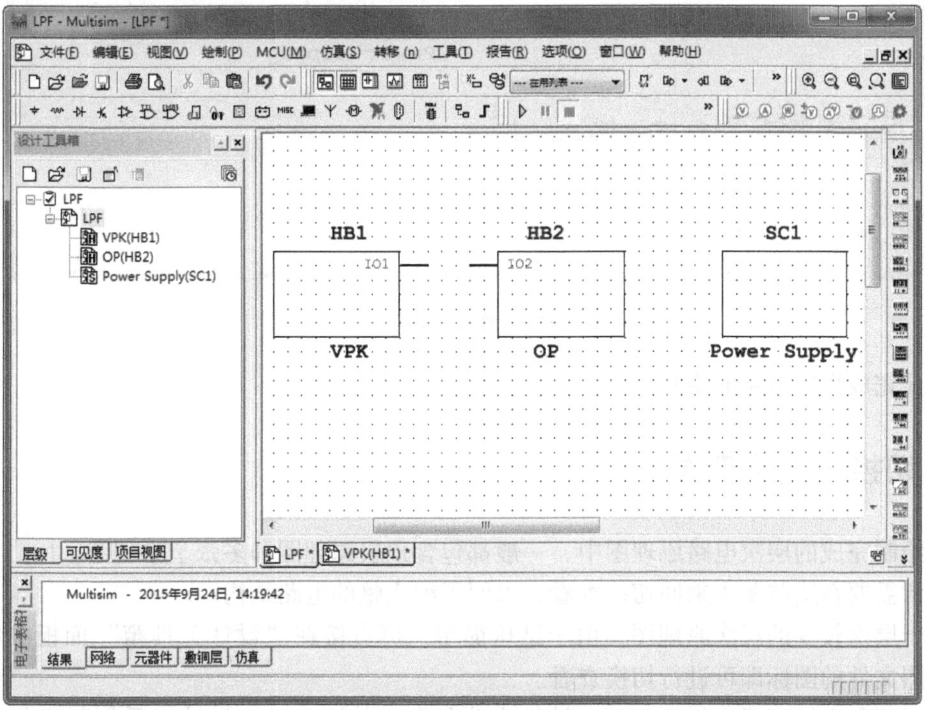

图 5-55　完成层次块添加

选择菜单栏中的“绘制”→“导线”命令，连接层次块符号 HB1、HB2 的输入、输出端口，弹出如图 5-56 所示的“解决网络名称冲突”对话框，单击“确认”按钮，连接网络，结果如图 5-57 所示。

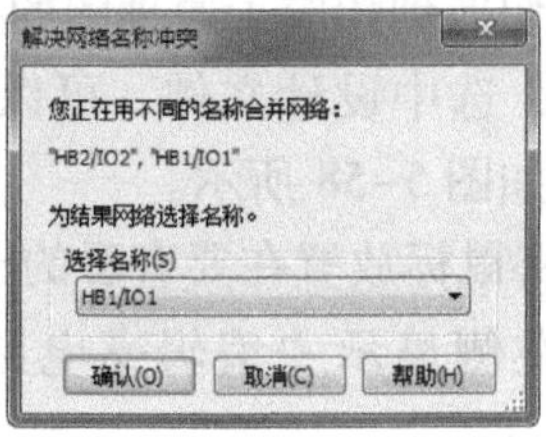

图 5-56　“解决网络名称冲突”对话框

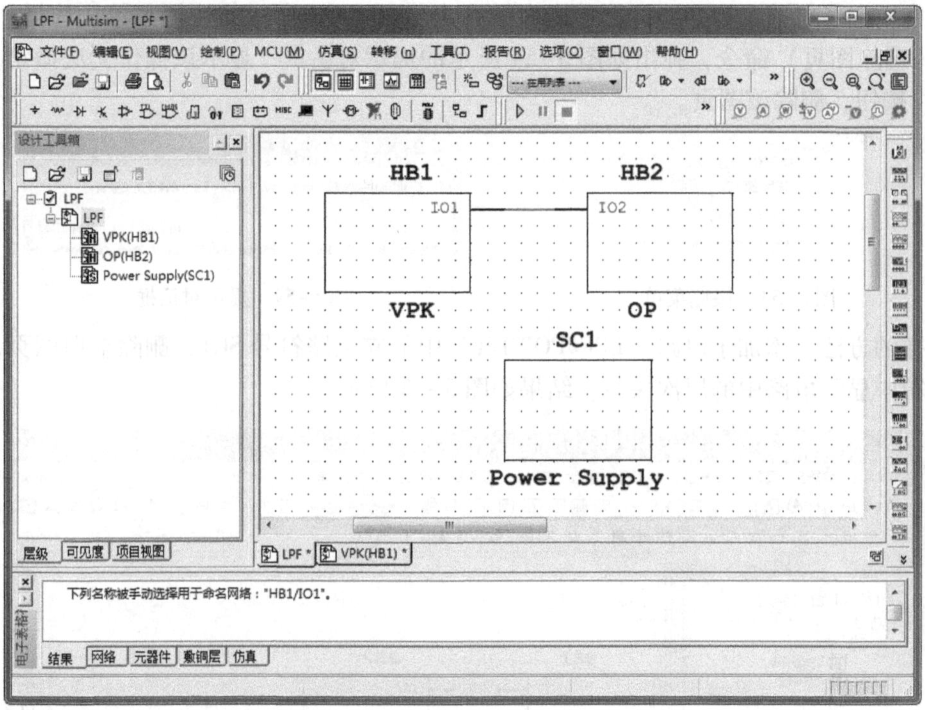

图 5-57　连接层次块符号

至此完成顶层电路的绘制。

5.7　切换层次原理图

在绘制完成的层次电路原理图中，一般都包含顶层原理图和多张子原理图。用户在编辑时，常常需要在这些图中来回切换查看，以便了解完整的电路结构。

对于层次较少的层次原理图，由于结构简单，可直接在“设计工具箱”面板中单击相应原理图文件的图标即可进行切换查看。

但对于包含较多层次的原理图，结构十分复杂，单纯通过“设计工具箱”面板来切换就很容易出错。为帮助用户在复杂的层次原理图之间方便地进行切换，实现多张原理图的同步查看和编辑，系统准备了特定的命令来实现切换。

5.7.1　由顶层原理图中的原理图符号切换到相应的子原理图

由顶层原理图中的原理图符号切换到相应子原理图的操作步骤如下。

1）打开“设计工具箱”面板，选中设计文件，可以看到在面板上显示了该文件的信息，其中包括原理图的层次结构，如图 5-58 所示。

2）打开顶层原理图“LPF”，将鼠标放置在要查看的子原理图相对应的层次块符号 HB1 上，自动捕捉该符号，在该符号左侧显示“编辑支电路/层次块”按钮，如图 5-59 所示。

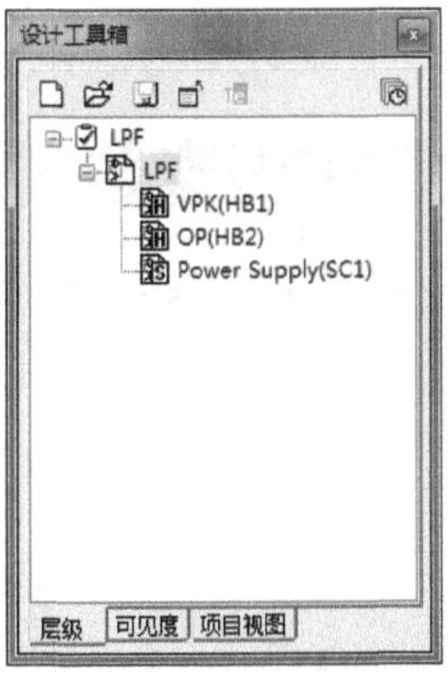

图 5-58 “设计工具箱”面板

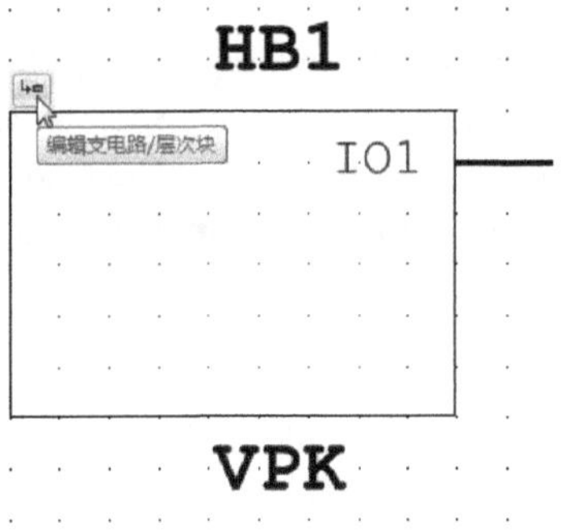

图 5-59 显示“编辑支电路/层次块”按钮

单击该按钮，子原理图“VPK（HB1）”就出现在编辑窗口中，并且处于高亮显示状态，如图 5-60 所示。

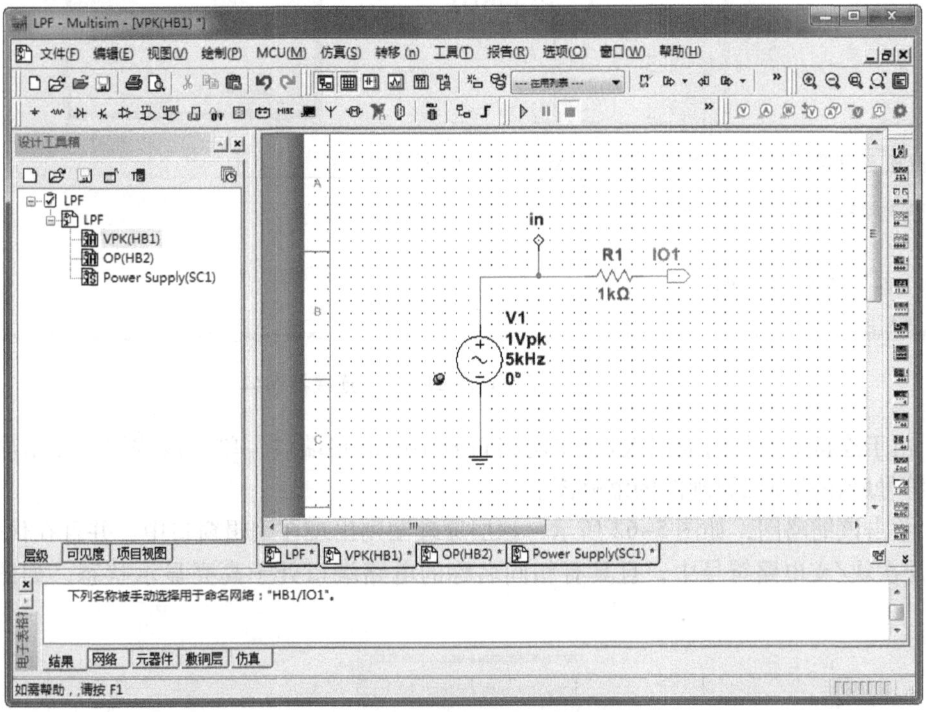

图 5-60 切换到相应子原理图

至此，完成了由原理图符号到子原理图的切换，用户可以对该子原理图进行查看或编辑。用同样的方法，可以完成其他几个子原理图的切换。

5.7.2 由子原理图切换到顶层原理图

由子原理图切换到顶层原理图的操作步骤如下。

1）打开任意一个子原理图，将鼠标放置在连接器端口 IO1 上，自动捕捉该符号，在该符号右侧显示查找符号，如图 5-61 所示。

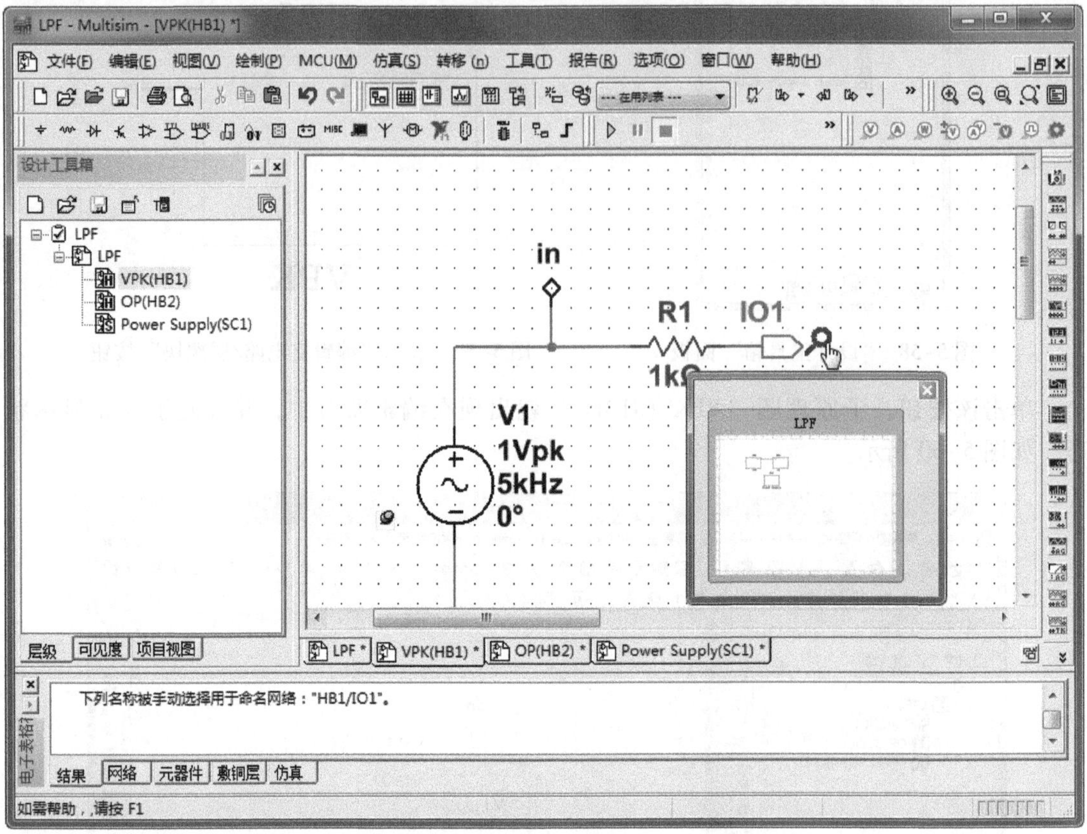

图 5-61　选择子原理图中的任一连接器端口

2）由于连接器符号对应层次块/支电路符号中的电路端口，单击该按钮，显示层次块/支电路符号所在的顶层原理图的缩略图。

3）单击该缩略图，如图 5-62 所示，顶层原理图则出现在编辑窗口中。并且在代表子原理图的层次块/支电路符号中，且具有相同名称的电路端口处于高亮显示状态，如图 5-63 所示。

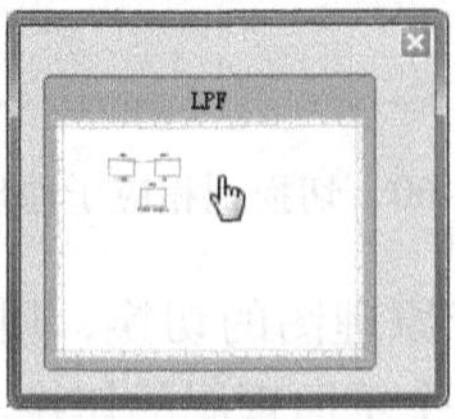

图 5-62　显示缩略图

4）右键单击退出切换状态，如图 5-64 所示，完成由子原理图到顶层原理图的切换。此时，用户可以对顶层原理图进行查看或编辑。

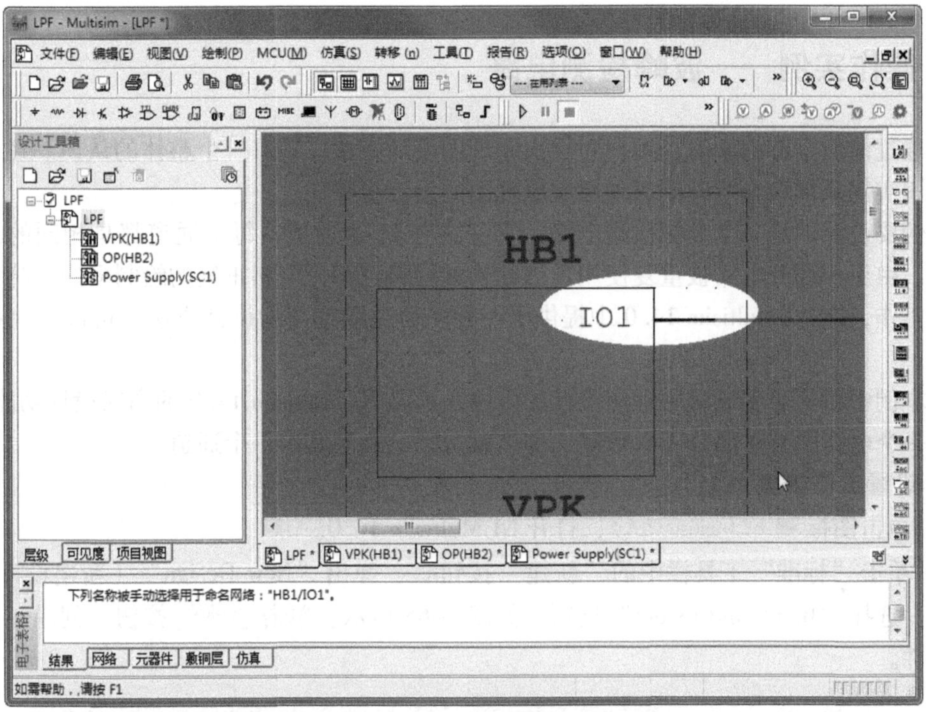

图 5-63　显示对应的电路端口

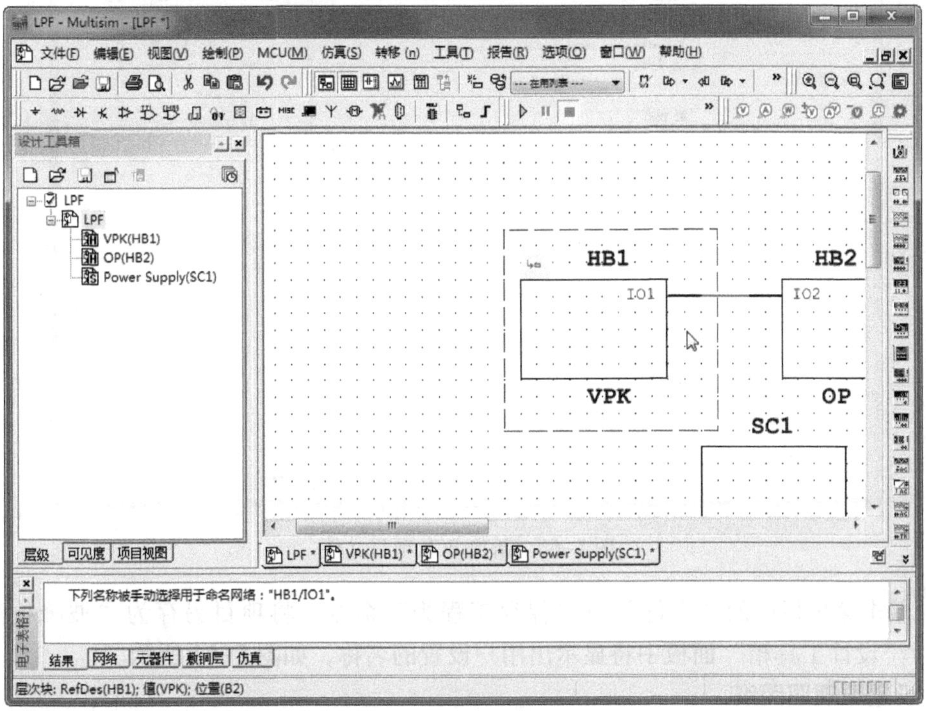

图 5-64　切换到顶层原理图

5.8 操作实例——波峰检测电路

本通过前面章节的学习，用户对层次原理图设计方法应该有一个整体的认识。在章节的最后，用实例来详细介绍一下两种层次原理图的设计步骤。

本例要设计的是一个波峰检测电路，它一共有 16 个通道，每个通道都是相同的波峰检测电路。由于一部分电路被重复使用，因此，如果将这部分电路重复的绘制多遍，将是一项繁重的工作，在 NI Multisim 14.0 中提供了一种多通道原理图的设计方法，可以大大提高工作效率。

在本例中将学习多通道原理图设计的方法。这是 NI Multisim 14.0 的高级设计功能之一。如果同一个电路中有一部分多次重复，那么就可以只绘制其中一个通道。

1. 设置工作环境

1）单击图标 NI Multisim 14.0，打开 NI Multisim 14.0。

2）单击“标准”工具栏中的“新建”按钮，弹出“New Design”（新建设计文件）对话框，选择“Blank and recent”选项，如图 5-65 所示。单击 Create 按钮，创建一个 PCB 项目文件。

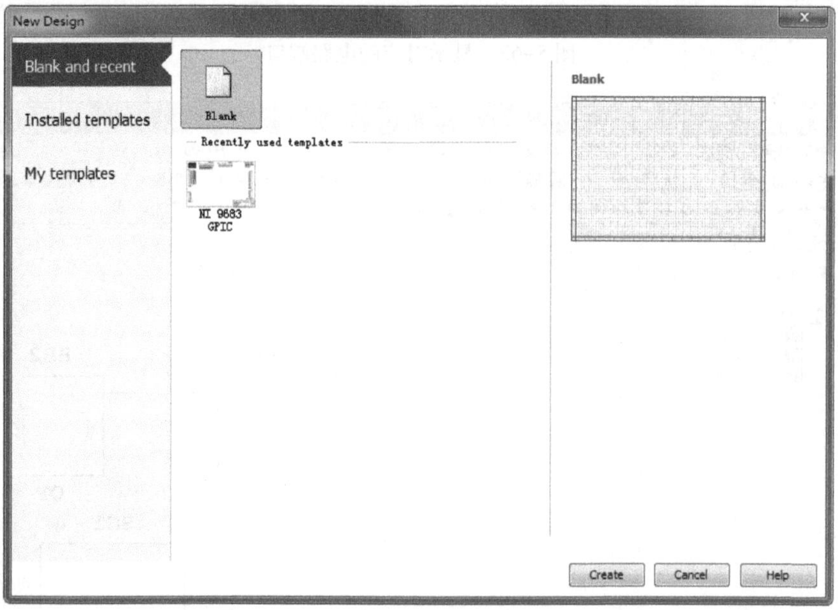

图 5-65　新建 PCB 项目文件

3）单击菜单栏中的“文件”→“保存工程为”命令，将项目另存为“波峰检测电路.ms14”，“设计工具箱”面板中将显示出用户设置的名称，如图 5-66 所示。

2. 设置原理图图纸

选择菜单中的“选项”→“电路图属性”命令，系统弹出“电路图属性”对话框，按照图 5-67 设置图纸大小，完成设置后，单击“确认”按钮，关闭对话框。

图 5-66　保存设计文件

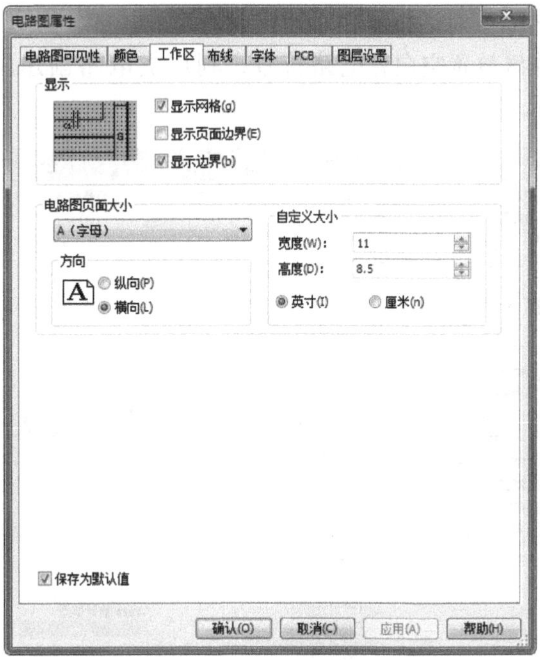

图 5-67　设置“电路图属性”对话框

3. 设置图纸的标题栏

1）选择菜单栏中的“绘制”→“标题块”命令，在弹出的“打开”对话框中选择标题块模板“default. tb7”，单击“打开”按钮，在图纸右下角放置如图 5-68 所示的标题块。

2）选择菜单栏中的“编辑”→“标题块位置”→“右下”命令，精确放置标题栏。

National Instruments 801-111 Peter Street Toronto, ON M5V 2H1 (416) 977-5550		NATIONAL INSTRUMENTS
Title: 波峰检测电路	Desc.: 波峰检测电路	
Designed by:	Document No:	Revision:
Checked by:	Date: 2015/10/27	Size: A
Approved by:	Sheet 1 of 1	

图 5-68　插入的标题块

4. 增加元器件

1）单击“元器件”工具栏中的“放置连接器”按钮，打开“选择一个元器件”对话框，选择“HEADERS_TEST”系列，选中元器件“HDR1X20”，如图 5-69 所示。双击该元器件或单击“确认”按钮，然后将光标移动到工作窗口，放置元器件。

2）双击该元器件或单击“确认”按钮，然后将光标移动到工作窗口，放置如图 5-70 所示的元器件。

5. 创建子电路

1）选择菜单栏中的“绘制”→“新建支电路”命令，弹出如图 5-71 所示的“支电路名称”对话框，在对话框中输入子电路名称“多通道波峰检测”，单击“确认”按钮，在工作区放置空白置电路符号，利用支电路创建层次块符号（不带电路端口），如图 5-72 所示。

图 5-69　选择元器件“HDR1X20”

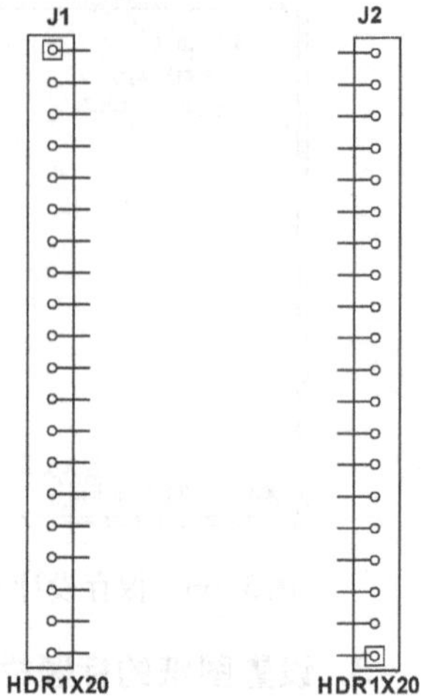

图 5-70　放置元器件

图 5-71　“支电路名称”对话框

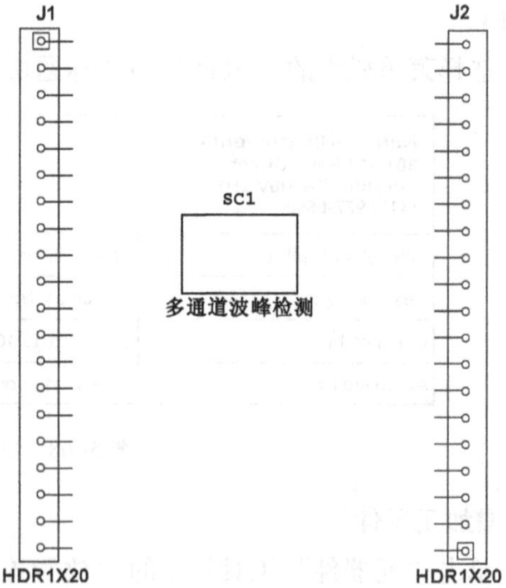

图 5-72　创建层次块符号

2）在电路中放置子电路图标后，在“设计工具箱”下“层级”选项卡下显示层次结构，将显示下一级电路，如图 5-73 所示。

3）双击打开新建的子电路符号，进入该支电路，显示空白文件，如图 5-74 所示。

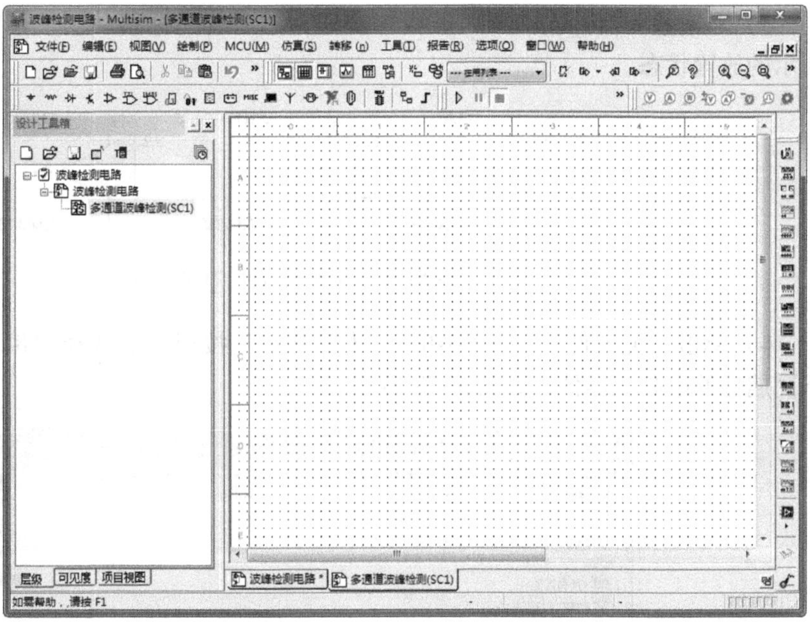

图 5-73　设计工具箱　　　　　　　　　　　　图 5-74　显示支电路文件

6. 绘制子电路

1）使用普通电路原理图的绘制方法，放置各种所需的元器件并进行电气连接，完成“多通道波峰电路”子原理图的绘制。

2）单击“元器件”工具栏中的“放置模拟”按钮，选择“OPAMP”系列栏中的“LM348M”，如图 5-75 所示。

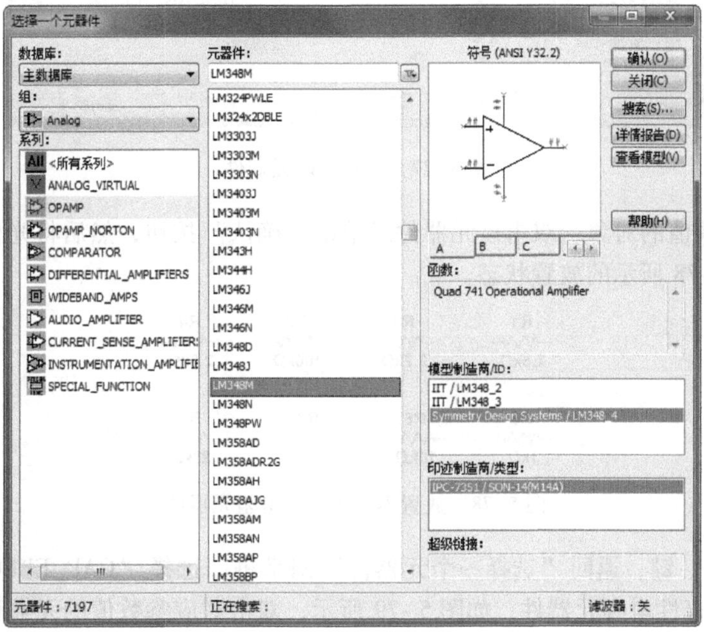

图 5-75　选择元器件“LM348M”

3）双击该元器件或单击“确认”按钮，然后将光标移动到工作窗口，进入如图 5-76 所示的放置状态。

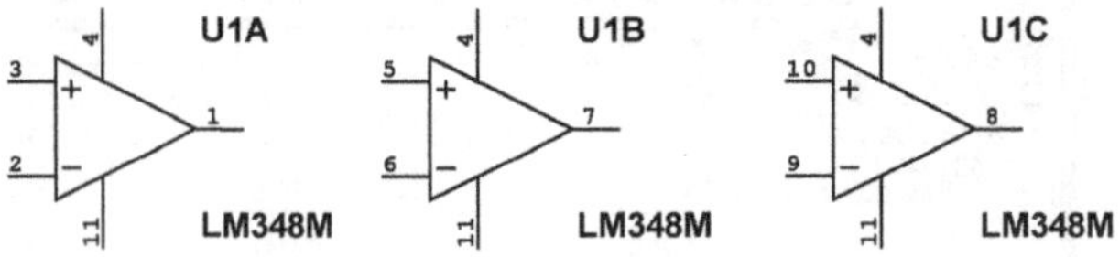

图 5-76　放置元器件“LM348M”

4）单击“元器件”工具栏中的“放置基本”按钮，选择“RESISTOR”系列栏中的不同属性的电阻元器件，如图 5-77 所示。

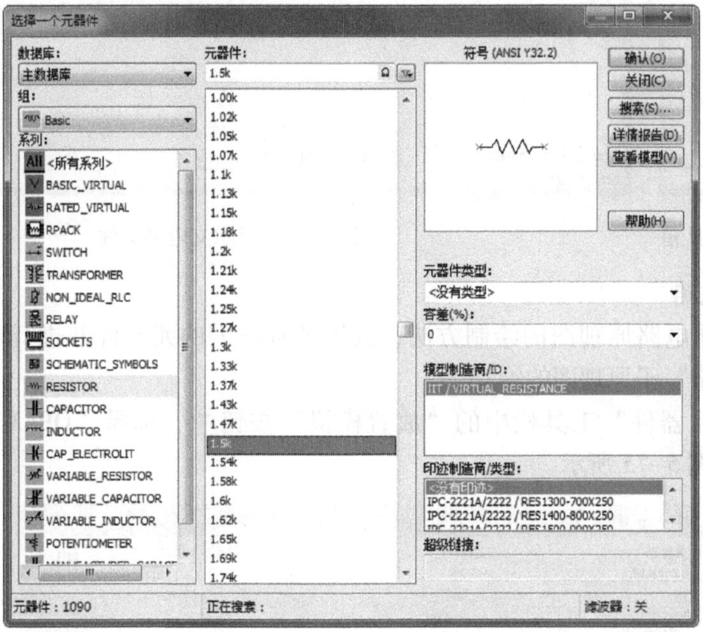

图 5-77　选择电阻元器件

5）选中不同值的对象，双击该元器件或单击“确认”按钮，然后将光标移动到工作窗口，进入如图 5-78 所示的放置状态。

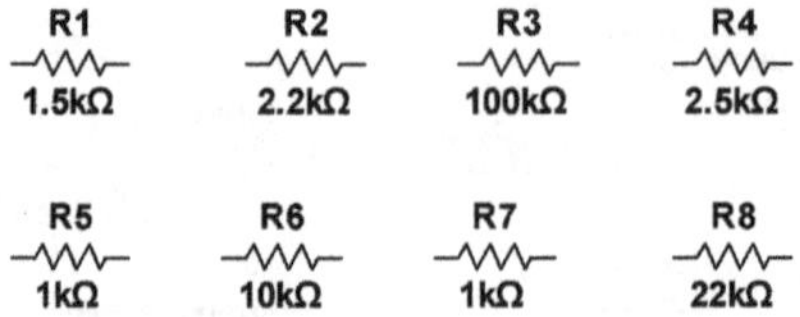

图 5-78　放置不同阻值得电阻元器件

6）按〈Esc〉键，返回“选择一个元器件”对话框，选择“CAP_ELECTROLIT”系列下的不同参数值极性电容元器件，如图 5-79 所示，双击对应参数值的元器件，放置到原理图中，如图 5-80 所示。

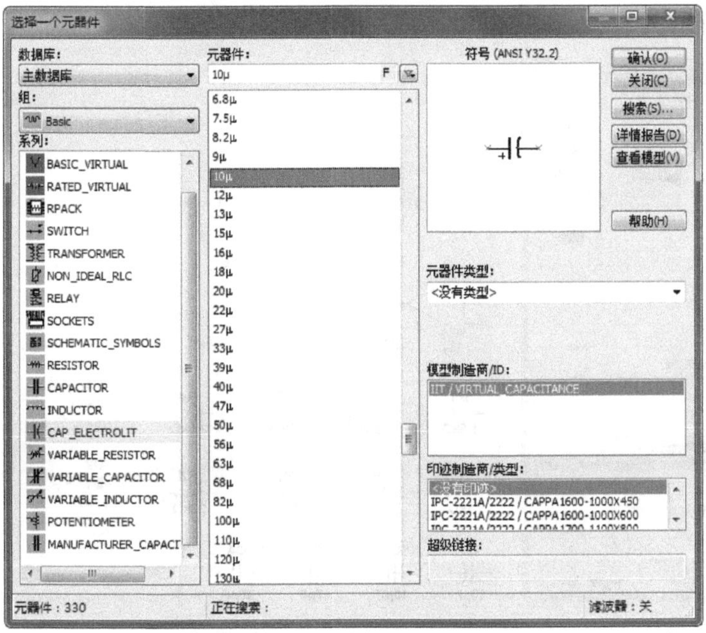

图 5-79　选择极性电容

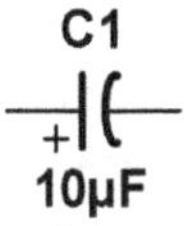

图 5-80　放置极性电容

7）按〈Esc〉键，返回“选择一个元器件”对话框，选择“CAPACITOR”系列下的不同参数值无极性电容元器件，如图 5-81 所示，双击对应参数值的元器件，放置到原理图中，如图 5-82 所示。

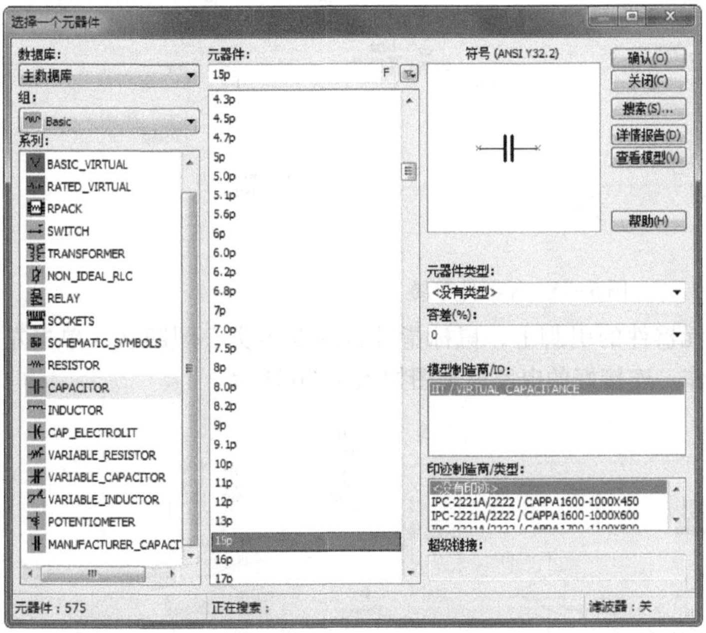

图 5-81　选择无极性电容

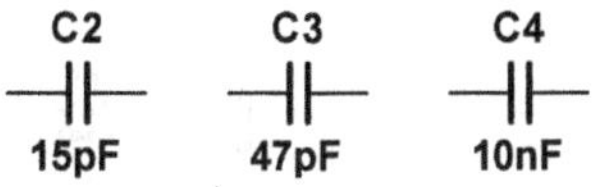

图 5-82　放置无极性电容

8）单击“元器件”工具栏中的“放置二极管”按钮，打开“选择一个元器件”对话框，选择“DIODE”系列下的二极管元器件“1N3491”，如图 5-83 所示，双击元器件，放置到原理图中，如图 5-84 所示。

图 5-83　选择二极管

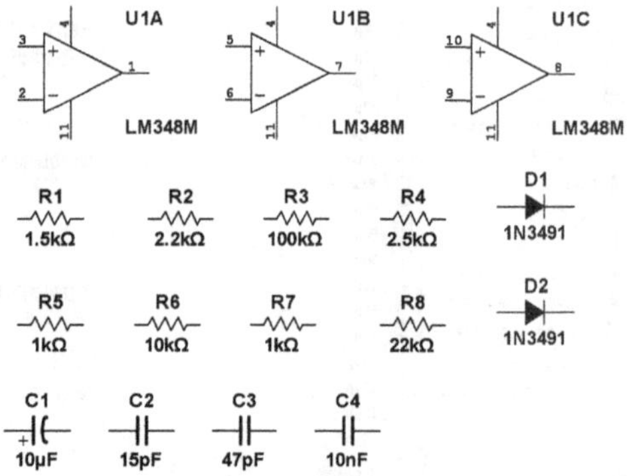

图 5-84　放置二极管

9）元器件放置完成后，需要进行适当调整，将它们分别排列在原理图中最恰当的位置，如图 5-85 所示。

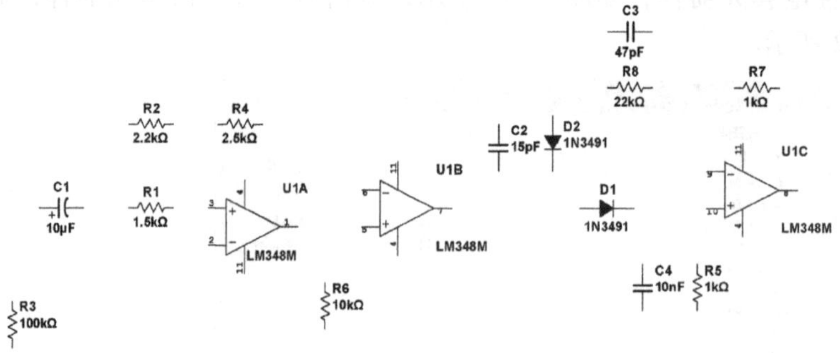

图 5-85　元器件布局

10）将光标指向要连接的元器件的引脚上，鼠标指针自动变为实心圆圈状，单击左键并移动光标，执行自动连线操作。连接好的电路原理图如图 5-86 所示。

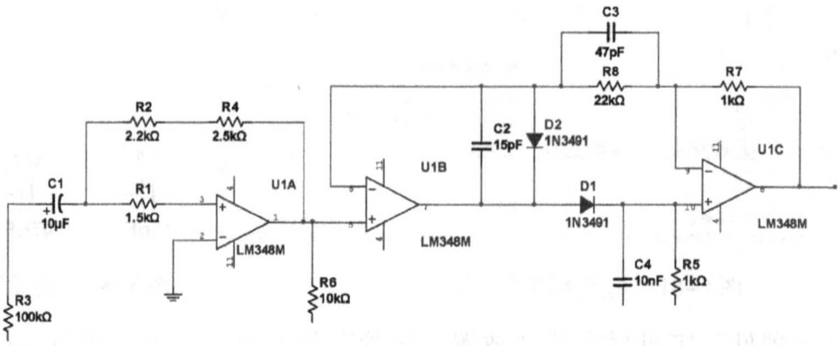

图 5-86　布线结果

11）单击“元器件”工具栏中的“放置源”按钮，在 Sources 库的“系列”栏选择“POWER_SOURCES”→“GROUND”，双击该接地电源，放置电源，本例共需要 5 个接地，结果如图 5-87 所示。

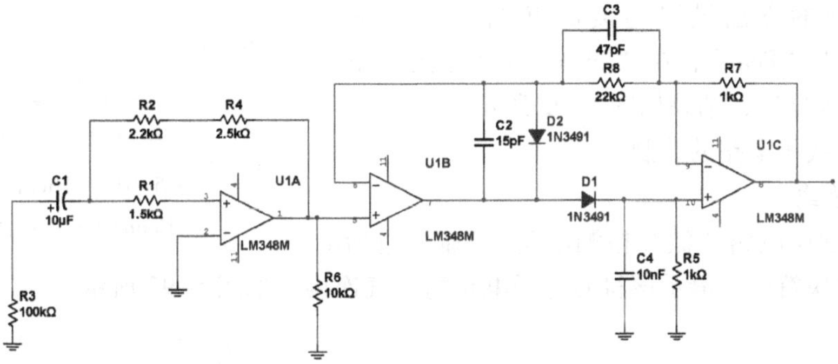

图 5-87　放置接地电源

12）选择菜单栏中的“绘制”→“连接器”→“在页连接器”命令，或按快捷键〈Ctrl〉+〈Alt〉+〈O〉，鼠标变为状，在工作区单击，弹出“在页连接器”对话框，如图 5-88 所示。在该对话框中可以确定连接器名称 VE，在工作区放置连接器，表示该两处电气相连，结果如图 5-89 所示。

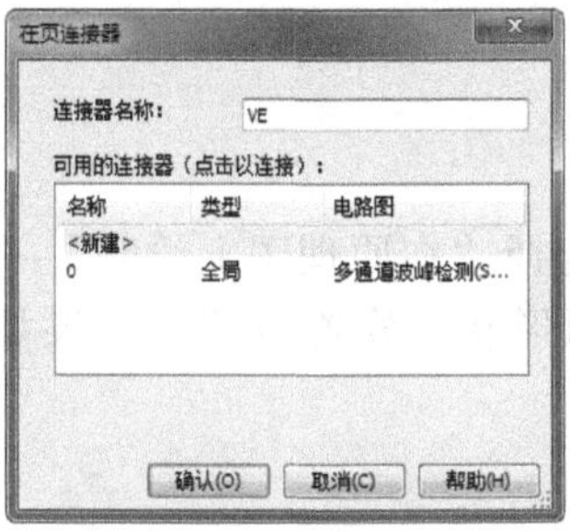

图 5-88　“在页连接器”对话框

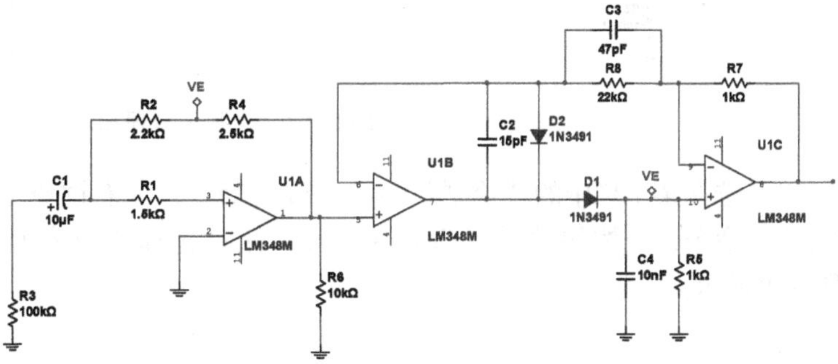

图 5-89　放置在页连接器

13）选择菜单栏中的“绘制”→“连接器”→“HB/SC 连接器”命令，光标将变为十字形状，并带有一个连接器符号标志，移动光标到需要放置连接器符号的地方，放置连接器符号，结果如图 5-90 所示。完成放置后，右键单击或者按〈Esc〉键即可退出操作。

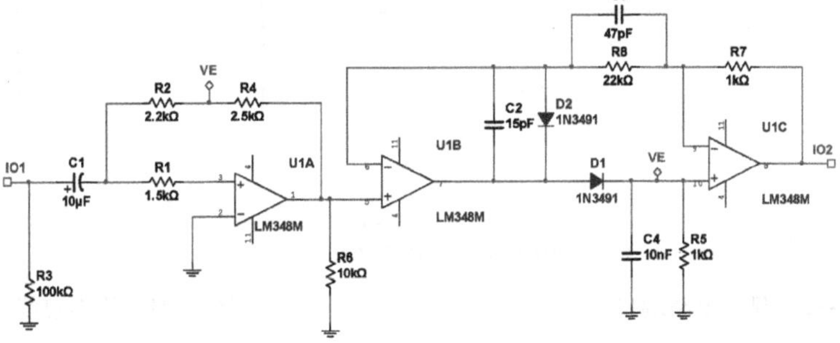

图 5-90　放置连接器符号

14）双击连接器IO1，弹出图5-91所示的属性设置对话框，在“Name”（名称）栏输入“Phise”，在“Direction”（方向）下拉列表中选择“输入”。

图5-91 “Hierarchical Connector”对话框

15）同样的方法设置连接器IO2，在“Name”（名称）栏输入“Peak”，在“Direction”（方向）下拉列表中选择“输出”，结果如图5-92所示。

至此，完成子电路的绘制。

7. 放置总线

1）返回顶层电路“波峰检测电路”，显示包括电路端口的层次块符号，显示该符号与子电路的电气连接，如图5-93所示。

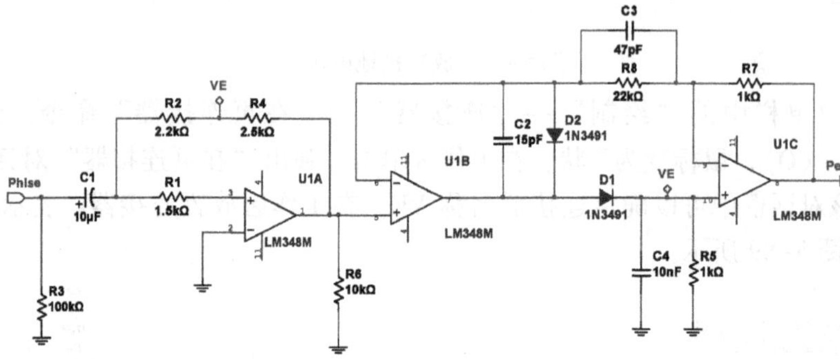

图5-92 绘制子原理图

2）选择菜单栏中的“绘制”→“总线”命令，或右键单击选择“在原理图上绘制”→“总线”命令，或按快捷键〈Ctrl〉+〈U〉，此时光标变成实心圆形状，放置总线，结果如图5-94所示。

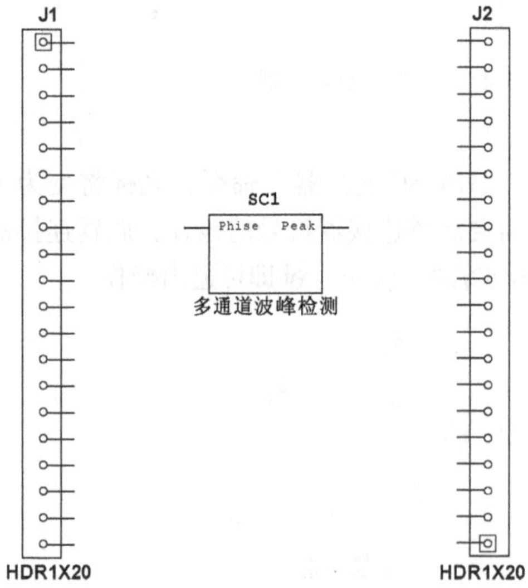

图5-93 显示电路端口

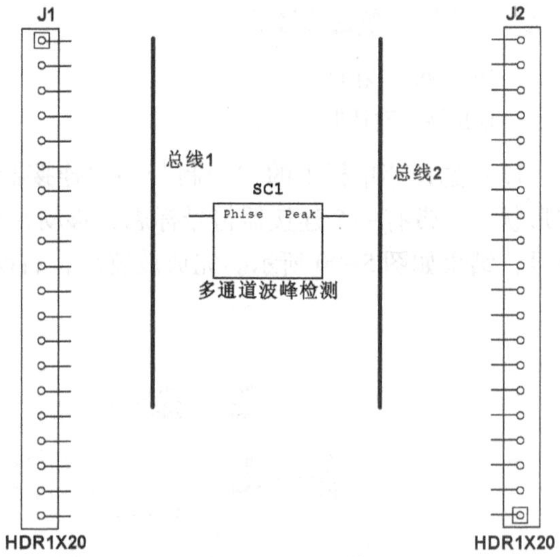

图5-94 添加总线

8. 添加总线分支

1）在图中捕捉起点，激活自动连线，向右侧拖动，在正对总线处，显示悬浮的总线入口，单击总线连接处，弹出“总线入口连接”对话框，默认设置总线与总线线路名称，如图 5-95 所示。

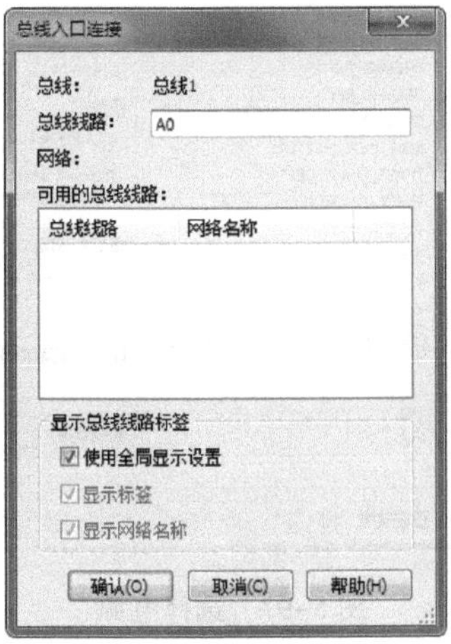

图 5-95 “总线入口连接”对话框

2）单击“确认”按钮，完成命名，在绘图区显示命名的总线分支，同样的方法连接其余对象，最终结果如图 5-96 所示。

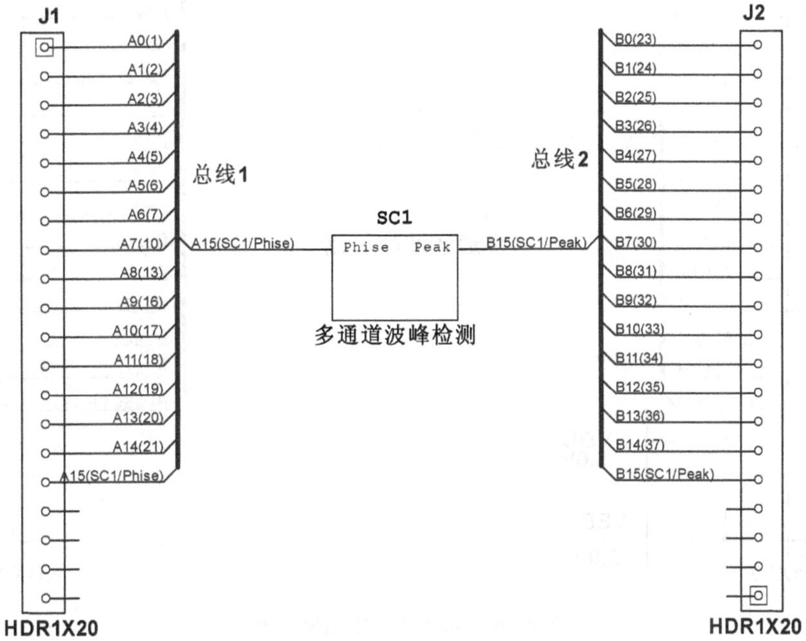

图 5-96 绘制总线分支

9. 放置电源和接地符号

单击“元器件”工具栏中的“放置源”按钮，在 Sources 库的“系列”栏选择“POWER_SOURCES”→“V_REF5”，如图 5-97 所示。双击该电源，放置电源，结果如图 5-98所示。

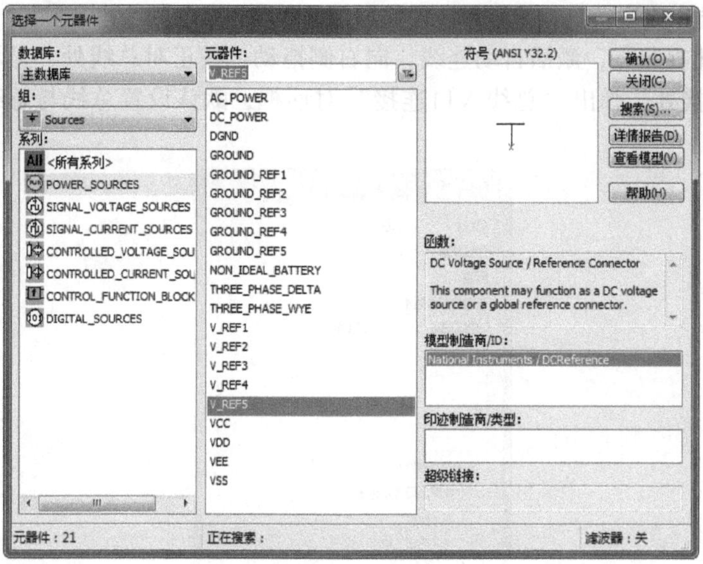

图 5-97　选择电源

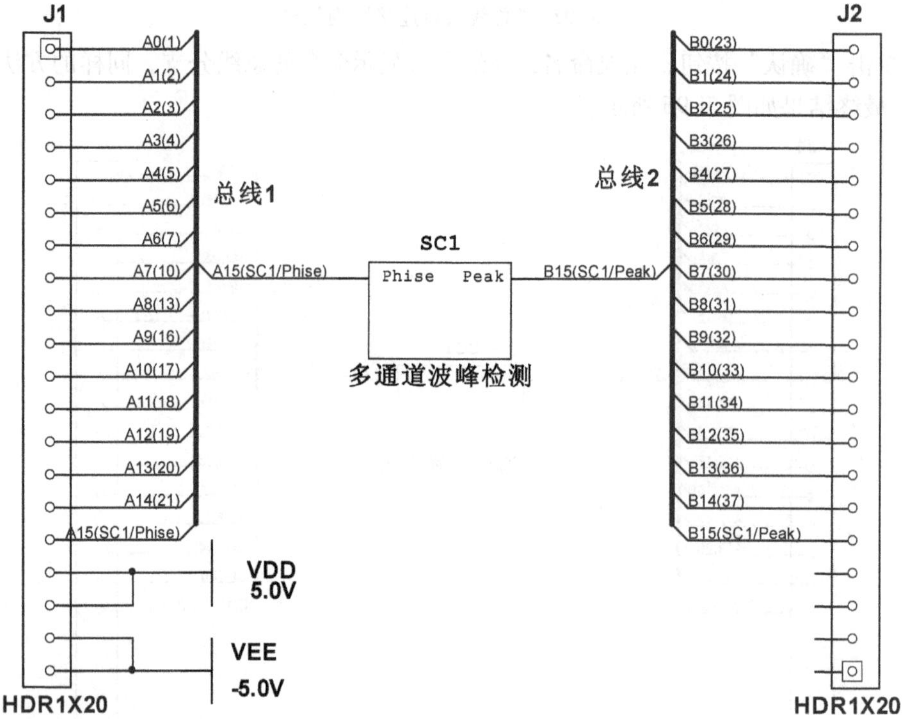

图 5-98　最小系统电路原理图

10. 保存

原理图绘制完成后，单击“标准”工具栏中的“保存”按钮，保存绘制好的原理图文件。

11. 退出

选择菜单栏中的“文件”→“退出”命令，退出 NI Multisim 14.0。

第 6 章　虚拟仪器设计

NI Multisim 14.0 为原理图编辑提供了一些虚拟仪表，结合计算机仿真设计与虚拟实验，将大大提高电路设计的工作效率。

本章将详细介绍这些仪表的种类、设计方法、参数选择集在电路中的应用。

知识点

- 虚拟仪器的引入
- 放置虚拟仪器仪表
- 探针

6.1　虚拟仪器的引入

NI Multisim 14.0 可以实现计算机仿真设计与虚拟实验，又称为“虚拟电子工作台”。与传统的电子电路设计与实验方法相比，具有如下特点：

- 设计与实验可以同步进行，可以边设计边实验，修改调试方便；
- 设计和实验用的元器件及测试仪器仪表齐全，可以完成各种类型的电路设计与实验；
- 可方便地对电路参数进行测试和分析；
- 可直接打印输出实验数据、测试参数、曲线和电路原理图；
- 实验中不消耗实际的元器件，实验所需元器件的种类和数量不受限制，实验成本低，实验速度快，效率高；
- 设计和实验成功的电路可以直接在产品中使用。

6.1.1　工具栏

仪器存储在仪器库栏，显示在“仪器”工具栏，是进行虚拟电子实验和电子设计仿真的快捷而又形象的特殊窗口，共有 21 个按钮，如图 6-1 所示。这些虚拟仪器仪表的参数设置、使用方法和外观设计与实验室中的真实仪器基本一致。

图 6-1　“仪器”工具栏

该工具栏中的虚拟仪器元器件有仪器按钮、仪器图标和仪器面板 3 种表示方式。在工具栏上单击仪器按钮，鼠标上显示浮动的仪器图标，移动光标到编辑窗口适当位置单击放置该仪器图标，仪器的图标用于连接线路。双击仪器图标可打开仪器的面板，在该面板中可以设置仪器的参数。如图 6-2 所示为数字万用表的图标，图标上有对应的接线柱，如图 6-3 所示为对应图标的面板图。

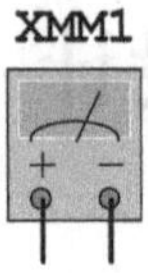

图 6-2　仪器图标

图 6-3　仪器面板

6.1.2　基本操作

NI Multisim 14.0 的仪器库存储有数字多用表、函数信号发生器、示波器、频率特性测试仪、字信号发生器、逻辑分析仪、逻辑转换仪、功率表、失真度分析仪、网络分析仪和光谱分析仪 11 种仪器仪表可供使用，仪器仪表以图标方式存在，每种类型有多台可供选择。

1. 仪器的选用与连接

（1）仪器选用

从仪器库中将所选用的仪器图标，用鼠标将它“拖放”到电路工作区即可，类似元器件的拖放。

（2）仪器连接

将仪器图标上的连接端（接线柱）与相应电路的连接点相连，连线过程类似元器件的连线。

2. 仪器参数的设置

（1）设置仪器仪表参数

双击仪器图标即可打开仪器面板。可以用鼠标操作仪器面板上相应按钮及参数设置对话窗口的设置数据。

（2）改变仪器仪表参数

在测量或观察过程中，可以根据测量或观察结果来改变仪器仪表参数的设置，如示波器、逻辑分析仪等。

6.2　放置虚拟仪器仪表

NI Multisim 14.0 提供了多种仪器仪表，存储在集成库中，供用户选择使用。下面详细介绍常用的仪器仪表。

6.2.1　万用表

万用表是一种可以用来测量交直流电压、交直流电流、电阻及电路中两点之间的分贝损耗，可自动调整量程的数字显示的多用表，图 6-4 为万用表图标。

选择菜单栏中的“仿真”→“仪器”→“万用表”命令，或单击“仪器”工具栏中的“万用表”按钮，鼠标上显示浮动的万用表虚影，在电路窗口的相应位置单击鼠标，完成万用表的放置。双击该图标得到数字万用表参数设置控制面板，如图 6-5 所示。该面板的各个按钮的功能如下所述。

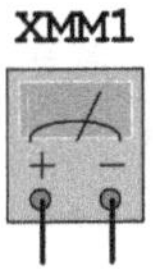

图 6-4　万用表图标

图 6-5　万用表参数设置控制面板

上面的黑色条形框用于测量数值的显示。下面为测量类型的选取栏。

1）A：测量对象为电流。

2）V：测量对象为电压。

3）Ω：测量对象为电阻。

4）dB：将万用表切换到分贝显示。

5）～：表示万用表的测量对象为交流参数。

6）—：表示万用表的测量对象为直流参数。

7）＋：对应万用表的正极。

7）－：对应万用表的负极。

8）设置...：单击该按钮，可以设置数字万用表的各个参数。如图 6-6 所示的对话框。

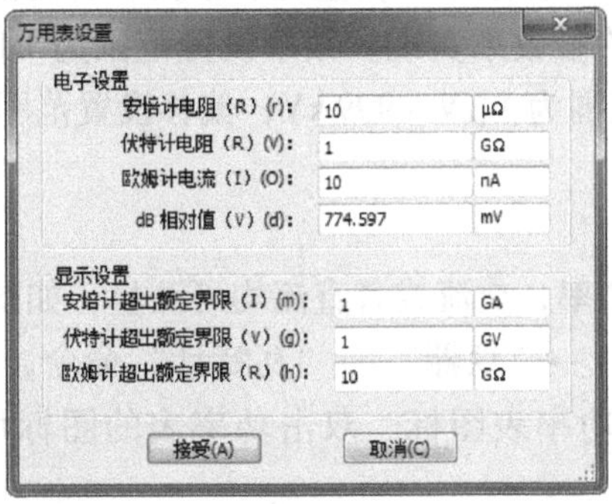

图 6-6　“万用表设置”对话框

6.2.2　函数发生器

函数发生器是可提供正弦波、三角波、方波 3 种不同波形的信号的电压信号源，图 6-7 所示为函数发生器图标。

选择菜单栏中的“仿真”→“仪器”→“函数发生器”命令，或单击“仪器”工具栏中的“函数发生器”按钮，放置函数发生器图标，双击该图标，弹出函数发生器的面板，如图 6-8 所示。

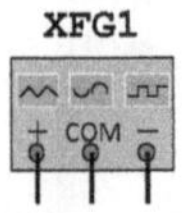

图 6-7　函数发生器图标

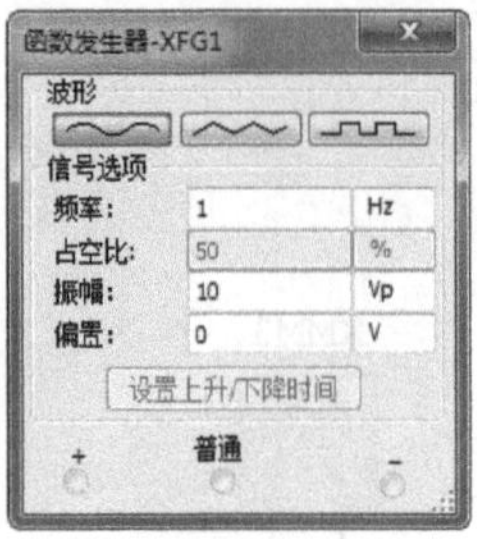

图 6-8　函数发生器控制面板

该对话框的各个部分的功能如下所示。

1）“波形”选项组下的 3 个按钮用于选择输出波形，分别为正弦波、三角波和方波。

2）“信号选项”选项组，内容如下。

- 频率：设置输出信号的频率。
- 占空比：设置输出的方波和三角波电压信号的占空比。
- 振幅：设置输出信号幅度的峰值。
- 偏置：设置输出信号的偏置电压，即设置输出信号中直流成分的大小。
- 设置上升/下降时间：设置上升沿与下降沿的时间。仅对方波有效。

3）＋：表示波形电压信号的正极性输出端。

4）－：表示波形电压信号的负极性输出端。

5）普通：表示公共接地端。

函数发生器的输出波形、工作频率、占空比、幅度和直流偏置，可用鼠标来选择波形选择按钮和在各窗口设置相应的参数来实现。频率设置范围为 1 Hz ~ 999 THz；占空比调整值可从 1% ~ 99%；幅度设置范围为 1 μV ~ 999 kV；偏移设置范围为 －999 kV ~ 999 kV。

6.2.3　功率表

功率表用来测量电路的功率，交流或者直流均可测量，如图 6-9 所示，为功率表图标。

选择菜单栏中的“仿真”→“仪器”→“瓦特计”命令，或者单击“仪器”工具栏中的“瓦特计”按钮，放置功率表图标。双击功率表的图标可以打开功率表的面板，如图 6-10所示。

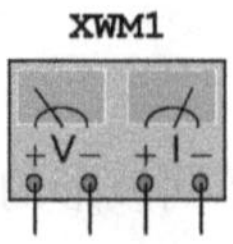

图 6-9　功率表图标

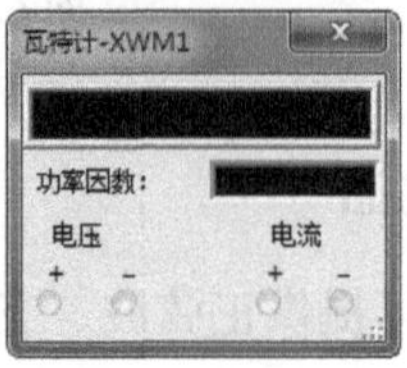

图 6-10　功率表

该对话框主要功能如下所述。

- 黑色条形框：用于显示所测量的功率，即电路的平均功率。
- 功率因数：功率因数显示栏。
- 电压：电压的输入端点，从“＋”“－”极接入。

● 电流：电流的输入端点，从“+”“-”极接入。

其中，电压输入端与测量电路并联连接，电流输入端与测量电路串联连接。

6.2.4 示波器

示波器用来显示电信号波形的形状、大小、频率等参数的仪器，如图 6-11 所示为 4 通道示波器图标。

选择菜单栏中的“仿真”→“仪器”→“示波器”命令，或者单击“仪器”工具栏中的“示波器”按钮，放置图标，双击示波器图标，打开如图 6-12 所示的示波器的面板图。

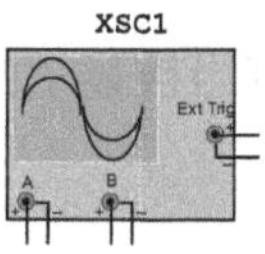

图 6-11 示波器图标

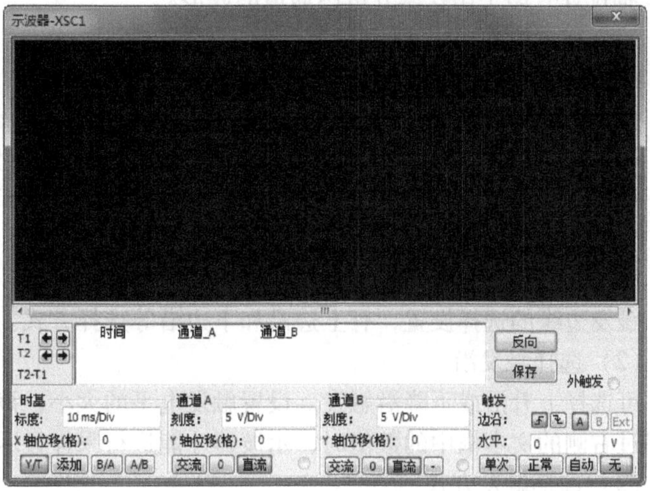

图 6-12 示波器

示波器面板各按键的作用、调整及参数的设置与实际的示波器类似，一共分成 3 个参数设置选项组和一个波形显示区。

1. “时基”选项组

（1）标度

显示示波器的时间基准，其基准为 0.1 fs/Div ~ 1000 Ts/Div 可供选择。

（2）X 轴位移

X 轴位移控制 X 轴的起始点。当 X 的位置调到 0 时，信号从显示器的左边缘开始，正值是起始点右移，负值是起始点左移。X 位置的调节范围从 -5.00 ~ +5.00。

（3）显示方式选择

显示方式选择示波器的显示。

1）Y/T 按钮：选择 X 轴显示时间刻度且 Y 轴显示电压信号幅度的示波器显示方法。

2）添加：选择 X 轴显示时间以及 Y 轴显示的电压信号幅度为 A 通道和 B 通道的输入电压之和。

3）B/A：选择将 A 通道信号作为 X 轴扫描信号，B 通道信号幅度除以 A 通道信号幅度后所得信号作为 Y 轴的信号输出。

4）A/B：选择将 B 通道信号作为 X 轴扫描信号，A 通道信号幅度除以 B 通道信号幅度后所得信号作为Y轴的信号输出。

2. "通道"选项组

(1) 刻度

电压刻度范围从1 fV/Div ~ 1000 TV/Div，可以根据输入信号大小来选择刻度值的大小，使信号波形在示波器显示屏上显示出合适的幅度。

(2) Y轴位移

Y轴位移控制Y轴的起始点。当Y的位置调到0时，Y轴的起始点与X轴重合，如果将Y轴位置增加到1.00，Y轴原点位置从X轴向上移一大格，若将Y轴位置减小到 -1.00，Y轴原点位置从X轴向下移一大格。Y轴位置的调节范围从 -3.00 ~ +3.00。改变A、B通道的Y轴位置有助于比较或分辨两通道的波形。

(3) 输入方式

输入方式即信号输入的耦合方式。

- 交流：滤除显示信号的直流部分，仅显示信号的交流部分。
- 0：没有信号显示，输出端接地，在Y轴设置的原点位置显示一条水平直线。
- 直流：将显示信号的直流部分与交流部分叠加后进行显示。

3. "触发"选项组

(1) 选择触发信号

触发边缘的选择设置，有上边沿和下边沿等选择方式。

(2) 选择触发沿

可选择上升沿或下降沿触发。设置触发电平的大小，该选项表示只有当被显示的信号幅度超过右侧的文本框中的数值时，示波器才能进行采样显示。

(3) 选择触发方式

触发电平选择触发电平范围。

- 自动：自动触发方式，只要有输入信号就显示波形。
- 单次：单脉冲触发方式，满足触发电平的要求后，示波器仅仅采样一次。每按Single一次产生一个触发脉冲。
- 正常：只要满足触发电平要求，示波器就采样显示输出一次。

4. 显示区

要显示波形读数的精确值时，可以用鼠标将垂直光标拖到需要读取数据的位置。显示屏幕下方的方框内，显示光标与波形垂直相交点处的时间和电压值，以及两光标位置之间的时间、电压的差值。

- "反向"按钮：单击该按钮，可以改变示波器屏幕的背景颜色。
- "保存"按钮：单击该按钮，可以按ASCII码格式存储波形读数。

1) T1：游标1的时间位置。左侧的空白处显示游标1所在位置的时间值，右侧的空白处显示该时间处所对应的数据值。

2) T2：游标2的时间位置。同上。

3) T2 - T1：显示游标T2与T1的时间差。

6.2.5 4通道示波器

示波器用来显示电信号波形的形状、大小、频率等参数的仪器，如图6-13所示为4通道示波器图标。

选择菜单栏中的“仿真”→“仪器”→“4 通道示波器”命令，或者单击“仪器”工具栏中的“4 通道示波器”按钮，放置图标，双击 4 通道示波器图标，打开如图 6-14 所示的示波器的面板图。

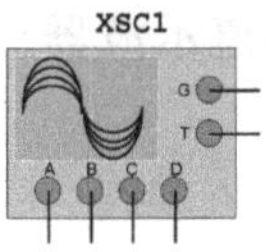

图 6-13　4 通道示波器图标

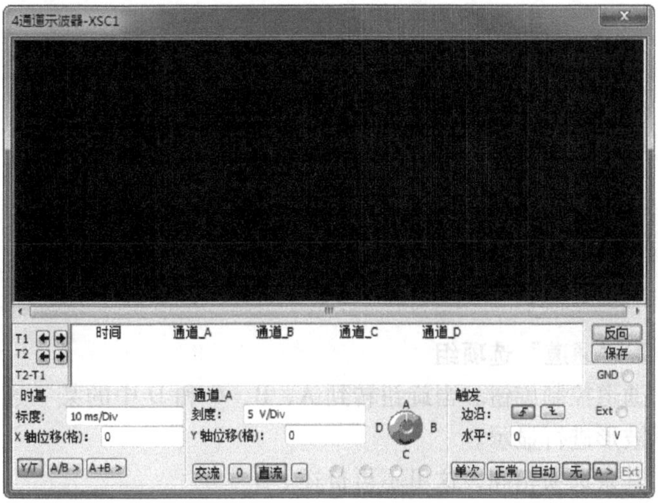

图 6-14　4 通道示波器

4 通道示波器面板与示波器面板参数显示略有不同。

1.“时基”选项组

显示方式选择示波器的显示，包括“幅度/时间”方式（Y/T）、“通道切换”方式（A/B）或“通道求和”方式（A+B）。

- Y/T 方式：X 轴显示时间，Y 轴显示电压值，如图 6-15 所示。

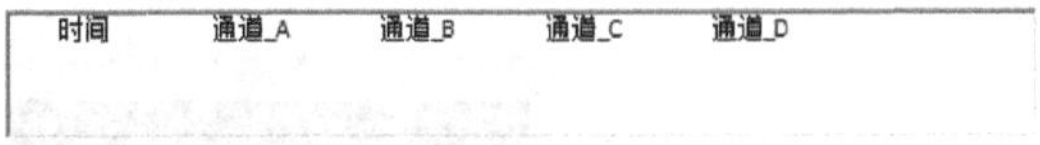

图 6-15　显示通道

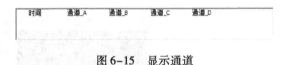

- A/B、B/A 方式：X 轴与 Y 轴都显示电压值，如图 6-16 所示。该方式包含多种切换通道，单击该按钮，弹出快捷菜单，显示切换的通道，如图 6-17 所示。

图 6-16　切换通道

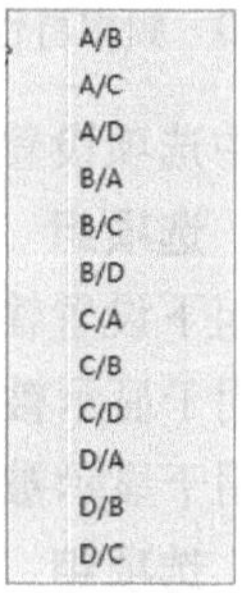

图 6-17　快捷菜单

- A + B 方式：X 轴显示时间，Y 轴选项显示 A 通道、B 通道的输入电压之和，如图 6-18所示。包含多种切换通道，单击该按钮，弹出快捷菜单，显示求和的切换的通道，如图 6-19 所示。

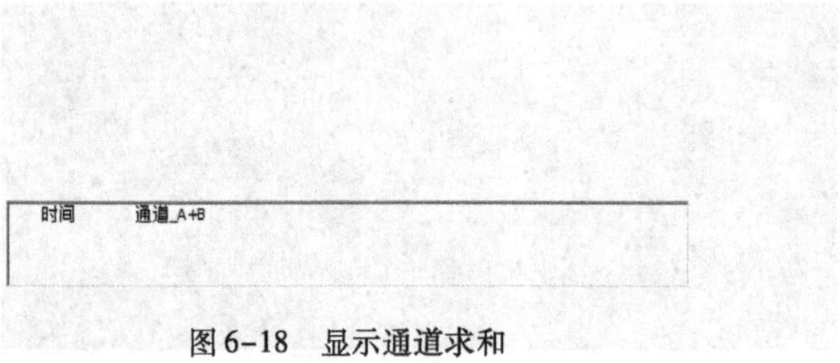

图 6-18　显示通道求和

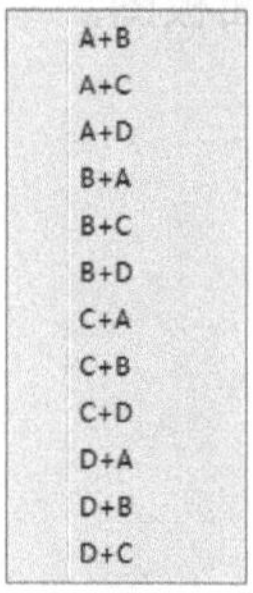

图 6-19　快捷菜单

2. “通道”选项组

通道控制旋钮。当旋钮转到 A、B、C 和 D 中的某一通道时，4 通道示波器对该通道的显示波形进行显示。

其余选项相同，这里不再赘述。

6.2.6　频率特性测试仪

频率特性测试仪可以用于测量和显示电路的幅频特性与相频特性，类似于扫频仪，如图 6-20所示为频率特性测试仪图标。

选择菜单栏中的“仿真”→“仪器”→“波特测试仪”命令，或者单击“仪器”工具栏中的“函数发生器”按钮，放置图标，双击频率特性测试仪图标，放大的频率特性测试仪的面板图如图 6-21 所示。

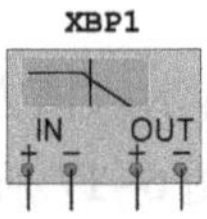

图 6-20　频率特性测试仪图标

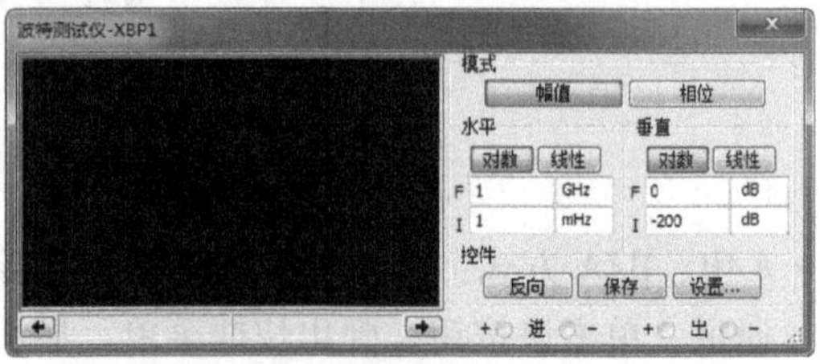

图 6-21　频率特性测试仪

该对话框中选项设置如下。

1. “模式”选项组

在该选项组下设置输出方式选择区。

- 幅值：用于显示被测电路的幅频特性曲线。
- 相位：用于显示被测电路的相频特性曲线。

2. “水平”选项组

在该选项组下水平坐标（X 轴）的频率显示格式设置区，水平轴总是显示频率的数值。

- 对数：水平坐标采用对数的显示格式。

● 线性：水平坐标采用线性的显示格式。
● F：水平坐标（频率）的最大值。
I：水平坐标（频率）的最小值。

3. “垂直”选项组

在该选项组下设置垂直坐标。
● 对数：垂直坐标采用对数的显示格式。
● 线性：垂直坐标采用线性的显示格式。
● F：垂直坐标（频率）的最大值。
I：垂直坐标（频率）的最小值。

4. “控件”选项组

在该选项组下是输出控制区。
● 反向：将示波器显示屏的背景色由黑色改为白色。
● 保存：保存显示的频率特性曲线及其相关的参数设置。
● 设置：设置扫描的分辨率。

6.2.7　频率计数器

频率计数器可以用来测量数字信号的频率、周期、相位以及脉冲信号的上升沿和下降沿，如图 6-22 所示为频率计数器图标。

选择菜单栏中的“仿真”→“仪器”→“频率计数器”命令，或者单击“仪器”工具栏中的“频率计数器”按钮，放置图标，双击频率计数器图标，弹出如图 6-23 所示的内部参数设置控制面板。该对话框包括 5 个部分。

图 6-22　频率计数器图标

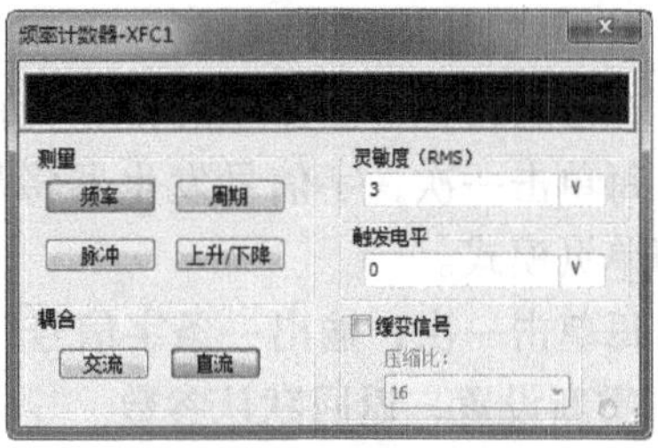

图 6-23　频率计数器

1）“测量”选项组：参数测量区。
● 频率：用于测量频率。
● 周期：用于测量周期。
● 脉冲：用于测量正/负脉冲的持续时间。
● 上升/下降：用于测量上升沿/下降沿的时间。
2）“耦合”选项组：用于选择电流耦合方式。
● 交流：选择交流耦合方式。
● 直流：选择直流耦合方式。
3）“灵敏度”选项组：主要用于灵敏度的设置。
4）“触发电平”选项组：主要用于触发电平的设置。

5）“缓变信号”选项组：用于动态地显示被测的频率值。

6.2.8 字发生器

字信号发生器是能产生16路（位）同步逻辑信号的一个多路逻辑信号源，用于对数字逻辑电路进行测试，如图6-24所示为字发生器图标。

选择菜单栏中的“仿真”→“仪器”→“字发生器”命令，或单击“仪器”工具栏中的“字发生器”按钮，放置图标，双击字信号发生器图标，弹出参数设置对话框，如图6-25所示。

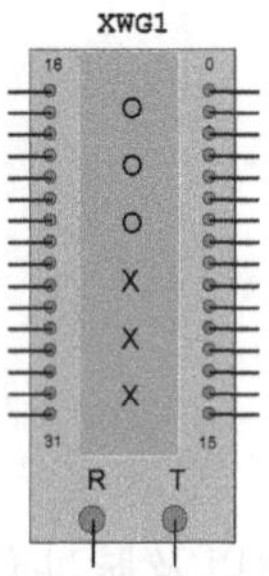

图6-24 字发生器图标

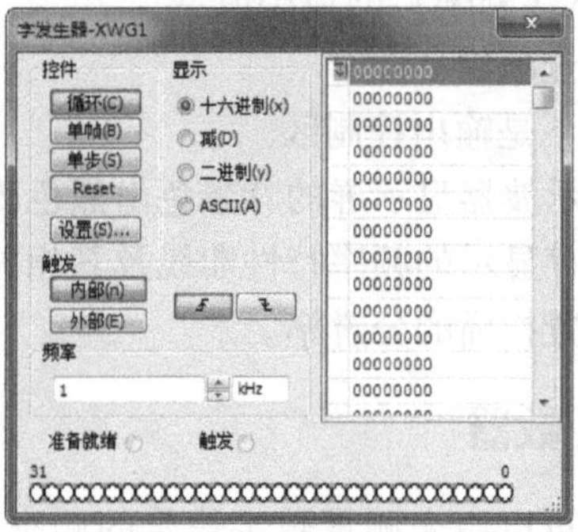

图6-25 字发生器

该对话框包括5个部分。

（1）“控件”选项组

控制输出字符，用来设置字信号发生器的最右侧的字符编辑显示区字符信号的输出方式，有下列4种模式。

- 循环：在已经设置好的初始值和终止值之间循环输出字符。
- 单帧：每单击一次，字信号发生器将从初始值开始到终止值之间的逻辑字符输出一次，即单页模式。
- 单步：每单击一次，输出一条字信号，即单步模式。
- Reset：重新设置，返回默认参数。

单击“设置”按钮，弹出如图6-26所示的对话框。该对话框主要用来设置字符信号的变化规律。其中各参数含义如下所述。

图6-26 “设置”对话框

1）“预设模式 ”选项组：该选项组下包括以下8种模式。

- 无更改：保持原有的设置。
- 加载：装载以前的字符信号的变化规律的文件。
- 保存：保存当前的字符信号的变化规律的文件。
- 清除缓存区：将字信号发生器的最右侧的字符编辑显示区的字信号清零。
- 上数序计数器：字符编辑显示区的字信号以加1的形式计数。
- 下数序计数器：字符编辑显示区的字信号以减1的形式计数。

● 右移：字符编辑显示区的字信号右移，则按 8000、4000、2000 等逐步右移一位的规律排列。

● 左移：字符编辑显示区的字信号左移。

2）“显示类型”选项组：用来设置字符编辑显示区的字信号的显示格式：Hex（十六进制）、Dec（十进制）。

3）缓冲区大小：字符编辑显示区的缓冲区的长度。

4）初始模式：采用某种编码的初始值。

（2）“显示”选项组

用于设置字信号发生器的最右侧的字符编辑显示区的字符显示格式，有十六进制、减、二进制、ASCII 四种计数格式。

（3）“触发”选项组

用于设置触发方式。

● 内部：内部触发方式，字符信号的输出由 Control 区的 3 种输出方式中的某一种来控制。

● 外部：外部触发方式，此时，需要接入外部触发信号。右侧的两个按钮用于外部触发脉冲的上升或下降沿的选择。

（4）“频率”选项组

用于设置字符信号输出时钟频率。

（5）字符编辑显示区

字信号发生器的最右侧的空白显示区，用来显示字符。在字信号编辑区，32 bit 的字信号以 8 位 16 进制数编辑和存储，可以存储 1024 条字信号，地址编号为 0000 ~ 03FF。

字信号输入操作：将光标指针移至字信号编辑区的某一位，用鼠标器单击后，由键盘输入如二进制数码的字信号，光标自左至右，自上至下移位，可连续地输入字信号。

在字信号显示编辑区可以编辑或显示与字信号格式有关的信息。字信号发生器被激活后，字信号按照一定的规律逐行从底部的输出端送出，同时在面板的底部对应于各输出端的小圆圈内，实时显示输出字信号各个位（bit）的值。

6.2.9 逻辑变换器

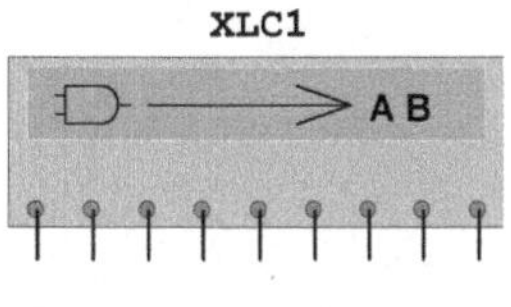

图 6-27 逻辑变换器图标

逻辑变换器是 NI Multisim 特有的仪器，能够完成真值表、逻辑表达式和逻辑电路 3 者之间的相互转换，实际中不存在与此对应的设备，如图 6-27 所示为逻辑变换器图标，其中共有 9 个接线端，从左到右的 8 个接线端，剩下一个为输出端。

选择菜单栏中的“仿真”→“仪器”→“逻辑变换器”命令，或单击“仪器”工具栏中的“逻辑变换器”按钮，放置图标，双击逻辑变换器图标，弹出参数设置对话框，如图 6-28 所示。

该控制面板主要功能如下所述。

1）最上方的 A、B、C、D、E、F、G、H 和 OUT 这 9 个按钮分别对应图 6-27 中的 9 个接线端。单击 A、B、C 等几个端子后，在下方的显示区将显示所输入的数字逻辑信号的所有组合及其所对应的输出。

2）按钮：用于将逻辑电路转换成真值表。首先在电路窗口中建立仿

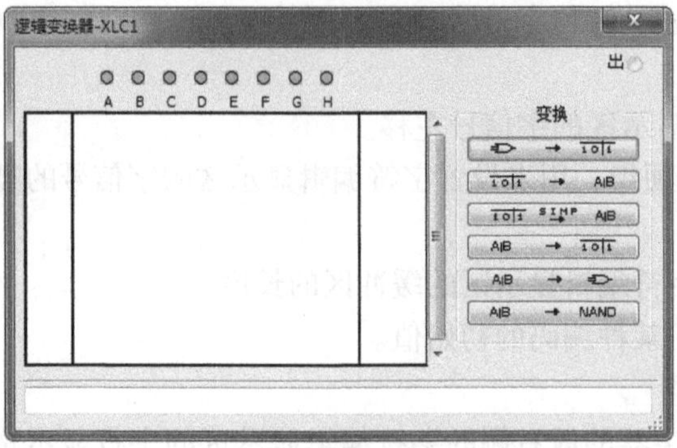

图 6-28　逻辑变换器

真电路，然后将仿真电路的输入端与逻辑转换仪的输入端，仿真电路的输出端与逻辑转换仪的输出端连接起来，最后单击此按钮，即可以将逻辑电路转换成真值表。

3）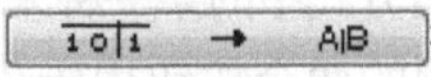按钮：用于将真值表转换成逻辑表达式。单击 A、B、C 等几个端子，在下方的显示区中将列出所输入的数字逻辑信号的所有组合及其所对应的输出，然后单击此按钮，即可以将真值表转化成逻辑表达式。

4）按钮：用于将真值表转化成最简表达式。

5）按钮：用于将逻辑表达式转换成真值表。

6）按钮：用于将逻辑表达式转换成组合逻辑电路。

7）按钮：用于将逻辑表达式转换成有与非门所组成组合逻辑电路。

6.2.10　逻辑分析仪

逻辑分析仪用于对数字逻辑信号的高速采集和时序分析，可以同步记录和显示 16 路数字信号，如图 6-29 所示为逻辑变换器图标。

选择菜单栏中的“仿真”→“仪器”→“逻辑分析仪”命令，或单击“仪器”工具栏中的“逻辑分析仪”按钮，放置图标，双击逻辑变换器图标，弹出参数设置对话框，如图 6-30 所示。

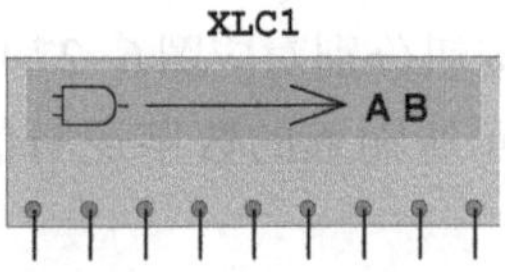

图 6-29　逻辑分析仪图标

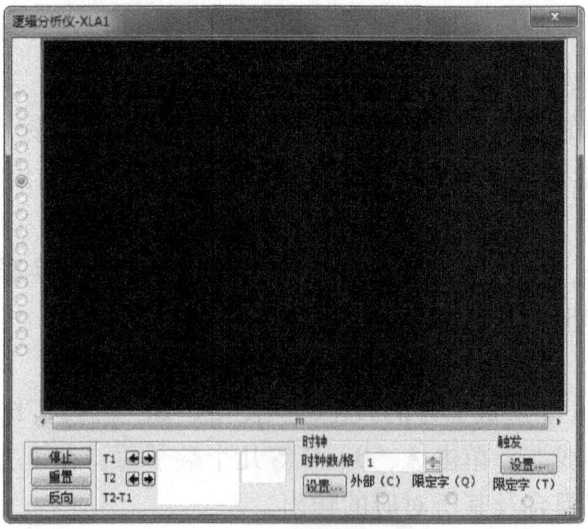

图 6-30　逻辑分析仪

该对话框包括 5 个部分。

1. 显示区

最上方的黑色区域为逻辑信号的显示区域。区域左侧的 16 个小圆圈对应 16 个输入端，各路输入逻辑信号的当前值在小圆圈内显示，从上到下排列依次为最低位至最高位。

16 路输入的逻辑信号的波形以方波形式显示在逻辑信号波形显示区。通过设置输入导线的颜色可修改相应波形的显示颜色。波形显示的时间轴刻度可通过面板下边的“时钟/格”显示框设置。读取波形的数据可以通过拖放读数指针完成。在面板下部的两个方框内显示指针所处位置的时间读数和逻辑读数（4 位十六进制数）。

2.“波形信号设置”选项组

1）停止：停止逻辑信号波形的显示。

2）重置：清除显示区域的波形，重新仿真。

3）反向：将逻辑信号波形显示区域由黑色变为白色。

4）T1：游标 1 的时间位置。左侧的空白处显示游标 1 所在位置的时间值，右侧的空白处显示该时间处所对应的数据值。

5）T2：游标 2 的时间位置。同上。

6）T2 - T1：显示游标 T2 与 T1 的时间差。

3.“时钟区”选项组用于设置时钟脉冲

1）时钟数/格：用于设置每格所显示的时钟脉冲个数。

2）“设置”按钮：单击该按钮，弹出如图 6-31 所示的“时钟设置”对话框，波形采集的控制时钟可以选择内时钟或者外时钟；上升沿有效或者下降沿有效。

其中，“时钟源”用于设置触发模式，有内触发和外触发两种模式；“时钟频率”用于设置时钟频率，仅对内触发模式有效；“采样设置”用于设置取样方式，有“预触发样本”和“后触发样本”两种方式；“阈值电压（V）”用于设置门电平。

4.“触发”选项组用于控制触发方式

单击“设置”按钮，弹出“触发设置”对话框，如图 6-32 所示。其中共分为 3 个区域。

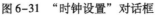

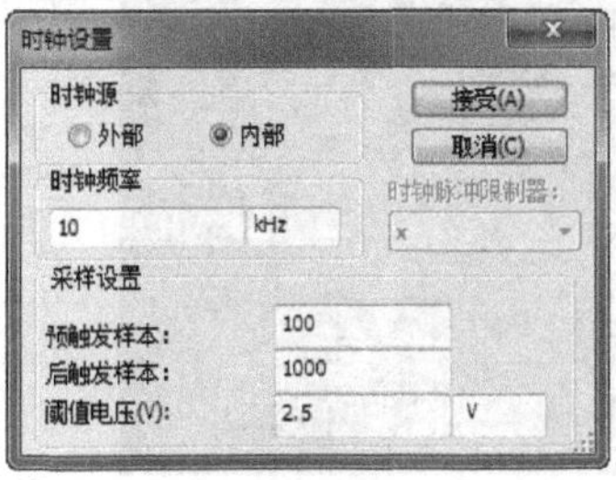

图 6-31 “时钟设置”对话框

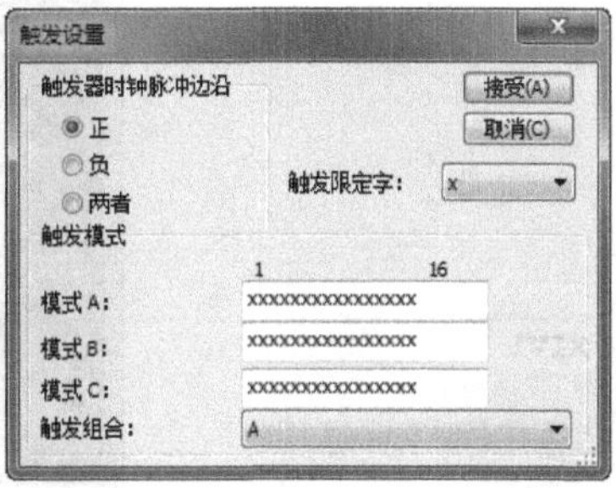

图 6-32 “触发设置”对话框

1）“触发器时钟脉冲边沿”用于设置触发边沿，有上升沿触发、下降沿触发以及上升沿和下降沿都触发 3 种方式。

2）“触发限定字”用于触发限制字设置。X 表示只要有信号逻辑分析仪就采样，0 表示输入为零时开始采样，1 表示输入为 1 时开始采样。

3）“触发模式”用于设置触发样本，可以通过3个“模式”文本框和“触发组合”下拉列表框设置触发条件。

- “模式”文本框：输入A、B、C 3个触发字。逻辑分析仪在读到一个指定字或几个字的组合后触发。触发字的输入可单击标为A、B或C的编辑框，然后输入二进制的字（0或1）或者x，x代表该位为“任意”（0、1均可）。用鼠标单击对话框中Trigger combinations方框右边的按钮，弹出由A、B、C组合的8组触发字，选择8种组合之一，并单击“Accept”（确认）按钮后，在Trigger combinations方框中就被设置为该种组合触发字。3个触发字的默认设置均为xxxxxxxxxxxxxxxx，表示只要第一个输入逻辑信号到达，无论是什么逻辑值，逻辑分析仪均被触发开始波形的采集，否则必须满足触发字条件才被触发。此外，Trigger qualifier（触发限定字）对触发有控制作用。若该位设为x，触发控制不起作用，触发完全由触发字决定；若该位设置为“1”（或“0”），则仅当触发控制输入信号为“1”（或“0”）时，触发字才起作用；否则即使触发字组合条件满足也不能引起触发。
- “触发组合”下拉列表框：提供22种条件，如图6-33所示。

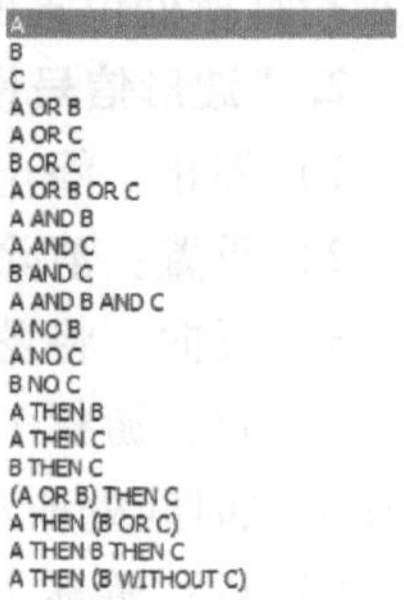

图6-33　触发条件

6.2.11　电流/电压分析仪

IV分析仪在NI Multisim 14.0中专门用于分析二极管、PNP和NPN晶体管、PMOS和CMOS FET的IV特性，如图6-34所示为IV分析仪图标，其中共有3个接线端，从左到右的3个接线端分别接晶体管的3个电极。IV分析仪只能够测量未连接到电路中的元器件。

选择菜单栏中的“仿真”→“仪器”→“IV分析仪”命令，或单击“仪器”工具栏中的“IV分析仪”按钮，放置图标，双击IV分析仪图标，弹出参数设置对话框，如图6-35所示。

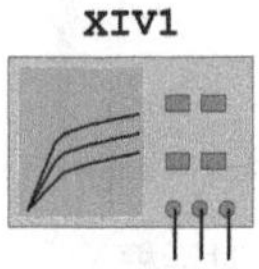

图6-34　IV分析仪图标

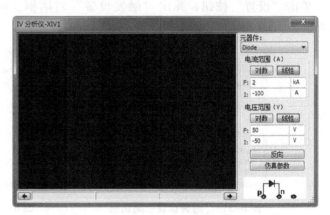

图6-35　IV分析仪

该对话框主要功能如下所述。

1）“元器件”选项组：选择伏安特性测试对象，有Diode（二极管）、BJT PNP（晶体管）、MOS管等选项。

2）“电流范围”选项组：设置电流范围，有“对数”和“线性”两种选择。

3）“电压范围”选项组：设置电压范围，有“对数”和“线性”两种选择。

4）“反向”按钮：单击该按钮，转换显示区背景颜色。

5）“仿真参数”按钮：单击该按钮，弹出如图 6-36 所示的“仿真参数”对话框，设置仿真参数区。

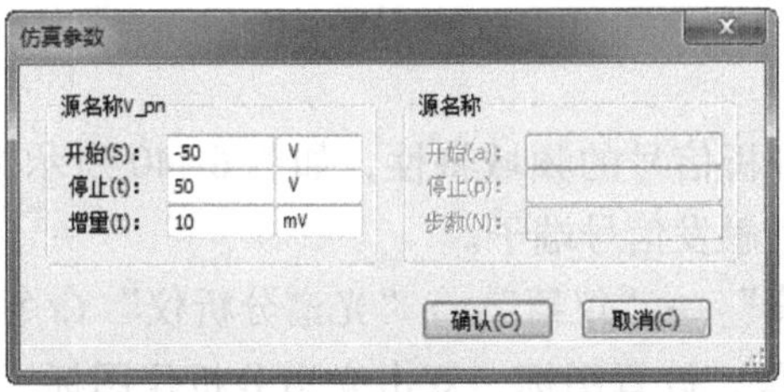

图 6-36 “仿真参数”对话框

6.2.12 失真分析仪

失真分析仪是用于测量信号的失真程度已经信噪比等参数的仪器。经常用于测量存在较小失真度的低频信号，如图 6-37 所示为失真分析仪图标，共有 1 个接线端，用于连接被测电路的输出端。

选择菜单栏中的“仿真”→“仪器”→“失真分析仪”命令，或单击“仪器”工具栏中的“失真分析仪”按钮，放置图标，双击失真分析仪图标，弹出参数设置对话框，如图 6-38 所示。

NI Multisim 14.0 提供的失真分析仪频率范围为 20 Hz ~ 20 kHz，控制面板主要功能如下所述。

1）“总谐波失真（THD）”选项组：显示总的谐波失真区。

2）开始：单击该按钮，启动失真分析按钮。

3）停止：单击该按钮，停止失真分析按钮。

4）基本频率：单击该按钮，设置失真分析的基频。

5）分解频率：在该下拉列表中设置失真分析的频率分辨率。

6）“THD”按钮：单击该按钮，显示总的谐波失真。

7）“SNIAD”按钮：单击该按钮，显示信噪比。

8）“设置”按钮：单击该按钮，测试参数对话框设置。单击该按钮，弹出如图 6-39 所示的“设置”对话框。该对话框有如下选项。

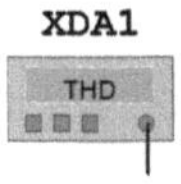

图 6-37 失真分析仪图标

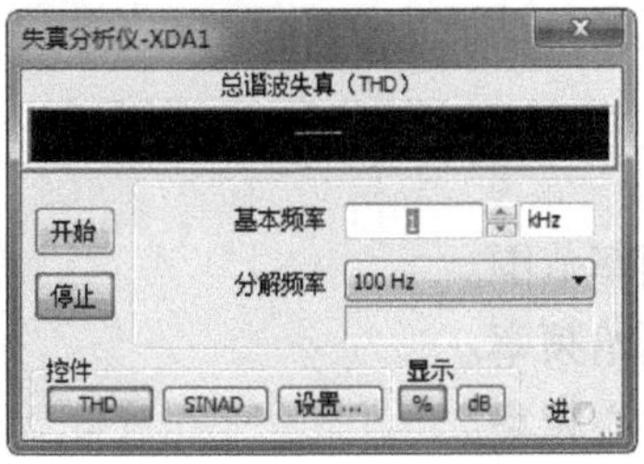

图 6-38 失真分析仪

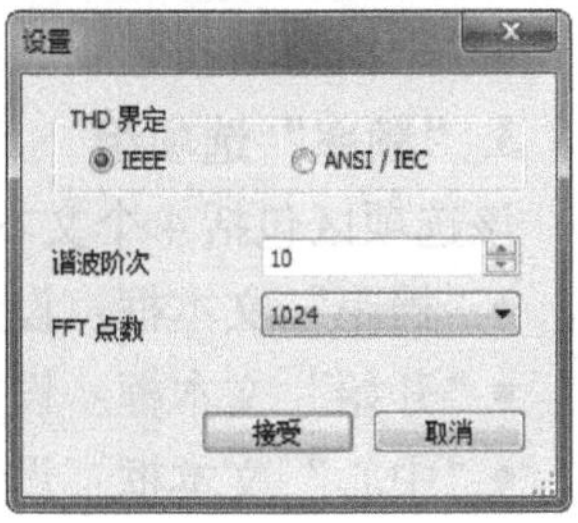

图 6-39 “设置”对话框

- “THD 界定”：用于设置总的谐波失真的定义方式，有 IEEE 和 ANSI/IEC 两种选择。
- “谐波阶次”：用于设置谐波分析的次数。
- “FFT 点数”：用于设置傅里叶变换的点数。默认数值为 1024 点。

9）“显示”选项组：用于设置显示模式；有百分比和分贝两种显示模式。

10）“进”单选钮：用于连接被测电路的输出端。

6.2.13 光谱分析仪

光谱分析仪可以用来分析信号的频域特性，如图 6-40 所示为光谱分析仪图标。其中，IN 为信号输入端子，T 为外触发信号端子。

选择菜单栏中的“仿真”→“仪器”→“光谱分析仪”命令，或单击“仪器”工具栏中的“光谱分析仪”按钮，放置图标，双击光谱分析仪图标，弹出参数设置对话框，如图 6-41 所示。

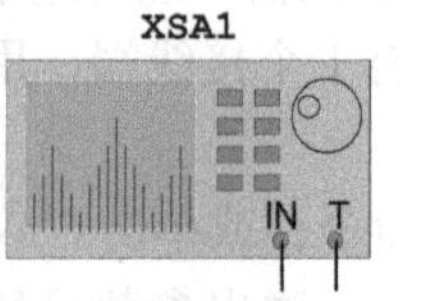

图 6-40 光谱分析仪图标

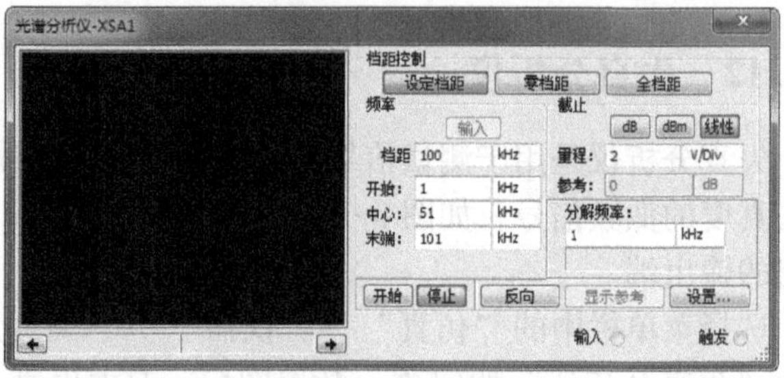

图 6-41 光谱分析仪

NI Multisim 14.0 提供的光谱分析仪频率范围上限为 4 GHz，该对话框的各个部分的功能如下所示。

1. 频谱显示区

频谱图显示在光谱分析仪面板左侧的窗口中，利用游标可以读取其每点的数据并显示在面板右侧下部的数字显示区域中。

2. “档距控制”选项组

该区域包括 3 个按钮，用于设置频率范围，3 个按钮的功能分别如下。

- “设定档距”按钮：频率范围可在 Frequency 选项区中设定。
- “零档距”按钮：仅显示以中心频率为中心的小范围内的权限，此时在 Frequency 选项区仅可设置中心频率值。
- “全档距”按钮：频率范围自动设为 0 ~ 4 GHz

3. “频率”选项组

该选项区包括 4 个文本框。

- “档距”文本框：设置频率范围。
- “开始”文本框：设置起始频率。
- “中心”文本框：设置中心频率。
- “末端”文本框：设置终止频率。

设置好后，单击“输入”按钮确定参数。注意，在“设置档距”方式下，只要输入频率范围和中心频率值，然后单击“输入”按钮，软件可以自动计算出起始频率和终止频率。

4. “截止”选项组

该选项组用于选择幅值 U 的显示形式和刻度，其中 3 个按钮的作用如下。

- “dB”按钮：设定幅值用频率特性图的形式显示，即纵坐标刻度的单位为 dB。
- “dBm”按钮：当前刻度可由 10 lg（U/0.775）计算而得，刻度单位为 dBm. 该显示形式主要应用于终端电阻为 600 Ω 的情况，以方便读数。
- “线性”按钮：设定幅值坐标为线性坐标。
- “量程”文本框：用于设置显示屏纵坐标每格的刻度值。
- “参考”文本框：用于设置纵坐标的参考线，参考线的显示与隐藏可以通过“显示参考”按钮控制。参考线的设置不适用于线性坐标的曲线。

5. “分解频率”选项组

用于设置频率分辨率，其数值越小，分辨率越高，但计算时间也会相应延长。

6. 控制按钮

该区域包含 5 个按钮，下面分别介绍各按钮的功能：

- [开始]：单击该按钮，启动分析。
- [停止]：单击该按钮，停止分析。
- [反向]：单击该按钮，使显示区的背景反色。
- [显示参考]：单击该按钮，用来控制是否显示参考线。
- [设置...]：单击该按钮，弹出如图 6-42 所示的“设置”对话框，用于进行参数的设置。

图 6-42 “设置”对话框

在“触发源”选项组下选择触发源是“内部”还是“外部”；“触发模式”选项组下选择是“持续”还是“单次”。

6.2.14 网络分析仪

网络分析仪是一种用来分析双端口网络的仪器，它可以测量衰减器、放大器、混频器和功率分配器等电子电路及元器件的特性。如图 6-43 所示为网络分析仪图标，其中共有两个接线端，用于连接被测端点和外部触发器。

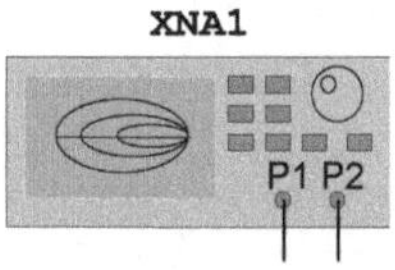

图 6-43 网络分析仪图标

选择菜单栏中的“仿真”→“仪器”→“网络分析仪”命令，或单击“仪器”工具栏中的“网络分析仪”按钮，放置图标，双击网络分析仪图标，弹出参数设置对话框，测量电路的 S 参数并计算出 H、Y、Z 参数，如图 6-44 所示。

该对话框的各个部分的功能如下所示。

（1）显示区

显示窗口数据显示模式，滚动条控制显示窗口游标所指的位置。

（2）“模式”选项组

- “测量”按钮：设置网络分析仪为测量模式。
- “RF 表征器”按钮：设置网络分析仪为射频分析模式。
- “匹配网络设计者”按钮：设置网络分析仪为高频分析模式。

（3）“曲线图”选项组

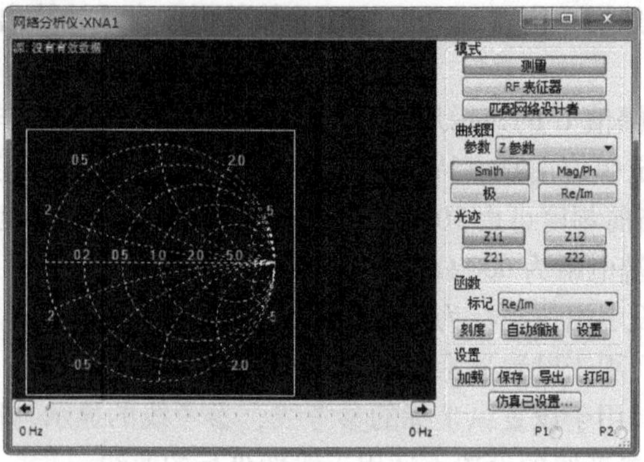

图 6-44　网络分析仪

设置分析参数及其结果显示模式。

- “参数”：在该下拉菜单有 S 参数、H 参数、Y 参数、Z 参数、稳定因子选项，不同的参数显示的窗口数据不同，如图 6-45 所示。

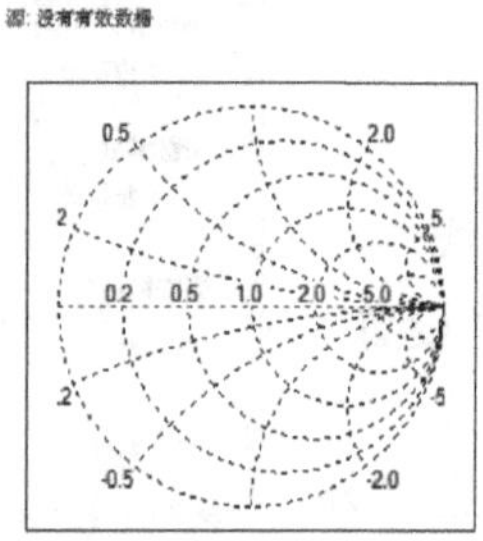

a)

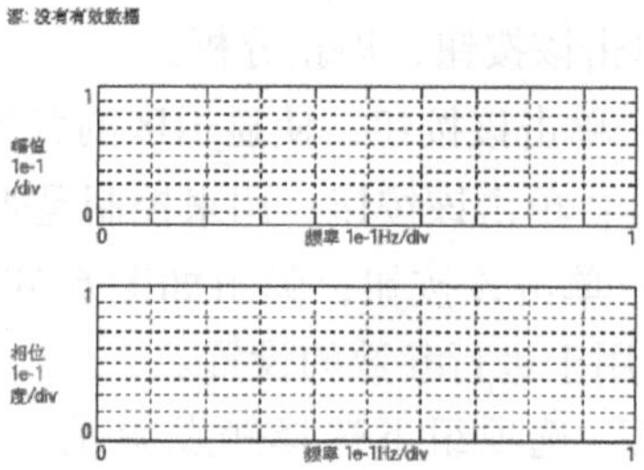

b)

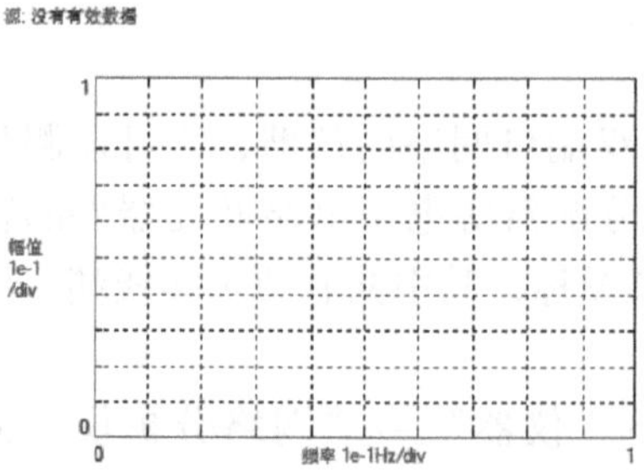

c)

图 6-45　窗口显示图

a) S 参数、Z 参数　b) H 参数、Y 参数　c) 稳定因子

- 显示格式：包括 4 种：Smith（史密斯模式）、Mag/Ph（频率特性图方式）、极（极化图）、Re/Im（虚数/实数方式显示）。

(4) “光迹”选项组

用于显示所要显示的某个参数。

(5) “函数”选项组

功能控制区。

- “标记”下拉列表：用于设置仿真结果显示方式。有 Re/Im（虚部/实部）、极（极坐标）和 dB Mag/Ph（分贝极坐标）3 种形式。
- “刻度”按钮：纵轴刻度调整。
- “自动缩放”按钮：自动纵轴刻度调整。
- “设置”按钮：用于设置光谱仪数据显示窗口显示方式。单击该按钮，弹出如图 6-46 所示的对话框。

在该对话框中，可以对光谱仪显示区的曲线宽度、颜色，网格的宽度、颜色，图片框的颜色等参数进行设置。在“网络”选项卡中，可以对线宽、线长、线的模式等选项设置。

(6)“设置”选项组。

在该选项组下设置数据管理。

- “加载”按钮：装载专用格式的数据文件。
- “保存”按钮：存储专用格式的数据文件。
- “导出”按钮：将数据输出到其他文件。
- “打印”按钮：打印仿真结果数据。
- “仿真已设置”按钮：单击此按钮，弹出如图 6-47 所示的“测量设置”对话框。“起始频率”用于设置仿真分析时输入信号源的起始频率；“终止频率”用于设置仿真分析时输入信号源的终止频率；“扫描类型”用于设置扫描模式，有“十倍频程”和“线性”两种模式；“每十倍频程点数”用于设置每 10 倍频程的采样点数；“特征阻抗”用于设置特性阻抗。

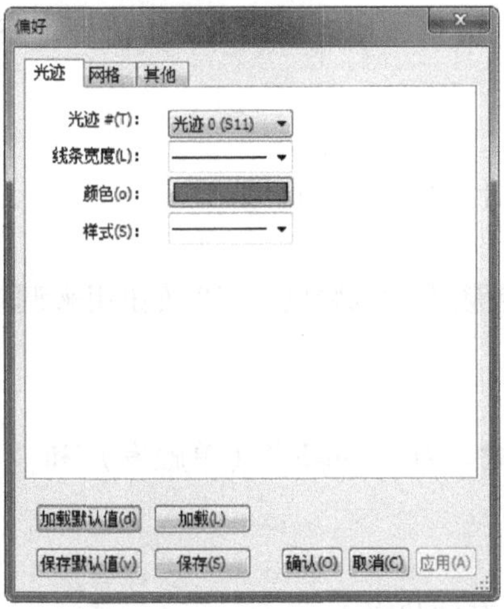

图 6-46 “偏好”对话框

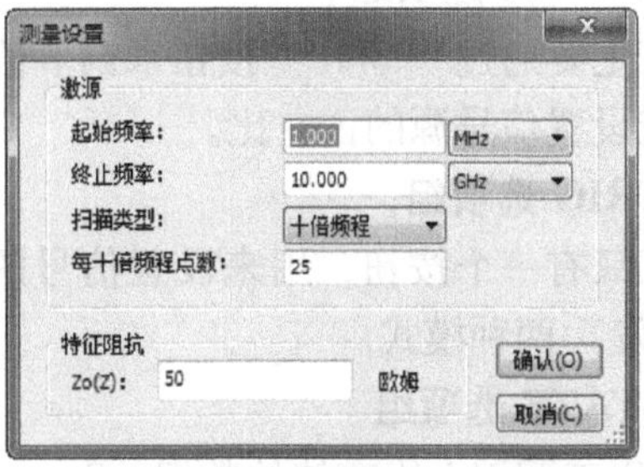

图 6-47 “测量设置”对话框

6.3 Agilent 仪器

Agilent 虚拟仪器是 NI Multisim 14.0 根据安捷伦公司生产的实际仪器而设计的仿真仪器，在 NI Multisim 14.0 中有 Agilent 函数信号发生器、Agilent 万用表、Agilent 示波器。

6.3.1 Agilent 函数发生器

Agilent 函数发生器不仅可以产生常用的函数波形，也可以产生特殊函数波形和用户自定义的波形。如图6-48所示为网络分析仪图标，其右侧共有两个接线端，分别为SYNC同步信号输出端和普通信号输出端。

选择菜单栏中的“仿真”→“仪器”→“Agilent函数发生器”命令，或单击“仪器”工具栏中的“Agilent函数发生器”按钮，放置图标，双击Agilent函数发生器图标，弹出参数设置对话框，如图6-49所示。

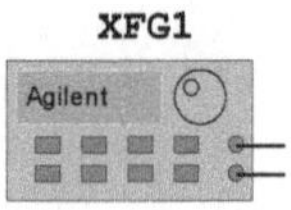

图6-48　网络分析仪图标

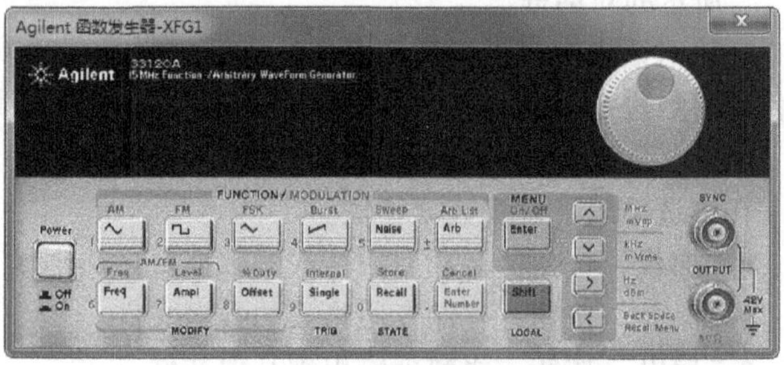

图6-49　Agilent函数发生器

该对话框中的其按钮大多数具备两种功能，其功能分别写在按钮上和按钮上方。在使用前可以通过〈Shift〉键选择不同的状态或功能。控制按钮的功能如下所述。

1. “FUNCTION/MODULATION”（函数/调制）选项组

该选项组用来产生电子线路中的常用信号。“AM”按钮可以输出正弦波，如果单击〈Shift〉按钮后，其输出可以改为AM（调幅）信号。其余按钮用法相同，可分别输出方波、三角波、锯齿波、噪声源，或产生用户定义的任意波形，或者输出为FM信号、FSK信号、Burst信号、Sweep信号和Arb List信号。

2. “MODIFY”（修改）选项组

该选项组主要通过Freq和Ampel按钮来调节信号的频率和幅度。

3. AM/FM选项组

该区主要通过Freq和Ampl按钮来调节信号的调频频率和调频度。Offset按钮用来调整信号源的偏置或设置信号源的占空比。

4. TRIG选项组

该区只有一个按钮，用来设置信号的触发模式。有“Single”（单触发）和“Internal”（内部触发）两种模式。

5. STATE选项组

Recall用于调用上次存储的数据；Store用于选择存储状态。

6. 其他按钮

Enter Number按钮用于输入数字（取消上次操作）。Shift按钮是功能切换按钮。Enter按钮是确认菜单按钮，右侧的∧、∨、>、<4个按钮用于子菜单或参数设置。

6.3.2 Agilent万用表

Agilent万用表不仅可以测量电压、电流、电阻、信号周期和频率，还可以进行数字运算。如图6-50所示为Agilent万用表图标，其中共有5个接线端，用于连接被测电路的被测端点。其中上面的4个接线端子分为两对测量输入端，右侧的上下两个端子为一对，左侧上下两个端子为一对：上面的端子用来测量电压（为正极），下面的端子为公共端（为负极）。最下面一个端子为电流测试输入端。

选择菜单栏中的“仿真”→“仪器”→“Agilent 万用表”命令，或单击“仪器”工具栏中的“Agilent 万用表”按钮，放置图标，双击 Agilent 万用表图标，弹出万用表 34401A 的参数设置界面，如图 6-51 所示。

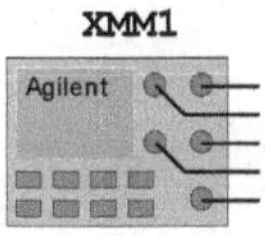

图 6-50　Agilent 万用表图标

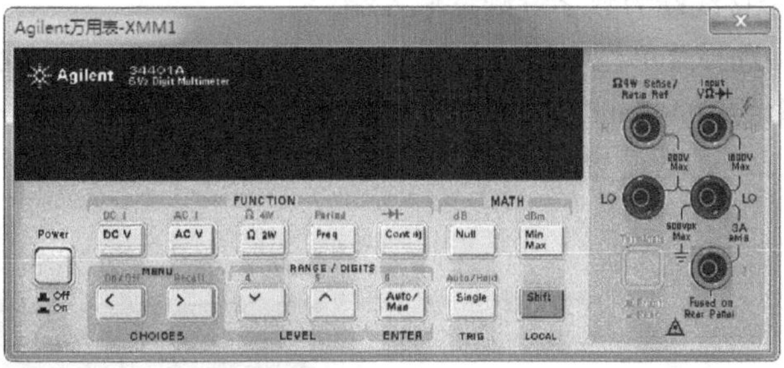

图 6-51　Agilent 万用表

该对话框的各个部分的功能如下所示。

1. “FUNCTION”（功能）选项组

用于测量直流电压/电流。用于测量交流电压/电流。用于测量电阻。用于测量信号的频率或周期。用于连续模式下测量电阻的阻值。

2. “MATH”（数学）选项组

表示相对测量方式，将相邻的两次测量值的差值显示出来。用于显示已经存储的测量过程中的最大－最小值。

3. “MENU”（菜单）选项组

和用于进行菜单的选择。在安捷伦万用表 34401A 中，有 A：MEAS MENU（测量菜单）；B：MATH MENUS（数字运算菜单）；C：TRIG MENU（触发模式菜单）；D：SYS MENU（系统菜单）。

4. “RANGE/DIGITS”（量程选择）选项组

和 用于进行量程的选取。用于减小量程，用于最大量程。用于进行自动测量和人工测量的转换，人工测量需要手动设置量程。

5. “Auto/Hold”（触发模式）选项组

用于单触发模式的选择设置。打开安捷伦万用表 34401A 时，其自动处于自动触发模式状态，这时，可以通过单击“＊”按钮来设置成单触发状态。

6. 其他功能键

用于打开不同的主菜单以及不同的状态模式之间转换。此按钮在安捷伦万用表 34401A 中经常被用到。以触发模式的转换为例。从单触发状态转换到自动触发状态，不能简单通过单击来设置，而应该首先单击按钮，这时，安捷伦万用表 34401A 的显示屏的右下角中将会出现 shift 字样，此时，单击后，才从单触发状态转换到自动触发状态。

（Power 按钮）：安捷伦万用表 34401A 的电源开关。

6.3.3 Agilent 示波器

Agilent 示波器是一款功能强大的示波器，它不但可以显示信号波形，还可以进行多种数字运算。如图 6-52 所示为安捷伦示波器的图标，其右侧共有 3 个接线端，分别为触发端、接地端、探头补偿输出端。下面的 18 个接线端分为左侧的两个模拟量测量输入端，右侧的 16 个接线端为数字量测量输入端。

选择菜单栏中的“仿真”→“仪器”→“Agilent 示波器”命令，或单击“仪器”工具栏中的“Agilent 示波器”按钮，放置图标，双击 Agilent 示波器图标，弹出示波器 54622D 参数设置对话框，如图 6-53 所示。

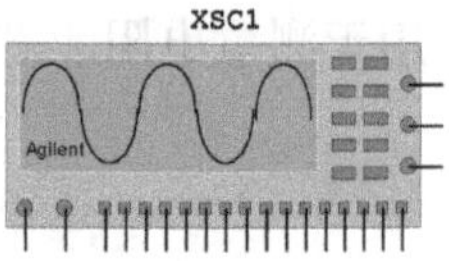

图 6-52　Agilent 示波器图标

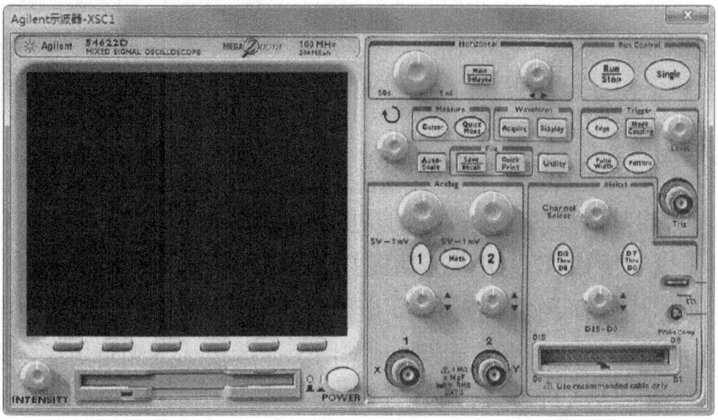

图 6-53　Aglient 示波器

左侧为显示区，根据右侧不同参数设置，左侧显示对应的选项，下面介绍右侧选项按钮。

1. “Horizontal”选项组

该选项组中左侧的较大旋钮主要用于时间基准的调整，范围从 5 ns ~ 50 s；右侧的较小的旋钮用于调整信号波形的水平位置。按钮用于延迟扫描。

2. “Run Control”选项组

- 按钮：用于启动/停止显示屏上的波形显示，单击该按钮后，该按钮呈现黄色表示连续进行。
- 按钮：表示单触发，按钮变成红色表示停止触发，即显示屏上的波形在触发一次后保持不变。

3. “Measure”选项组

该选项组中有和两个按钮。

1）单击按钮在显示区的下方出现图 6-54 所示的设置。

显示区中的信息参数设置如下。

- Source 选项用来选择被测对象，单击正下方的按钮后，有 3 个选择：1 代表模拟通道 1 的信号；2 代表模拟通道 2 的信号；Math 代表数字信号。
- X、Y 选项用来设置 X 轴和 Y 轴的位置。
- X1 用于设置 X1 的起始位置。单击正下方的按钮，在单击 Measure 区左侧的图标所对应的旋钮，即可以改变 X1 的起始位置。X1 的设置方法相同。

- X1 - X2：X1 与 X2 的起始位置的频率间隔。
- Cursor：游标的起始位置。

2）单击按钮后，显示区出现图 6-55 所示的选项设置。

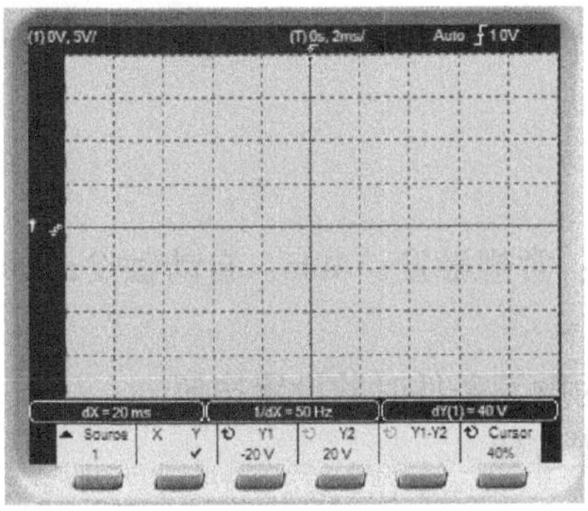

图 6-54　显示设置信息

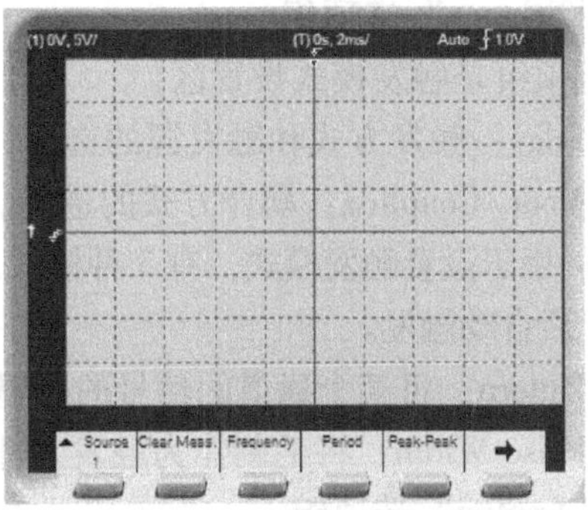

图 6-55　显示区选项

在该选项下参数设置如下。

- Source：待测信号源的选择。
- Clear Meas：清除所显示的数值。
- Frequency：测量某一路信号的频率值。
- Period：测量某一路信号的周期。
- Peak - Peak：测量峰 - 峰值。

单击 ➡ 按钮后，弹出新的选项设置，分别是测量最大值、测量最小值、测量上升沿时间、测量下降沿时间、测量占空比、测量有效值、测量正脉冲宽度、测量负脉冲宽度和测量平均值。

4. “Waveform” 选项组

该选项组中有Acquire和Display两个按钮，用于调整显示波形。

1）单击Acquire按钮，显示区显示如图 6-56 所示的选项设置。

- Normal：设置正常的显示方式。
- Averaging：对显示信号取平均值。
- Avgs：设置取平均值的次数。

2）单击Display按钮，显示区显示如图 6-57 所示的选项设置。

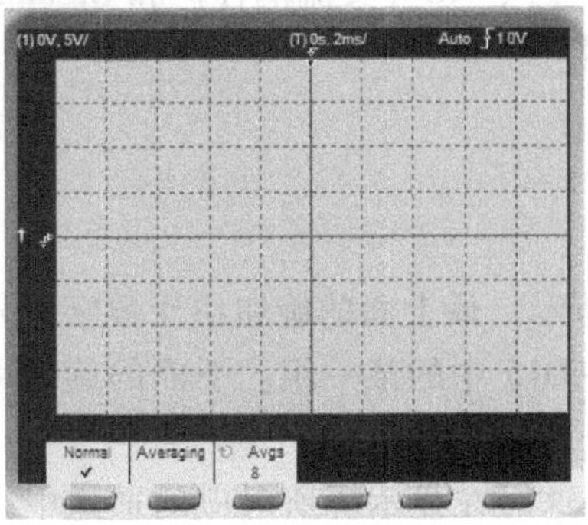

图 6-56　显示区显示数据

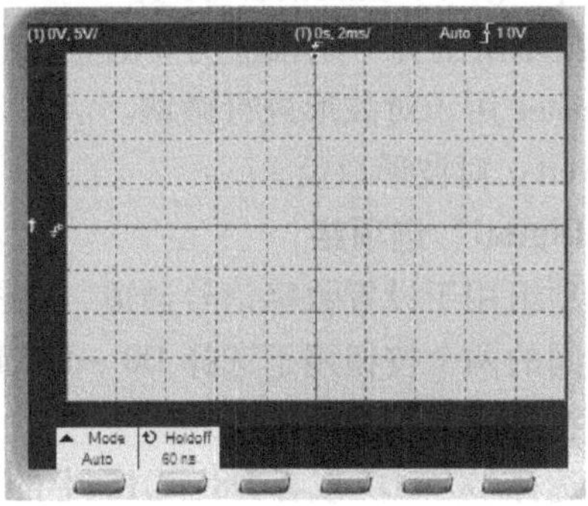

图 6-57　显示区显示数据

- Clear：清除显示屏中的波形。
- Gird：设置栅格显示灰度。
- BK Color：设置背景颜色。
- Border：设置边界大小。

5. “Trigger” 选项组

该选项组是触发模式设置区。

1）Edge：触发方式和触发源的选择。

2）Mode/Coupling：耦合方式的选择。

Mode 用于设置触发模式，有 3 种模式。Normal：常规触发；Auto：自动触发；Auto level：先常规，后自动触发。

3）Pattern：将某个通道的信号的逻辑状态作为触发条件时的设置按钮。

4）Pulse Width：将毛刺作为触发条件时的设置按钮。

6. “Analog” 选项组

该选项组用于模拟信号通道设置，如图 6-58 所示。最上面的两个按钮用于模拟信号幅度的衰减，待显示的信号幅度过大或过小，为能在示波器的荧光屏上完整地看到波形，可以调节该旋钮，两个旋钮分别对应 1、2 两路模拟输入。1 和 2 按钮用于选择模拟信号 1 或 2。Math 旋钮用于对 1 和 2 两路模拟信号进行某种数学运算。Math 旋钮下面的两个旋钮由于调整相应的模拟信号在垂直方向上的位置。

选中模拟通道 2，如图 6-58 所示，在显示区的下方出现选项设置，如图 6-59 所示。

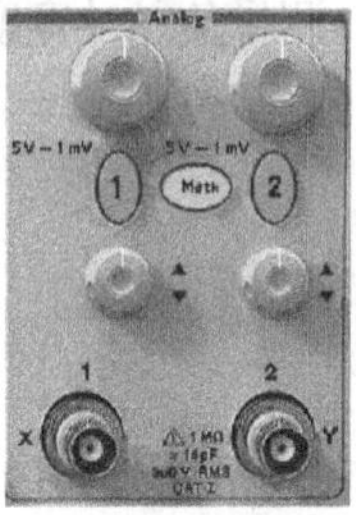

图 6-58　选择通道 2

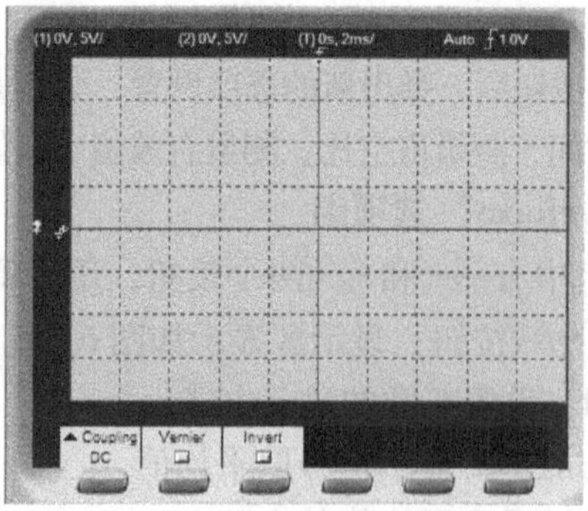

图 6-59　显示选项信息

- Coupling 用于设置耦合方式，有 DC（直接耦合）、AC（交流耦合）和 Ground（接地，在显示屏上为一条幅值为 0 的直线）几种选择。
- Vemier 用于对波形进行微调。
- Invert：对波形取反。

7. “Digital” 选项组

该选项组用于设置数字信号通道，如图 6-60 所示。最上面的旋钮用于数字信号通道的选择。中间的两个按钮用于选择 D0 ~ D7 或者 D8 ~ D15 中的某一组。下面的旋钮用于调整数字信号在垂直方向上的位置。

首先选择 D0 ~ D7 或者 D8 ~ D15 中的某一组，这时在显示屏所对应的通道中会有箭头附注，然后旋转通道选择按钮到某通道即可。

8. 其他按钮

如图 6-61 所示，分别为示波器显示屏灰度调节按钮、软驱和电源开关。这里不再赘述。

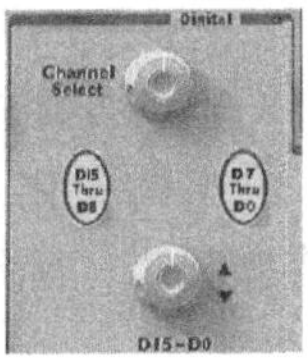

图 6-60　Digital 选项组

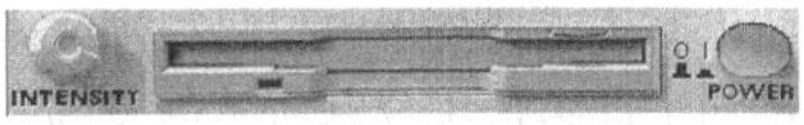

图 6-61　显示屏下按钮

6.4　Tektronix 示波器

Tektronix 示波器是以泰克公司的 TDS2024 型数字示波器为原型设计的。图 6-62 为 Tektronix 示波器图标，是一个 4 模拟通道、200 MHz 数据带宽、带波形数据存储功能的液晶显示数字示波器。

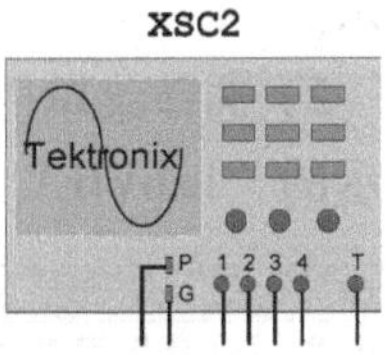

图 6-62　Tektronix 示波器图标

选择菜单栏中的“仿真”→“仪器”→“Tektronix 示波器”命令，或单击“仪器”工具栏中的“Tektronix 示波器”按钮，放置图标，双击 Tektronix 示波器图标，弹出参数设置对话框，该示波器菜单栏功能与真实仪器类似，如图 6-63 所示。

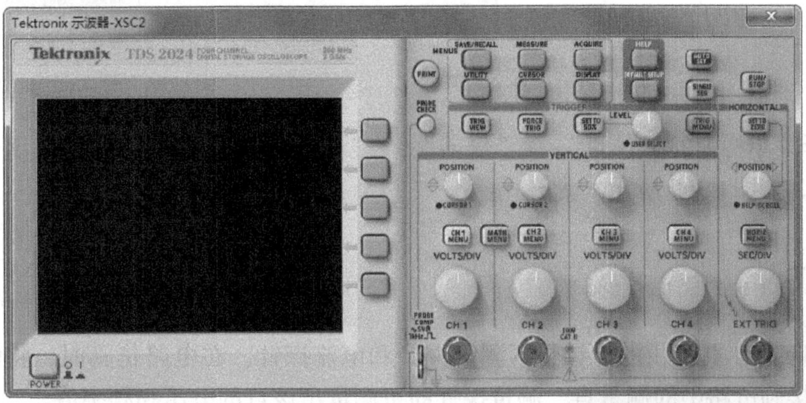

图 6-63　Tektronix 示波器

显示区：单击“POWER（电源）”按钮，在左侧显示区显示示波器信号，如图 6-64 所示。该示波器不支持远程模式。

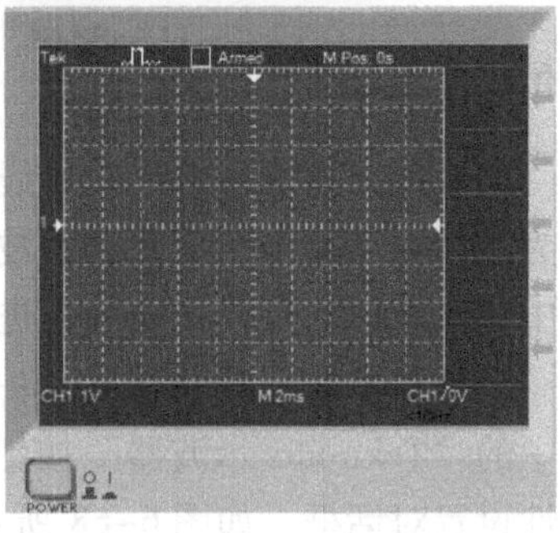

图 6-64　显示区信号

该示波器包括 4 个模拟通道、1 个 Math 通道和 1 路 1 kHz 的自动检测试信号，包括 4 个光标。在 Math 通道使用 FFT 变换以及加法、减法运算；用于对光标位置进行显示以及对频率、周期、峰峰值、最大值、最小值、上升沿时间、下降沿时间、有效值、平均值等进行测量；对矢量线或点化线、对比度进行控制。

6.5 LabVIEW 仪器

在“仪器”工具栏还包含一类特殊的仪器——LabVIEW 仪器。随着计算机技术、大规模集成电路技术和通信技术的飞速发展，仪器技术领域发生了巨大的变化。虚拟仪器把计算机技术、电子技术、传感器技术、信号处理技术和软件技术结合起来，除继承传统仪器的已有功能外，还增加了许多传统仪器所不能及的先进功能。

NI Multisim 14.0 中 LabVIEW 仪器的导入完美的演示了电气软件的真实性，使测量仪器与计算机的界限模糊了。

LabVIEW 仪器包括 7 种命令，该命令的打开包括 3 种方法。

1）单击“仪器”工具栏中的“LabVIEW 仪器”按钮，打开子命令，如图 6-65 所示。

2）选择菜单栏中的“视图”→“工具栏”→“LabVIEW 仪器”命令，打开如图 6-66 所示的“LabVIEW 仪器”工具栏。

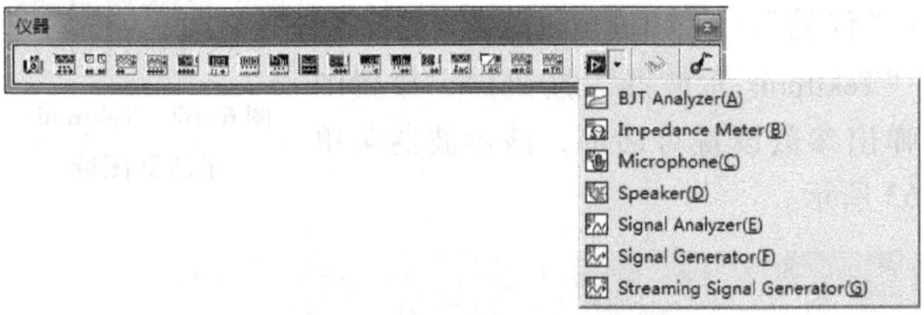

图 6-65　打开子命令

图 6-66　“LabVIEW 仪器”工具栏

3）选择菜单栏中的“仿真”→“仪器”→“LabVIEW 仪器”命令，显示包括 7 种命令的子菜单，如图 6-65 所示。

6.6 探针

NI Multisim 14.0 提供的探针包括测量探针和电流探针。在电路仿真时，将测量探针和电流探针连接到电路中的测量点，测量探针即可测量出该点的电压和频率值。

6.6.1 电流探针

电流探针指测量电子在导线内运动时产生的磁场，在量程规范内，导线周围的磁场被转换为线性电压输出，从而在示波器或其他测量仪器上显示和分析线性电压的输出。在实际工作中，电流探头可以在线带电进行测量，但电流探针不可单独使用

选择菜单栏中的“仿真”→“仪器”→“LabVIEW 仪器”命令，或单击“仪器”工具栏中的“Tektronix 示波器”按钮，放置图 6-67 所示的电流探头图标，双击该图标，弹出属性设置对话框，如图 6-68 所示。

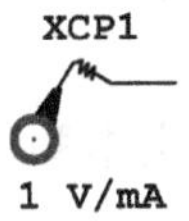

图 6-67　电流探头图标

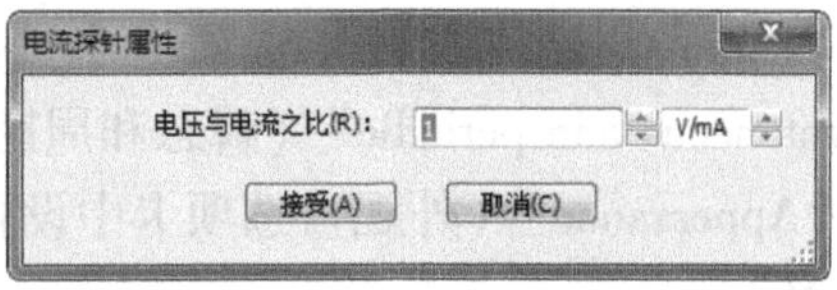

图 6-68　电流探针属性

在该对话框中设置“电压与电流之比”，即将测量得到的磁场电流转换成电压信号需要的比率。

6.6.2　测量探针

在整个电路仿真过程中，测量探针可以用来对电路的某个点的电位或某条支路的电流以及频率等特性进行动态测试，使用灵活方便。

选择菜单栏中的“仿真”→“Probe Settings”（探针设置）命令，弹出“Probe Settings”（探针设置）对话框，如图 6-69、图 6-70、图 6-71 所示。

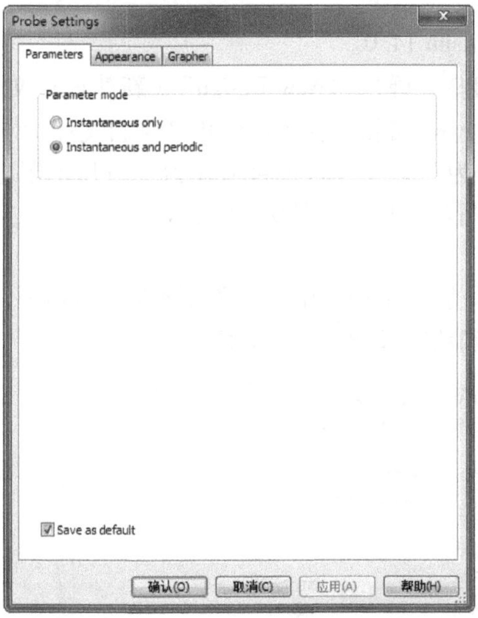

图 6-69　“Parameters”（参数）选项卡

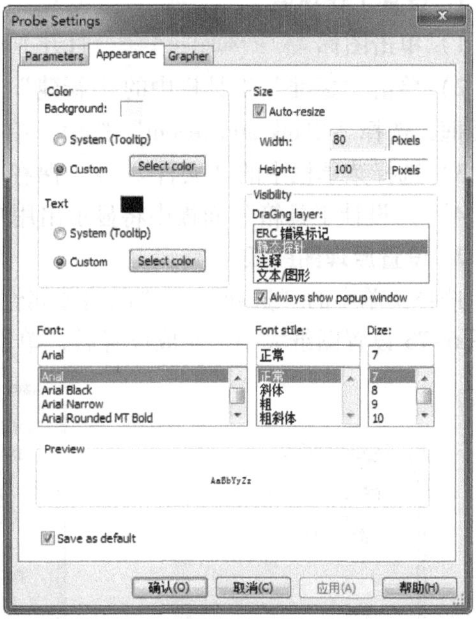

图 6-70　“Appearance”（外观）选项卡

图 6-71　“Grapher”（图表）选项卡

1）在“Parameters”（参数）选项卡中选择参数模式，包括“Instantaneous only”（瞬态）、“Instantaneous and periodic”（瞬态和周期）两种。

2）在“Appearance”（外观）选项卡中设置探针的背景色、文本颜色和大小、显示字体的字形和字号。

3）在“Grapher”（图表）选项卡中显示探针命名规则，包括 Probe RefDes with net name component RefDes（探针序号和元器件网络名序号）、Probe RefDes only、（探针序号）Net name/component RefDes only（元器件网络名序号）。

6.7 操作实例

电阻的作用主要是分压、限流。在本节利用实例对这些特性进行演示和验证。

6.7.1 电阻的分压分析

1. 设置工作环境

1）单击图标 NI Multisim 14.0，打开 NI Multisim 14.0。

2）单击“标准”工具栏中的“新建”按钮，弹出“New Design”（新建设计文件）对话框，选择“Blank and recent”选项，单击 Create 按钮，创建一个 PCB 项目文件。

3）选择菜单栏中的“文件”→“保存工程为”命令，将项目另存为“分压电阻电路.ms14”，“设计工具箱”面板中将显示出用户设置的名称，如图 6-72 所示。

2. 设置原理图图纸

选择菜单中的“选项”→“电路图属性”命令，系统弹出“电路图属性”对话框，按照图 6-73 设置图纸大小，完成设置后，单击“确认”按钮，关闭对话框。

图 6-72　保存设计文件

图 6-73　设置“电路图属性”对话框

3. 设置图纸的标题栏

选择菜单栏中的“绘制”→“标题块”命令，在弹出的“打开”对话框中选择标题块模板 default.tb7，单击“打开”按钮，在图纸右下角放置标题块。选择菜单栏中的“编辑”→“标题块位置”→“右下”命令，精确放置标题栏，如图 6-74 所示。

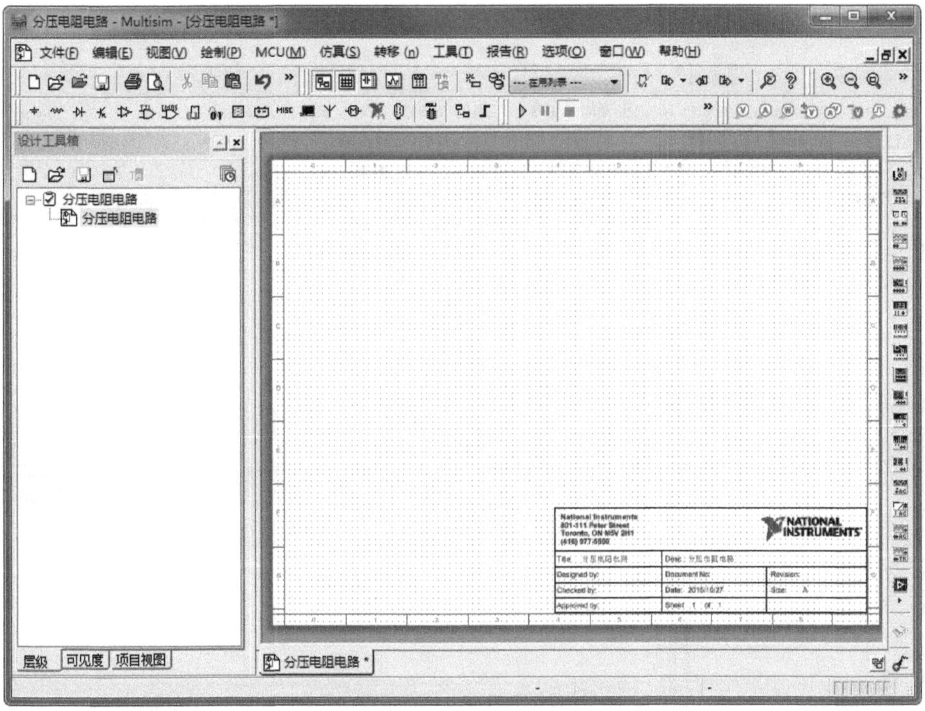

图 6-74　布置标题块

4. 绘制普通电路图

按照一般电路的绘制方法绘制如图 6-75 所示电路。

5. 插入虚拟仪器

选择菜单栏中的“仿真”→“仪器”→“万用表”命令，或单击“仪器”工具栏中的“万用表”按钮，鼠标上显示浮动的万用表虚影，在电路窗口的相应位置单击鼠标，完成万用表的放置，并连接万用表，结果如图 6-76 所示。

双击任意一只万用表，显示图 6-77 所示的属性设置对话框，在默认情况下，万用表不显示任何值。

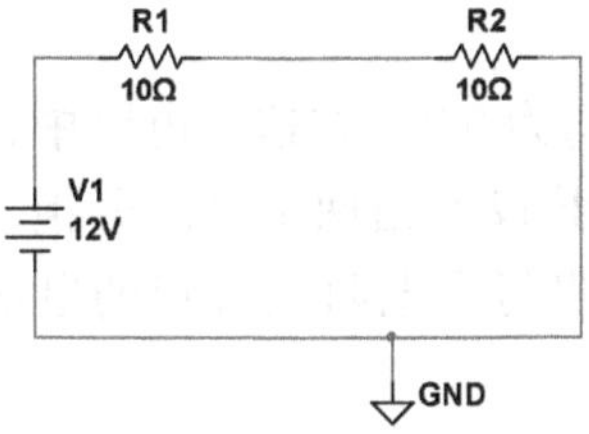

图 6-75　绘制普通电路

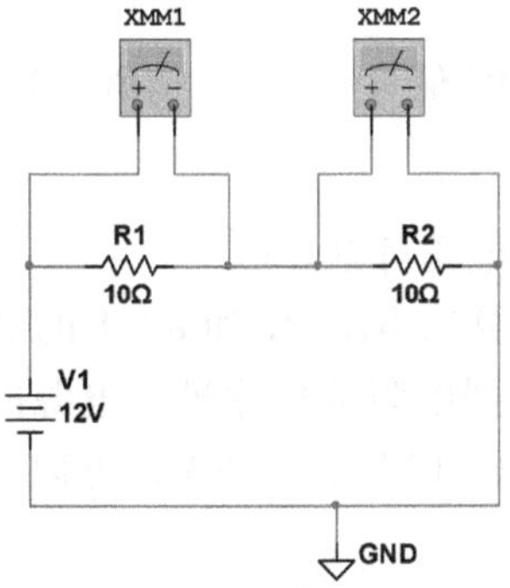

图 6-76　接入万用表仪器

图 6-77　显示万用表默认值

6. 运行仿真

选择菜单栏中的“仿真”→“运行”命令，进行仿真测试，在状态栏显示运行速度等数据，如图 6-78 所示。

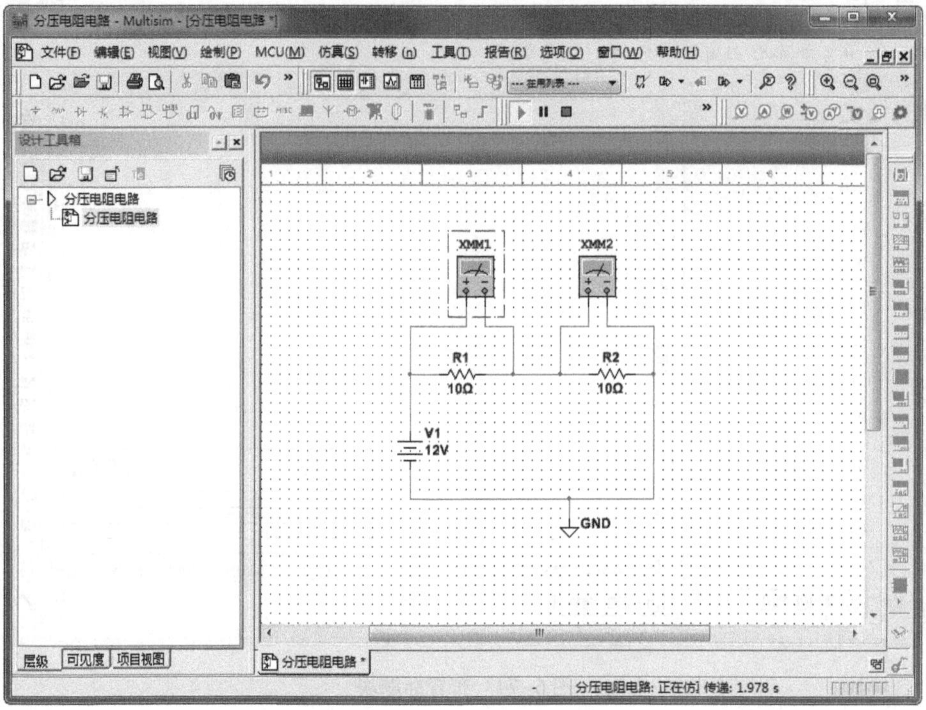

图 6-78　运行仿真

双击万用表 XMM1，显示如图 6-79 所示的属性设置对话框，显示检测的电阻 $R1$ 电压为 6 V，同样地，万用表 XMM2 检测电压为 6 V，如图 6-80 所示。

图 6-79　显示万用表 XMM1 值

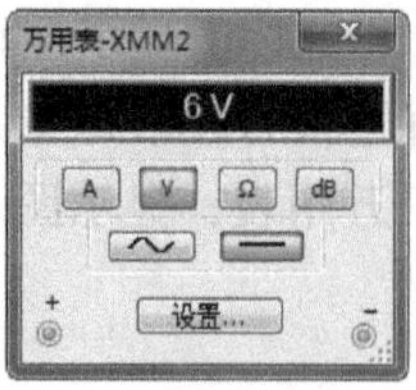

图 6-80　显示万用表 XMM2 值

7. 结果分析

可以看到，两个电压表测得的电压都是 6 V。

根据电路的原理，同样可以计算出电阻 $R1$ 和 $R2$ 上的电压均为 6 V。在这个电路中，电源和两个电阻构成了一个回路，根据电阻分压原理，电源的电压 12 V 由两个电阻分担，两个电阻的阻值均为 10 Ω，平均分配，12 V ÷ 2 = 6 V，可以计算出每个电阻上分担的电压是 6 V。

为了进一步验证电阻分压特性，可以改变这两个电阻的阻值。

8. 修改电路

双击电阻 $R1$，弹出“电阻器”对话框，如图 6-81 所示，打开“值”选项卡，修改“电阻”为 5 Ω，单击“确认”按钮，关闭对话框。在图 6-82 中显示修改后的电路。

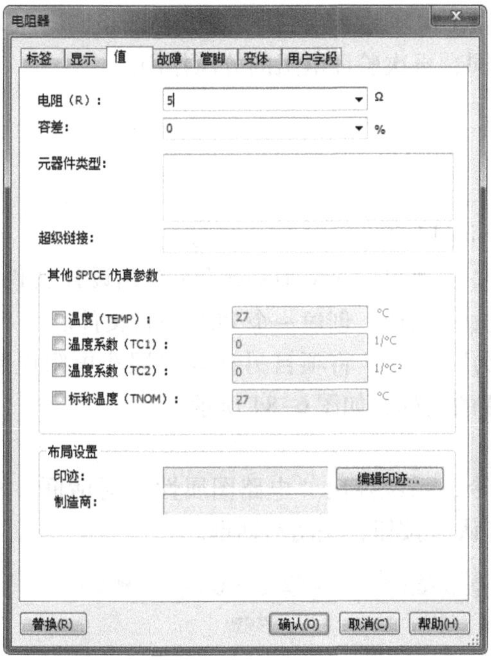

图 6-81　“电阻器”对话框

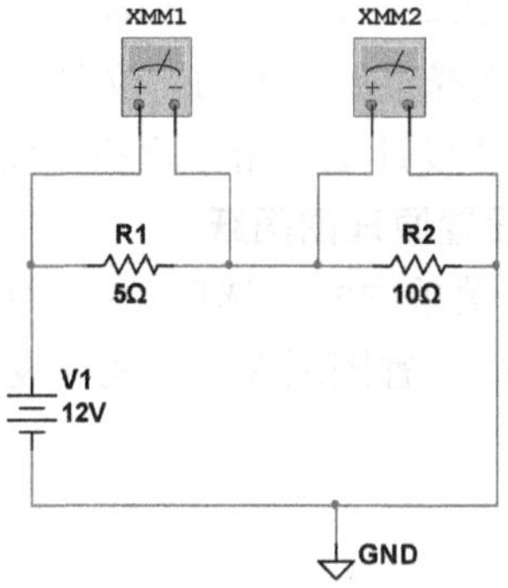

图 6-82　修改电阻阻值

9. 运行仿真

选择菜单栏中的“仿真”→“运行”命令，进行仿真测试，在状态栏显示运行速度等数据，如图 6-83 所示。

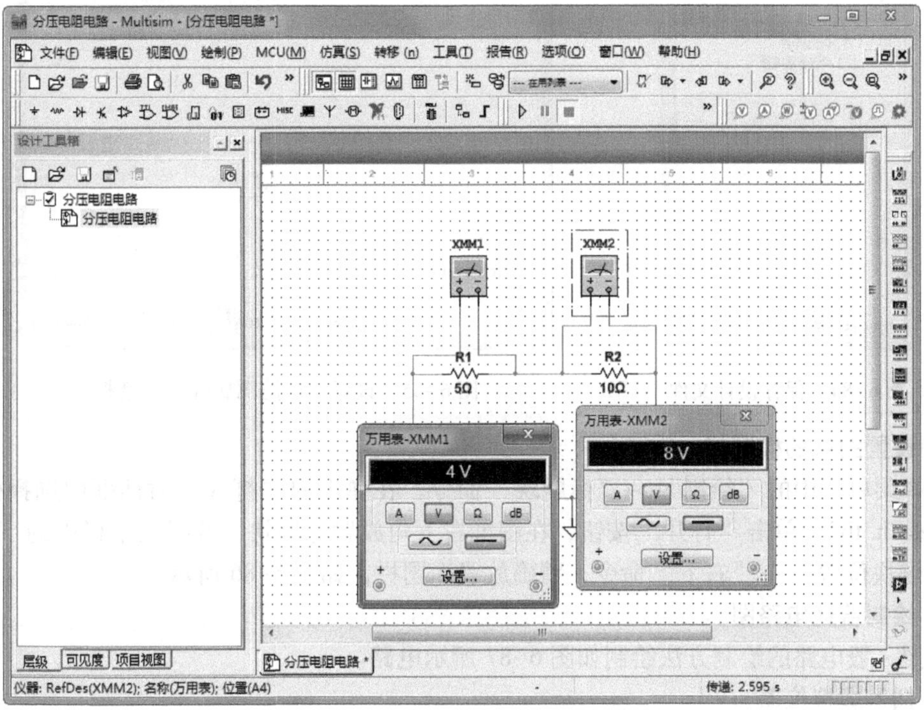

图 6-83　运行仿真

双击万用表 XMM1、XMM2，显示检测的电阻 *R*1 电压为 4 V，万用表 XMM2 检测电压为 8 V，比例为 1∶2，与阻值比例 5 Ω：10 Ω = 1∶2 相同，再次验证电阻的分压作用。

6.7.2 电阻的限流分析

1. 设置工作环境

1）单击图标 NI Multisim 14.0，打开 NI Multisim 14. 0。

2）单击“标准”工具栏中的“新建”按钮，弹出“New Design”（新建设计文件）对话框，选择“Blank and recent”选项，单击 Create 按钮，创建一个 PCB 项目文件。

3）选择菜单栏中的“文件”→“保存工程为”命令，将项目另存为“限流电阻电路. ms14”，“设计工具箱”面板中将显示出用户设置的名称，如图 6-84 所示。

2. 设置原理图图纸

选择菜单中的“选项”→“电路图属性”命令，系统弹出“电路图属性”对话框，按照图 6-85 设置图纸大小，完成设置后，单击“确认”按钮，关闭对话框。

图 6-84　保存设计文件

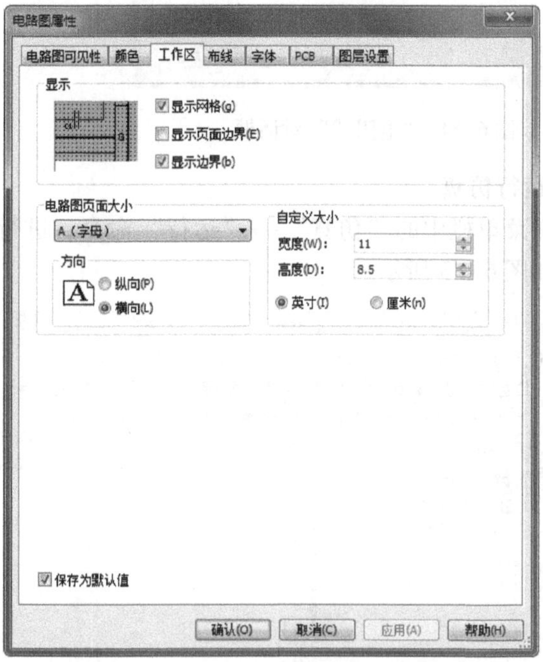

图 6-85　设置“电路图属性”对话框

3. 设置图纸的标题栏

选择菜单栏中的“绘制”→“标题块”命令，在弹出的“打开”对话框中选择标题块模板 default. tb7，单击“打开”按钮，在图纸右下角放置标题块。选择菜单栏中的“编辑”→“标题块位置”→“右下”命令，精确放置标题栏，如图 6-86 所示。

4. 绘制普通电路图

按照一般电路的绘制方法绘制如图 6-87 所示电路。

5. 插入虚拟仪器

选择菜单栏中的“仿真”→“仪器”→“万用表”命令，或单击“仪器”工具栏中的

“万用表”按钮，鼠标上显示浮动的万用表虚影，在电路窗口的相应位置单击鼠标，完成万用表的放置，并连接万用表，结果如图 6-88 所示。

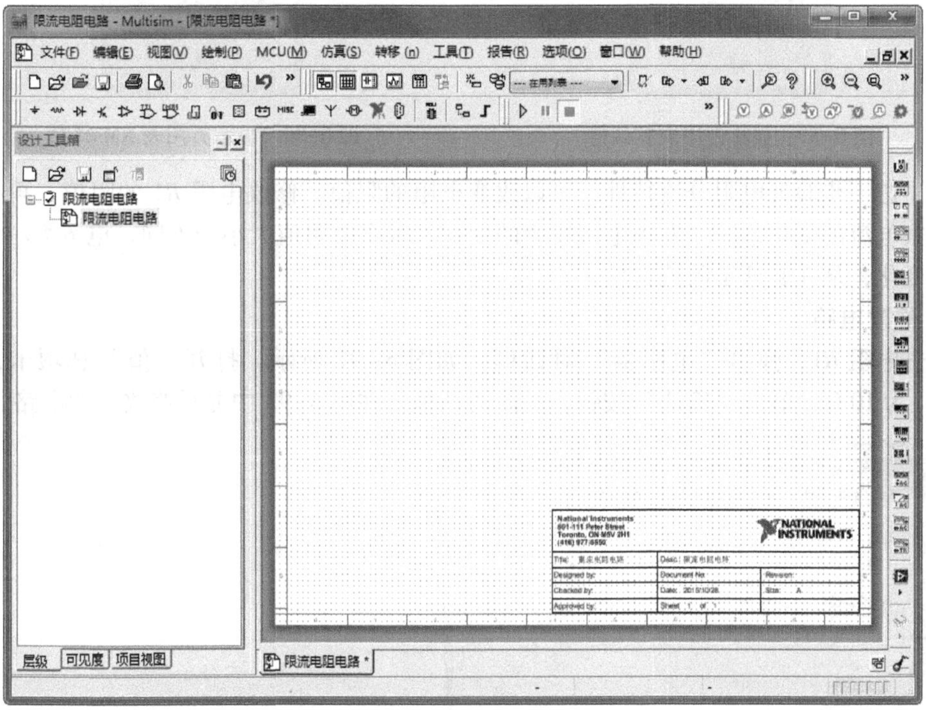

图 6-86 布置标题块

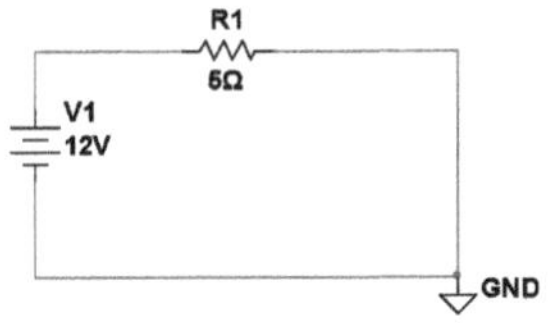

图 6-87 绘制普通电路

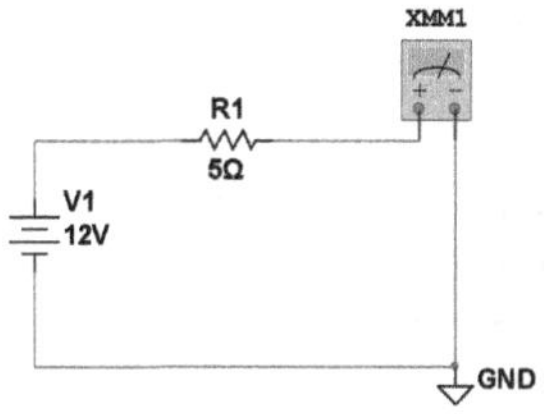

图 6-88 接入万用表仪器

双击万用表 XMM1，显示图 6-89 所示的属性设置对话框，选择电流 A 检测，默认情况下，万用表不显示任何值。

6. 运行仿真

选择菜单栏中的“仿真”→“运行”命令，进行仿真测试，在状态栏显示运行速度等数据。

双击万用表 XMM1，显示图 6-90 所示的属性设置对话框，显示检测的电流为 2.4 A。

7. 结果分析

可以看到，通过电路的电流为 2.4 A。

根据电路的原理，同样可以计算出电路中的电流为 2.4 A，根据欧姆定理：12 V ÷ 5 Ω = 2.4 A，可以计算出通过电阻上的电流为 2.4 A。

图 6-89　显示万用表默认值

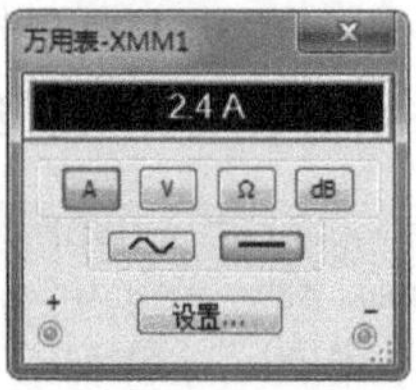

图 6-90　显示万用表 XMM1 值

为了进一步验证电阻分流特性，可以改变电阻的阻值。修改电阻 *R*1 的阻值，再打开仿真，观察电流的变化情况，发现电流发生的变化。根据电阻值大小的不同，电流大小也相应的发生变化，从而验证了限流特性。

8. 修改电路

双击电阻 *R*1，弹出“电阻器”对话框，如图 6-91 所示。打开“值”选项卡，修改“电阻”为 10 Ω，单击“确认”按钮，关闭对话框。在图 6-92 中显示修改后的电路。

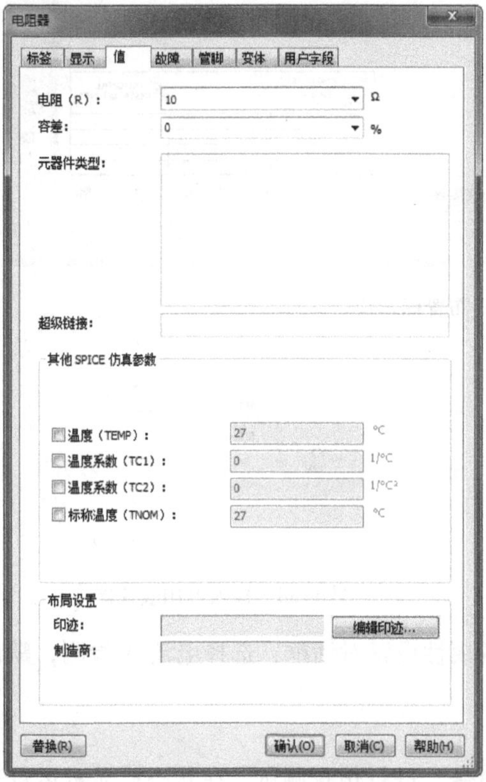

图 6-91　“电阻器”对话框

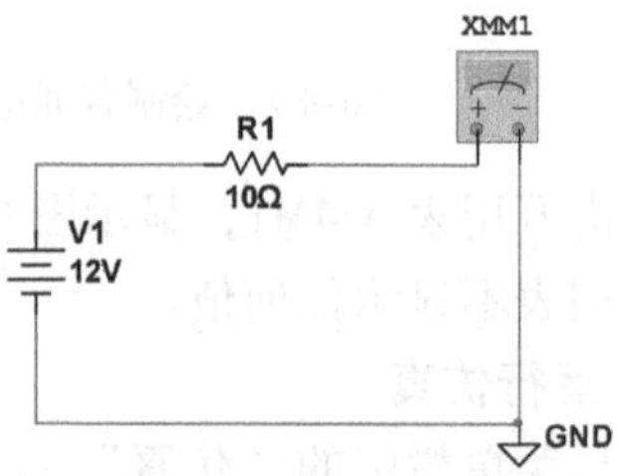

图 6-92　修改电阻阻值

9. 运行仿真

选择菜单栏中的“仿真”→“运行”命令，进行仿真测试，在状态栏显示运行速度等数据，如图 6-93 所示。

双击万用表 XMM1，显示检测的电阻 *R*1 电流为 1.2 A，根据欧姆定理：12 V ÷ 10 Ω = 1.2 A，再次验证电阻的分流作用。

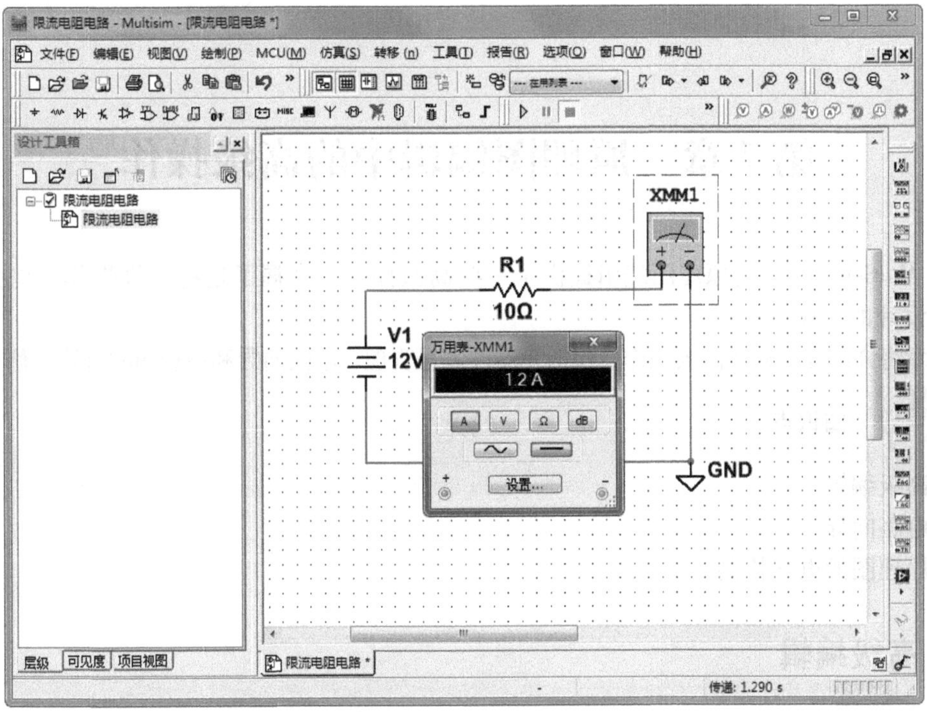
限流电阻电路 - Multisim - [限流电阻电路 *]
文件(F) 编辑(E) 视图(V) 绘制(P) MCU(M) 仿真(S) 转移(n) 工具(T) 报告(R) 选项(O) 窗口(W) 帮助(H)
设计工具箱
限流电阻电路
限流电阻电路
XMM1
R1
10Ω
V1
12V
万用表-XMM1
1.2 A
A
V
Ω
dB
设置...
GND
层级
可见度
项目视图
限流电阻电路 *
传递: 1.290 s

图 6-93　运行仿真

第 7 章　原理图编辑中的高级操作

NI Multisim 14.0 为原理图编辑提供了一些高级操作，掌握了这些高级操作，将大大提高电路设计的工作效率。

本章将详细介绍这些高级操作，包括元器件编号管理、电路向导和原理图的查错与修正等。

知识点

- 高级编辑
- 电路向导
- 原理图的电气检测

7.1　高级编辑

元器件的外形只是一个图形符号，没有任何实际意义，属性是元器件的实质。电路图完成连接后，对元器件属性的编辑才是实现电路真正功能的一把钥匙。同时，针对整个电路的编辑功能是有效而快捷的，下面介绍元器件属性高级编辑功能。

7.1.1　元器件编号管理

元器件序号是元器件区分彼此的标志，一般根据放置顺序排列；在某些情况下，根据需要可进行更改，以符合电路设计要求。

1. 直接修改

对于电路图中单个多少量需要修改的元器件，可直接双击元器件，在弹出的属性编辑对话框中修改。

2. 表格修改

在电路中的元器件定位不易，在“电子表格视图”窗口中打开“元器件”选项卡，显示该原理图中的所有元器件，无须在原理图中查找元器件，在“RefDes”（标识符）栏中直接选择对应元器件修改，如图 7-1 所示。

3. 自动编号

对于元器件较多的原理图，当设计完成后，往往会发现元器件的编号变得很混乱或者有些元器件还没有编号。用户可以逐个地手动更改这些编号，但是这样比较烦琐，而且容易出现错误。NI Multisim 14.0 提供了元器件编号管理的功能。

选择菜单栏中的“工具”→“元器件重命名/重新编号”命令，弹出图 7-2 所示的“重命名元器件位号”对话框。在该对话框中，可以设置原理图编号的一些参数和样式，使得原理图自动命名时符合用户的要求。

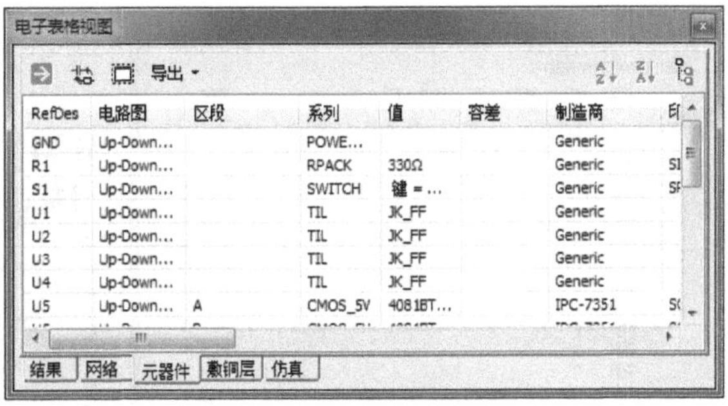

图 7-1 “电子表格视图”窗口

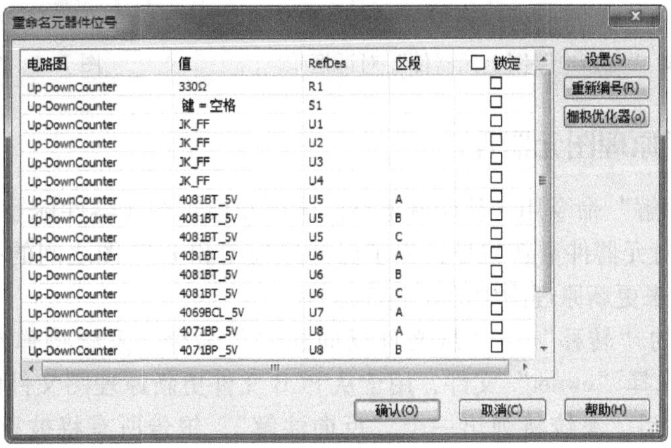

图 7-2 “重命名元器件位号”对话框

- 电路图：在该列显示元器件所在图纸名称，在多页电路中包含多个设计文件，则需要区分元器件所在设计文件名称。
- 值：显示元器件的参数值，如电阻值或电容值。
- RefDes（标识符）：元器件的默认序号，需要重新编辑的对象。
- 区段：对于多部件的元器件，需要以英文字母顺序排列区分。
- 锁定：勾选前面的复选框，锁定该元器件。

单击“重新编号”按钮，对元器件进行重新编号。

7.1.2 自动更新属性

对于使用特殊封装或拥有自己封装库的公司，此项是一项特别有用的功能，可批量更改元器件属性，节省时间与步骤。

1）选择菜单栏中的“工具”→“更新电路图上的元器件”命令，弹出“更新电路图上的元器件”对话框，图 7-3 所示。

2）单击“类似”按钮，重新编号，系统弹出如图 7-4 所示的“显示符号”对话框，提示用户相对前一次状态和相对初始状态发生的改变，查看更新前后符号变化情况。

3）如果对这种更新满意，勾选该元器件“模型”选项前的复选框，激活“更新”按钮，单击该按钮，更新选定的元器件属性。

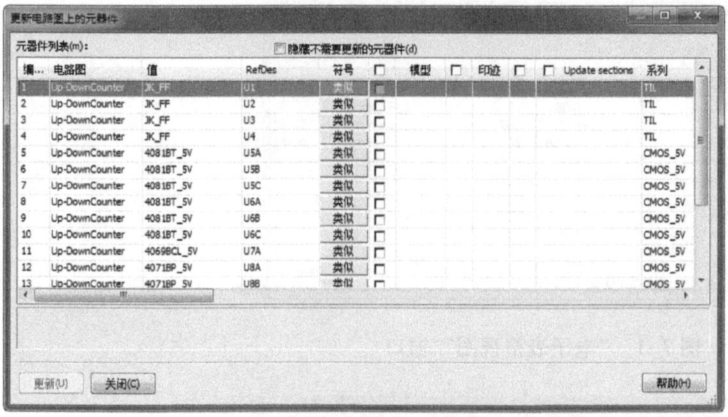

图 7-3 “更新电路图上元器件”对话框

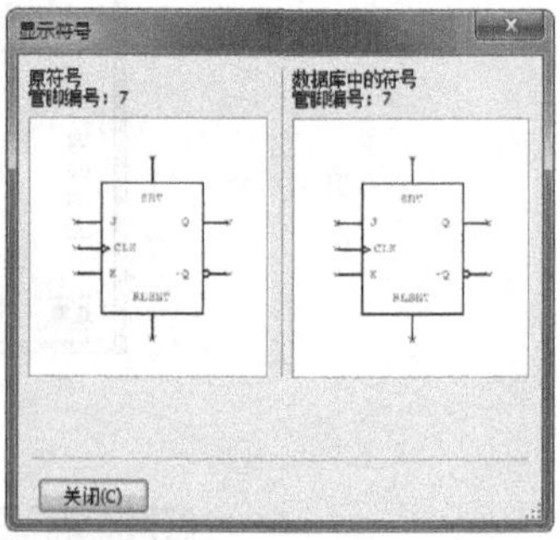

图 7-4 “显示符号”对话框

7.1.3 回溯更新原理图元器件

“从文件反向注解”命令用于从印制电路回溯更新原理图元器件标号。在设计印制电路时，有时可能需要对元器件重新编号，为了保持原理图和 PCB 图之间的一致性，可以使用该命令基于 PCB 图来更新原理图中的元器件标号。

选择菜单栏中的“转移”→“从文件反向注解”命令，系统将弹出一个对话框，如图 7-5所示，要求选择“ewnet”文件，用于从 PCB 文件更新原理图的元器件信息。当选择“ewnet”文件后，系统将弹出一个“反向注解”，报告所有将被重新命名的元器件。当然，这时原理图中的元器件名称并没有真正被更新。单击“确认”按钮，执行更新命令，修改原理图文件。

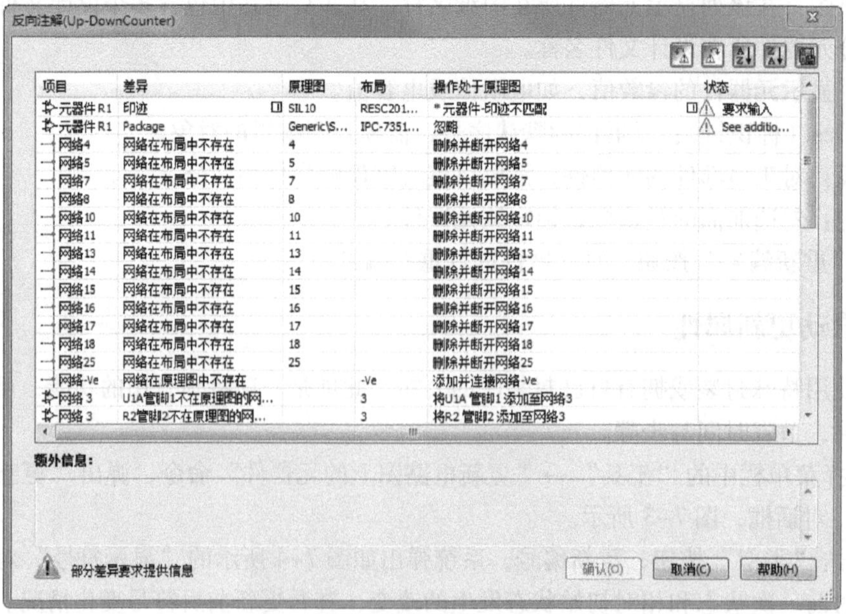

图 7-5 “反向注解”对话框

7.2 电路向导

利用电路向导可生成电路模块，电路模块是指事先设计好的，某一种程序的电子电路，把它集成在一块电路板上，它只是主板上的一个附件的电子电路 ，相当于计算机有一个主板，但是计算机的扩展功能，必须通过电路模块来完成，所以就在主板上接插如光驱、声卡、DVD 等都是属于单独的电路模块，是一个完整的电路。

NI Multisim 14.0 提供了 4 种电路模块，下面进行一一介绍。

7.2.1 555 定时器向导

555 定时器是一种模拟和数字功能相结合的中规模集成器件。一般用双极型（TTL）工艺制作的称为 555，用互补金属氧化物（CMOS）工艺制作的称为 7555，除单定时器外，还有对应的双定时器 556/7556。555 定时器的电源电压范围宽，可在 4.5 V ~ 16 V 工作，7555 可在 3 ~ 18 V 工作，输出驱动电流约为 200 mA，因而其输出可与 TTL、CMOS 或者模拟电路电平兼容。它常作为定时器广泛应用于仪器仪表、家用电器、电子测量及自动控制等方面。

555 定时器内部包括两个电压比较器、三个等值串联电阻、一个 RS 触发器和一个放电管 T 及功率输出级。它提供两个基准电压 VCC/3 和 2VCC/3，如图 7-6 所示。

选择菜单栏中的“工具”→“电路向导”→“555 定时器向导”命令，弹出“555 定时器向导”对话框，如图 7-7 所示。

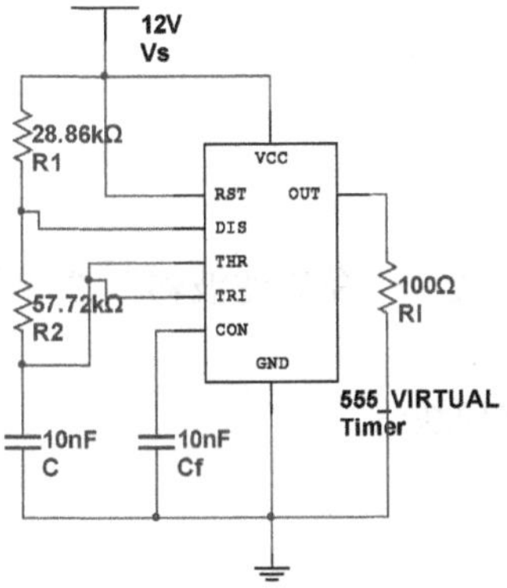

图 7-6　555 定时器电路

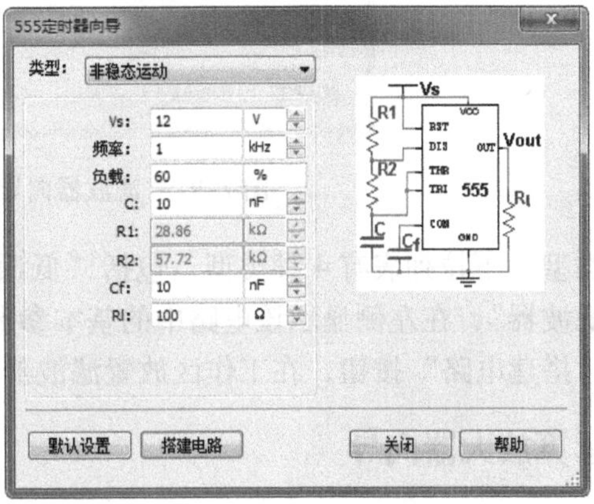

图 7-7　“555 定时器向导”对话框

在“类型”下拉列表下选择“非稳态运动”或“单稳态运动”，在右侧显示电路模块缩略图，在左侧显示该电路中的基本参数值。

单击“搭建电路”按钮，在工作区放置缩略图中的电路。

7.2.2 滤波器向导

滤波电路是指只允许一定频率范围内的信号成分正常通过，而阻止另一部分频率成分通过的电路。滤波电路常用于滤去整流输出电压中的纹波，一般由电抗元器件组成，如在负载电阻两端并联电容器 C，或与负载串联电感器 L，以及由电容、电感组成而成的各种复式滤波电路，如图 7-8 所示。

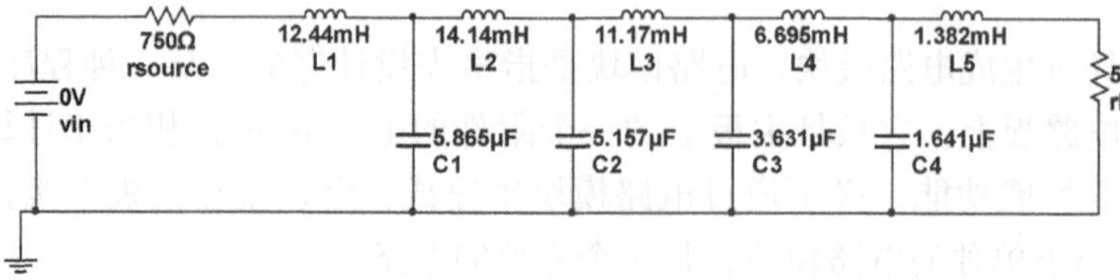

图 7-8　滤波器电路

选择菜单栏中的“工具”→“电路向导”→“滤波器向导”命令，弹出“滤波器向导”对话框，如图 7-8 所示。

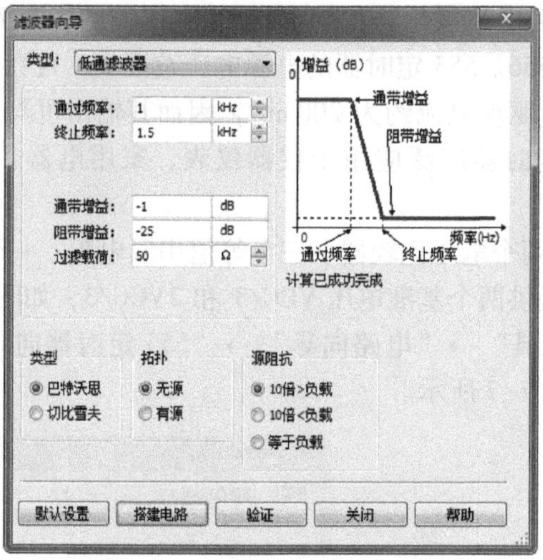

图 7-9　“滤波器向导”对话框

在“类型”下拉列表有 4 种类型，包括“低通滤波器”“高通滤波器”“带通滤波器”和“带阻滤波器”，在左侧显示该电路中的基本参数值。

单击“搭建电路”按钮，在工作区放置滤波器电路模块。

7.2.3　运算放大器向导

运算放大器电路指包括放大器元器件，将电路的输出放大一定倍数的电路，如图 7-10 所示。

选择菜单栏中的“工具”→“电路向导”→“运算放大器向导”命令，弹出“运算放大器向导”对话框，如图 7-11 所示。

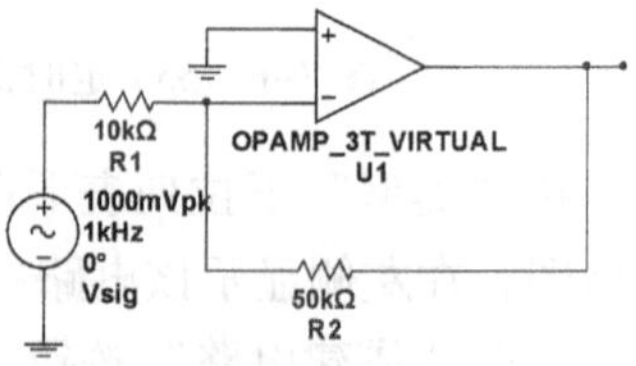

图 7-10　运算放大器电路

在“类型”下拉列表下选择类型，如图 7-12 所示，在右侧显示电路模块缩略图，在左侧显示该电路中的输入信号参数值、放大器参数。

单击“搭建电路”按钮，在工作区放置运算放大器电路模块。

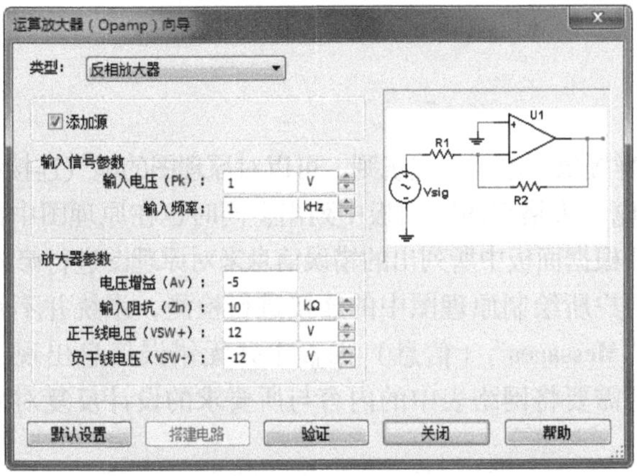

图 7-11 “运算放大器 Opamp 向导”对话框

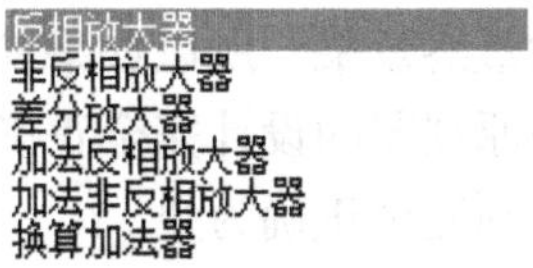

图 7-12 放大器类型

7.2.4 CE BJT 放大器向导

CE BJT 放大器电路，又称之为双极结型晶体管放大器电路，如图 7-13 所示。

选择菜单栏中的“工具”→“电路向导”→“CE BJT 放大器向导”命令，弹出“双极结晶体管（B/T）共射极放大器向导”对话框，如图 7-9 所示。

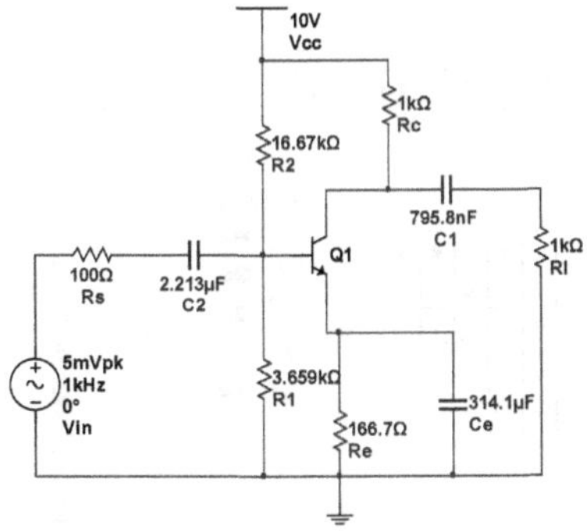

图 7-13 CE BJT 放大器电路

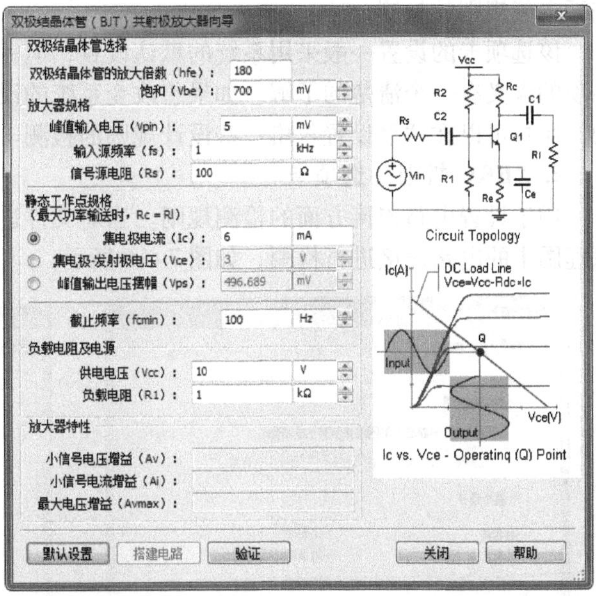

图 7-14 “双极结晶体管（B/T）共射极放大器向导”对话框

在“双击结晶体管选择”选项组下设置该器件的放大倍数与饱和度；在“放大器规格”选项组下设置峰值输入电压、输入源频率、信号源电阻；在“静态工作点规格”选项组下设置集电极电流或集电极 - 发射极电压或峰值输出相电压摆幅；在右侧显示电路模块缩略图。

单击“验证”按钮，计算出“放大器特性”选项组下的小信号电流/电压增益值，才能搭建电路。

单击“搭建电路”按钮，在工作区放置 CE BJT 放大器电路模块。

7.3 原理图的电气检测

NI Multisim 14.0 和其他电气软件一样提供了电气检查规则，可以对原理图的电气连接特性进行自动检查，检查后的错误信息将在“电子表格视图”面板中列出，同时也在原理图中标注出来。用户可以对检查规则进行设置，然后根据面板中所列出的错误信息来对原理图进行修改。

原理图的自动检测机制只是按照用户所绘制原理图中的连接进行检测，系统并不知道原理图的最终效果，所以如果检测后的“Messages”（信息）面板中并无错误信息出现，并不表示该原理图的设计完全正确。用户还需要将网络表中的内容与所要求的设计反复对照和修改，直到完全正确为止。

7.3.1 原理图的自动检测

选择菜单栏中的“工具”→“电器法则查验”命令，系统弹出如图 7-15 所示的“电器法则查验”对话框，所有与规则检查有关的选项都可以在该对话框中进行设置。

该对话框中包括以下两个选项卡。

1. “ERC 选项”选项卡

用于设置原理图的电气检查规则。当进行文件的编译时，系统将根据该选项卡中的设置进行电气规则的检测。

该选项卡的设置一般采用系统的默认设置，但针对一些特殊的设计，用户则需要对以上各项的含义有一个清楚的了解。如果想改变系统的设置，系统出现错误时是不能导入网络表的，用户可以在这里设置忽略一些设计规则的检测。

2. “ERC 规则”选项卡

用于设置电路连接方面的检测规则。当对文件进行编译时，通过该选项卡的设置可以对原理图中的电路连接进行检测，如图 7-16 所示。

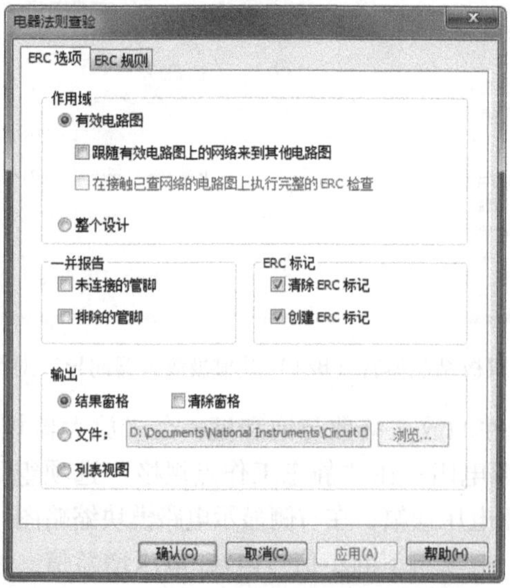

图 7-15 “电器法则查验”对话框

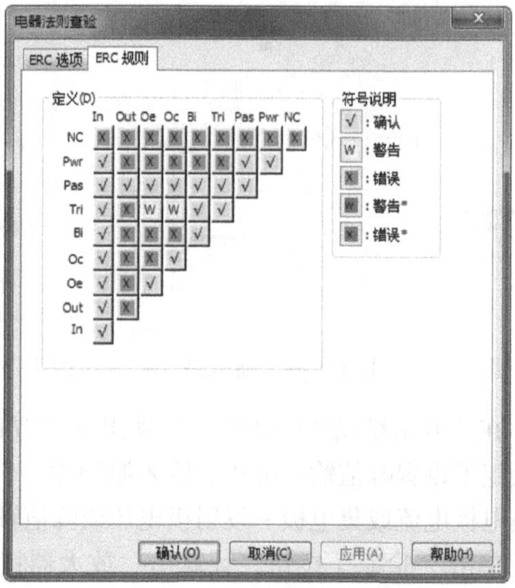

图 7-16 “ERC 规则”选项卡

在“ERC 规则”选项卡中，用户可以定义一切与违反电气连接特性有关报告的错误等级，特别是元器件引脚、端口和原理图符号上端口的连接特性。当对原理图进行编译时，错误信息将在原理图中显示出来。

要想改变错误等级的设置，单击选项卡中的颜色块即可，每单击一次改变一次，共包括5种错误等级，即“确认”“警告”“错误”“警告 * ”和“错误 * ”。当对工程进行编译时，该选项卡的设置与“Error Reporting”（报告错误）选项卡中的设置将共同对原理图进行电气特性的检测。所有违反规则的连接将以不同的错误等级在“Messages”（信息）面板中显示出来。

单击“确认”按钮，即刻执行检测，在“电子表格视图”面板中“结果”选项卡下显示检测结果，如图7-17所示。

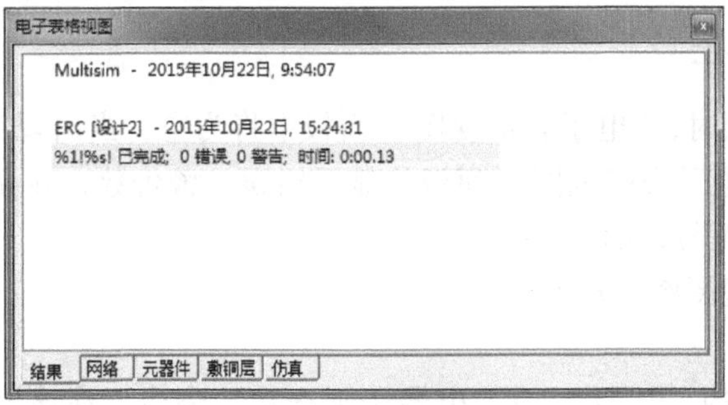

图7-17　显示检测结果

7.3.2　在原理图中清除 ERC 检查

在进行电器检查过程中，显示警告，如图7-18所示，则在原理图发生警告处显示 ERC 符号，如图7-19所示。

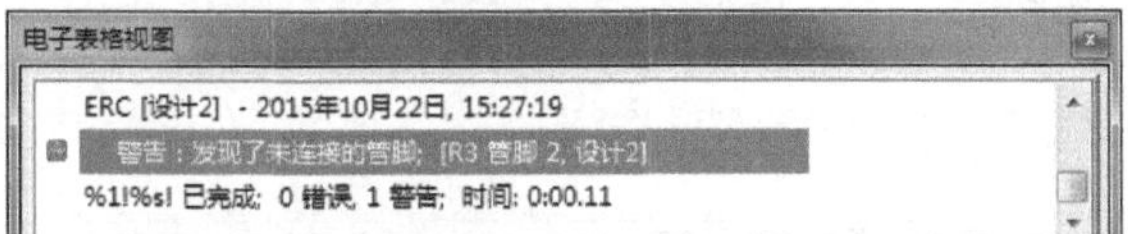

图7-18　显示检查警告信息

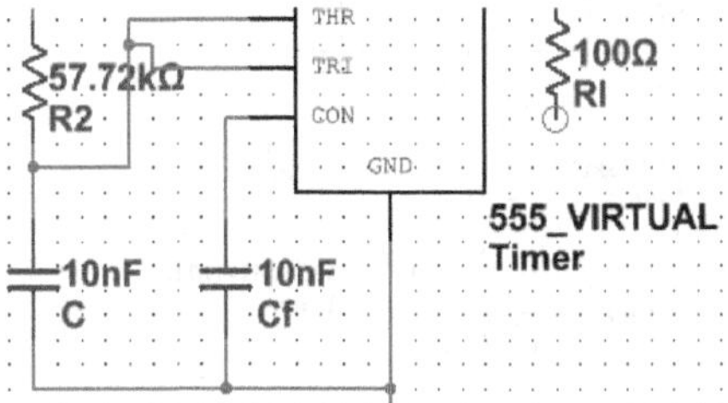

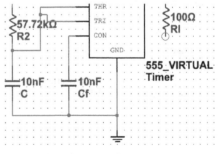

图7-19　显示 ERC 符号

若不妨碍电路继续设计，可忽略该标记不进行修改，但为保证原理图显示完整，需要清除该标记，

选择菜单栏中的“工具”→“清除 ERC 标记”命令，弹出图7-20所示的“ERC 标记删除范围”对话框，选择清除范围“仅有效电路”或“整个设计”，单击“确认”按钮，执行操作，在原理图中清除 ERC 标记，结果如图7-21所示。

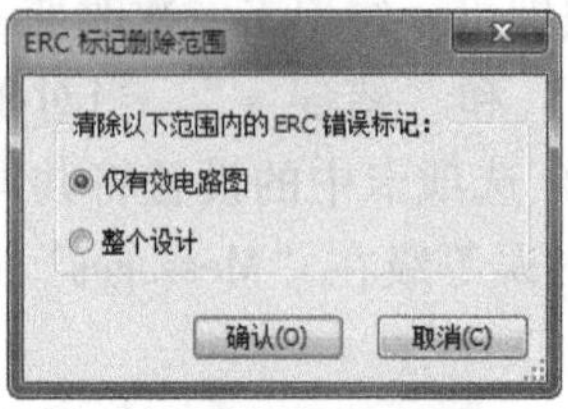

图 7-20 “ERC 标记删除范围”对话框

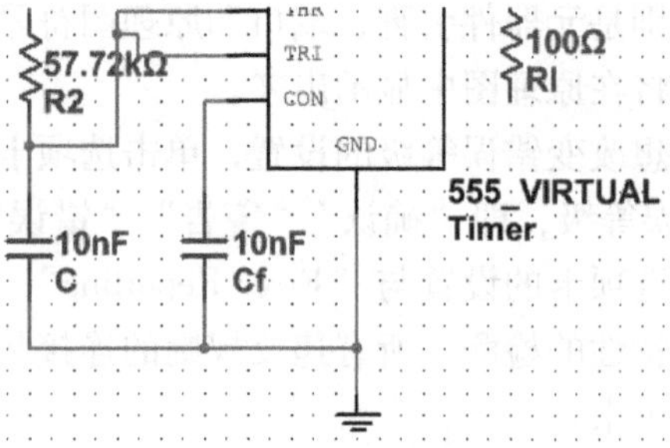

图 7-21 清除 ERC 标记

7.3.3 原理图的修正

当原理图绘制无误时，“电子表格视图”面板中将为空。当出现错误的等级为“错误”或“警告”时，在“电子表格视图”面板将显示错误、警告数，并显示原因，同时，在原理图错误处显示 ERC 符号，如图 7-22 所示。

这里介绍两种原理图修正方法。

1. 修改规则

1）选择菜单栏中的“工具”→“电器法则查验”命令，在该原理图的“ERC 选项”选项卡中，取消勾选“未连接的管脚”复选框。

2）单击“确认”按钮，关闭该对话框。对该原理图进行编译。此时“电子表格视图”面板将出现在工作窗口的下方，如图 7-23 所示。

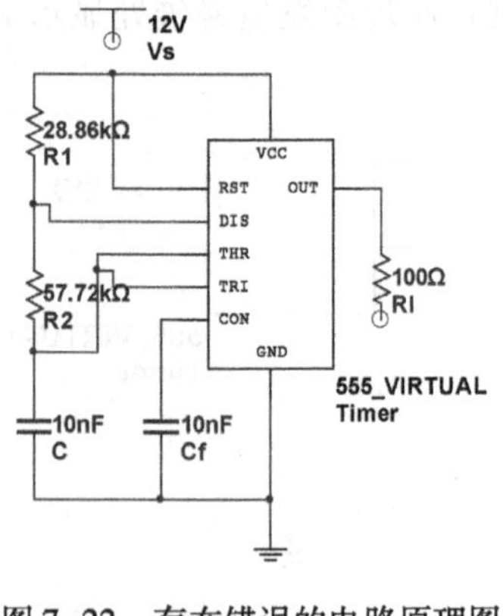

图 7-22 存在错误的电路原理图

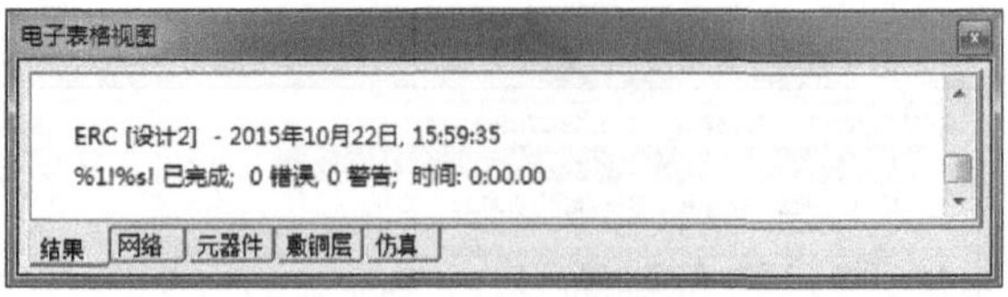

图 7-23 编译后的面板

2. 修改原理图

1）在“电子表格视图”面板中双击错误的详细信息选项，工作窗口将跳到该对象上。除了该对象外，其他所有对象都处于被遮挡状态，跳转后只有该对象可以进行编辑，如图 7-24 所示。

2）选择菜单栏中的“绘制”→“导线”命令，放置导线。

3）重新对原理图进行检测，检查是否还有其他错误。

4）保存调试成功的原理图。

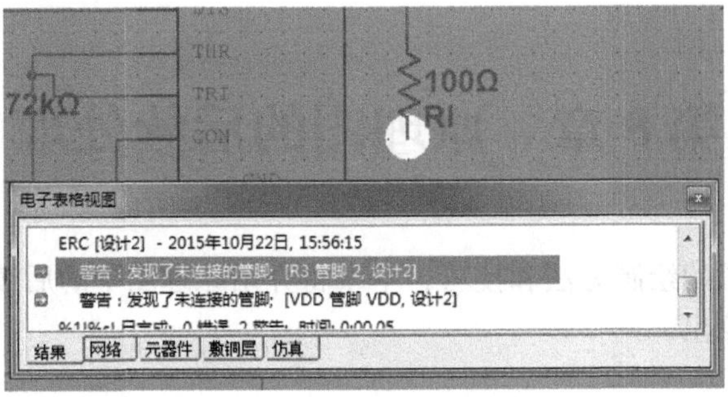

图 7-24　显示错误信息

第 8 章　原理图的后续处理

前面介绍了原理图的绘制方法和技巧，本章将介绍原理图中的后续处理工作，主要包括常用操作和报表打印输出。

知识点

- 查找
- 报表输出
- 打印输出
- PCB 网络表文件

8.1　查找

“查找”功能用于在电路图中查找指定的对象，包括元器件、文本、网络等，通过此功能还可以迅速找到包含某一文字标识的图元。

选择菜单栏中的“编辑”→“查找”命令，或者按快捷键〈Ctrl〉+〈F〉，系统将弹出如图 8-1 所示的“查找”对话框，其中各选项的功能如下。

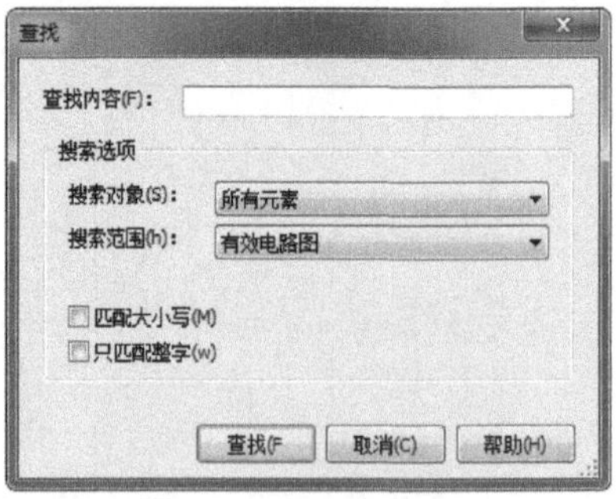

图 8-1　“查询”对话框

1）“查找内容”文本框：用于输入需要查找的文本关键词。

2）“搜索选项”选项组。

1）“搜索对象”下拉列表：用于设置需要查找对象的类型，默认情况下选择“所有元素”，为了精确搜索对象，减少搜索时间，在确定需要搜索对象类型的情况下，可以选择对应的类型，如图 8-2 所示。

2）“搜索范围”下拉列表：用于设置需要查找对象的范围，如图 8-3 所示。

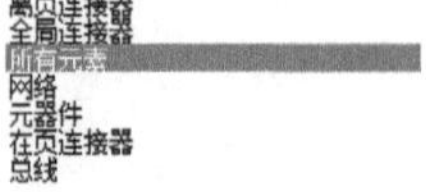

图 8-2　设置搜索对象

图 8-3　设置搜索范围

3）勾选“匹配大小字”复选框，表示查找时要注意大小写的区别。

4）勾选“只匹配整字”复选框，表示只查找具有整个单词匹配的文本。

用户按照自己的实际情况设置完对话框的内容后，单击按钮开始查找。

8.2 报表输出

NI Multisim 14.0 具有丰富的报表功能，可以方便地生成各种不同类型的报表。当电路原理图设计完成并且经过编译检查之后，应该充分利用系统提供的这种功能来创建各种原理图的报表文件。

选择菜单栏中的“报告”命令，弹出如图 8-4 所示的子菜单，显示 6 种报表类型，借助于这些报表，用户能够从不同的角度更好地掌握整个项目的设计信息，以便为下一步的设计工作做好充足的准备。

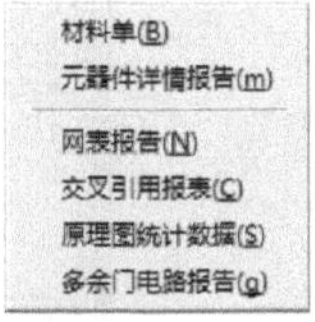

图 8-4 “报表”子菜单

8.2.1 材料清单报表

元器件报表主要用来列出当前工程中用到的所有元器件的标识、封装形式、库参考等，相当于一份元器件清单。依据这份报表，用户可以详细查看工程中元器件的各类信息，同时，在制作印制电路板时，也可以作为元器件采购的参考。

选择“材料单”命令，弹出如图 8-5 所示的“材料单”对话框，显示原理图中所有的材料清单及使用的元器件种类及数量。

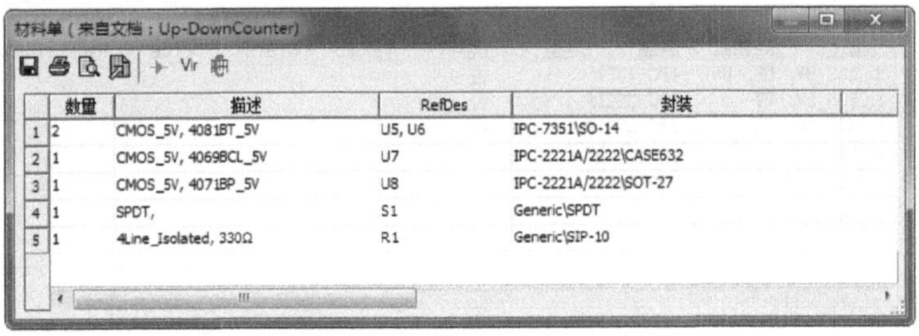

材料单 (来自文档: Up-DownCounter)
数量 描述 RefDes 封装
1 2 CMOS_5V, 4081BT_5V U5, U6 IPC-7351\SO-14
2 1 CMOS_5V, 4069BCL_5V U7 IPC-2221A/2222\CASE632
3 1 CMOS_5V, 4071BP_5V U8 IPC-2221A/2222\SOT-27
4 1 SPDT, S1 Generic\SPDT
5 1 4Line_Isolated, 330Ω R1 Generic\SIP-10

图 8-5 “材料单”对话框

- 单击“保存”按钮，则产生一个当前原理图的材料清单报表文件，如图 8-6 所示。

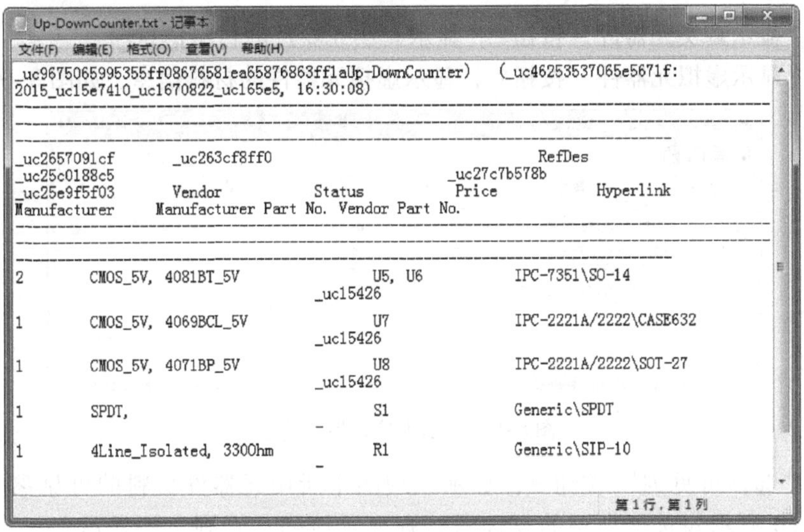

图 8-6 材料清单报表格式

- 单击“发送到打印机”按钮，打印该材料清单。
- 单击“打印预览”按钮，显示该材料清单的预览设置，如图 8-7 所示。

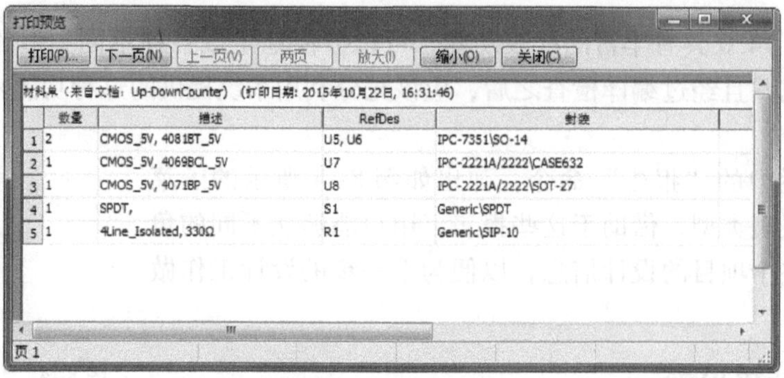

图 8-7 打印预览

- 单击“导出至 Excel”按钮，将清单信息导出到 Excel 表格中，如图 8-8 所示。

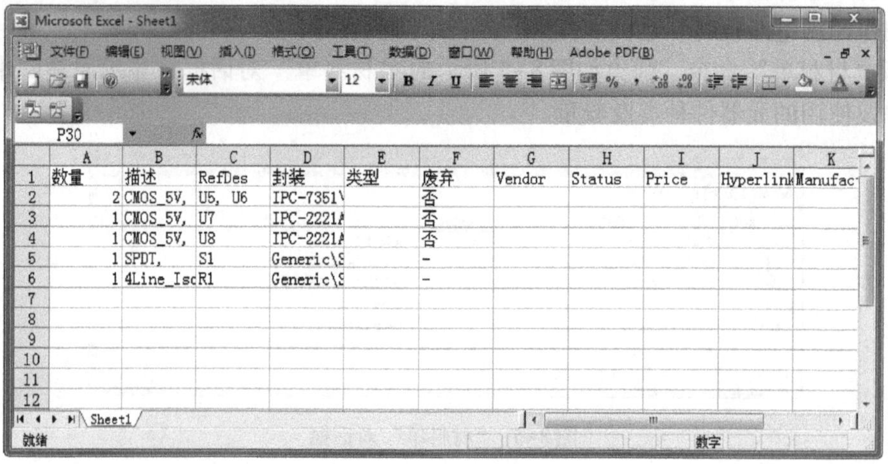

图 8-8 导出到表格中

- 单击“显示真实元器件”按钮，显示真实元器件的材料信息。
- 单击“显示虚拟元器件”按钮，显示虚拟元器件的材料信息，如图 8-9 所示。

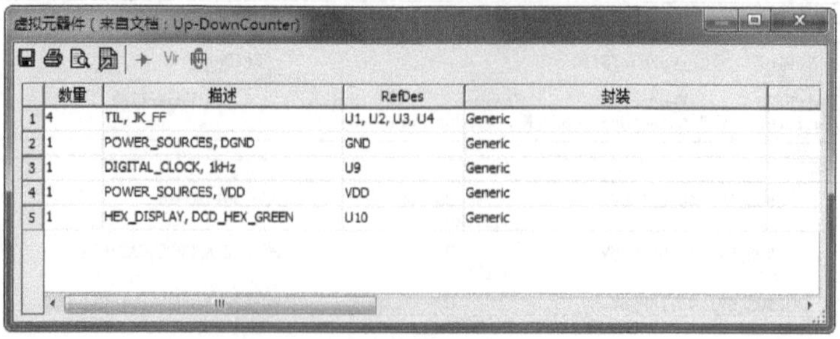

图 8-9 显示虚拟元器件信息

- 单击“选择可见列”按钮，显示原理图中所用元器件材料的可见参数类型，如图 8-10 所示勾选该类型的复选框，则显示该列，否则，不显示。

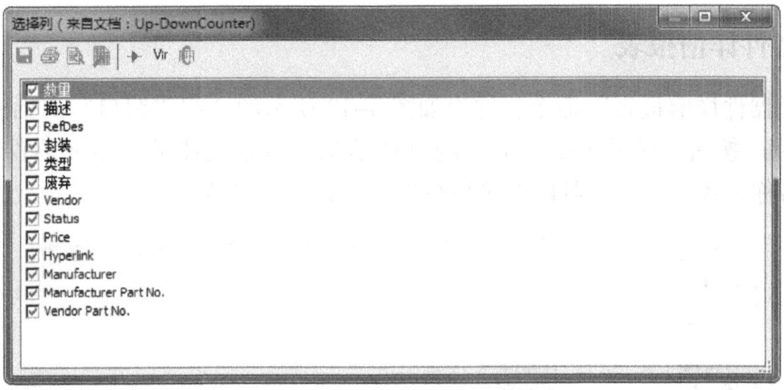

图 8-10 显示可见列

8.2.2 网表报告

在由原理图生成的各种报表中，网络表是最为重要的。所谓网络，指的是彼此连接在一起的一组元器件引脚，一个电路实际上就是由若干网络组成的。而网络表就是对电路或者电路原理图的一个完整描述，描述的内容包括两个方面：一是电路原理图中所有元器件的信息（包括元器件标识、元器件引脚和 PCB 封装形式等），二是网络的连接信息（包括网络名称、网络节点等），这些都是进行 PCB 布线、设计 PCB 印制电路板不可缺少的依据。

只有正确的原理图才可以创建完整无误的网络表，从而进行 PCB 设计。而原理图绘制完成后，无法用肉眼直观地检查出错误，需要进行 DRC 检查、元器件自动编号、属性更新等操作，完成这些步骤后，才可进行网络表的创建。

选择“网表报告”命令，弹出如图 8-11 所示的“网表报告”对话框，显示原理图中的所有网络，同时一一对应该网络连接的元器件引脚。

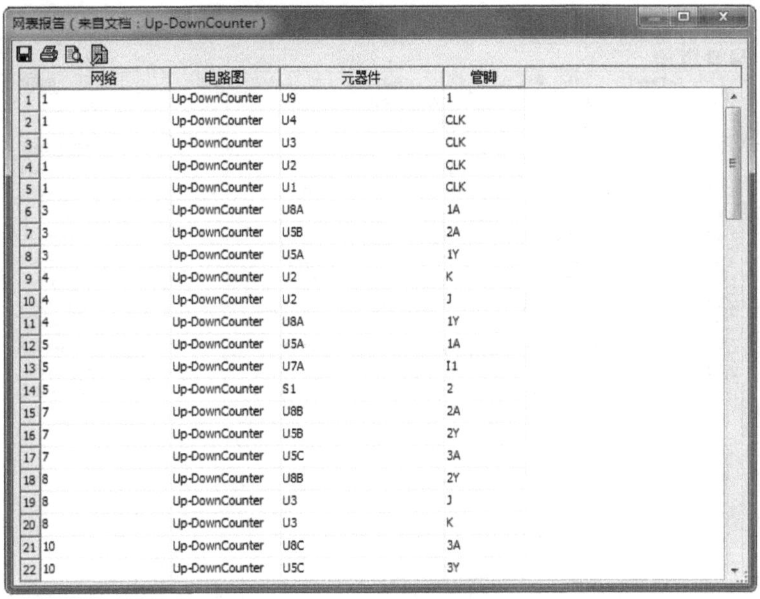
网表报告（来自文档：Up-DownCounter）

	网络	电路图	元器件	管脚
1	1	Up-DownCounter	U9	1
2	1	Up-DownCounter	U4	CLK
3	1	Up-DownCounter	U3	CLK
4	1	Up-DownCounter	U2	CLK
5	1	Up-DownCounter	U1	CLK
6	3	Up-DownCounter	U8A	1A
7	3	Up-DownCounter	U5B	2A
8	3	Up-DownCounter	U5A	1Y
9	4	Up-DownCounter	U2	K
10	4	Up-DownCounter	U2	J
11	4	Up-DownCounter	U8A	1Y
12	5	Up-DownCounter	U5A	1A
13	5	Up-DownCounter	U7A	I1
14	5	Up-DownCounter	S1	2
15	7	Up-DownCounter	U8B	2A
16	7	Up-DownCounter	U5B	2Y
17	7	Up-DownCounter	U5C	3A
18	8	Up-DownCounter	U8B	2Y
19	8	Up-DownCounter	U3	J
20	8	Up-DownCounter	U3	K
21	10	Up-DownCounter	U8C	3A
22	10	Up-DownCounter	U5C	3Y

图 8-11 显示网络表

8.2.3 元器件详情报表

选择“元器件详情报告”命令，弹出如图 8-12 所示的“报告窗口”对话框，选择元器件，单击[详情报告(D)]按钮，显示选中元器件的具体信息，包括具体的显示元器件的模型参数，包括数据库名称、系列组等元器件库路径与作者、日期等参数。

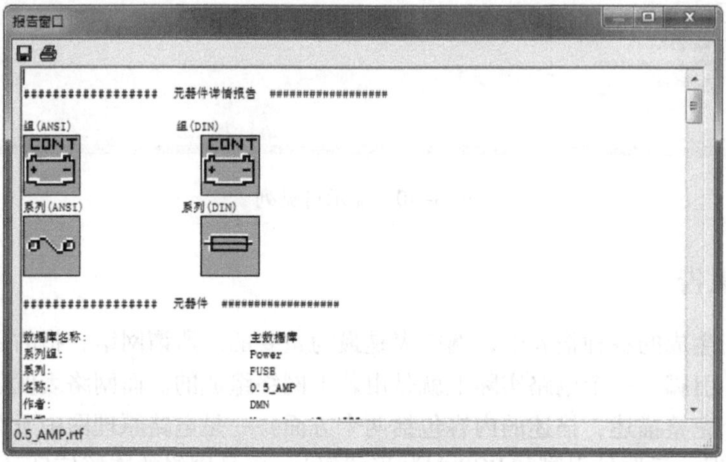

图 8-12 “报告窗口”对话框

8.2.4 交叉引用元器件报表

交互参考表显示元器件所在元器件库及元器件库路径等详细信息。

选择“交叉引用报表”命令，弹出如图 8-13 所示的“交叉引用报表”对话框，显示交互参考表参数。

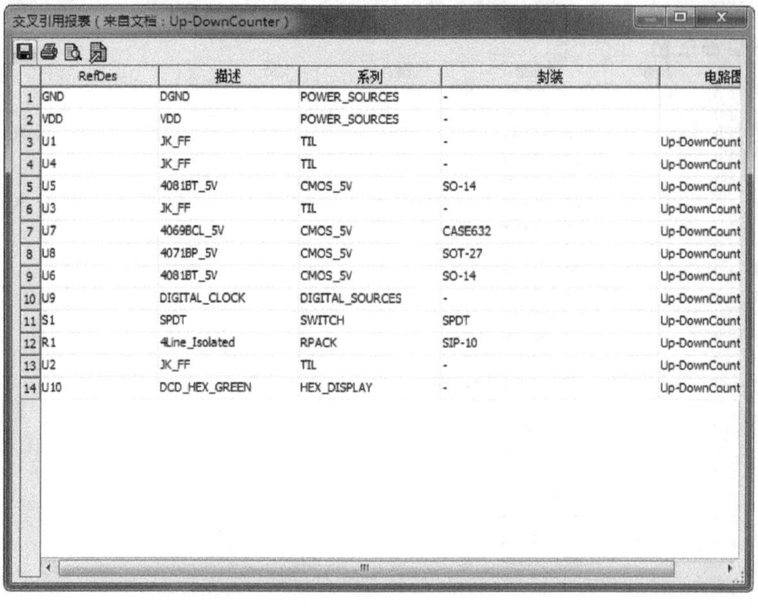

交叉引用报表（来自文档：Up-DownCounter）

	RefDes	描述	系列	封装	电路图
1	GND	DGND	POWER_SOURCES	-	
2	VDD	VDD	POWER_SOURCES	-	
3	U1	JK_FF	TIL	-	Up-DownCount
4	U4	JK_FF	TIL	-	Up-DownCount
5	U5	4081BT_5V	CMOS_5V	SO-14	Up-DownCount
6	U3	JK_FF	TIL	-	Up-DownCount
7	U7	4069BCL_5V	CMOS_5V	CASE632	Up-DownCount
8	U8	4071BP_5V	CMOS_5V	SOT-27	Up-DownCount
9	U6	4081BT_5V	CMOS_5V	SO-14	Up-DownCount
10	U9	DIGITAL_CLOCK	DIGITAL_SOURCES	-	Up-DownCount
11	S1	SPDT	SWITCH	SPDT	Up-DownCount
12	R1	4Line_Isolated	RPACK	SIP-10	Up-DownCount
13	U2	JK_FF	TIL	-	Up-DownCount
14	U10	DCD_HEX_GREEN	HEX_DISPLAY	-	Up-DownCount

图 8-13 “交叉引用报表”对话框

8.2.5 原理图统计数据报告

选择“原理图统计数据”命令，弹出如图 8-14 所示“原理图统计数据报告”对话框，显示设计文件的各个项目（元器件、网络和页等）在系统中的数目。

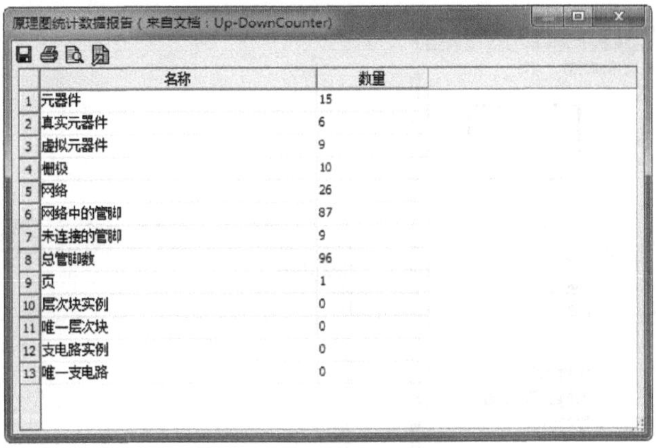

	名称	数量
1	元器件	15
2	真实元器件	6
3	虚拟元器件	9
4	栅级	10
5	网络	26
6	网络中的管脚	87
7	未连接的管脚	9
8	总管脚数	96
9	页	1
10	层次块实例	0
11	唯一层次块	0
12	支电路实例	0
13	唯一支电路	0

图 8-14 “原理图统计数据报告”对话框

8.2.6 多余门电路报告

选择“多余门电路报告”命令，弹出如图 8-15 所示“多余门电路报告“对话框，显示电路图中包含门电路的元器件，即多部件元器件。

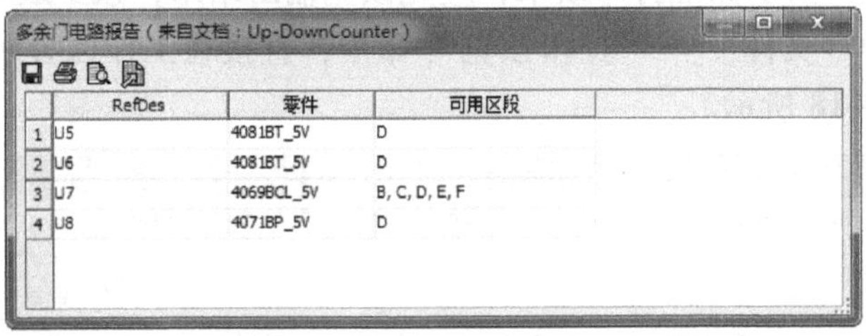

	RefDes	零件	可用区段
1	U5	4081BT_5V	D
2	U6	4081BT_5V	D
3	U7	4069BCL_5V	B, C, D, E, F
4	U8	4071BP_5V	D

图 8-15 显示多部件元器件

8.3 打印输出

为方便原理图的浏览、交流，经常需要将原理图打印到图纸上。NI Multisim 提供了直接将原理图打印输出的功能。

8.3.1 设置打印属性

在打印之前首先进行页面设置，同时，要确认一下打印机的相关设置是否适当。

选择菜单栏中的“文件”→“打印选项”→“电路图打印属性”命令，弹出图 8-16 所示的“电路图打印机设置”对话框，下面介绍该对话框中的选项。

1）在“页边距”选项组中显示页边距大小及单位。

2）在“页面方向”选项卡中设置横向或纵向。

3）在“缩放”选项组下设置打印比例，包括适应页面大小、140%、100%、75%、

50% 和自定义大小。

4）在“输出选项”选项组下设置打印颜色。

选择菜单栏中的“文件”→“打印选项”→“打印仪器”命令，弹出如图 8-17 所示的“打印仪器”对话框，选择打印机。

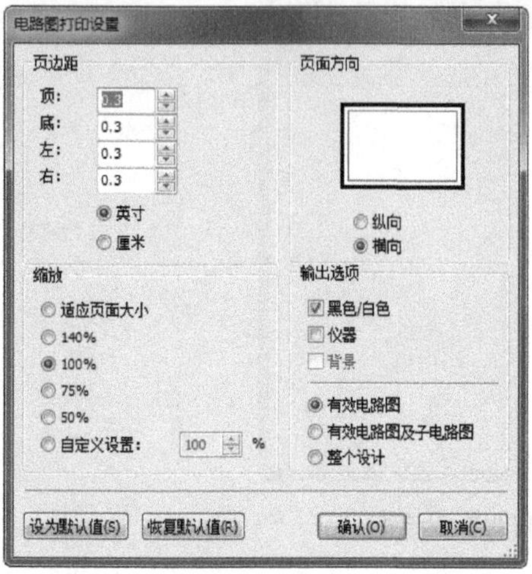

图 8-16 “电路图打印设置”对话框

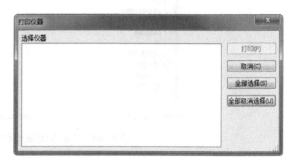

图 8-17 “打印仪器”对话框

8.3.2 打印预览

在打印设置完后，为了保证打印效果，应先预览输出结果，减少成本浪费。

选择菜单栏中的“文件”→“打印预览”命令，直接在工作区显示打印预览效果，查看打印效果，如图 8-18 所示。

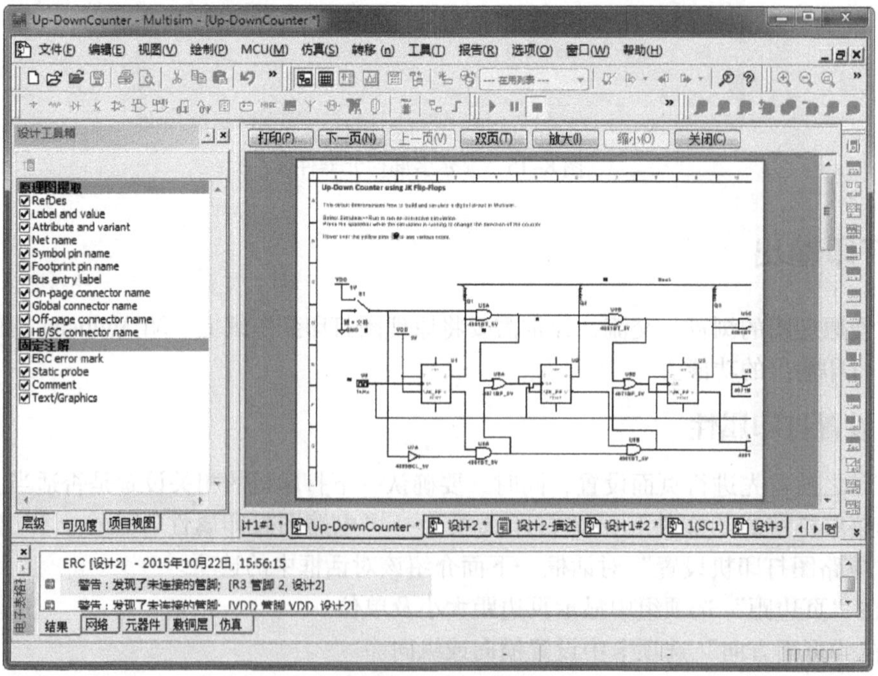

图 8-18 预览结果

在显示过程中可以进行放大、缩小，调整到适宜大小，同时还可双页显示，如图 8-19 所示。

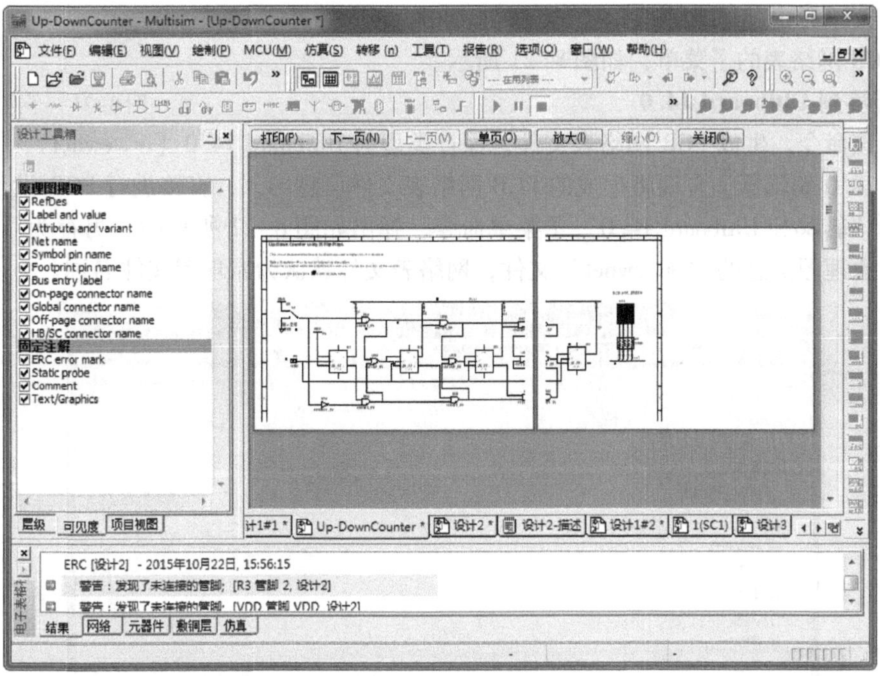

图 8-19　双页显示

8.3.3　打印

选择要打印的某个原理图文件，选择菜单栏中的“文件”→“打印”命令，弹出“打印”对话框，如图 8-20 所示。

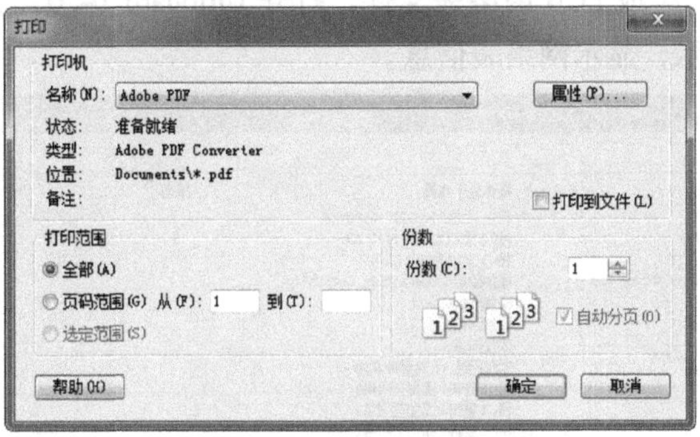

图 8-20　“打印”对话框

选择好打印机，并设置好打印范围及份数后，单击“确定”按钮，开始打印。

8.4　PCB 网络表文件

绘制原理图的目的不止是按照电路要求连接元器件，最终目的是要设计出电路板。要设计电路板，就必须建立 PCB 网络表，对于 Multisim 来说，生成 PCB 网络表是它的一项特殊功能。在 Ultiboard 中，PCB 网络表是进行 PCB 设计的基础。PCB 网络表是连接电路图与 PCB 的桥梁，原理图的信息通过网络表导入到 PCB 中。

选择菜单栏中的“转移”→“转移到 Ultiboard”命令，弹出生成 PCB 网络表的子菜单，如图 8-21 所示。

图 8-21　子菜单

1. 转移到 Ultiboard 14.0

选择该命令，生成 PCB 网络表文件，保存类型为 Ultiboard 14.0（ *. ewnet），同时打开 Ultiboard 14.0 编辑器，自动将生成的 PCB 网络表文件信息导入，直接进行 PCB 设计。

选择“转移到 Ultiboard 14.0”子菜单命令，弹出如图 8-22 所示的“另存为”对话框，保存包含原理图信息的“ *. ewnet”文件，网络表文件默认为原理图文件名称。

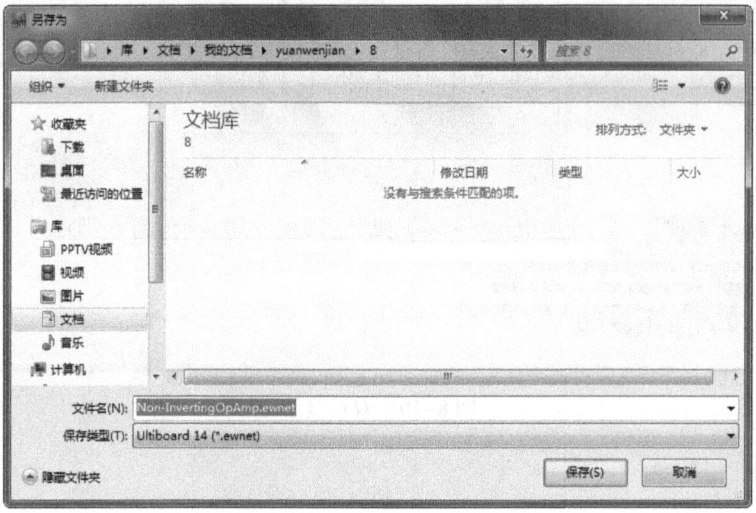

图 8-22　“另存为”对话框

单击按钮，生成 PCB 网络表文件，打开 Ultiboard 14.0，自动弹出“导入网表”对话框，如图 8-23 所示，显示网络表信息。

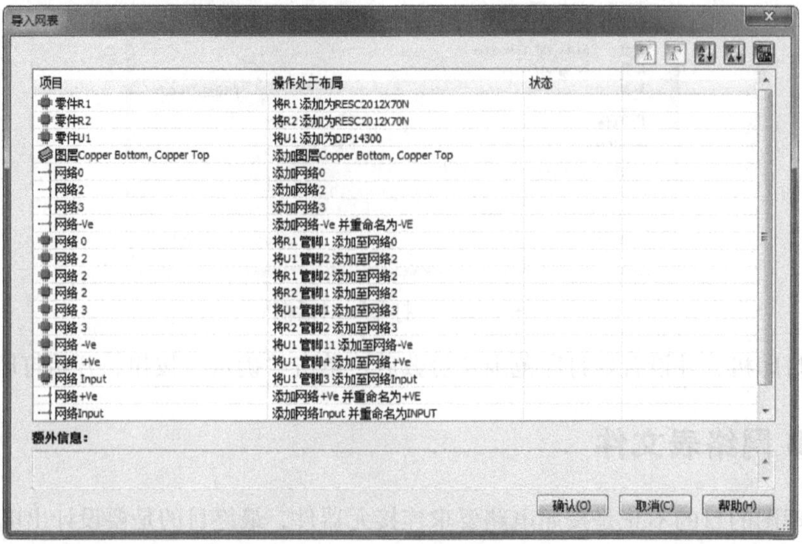

图 8-23　“导入网表”对话框

2. 转移到 Ultiboard 文件

选择该命令，生成 PCB 网络表文件，保存类型为 Ultiboard 5.0～14.0 （ *.ewnet)，如图 8-24 所示。

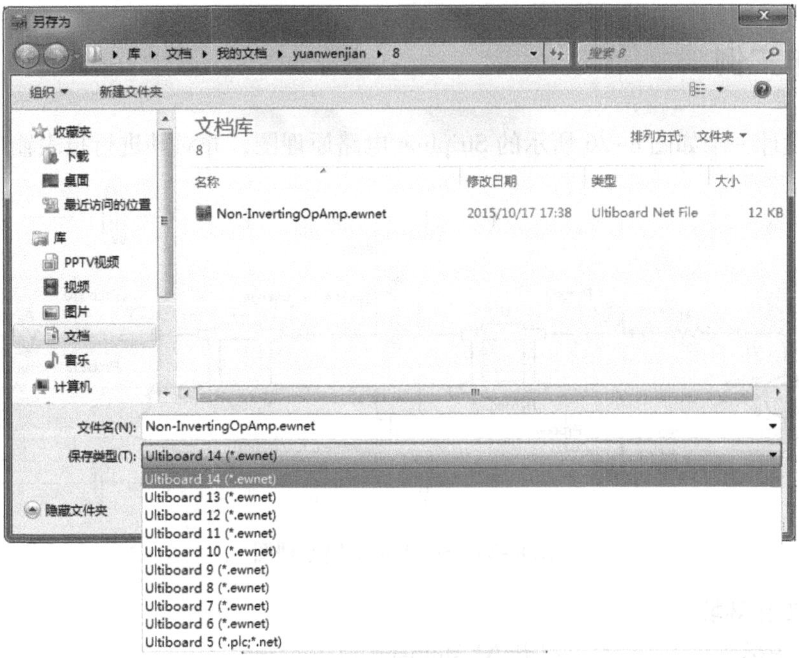

图 8-24 “另存为”对话框

8.5 与其他软件的链接

选择菜单栏中的“转移”→“导出到其他 PCB 布局文件”命令，弹出其他 PCB 格式文件的选择对话框，如图 8-25 所示。

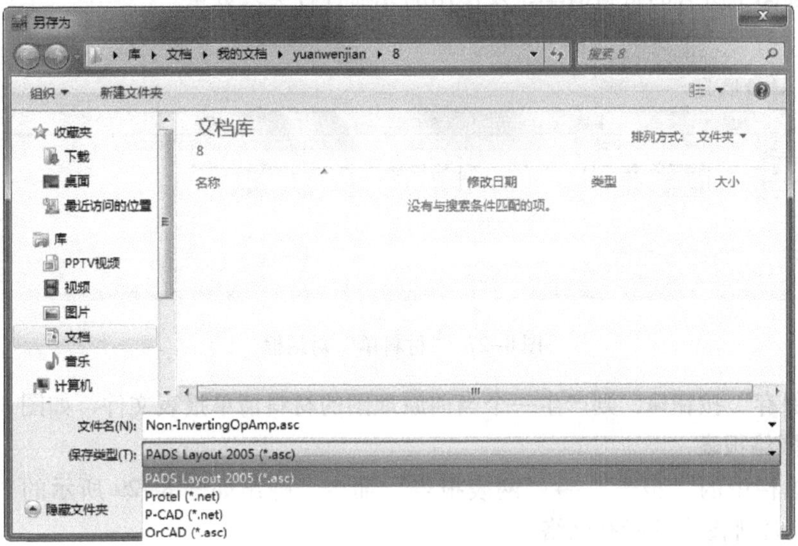

图 8-25 “另存为”对话框

在“保存类型”下拉列表中显示 PADS、Protel、P - CAD、OrCAD 格式的网络表文件，将转换格式的文件导入到对应的软件中，即可显示打开原理图对应的 PCB 文件，完整显示原理图信息，完成不同软件的信息同步。

8.6 操作实例

本实例设计一个如图 8-26 所示的 Stripline 电路原理图，并对其进行报表输出操作。

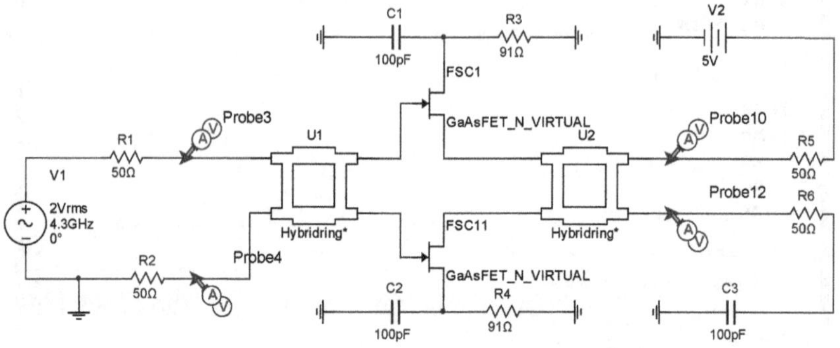

图 8-26　Stripline 电路原理图

1. 设置工作环境

1）单击图标 NI Multisim 14.0，打开 NI Multisim 14. 0。

2）选择菜单栏中的“文件”→“打开”命令或单击“标准”工具栏中的“打开”按钮，或按快捷键〈Ctrl〉+〈O〉，弹出“文件打开”对话框，在设计文件保存路径下打开设计文件“Stripline. ms14”。

2. 生成材料报表

选择菜单栏中的“报告”→“材料单”命令，弹出如图 8-27 所示的“材料单”对话框，显示原理图中所有的材料清单，及使用的元器件种类及数量。

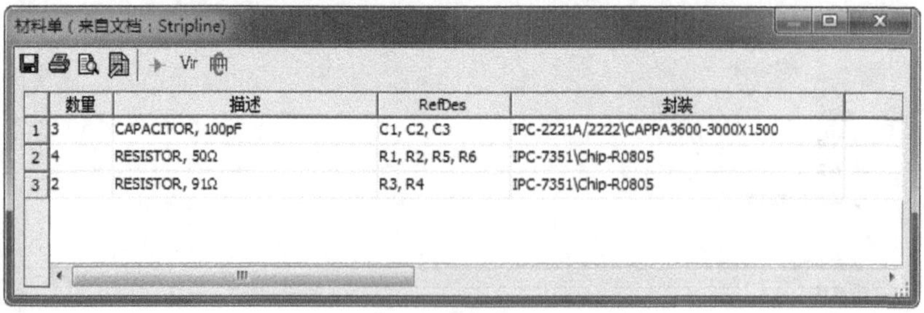

	数量	描述	RefDes	封装
1	3	CAPACITOR, 100pF	C1, C2, C3	IPC-2221A/2222\CAPPA3600-3000X1500
2	4	RESISTOR, 50Ω	R1, R2, R5, R6	IPC-7351\Chip-R0805
3	2	RESISTOR, 91Ω	R3, R4	IPC-7351\Chip-R0805

图 8-27　“材料单”对话框

单击“保存”按钮，则产生一个当前原理图的材料清单报表文件，如图 8-28 所示。

3. 生成网络报表

选择菜单栏中的“报告”→“网表报告”命令，弹出如图 8-29 所示的“网表报告”对话框，显示原理图中的所有网络。

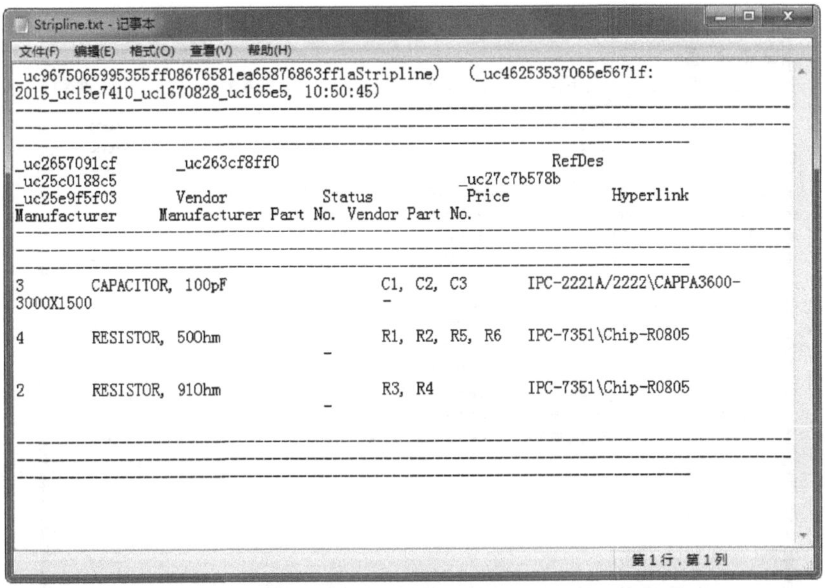

图 8-28　材料清单报表格式

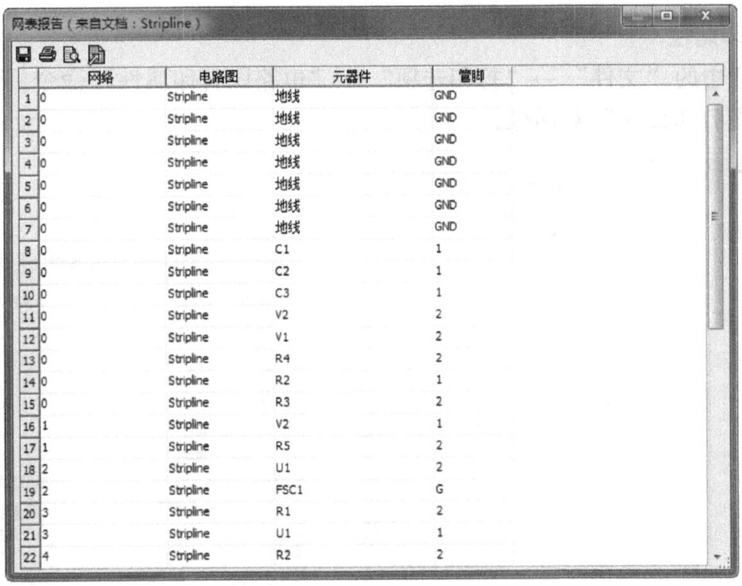

	网络	电路图	元器件	管脚
1	0	Stripline	地线	GND
2	0	Stripline	地线	GND
3	0	Stripline	地线	GND
4	0	Stripline	地线	GND
5	0	Stripline	地线	GND
6	0	Stripline	地线	GND
7	0	Stripline	地线	GND
8	0	Stripline	C1	1
9	0	Stripline	C2	1
10	0	Stripline	C3	1
11	0	Stripline	V2	2
12	0	Stripline	V1	2
13	0	Stripline	R4	2
14	0	Stripline	R2	1
15	0	Stripline	R3	2
16	1	Stripline	V2	1
17	1	Stripline	R5	2
18	2	Stripline	U1	2
19	2	Stripline	FSC1	G
20	3	Stripline	R1	2
21	3	Stripline	U1	1
22	4	Stripline	R2	2

图 8-29　“网表报告”对话框

4. 交叉引用元器件报表

选择菜单栏中的“报告”→“交叉引用报表”命令，弹出图 8-30 所示的“交叉引用报表”对话框，显示交互参考表参数。

5. 原理图统计数据报告

选择菜单栏中的“报告”→“原理图统计数据”命令，弹出如图 8-31 所示“原理图统计数据报告”对话框，显示设计文件的各个项目（元器件、网络和页等）在系统中的数目。

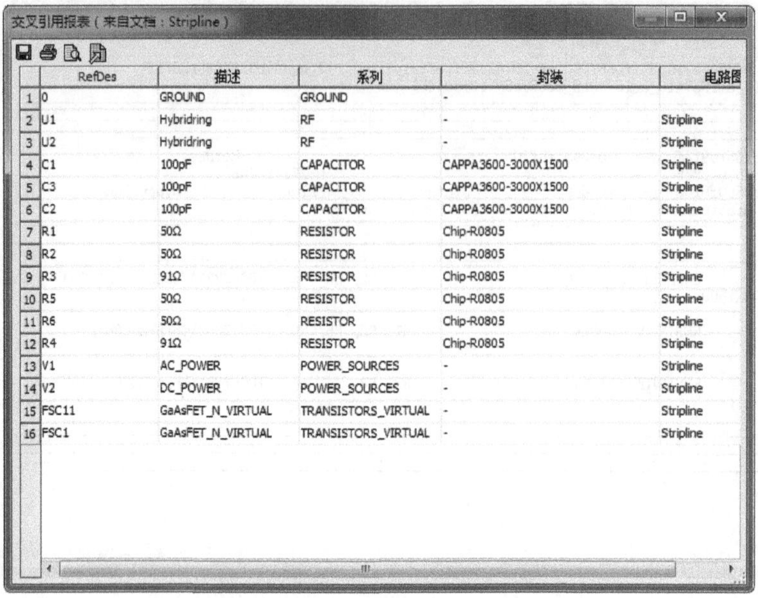

交叉引用报表（来自文档：Stripline）

	RefDes	描述	系列	封装	电路图
1	0	GROUND	GROUND	-	
2	U1	Hybridring	RF	-	Stripline
3	U2	Hybridring	RF	-	Stripline
4	C1	100pF	CAPACITOR	CAPPA3600-3000X1500	Stripline
5	C3	100pF	CAPACITOR	CAPPA3600-3000X1500	Stripline
6	C2	100pF	CAPACITOR	CAPPA3600-3000X1500	Stripline
7	R1	50Ω	RESISTOR	Chip-R0805	Stripline
8	R2	50Ω	RESISTOR	Chip-R0805	Stripline
9	R3	91Ω	RESISTOR	Chip-R0805	Stripline
10	R5	50Ω	RESISTOR	Chip-R0805	Stripline
11	R6	50Ω	RESISTOR	Chip-R0805	Stripline
12	R4	91Ω	RESISTOR	Chip-R0805	Stripline
13	V1	AC_POWER	POWER_SOURCES	-	Stripline
14	V2	DC_POWER	POWER_SOURCES	-	Stripline
15	FSC11	GaAsFET_N_VIRTUAL	TRANSISTORS_VIRTUAL	-	Stripline
16	FSC1	GaAsFET_N_VIRTUAL	TRANSISTORS_VIRTUAL	-	Stripline

图 8-30 “交叉引用报表”对话框

6. 设置打印属性

选择菜单栏中的“文件”→“打印选项”→“电路图打印属性”命令，弹出如图 8-32 所示的“电路图打印设置”对话框，

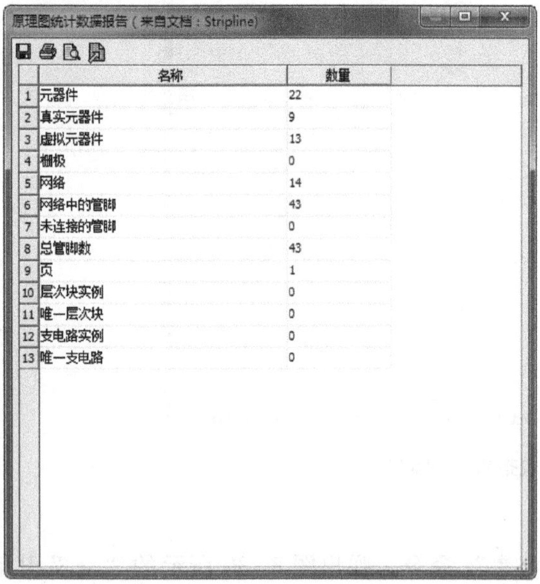

原理图统计数据报告（来自文档：Stripline）

	名称	数量
1	元器件	22
2	真实元器件	9
3	虚拟元器件	13
4	栅极	0
5	网络	14
6	网络中的管脚	43
7	未连接的管脚	0
8	总管脚数	43
9	页	1
10	层次块实例	0
11	唯一层次块	0
12	支电路实例	0
13	唯一支电路	0

图 8-31 “原理图统计数据报告”对话框

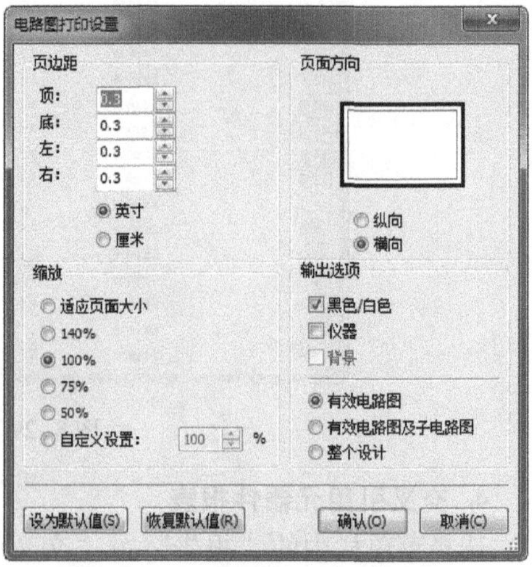

图 8-32 “电路图打印设置”对话框

选择默认设置，单击“确认”按钮，关闭对话框。在打印设置完后，为了保证打印效果，应先预览输出结果，减少成本浪费。

选择菜单栏中的“文件”→“打印预览”命令，直接在工作区显示打印预览效果，查看打印效果，如图 8-33 所示。

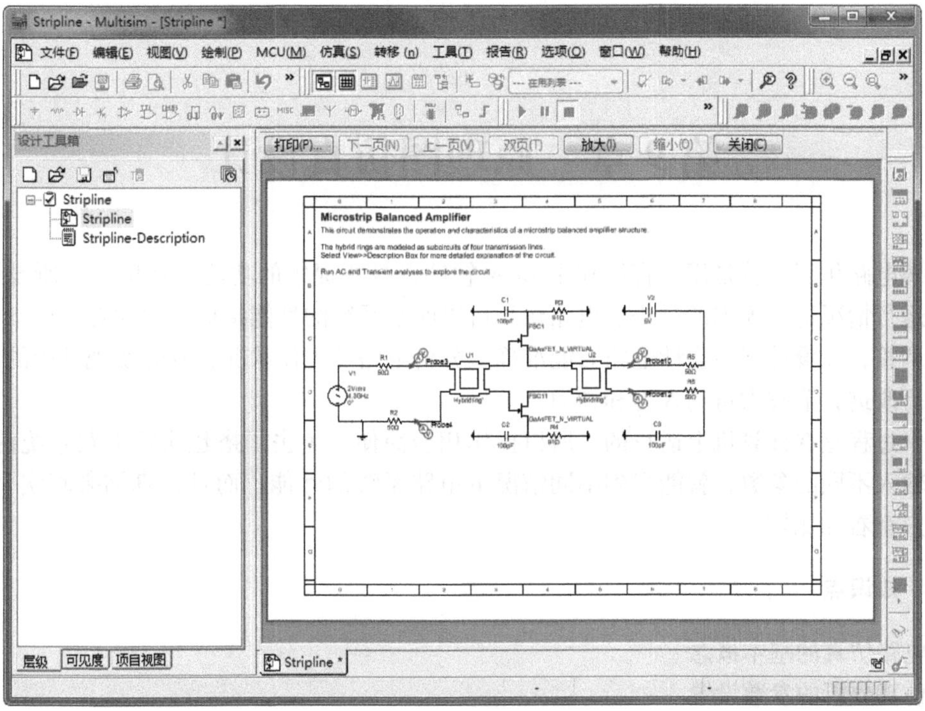

图 8-33　预览结果

在显示过程中可进行放大、缩小，调整到适宜大小，单击“打印”按钮，可直接打印该电路图。

第 9 章　原理图仿真设计

所谓电路仿真，就是用户直接利用 EDA 软件自身所提供的功能和环境，对所设计电路的实际运行情况进行模拟的过程。电路仿真可以明确系统的性能指标并据此对各项参数进行适当地调整，让设计者在设计电路时能准确地分析电路的工作状况，及时发现其中的设计缺陷并进行改进，节省大量的人力和物力。

整个过程是在计算机上运行的，所以操作相当简便，免去了搭建实际电路系统的不便，只需要输入不同的参数，就能得到不同情况下电路系统的性能，而且仿真结果真实、直观，便于用户查看和比较。

知识点

- 电路仿真的基本概念
- 仿真分析的参数设置
- 电路仿真的基本方法

9.1　电路仿真的基本概念

在具有仿真功能的 EDA 软件出现之前，设计者为了对自己所设计的电路进行验证，一般使用面板来搭建实际的电路系统，然后对一些关键的电路节点进行测试，通过观察示波器上的测试波形来判断是否达到设计要求。如果没有达到，则需要对元器件进行更换，有时甚至要调整电路结构，重建电路系统，然后再进行测试，直到达到设计要求为止。整个过程冗长而烦琐，工作量非常大 。

使用软件进行电路仿真，则是把上述过程全部搬到了计算机中，同样要搭建电路系统（绘制电路仿真原理图）、测试电路节点（执行仿真命令），而且也需要查看相应节点（中间节点和输出节点）处的电压或电流波形，依此做出判断并进行调整。但在计算机中进行操作，其过程轻松，操作方便，只需要借助于一些仿真工具和仿真操作即可完成。

仿真中涉及以下几个基本概念。

- 仿真元器件：用户进行电路仿真时使用的元器件，要求具有仿真属性。
- 仿真原理图：用户根据具体电路的设计要求，使用原理图编辑器及具有仿真属性的元器件所绘制而成的电路原理图。
- 仿真激励源：用于模拟实际电路中的激励信号。
- 节点网络标签：如果要测试电路中的多个节点，应该分别放置一个有意义的网络标签，便于明确查看每一节点的仿真结果（电压或电流波形）。
- 仿真方式：仿真方式有多种，对于不同的仿真方式，其参数设置也不尽相同，用户应根据具体的电路要求来选择仿真方式。

- 仿真结果：一般以波形的形式给出，不仅仅局限于电压信号，每个元器件的电流及功耗波形都可以在仿真结果中观察到。

9.2 电路仿真的基本步骤

下面介绍一下 NI Multisim 14.0 电路仿真的具体操作步骤。

（1）编辑仿真原理图

绘制仿真原理图时，图中所使用的元器件都必须具有仿真属性。如果某个元器件不具有仿真属性，则在仿真时将出现错误信息。对仿真元器件的属性进行修改，需要增加一些具体的参数设置，例如晶体管的放大倍数、变压器的初级和次级的匝数比等。

（2）设置仿真激励源

所谓仿真激励源就是输入信号，使电路可以开始工作。仿真常用激励源有直流源、脉冲信号源及正弦信号源等。

放置好仿真激励源之后，就需要根据实际电路的要求修改其属性参数，例如激励源的电压电流幅度、脉冲宽度、上升沿和下降沿的宽度等。

（3）放置节点网络标号

这些网络标号放置在需要测试的电路位置上。

（4）设置仿真方式及参数

不同的仿真方式需要设置不同的参数，显示的仿真结果也不同。用户要根据具体电路的仿真要求设置合理的仿真方式。

（5）执行仿真命令

将以上设置完成后，执行菜单命令“仿真”→“运行”，启动仿真命令。若电路仿真原理图中没有错误，系统将给出仿真结果；若仿真原理图中有错误，系统自动中断仿真，显示电路仿真原理图中的错误信息。

（6）分析仿真结果

用户可以在文件中查看、分析仿真的波形和数据。若对仿真结果不满意，可以修改电路仿真原理图中的参数，再次进行仿真，直到满意为止。

9.3 电源元器件

NI Multisim 14.0 提供了电源元器件，存储在指示器集成库中。电源元器件就是仿真时输入到仿真电路中的电源，常用的电源元器件有电压表和电流表。

选择菜单栏中的“视图”→“工具栏”→“测量工具”命令，弹出如图 9-1 所示的“测量部件”工具栏，该工具栏包括 13 个功能按钮，前 4 个表示安培计，后 4 个表示伏特计。

图 9-1 “测量部件”工具栏

9.3.1 电压表

电压表存储在指示元器件库中，在使用中数量没有限制，因为引线方向不同分为 4 种电压表，分别是水平、水平旋转、垂直、垂直旋转，显示图标如图 9-2 所示。

电压表用于测量电路中两点间的电压。测量时，将电压表与被测电路的两点并联，如图 9-3 所示。

双击电压表图标，弹出“伏特计”对话框，如图 9-4 所示，设置电压表交、直流工作模式及其他参数。该对话框包括标签、显示、值、故障、引脚、变体和用户字段内容的设置，设置方法与元器件中标签、编号、数值、引脚片等参数的设置方法相同，这里不再赘述。

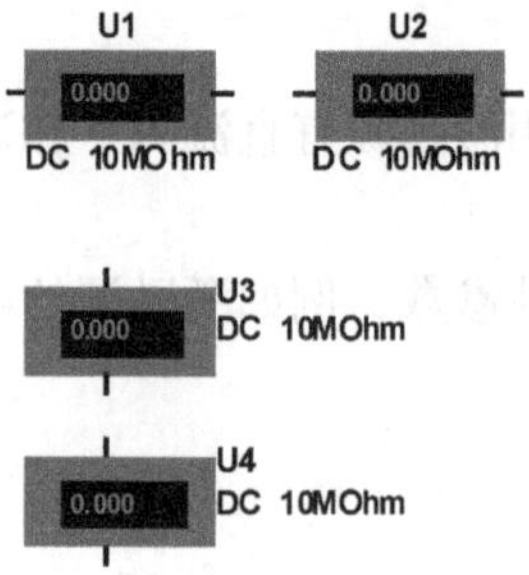

图 9-2　电压表图标

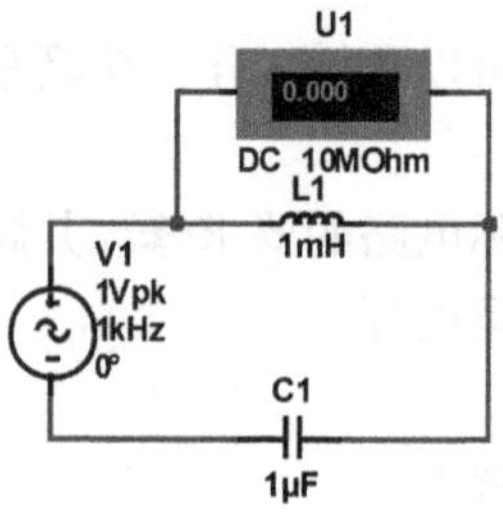

图 9-3　并联电压表

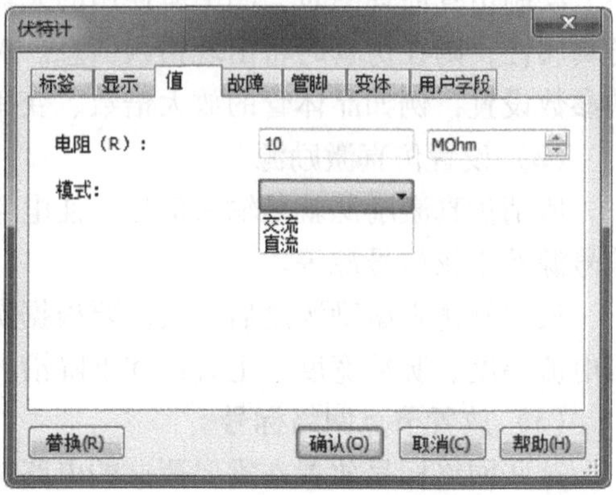

图 9-4　“伏特计”对话框

注意

电压表预置的内阻很高，在 1 MΩ 以上。然而，在低电阻电路中使用极高内阻电压表，仿真时可能会产生错误。

9.3.2　电流表

电流表存储在指示元器件库中，在使用中数量没有限制，安培计因为引线方向不同分为 4 种，分别是水平、水平旋转、垂直、垂直旋转，显示图标如图 9-5 所示。

电流表用来测量电路回路中的电流。测量时将它串联在被测电路回路中，如图 9-6 所示。

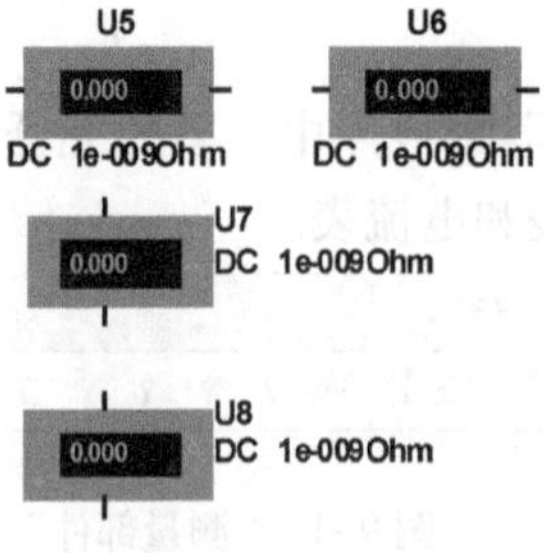

图 9-5　电流表图标

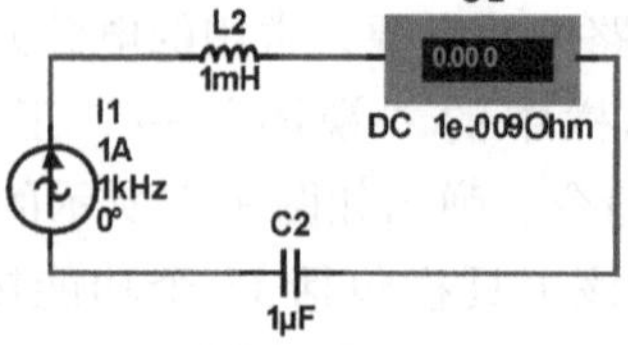

图 9-6　串联电流表

双击电流表图标，弹出“安培计”对话框，如图 9-7 所示，设置电流表交、直流工作模式及其他参数。该对话框包括标签、显示、值、故障、引脚、变体和用户字段内容的设置，设置方法与元器件中标签、编号、数值、引脚片等参数的设置方法相同，这里不再赘述。

图 9-7 “安培计”对话框

9.4 仿真激励源

NI Multisim 14.0 提供了多种仿真激励源，存储在集成库中，供用户选择使用。在“信号源元器件”工具栏中显示仿真所需要的仿真电压源与电流源，如图 9-8 所示。在使用时，均被默认为理想的激励源，即电压源的内阻为零，电流源的内阻为无穷大。

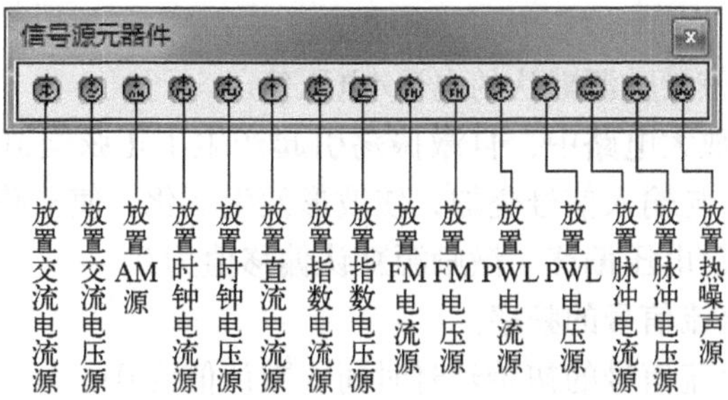

图 9-8 “信号源元器件”工具栏

仿真激励源就是仿真时输入到仿真电路中的测试信号，根据观察这些测试信号通过仿真电路后的输出波形，用户可以判断仿真电路中的参数设置是否合理。

常用的仿真激励源有直流电流源、交流信号激励源、周期脉冲源、指数激励源、单频调频激励源等。

9.4.1 交流信号激励源

交流信号激励源包括交流电压源 AC_VOLTAGE 和交流电流源 AC_CURRENT，如图 9-9 所示。它们主要用于产生交流电压和交流电流，用以交流小信号分析和瞬态分析。

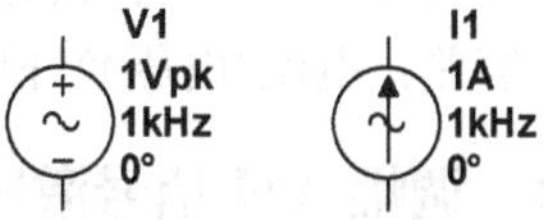

图 9-9 交流电压源 AC_VOLTAGE 和交流电流源 AC_CURRENT

如图 9-10、图 9-11 所示为交流信号电压源和电流源的仿真参数设置对话框。

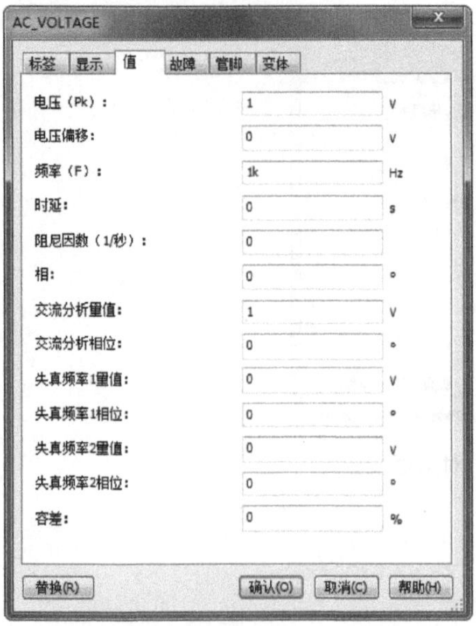

图 9-10　交流信号电压源的仿真参数设置对话框

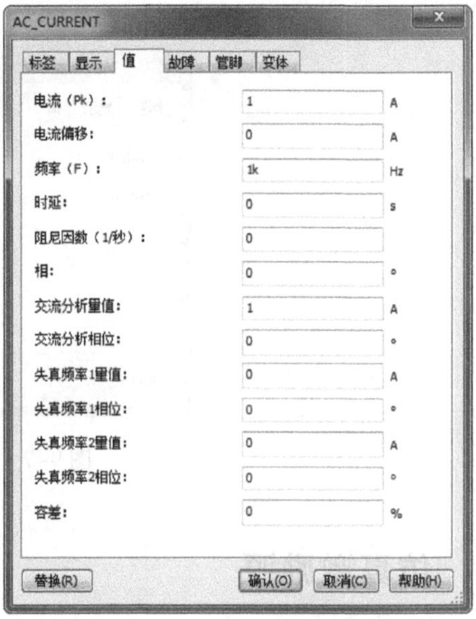

图 9-11　交流信号电流源的仿真参数设置对话框

在交流信号激励源参数设置对话框中，需要设置的参数比较多，常用的参数的具体意义如下。

- 电流/电压：设置该激励源默认的电流/电压值。
- 电流/电压偏移：放大电路中，自激振荡引起产生了正弦交流信号，信号的频率如果和输入信号接近，与输入信号叠加，使波形发生变化，使电路的直流静态工作点会发生偏移，产生电流/电压偏移。激励源默认偏移值为 0。
- 频率：用于设置交流信号的频率。
- 时延：用于设置交流信号的初始延时时间，默认值为 0 s。
- 阻尼因数：用于设置交流信号的阻尼因子。
- 相：或者叫作相位，用于设置交流信号的相位。
- 交流分析量值：用于设置交流分析的电流/电压值。
- 交流分析相位：用于设置交流分析的相位。
- 失真频率 1 量值：设置由于线性电抗元器件所引起的失真频率 1 的量值，默认值为 1。
- 失真频率 1 相位：设置失真频率 1 的相位，默认值为 0°。
- 失真频率 2 量值：设置失真频率 1 的相位，默认值为 0。
- 失真频率 2 相位：设置失真频率 1 的相位，默认值为 0°。
- 容差：电流/电压允许出现的正负偏差值，默认值为 0%。

9.4.2　调幅 AM 信号激励源

模拟调制一般是指调制信号和载波，都是连续波的调制方式，用来为仿真电路提供一个可变化的仿真信号。有调幅、调频和调相 3 种基本形式。

调幅是指用调制信号控制载波的振幅，使载波的振幅随着调制信号变化，已调波称为调幅波，调幅波包络的形状反映调制信号的波形。调幅系统实现简单，但抗干扰性差，传输时信号容易失真。调幅信号激励源 AM_VOLTAGE 也称之为 AM 源，如图 9-12 所示。

调幅信号激励源的仿真参数设置对话框如图 9-13 所示。

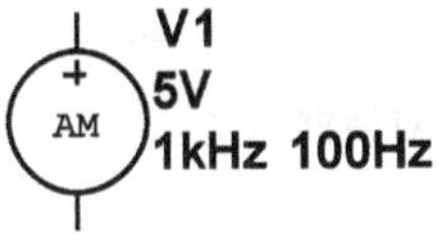

图 9-12　AM 信号激励源 AM_VOLTAGE

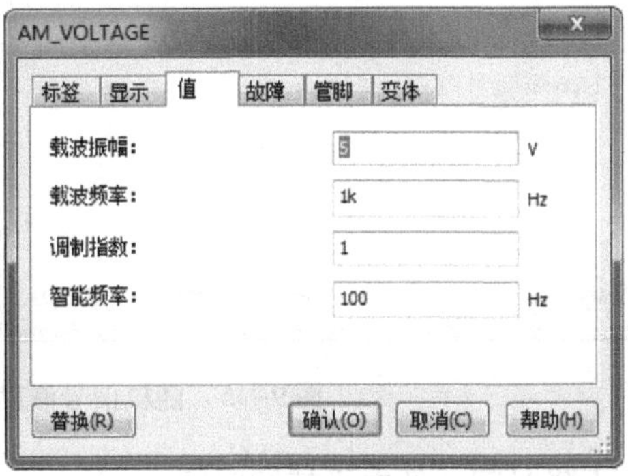

图 9-13　调幅信号激励源的仿真参数设置对话框

- 载波振幅：调幅波的振幅，默认值为 5 V。
- 载波频率：用于设置调幅波的频率。
- 调制指数：也被称为带宽效率，较高的 h 会有较高的设备费用、复杂性、线性以及为了保持与低 h 系统相同的误比特率而引起的 SNR 的增加。
- 智能频率：用于设置调制信号的频率。

9.4.3　时钟信号激励源

时钟信号激励源用于提供时钟信号，时钟信号是时序逻辑的基础，用于决定逻辑单元中的状态何时更新。时钟边沿触发信号致使所有的状态都发生在时钟边沿时刻到来，只有上升沿和下降沿才是有效信号。时钟信号实质上是一个频率、占空比及幅度皆可调的方波发生器，只有固定周期并与运行无关的信号。

此信号是由若干条相连的直线组成的规则的信号，包括两种：时钟信号电压源 CLOCK_VOLTAGE 和时钟信号电流源 CLOCK_CURRENT，如图 9-14 所示。

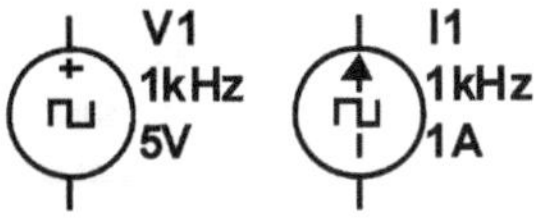

图 9-14　时钟信号电压源 CLOCK_VOLTAGE 和时钟信号电流源 CLOCK_CURRENT

时钟信号激励源的仿真参数设置对话框如图 9-15 所示。

- 频率：设置时钟信号的频率。
- 占空比：高低电平所占的时间比率。占空比越大，电路开通时间就越长，整体机能就越高。
- 电流：设置时钟信号的频率。
- 上升时间：高电平持续时间。

图 9-15　随机信号激励源的仿真参数设置对话框

- 下降时间：低电平持续时间。

9.4.4　直流电流源

集成库中提供的直流电流源 DC_CURRENT 如图 9-16 所示。

直流电流源在仿真原理图中分别为仿真电路提供一个不变的直流电流信号。双击放置的直流电源，打开属性设置对话框，如图 9-17 所示。

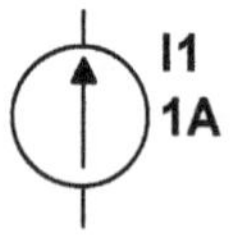

图 9-16　直流电流源 DC_CURRENT

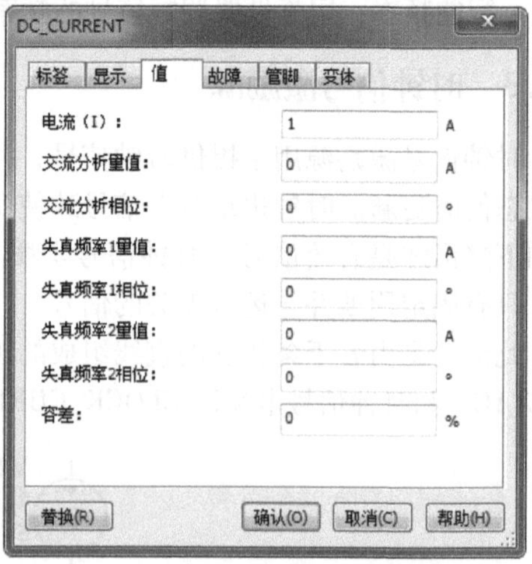

图 9-17　直流电源的仿真参数设置

该对话框中的参数与交流激励源中的类似，这里不再赘述。

9.4.5　指数函数信号激励源

指数函数信号激励源为仿真电路提供指数形状的电流或电压信号，常用于高频电路仿真中，包括两种：指数电压源 EXPONENTIAL_VOLTAGE 和指数电流源 EXPONENTIAL_CURRENT，如图 9-18 所示。

指数函数信号激励源的仿真参数设置对话框如图 9-19 所示。

图 9-18　指数电压源 EXPONENTIAL_VOLTAGE 和指数电流源 EXPONENTIAL_CURRENT

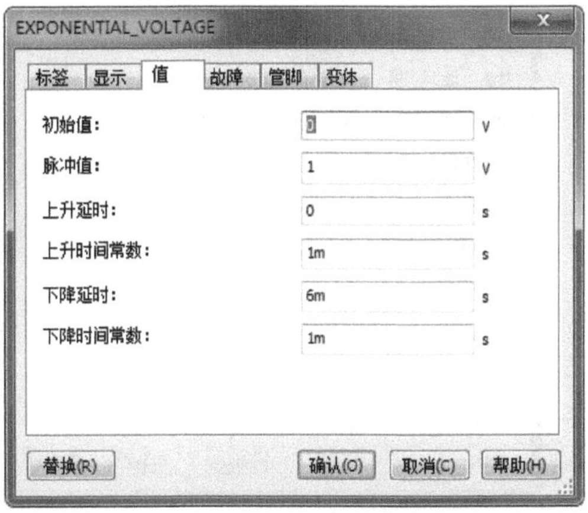

图 9-19　指数函数信号激励源的仿真参数设置对话框

- 初始值：用于设置指数函数信号的初始幅值。
- 脉冲值：用于设置指数函数信号的跳变值。
- 上升延时：用于设置信号上升延迟时间。
- 上升时间常数：用于设置信号上升时间。
- 下降延时：用于设置信号下降延迟时间。
- 下降时间常数：用于设置信号下降时间。

9.4.6　调频 FM 信号激励源

调频波激励源为仿真电路提供一个频率可变化的仿真信号，一般在高频电路仿真时使用。已调波称为调频波。调频波的振幅保持不变，调频波的瞬时频率偏离载波频率的量与调制信号的瞬时值成比例。调频系统实现稍复杂，占用的频带远较调幅波要宽，因此必须工作在超短波波段。但抗干扰性能好，传输时信号失真小，设备利用率也较高。

调频波激励源包括两种：调频电压源 FM_VOLTAGE 和调频电流源 FM_CURRENT，如图 9-20 所示。

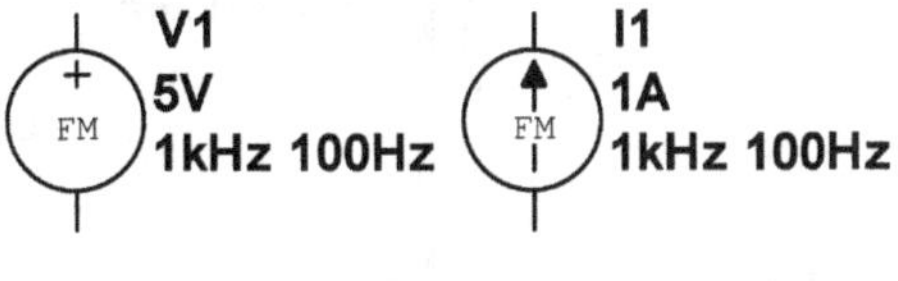

图 9-20　调频电压源 FM_VOLTAGE 和调频电流源 FM_CURRENT

调频波激励源的仿真参数设置对话框如图 9-21 所示。

- 电压/电流振幅：用于设置交流小信号分析的电压/电压值，通常设置为 1 V/A。
- 电压/电流偏移：用于设置叠加在调频信号上的直流分量。
- 载波频率：用于设置调频信号载波频率。
- 调制指数：用于设置调制系数。
- 智能频率：用于设置调制信号的频率。

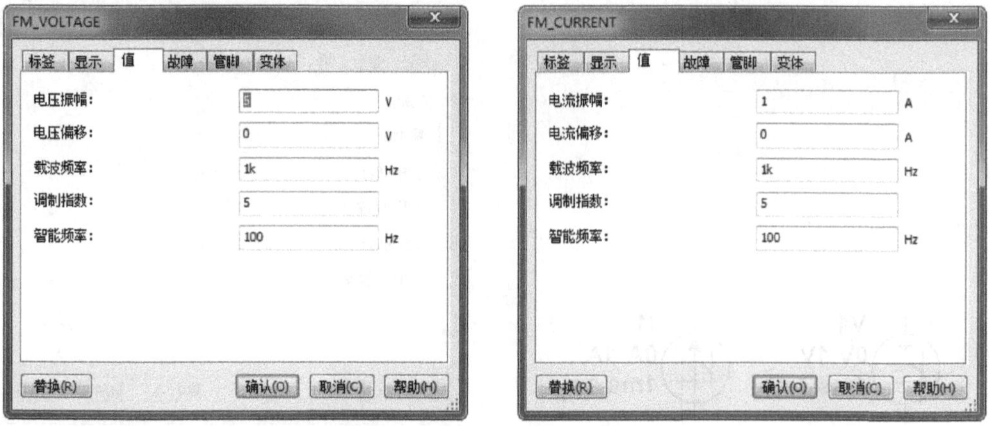

图 9-21　调频波激励源的仿真参数设置对话框

9.4.7　功率 PWL 信号源

功率信号源包括 PWL 电压源和 PWL 电流源两种，如图 9-22 所示。用于产生功率变化引起的连续电压和电流。

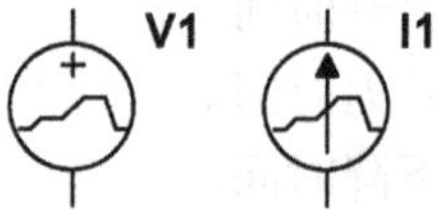

图 9-22　功率 PWL 电压源和功率 PWL 电流源

功率信号源的仿真参数设置对话框如图 9-23 所示。

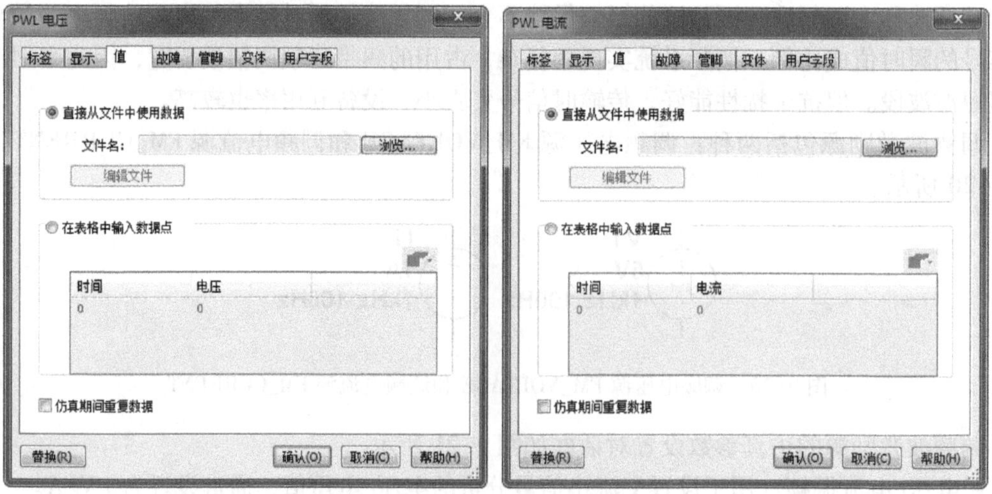

图 9-23　功率信号源的仿真参数设置对话框

该激励源有两种参数设置方法。

- 直接从文件中使用数据：选择该单选钮，激活“文件名”选项，单击“浏览”按钮，选择保存数据的文件，使用其中的数据作为该激励源的参数值。

- 在表格中输入数据点：选择该单选钮，在下面的“时间/电流”表格中输入需要的参数值。

9.4.8 周期性脉冲信号源

周期性脉冲信号源包括脉冲电压源 PULSE_VOLTAGE 和脉冲电流源 PULSE_CURRENT 两种，如图 9-24 所示。用于产生周期性的连续脉冲电压和电流。

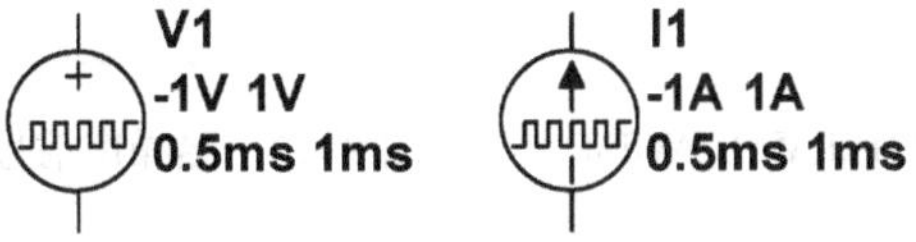

图 9-24 脉冲电压源 PULSE_VOLTAGE 和脉冲电流源 PULSE_CURRENT

周期性脉冲信号源的仿真参数设置对话框如图 9-25 所示。

- 初始值：用于设置脉冲信号的初始电压值或电流值。
- 脉冲值：用于设置脉冲信号的电压或电流幅值。
- 延时；用于设置脉冲信号的从初始值变化到脉冲值的延迟时间。
- 上升时间：用于设置脉冲信号的上升时间。
- 下降时间：用于设置脉冲信号的下降时间。
- 脉冲宽度：用于设置脉冲信号的高电平宽度。
- 周期：用于设置脉冲信号的周期。
- 交流分析量值：用于设置交流小信号分析的电压值，通常设置为 1 V。
- 交流分析相位：用于设置脉冲信号的直流参数，通常设置为 0。

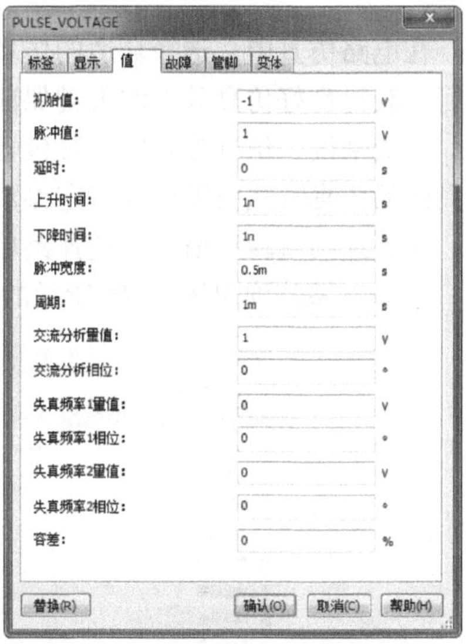

图 9-25 周期性脉冲信号源的仿真参数设置对话框

9.4.9 热噪声信号源

热噪声又称白噪声。是由导体中电子的热震动引起的，它存在于所有电子器件和传输介质中。它是温度变化的结果，但不受频率变化的影响。热噪声是在所有频谱中以相同的形态分布，由于它是不能够消除的，由此对通信系统性能构成了上限。

热噪声信号源 THERMAL_NOISE，如图 9-26 所示。用于产生周期性的电压和电流。

热噪声信号源的仿真参数设置对话框如图 9-27 所示。

- 噪声比：有用信号功率与无用噪声功率的比例。
- 电阻：该信号源的电阻值。
- 温度：该信号源的温度。
- 带宽：又称为频宽，以赫兹（Hz）为单位。

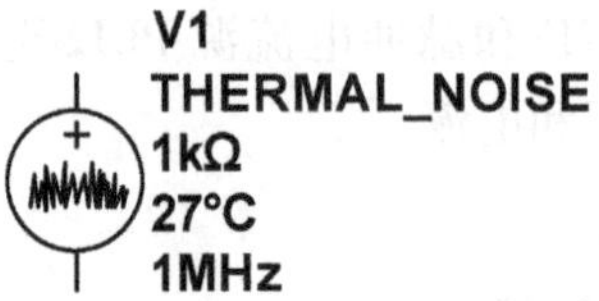

图 9-26　热噪声信号源 THERMAL_NOISE

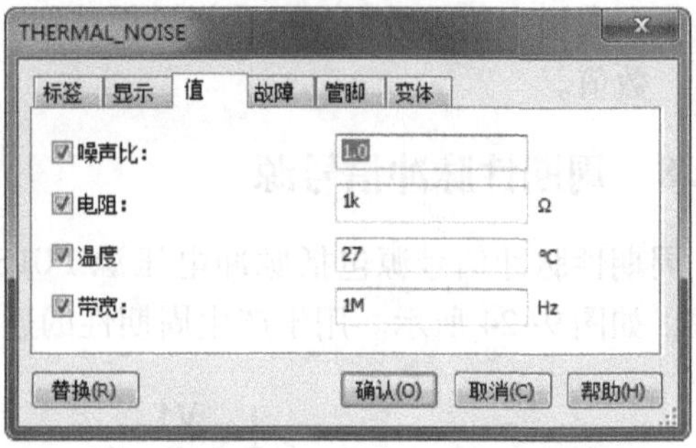

图 9-27　热噪声信号源的仿真参数设置对话框

9.5　仿真分析的参数设置

在电路仿真中，选择合适的仿真方式并对相应的参数进行合理的设置，是仿真能够正确运行并获得良好仿真效果的关键保证。

一般来说，仿真方式的设置包含两部分，一是各种仿真方式都需要的通用参数设置，二是具体的仿真方式所需要的特定参数设置，二者缺一不可。

在原理图编辑环境中，选择菜单栏中的“仿真”→“Analyses and Simulation”（仿真分析）命令，系统弹出图 9-28 所示的“Analyses and Simulation”（仿真分析）对话框。

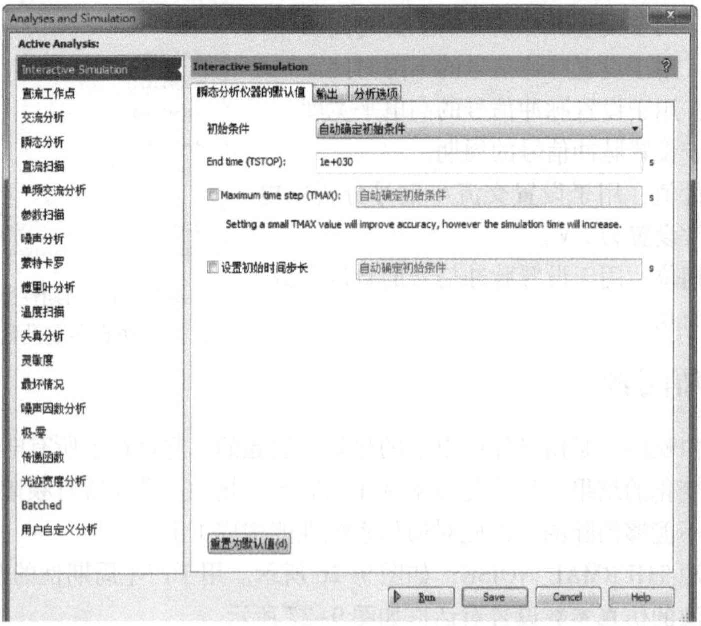

图 9-28　“Analyses and Simulation”（仿真分析）对话框

在该对话框左侧的“Active Analysis（积极/分析）”列表框中列出了若干选项供用户选择，包括各种具体的仿真方式，而对话框的右侧则用于显示与选项相对应的具体设置内容。系统的默认选项为“Interactive Simulation”（交互仿真），即仿真方式的常规参数设置。

参数的具体设置内容有 3 个选项卡。

（1）“瞬态分析仪器的默认值”选项卡

- “初始条件”下拉列表：在该下拉列表中显示 4 个条件，包括“设为零”“用户自定义”“计算直流工作点”和“自动确定初始条件”。
- “End time（TSTOP）”文本框：设置截止时间。
- “Maximum time step（TMAX）”复选框：勾选该复选框，设置最大间隔时间。
- “设置初始时间步长”复选框：勾选该复选框，设置初始时间步长。

（2）“输出”选项卡

“仿真结束时在检查踪迹中显示所有器件参数”复选框：勾选该复选框，在仿真结束后，显示元器件信息。

（3）“分析选项”选项卡

在该选项卡下显示分析参数，如图 9-29 所示。

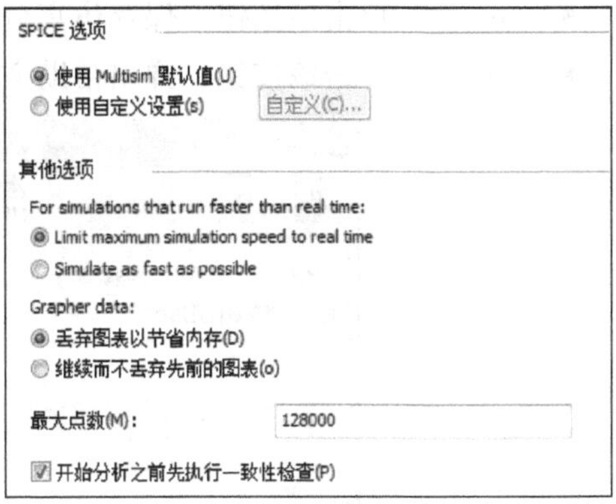

图 9-29 “分析选项”选项卡

1）“SPICE 选项”选项组：在该选项卡下设置进行 SPICE 仿真时“使用 Multisim 默认值”或“使用自定义设置”，选择第二项，激活“自定义”按钮，单击该按钮，弹出“自定义分析选项”对话框，如图 9-30 所示，设置 SPICE 仿真参数。

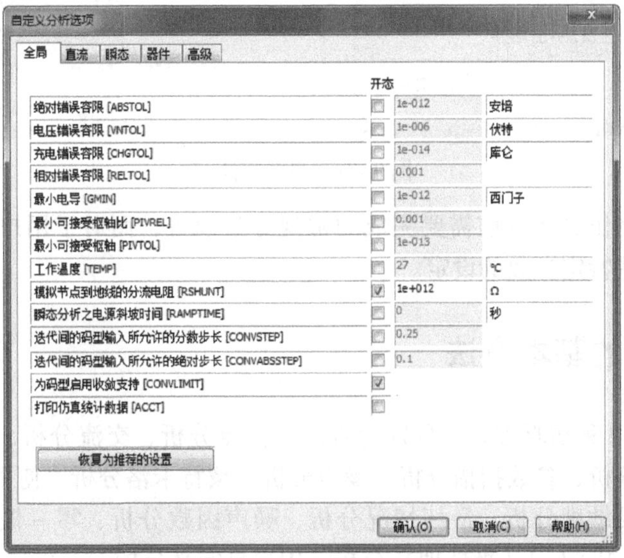

图 9-30 “自定义分析选项”对话框

2）“其他选项”选项组：在该选项组下选择仿真运行速度设置方式，包括“Limit maximum simulation speed to real time”（缩短仿真速度）和“Simulate as fast as possible”（设置最大仿真速度）两种。

3）“Grapher data”（记录数据）选项组：设置仿真过程数据的处理方式，包括“丢弃图表以表节省内存”“继续而不丢弃先前的图表”两种。由于仿真程序在计算上述这些数据时需要花费很长的时间，因此在进行电路仿真时，用户应该尽可能少地设置需要计算的数据，只需要观测电路中节点的一些关键信号波形即可。因此默认选择“丢弃图表以表节省内存”选项。

4）“最大点数”：在该文本框中输入最大点数值，默认值为128000。

5）“开始分析之前先执行一致性检查”复选框：勾选该复选框，在运行仿真分析过程中，首先进行一致性检查再进行其他分析。

- Run：单击该按钮，运行仿真分析。
- Save：单击该按钮，保存仿真分析设置的参数。
- Help：单击该按钮，弹出帮助文件窗口，如图9-31所示。

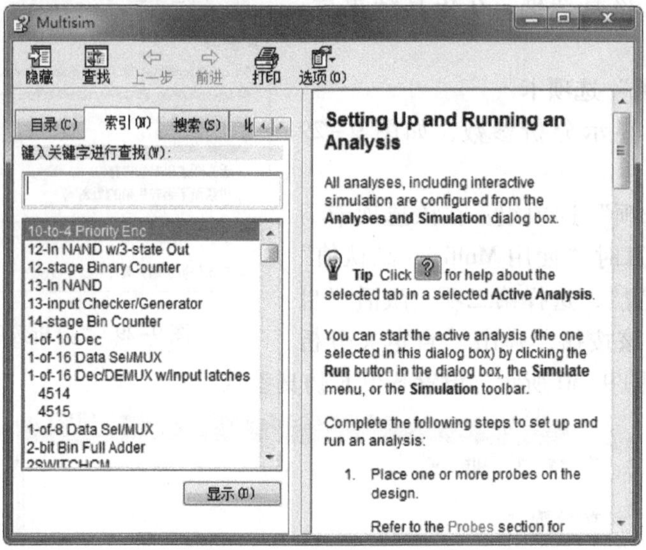

图9-31　帮助文件

上面讲述的是在仿真运行前需要完成的常规参数设置，而对于用户具体选用的仿真方式，还需要进行一些特定参数的设定。

9.6　电路仿真的基本方法

系统中提供了19种仿真方式，分别为直流工作点分析、交流分析、瞬态分析、直流扫描分析、单频交流分析、参数扫描分析、噪声分析、蒙特卡洛分析、傅里叶分析、温度扫描分析、失真分析、灵敏度分析、最坏情况分析、噪声因数分析、零－极分析、传递函数分析、光迹宽度分析、Batched（批处理）分析、用户自定义分析。

选择菜单栏中的“仿真”→“Analysis and simulation”（仿真分析）命令，进行不同方式的仿真分析。

（1）直流工作点分析

该分析方法电路中的交流源将被置零，电容开路，电感短路。

（2）交流分析

该分析方法用于分析电路的频率特性。需要先选定被分析的电路节点，在分析时，电路中的直流源将自动置零，交流信号源、电容、电感等均处在交流模式，输入信号也设定为正弦波形式。若把函数信号发生器的其他信号作为输入激励信号，在进行交流频率分析时，会自动把它作为正弦信号输入。因此输出响应也是该电路交流频率的函数。

（3）瞬态分析

该分析方法是指对所选定的电路节点的时域响应。即观察该节点在整个显示周期中每一时刻的电压波形。在进行瞬态分析时，直流电源保持常数，交流信号源随着时间而改变，电容和电感都是能量储存模式元器件。

（4）傅里叶分析

该方法用于分析一个时域信号的直流分量、基频分量和谐波分量。即把被测节点处的时域变化信号做离散傅里叶变换，求出它的频域变化规律。在进行傅里叶分析时，必须首先选择被分析的节点，一般将电路中的交流激励源的频率设定为基频，若在电路中有几个交流源时，可以将基频设定在这些频率的最小公因数上。譬如有一个 10.5 kHz 和一个 7 kHz 的交流激励源信号，则基频可取 0.5 kHz。

（5）噪声分析

该分析方法用于检测电子线路输出信号的噪声功率幅度，用于计算、分析电阻或晶体管的噪声对电路的影响。在分析时，假定电路中各噪声源是互不相关的，因此它们的数值可以分开各自计算。总的噪声是各噪声在该节点的和（用有效值表示）。

（6）噪声因数分析

该分析方法主要用于研究元器件模型中的噪声参数对电路的影响。在 Multisim 中噪声系数定义中：No 是输出噪声功率，Ns 是信号源电阻的热噪声，G 是电路的 AC 增益（即二端口网络的输出信号与输入信号的比）。噪声系数的单位是 dB，即 10log10（F）。

（7）失真分析

该分析方法用于分析电子电路中的谐波失真和内部调制失真（互调失真），通常非线性失真会导致谐波失真，而相位偏移会导致互调失真。若电路中有一个交流信号源，该分析能确定电路中每一个节点的二次谐波和三次谐波的复值，若电路有两个交流信号源，该分析能确定电路变量在 3 个不同频率处的复值：两个频率之和的值、两个频率之差的值以及二倍频与另一个频率的差值。该分析方法是对电路进行小信号的失真分析，采用多维的“Volterra”分析法和多维“泰勒”（Taylor）级数来描述工作点处的非线性，级数要用到三次方项。这种分析方法尤其适合观察在瞬态分析中无法看到的、比较小的失真。

（8）直流扫描分析

该分析方法是利用一个或两个直流电源分析电路中某一节点上的直流工作点的数值变化的情况。

注意

如果电路中有数字器件，可将其当作一个大的接地电阻处理。

（9）灵敏度分析

该分析方法是分析电路特性对电路中元器件参数的敏感程度。灵敏度分析包括直流灵敏度分析和交流灵敏度分析。直流灵敏度分析的仿真结果以数值的形式显示，交流灵敏度分析仿真的结果以曲线的形式显示。

(10) 参数扫描分析

该分析方法采用参数扫描方法分析电路，可以较快地获得某个元器件的参数，在一定范围内变化时对电路的影响。相当于该元器件每次取不同的值，进行多次仿真。对于数字器件，在进行参数扫描分析时将被视为高阻接地。

(11) 温度扫描分析

该分析方法可以同时观察到在不同温度条件下的电路特性，相当于该元器件每次取不同的温度值进行多次仿真。可以通过“温度扫描分析”对话框，选择被分析元器件温度的起始值、终值和增量值。在进行其他分析的时候，电路的仿真温度默认值设定在27℃。

(12) 零-极点分析

这种方法是一种对电路的稳定性分析相当有用的工具。该分析方法可以用于交流小信号电路传递函数中零点和极点的分析。通常先进行直流工作点分析，对非线性器件求得线性化的小信号模型。在此基础上再分析传输函数的零、极点。零极点分析主要用于模拟小信号电路的分析，对数字器件将被视为高阻接地。

(13) 传递函数分析

该分析方法可以分析一个源与两个节点的输出电压或一个源与一个电流输出变量之间的直流小信号传递函数，也可以用于计算输入和输出阻抗。需要先对模拟电路或非线性器件进行直流工作点分析，求得线性化的模型，然后再进行小信号分析。输出变量可以是电路中的节点电压，输入必须是独立源。

(14) 最坏情况分析

该分析方法是一种统计分析方法。它可以观察到在元器件参数变化时，电路特性变化的最坏可能性。适合于对模拟电路值流和小信号电路的分析。所谓最坏情况是指电路中的元器件参数在其容差域边界点上取某种组合时所引起的电路性能的最大偏差，而最坏情况分析是在给定电路元器件参数容差的情况下，估算出电路性能相对于标称值时的最大偏差。

(15) 蒙特卡罗分析

该分析方法是采用统计分析方法来观察给定电路中的元器件参数，按选定的误差分布类型在一定的范围内变化时，对电路特性的影响。用这些分析的结果，可以预测电路在批量生产时的成品率和生产成本。

(16) 光迹宽度分析

该分析方法主要用于计算电路中电流流过时所需要的最小导线宽度。

(17) Batch（批处理）分析

在实际电路分析中，通常需要对同一个电路进行多种分析，例如对一个放大电路，为了确定静态工作点，需要进行直流工作点分析；为了了解其频率特性，需要进行交流分析；为了观察输出波形，需要进行瞬态分析。批处理分析可以将不同的分析功能放在一起依序执行。

9.6.1 直流工作点分析

直流工作点分析用于测定带有短路电感和开路电容电路的静态工作点。使用该方式时，用户不需要进行特定参数的设置，选中即可运行，如图9-32所示。

1.“输出”选项卡

在“电路中的变量”列表框中列出了所有可供选择的输出变量，如图9-33所示。通

图 9-32　直流工作点分析

过改变列表框的设置，该列表框中的内容将随之变化。单击 过滤未选定的变量(F)... 按钮，弹出图 9-34 所示的“过滤节点”对话框，对选择的变量进行筛选。

图 9-33　“电路中的变量”列表框

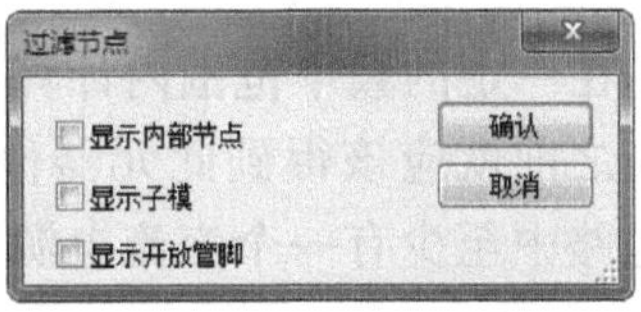

图 9-34　“过滤节点”对话框

在“已选定用于分析的变量”列表框中列出了仿真结束后，能立即在仿真结果中显示的变量。在“电路中的变量”栏中选择某一信号后，可以单击 添加(A) 按钮，为“已选定用于分析的变量”栏添加显示变量；单击 移除(R) 按钮，可以将不需要显示的变量移回“电路中的变量”栏中。

单击 添加器件/模型参数(d)... 按钮，弹出如图 9-35 所示的“添加器件/模型参数”对话框，对用于分析的变量中增加的某个元器件/模型的参数类型、器件类型、名称、参数和描述进行编辑。 过滤选定的变量(l)... 按钮功能类似，这里不再赘述。

单击 删除选定的变量(s) 按钮，删除“电路中的变量”栏中选中的变量。

2. “分析选项”选项卡

在用于分析的标题栏显示仿真分析方式名称，这里显示“直流工作点”，如图 9-36 所示。

3. “求和”选项卡

在该选项卡中显示所有设置和参数结果，所有的检查、所有设置是否正确，是否有遗

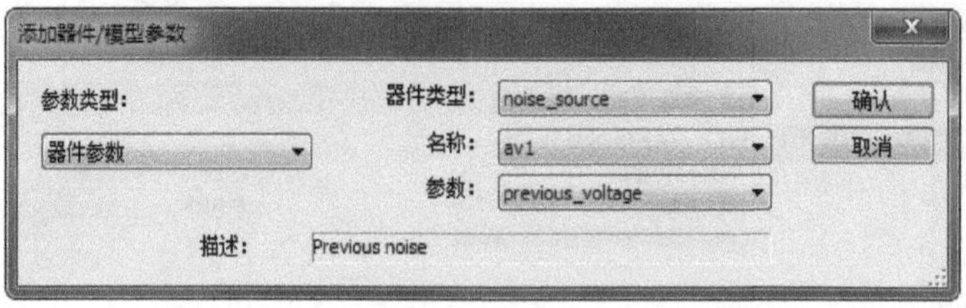

图 9-35 “添加器件/模型参数”对话框

漏，如图 9-37 所示。

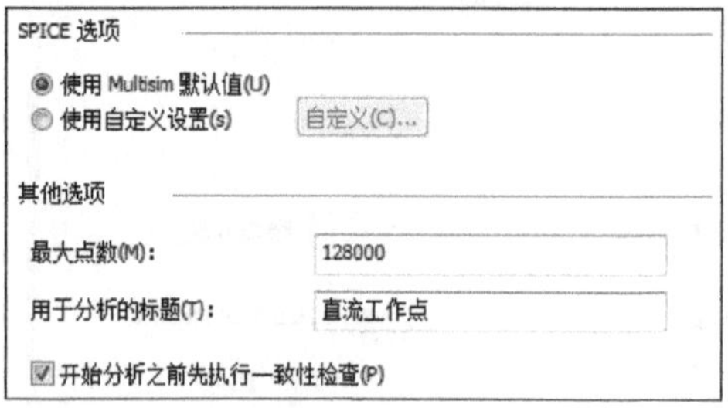

图 9-36 “分析选项”选项卡

图 9-37 “求和”选项卡

在测定瞬态初始化条件时，直流工作点分析将优先于瞬态分析和傅里叶分析。同时，静态工作点分析优先于交流小信号、噪声和零-极分析。为了保证测定的线性化，电路中所有非线性的小信号模型，在直流静态工作点分析中将不考虑任何交流源的干扰因素。

9.6.2 交流分析

交流分析是在一定的频率范围内计算电路的频率响应。如果电路中包含非线性器件，在计算频率响应之前就应该得到此元器件的交流小信号参数。在进行交流小信号分析之前，必须保证电路中至少有一个交流电源，即在激励源中的 AC 属性域中设置一个大于零的值。

在执行交流分析前，电路原理图中必须包含至少一个信号源器件，用这个信号源去替代仿真期间的正弦波发生器。用于扫描的正弦波的幅度和相位需要在仿真模型中指定。

选中“交流分析”项，即可在右侧显示交流信号分析仿真参数设置，如图 9-38 所示。

- 起始频率：用于设置交流分析的初始频率。
- 停止频率：用于设置交流分析的终止频率。
- 扫描类型：用于设置扫描方式，有 3 种选择。
  - 线性：全部测试点均匀地分布在线性化的测试范围内，是从起始频率开始到终止频率的线性扫描，Linear 类型适用于带宽较窄情况。
  - 十倍频程：测试点以 10 的对数形式排列，用于带宽特别宽的情况。
  - 倍频程：测试点以 2 的对数形式排列，频率以倍频程进行对数扫描，用于带宽较宽的情形。
- 点数：在扫描范围内，交流分析的测试点数目设置。
- 垂直刻度：数值类型，包括 4 种：线性、对数、分贝和倍频程。

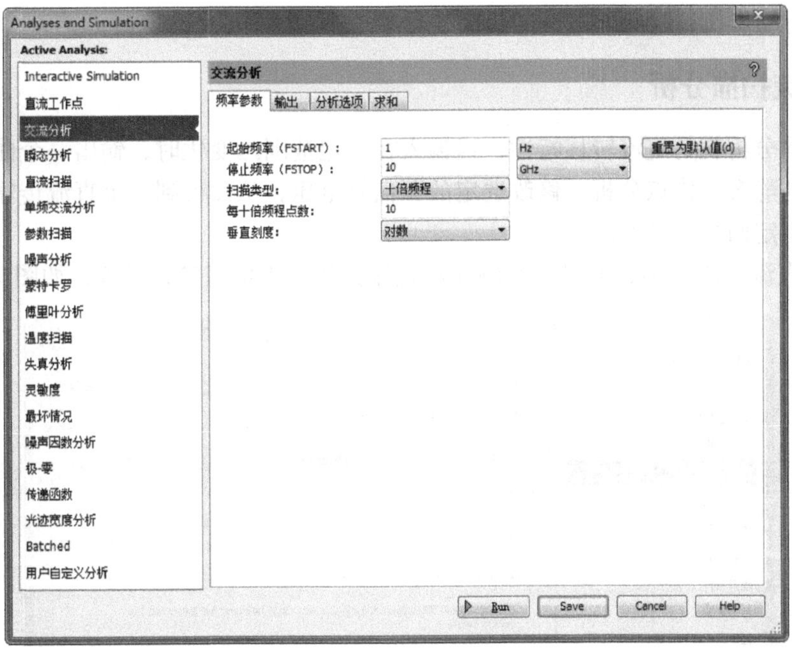

图 9-38　交流分析仿真参数设置

9.6.3　瞬态分析

瞬态分析在时域中描述瞬态输出变量的值。对于固定偏置点，电路节点的初始值对计算偏置点和非线性元器件的小信号参数时节点初始值也应考虑在内，因此有初始值的电容和电感也被看作是电路的一部分而保留下来。

- 起始时间：瞬态分析时设定的时间间隔的起始值，通称设置为 0。
- 结束时间：瞬态分析时设定的时间间隔的结束值，需要根据具体的电路来调整设置。

选中“瞬态分析”项，即可在右侧显示交流信号分析仿真参数设置，如图 9-39 所示。

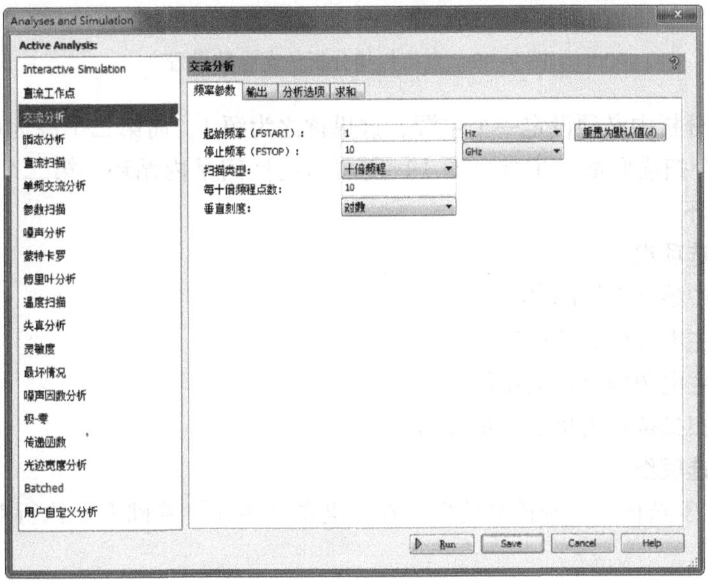

图 9-39　瞬态分析仿真参数设置

- 最大时间步长：时间增量值的最大变化量。

9.6.4 直流扫描分析

直流扫描分析就是直流转移特性，当输入在一定范围内变化时，输出一个曲线轨迹。通过执行一系列静态工作点分析，修改选定的源信号电压，从而得到一个直流传输曲线。用户也可以同时指定两个工作源。

选中“直流扫描”项，即可在右侧显示直流扫描分析仿真参数设置，如图 9-40 所示。

图 9-40　直流扫描分析仿真参数设置

在直流扫描分析中必须设定一个主源，这里称之为源 1，而第二个源为可选源，称之为源 2。通常第一个扫描变量（主独立源 1）所覆盖的区间是内循环，第二个（从独立源 2）扫描区间是外循环。

1. “源 1”选项组

- 源：电路中独立电源的名称。
- 起始值：主电源的起始电压值。
- 停止值：主电源的停止电压值。
- 增量：在扫描范围内指定的步长值。

2. “源 2”选项组

“使用源 2”复选框：勾选该复选框，在主电源“源 1”基础上，执行对从电源值“源 2”的扫描分析。

- 源：在电路中独立的第二个电源的名称。

- 起始值：从电源的起始电压值。
- 停止值：从电源的停止电压值。
- 增量：在扫描范围内指定的步长值。

9.6.5 单频交流分析

单频交流分析指 NI Multisim 14.0 中包含的虚拟仪表的仿真分析。选中“单频交流分析”项，即可在右侧显示单频交流分析仿真参数设置，如图 9-41 所示。

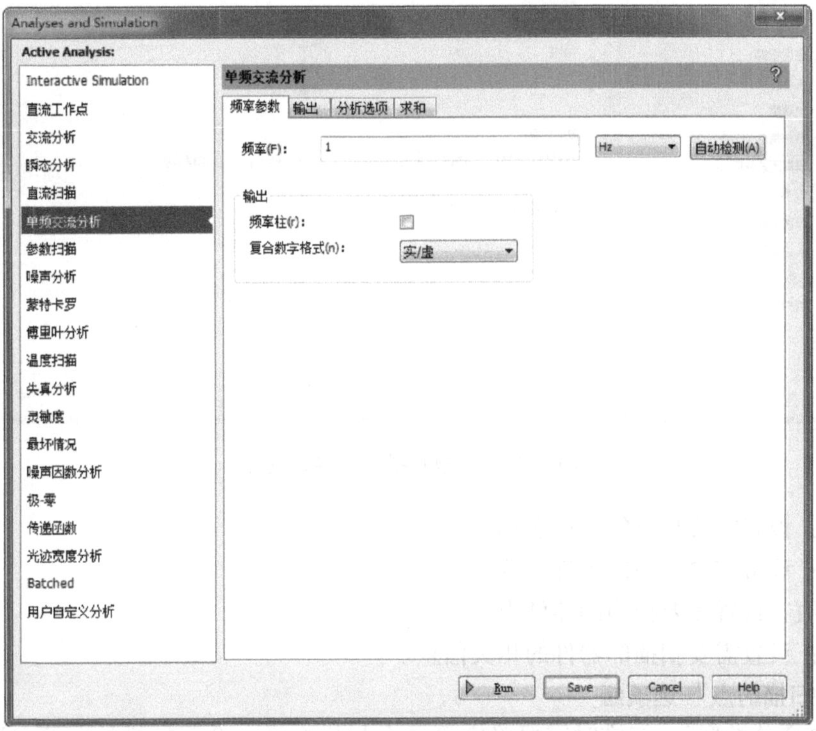

图 9-41　单频交流仿真参数设置

9.6.6 参数扫描分析

参数扫描可以与直流、交流或瞬态分析等分析类型配合使用，对电路所执行的分析进行参数扫描，对于研究电路参数变化对电路特性的影响提供了很大的方便。在分析功能上与蒙特卡罗分析和温度分析类似，它是按扫描变量对电路的所有分析参数扫描的，分析结果产生一个数据列表或一组曲线图。同时用户还可以设置第二个参数扫描分析，但参数扫描分析所收集的数据不包括子电路中的器件。

选中“参数扫描”项，即可在右侧显示参数扫描仿真参数设置，如图 9-42 所示。

1. “扫描参数”选项卡

- “扫描参数”：用于选择设置扫描的电路参数或器件的值，在下拉列表框中可以进行选择，包括器件参数、模型参数和 Circuit parameters（电路参数）3 种。
- 器件类型：设置需要扫描的器件类型。

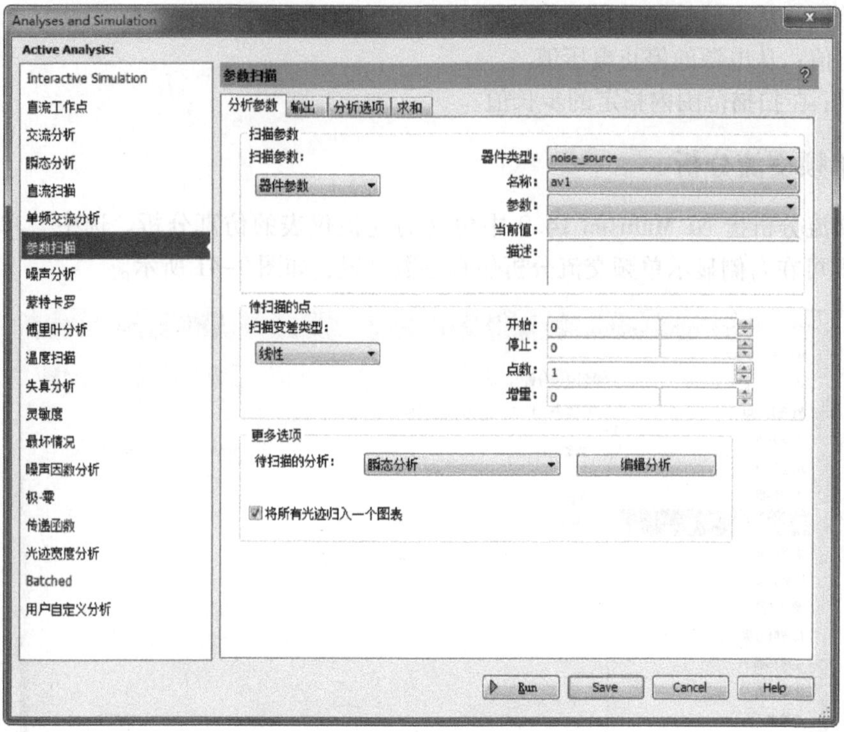

图 9-42　参数扫描仿真参数设置

- 名称：设置需要扫描的器件名称。
- 参数：设置需要扫描的器件参数。
- 当前值：设置需要扫描的器件当前值。
- 描述：设置需要扫描的器件的相关信息。

2. “待扫描的点”选项组

- “扫描变差类型”：扫描时需要确定第二个扫描变量，希望扫描的电路参数或器件的值，在下拉列表框中可以进行选择。
- 开始：扫描变量的起始值
- 停止：扫描变量的终止值。
- 点数：扫描变量的测量点数目。
- 增量：扫描变量的增量

3. “更多选项”选项组

第二个扫描的点分析方式包括 5 种，如图 9-43 所示。参数扫描至少应与标准分析类型中的一项一起执行，这里可以观察到不同的参数值所画出来不一样的曲线。曲线之间偏离的大小表明此参数对电路性能影响的程度。

单击 编辑分析 按钮，弹出选中分析方式编辑对话框，在“待扫描的分析”列表中选择“瞬态分析”选项，则弹出“瞬态分析扫描”对话框，设置该扫描方式的参数，如图 9-44 所示。

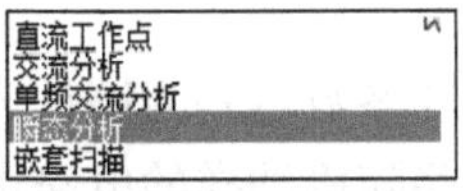

图 9-43　扫描类型

图 9-44　“瞬态分析扫描”对话框

9.6.7　噪声分析

噪声分析是利用噪声谱密度测量电阻和半导体器件的噪声影响，通常由 V2/Hz 表征测量噪声值。

电阻和半导体器件等都能产生噪声，噪声电平取决于工作频率和工作温度，电阻和半导体器件产生噪声的类型不同。

注意

在噪声分析中，电容、电感和受控源视为无噪声元器件。

对交流分析的每一个频率，电路中每一个噪声源（电阻或晶体管）的噪声电平都被计算出来。

选中“噪声分析”项，即可在右侧显示噪声分析仿真参数设置，如图 9-45 所示。

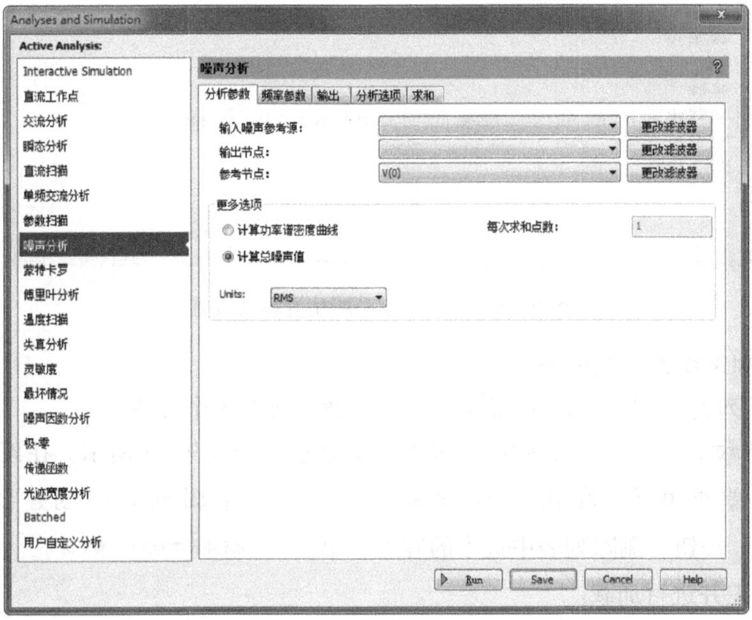

图 9-45　噪声分析仿真参数设置

- 输入噪声参考源：选择一个用于计算噪声的参考电源（独立电压源或独立电流源）。
- 输出节点：指定噪声分析的输出节点。
- 参考节点：指定输出噪声参考节点，此节点一般为地（即为0节点），如果设置的是其他节点，可以通过V（Output Node） -V（Reference Node）得到总的输出噪声。
- 计算总噪声值：叠加在输入端的噪声总量，将直接关系到输出端上的噪声值。
- Units：输出图表上数据单位，分别为RMS和Power。

9.6.8 蒙特卡罗分析

蒙特卡罗分析是一种统计模拟方法，它是在给定电路元器件参数容差为统计分布规律的情况下，用一组随机数求得元器件参数的随机抽样序列，对这些随机抽样的电路进行直流扫描、静态工作点、传递函数、噪声、交流小信号和瞬态分析，并通过多次分析结果估算出电路性能的统计分布规律。蒙特卡罗分析可以进行最坏情况分析。

选中“蒙特卡罗”项，即可在右侧显示蒙特卡罗分析仿真参数设置，如图9-46所示。

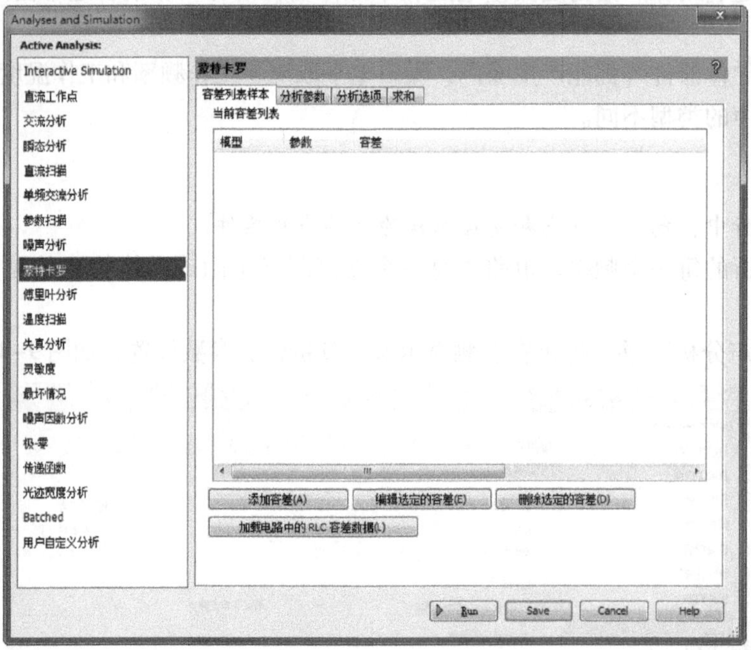

图9-46 蒙特卡罗分析仿真参数设置

1. “容差列表样本”选项卡

“当前容差列表”：在该列表中显示模型、参数、容差3个参数。

单击 添加容差(A) 按钮，弹出“容差”对话框，如图9-47所示。在该对话框中设置参数类型、容差类型等。单击 编辑选定的容差(E) 按钮，编辑列表中创建的容差；单击 删除选定的容差(D) 按钮，删除列表中选中的容差；单击 加载电路中的RLC容差数据(L) 按钮，选择电路中的RLC容差并进行加载。

在该对话框中特定元器件的容差，用于定义一个新的特定容差，在电阻、电容、电感、晶体管等同时变化情况，可想而知，由于变化的参数太多，反而不知道哪个参数对电路的影

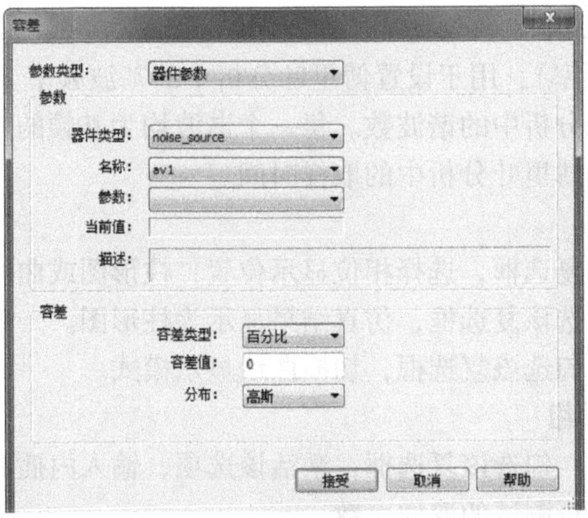

图 9-47 “容差”对话框

响最大。因此，建议用户不要“贪多”，应该一个一个地分析。例如，用户想知道晶体管参数 BF 对电路频率响应的影响，那么就应该去掉其他参数对电路的影响，而只保留 BF 容差。

2. “分析参数”选项卡

在“分析参数”选项组下显示进行的仿真分析名称，仿真运行次数、输出变量、函数的选择等参数；在“输出控制”选项组下勾选“将所有光迹归入一个图表”复选框，则生成的仿真结果显示在一个图表下。

9.6.9 傅里叶分析

傅里叶分析是一种常用的分析周期性信号的方法，一个电路设计的傅里叶分析是基于瞬态分析中最后一个周期的数据完成的。在执行傅里叶分析后，系统将自动创建的数据文件中包含了关于每一个谐波的幅度和相位详细的信息。

选中“傅里叶分析”项，即可在右侧显示傅里叶分析仿真参数设置，如图 9-48 所示。

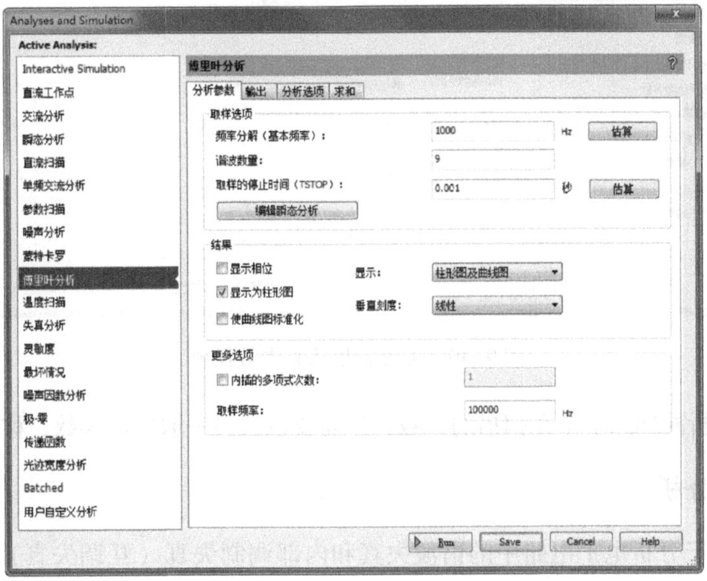

图 9-48 傅里叶分析仿真参数设置

1. “取样选项”选项组

- 频率分解（基本频率）：用于设置傅里叶分析中的基波频率。
- 谐波数量：傅里叶分析中的谐波数。每一个谐波均为基频的整数倍。
- 取样的停止事件：傅里叶分析中的取样时间。

2. “结果”选项组

- 显示相位：勾选该复选框，选择相位显示位置，柱形图或曲线图。
- 显示为柱形图：勾选该复选框，仿真结果显示为柱形图。
- 使曲线图标准化：勾选该复选框，切换曲线显示模式。

3. “更多选项”选项组

- 内插的多项式次数：勾选该复选框，激活该选项，输入内插的多项式次数。
- 取样频率：输入分析测试的取样次数。

9.6.10 温度扫描

温度扫描是指在一定的温度范围内进行电路参数计算，用以确定电路的温度漂移等性能指标。

选中“温度扫描”项，即可在右侧显示温度扫描仿真参数设置，如图 9-49 所示。

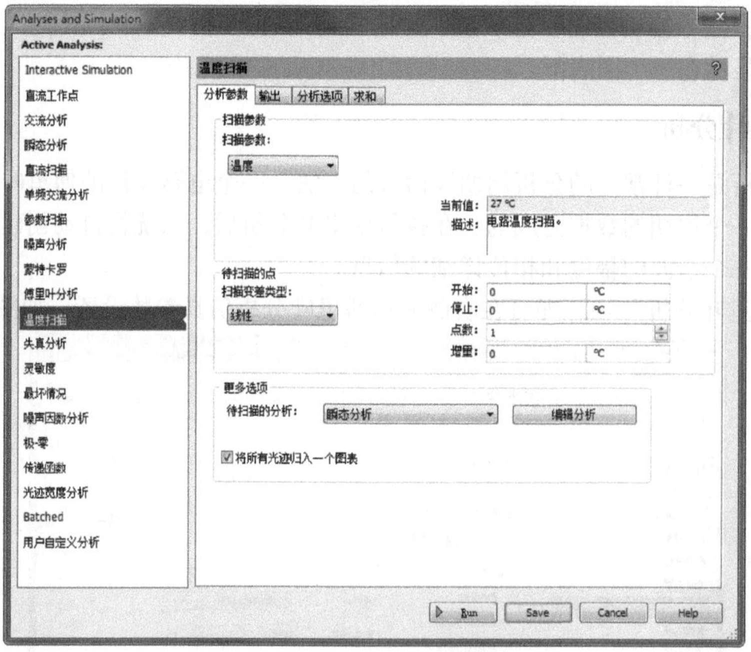

图 9-49　温度扫描仿真参数设置

温度扫描分析同样除了正在扫描的参数，还需要设置另一取样点参数，称之为待扫描点。

9.6.11 失真分析

失真分析用于分析电子电路中的谐波失真和内部调制失真（互调失真），通常非线性失真会导致谐波失真，而相位偏移会导致互调失真。若电路中有一个交流信号源，该分析能确定电路中每一个节点的二次谐波和三次谐波的复值，若电路有两个交流信号源，该分析能确定电路变量在 3 个不同频率处的复值：两个频率之和的值、两个频率之差的值以及二倍频与另一个频率的差值。

选中“失真分析”项，即可在右侧显示失真分析仿真参数设置，如图 9-50 所示。

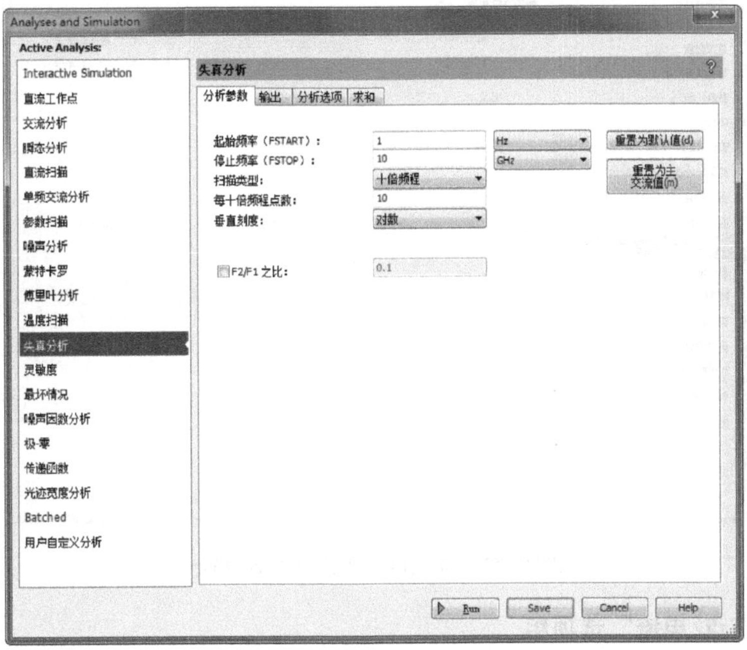

图 9-50　失真分析仿真参数设置

- 起始频率：用于设置交流分析的初始频率。
- 停止频率：用于设置交流分析的终止频率。
- 扫描类型：用于设置扫描方式，有 3 种选择。
  - 线性：全部测试点均匀地分布在线性化的测试范围内，是从起始频率开始到终止频率的线性扫描，Linear 类型适用于带宽较窄情况。
  - 十倍频程：测试点以 10 的对数形式排列，用于带宽特别宽的情况。
  - 倍频程：测试点以 2 的对数形式排列，频率以倍频程进行对数扫描，用于带宽较宽的情形。
- 每十倍频程点数：在扫描范围内，交流分析的测试点数目设置。
- 垂直刻度：数值类型，包括四种：线性、对数、分贝和倍频程。

失真分析是对电路进行小信号的分析，采用多维的“Volterra”分析法和多维“泰勒”（Taylor）级数来描述工作点处的非线性，级数要用到三次方项。这种分析方法尤其适合观察在瞬态分析中无法看到的、比较小的失真。

9.6.12　灵敏度分析

灵敏度分析指当前电路中某个元器件的参数发生变化时，分析它的变化对电路的节点电压和支路电流的影响。

选中“灵敏度”项，即可在右侧显示灵敏度分析仿真参数设置，如图 9-51 所示。

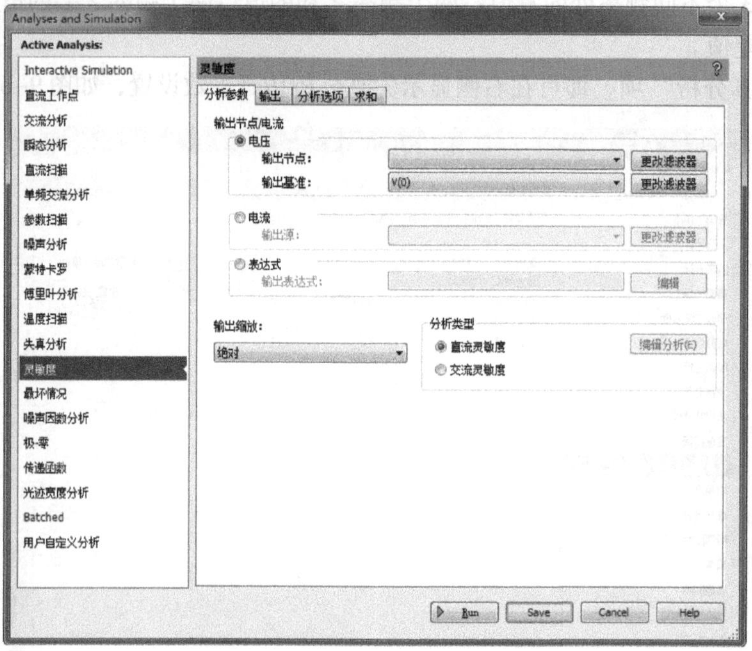

图 9-51　灵敏度分析仿真参数设置

1. “输出节点/电流”选项组

● 电压：选择该单选钮，进行电压灵敏度的分析。

输出节点：设置进行电压领面度分析的输出节点号，在后面的下拉列表中显示当前电路中各个节点的编号。

输出基准：在下拉列表中选择输出端的参考节点。

● 电流：选择该单选钮，进行电流灵敏度的分析。

● 表达式：选择该单选钮，进行表达式灵敏度的分析。

2. “输出缩放”选项组

用于选择输出灵敏度的格式，包括绝对、相对两种。

3. “分析类型”选项组

根据直交流的不同，分为直流灵敏度的分析、交流灵敏度的分析。其中，直流灵敏度的仿真分析结果以数据的形式显示；交流灵敏度的仿真分析结果以曲线的形式显示。

9.6.13　最坏情况分析

最坏情况分析是一种统计分析，指电路的多个元器件的参数值发生变化引起的电路性能相对于标准状况产生的最大偏差。由于不同器件的数值变化方向不同，对于电路的影响可能相互抵消。因此无法直白地从元器件的变化程度来确定最大偏差，需要进行最坏情况分析，在已知元器件参数容差情况下，电路的元器件参数取容差允许的边界值，分析噪声的电路输出最大值。

选中“最坏情况”项，即可在右侧显示最坏情况分析仿真参数设置，如图 9-52 所示。

该项显示 4 个选项卡，在前面均已介绍，这里不再赘述。

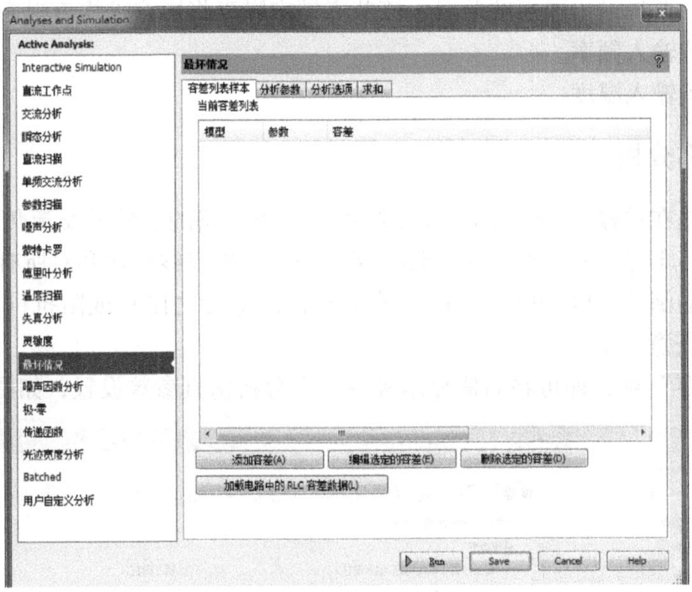

图 9-52　最坏情况分析仿真参数设置

9.6.14　噪声因数分析

噪声因数分析是指分析输入信噪比/输出信噪比。用来衡量加入信号中的噪声值。

选中“噪声因数分析”项，即可在右侧显示噪声因数分析仿真参数设置，如图 9-53 所示。

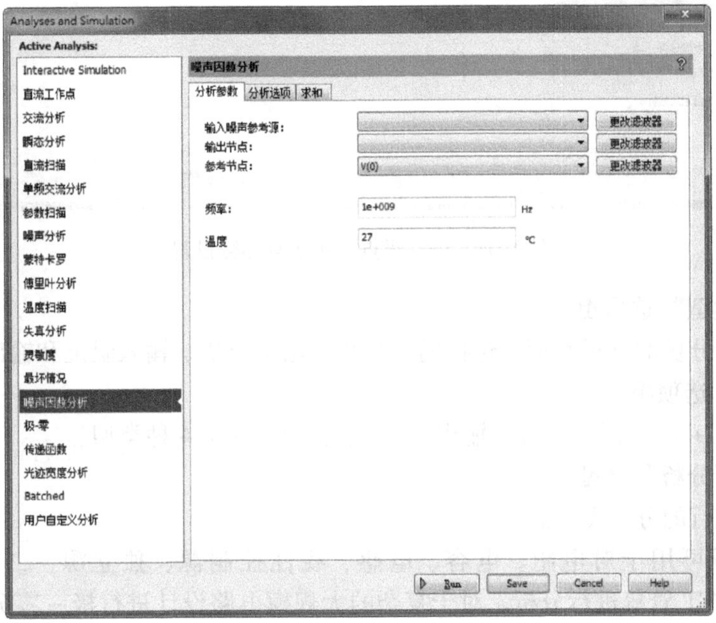

图 9-53　噪声因数分析仿真参数设置

- 输入噪声参考源：选择交流信号的输入噪声参考源。
- 输出节点：选择输出噪声的节点，该节点锁定噪声将影响求均方根之和。
- 频率：设置输入频率。
- 温度：设置输入温度。

9.6.15 极 - 零分析

极 - 零分析是在单输入/输出的线性系统中，利用电路的小信号交流传输函数对极点或零点的计算用极 - 零进行稳定性分析，将电路的静态工作点线性化和对所有非线性器件匹配小信号模型。传输函数可以是电压增益（输出与输入电压之比）或阻抗（输出电压与输入电流之比）中的任意一个。

选中“极 - 零”项，即可在右侧显示极 - 零点分析仿真参数设置，如图 9-54 所示。

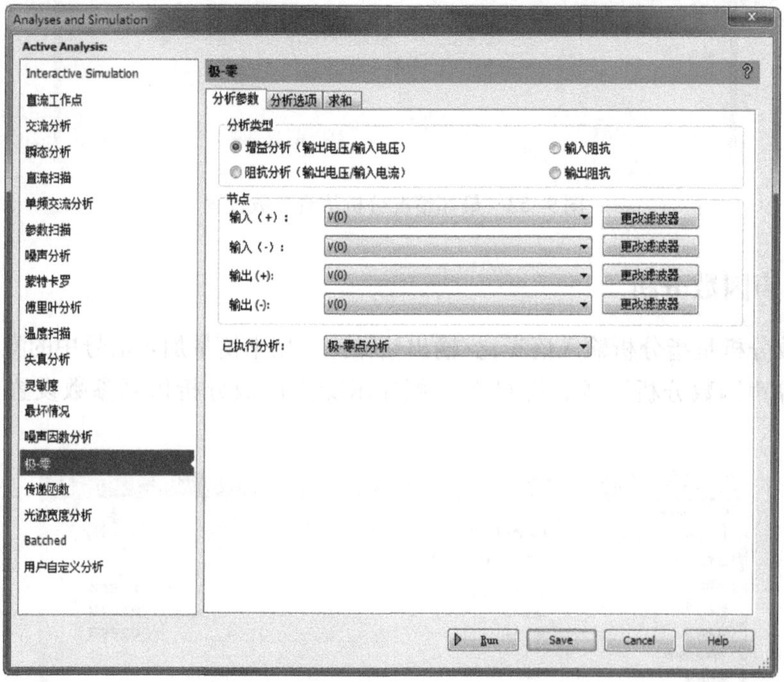

图 9-54 极 - 零点分析仿真参数设置

1. “分析类型”选项组

设置极 - 零分析的分析类型，包括增益分析、阻抗分析、输入阻抗和输出阻抗 4 种。

2. “节点”选项组

设置输入（+）、输入（-）、输出（+）、输出（-）4 种类型。

3. “已执行分析”类型

设置当前执行的分析类型。

极 - 零分析可用于对电阻、电容、电感、线性控制源、独立源、二极管、BJT 管、MOSFET 管和 JFET 管等进行分析。对于复杂的大规模电路设计进行极 - 零分析时，需要耗费大量时间并且可能找不到全部的极点和零点，因此将其拆分成小的电路再进行极 - 零分析将更加有效。

9.6.16　传递函数分析

传递函数分析（也称为直流小信号分析）将计算每个电压节点上的直流输入电阻、直流输出电阻和直流增益值。

选中“传递函数”项，即可在右侧显示传递函数分析仿真参数设置，如图 9-55 所示。

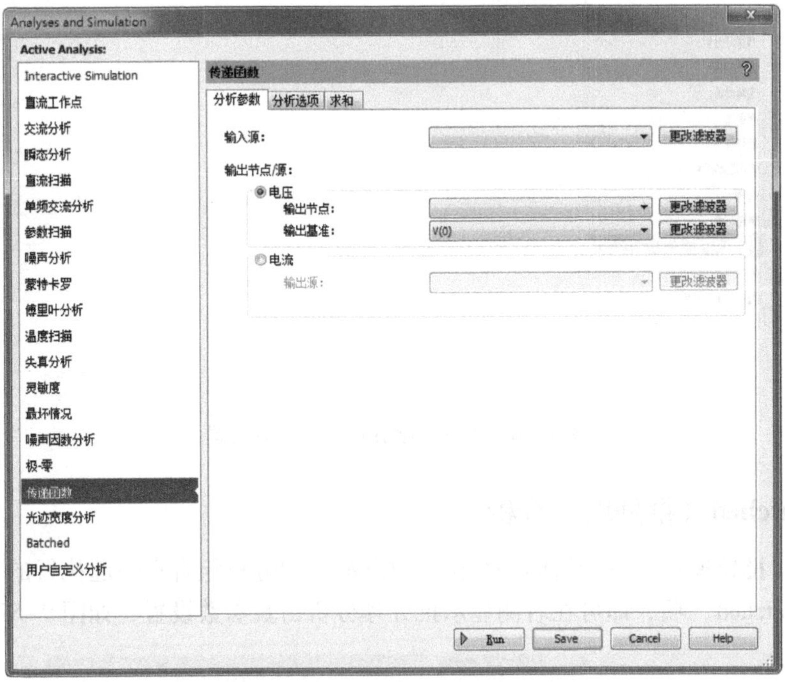

图 9-55　传递函数分析仿真参数设置

- 输入源：指定输入参考的小信号输入源
- 输出节点/源：作为参考指定计算每个特定电压节点的电路节点，系统默认为 0。

利用传递函数分析可以计算整个电路中直流输入、输出电阻和直流增益 3 个小信号的值。

9.6.17　光迹宽度分析

光迹宽度分析是用于确定在设计印制电路板时所能允许的最小的导线宽度。

选中“光迹宽度分析”项，即可在右侧显示光迹宽度分析仿真参数设置，如图 9-56 所示。

- 基于环境温度的最高温度：用于设置导线的温度超过周为环境温度的最大值。
- 镀层浓度：设置导线厚度的类型。导线厚度是由 PCB 的敷铜厚度决定的。

对 PCB 而言，PCB 的敷铜厚度限制了导线的厚度；对于导线而言，其自身的电阻率与电流通过导线的横街面积有关，在 PCB 的敷铜厚度限制了导线的厚度的基础上，导线的电阻率由导线的宽度唯一确定。

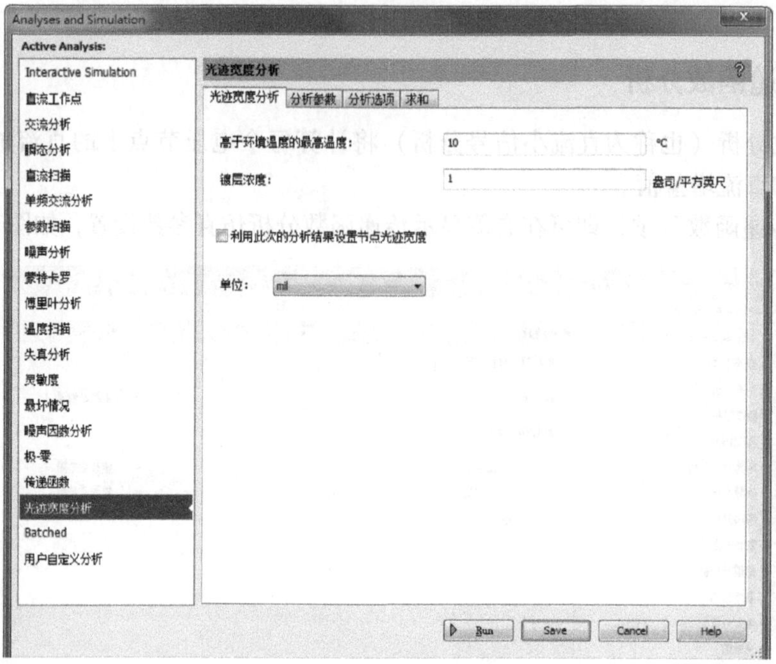

图 9-56　光迹宽度分析仿真参数设置

9.6.18　Batched（批处理）分析

Batched（批处理）分析指将同一个仿真电路的不同分析组合在一起执行的分析方式。选中“Batched”项，即可在右侧显示批处理分析仿真参数设置，如图 9-57 所示。在左

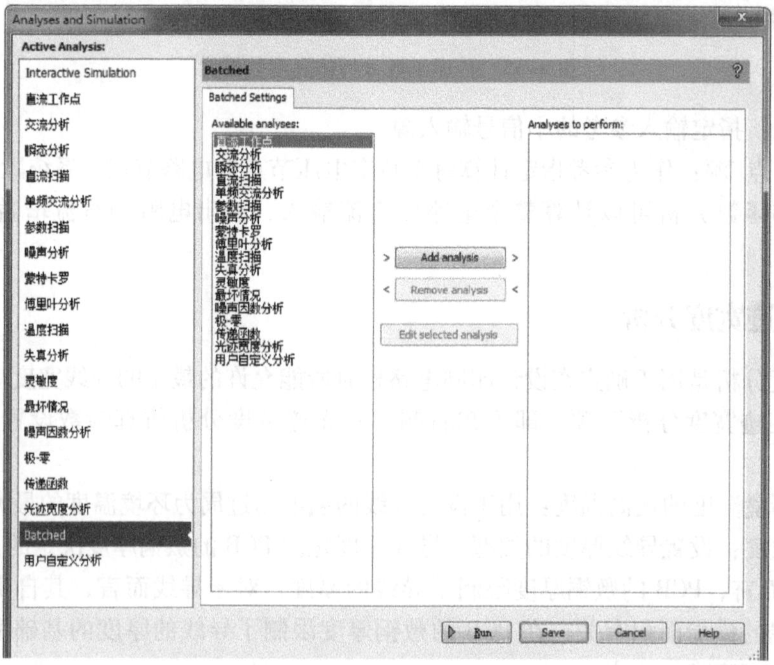

图 9-57　批处理分析仿真参数设置

侧的“Available analyses”（有用的分析）栏显示 18 种仿真分析方式，单击 Add analysis 按钮，将选中的方式添加到右侧“Analyses to perform”（要运行的分析）栏，执行该栏中显示的仿真分析方式。

9.6.19 用户自定义分析

用户自定义分析是由用户通过 SPICE 命令来定义某些仿真分析的功能，已达到扩充仿真分析的目的。

选中“用户自定义分析”项，即可在右侧显示用户自定义分析仿真参数设置，如图 9-58 所示。

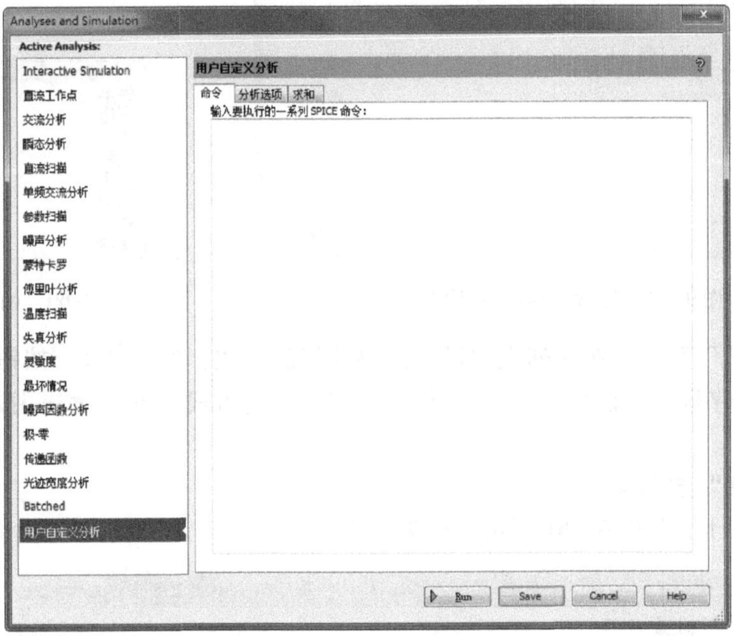

图 9-58 用户自定义分析仿真参数设置

9.7 后处理器

后处理器是在使用 Mutisim 对电路进行仿真分析完成之后，将仿真结果进行进一步数学处理的工具。

后处理器不仅能对仿真所得的曲线和数据进行处理，还可以对多个曲线或数据彼此之间进行运算处理并将其利用曲线或数据表现出来。

选择菜单栏中的“仿真”→“后处理器”命令，或者单击“设计”工具栏中的“后处理器”按钮，系统弹出如图 9-59 所示的“后处理器”对话框。

该对话框中包括“表达式”和“曲线图”两个选项卡，下面分别介绍这两个选项卡。

1. “表达式”选项卡

1）“选择仿真结果”选项组：在该列表栏中显示存储电路已经进行过的仿真分析结果。

2）“变量”下拉列表：选择分析项目中的变量。

3）“函数”下拉列表：选择 Multisim 提供的主要运算函数，如图 9-60 所示。

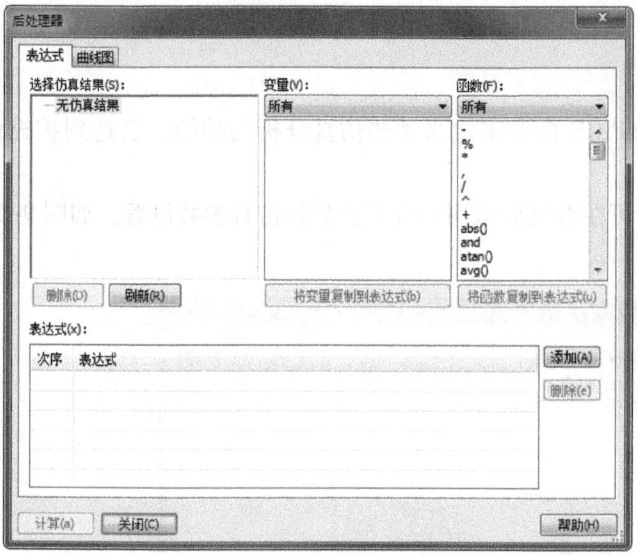

图 9-59 “后处理器”对话框

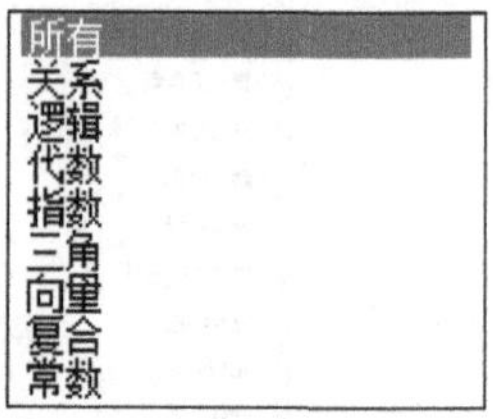

图 9-60 函数列表

4）“表达式”列表：在该列表中显示需要计算的公式。单击添加(A)按钮，在该列表下“次序”列显示序号 1，在“表达式”列输入公式的表达方式。单击删除(e)按钮，删除该列公式。

2. “曲线图”选项卡

打开该选项卡，如图 6-61 所示，对图表进行设置操作。

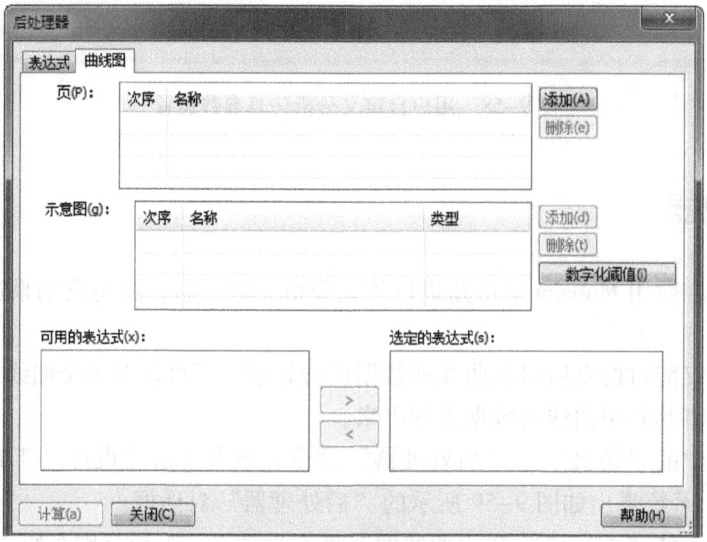

图 9-61 “曲线图”选项卡

9.8 操作实例

9.8.1 扫描特性分析

本例要求完成如图 9-62 所示仿真电路原理图的绘制，同时完成电路的直流扫描特性分析。

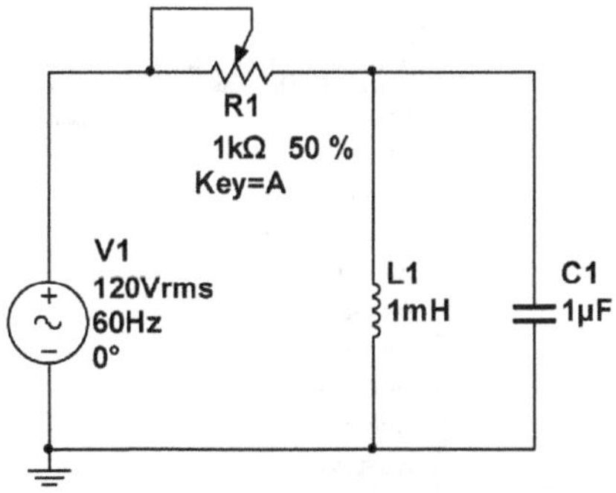

图 9-62 仿真电路原理图

1）建立一个新的设计文件，并保存为“Scanning Properties. ms14”，在项目中新建的原理图文件中完成电路原理图的设计输入工作，并放置正弦信号源。

2）选择菜单栏中的“仿真”→“Analysis and simulation”（仿真分析）命令，系统将弹出“Analyses and Simulation”（仿真分析）对话框，如 9 - 63 所示，选择进行直流扫描特性分析，并选择观察信号“I（C1）、V（1）”。

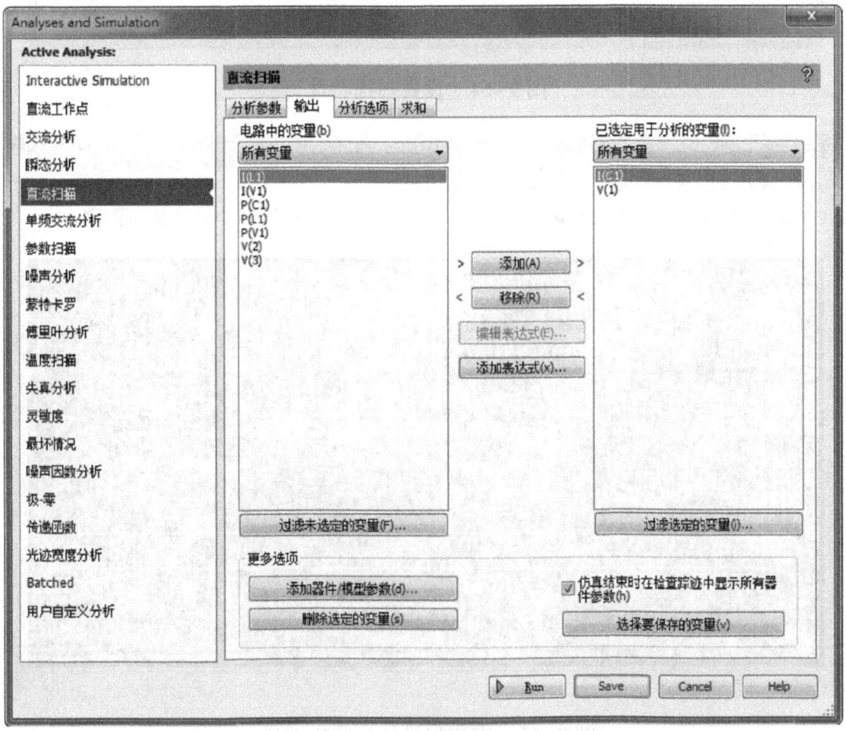

图 9-63 “Analyses and Simulation”（仿真分析）对话框

3）打开“分析参数”选项卡，设置默认选项，参数如图 9-64 所示。

4）设置完毕后，单击“Run”（运行）按钮进行仿真。系统进行直流扫描特性分析，其结果如图 9-65 所示。

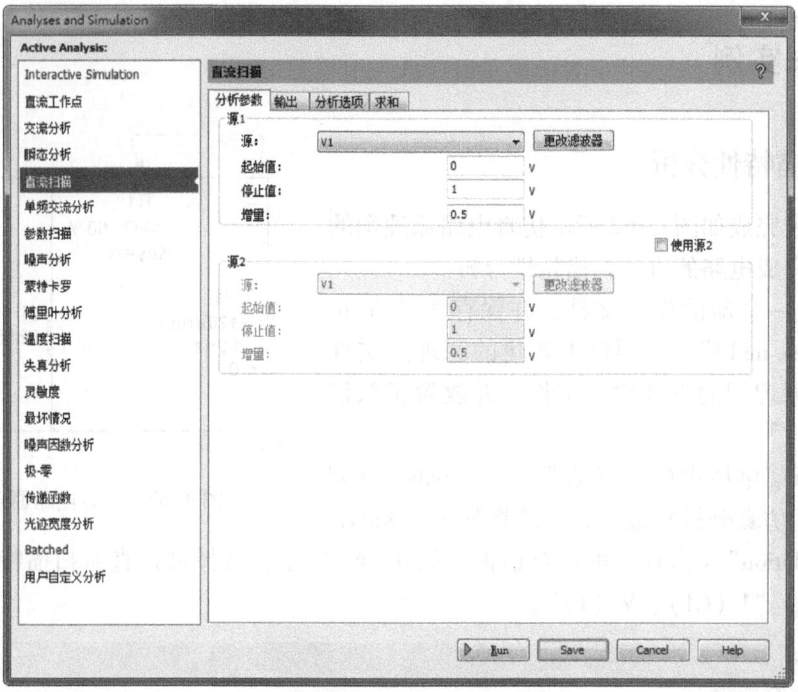

图 9-64　设置扫描特性

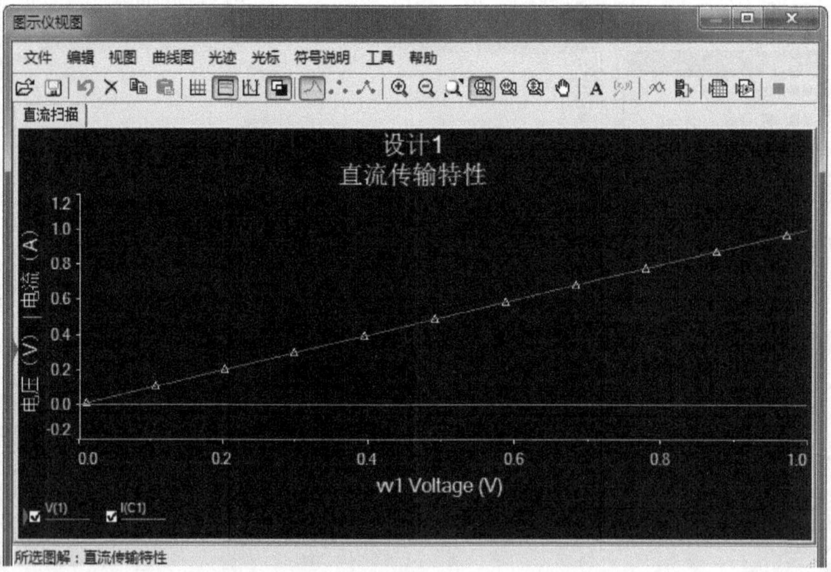

图 9-65　直流扫描特性分析结果

9.8.2　555 单稳态多谐震荡器仿真

本例要求根据图 9-66 所示的 555 单稳态多谐震荡电路原理图，完成电路的扫描特性分析。

1）单击“标准”工具栏中的“新建”按钮，创建一个 PCB 项目文件。

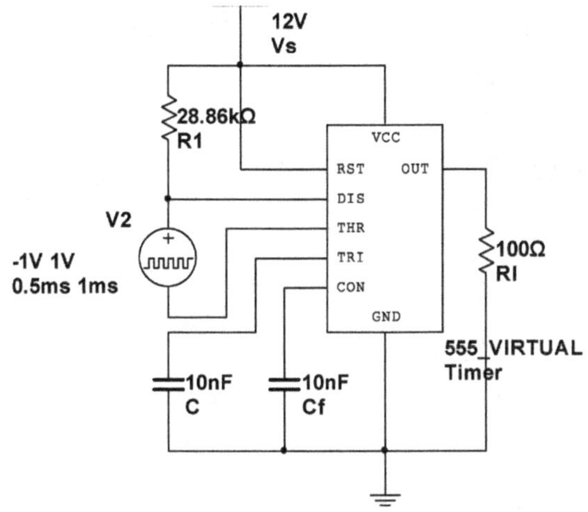

图 9-66　555 单稳态多谐震荡电路原理图

2）选择菜单栏中的“文件”→“保存工程为”命令，将设计文件另存为“555 Monostable Multivibrator. ms14”。

3）选择菜单栏中的“工具”→“电路向导”→“555 定时器向导”命令，弹出图 9-67 所示的电路参数设置对话框，选择默认设置，单击“搭建电路”命令，添加的原理图如图 9-68 所示。

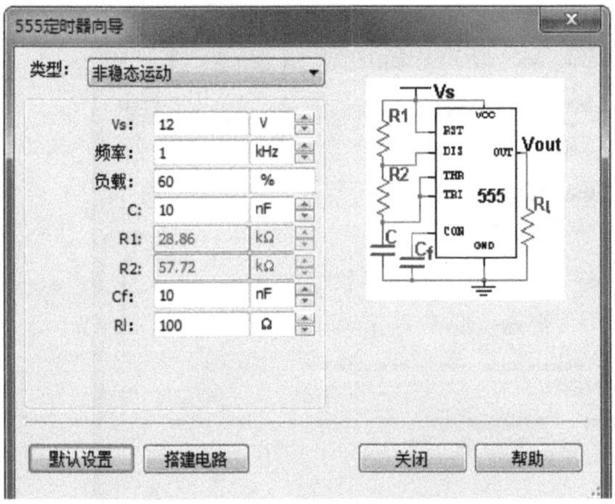

图 9-67　参数设置对话框

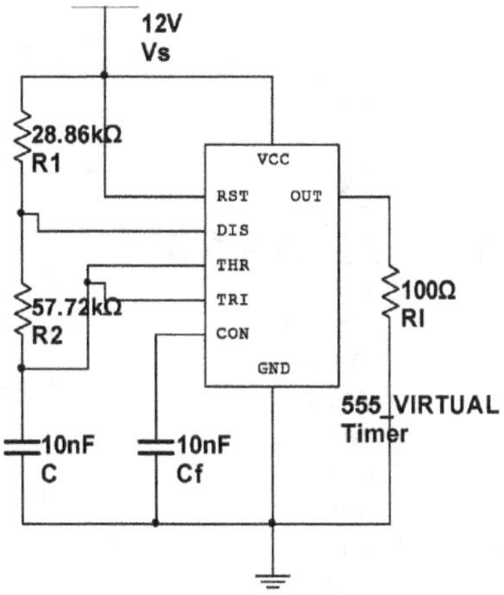

图 9-68　放置电路

4）单击“元器件”工具栏中的“放置源”按钮 ，在 Sources 库中选择脉冲电压源 PULSE_VOLTAGE，放置电路中并进行连接，绘制的仿真电路如图 9-66 所示。

5）选择菜单栏中的“仿真”→“Analyses and Simulation”（仿真分析）命令，系统将弹出“Analyses and Simulation”（仿真分析）对话框，选择瞬态分析，并选择观察信号 I(C2)、I(R1)、P(C2)、P(R1)、V(2)和 V(5)，如图 9-69 所示。

6）打开“分析参数”选项卡，选择默认参数信息，如图 9-70 所示，单击“Run”（运行）按钮，执行仿真分析，弹出“显示仪视图”对话框，结果如图 9-71 所示。

图 9-69　选择观察信号

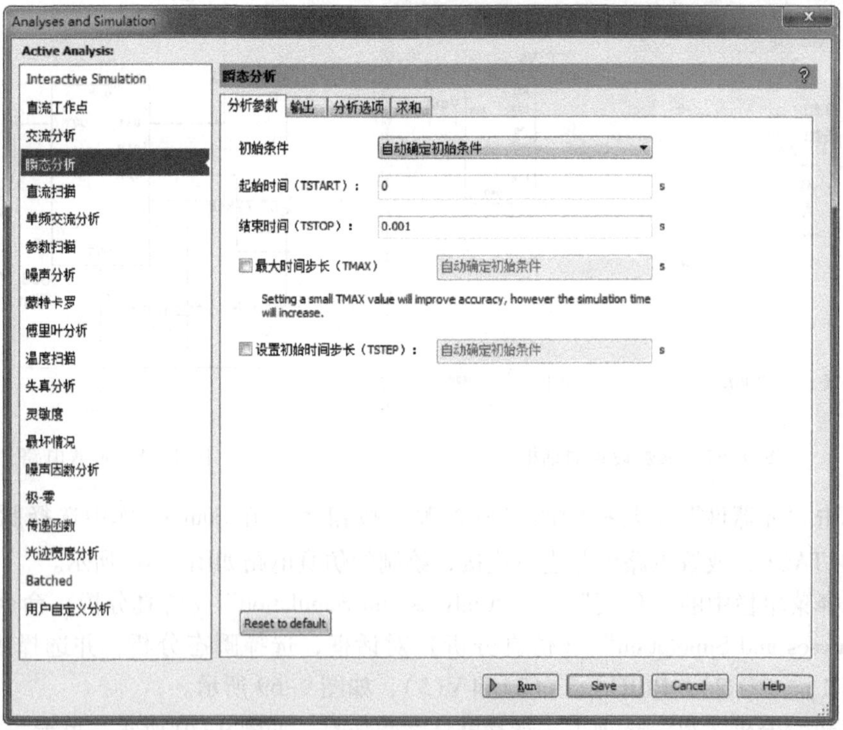

图 9-70　默认瞬态分析信息

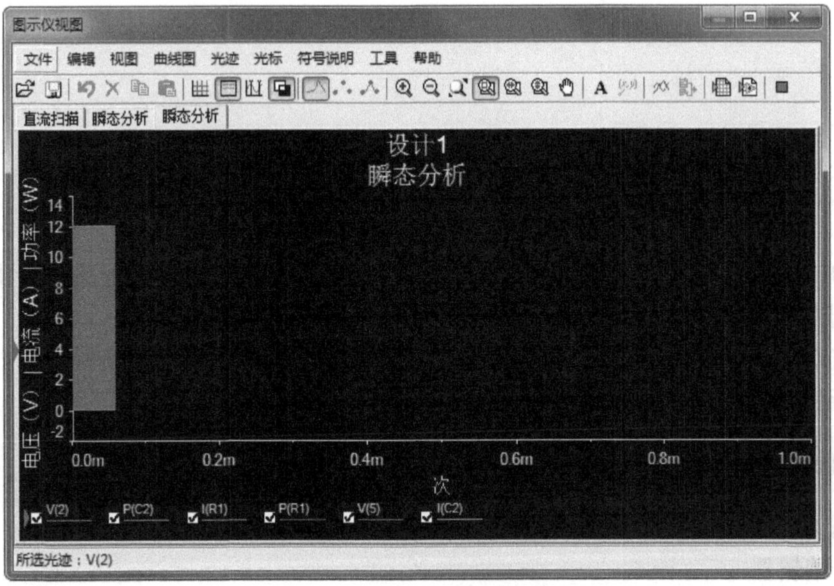

图 9-71　瞬态特性分析结果图

第 10 章　CAE 元器件设计

虽然 NI Multisim 14.0 提供了丰富的元器件库资源，但是在实际的电路设计中，由于电子元器件制造技术的不断更新，有些特定的元器件封装仍需要自行制作。

本章将对 CAE 元器件库的创建及元器件的绘制进行详细介绍，使读者学习如何管理自己的 CAE 元器件封装库，从而更好地为设计服务。

知识点

- 绘图工具
- 符号编辑器
- 创建元器件
- 数据库管理器

10.1　绘图工具

在原理图编辑环境中，图形注解用于在原理图中绘制各种标注信息，使电路原理图更清晰，数据更完整，可读性更强。图形注解工具中的各种图元均不具有电气连接特性，所以系统在进行 ERC 检查及转换成网络表时，它们不会产生任何影响，也不会被添加到网络表数据中。

NI Multisim 14.0 提供了 4 种对原理图进行图形注解的操作方法。下面简单介绍这 4 种方法。

1. 使用菜单命令

选择菜单栏中的“绘制”→“图形”命令，显示图形连接工具菜单，如图 10-1 所示。在该子菜单中，提供了放置各种元器件的命令。

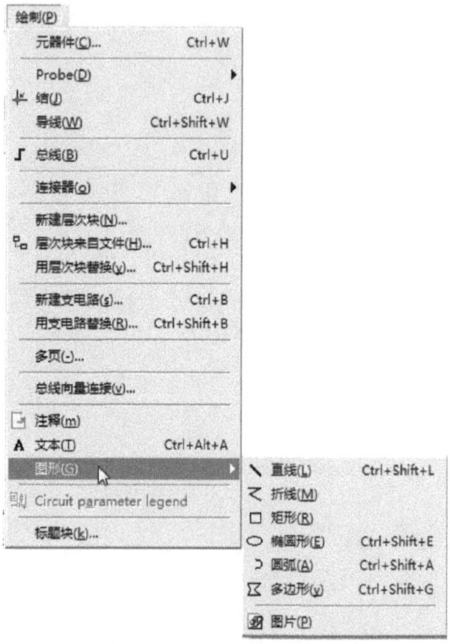

图 10-1　“绘制”菜单

2. 使用“图形注解”工具栏

在“图形”子菜单中，各命令分别与“图形注解”工具栏中的按钮一一对应，直接单击工具栏中的相应按钮，即可完成相同的功能操作，如图 10-2 所示。

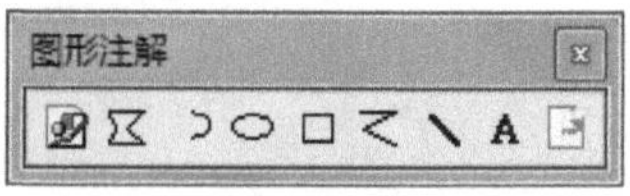

图 10-2　“图形注解”工具栏

3. 使用快捷键

上述各项命令都有相应的快捷键。例如，设置直线的快捷键是〈Ctrl〉+〈Shift〉+〈L〉，绘制圆弧的快捷键是〈Ctrl〉+〈Shift〉+〈A〉等。使用快捷键可以大大提高操作速度。

4. 使用右键命令

在工作区单击右键，弹出快捷菜单，如图 10-3 所示，选择“绘制曲线图”命令，弹出的子菜单命令与“图形”子菜单中的各项命令具有对应关系。其中各按钮的功能如下。

- “图片”按钮：用于在原理图上粘贴图片。
- “多边形”按钮：用于绘制多边形。
- “圆弧”按钮：用于绘制圆弧线。
- “椭圆形”按钮：用于绘制椭圆。
- “矩形”按钮：用于绘制矩形。
- “折线”按钮：用于绘制多段线。
- “直线”按钮：用于绘制直线。
- “文本”按钮 A：用于添加说明文字。

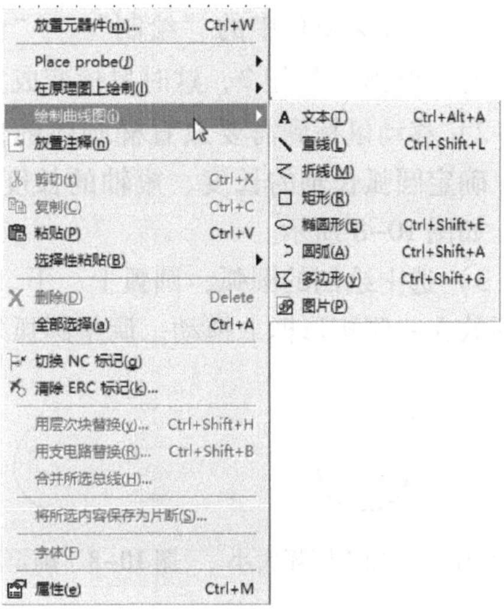

图 10-3　绘图工具

10.1.1　绘制直线

在原理图中，可以用直线来绘制一些注释性的图形，如表格、箭头、虚线等，或者在编辑元器件时绘制元器件的外形。直线在功能上完全不同于前面介绍的导线，它不具有电气连接特性，不会影响到电路的电气连接结构。

1）选择菜单栏中的“绘制”→“绘图”→“直线”命令，或单击“图形注解”工具栏中的“直线”按钮，此时光标变成实心圆点形状。

2）移动光标到需要放置直线的位置，单击确定直线的起点，按住鼠标不放，拖动鼠标，在适当位置放开鼠标，一条直线绘制完毕。

在直线绘制过程中，按住〈Shift〉键绘制水平或垂直直线，否则绘制任意方向线，如图 10-4 所示。

选中绘制的直线，直线左右两侧的端点处显示蓝色实心矩形框，将鼠标放在一侧矩形框上拖动，调整直线长度及角度，结果如图 10-5 所示。

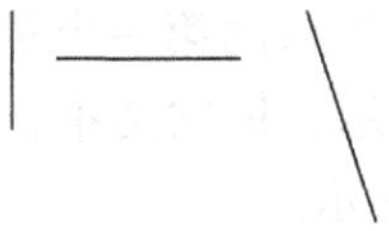

图 10-4　绘制直线

图 10-5　编辑直线

10.1.2　绘制圆弧

圆弧与椭圆弧的绘制是同一个过程，圆弧实际上是椭圆弧的一种特殊形式，该命令绘制的圆弧或椭圆弧均为半圆弧或半椭圆弧，如图 10-6 所示。

图 10-6　圆弧与椭圆弧

1）选择菜单栏中的“绘制”→“绘图”→“圆弧”命令，或者单击“图形注解”工具栏的“圆弧”按钮，这时鼠标变成实心圆点形状。

2）移动鼠标到需要放置椭圆弧的位置处单击确定圆弧的中心，按住鼠标左键向外拖动，确定圆弧长轴的长度、短轴的长度，如图 10-7 所示，放开鼠标，从而完成圆弧的绘制，如图 10-8 所示。

3）选中绘制的圆弧，圆弧上、下、左、右 4 个方向的端点处显示蓝色实心矩形框，将鼠标放在一侧矩形框上拖动，调整圆弧外形，结果如图 10-9 所示。

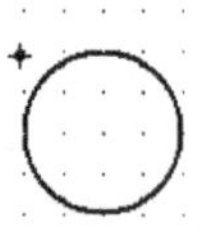
图 10-7　确定圆弧大小

图 10-8　确定圆弧外形

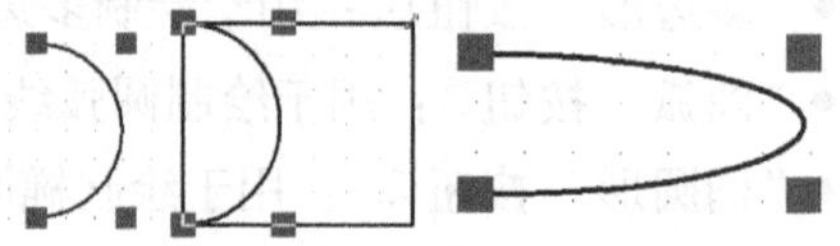
图 10-9　编辑圆弧

10.1.3　绘制矩形

1）选择菜单栏中的“绘制”→“绘图”→“矩形”命令，或者单击“图形注解”工具栏中的“矩形”按钮，此时光标变成实心圆点形状。

2）移动鼠标到需要放置矩形的位置，单击鼠标左键确定矩形的一个顶点，拖动鼠标到合适的位置放开鼠标确定其对角顶点，从而完成矩形的绘制，如图 10-10 所示。

3）选中绘制的矩形，矩形上、下、左、右 4 个方向的端点处显示蓝色实心矩形框，将鼠标放在一侧矩形框上拖动，调整矩形外形，结果如图 10-11 所示。

图 10-10　绘制矩形

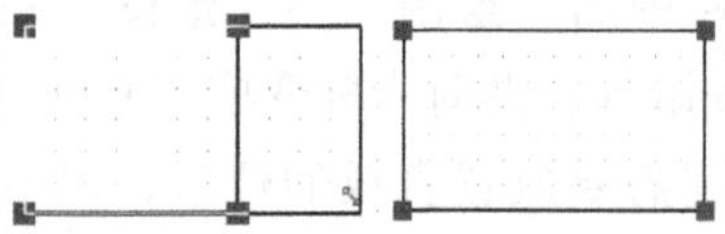
图 10-11　编辑矩形

10.1.4　绘制多边形

1）选择菜单栏中的“绘制”→“绘图”→“多边形”命令，或者单击“图形注解”工具栏中的“多边形”按钮，此时光标变成实心圆点形状。

2）移动鼠标到需要放置多边形的位置，单击鼠标左键确定多边形的第一个顶点，移动鼠标到合适的位置再一次单击确定其第二个顶点，如图 10-12 所示，依次类推，在最后一个顶点处双击，闭合图形，从而完成多边形的绘制，如图 10-13 所示。

3）选中绘制的多边形，多边形顶点处显示蓝色实心矩形框，将鼠标放在任意顶点上拖动，调整多边形外形，结果如图 10-14 所示。

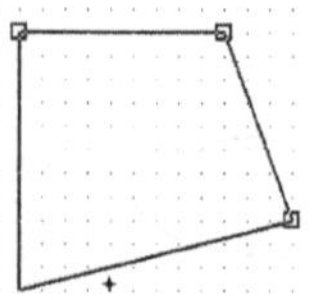
图 10-12　确定顶点

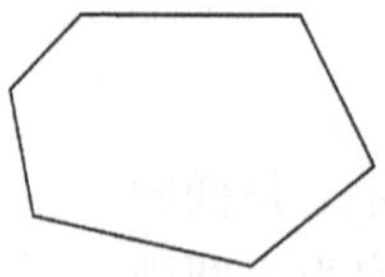
图 10-13　完成多边形绘制

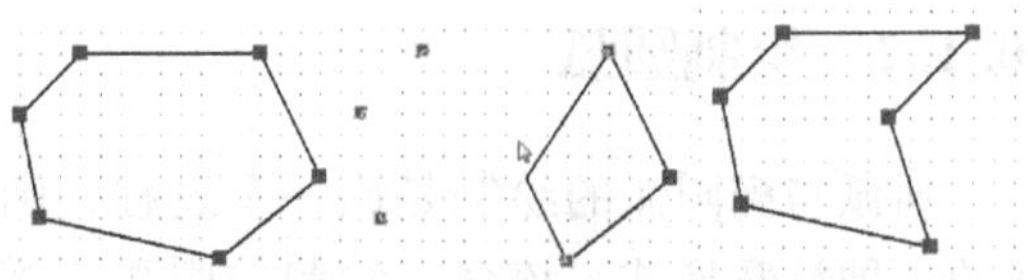
图 10-14　编辑多边形

10.1.5 绘制椭圆

1）选择菜单栏中的“绘制”→“绘图”→“椭圆”命令，或者单击“图形注解”工具栏中的“椭圆”按钮，此时光标变成实心圆点形状。

2）移动鼠标到需要放置椭圆的位置，单击鼠标左键第一次确定椭圆的中心，向外拖动鼠标，确定椭圆长轴、短轴的长度，从而完成椭圆的绘制，如图 10-15 所示。

3）选中绘制的椭圆，椭圆四角处显示蓝色实心矩形框，将鼠标放在任意顶点上拖动，调整椭圆外形，结果如图 10-16 所示。

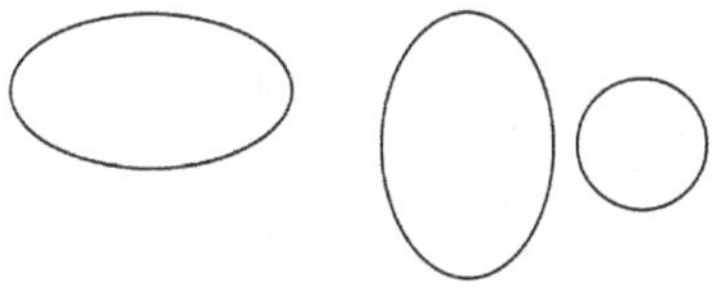

图 10-15　绘制椭圆

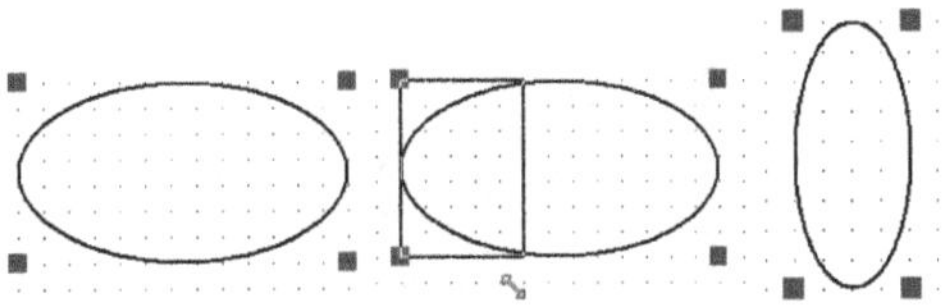

图 10-16　编辑多边形

10.1.6 绘制折线

“直线”命令只能绘制单根线，“折线”命令可绘制多根线，还可以绘制矩形及多边形等图形。

1）选择菜单栏中的“绘制”→“绘图”→“折线”命令，或者单击“图形注解”工具栏中的“折线”按钮，此时光标变成实心圆点形状。

2）移动鼠标到需要放置折线的位置后单击，确定折线的起点，移动鼠标单击确定折线的第二点、第三点，再终点双击鼠标，从而完成折线的绘制，如图 10-17 所示。

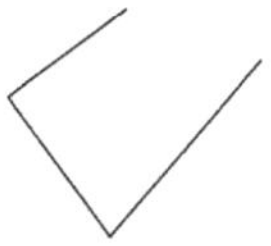

图 10-17　绘制折线

若折线的终点与起点重合，则折线绘制闭合图形，形成多边形，折线图形同样可进行编辑调整，方法与直线、多段线相同，这里不再赘述。

10.1.7 添加图片

有时在原理图中需要放置一些图像文件，如各种厂家标志、广告等。通过使用粘贴图片命令可以实现图形的添加。

添加图形的步骤如下。

1）选择菜单栏中的“绘制”→“绘图”→“图片”命令，或者单击“图形注解”工具栏中的“图片”按钮，弹出“打开”对话框，如图 10-18 所示，选择需要插入的图片路径，支持多种格式图片的导入。

2）选择图片文件后，单击“打开”按钮，这时鼠标上带有一个矩形框，移动鼠标到需要放置图形的位置，单击鼠标左键确定图形放置位置，这时所选的图形将被添加到原理图窗口中。

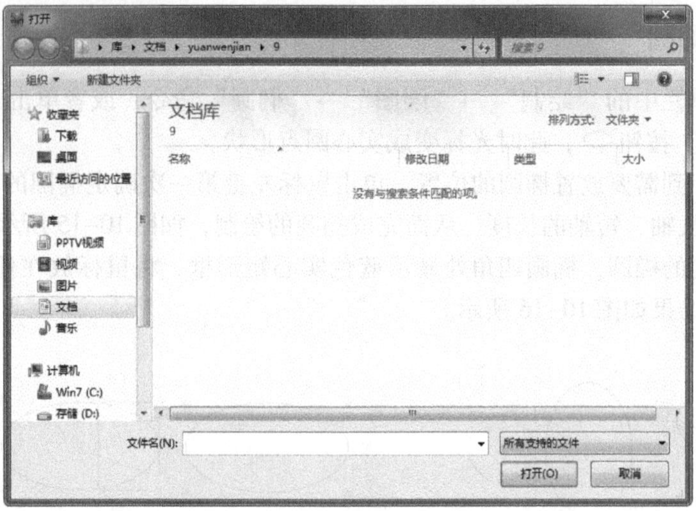

图 10-18 “打开”对话框

10.2 符号编辑器

选择菜单栏中的“工具”→“符号编辑器”命令，弹出“符号编辑器”窗口，如图 10-19 所示。

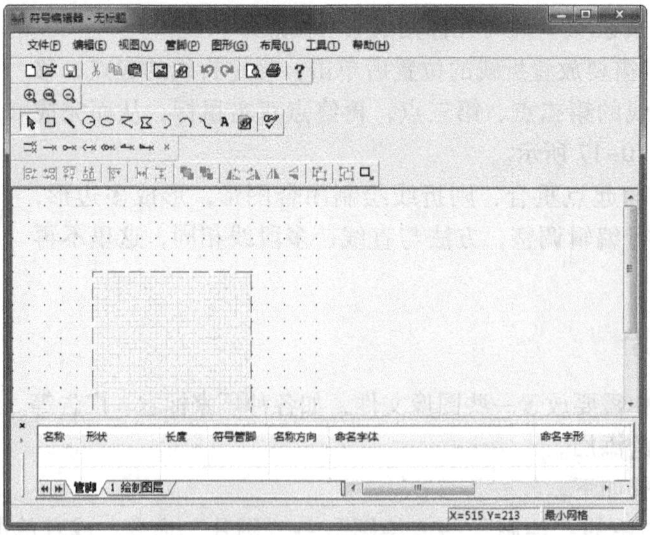

图 10-19 “符号编辑器”窗口

该编辑窗口与电路原理图编辑环境很相似，操作方法也基本相同。主要由菜单栏、工具栏、实用工具栏、编辑窗口及电子表格面板等几大部分构成。

10.2.1 菜单栏

该窗口包括 8 个菜单，下面一一进行介绍。

1. “文件”菜单

该菜单提供了新建、打开、保存、另存为、打印设置、打印预览、打印和退出命令，如图 10–20 所示。

2. “编辑”菜单

该菜单提供了电路符号的常规编辑功能，如图 10–21 所示。

调整界框大小：选择该命令，绘图区的虚线边框浮动，可以任意拖动，并根据绘制的图像调整大小，如图 10–22 所示。其中，只能在虚线界框内部进行绘图，同样的引脚只能放置界框外部。

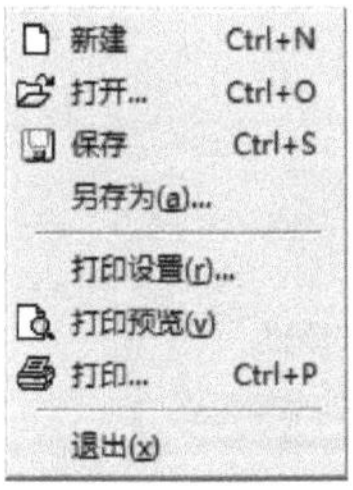

图 10–20 “文件”菜单

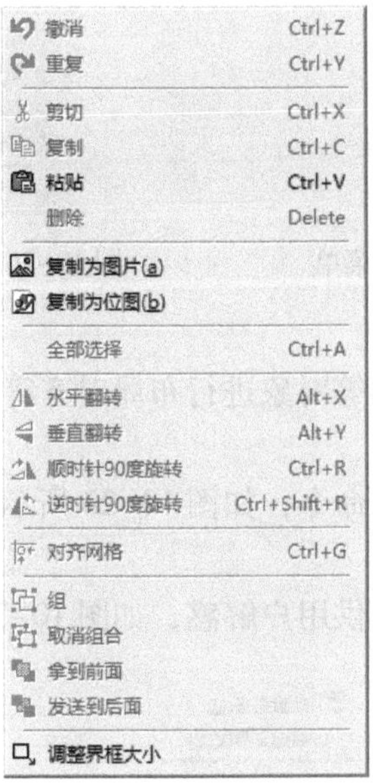

图 10–21 “编辑”菜单

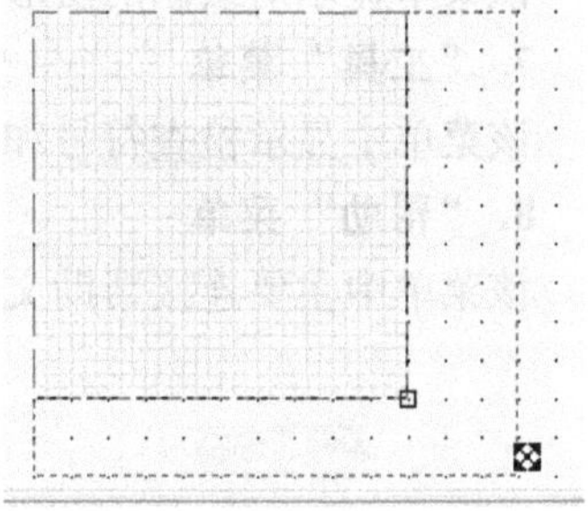

图 10–22 调整界框

3. “视图”菜单

该菜单提供了显示或隐藏工具栏、状态栏等命令，以及对图形进行大小缩放显示，如图 10–23 所示。

光标定中心：选择该命令，鼠标变为圆心状，在界框内确定绘图中心，如图 10–24 所示。

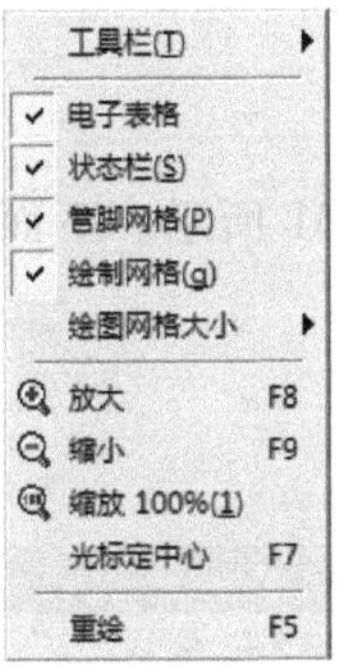

图 10–23 “视图”菜单

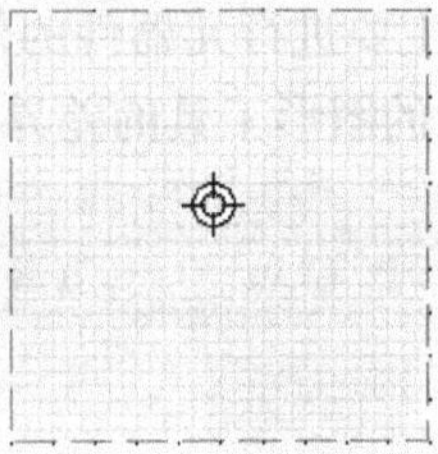

图 10–24 光标定中心

4. “管脚”菜单

该菜单主要包括添加引脚及编辑引脚属性等命令，如图 10-25 所示。

5. “图形”菜单

该菜单提供实用绘图命令，与原理图绘图命令相同，如图 10-26 所示。

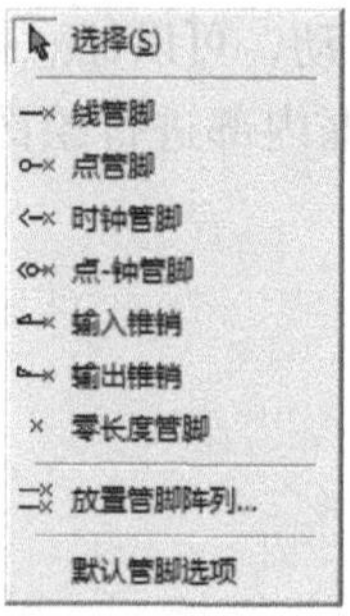

图 10-25 “管脚”菜单

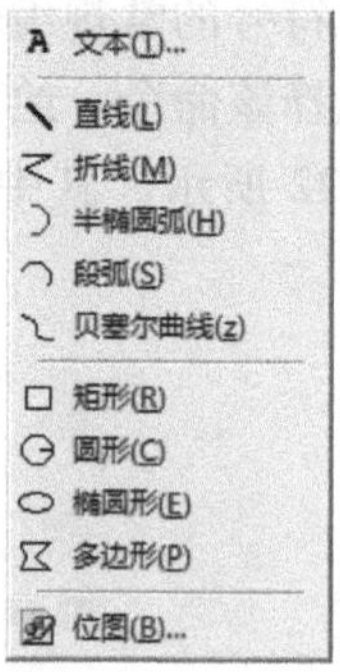

图 10-26 “图形”菜单

6. “布局”菜单

该菜单显示对绘制的图形、引脚等对象进行布局对齐等操作，如图 10-27 所示。

7. “工具”菜单

该菜单中显示检查符号和自定义命令，如图 10-28 所示。

8. “帮助”菜单

该菜单中主要连接帮助文档，以供用户解惑，如图 10-29 所示。

图 10-27 “布局”菜单

图 10-28 “工具”菜单

图 10-29 “帮助”菜单

10.2.2 工具栏

工具栏包括常用工具栏与特定工具栏，基本与菜单栏中的命令一一对应，熟练掌握这些按钮，替代菜单命令，将使设计工作方便简单。

1. 常用工具栏

常用的工具栏包括“标准”“缩放”工具栏，主要控制文件操作与基本的视图显示操作，如图 10-30 所示。

2. 绘图工具栏

“绘图工具”栏主要进行元器件的外形绘制，如图 10-31 所示。下面介绍该编辑器中的绘图命令与原理图中的图形工具的差异。

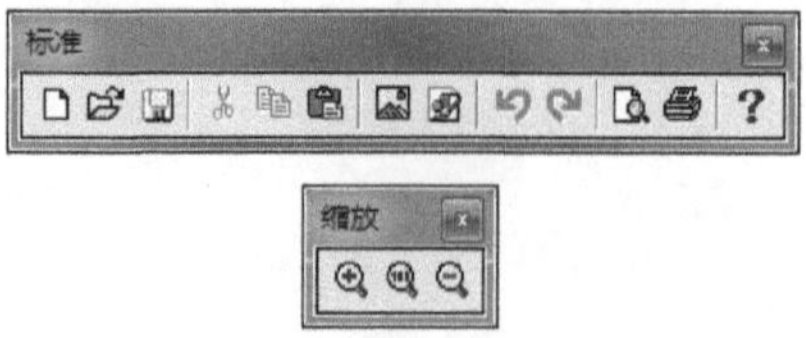

图 10-30 常用工具栏

图 10-31 “绘图工具”栏

1）原理图中的绘图工具在绘制过程中需要按住鼠标左键拖动，在该编辑器中的图形工具只需要单击确定起点，松开鼠标移动，在需要的位置单击确定下一点即可。

2）原理图中的绘图工具执行单次操作自动结束命令，该编辑器中的图形工具可多次执行。

- ：选择，不执行绘图工命令时，默认选择该命令。
- ：绘制一个圆形，单击鼠标确定圆心，向外拖动鼠标，在适当位置单击，确定半径。
- ：绘制一段圆弧。执行该命令，单击鼠标左键确定圆弧的圆心，然后光标自动移到圆弧的圆周上，移动鼠标可以改变圆弧的半径。单击鼠标左键确定圆弧的半径，光标移到圆弧的另一端，单击鼠标左键确定圆弧的终止点。一条圆弧绘制完成，系统仍处于绘制圆弧状态，若需要继续绘制，则按上面的步骤绘制，若要退出绘制，则单击鼠标右键或按〈Esc〉键。
- ：绘制一条贝赛尔曲线，贝塞儿曲线是一种表现力非常丰富的曲线，主要用于描述各种波形曲线，如正弦和余弦曲线等。移动鼠标到需要放置贝塞儿曲线的位置处，多次单击鼠标左键确定多个固定点。移动4个固定点即可改变曲线的形状。此时鼠标仍处于放置贝塞儿曲线的状态，重复操作即可放置其他的贝塞儿曲线。单击鼠标右键或者按下〈Esc〉键便可退出操作。
- ：检查符号。单击该按钮，检查绘制的图形是否有误，执行该操作后，弹出如图10-32所示的信息对话框对话框。

3. “正在绘制”工具栏

“正在绘制”工具栏对绘图区的对象进行排列、对齐等操作，使图形绘制更完善，如图10-33所示。

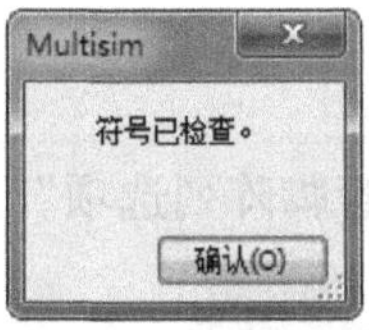

图10-32　信息对话框

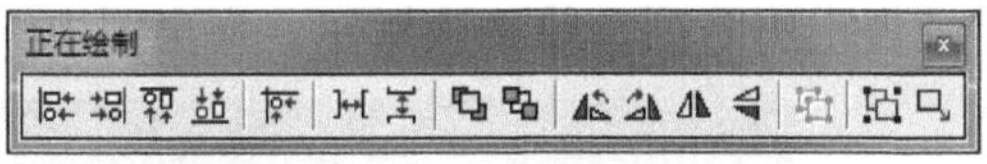

图10-33　“正在绘制”工具栏

- ：将所选对象沿左沿排成一行。
- ：将所选对象沿右沿排成一行。
- ：将所选对象沿顶沿排成一行。
- ：将所选对象沿底沿排成一行。
- ：将对象移至网格上。
- ：水平分布。
- ：垂直分布。
- ：将所选对象置于其他对象前面。
- ：将所选对象置于其他对象后面。
- ：逆时针90°旋转。

- ：顺时针 90°旋转
- ：水平翻转对象。
- ：垂直翻转对象。
- ：将一组组合对象拆解为单个对象。
- ：接合选定的两个或多个对象，使它们被当成一个对象来处理。
- ：调整界框大小。

4. “正在绘制”工具栏

“正在绘制”工具栏主要在绘制的元器件外形上添加引脚，并对引脚参数进行编辑，如图 10-34 所示。

元器件的外形只是一种简单的图形符号，真正起到电气连接特性的对象是引脚，它是一个元器件的灵魂，是不可或缺的，如图 10-35 所示。

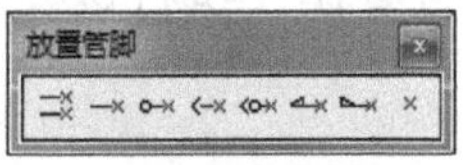

图 10-34 “放置管脚”工具栏

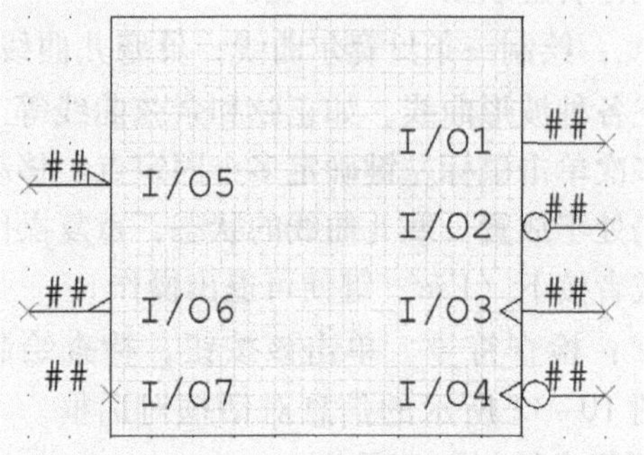

图 10-35 元器件引脚示意图

其中，I/O1 为放置线引脚；I/O2 为点引脚；I/O3 为时钟引脚；I/O4 为点－钟引脚；I/O5 为输入锥销；I/O6 为输出锥销；I/O7 为零长度引脚。

下面介绍工具栏中的按钮选项。

- ：放置引脚阵列。单击该按钮，弹出图 10-36 所示的“管脚阵列选项”对话框。

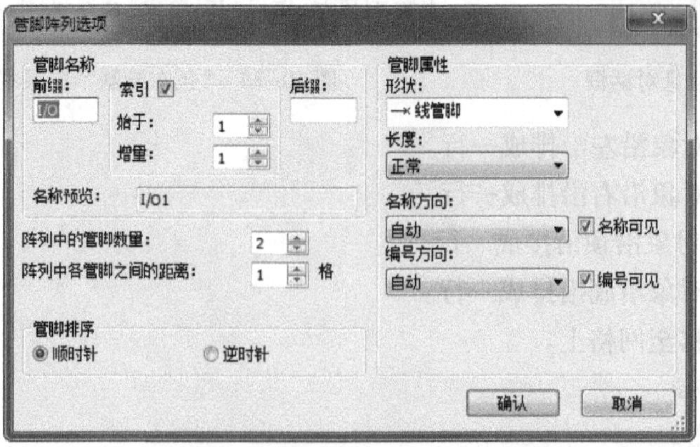

图 10-36 “管脚阵列选项”对话框

- 在“管脚名称”选项组下设置“前缀”“后缀”名称，输入“始于”“增量”数值，并在“名称预览”文本框显示预览的名称设置结果。

■ 设置“阵列中的管脚数量”和“阵列中各管脚之间的距离”的数值。
■ 在“管脚属性”选项组中设置管脚“形状”“长度”“名称方向”和“编号方向”，并设置名称与编号的可见性。
■ 在“管脚排序”选项下选择顺时针或逆时针。

- ：放置线引脚。
- ：点引脚。
- ：时钟引脚。
- ：点 - 钟引脚。
- ：输入锥销。
- ：输出锥销。

10.2.3 电子表格

在“电子表格”对话框中显示在绘图区的对象信息，如图 10-37 所示，包括“管脚”“绘制图层”两个选项卡，显示绘图区不同类别的对象信息，并可在该区域进行修改。

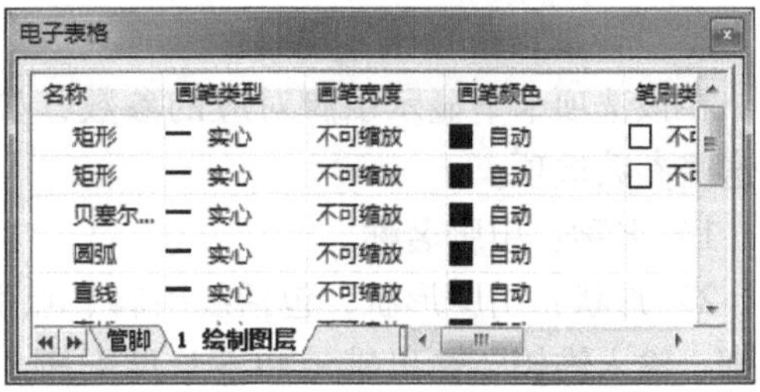

图 10-37 “电子表格”窗口

1. “绘制图层”选项卡

在该选项卡下显示工作区的绘图对象，包括直线、矩形、贝赛尔曲线等，参数类型如下。

1）画笔类型：显示绘制对象的线型，包括实心、虚线、点线、点划线、双点划线、不可见、内实心框。

2）画笔宽度：显示绘制对象的线宽，包括不可缩放、一像素、二像素、三像素、四像素、五像素，如图 10-38 所示。

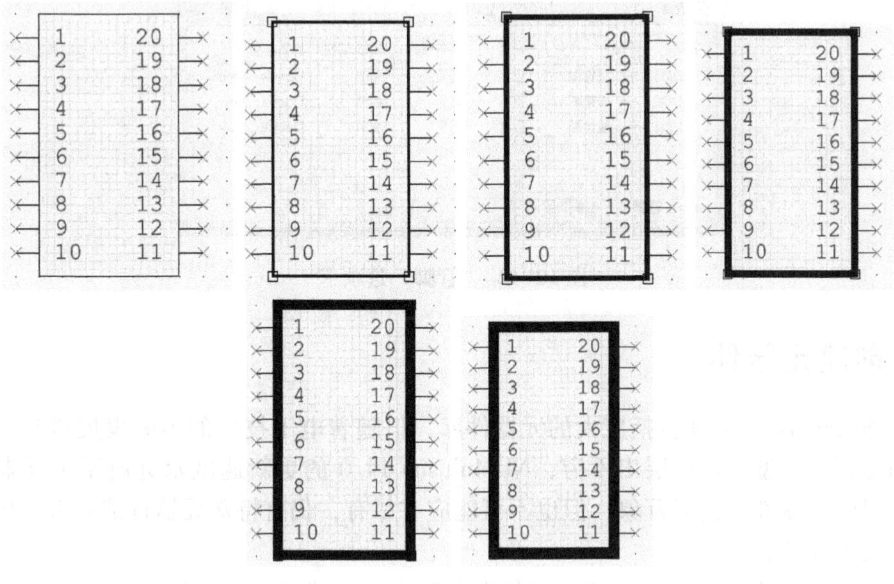

图 10-38 不同宽度示意图

3）画笔颜色：显示绘制对象的颜色，如图 10-39 所示。

4）笔刷类型：显示边框内部的填充样式，如图 10-40 所示。

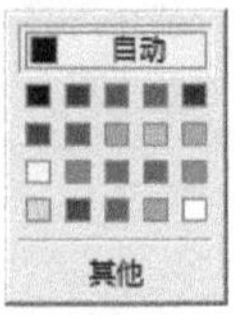

图 10-39　基本颜色

图 10-40　填充样式

5）笔刷颜色：显示边框内部的填充颜色。

6）字体：显示边框内部的字体样式，如图 10-41 所示。

图 10-41　字体样式

2. “管脚”选项卡

在该选项卡下显示引脚对应的参数，如图 10-42 所示，下面介绍这些参数选项。

1）名称：引脚名称。

2）形状：引脚形状，包括线引脚、点引脚、时钟引脚、点 - 钟引脚、输入锥销、输出锥销和零长度引脚。在该下拉列表中可互相切换。

3）长度：设置引脚长度，包括 4 个选项，即短、长、正常和加长。

4）符号管脚：设置引脚的可见性，包括可见和隐藏。

5）名称方向：设置引脚名称放置方向，包括自动、垂直和水平。

6）命名字体：设置引脚名称的字体。

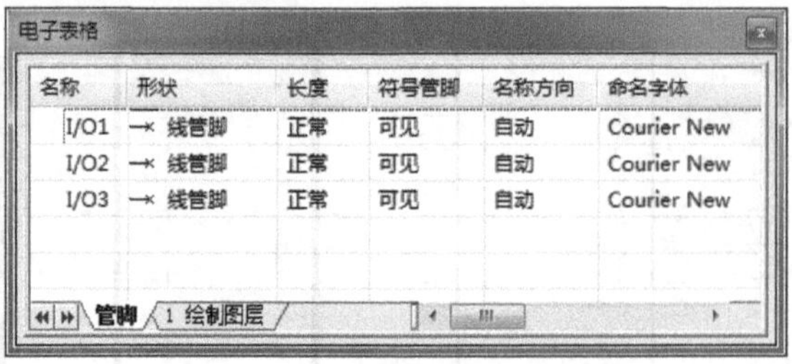

图 10-42　“管脚”选项卡

10.3　创建元器件

尽管 NI Multisim 14.0 包括庞大的元器件库，但随着电子技术的不断发展进步，各种元器件不断更新，新型元器件层出不穷，NI Multisim 14.0 的更新速度永远赶不上元器件的更新速度；尽管元器件库包罗万象，但也不可能应有尽有，仍有特殊元器件或新开发的元器件需要用户自主设计。

选择菜单栏中的“工具”→“元器件向导”命令，或单击“主”工具栏中的“元器件向导”按钮，弹出“元器件向导”对话框。

1）首先进行第 1 步“输入元器件信息”，输入元器件名称、作者名称、选择元器件类型。其中在元器件功能选择部分包括 3 个单选钮，选择“仿真及布局”，则元器件创建步骤共 8 步；选择“仅仿真”，则元器件创建步骤共 7 步；选择“仅布局”，则元器件创建步骤共 6 步；默认选择第一项，如图 10-43 所示。

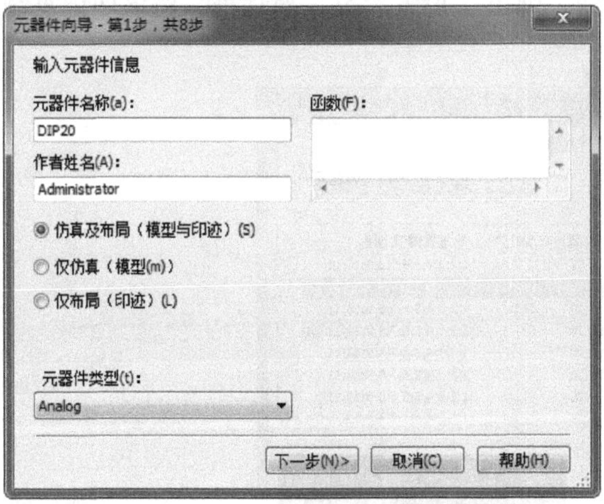

图 10-43 “元器件向导”对话框

2）单击 下一步(N)> 按钮，显示第 2 步“输入印迹信息”，如图 10-44 所示。显示印迹制造商、印迹类型的信息。单击 选择一个印迹(S) 按钮，弹出“选择一个印迹”对话框，如图 10-45 所示。

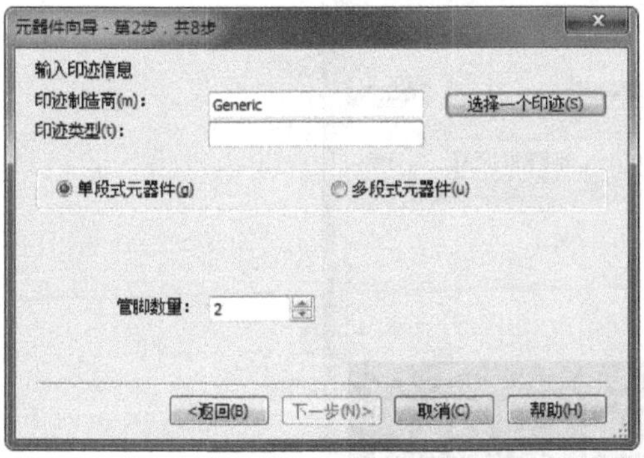

图 10-44 输入印迹信息

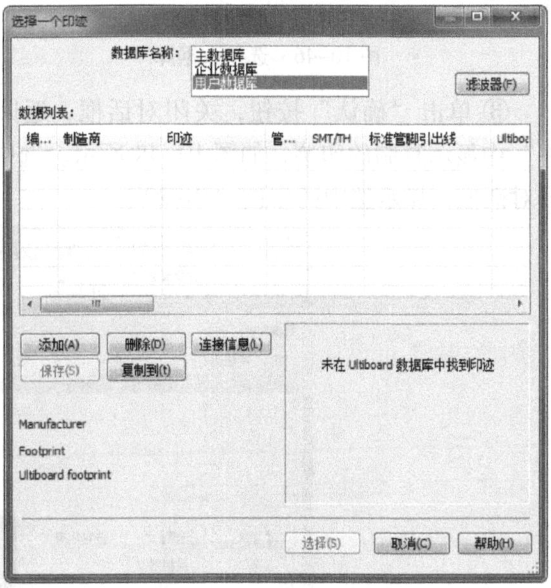

图 10-45 选择一个印迹

① 在默认状态下，企业数据库与用户数据库是空白的，系统库元器件均保存在“主数据库”中，因此在“数据库名称”栏选择“主数据库”，选择模板元器件 DIP20，如图 10-46 所示。

注意

NI Multisim 14.0 不允许在主数据库中编辑元器件，因此用户需要把需要修改的元器件复制到企业数据库或用户数据库中。

② 单击[复制到(t)]按钮，弹出“设置参数”对话框，将该印记复制到“用户数据库”中，如图 10-47 所示。

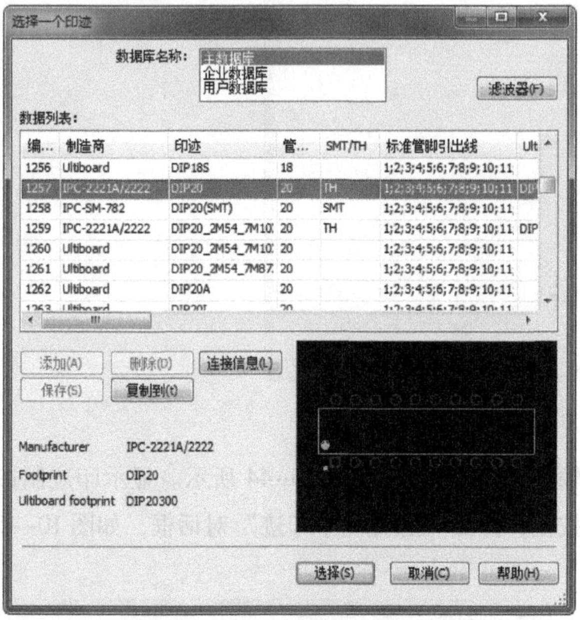

图 10-46　选择数据库

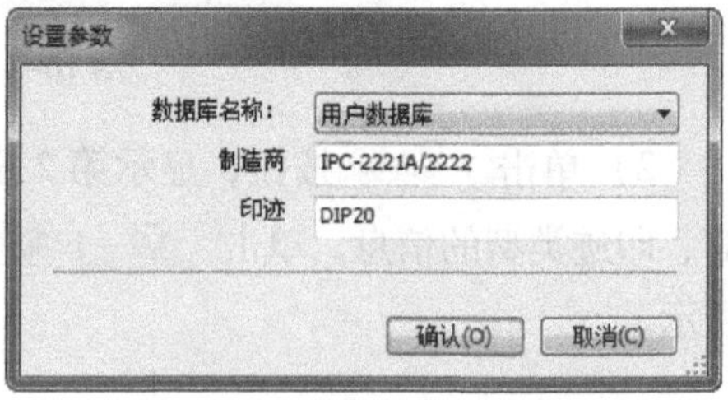

图 10-47　“设置参数”对话框

③ 单击“确认”按钮，关闭对话框，返回“选择一个印迹”对话框，在“用户数据库”中显示复制的印迹，如图 10-48 所示。选中该印迹，单击[选择(S)]按钮，返回元器件向导对话框，显示选中的印迹“DIP20”。

图 10-48　复制印迹

④ 设置部件个数，选择元器件为“单段式元器件”，创建单个部件的元器件，该引脚数量为 20，如图 10-49 所示。

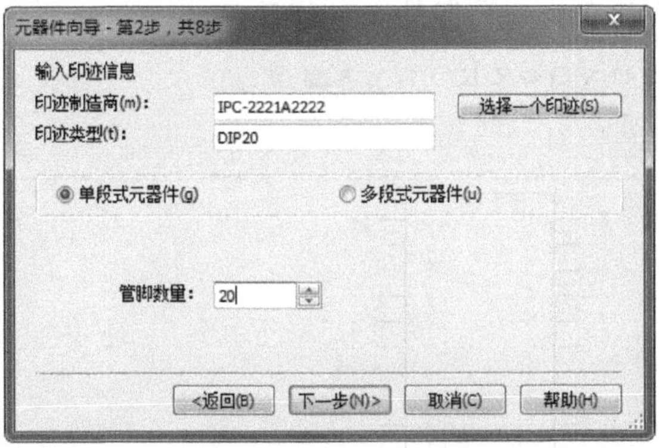

图 10-49　默认印迹参数

选择元器件为“多段式元器件”，创建多部件元器件，如图 10-50 所示。“区段数量”即为包含的部件数量，默认值为 2，则在“区段详情”选项组下显示 A、B 两个区段的名称与各自的引脚数。其中，引脚的数目必须与将用于该部件符号的引脚数目相匹配，而不是与封装的引脚数目相匹配。

3）单击 下一步(N)> 按钮，显示第 3 步“输入符号信息”，在左侧显示符号外观预览图，右侧显示符号的编辑与复制，如图 10-51 所示。

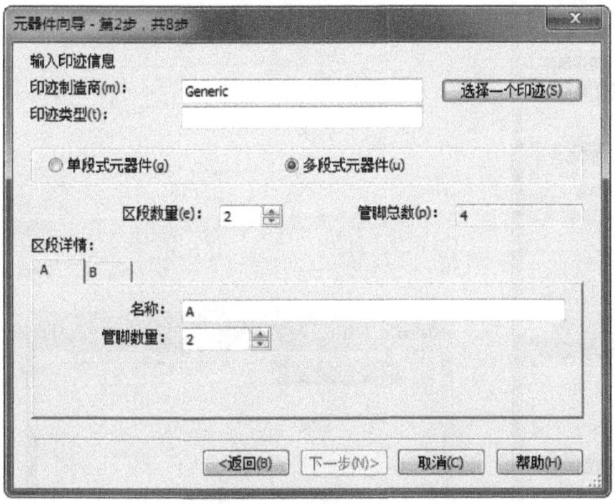

图 10-50　多段式元器件

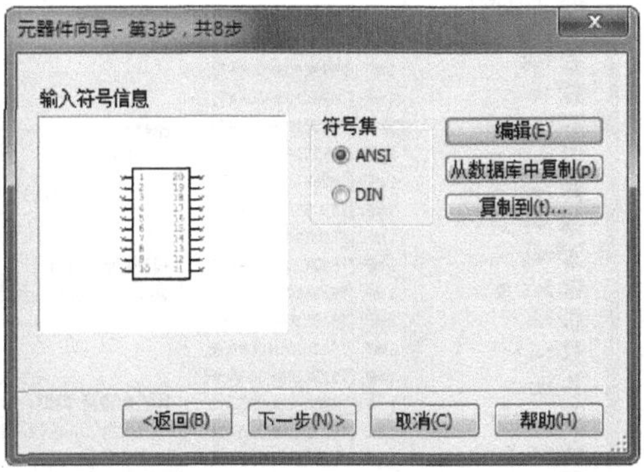

图 10-51　输入符号信息

① 单击 编辑(E) 按钮，弹出“符号编辑器”窗口，如图 10-52 所示，在该窗口中编辑默认的元器件符号图形，具体方法在后面进行详细介绍。

② 单击 从数据库中复制(p) 按钮，弹出“选择一个模型”对话框，在数据库中选择参考模型，如图 10-53 所示。

③ 单击 复制到(t)... 按钮，弹出“选择目标”对话框，勾选复选框，则复制该对象到图形符号中，如图 10-54 所示。

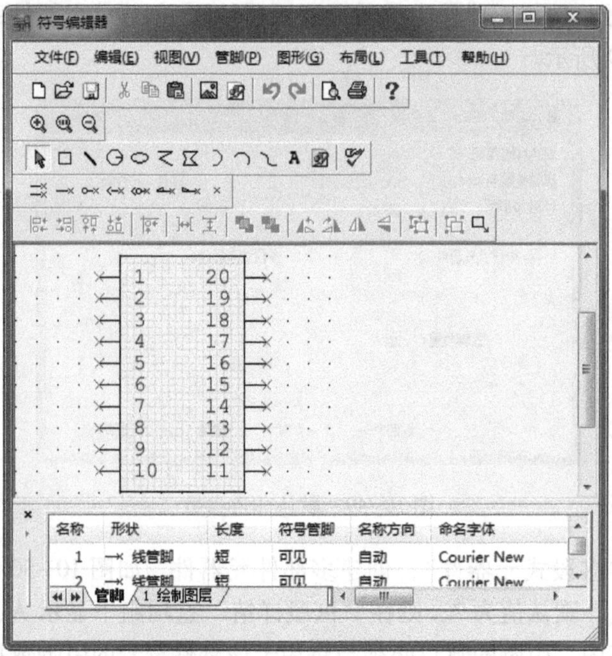

图 10-52 “符号编辑器”窗口

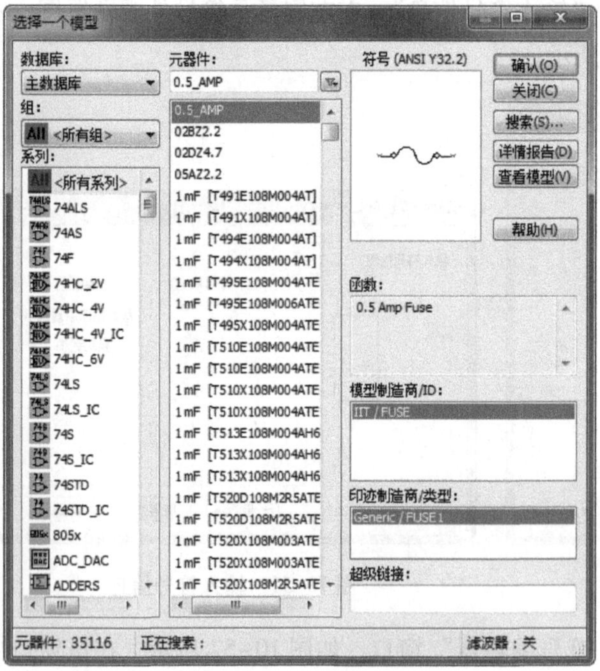

图 10-53 “选择一个模型”对话框

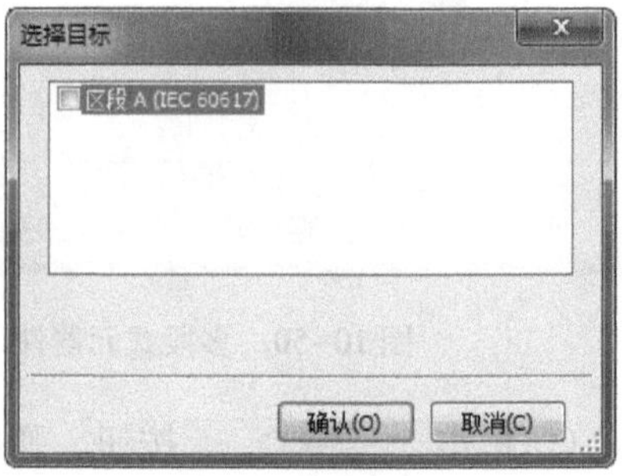

图 10-54 “选择目标”对话框

4）单击 下一步(N)> 按钮，显示第 4 步“设置管脚参数”，在引脚列表中显示默认添加的引脚，引脚参数包括区段、类型、ERC 状态，可随时对该项下的引脚进行属性编辑，如图 10-55 所示。

① 单击[添加隐藏管脚(A)]按钮，在“管脚列表”中添加隐藏的引脚。

② 单击[删除隐藏管脚(D)]按钮，删除添加的引脚。

5）单击[下一步(N)>]按钮，显示第5步“设置符号与布局印迹之间的映射信息”，在引脚列表中显示符号引脚、封装引脚、引脚交换组、栅极交换组之间的关系，如图10-56所示。

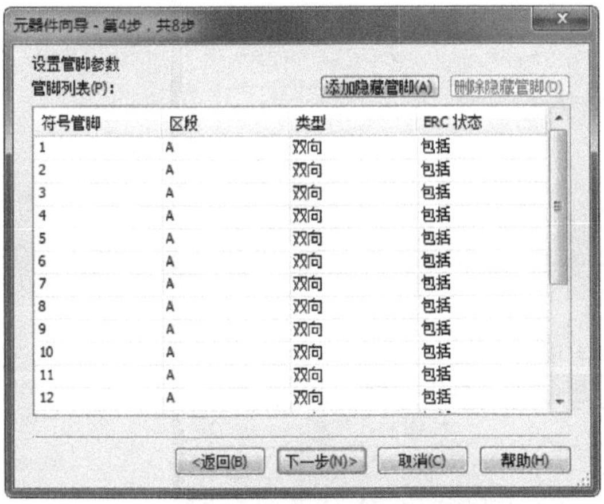

图 10-55　设置引脚参数

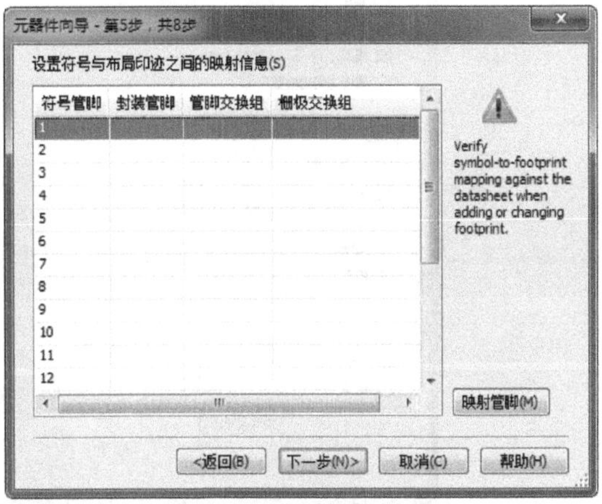

图 10-56　设置符号与布局印迹之间的映射信息

6）单击[下一步(N)>]按钮，显示第6步“选择仿真模型”，如图10-57所示。

① 可直接输入仿真模型名称。

② 单击[从数据库中选择(S)]按钮，弹出“选择模型数据”对话框，选择仿真模型，如图10-58所示。

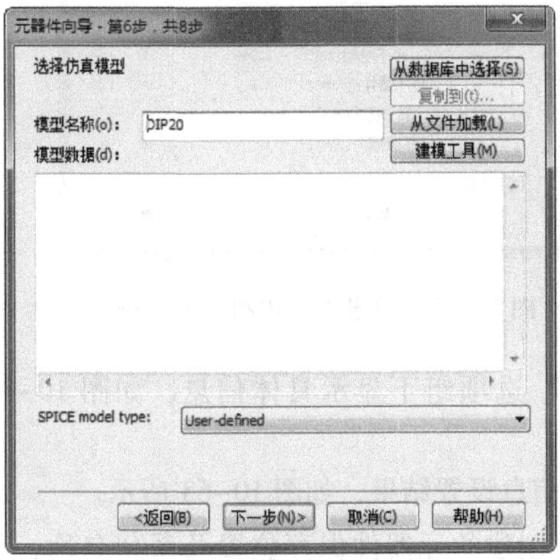

图 10-57　选择仿真模型

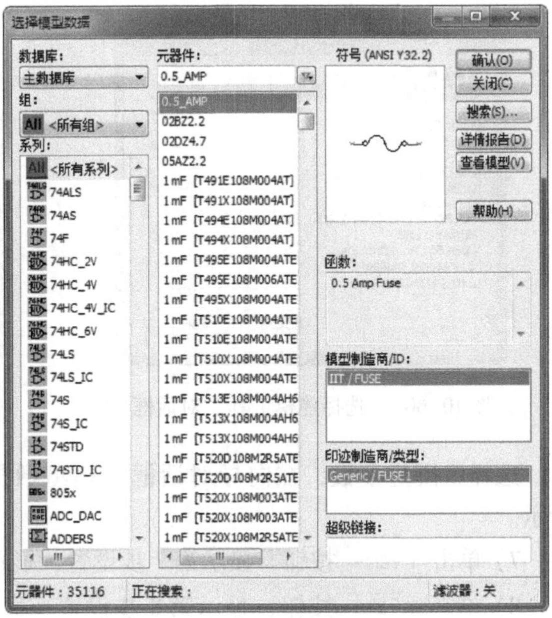

图 10-58　“选择模型数据”对话框

③ 单击从文件加载(L)按钮，弹出如图 10-59 所示的对话框，选择需要加载的文件路径，该文件为编写的模型文件。

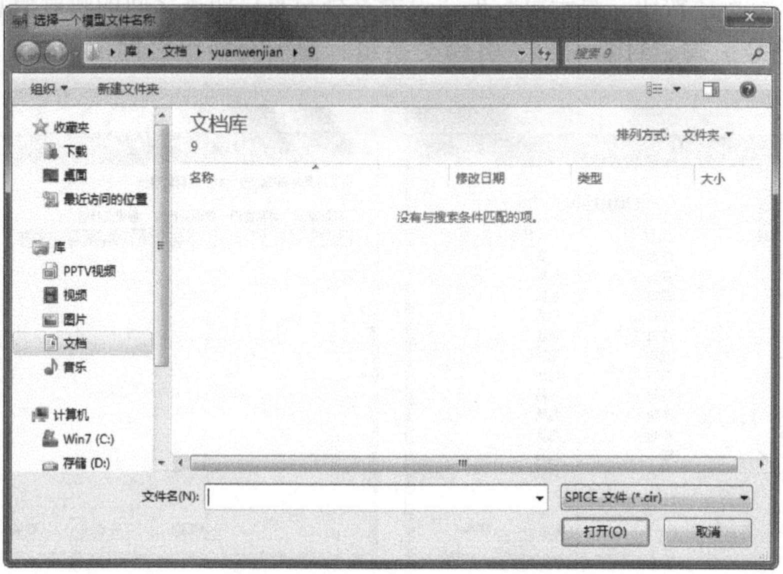

图 10-59　选择要加载的文件路径

④ 单击建模工具(M)按钮，弹出“选择建模工具”对话框，如图 10-60 所示，在列表中包括 24 种建模工具，选择不同的建模工具，显示对应的参数不同。默认选择第一种建模工具“ACMotor”，单击接受(A)按钮，显示该模型参数，如图 10-61 所示。

图 10-60　“选择建模工具”对话框

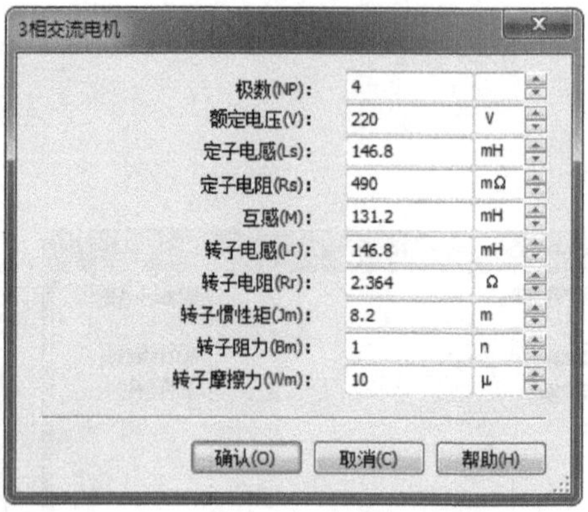

图 10-61　“3 相交流电机”对话框

选择该模型参数，在向导对话框“模型数据”选项组下显示具体信息，如图 10-62 所示。

7）单击下一步(N)>按钮，显示第 7 步设置，显示信息设置结果，如图 10-63 所示。

8）单击下一步(N)>按钮，显示第 8 步设置，显示创建的元器件保存位置及系列名称，如图 10-64 所示。

图 10-62　选择仿真模型

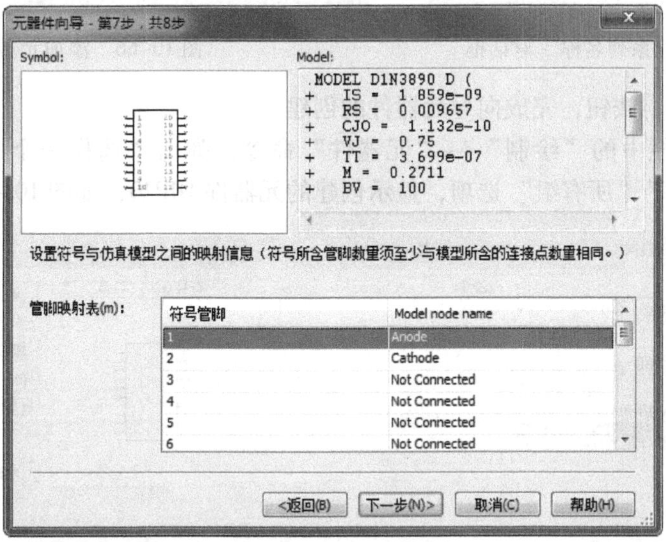

图 10-63　第 7 步设置

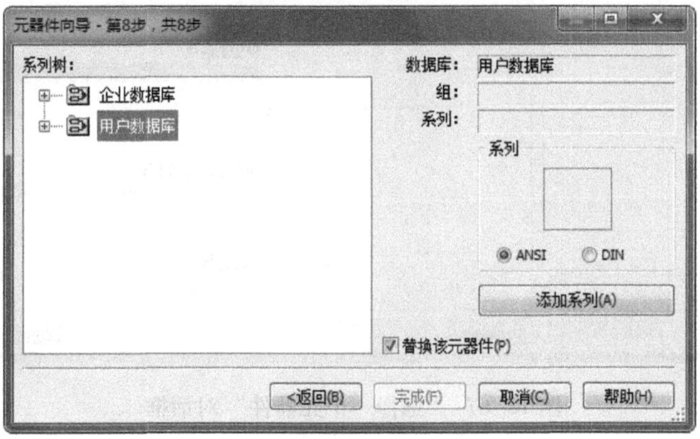

图 10-64　第 8 步设置

① 单击 添加系列(A) 按钮，弹“新建系列名称”对话框，设置该元器件所在系列组，并输入新系列名称，如图 10-65 所示。

② 单击 确认(O) 按钮，将元器件加入元器件库，如图 10-66 所示。

图 10-65 “新建系列名称”对话框

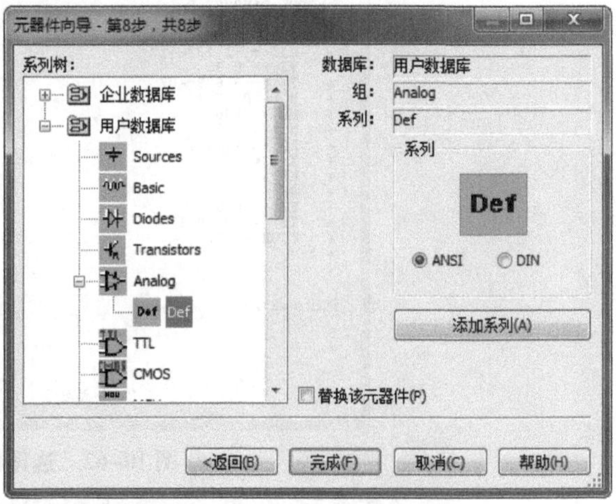

图 10-66 添加元器件

③ 单击 完成(F) 按钮，完成向导元器件的创建。

9）选择菜单栏中的“绘制”→“元器件”命令，弹出“选择一个元器件”对话框，选择“用户数据库”“所有组”选项，显示创建的元器件 DIP20，如图 10-67 所示。

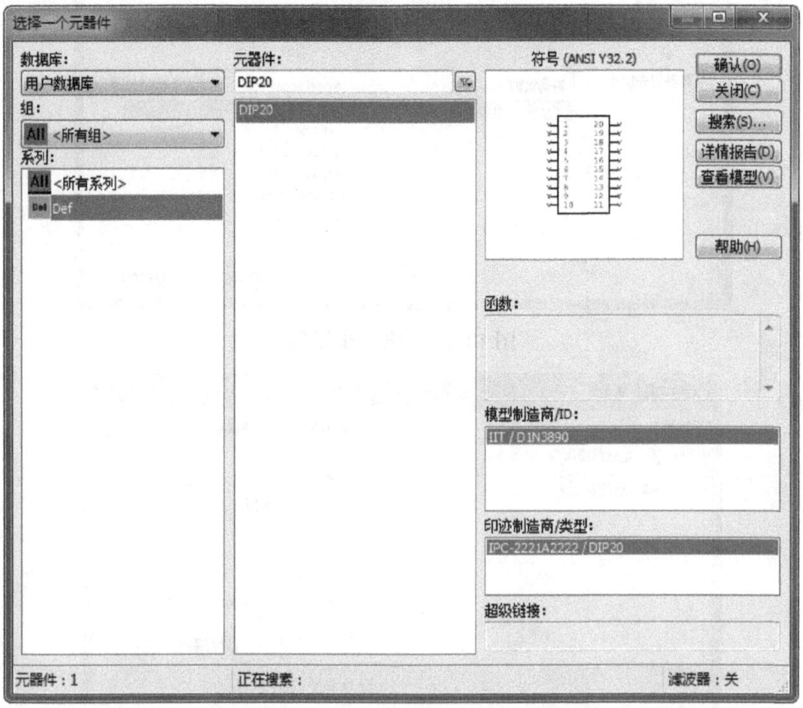

图 10-67 “选择一个元器件”对话框

10）单击 确认(O) 按钮，在工作区放置该元器件，如图 10-68 所示。

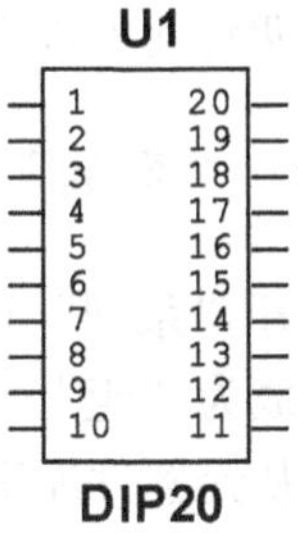

图 10-68 创建的元器件

10.4 数据库管理器

Multisim 提供了一个功能强大的管理器——数据库管理器，允许用户修改或创建数据库中的任何元器件。在该管理器下元器件的以下信息可以被修改。

- 一般信息：如名称、描述、制造商、图标和电特性。
- 符号：原理图中元器件的图形表达。
- 模型：元器件仿真信息。
- 引脚图：包含元器件从原理图输入到 PCB 布线相关的封装信息。

最快捷的创建新元器件的方式就是通过修改元器件库中与新元器件相似的元器件的参数信息，即把相似元器件本身的参数、外形、电器特性等，一一进行修改。

选择菜单栏中的“工具”→“数据库”→“数据库管理器”命令，或者单击“主”工具栏中的“数据库管理器”按钮，系统将弹出图 10-69 所示的“数据库管理器”对话框。

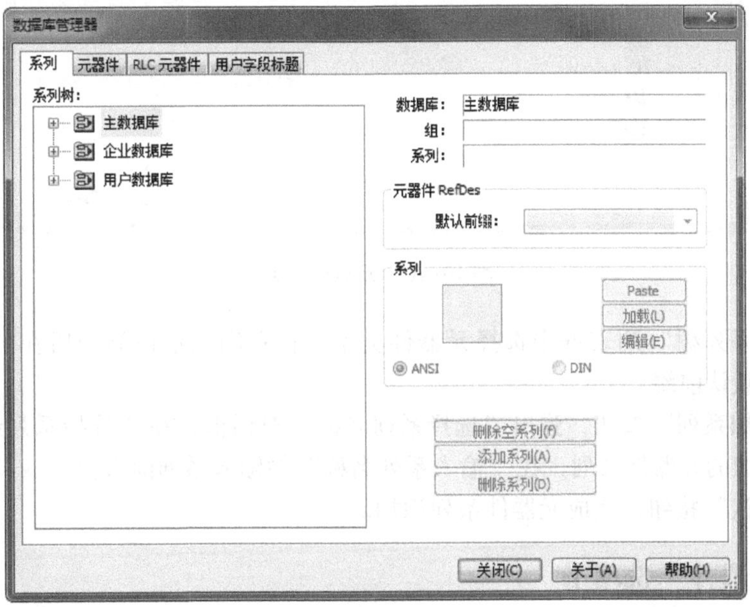

图 10-69 “数据库管理器”对话框

NI Multisim 14.0 提供了 3 类元器件库：主数据库、企业数据库、用户数据库。

主数据库包含了 NI Multisim 14.0 提供的所有元器件不允许用户修改。企业数据库是由个人或团体所选择、修改或创建的元器件，这些元器件的仿真模型也能被其他用户使用。用户数据库用来保存由用户修改、导入或自己创建的元器件，这些元器件仅能供用户自己使用，后两种元器件库在新安装的软件中没有元器件。

10.4.1 “系列”选项卡

打开“系列”选项卡，在“系列树”列表中显示3个数据库。所有元器件库中的元器件被分成为“组”，组又被分为“系列”，每一系列由具体的元器件组成，如图10-70所示。当用户从元器件库中选择一个元器件放置在电路图窗口中后，相当于将该元器件的仿真模型的一个副本输入在电路图中。在电路设计中，对电路图中的元器件的任何操作都不会修改元器件库中的元器件模型数据。

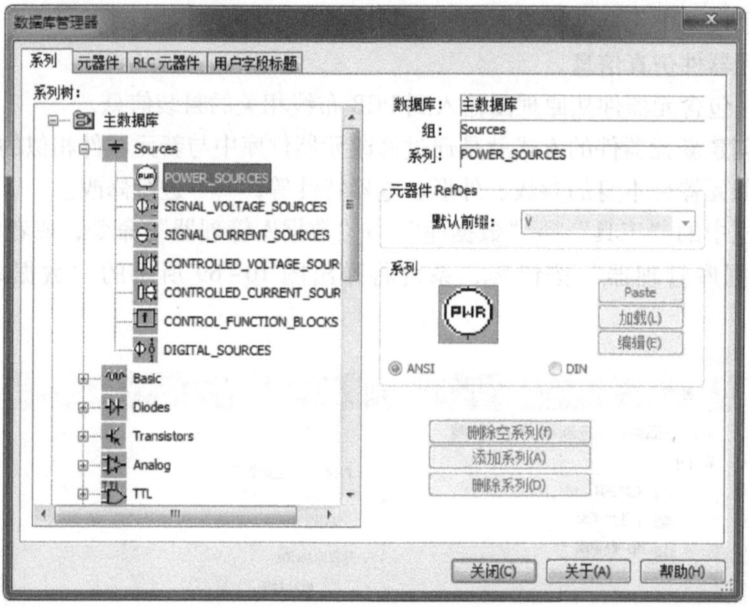

图10-70　元器件分类

在左侧“系列树”列表框中选择元器件类型，在右侧显示该类型所在的数据库、组、系列及元器件默认前缀。

单击“添加系列”按钮，弹出“选择系列名称”对话框，在“选择系列组”下拉列表中显示需要添加的元器件系列，在“输入系列名称”栏输入系列前缀。

单击“确认”按钮，完成元器件系列添加。

10.4.2 “元器件”选项卡

打开“元器件”选项卡，在“数据库名称”下拉列表中显示“主数据库”，在“元器件列表”中显示该数据库中的所有元器件，如图10-71所示。在该列表中可以显示元器件的编号、系列、名称、函数、Vendor、Status等。

1）单击“导入”按钮，弹出图10-72所示的“选择一个文件名称”对话框，选择需要导入的库文件路径，单击“打开”按钮，完成库文件的加载。

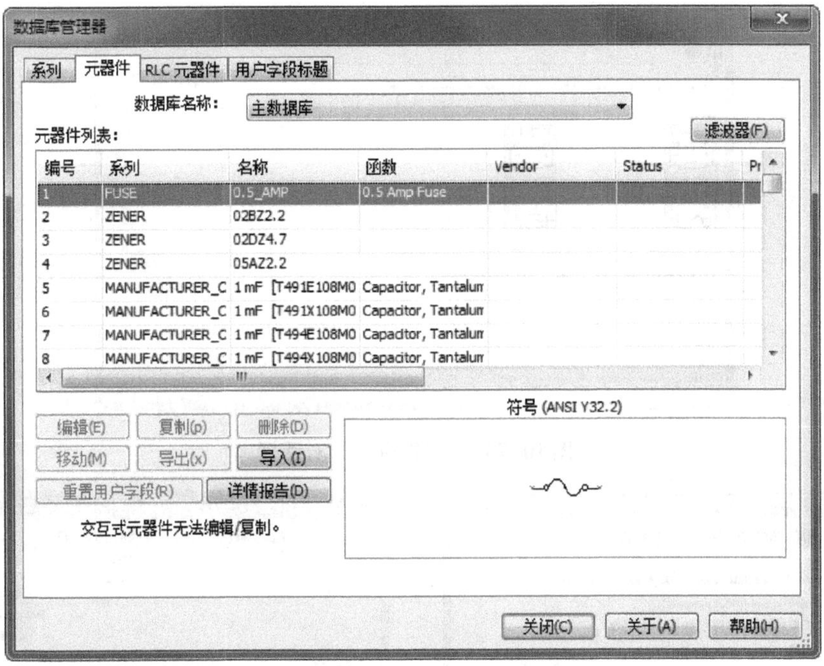

图 10-71 “元器件”选项卡

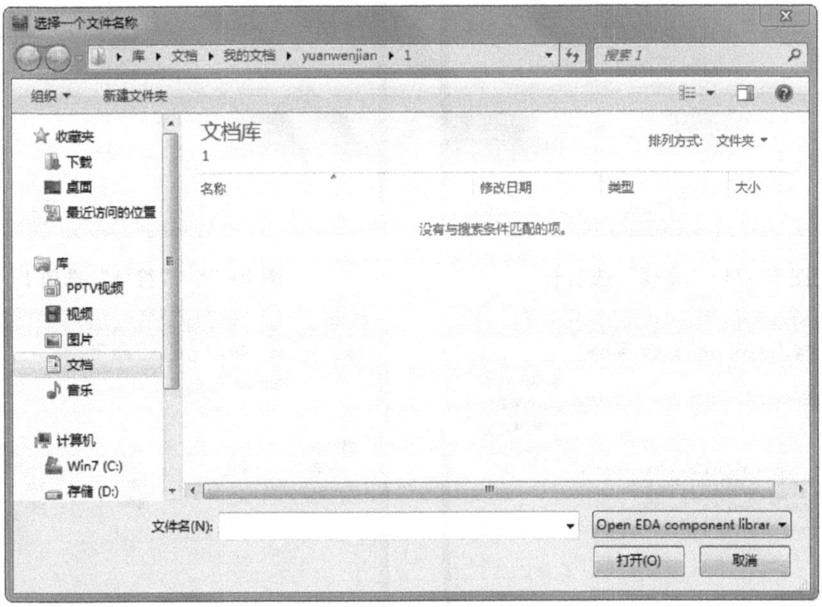

图 10-72 “选择一个文件名称”对话框

2）单击“详细报告”按钮，显示在“元器件列表”中选择的元器件的详情报告，如图 10-73 所示。

3）单击“编辑”按钮，弹出“元器件属性”对话框，在该对话框中显示选中元器件的属性信息，该对话框包括 7 个选项卡，如图 10-74 ~ 图 10-80 所示。

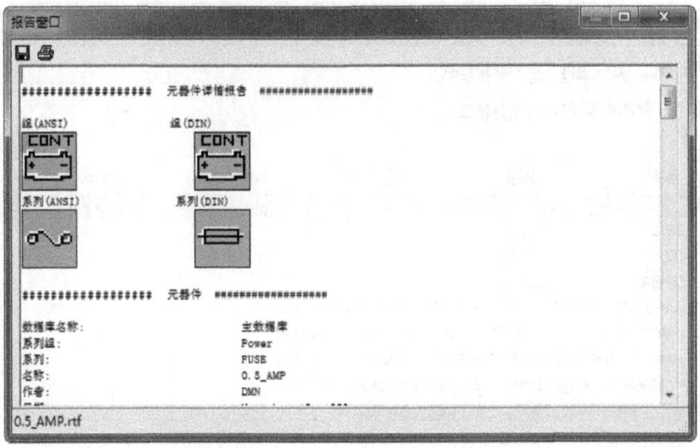

图 10-73 “报告窗口”对话框

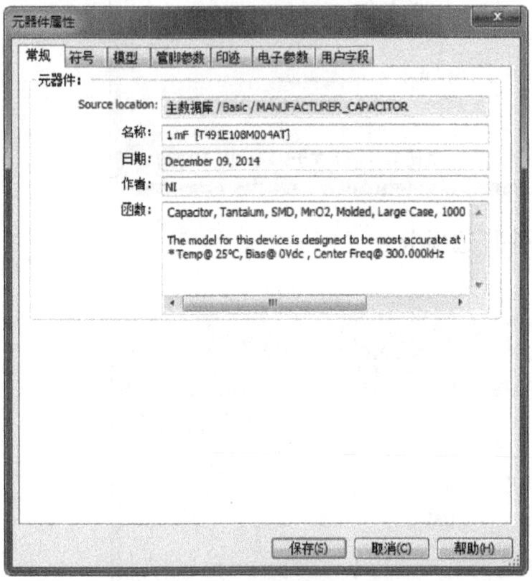

图 10-74 “常规”选项卡

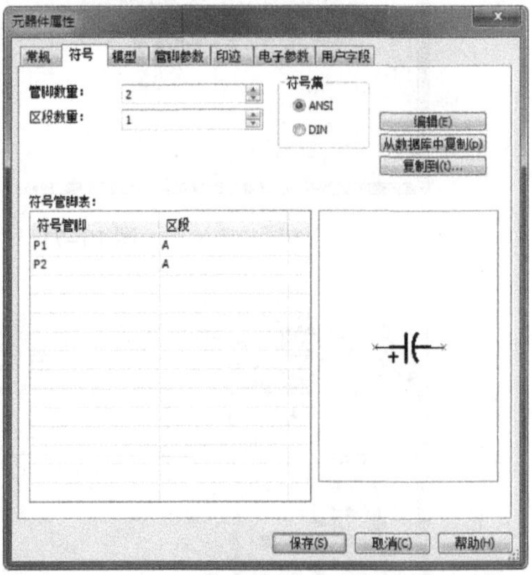

图 10-75 “符号”选项卡

图 10-76 “模型”选项卡

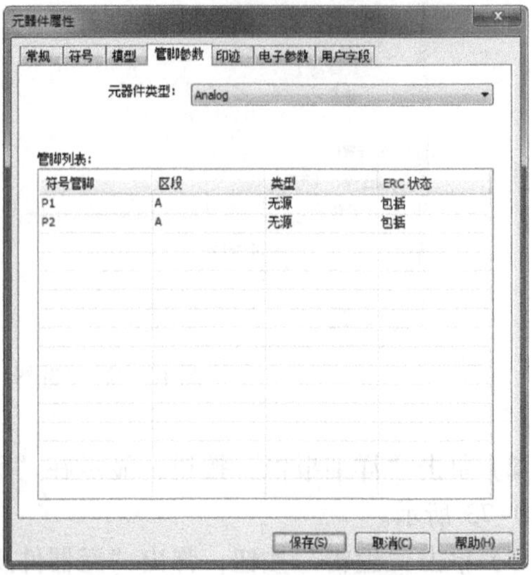

图 10-77 “管脚参数”选项卡

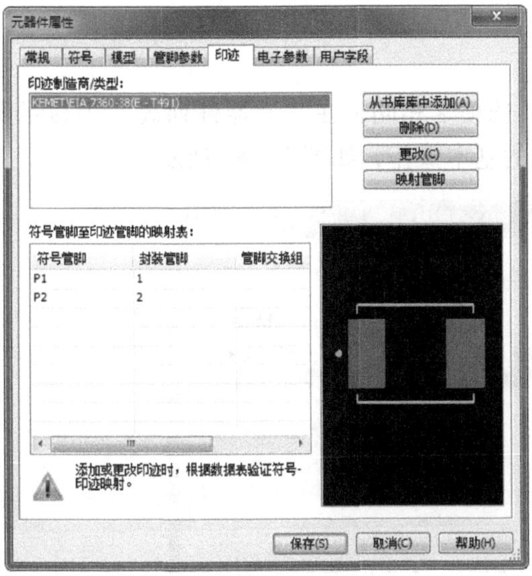

图 10-78 “印迹”选项卡

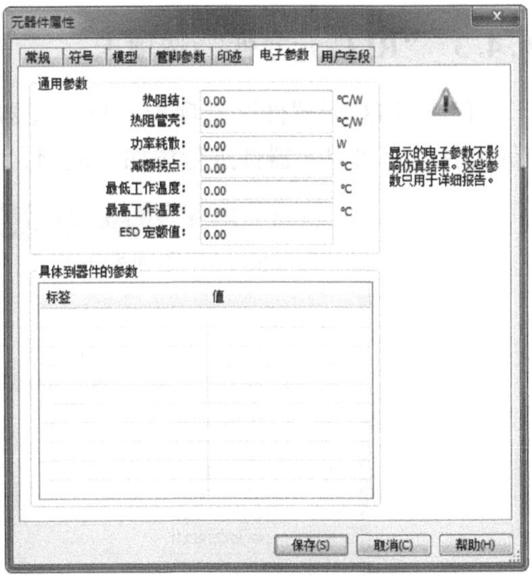

图 10-79 “电子参数”选项卡

在“符号”选项卡中，单击“编辑”按钮，弹出“符号编辑器”窗口，如图 10-81 所示，可编辑元器件符号。

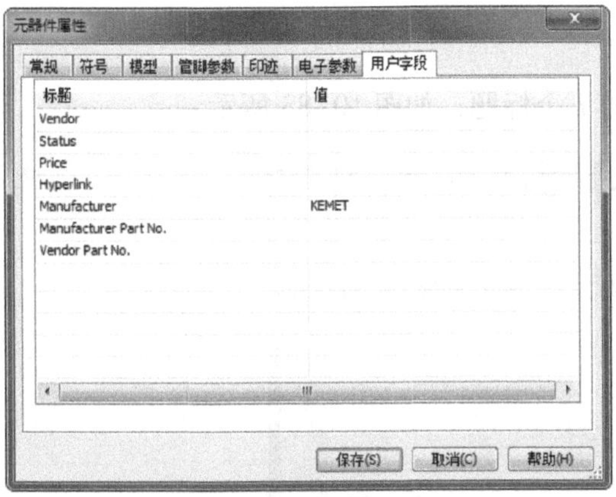

图 10-80 “用户字段”选项卡

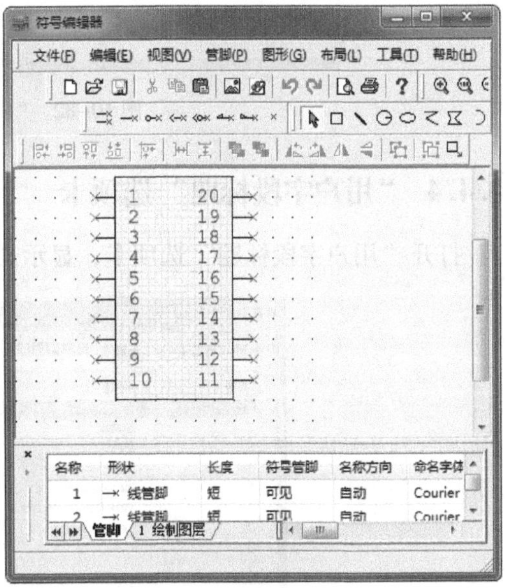

图 10-81 “符号编辑器”窗口

- 单击“复制”按钮，可复制在“元器件列表”中选中的元器件。
- 单击“删除”按钮，可删除在“元器件列表”中选中的元器件。
- 单击“移动”按钮，可移动在“元器件列表”中选中的元器件在列表中的位置。
- 单击“导出”按钮，弹出“选择一个文件名称”对话框，以“ * . prz”为后缀导出在“元器件列表”中选中的元器件。

10.4.3 “RLC 元器件”选项卡

打开“RLC 元器件”选项卡，与“元器件”选项卡相同，在“元器件列表”中显示所有元器件，并可对元器件进行添加、复制、删除的基本操作，如图 10-82 所示。

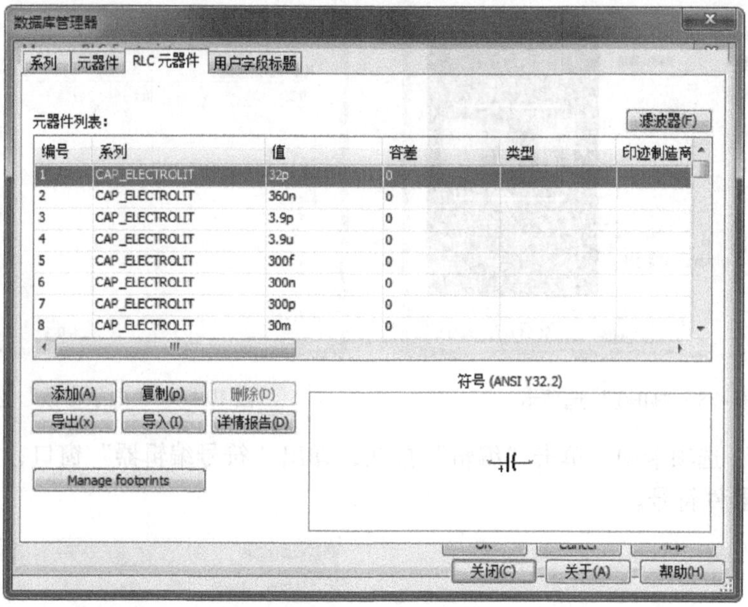

图 10-82 “RLC 元器件”选项卡

10.4.4 “用户字段标题”选项卡

打开“用户字段标题”选项卡，显示现有的 7 个标题，如图 10-83 所示。

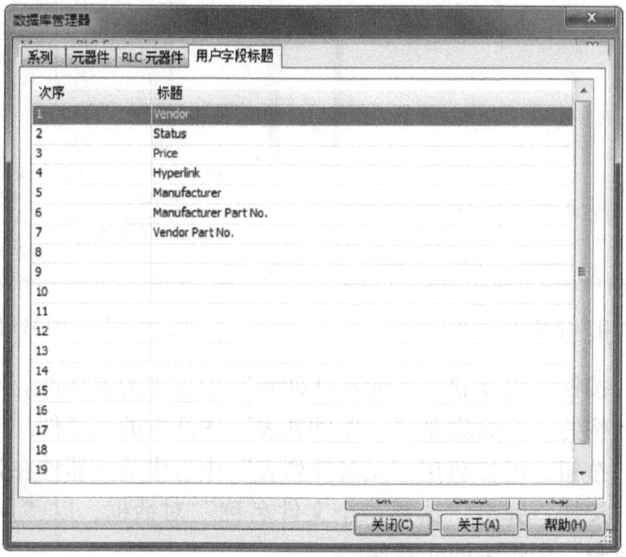

图 10-83 “用户字段标题”选项卡

重复“添加”“导入”操作就可以把所需要的各种库文件添加到系统中，作为当前可用的库文件。加载完毕后，单击“关闭”按钮，关闭“数据库管理器”对话框。这时所有加载的元器件库都显示在“选择一个元器件”对话框中，用户可以选择使用。

10.5 操作实例

10.5.1 电阻元器件

选择菜单栏中的“工具”→“元器件向导”命令，或者单击“主”工具栏中的“元器件向导”按钮，弹出“元器件向导”对话框。

1）首先进行第 1 步“输入元器件信息”，如图 10-84 所示。输入元器件名称，选择“仿真及布局”，如图 10-84 所示。

2）单击 下一步(N)> 按钮，显示第 2 步“输入印迹信息”，单击 选择一个印迹(S) 按钮，弹出“选择一个印迹”对话框，在“数据库名称”栏选择“主数据库”，选择 PCB 封装元器件“0201”，如图 10-85 所示。

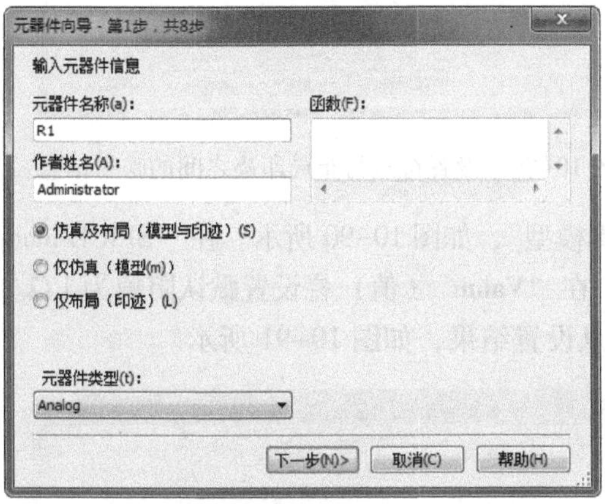

图 10-84　元器件向导

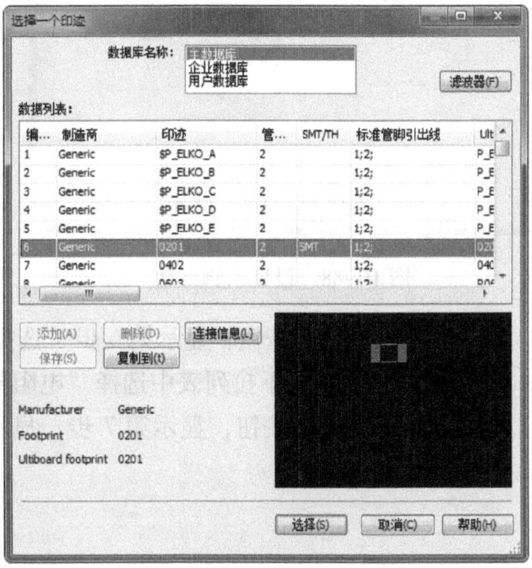

图 10-85　选择一个印迹

3）单击 选择(S) 按钮，返回元器件向导对话框，显示选中的印迹“0201”，引脚数为 2，如图 10-86 所示。

4）单击 下一步(N)> 按钮，显示第 3 步“输入符号信息”，在左侧显示符号外观预览图，右侧显示符号的编辑与复制，如图 10-87 所示。

5）单击 下一步(N)> 按钮，显示第 4 步“设置管脚参数”，在引脚列表中显示默认添加的引脚，引脚参数包括区段、类型、ERC 状态，可随时对该项下的引脚进行属性编辑，如图 10-88 所示。

6）单击 下一步(N)> 按钮，显示第 5 步“设置符号与布局印迹之间的映射信息”，在引脚列表中显示符号引脚、封装引脚、引脚交换组、栅极交换组之间的关系，如图 10-89 所示。

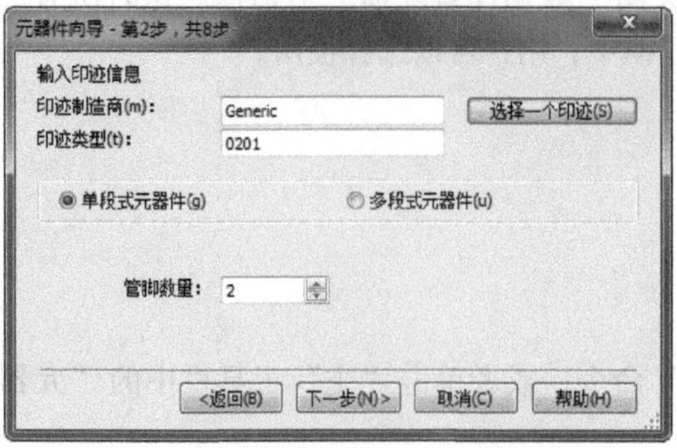

图 10-86　显示选中的印迹“0201”

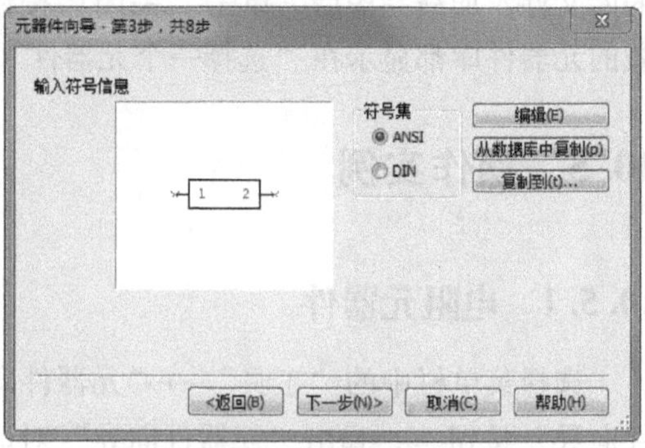

图 10-87　输入符号信息

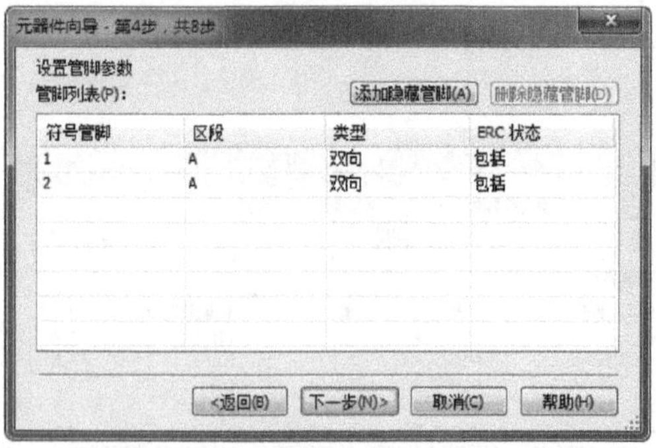

图 10-88　设置引脚参数

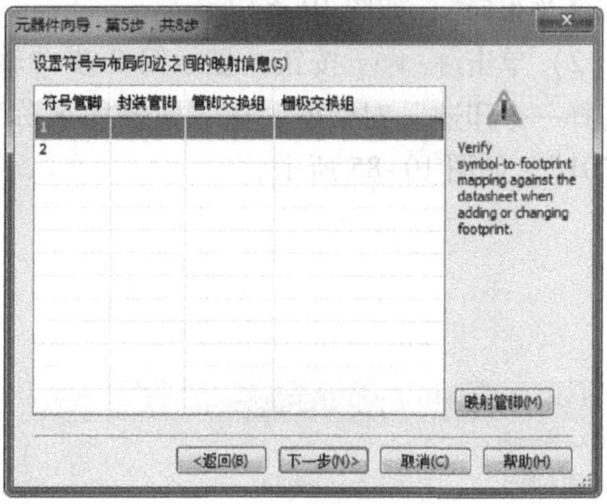

图 10-89　设置符号与布局印迹之间的映射信息

7）单击 下一步(N)> 按钮，显示第 6 步“选择仿真模型”，如图 10-90 所示。在“SPICE model type”（仿真类型）下拉列表中选择“电阻器”，在“Value”（值）栏设置默认阻值为 1 Ω。

8）单击 下一步(N)> 按钮，显示第 7 步，显示信息设置结果，如图 10-91 所示。

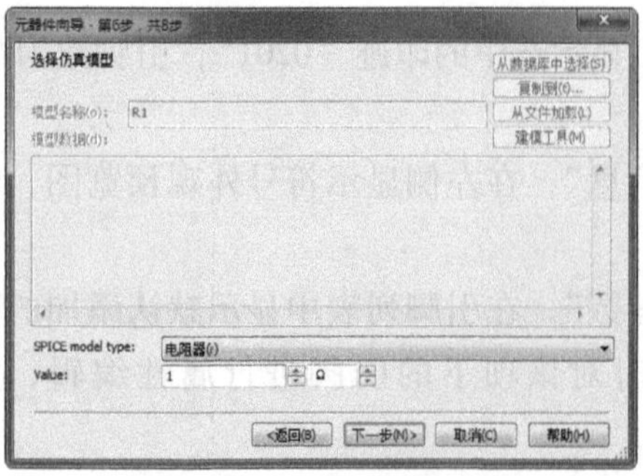

图 10-90　选择仿真模型

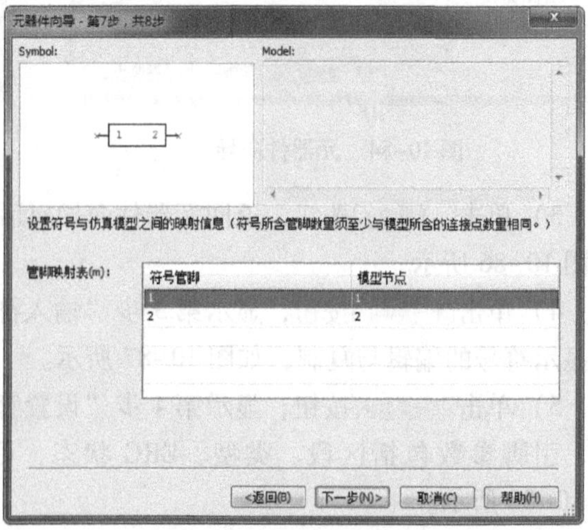

图 10-91　信息设置

9）单击 下一步(N)> 按钮，显示第 8 步，显示创建的元器件保存位置及系列名称，单击 添加系列(A) 按钮，设置该元器件所在系列组，并输入新系列名称 Res，如图 10-92 所示。

10）单击 确认(O) 按钮，将元器件加入元器件库，如图 10-93 所示。

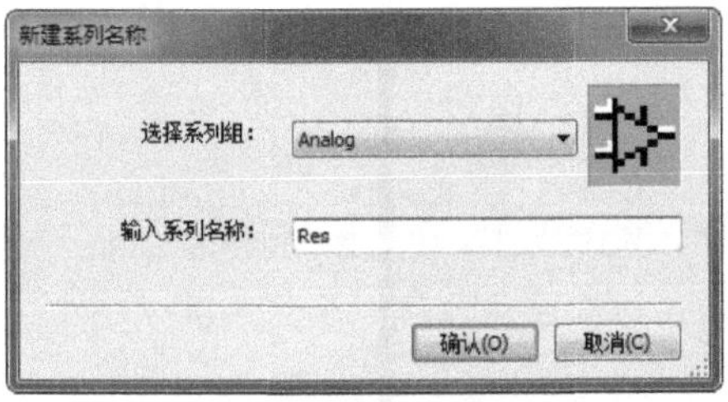

图 10-92 “新建系列名称”对话框

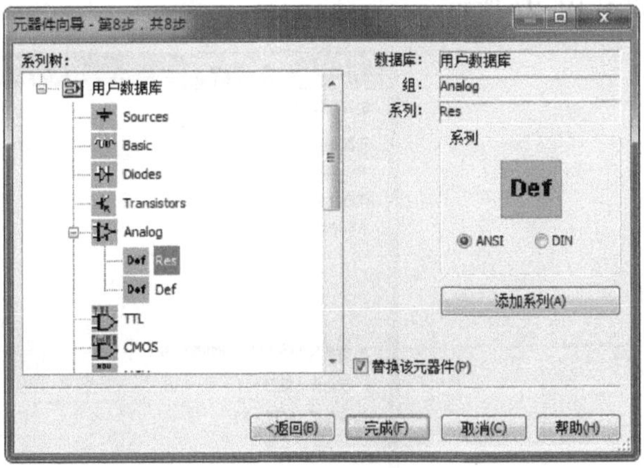

图 10-93 添加元器件

11）单击 完成(F) 按钮，完成向导元器件的创建，在工作区放置该元器件，如图 10-94 所示。

12）双击该元器件，弹出属性设置对话框，打开“显示”选项卡，选择“使用具体元器件的可见性设置”选项，取消“显示符号管脚名称”复选框的选择，如图 10-95 所示。

13）单击“确认”按钮，完成属性设置，元器件结果如图 10-96 所示。

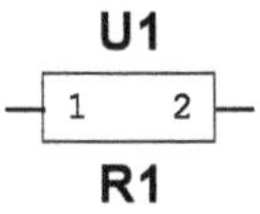

图 10-94 创建的元器件

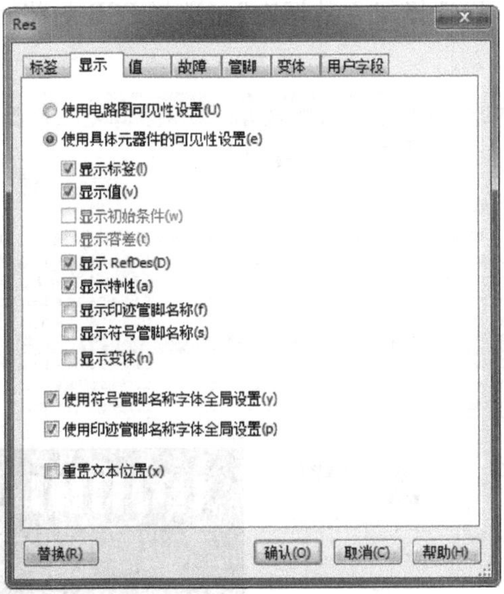

图 10-95 设置引脚可见性

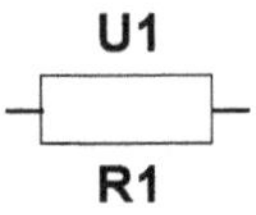

图 10-96 电阻符号

10.5.2 锁存器元器件

选择菜单栏中的“工具”→“元器件向导”命令，或者单击“主”工具栏中的“元器件向导”按钮，弹出“元器件向导”对话框。

1）首先进行第 1 步“输入元器件信息”，如图 10-97 所示。输入元器件名称，选择“仿真及布局”，在“元器件类型”栏选择“Digtal”，在“元器件技术”栏选择“74LS”，如图 10-97 所示。

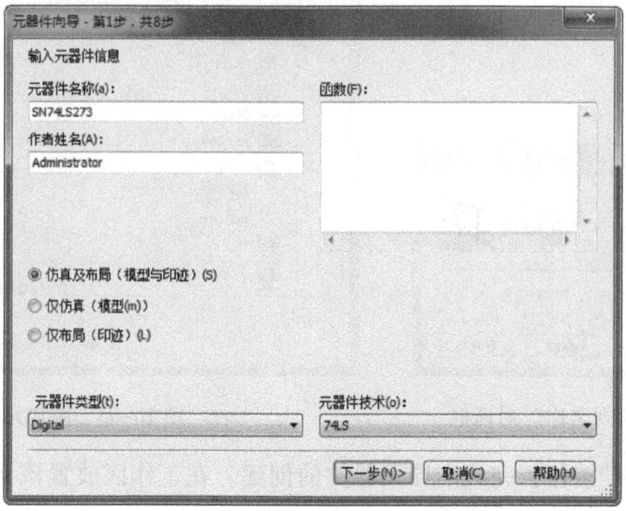

图 10-97 “元器件向导”对话框

2）单击 下一步(N)> 按钮，显示第 2 步“输入印迹信息”，单击 选择一个印迹(S) 按钮，弹出“选择一个印迹”对话框。

① 在“数据库名称”栏选择“主数据库”，选择 PCB 封装元器件“SOP20(Ⅱ)”，如图 10-98 所示。

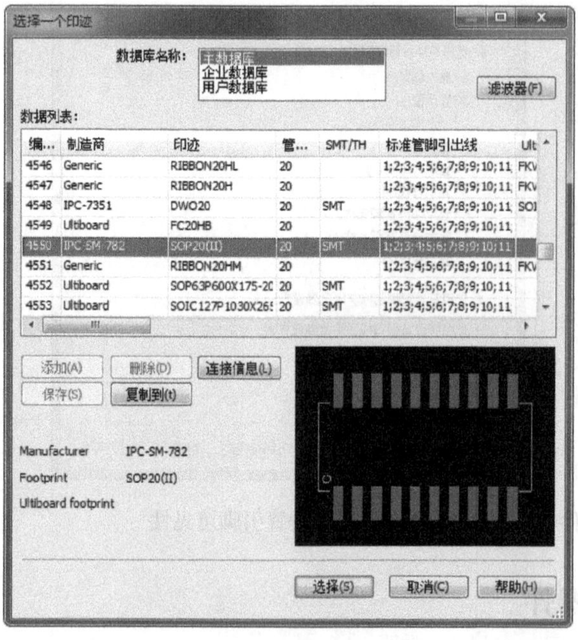

图 10-98 选择一个印迹

② 单击 选择(S) 按钮，返回元器件向导对话框，显示选中的印迹“SOP20(Ⅱ)”，引脚数为 20，如图 10-99 所示。

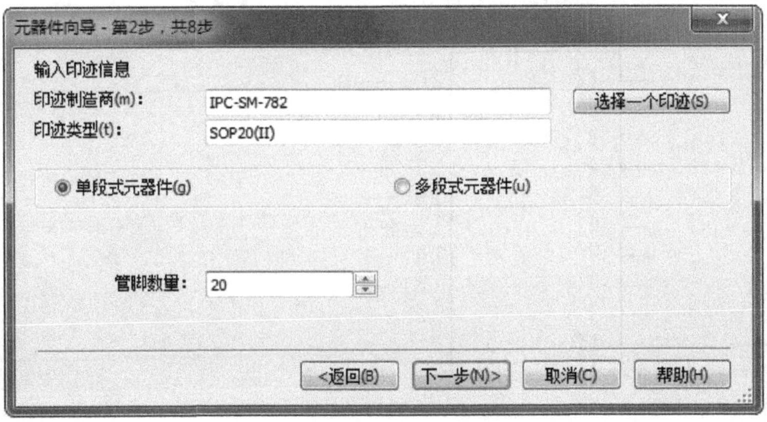

图 10-99　显示选中的印迹“SOP20”

3）单击 下一步(N)> 按钮，显示第 3 步“输入符号信息”，在左侧显示符号外观预览图，右侧显示符号的编辑与复制，如图 10-100 所示。

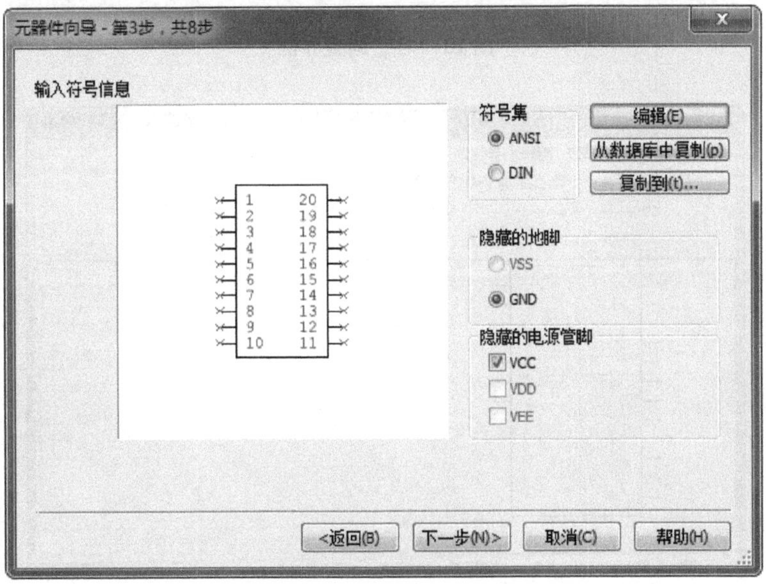

图 10-100　输入符号信息

① 单击“编辑”按钮，打开符号编辑器，编辑 CAE 符号，选择菜单栏中的“编辑”→“调整界框大小”命令，放大界框，如图 10-101 所示。

② 拖动鼠标调整引脚与边框大小，该元器件包括两个隐藏引脚 10、20，在这里不设置，删除多余引脚，结果如图 10-102 所示。

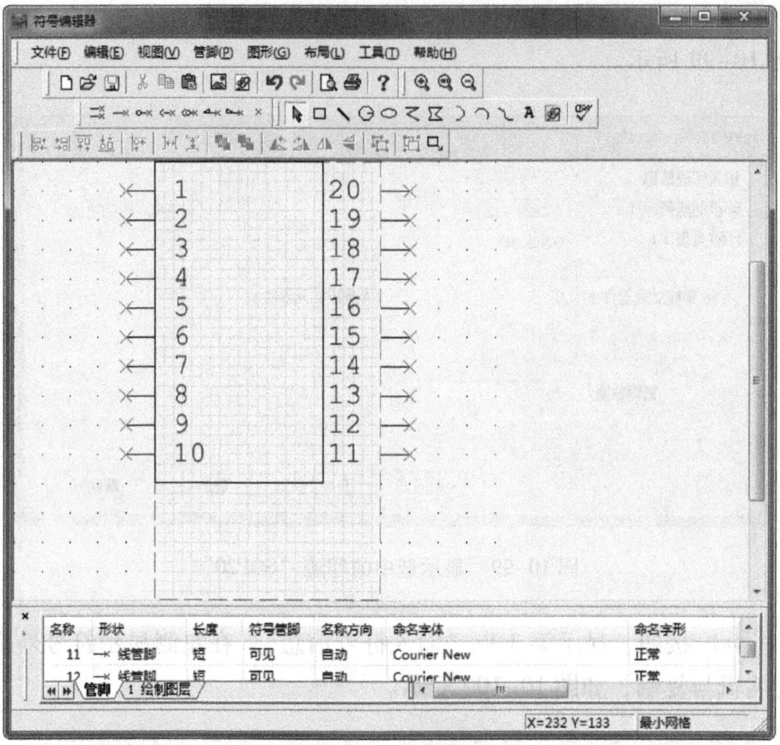

图 10-101　调整界框

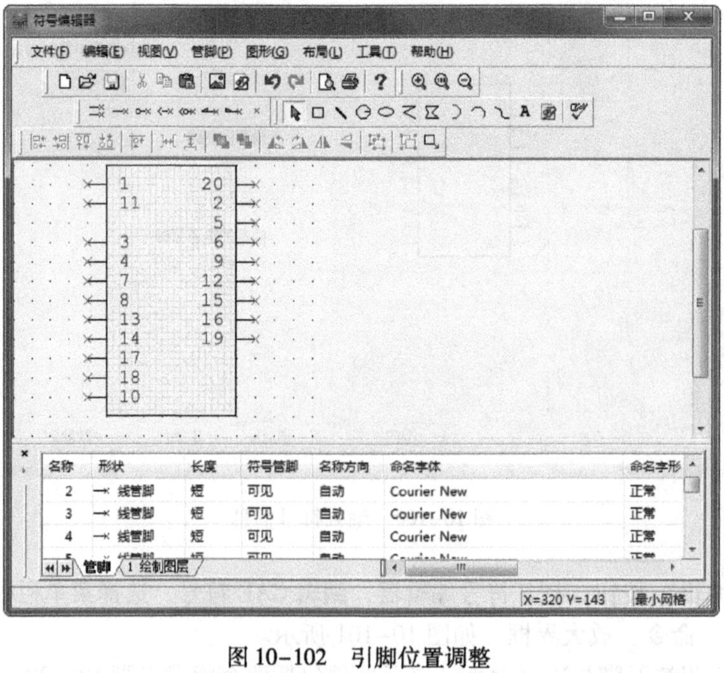

图 10-102　引脚位置调整

③ 在工作区下方的“电子表格”面板中设置引脚“长度”为“正常”，结果如图 10-103 所示。

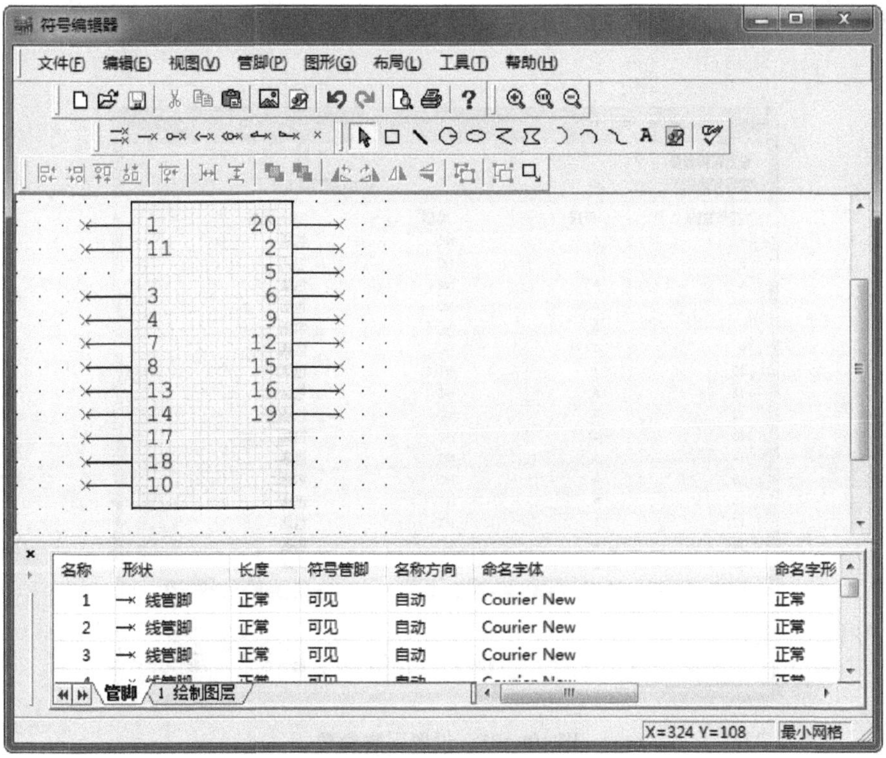

图 10-103　编辑引脚参数

④ 关闭该编辑器，返回向导对话框，如图 10-104 所示。

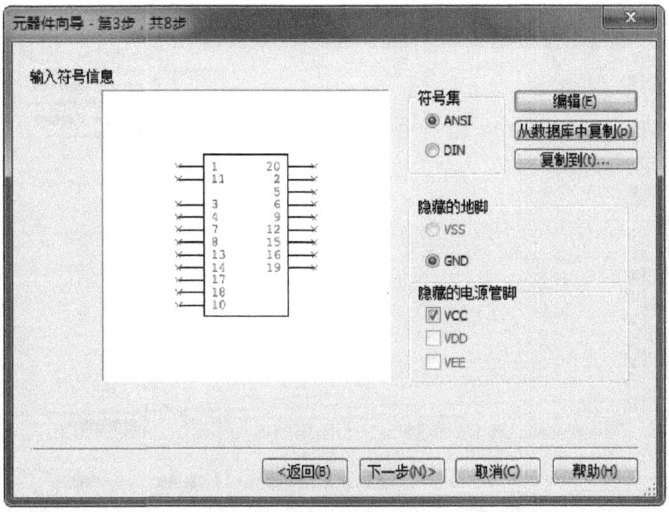

图 10-104　显示符号信息

4）单击 下一步(N)> 按钮，显示第 4 步“设置管脚参数”，设置引脚 10 类型为“地线”、引脚 20 类型为“VCC”，如图 10-105 所示。

5）单击 下一步(N)> 按钮，显示第 5 步“设置符号与布局印迹之间的映射信息”，在引脚列表中显示符号引脚、封装引脚、引脚交换组、栅极交换组之间的关系，如图 10-106 所示。

图 10-105　设置引脚参数

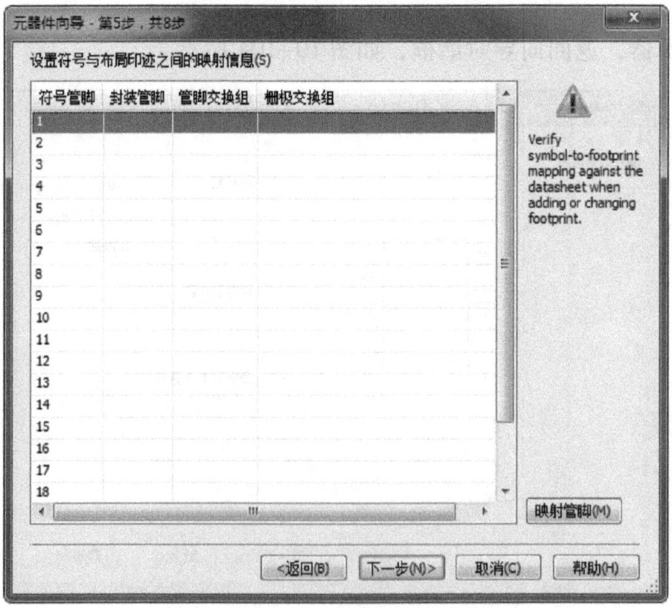

图 10-106　设置符号与布局印迹之间的映射信息

6）单击 下一步(N)> 按钮，显示第 6 步“选择仿真模型”，如图 10-107 所示，添加建模工具“SCR”。

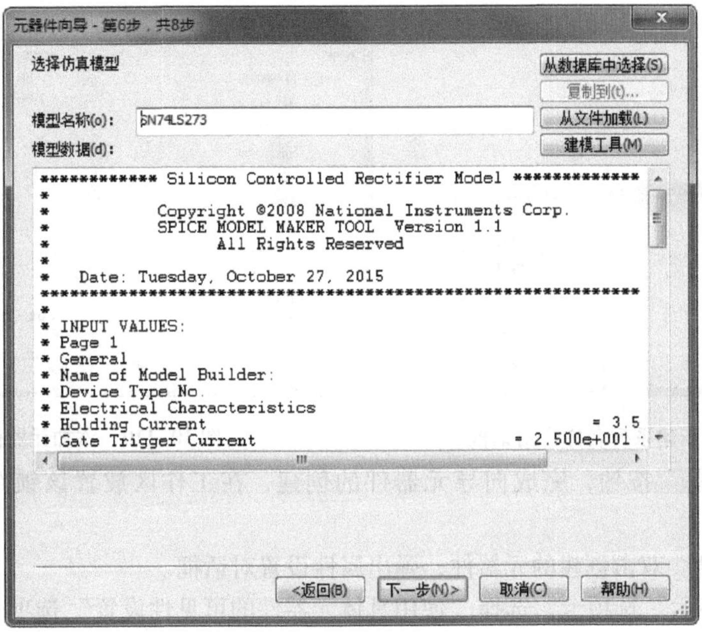

图 10-107　选择仿真模型

7）单击[下一步(N)>]按钮，显示第 7 步，显示信息设置结果，如图 10-108 所示。

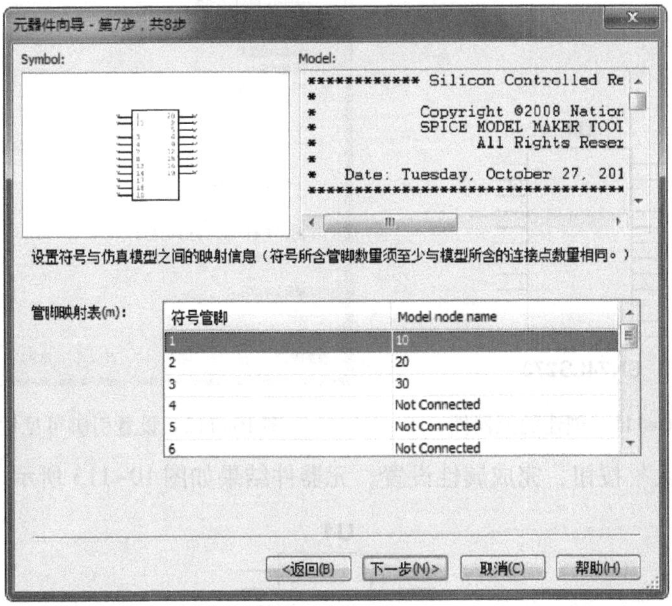

图 10-108　第 7 步

8）单击[下一步(N)>]按钮，显示第 8 步，显示创建的元器件保存位置及系列名称，单击[添加系列(A)]按钮，设置该元器件所在系列组，并输入新系列名称 SN74，如图 10-109 所示。

① 单击[确认(O)]按钮，将元器件加入元器件库，如图 10-110 所示。

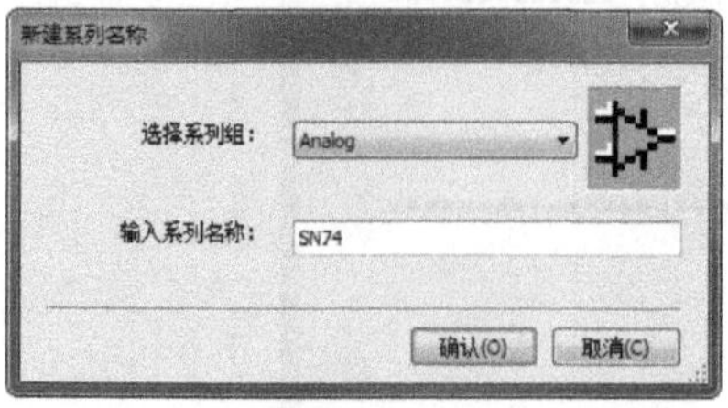

图 10-109 “新建系列名称”对话框

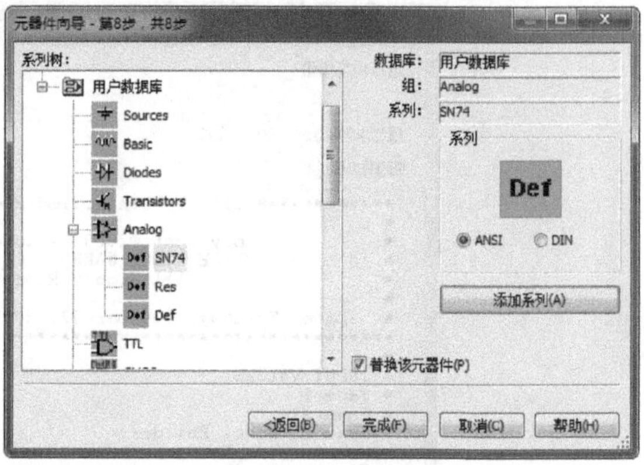

图 10-110 添加元器件

② 单击 完成(F) 按钮，完成向导元器件的创建，在工作区放置该锁存器元器件，如图 10-111 所示。

9）编辑属性。双击创建的元器件，弹出属性设置对话框。

① 打开“显示”选项卡，选择“使用具体元器件的可见性设置”选项，勾选“显示符号管脚名称”复选框，如图 10-112 所示。

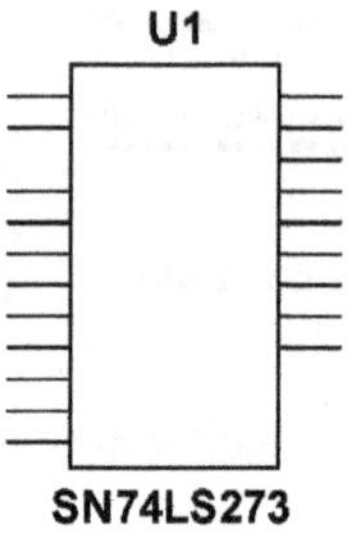

图 10-111 创建的元器件

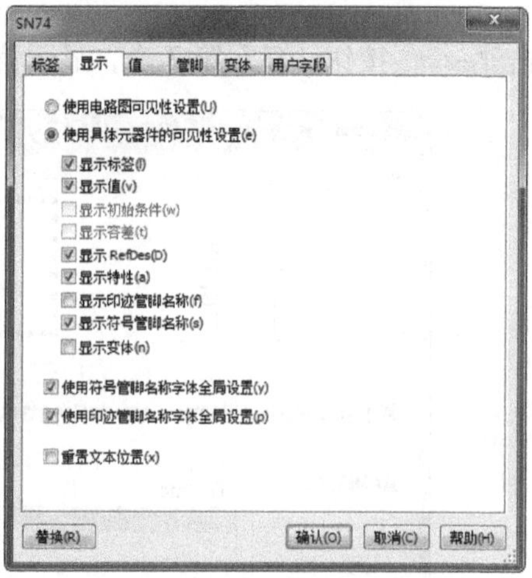

图 10-112 设置引脚可见性

② 单击“确认”按钮，完成属性设置，元器件结果如图 10-113 所示。

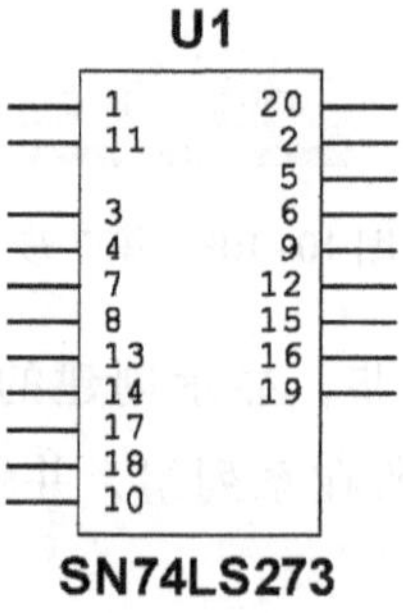

图 10-113 锁存器符号

第 11 章　PCB 设计

设计 PCB 是整个工程设计的最终目的。原理图设计得再完美，如果电路板设计得不合理，性能将大打折扣，严重时甚至不能正常工作。制板商要参照用户所设计的 PCB 图来进行电路板的生产。

本章主要介绍 PCB 的结构、PCB 编辑器 Ultiboard 14.0 的界面及 PCB 设计流程等知识，使读者对 PCB 的设计有一个全面的了解。

知识点

- Ultiboard 14.0 界面简介
- PCB 的设计流程
- 文件管理
- 电路板物理结构及编辑环境
- PCB 视图操作管理
- 在 PCB 文件中添加封装

11.1　PCB 编辑器的功能特点

EDA 开发软件 Electronics Workbench 是加拿大公司 Interactive Image Technologies Ltd. 于 1988 年推出的一款很有特色的 EDA 工具，自发布以来，已经有 35 个国家、10 种语言的人在使用这种工具。它（Electronics Workbench）与其他同类工具相比，不但设计功能比较完善，而且操作界面十分友好、形象，易于使用掌握。

电子设计工具平台 Electronics Workbench 主要包括 Multisim 和 Ultiboard 两个基本工具模块。Ultiboard 是 Electronics Workbench 中用于 PCB 设计的后端工具模块，它可以直接接收来自 Multisim 模块输出的前端设计信息，并按照确定的设计规则进行 PCB 的自动化设计。为了达到良好的 PCB 自动布线效果，通常还在系统中附带一个称为 Ultiroute 的自动布线模块，并采用基于网格的“拆线—重试”布线算法进行自动布线。Ultiboard 的设计结果可以生成光绘机需要的 Gerber 格式板图设计文件。

Ultiboard 14.0 是一款功能强大的印制电路板软件，它可以同 Multisim、Ultiroute 进行无缝对接，从而可以设计出高性能的多层电路板，并且能够迅速地把设计电路转化为实际产品。Ultiboard 14.0 这款软件的功能虽然非常强大，但是，由于 PCB 电路设计比绘制电路图难一些，各方面的要求也比较严格，因为它是最终的产品。Ultiboard 14.0 与其他同类的 Layout 设计工具相比较，它具有自己独特的特点。

1）直观、友好的全新菜单：可与 Multisim 无缝对接，生成共享信息，减少往返传递次数，使它们构成一个综合完整体。元器件属性包括零件数、封装列表、门组、布局、镜像、旋转、锁存规则、固定规则、VCC、GND 电源引脚等，都由 Multisim 集成，然后传递到 Ultiboard 14.0。

2）板层多、精度高：Ultiboard 14.0 最大的制板尺寸为 42 inch × 42 inch（英寸）。总共 32 层，（顶层、底层、30 个内电层）。

3）快速、自动布线：自动布线器是带有推挤、存储、拉件、优化的智能化 16 层的基于形状的、无网格的自动布线器。可以快捷简便地建立和使用，效率高。过孔可减少至 40%。比原来的网络布线快 10 ~ 20 倍。

4）强制向量和密度直方图：为了使 PCB 设计的布局达到最佳效果，Ultiboard 14.0 提供了“强制向量”和“密度直方图”功能，相对而言，这是 Ultiboard 14.0 布局操作中比较有特色的两个功能，将有助于用户使自己的 PCB 设计尽可能达到较完美的布局效果。强制向量（FORCE VECTORS）是 Ultiboard 14.0 提供达到最佳智能布局的有力功能之一，即在用户采用手工放置元器件封装时，也应注意利用强制向量功能，它可保证布局时将属于同电气连接网络的元器件尽可能靠近，从而保证板上各元器件引脚间连线最短化的要求。强制向量实际上是一种特殊的算法，它把每个元器件上的各条有方向和长短的飞线视为一个向量，则每个元器件存在一个向量空间，将这些向量求和生成一个所谓“强制向量”，该向量既有大小也有方向，并可显示在工作区内。通过沿强制向量方向上移动元器件，尽量使该向量长度变短，等效于使元器件的各条飞线最短化，以达到此规则下的最佳布局效果。Ultiboard 14.0 中的密度直方图（Density Histograms）是用于表示印制板在 X、Y 轴两个方向板面上布线的连接密度。如果板上布线密度十分不均匀，密度过高的地方走线布通就很困难，而密度过低又会浪费板面积，所以布局时最好使整个板面保持相对均匀的连接密度。通过观察密度直方图后相对调整布局以改善布线密度。

5）智能化的覆铜技术：使复杂的铜区容易布线。

6）全方位的库支持：库管理器（Library Manager）使库及封装管理流线化。全面的 PCB 封装形式，结合图形化的管理、编程，使得建库、封装简单易行。

7）支持 CAM：产生 Gerber 文件，使制板工程师无须考虑制板厂商文件格式的兼容性，从而使设计到生产出产品一气呵成。

8）使用元器件（自动、圆形驱动、元器件组等）放置器可以大量节省放置元器件的时间。

9）模拟的三维印制电路板视图：为了观察 PCB 设计的效果，Ultiboard 14.0 提供了“三维视图”的功能。对比与其他 EDA 设计软件，这是 Ultiboard 14.0 布局操作中很有特色的一个功能。这将有助于用户随时可以观察自己的 PCB 设计的实际效果图。三维效果图（3D）是 Ultiboard 14.0 提供给用户观察 PCB 设计效果的一项功能。当用户在设计 PCB 时，利用三维效果的功能，就可以随时在设计过程中观察整个 PCB 的三维结构图（包括器件的布局、布线），从而保证设计者对所设计的电路板有个直观的认识，有助于使自己的 PCB 设计尽可能达到比较完美的布局、布线效果。这自然会缩短产品设计周期、降低设计风险。

11.2 Ultiboard 14.0 界面简介

PCB 编辑器界面 Ultiboard 14.0 主要包括菜单栏、工具栏、鸟瞰图、设计工具箱、电子表格视图和状态栏六部分，如图 11-1 所示。

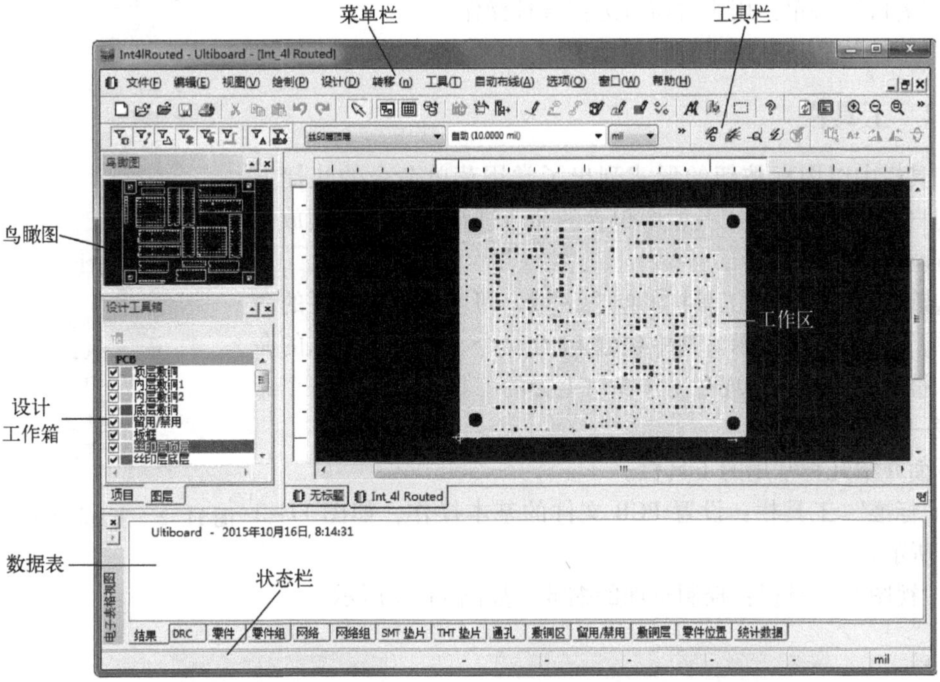

图 11-1　PCB 编辑器界面

与原理图编辑器的界面一样，PCB 编辑器界面也是在软件主界面的基础上添加了一系列菜单和工具栏，这些菜单及工具栏主要用于 PCB 设计中的电路板设置、布局、布线及工程操作等。菜单与工具栏基本上是对应的，大部分菜单命令都能通过工具栏中的相应按钮来完成。右击工作窗口将弹出一个右键快捷菜单，其中包括一些 PCB 设计中常用的命令。

11.2.1 菜单栏

在 PCB 设计过程中，各项操作都可以使用菜单栏中相应的命令来完成，菜单栏中的各菜单命令功能简要介绍如下。

- “文件” 菜单：用于文件的新建、打开、关闭、保存与打印等操作。
- “编辑” 菜单：用于对象的复制、粘贴、选取、删除、移动、对齐等编辑操作。
- “视图” 菜单：用于实现对视图的各种管理，如工作窗口的放大与缩小，各种工具、面板、状态栏及节点的显示与隐藏等，以及 3D 预览等。
- “绘制” 菜单：包含在 PCB 中放置导线、字符、焊盘、过孔等各种对象，以及放置坐标、图形绘制等命令。
- “设计” 菜单：用于 DRC 检查、连通性检查、交换引脚等操作。

- “转移”菜单：用于原理图与 PCB 编辑器的信息连接。
- “工具”菜单：用于为 PCB 设计提供各种工具，如网表检查、零件向导等操作。
- “自动布线”菜单：用于执行与 PCB 自动布线相关的各种操作。
- “选项”菜单：用于执行 PCB 基本环境参数设置等操作。
- “窗口”菜单：用于对窗口进行各种操作。
- “帮助”菜单：用于打开帮助功能。

11.2.2 工具栏

工具栏中以图标按钮的形式列出了常用菜单命令的快捷方式，用户可根据需要对工具栏中包含的命令进行选择，对摆放位置进行调整。

右键单击菜单栏或工具栏的空白区域，即可弹出工具栏的命令菜单，如图 11-2 所示。其中包含 14 个命令，带有√标志的命令表示被选中，并且出现在工作窗口上方的工具栏中。每一个命令代表一系列工具选项。

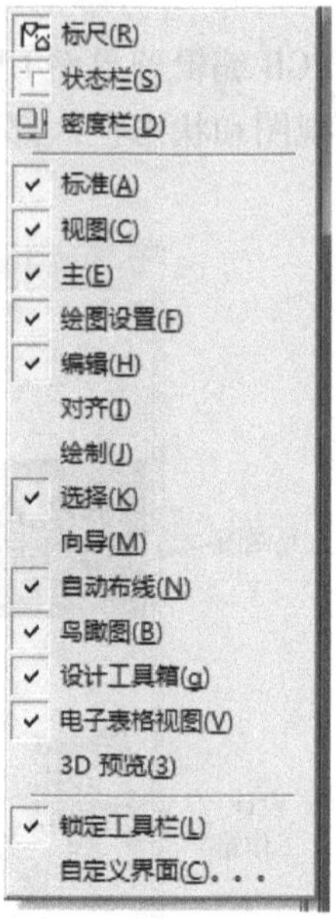

图 11-2 工具栏的命令菜单

下面介绍几种常用的工具栏。

- “标准”工具栏：设置 PCB 文件的基本操作，如图 11-3 所示。
- “视图”工具栏：控制页面的缩放，如图 11-4 所示。

图 11-3 “标准”工具栏

图 11-4 “视图”工具栏

- “主”工具栏：用于设置 PCB 设计的主要工具，包括直线、通孔、电源层、DRC 及网表检查等操作，如图 11-5 所示。
- “选择”工具栏：可以快速定位各种对象，如图 11-6 所示。

图 11-5 “主”工具栏

图 11-6 “选择”工具栏

- “绘图设置”工具栏：设置电气层的显示属性，包括单位。填充色、填充样式等，如图 11-7 所示。

图 11-7 “绘图设置”对话框

- “自动布线”工具栏：用于设置不同的布线方式，如图 11-8 所示。
- “编辑”工具栏：通过这些按钮，可以实现 PCB 中零件的属性、方向调整，如图 11-9 所示。

图 11-8 “自动布线”工具栏

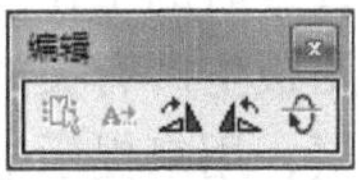

图 11-9 “编辑”工具栏

11.2.3 鸟瞰窗

鸟瞰图即为俯视图，用鼠标拖拽出的矩形框电路并放大显示在工作区中。该窗口主要用于俯视电路板的全局布局，快速地对电路进行定位。选择菜单栏中的“视图”→“鸟瞰图”命令，打开鸟瞰图，如图 11-10 所示。

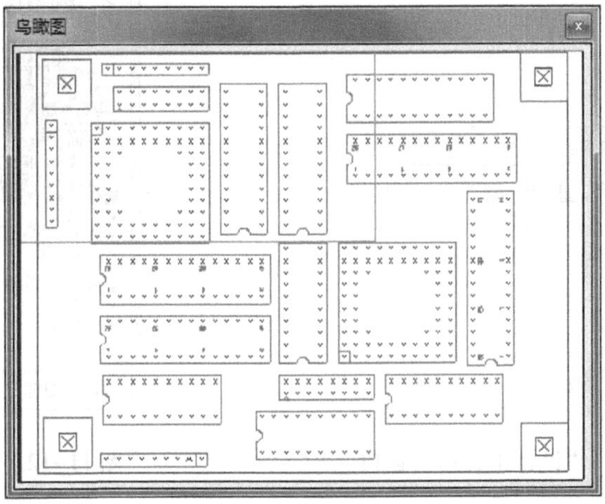

图 11-10 鸟瞰图

11.2.4 工作区

工作区是指进行具体电路设计、元器件布局、布线的区域，在工作区里可以同时打开多个设计文件，每个设计文件占用一个单独的工作窗口，可以通过切换工作区底部的标签来实现设计文件的切换。

11.2.5 设计工具箱

Ultiboard 14.0 是以工程管理的方式组织文件的。项目标签包含指向各个文档文件的链接和必要的工程管理信息，电路图的各个设计文件都存储在项目工程文件所在的文件夹中。包括“项目”“图层”两个选项卡。

1. “项目”选项卡

在该选项卡中显示当前打开的工程文件，如图 11-11 所示。

2. “图层”选项卡

在该选项卡中显示所有的电气图层，Ultiboard 中可以进行多至 64 层板的设计，如图 11-12 所示。

1）PCB 层：电路设计时的工作层。

2）组装层：与电路板生产有关的层。

3）消息层：虚拟层，用来提示电路设计过程中一些有用的信息。例如飞线、设计规则检查、强制向量等。

4）机械层：显示电路板的尺寸，以及与其他机械 CAD 图相关的属性。

图 11-11 “设计工具箱”窗口

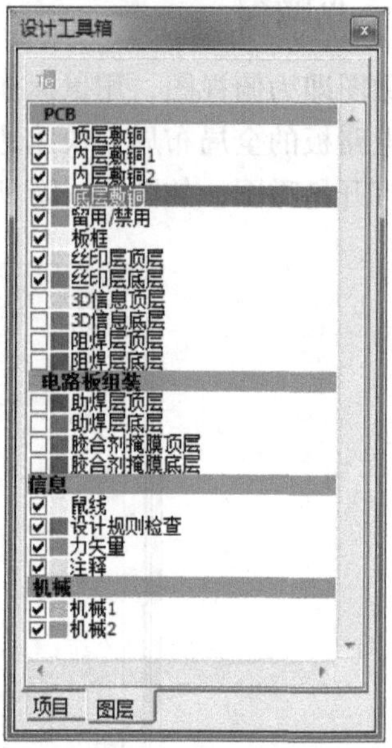

图 11-12 “图层”选项卡

11.2.6 数据表视图

数据表提供了一个高效地浏览和编辑 PCB 各参数的手段。数据表包含若干个数据标签，如图 11-13 所示。

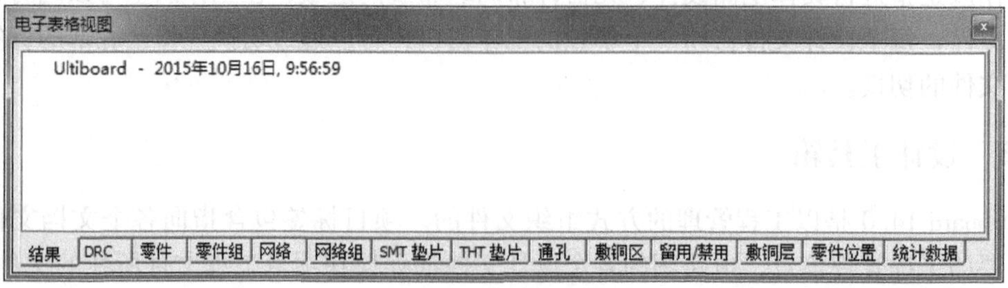

图 11-13 电子表格视图

11.2.7 状态栏

状态栏显示系统当前的状态，为用户提供相关的信息。状态栏的显示可以通过“视图”→“状态栏”打开。

11.3 PCB 的设计流程

笼统地讲，在进行印制电路板的设计时，首先要确定设计方案，并进行局部电路的仿真或实验，完善电路性能。之后根据确定的方案绘制电路原理图，并进行 ERC 检查。最后完成 PCB 的设计，输出设计文件，送交加工制作。设计者在这个过程中尽量按照设计流程进行设计，这样可以避免一些重复的操作，同时也可以防止不必要的错误出现。

PCB 设计的操作步骤如下。

1）绘制电路原理图。确定选用的元器件及其封装形式，完善电路。

2）规划电路板。全面考虑电路板的功能、部件、元器件封装形式、连接器及安装方式等。

3）设置各项环境参数。

4）载入网络表和元器件封装。搜集所有的元器件封装，确保选用的每个元器件封装都能在 PCB 库文件中找到，将封装和网络表载入到 PCB 文件中。

5）元器件自动布局。设定自动布局规则，使用自动布局功能，将元器件进行初步布置。

6）手工调整布局。手工调整元器件布局使其符合 PCB 的功能需要和元器件电气要求，同时要考虑到安装方式，放置安装孔等。

7）电路板自动布线。合理设定布线规则，使用自动布线功能为 PCB 板自动布线。

8）手工调整布线。自动布线结果往往不能满足设计要求，还需要做大量的手工调整。

9）DRC 校验。PCB 布线完毕，需要经过 DRC 校验无误，根据错误提示进行修改。

10）文件保存，输出打印。保存、打印各种报表文件及 PCB 制作文件。

11）加工制作。将 PCB 制作文件送交加工单位。

11.4 文件管理

对于一个成功的企业，技术是核心，健全的管理体制是关键。同样，评价一个软件的好坏，文件的管理系统也是很重要的一个方面。Ultiboard 14.0 的“设计工具箱”面板提供了两种文件——项目文件和设计时生成的自由文件。设计时生成的文件只能存储在项目文件中，如图 11-14 所示。

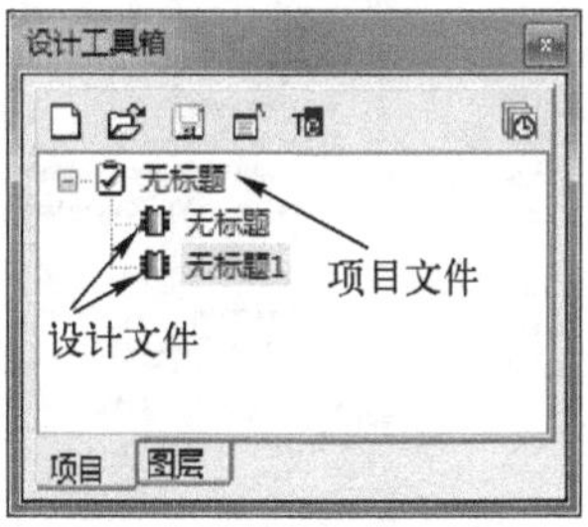

图 11-14 文件分类

Ultiboard 14.0 采用的是完全标准的 Windows 风格，而且在这些标准的各个图标上都带有非常形象化的功能图形，使用户一接触到就可以根据这些功能图标上的图形判断出此功能图标的大概功能。启动 Ultiboard 14.0，立即进入 Ultiboard 14.0 的欢迎界面，如图 11-15 所示。

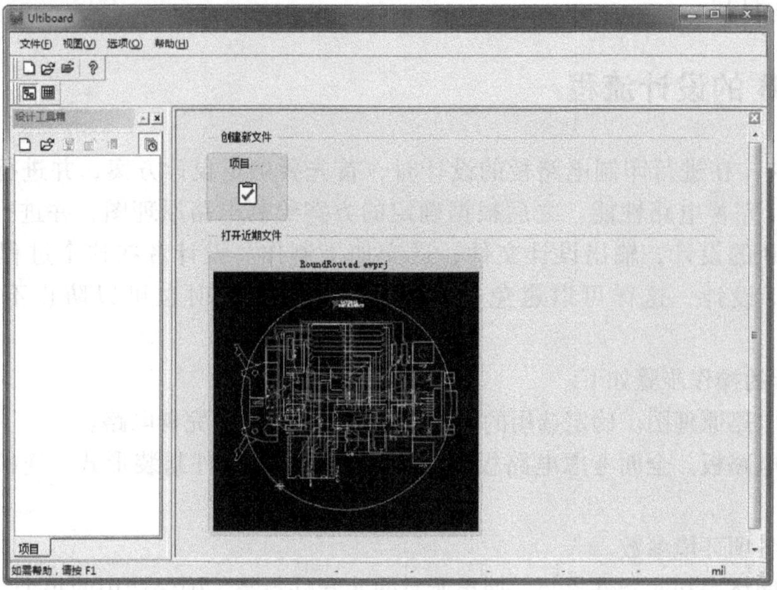

图 11-15　欢迎界面

欢迎界面不是 PCB 设计界面，因此需要进行后期电路板操作还需要新建或打开新的设计文件。

11.4.1　文件格式

Ultiboard 14.0 可以打开多种格式的文件，选择菜单栏中的“文件”→“打开”命令，弹出“打开文件”对话框，如图 11-16 所示；在“文件名”后面的下拉列表中显示如图 11-17 所示的文件类型。

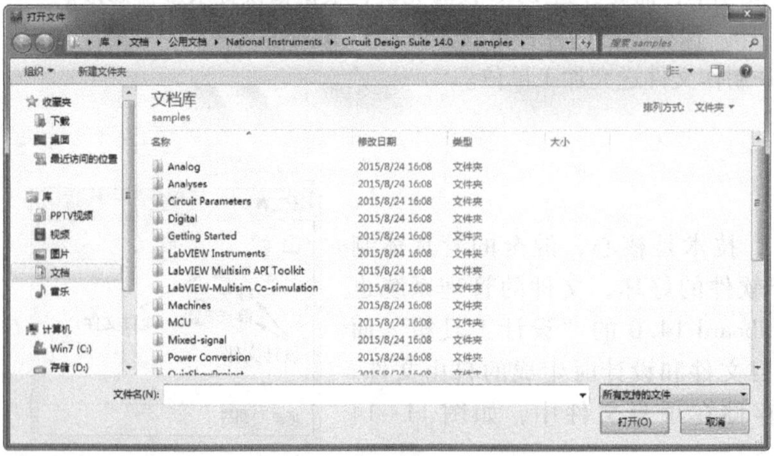

图 11-16　“打开文件”对话框

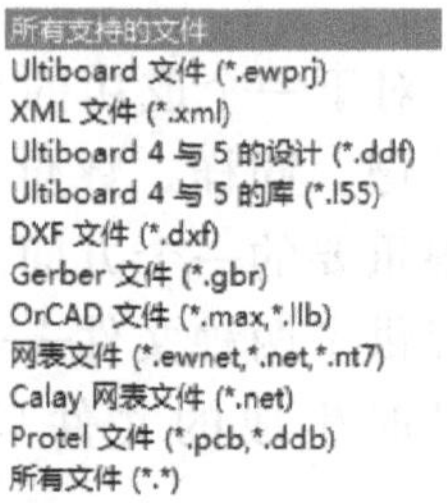

图 11-17　显示文件类型

11.4.2 文件创建

1. 新建一个项目文件

选择菜单中的“文件”→“新建”命令，系统弹出如图 11-18 所示的“新建项目”对话框。

- 在“项目名称”栏输入新建项目的名称，新建的项目中默认的设计文件与项目文件同名，该设计文件可进行重命名操作，与项目文件区别开来。
- 在“设计类型”栏选择新建项目文件中默认创建的设计文件的类型，包括 PCB 设计、机械 CAD 两种，如图 11-19、图 11-20 所示。PCB 文件用于电路板设计，机械 CAD 文件用于设计封装零件。
- 在“位置”栏中显示新建项目文件的路径，可按照需要进行修改。

图 11-18 “新建项目”对话框

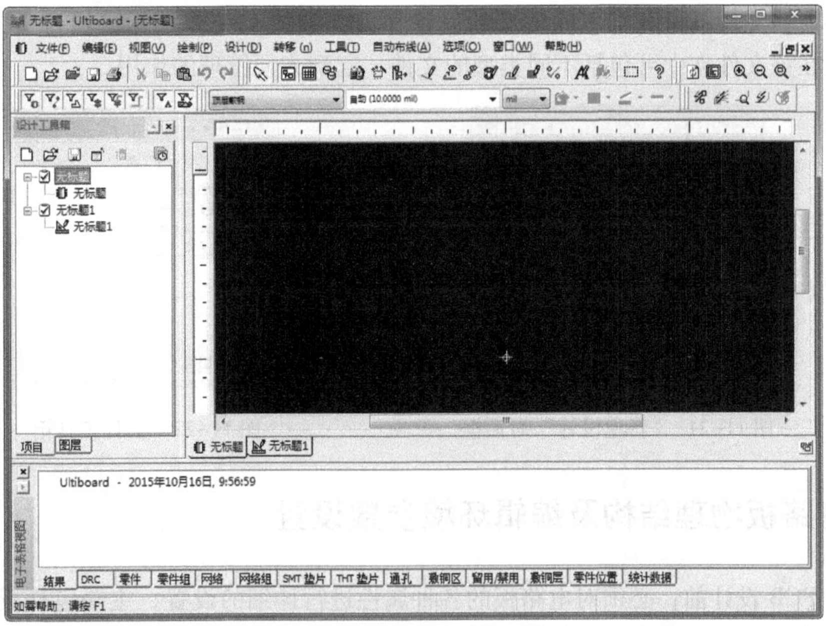

图 11-19 新建 PCB 文件

2. 新建设计文件

选择菜单中的“文件”→“新建设计”命令，系统弹出如图 11-21 所示的“新建设计”对话框。

- 在“设计名称”栏输入新建的设计文件名称。
- 在“设计类型”栏选择设计文件类型。
- 在“添加到项目”栏选择该项目的设计文件所属项目文件名称。

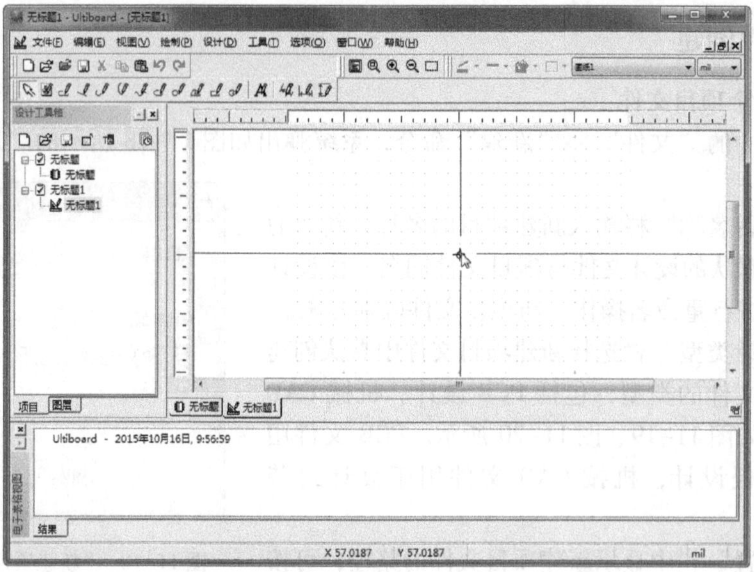

图 11-20　新建机械 CAD 文件

在同一项目文件下可现实不同类型的设计文件，如图 11-22 所示，项目文件相当于一个文件夹，在该文件夹中可包括不同类型的文件，起到方便管理的作用。

图 11-21　“新建设计”对话框

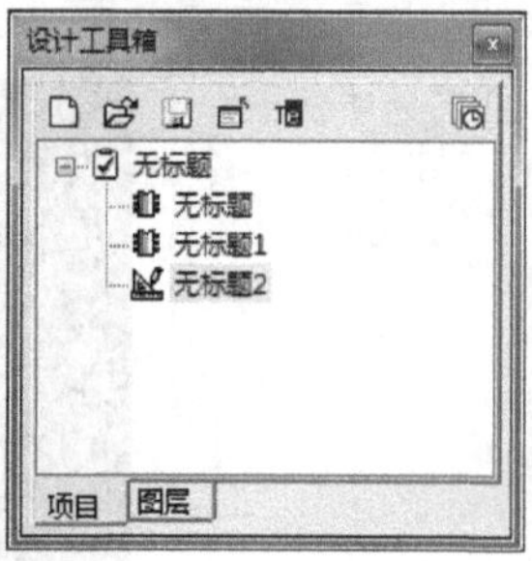

图 11-22　设计工具箱

11.5　电路板物理结构及编辑环境参数设置

在进行 PCB 设计前，必须对电路板的各种属性进行详细的设置，主要包括板形的设置、电路板属性的设置、电路板层的设置、层的显示设置、颜色的设置、布线框的设置及 PCB 系统参数的设置等。

11.5.1　电路板物理边框的设置

电路板的物理边界即为 PCB 的实际大小和形状，板框的设置是在“板框”层上进行的，在“绘图设置”工具栏中“图层”下拉列表中选择“板框”，如图 11-23 所示。

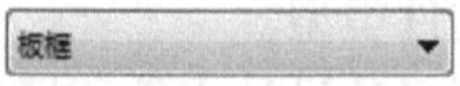

图 11-23　选择“板框”图层

根据所设计的 PCB 在产品中的安装位置、所占空间的大小、形状及与其他部件的配合来确定 PCB 的外形与尺寸。

对于一个新的设计，电路板轮廓线的设计方法很多，主要有以下 4 种。

1. 用绘图工具直接绘制电路板的轮廓线

与原理图绘图工具相似，PCB 中绘图工具的使用包括菜单栏与工具栏。选择菜单栏中的“绘制”→“图形”命令，弹出如图 11-24 所示的子菜单，显示各图形命令。

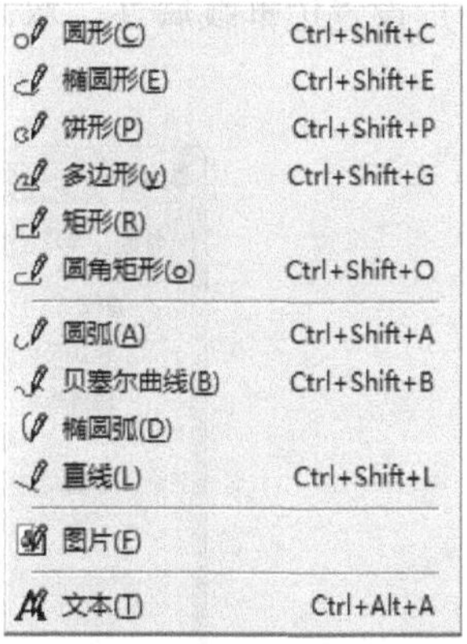

图 11-24　绘图工具子菜单

选择“视图”→“工具栏”→“绘制”命令，弹出图 11-25 所示的“绘制”工具栏，显示绘图工具。

图 11-25　“绘制”工具栏

下面介绍使用直线命令绘制板框的步骤。

1）选择菜单栏中的“绘制”→“直线”命令，此时光标变成十字形状。然后将光标移到工作窗口的合适位置，单击即可进行线的放置操作，每单击一次就确定一个固定点。通常将板的形状定义为矩形，但在特殊的情况下，为了满足电路的某种特殊要求，也可以将板形定义为圆形、椭圆形或者不规则的多边形。这些都可以通过“放置”菜单来完成。

2）当放置的线组成了一个封闭的边框时，就可以结束边框的绘制。右键单击或者按〈Esc〉键退出该操作，绘制好的 PCB 边框如图 11-26 所示。

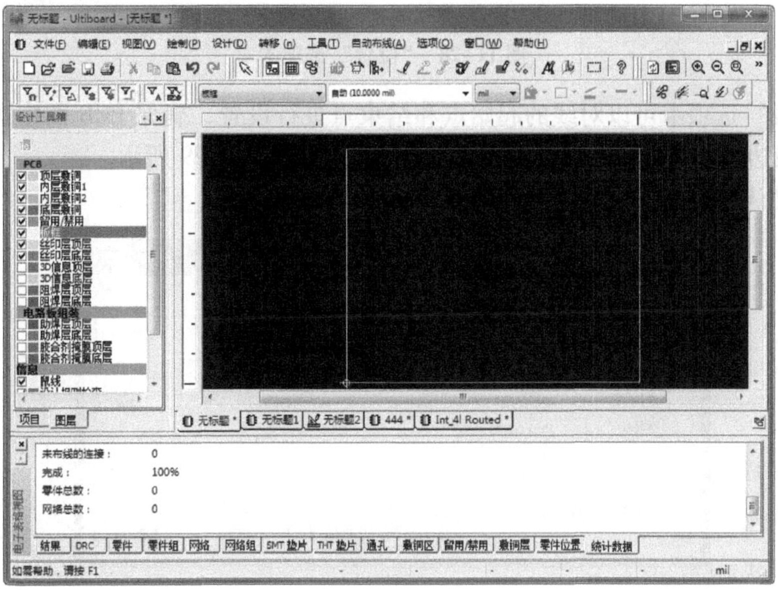

图 11-26　绘制好的 PCB 边框

3）设置边框线属性。双击任一边框线即可弹出该边框线的设置对话框，如图 11-27 所示。

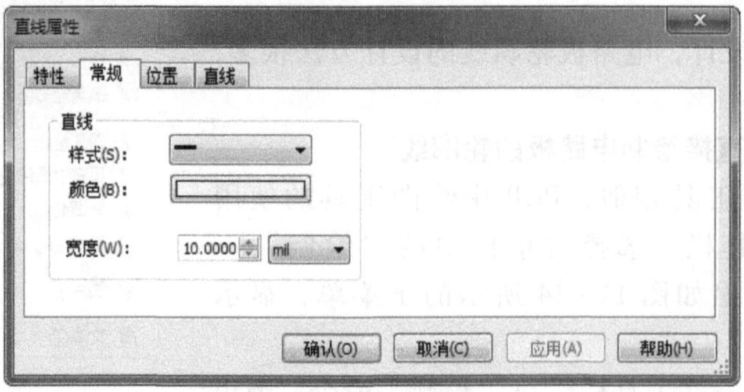

图 11-27　设置边框线

在“常规”选项卡下设置直线的样式、颜色、宽度等。

在“位置”选项卡下设置该线所在的电路板层。用户在开始画线时可以不选择“板框”层，在此处进行工作层的修改也可以实现上述操作所达到的效果，只是这样需要对所有边框线段进行设置，操作起来比较麻烦。如图 11-28 所示。

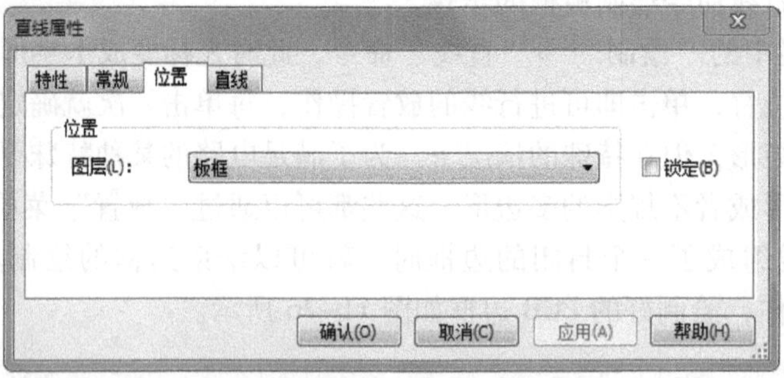

图 11-28　“位置”选项卡

在“直线”选项卡可以对线的起始点和结束点进行设置，确保 PCB 图中边框线为封闭状态，使一段边框线的终点为下一段边框线的起点，如图 11-29 所示。

单击“确认”按钮，完成边框线的属性设置。

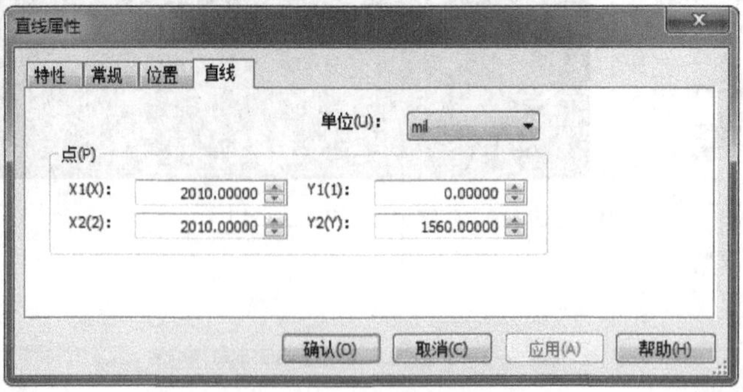

图 11-29　“直线”选项卡

2. 通过导入 DXF 文件直接引入电路板的轮廓线

选择菜单栏中的“文件”→“导入”→“DXF”命令，弹出“打开”对话框，选择“. dxf”文件作为模板，打开文件后，弹出如图 11-30 所示的“DXF 导入”对话框，调整 DXF 的 0 层对应 Ultiboard 的“板框”层，在“预览”框显示导入的板框，同时可设置 DXF 文件的缩放比例默认线宽、原点偏移值。

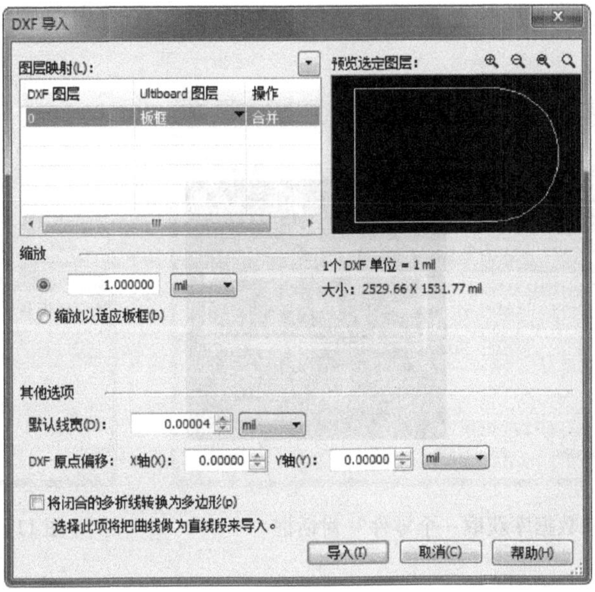

图 11-30 “DXF 导入”对话框

单击 导入(I) 按钮，导入 DXF 图形，显示的板框如图 11-31 所示。

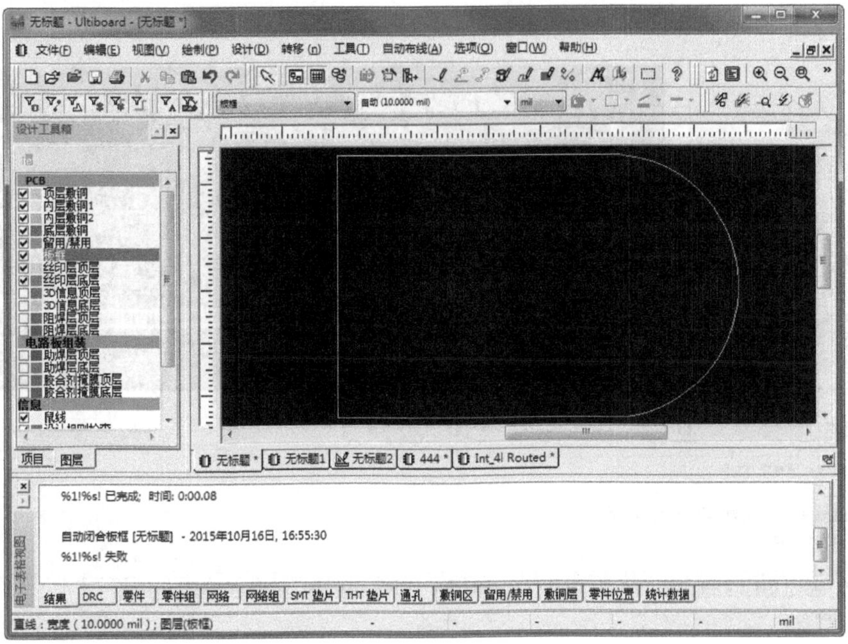

图 11-31 显示导入的板框

3. 使用库文件提供的常用电路板的轮廓线

选择菜单栏中的“绘制”→“从数据库获取一个零件”命令，弹出“从数据库获取一个零件”对话框，在“数据库”列表中打开“Ultiboard 主数据库”选择“Board Outline”（板边框），显示库文件中的板框模板文件，如图 11-32 所示。

双击选中的板框零件，弹出“为零件输入位号”对话框，如图 11-33 所示，单击“确认”按钮，在工作区取得鼠标上显示浮动的板框虚影，在适当位置单击，放置板框，如图 11-34 所示。

图 11-32 “从数据库获取一个零件”对话框

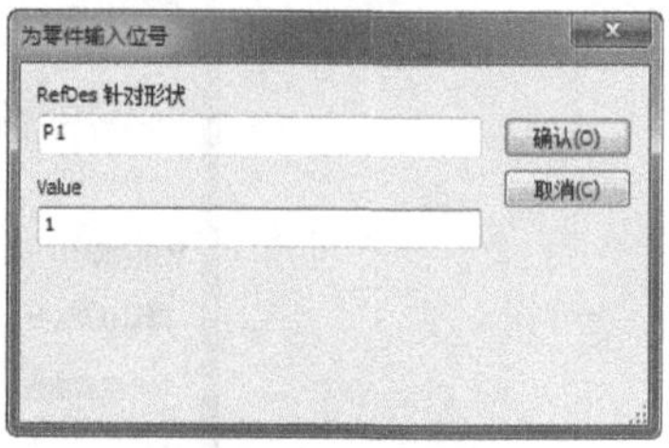

图 11-33 “为零件输入位号”对话框

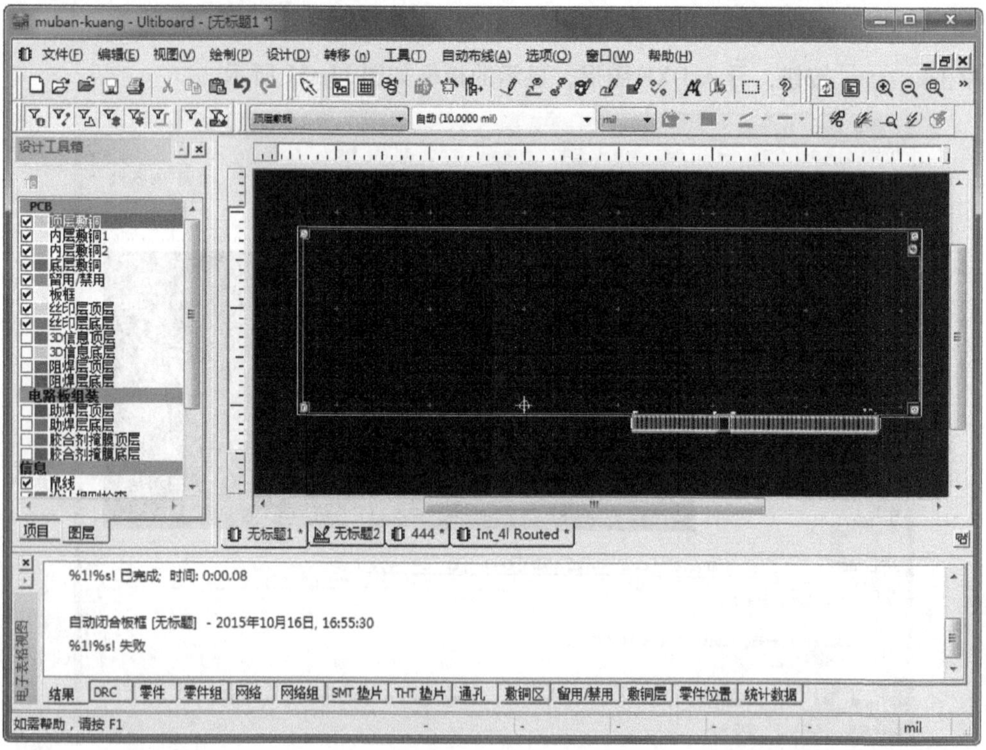

图 11-34 放置板框

4. 通过电路板的向导生成

选择菜单栏中的“工具”→“电路板向导”命令，弹出向导对话框，如图 11-35 所示。勾选“更改图层技术”复选框，即可激活下面的单选钮，选择电路板层设置，否则，选择默认设置。

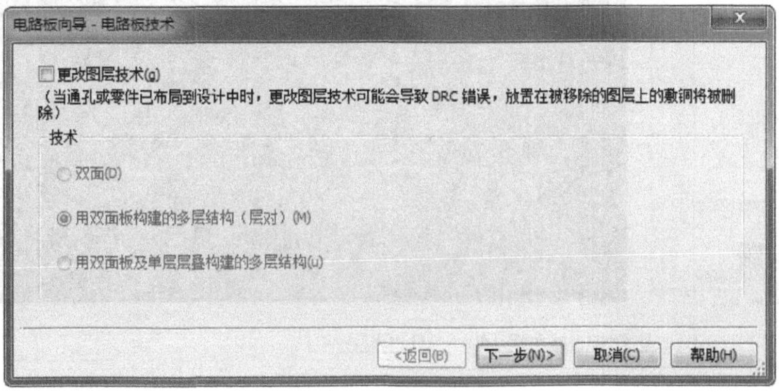

图 11-35　设置图层

单击 下一步(N)> 按钮，设置电路板形状，如图 11-36 所示，包括单位、参考点、电路板形状及大小。其中版形包括两大类，矩形或圆形。

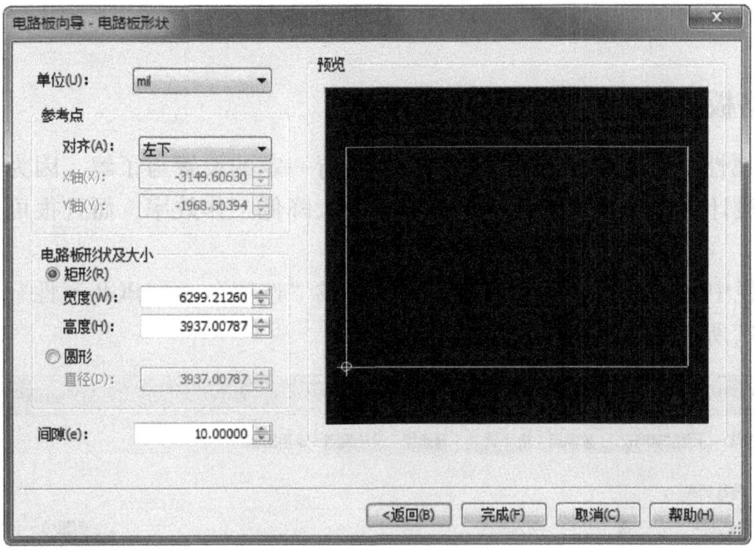

图 11-36　设置电路板形状

单击 完成(F) 按钮，将完成设置的电路板框显示在工作区，如图 11-37 所示。

5. 编辑板框

选择“板框”图层，选择菜单栏中的“工具”→“更新方向”命令，自动选中电路板中的板框，板框上显示空心小矩形，将鼠标放置在选中的板框上，可向任意方向拖动，调整板框大小。

该命令多用于导入封装后，可以根据零件数量，调整过大或过小的板框。

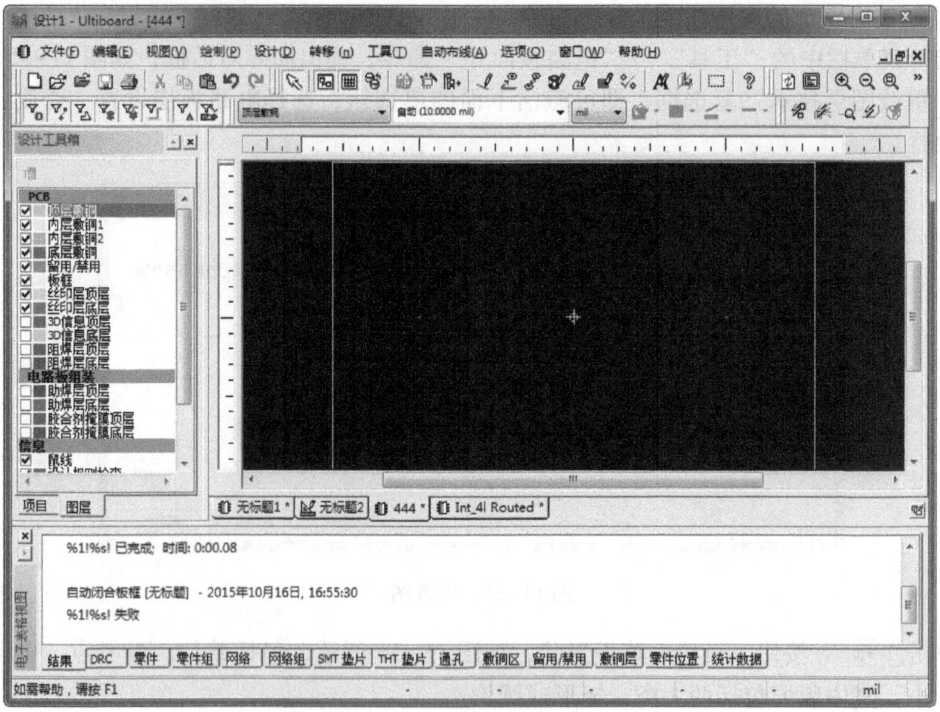

图 11-37　创建向导板框

11.5.2　电路板属性的设置

在“PCB 属性”对话框中可以对设计参数进行一定的设置与了解，因为这些参数自始至终地影响着设计。不合适地设置参数不仅会大大降低工作效率，而且很可能达不到设计要求。

选择菜单栏中的“编辑”→“属性”命令，或“选项”→“PCB 属性”命令，系统将弹出如图 11-38 所示的“PCB 属性”对话框。

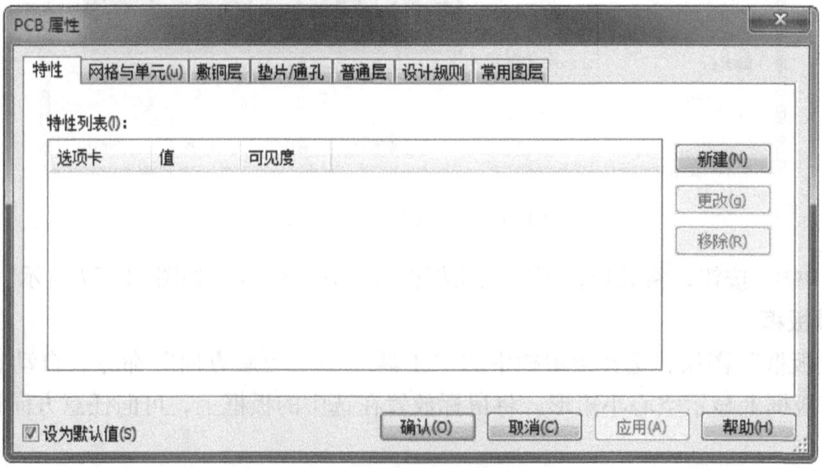

图 11-38　“PCB 属性”对话框

在该对话框中需要设置的有“特性”“网格与单元”“敷铜层”“垫片/通孔”“普通层”“设计规则”和“常用图层”5 个选项卡。

1. 设置单位

打开“网格与单元”选项卡，在“单位”下拉列表中选择单位格式：nm、μm、mm 和 mil 四种。

2. 设置网格可见性

打开“网格与单元”选项卡，在“网格”选项组下显示网格样式、可见网格样式、可见网格大小，如图 11-39 所示。其中，“网格样式”包括标准网格与极坐标网格；“可见网格样式”包括点网格、线网格、交叉线网歌和不可见 4 种，在右侧预览窗口显示对应的网格样式，如图 11-40 所示。

图 11-39　设置网格

PCB 文件中的网格设置比原理图文件中的网格设置选项要多，因为 PCB 文件中网格的放置要求更精确。

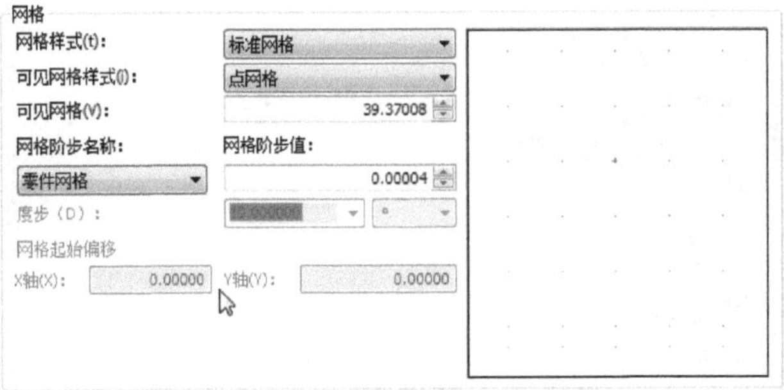

a)

图 11-40　网格样式

a）点网络

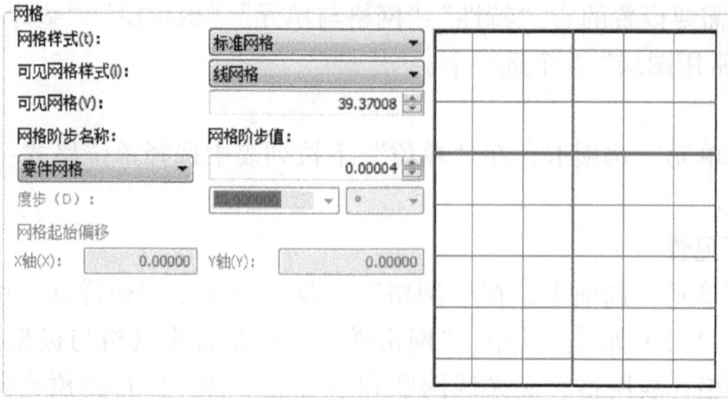

b)

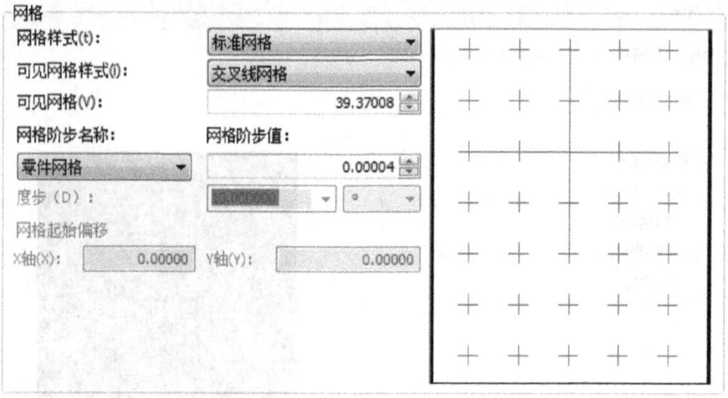

b)

图 11-40　网格样式（续）

b）线网络　c）交叉线网络

3. 电气层设置

打开“普通层”选项卡，显示设计中的图层，勾选图层前的复选框，则显示该图层，否则，不显示，如图 11-41 所示。

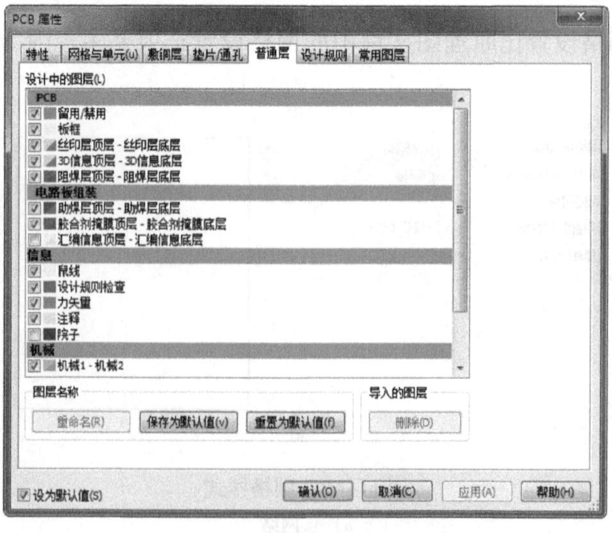

图 11-41　显示设计中的图层

打开“常用图层”选项卡，显示常用的 10 个图层设置，在下拉列表中选择对应图层，共有 19 种可选图层，如图 11-42 所示。

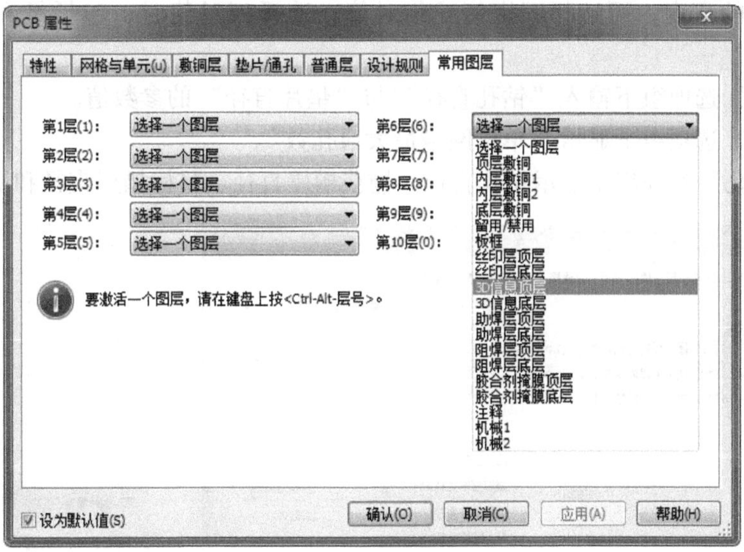

图 11-42　选择图层

4. 规则设置

打开“设计规则”选项卡，显示设计规则默认值，如图 11-43 所示。

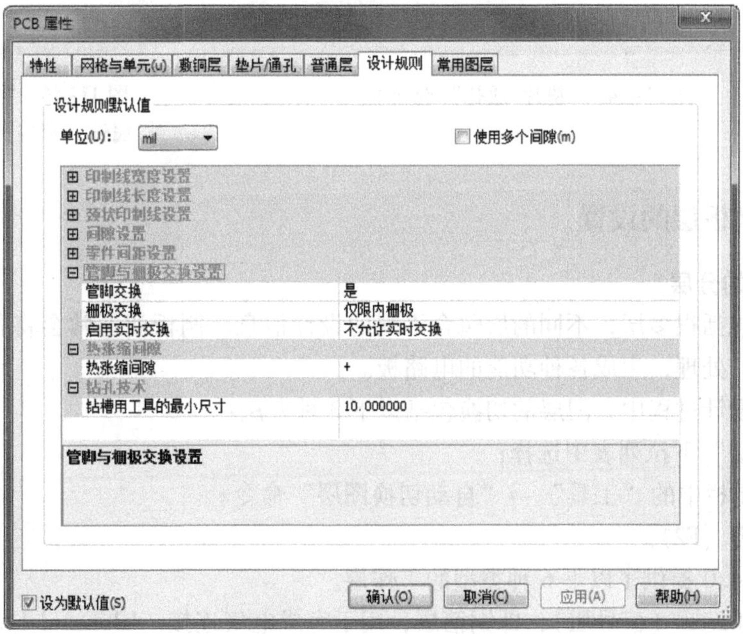

图 11-43　显示设计规则

5. 垫片、通孔信息

打开“垫片/通孔”选项卡，设置通孔、垫片默认参数值，如图 11-44 所示。

1）“通孔垫片环形圈”选项组下显示顶层、内部、底层的参数，例如，单击顶层右侧的[...]按钮，弹出图 11-45 所示的“通孔垫片属性（顶层）”对话框，在该对话框中显示环形圈的宽度，可选择固定值或相对值，选择相对值时，包括最大值、最小值、相对值。

2）“通孔”选项组下输入“钻孔直径”与“垫片直径”的参数值。

3）“网络”选项组下显示“单位网络最大通孔数”。

4）“微通孔”选项组下显示钻孔直径、捕获槽岸直径、目标槽岸直径和最大图层跨距。

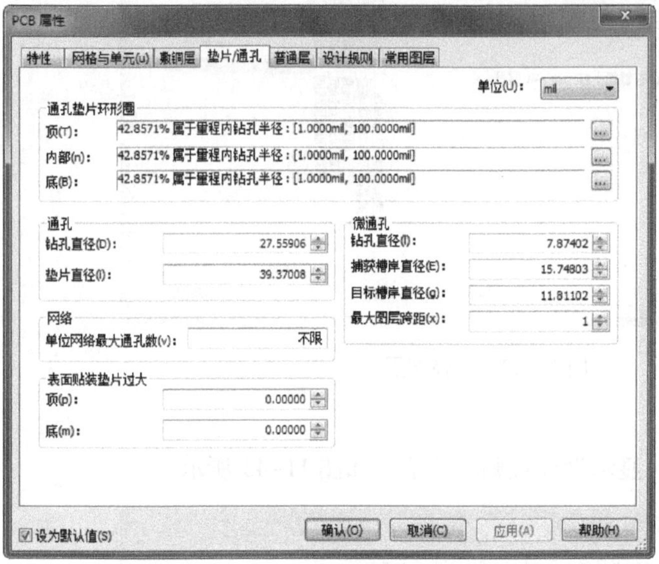

图 11-44 “垫片/通孔”选项卡

图 11-45 “通孔垫片属性（顶层）”对话框

11.5.3 电路板层的设置

1. 电路板的分层

PCB 一般包括很多层，不同的层包含不同的设计信息。制板商通常会将各层分开制作，然后经过压制、处理，生成各种功能的电路板。

在电路板设计过程中，图层的切换包括以下 3 种方法：

- 在“图层”下拉列表中选择；
- 选择菜单栏中的“工具”→“自动切换图层”命令；
- 按快捷键〈F2〉。

Ultiboard 14.0 提供了以下 6 种类型的工作层。

1）Signal Layers（信号层）：即铜箔层，用于完成电气连接。Ultiboard 14.0 允许电路板设计 32 个信号层，分别为 Top Layer、Mid Layer 1 ~ Mid Layer 30 和 Bottom Layer，各层以不同的颜色显示。

2）Internal Planes（中间层，也称内部电源与地线层）：也属于铜箔层，用于建立电源和地线网络。系统允许电路板设计 16 个中间层，分别为 Internal Layer 1 ~ Internal Layer 16，各层以不同的颜色显示。

3）Mechanical Layers（机械层）：用于描述电路板机械结构、标注及加工等生产和组装信息所使用的层面，不能完成电气连接特性，但其名称可以由用户自定义。系统允许 PCB 板设计包含 16 个机械层，分别为 Mechanical Layer 1 ~ Mechanical Layer 16，各层以不同的颜色显示。

4）Mask Layers（阻焊层）：用于保护铜线，也可以防止焊接错误。系统允许 PCB 设计包含 4 个阻焊层，即 Top Paste（顶层锡膏防护层）、Bottom Paste（底层锡膏防护层）、Top Solder（顶层阻焊层）和 Bottom Solder（底层阻焊层），分别以不同的颜色显示。

5）Silkscreen Layers（丝印层）：也称图例（legend），通常该层用于放置元器件标号、文字与符号，以标示出各零件在电路板上的位置。系统提供有两层丝印层，即 Top Overlay（顶层丝印层）和 Bottom Overlay（底层丝印层）。

6）Other Layers（其他层）：各层的具体功能如下。

- Drill Guides（钻孔）和 Drill Drawing（钻孔图）：用于描述钻孔图和钻孔位置。
- Keep – Out Layer（禁止布线层）：用于定义布线区域，基本规则是元器件不能放置于该层上或进行布线。只有在这里设置了闭合的布线范围，才能启动元器件自动布局和自动布线功能。
- Multi – Layer（多层）：该层用于放置穿越多层的 PCB 元器件，也用于显示穿越多层的机械加工指示信息。

2. 常见层数不同的电路板

1）Single – Sided Boards（单面板）。PCB 上元器件集中在其中的一面，导线集中在另一面。因为导线只出现在其中的一面，所以就称这种 PCB 为单面板（Single – Sided Boards）。在单面板上通常只有底面也就是 Bottom Layer（底层）覆盖铜箔，元器件的引脚焊在这一面上，通过铜箔导线完成电气特性的连接。顶层也就是 Top Layer 是空的，安装元器件的一面称为“元器件面”。因为单面板在设计线路上有许多严格的限制（因为只有一面可以布线，所以布线间不能交叉而必须以各自的路径绕行），布通率往往很低，所以只有早期的电路及一些比较简单的电路才使用这类电路板。

2）Double – Sided Boards（双面板）。这种电路板的两面都可以布线，不过要同时使用两面的布线就必须在两面之间有适当的电路连接才行，这种电路间的“桥梁”叫作过孔（via）。过孔是在 PCB 上充满或涂上金属的小洞，它可以与两面的导线相连接。在双层板中通常不区分元器件面和焊接面，因为两个面都可以焊接或安装元器件，但习惯上称 Bottom Layer（底层）为焊接面，Top Layer（顶层）为元器件面。因为双面板的面积比单面板大一倍，而且布线可以互相交错（可以绕到另一面），因此它适用于比单面板复杂的电路上。相对于多层板而言，双面板的制作成本不高，在给定一定面积的时候通常都能 100% 布通，因此一般的印制板都采用双面板。

3）Multi – Layer Boards（多层板）。常用的多层板有 4 层板、6 层板、8 层板和 10 层板等。简单的 4 层板是在 Top Layer（顶层）和 Bottom Layer（底层）的基础上增加了电源层和地线层，这样一方面极大程度地解决了电磁干扰问题，提高了系统的可靠性，另一方面可以提高导线的布通率，缩小 PCB 的面积。6 层板通常是在 4 层板的基础上增加了 Mid – Layer 1 和 Mid – Layer 2 两个信号层。8 层板通常包括 1 个电源层、两个地线层和 5 个信号层（Top

Layer、Bottom Layer、Mid－Layer 1、Mid－Layer 2 和 Mid－Layer 3）。

多层板层数的设置是很灵活的，设计者可以根据实际情况进行合理的设置。各种层的设置应尽量满足以下要求。

- 元器件层的下面为地线层，它提供器件屏蔽层及为顶层布线提供参考层。
- 所有信号层应尽可能与地线层相邻。
- 尽量避免两信号层直接相邻。
- 主电源应尽可能与其对应地相邻。
- 兼顾层结构对称。

3. 电路板层数设置

选择菜单栏中的“编辑”→“属性”命令，或“选项”→“PCB 属性”命令，系统将弹出“PCB 属性”对话框。打开“敷铜层”选项卡，在左侧显示敷铜层的详细信息，如图 11-46 所示。

- 在“层对”文本框中显示电气层个数。
- 在“单层层叠”选项组下显示顶、底的层叠数。
- 在“允许布线”选项组下设置敷铜层敷铜方式，在下拉列表下显示顶层敷铜、内层敷铜 1、内层敷铜 2 和底层敷铜。单击“敷铜层”右侧 属性 按钮，弹出如图 11-47 所示的“敷铜层属性”对话框，设置各个层的走线方式。
- 在“电路板”选项组下设置“板框间隙”与“电路板厚度”两个数值。
- 在“通孔支架”选项组下显示 3 种孔，盲通孔、埋通孔和微通孔。

在对电路板进行设计前，可以对电路板的层数及属性进行详细设置。这里所说的层主要是指 Signal Layers（信号层）、Internal Plane Layers（电源层和地线层）和 Insulation（Substrate）Layers（绝缘层）。

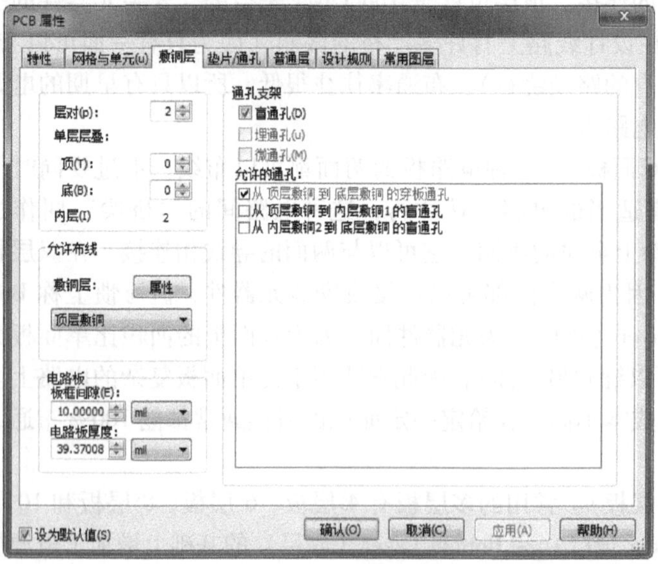

图 11-46 设置敷铜层

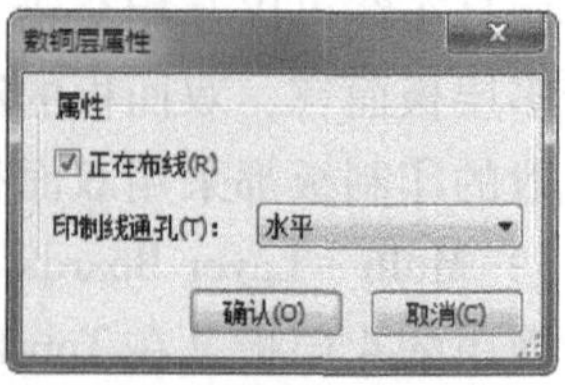

图 11-47 “敷铜层属性”对话框

11.5.4　电路板层显示与颜色设置

PCB 编辑器采用不同的颜色显示各个电路板层，以便于区分。用户可以根据个人习惯进行设置，并且可以决定是否在编辑器内显示该层。下面通过实际操作介绍 PCB 层颜色的设置方法。

打开“设计工具箱”对话框，如图 11-48 所示，打开“图层”选项卡，显示电路板层颜色设置。包括“PCB”“电路板组装”“信息”和“机械”，它们分别包含所属的图层，对应其上方的信号层、电源层和地线层、机械层。图层前面的复选框决定了在工作区中是否显示全部层面，还是只显示设置的有效层面。一般为了电路板简洁明，勾选复选框只显示有效层面，对未用层面可以忽略其颜色设置。

在各个设置区域中，“颜色块”设置栏用于设置对应电路板层的显示颜色，复选框用于决定此层是否在 PCB 编辑器内显示。

勾选所需要修改的图层前的矩形框，则在工作区显示该图层上的对象。

如果要修改某层的颜色，单击其对应的颜色块，弹出如图 11-49 所示的“选择颜色”对话框，显示 256 种可选颜色以供修改。

图 11-48　设计工具箱

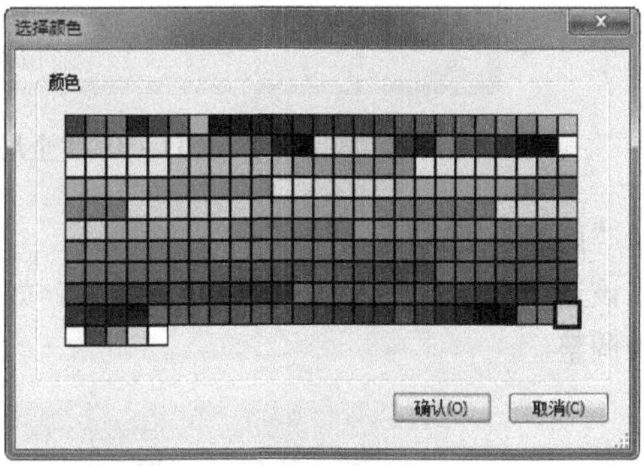

图 11-49　“选择颜色”对话框

11.5.5　全局参数设置

在进行 PCB 设计之前，一些与 PCB 编辑窗口相关的系统参数进行设置。设置后的系统参数将用于当前工程的设计环境，并且不会随 PCB 文件的改变而改变。

选择菜单栏中的“工具”→“全局偏好”命令，弹出“全局偏好”对话框，如图 11-50 所示。

原理图编辑器 Multisim 14.0 同样包括环境参数的设置，与 PCB 环境参数相同的参数不再赘述。

1. “常规”选项卡

在该选项卡下可以设置光标的形式、位置、窗口是否显示滚动条、是否摇景、恢复执行缓冲区的大小、是否自动保存文件，以及每次进入 Ultiboard 时是否自动打开最近一次的项目文件等。

2. “路径”选项卡

在该选项卡下对 Ultiboard 运行时需要用到的插件、工作区、库文件等的路径进行设置。

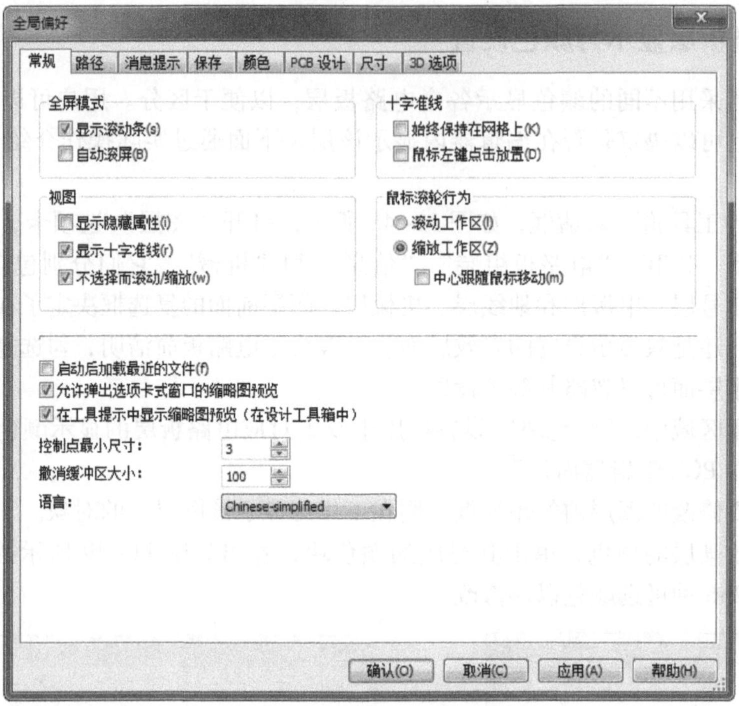

图 11-50 “全局偏好”对话框

3. “颜色”选项卡

在该选项卡下设置 PCB 中的对象颜色，如图 11-51 所示。包括色彩方案、色元素、颜色暗淡调整。

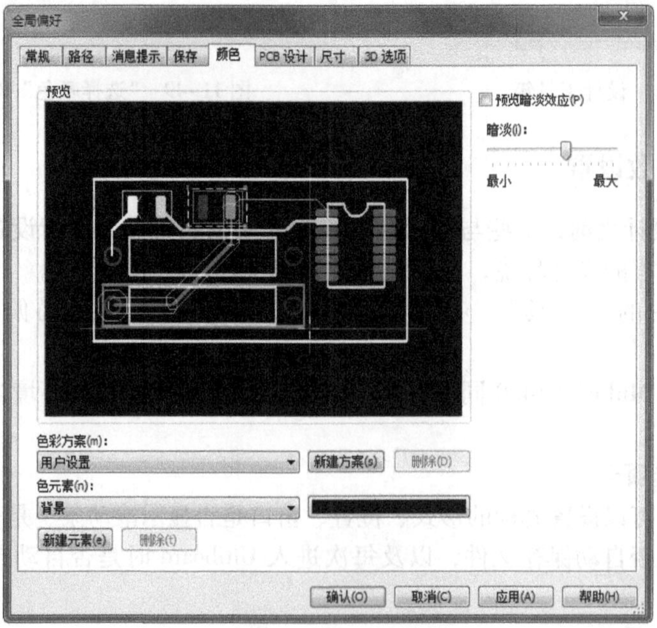

图 11-51 “颜色”选项卡

在“色元素”下拉列表中显示如图 11-52 所示的需要设置颜色的对象。

4. “PCB 设计”选项卡

在该项选项卡下设置 PCB 图的显示属性：默认引脚的大小、何时进行 DRC 与网表检查、DRC 校验错误出错后的动作、删除和放置导线时软件是否自动进行泪滴的删除和添加操作等，如图 11-53 所示。

图 11-52 “色元素”下拉列表

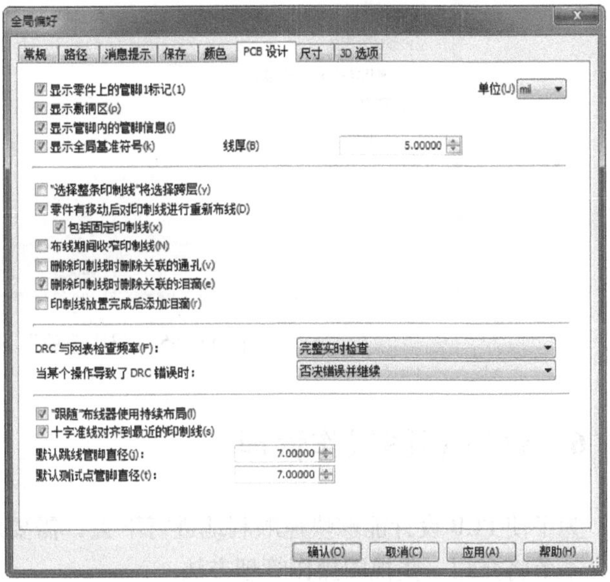

图 11-53 “PCB 设计”选项卡

5. “尺寸”选项卡

在该选项卡下设置尺寸的标注属性，如图 11-54 所示。

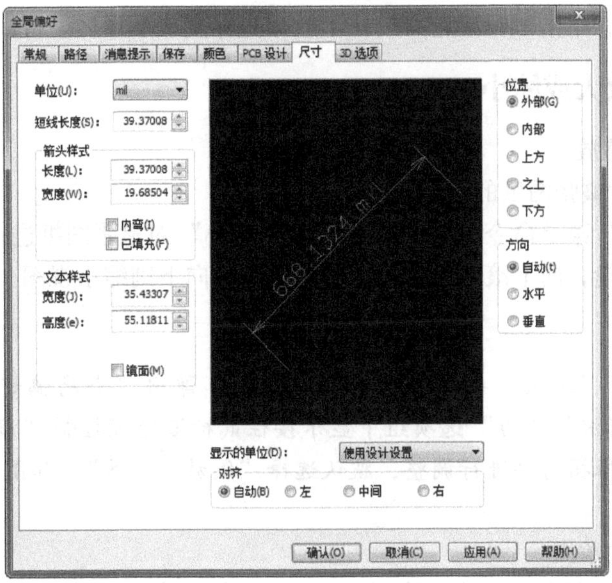

图 11-54 “尺寸”选项卡

6. “3D 选项”选项卡

在该选项卡下设置 3D 显示时的属性，如图 11-55 所示。

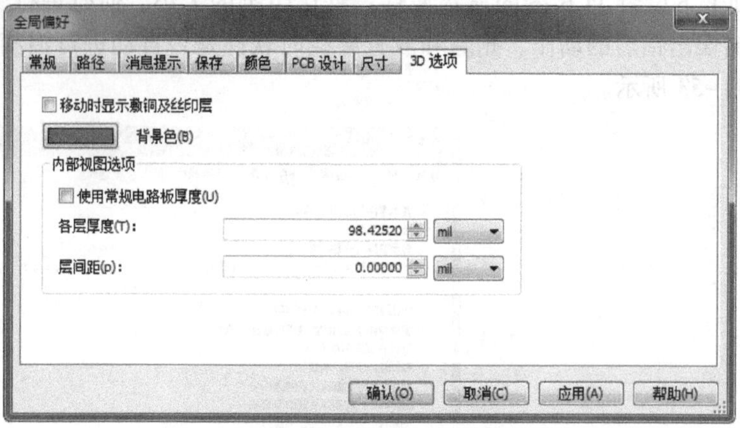

图 11-55　“3D 选项”选项卡

11.6　PCB 视图操作管理

为了使 PCB 设计能够快速顺利地进行下去，需要对 PCB 视图进行移动、缩放等基本操作，本节将介绍一些视图操作管理方法。

11.6.1　视图移动

在编辑区内移动视图的方法有以下几种。

1）使用鼠标拖动编辑区边缘的水平滚条或竖直滚条。

2）在编辑区内，单击鼠标滚轮并按住不放，光标变成手形后，可以任意拖动视图。

11.6.2　视图的放大或缩小

1. 整张图纸的缩放

在编辑区内，对整张图纸的缩放有以下几种方式。

1）使用“视图”菜单命令中的“放大”或“缩小”对整张图纸进行缩放操作。

2）使用鼠标滚轮，向上滚动鼠标滚轮放大视图，向下则缩小视图。

注意

选择菜单栏中的“选项”→“全局偏好”命令，弹出“全局偏好”对话框，在“常规”选项卡下“鼠标滚轮行为”选项组中显示按住鼠标滚轮可控制“滚动工作区”或“缩放工作区”，用户可根据需要进行调整，默认选择“缩放工作区”，如图 11-56 所示。

2. 区域放大

（1）设定区域的放大

执行菜单命令“视图”→“缩放区域”，或者单击主工具栏中的“缩放区域”按钮 ，光标变成十字形。在编辑区内需要放大的区域单击鼠标左键，拖动鼠标形成一个矩形

图 11-56 “全局偏好”对话框

区域，如图 11-57 所示。

然后再次单击鼠标左键，则该区域被放大，如图 11-58 所示。

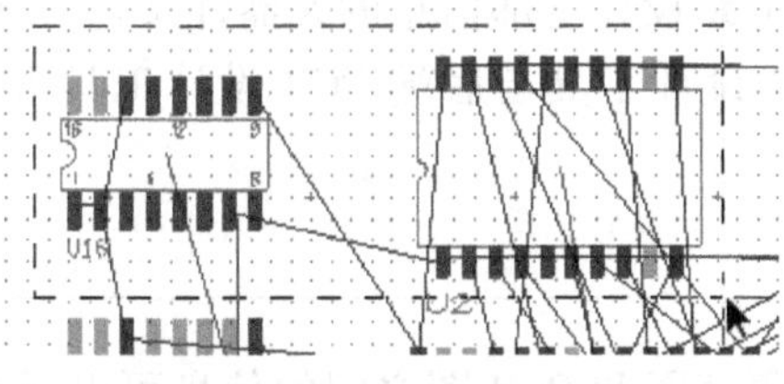

图 11-57 选定放大区域

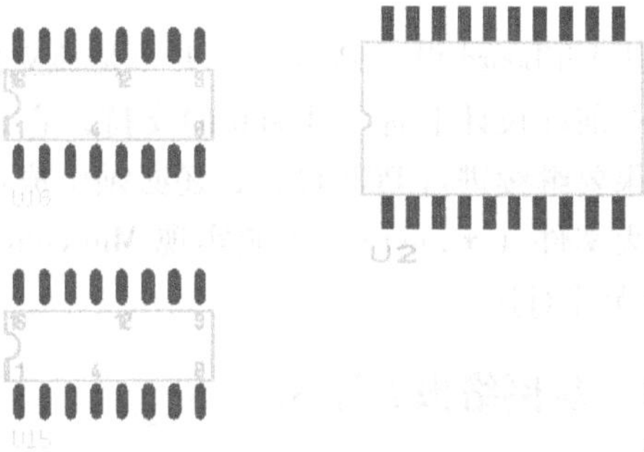

图 11-58 选定区域被放大

（2）以鼠标为中心的区域放大

执行菜单命令“察看”→“点周围”，光标变成十字形。在编辑区内指定区域单击鼠标左键，确定放大区域的中心点，拖动鼠标，形成一个以中心点为中心的矩形，再次单击鼠标左键，选定的区域将被放大。

11.6.3 满屏显示

执行菜单命令“视图”→“缩放至满屏”，或单击“视图”工具栏中的“缩放至满屏”按钮🔍，系统显示整个 PCB 图纸，如图 11-59 所示。

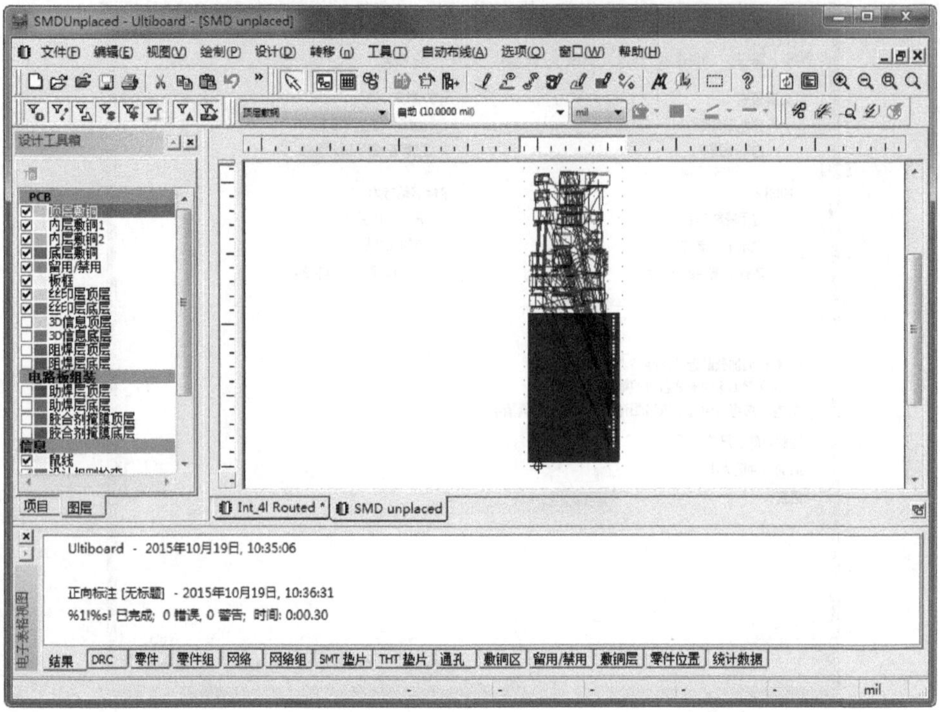

图 11-59 显示整个 PCB 图纸

11.7 在 PCB 文件中添加封装

利用 Ultiboard 设计 PCB 时，并不是孤立地使用 Ultiboard 模块，一个完整的 PCB 设计过程需要在前端设计上有 Multisim 的支持，它完成电路的输入以及仿真验证，完成电路设计后，如果要继续进行 PCB 设计，还必须生成代表电路设计全部信息的元器件文件（*.plc）和网络表文件（*.net），才能实现 Multisim 14.0 设计工具与后端 PCB 设计工具 Ultiboard 14.0 的无缝对接。

11.7.1 从网络报表导入

网络表是原理图与 PCB 图之间的联系纽带，原理图和 PCB 图之间的信息可以通过在相应的 PCB 文件中导入网络表的方式完成同步。

这里将如图 11-60 所示原理图的网络表导入到当前的“设计 1”文件中，该原理图是前面原理图设计时绘制的最小单片机系统，文件名为“MCU Circuit. SchDoc”，操作步骤如下。

1）选择菜单栏中的“转移”→“从正向文件注解”命令，系统将对原理图生成的 PCB 网络报表进行导入，如图 11-61 所示。

2）单击“打开”按钮，弹出“正向注解”对话框，显示网络表信息，如图 11-62 所示。选中某项信息，在“额外信息”栏显示该项具体信息，以帮助用户理解网络表信息。

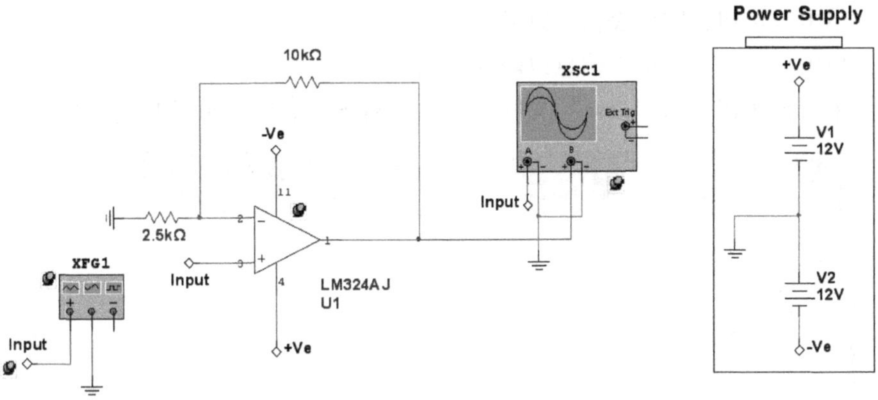

图 11-60　要导入网络表的原理图

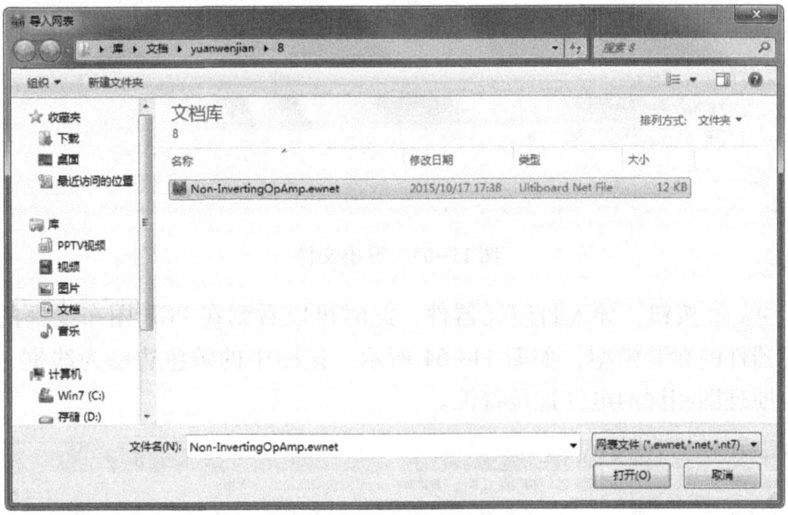

图 11-61　导入文件

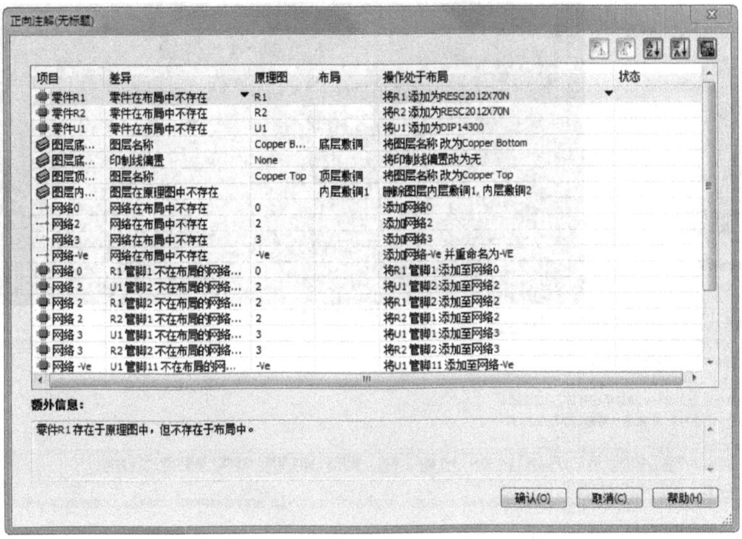

图 11-62　“正向注解”对话框

- ：单击该按钮，网络表信息以升序排列。
- ：单击该按钮，网络表信息以降序排列。
- ：单击该按钮，以“.csv”文件形式导出网络表信息，如图 11-63 所示。

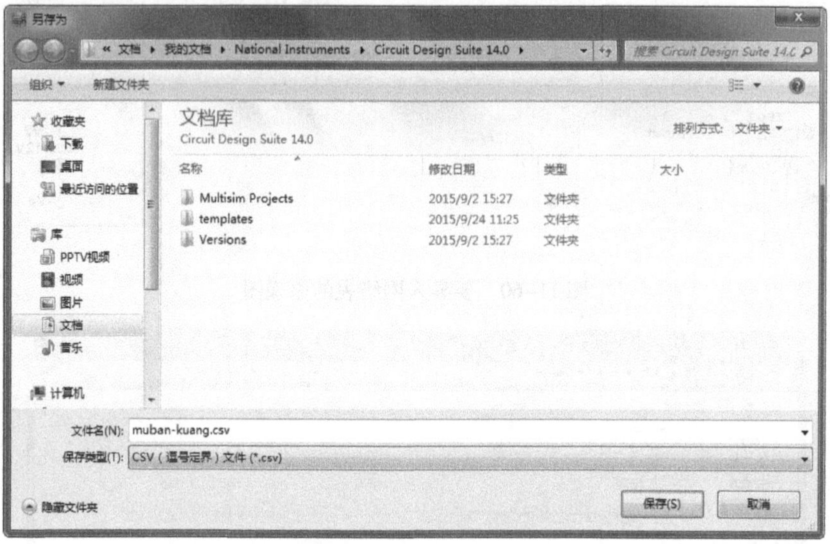

图 11-63　导出文件

3）单击 确认(O) 按钮，导入封装元器件，此时可以看到在 PCB 图布线框的外侧出现了导入的所有元器件的封装模型，如图 11-64 所示。该图中的黄色边框为线框，各元器件之间仍保持着与原理图相同的电气连接特性。

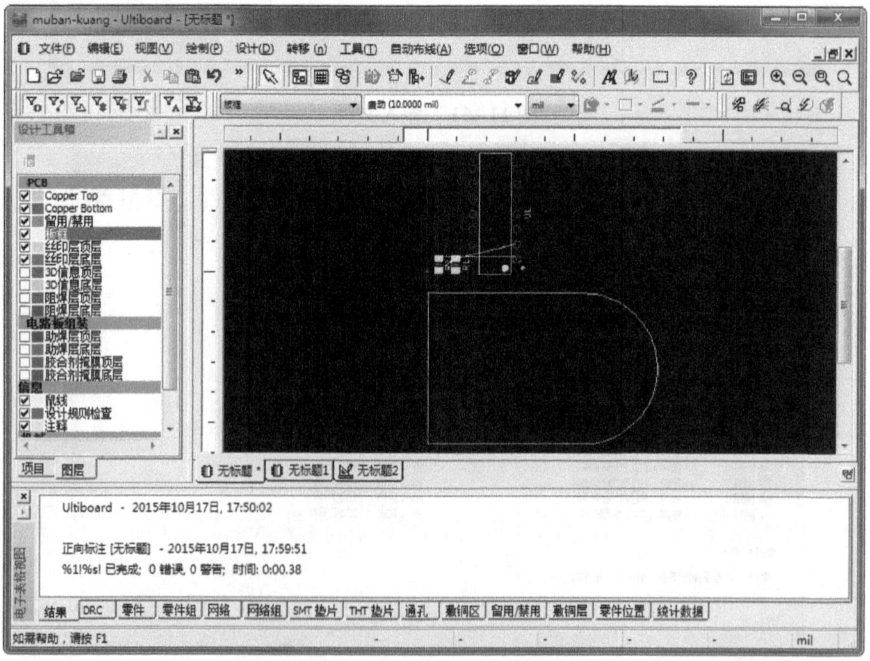

图 11-64　导入网络表后的 PCB 图

用户需要注意的是，导入网络表时，原理图中的元器件并不直接导入到用户绘制的布线区内，而是位于布线区范围以外。通过随后执行的自动布局操作，系统自动将元器件放置在布线区内。当然，用户也可以手动拖动元器件到布线区内。

将电路板轮廓线外的元器件移入到电路板上。只需要用鼠标将选中的元器件拉入电路板的轮廓线之内即可。

11.7.2 从数据库添加

在 PCB 设计过程中，有时候会因为在电路原理图中遗漏了部分元器件，而使设计达不到预期的目的。若重新设计将耗费大量的时间，这种情况下，这里就可以直接在 PCB 中添加遗漏的元器件封装。

根据原理图中的元器件信息。掌握元器件对应的封装名称，在数据库中找到该封装，直接在 PCB 文件中放置该封装。

选择菜单栏中的“绘制”→“从数据库获取一个零件”命令，弹出“数据库管理器”对话框，在“从数据库获取一个零件”列表中打开“Ultiboard 主数据库”显示库文件中的元器件封装，如图 11-65 所示。

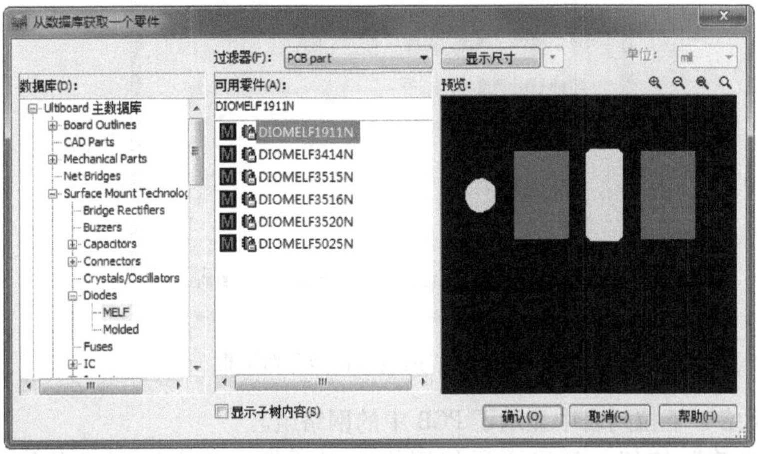

图 11-65 选择封装

在该对话框中可以选择、放置需要放置的元器件封装，将零件放置在板框内部。

双击选中的零件或单击“确认”按钮，弹出“为零件输入位号”对话框，在该对话框中显示零件的 RefDes（序号）及 Value（参数值），如图 11-66 所示，单击“确认”按钮，在工作区取得鼠标上显示浮动的板框虚影，在适当位置单击，放置零件，如图 11-67 所示。

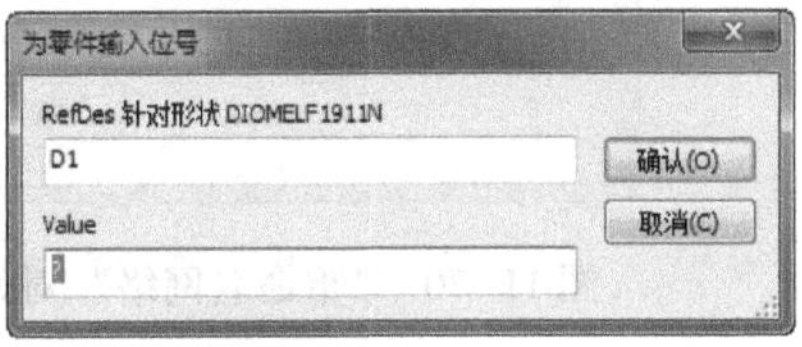

图 11-66 “为零件输入位号”对话框

图 11-67 放置零件

放置零件后，再次自动弹出“为零件输入位号”对话框，设置第二个零件参数信息，可继续进行放置；若完成同类零件放置，单击“取消”按钮，关闭该对话框。

返回“从数据库获取一个零件”对话框，则继续选择其他类型的零件。

11.7.3 网络编辑

电路板中的元器件连接依靠网络，只有存在有网络连接的元器件才能连线。从网络表导入的零件对应的元器件在原理图中包括网络关系，而从数据库中直接添加的封装零件没有电气连接关系。因此，网络的添加和编辑是进行电路板设计的一个重要部分。

选择菜单栏中的“工具”→“网表编辑器”命令，弹出如图 11-68 所示的“网表编辑器”对话框。

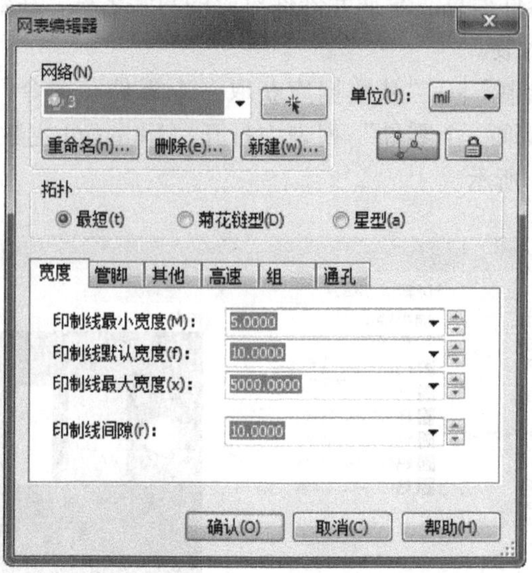

图 11-68 “网表编辑器”对话框

1）在“网络”下拉列表中显示了 PCB 中的网络组。

- 单击“新建”按钮，弹出“添加网络”对话框，输入新网络名称，如图 11-69 所示。
- 单击“重命名”按钮，弹出“重命名网络”对话框，输入网络新名称，如图 11-70 所示。

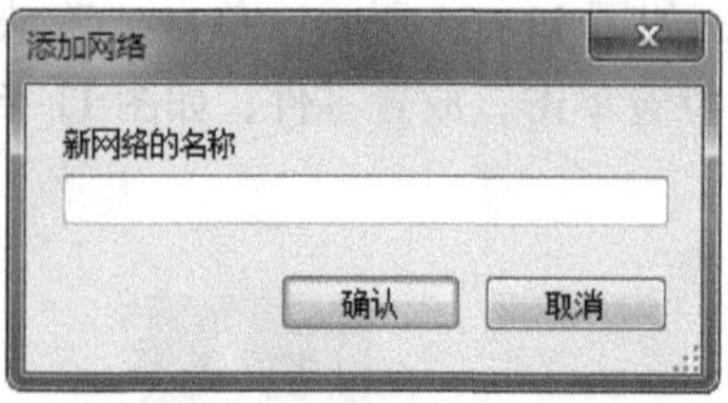

图 11-69 “添加网络”对话框

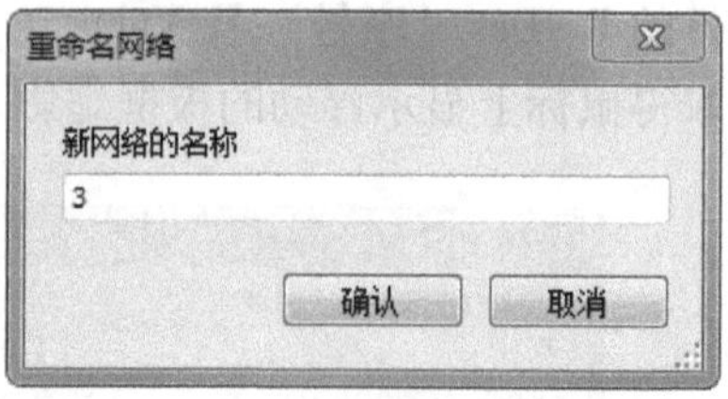

图 11-70 “重命名网络”对话框

- 单击“删除”按钮，弹出“选择要删除的网络”对话框，选择要删除的网络，如图 11-71 所示。

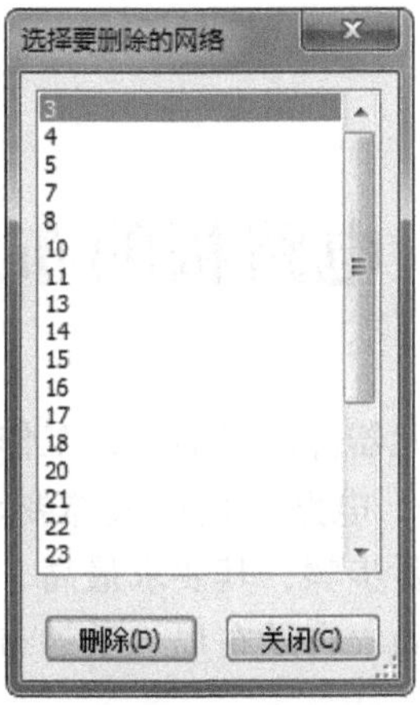

图 11-71 “选择要删除的网络”对话框

- 单击按钮，在工作区中选择引脚，以此选中预制关联的网络。
- 单击按钮，控制鼠线的显示，以使电路板变清晰，方便选择引脚。
- 单击按钮，控制与所选网络相关联的零件的锁定与解锁。

2）在“拓扑”选项组下选择拓扑类型，包括最短、菊花链型和星型。

3）参数列表包括 6 个选项卡，分别为所选网络添加对应属性，用户可自行练习，这里不再赘述。

第 12 章　电路板的布局与布线

在完成网络表的导入操作后，元器件已经显示在工作窗口中了，此时就可以开始元器件的布局，这是 PCB 设计的关键一步，电路布局的整体要求是整齐、美观、对称、元器件密度均匀。布线是完成产品设计的重要步骤，其要求最高、技术最细、工作量最大。

本章详细讲解元器件的手动布局、自动布局、手动布线、自动布线操作，从而完整地实现电路板的设计。

知识点

- PCB 编辑器的编辑功能
- 元器件的布局
- 电路板的布线

12.1　PCB 编辑环境显示

将网络表信息导入到 PCB 中，再将元器件布置到电路中，为方便显示与后期布线，切换显示鼠线，编辑对象显示，避免交叉。

12.1.1　鼠线的显示

鼠线为原理图中包含的元器件之间的电器连接信息，在电路板中的布线遵循鼠线的连接对象信息，尽量避免交叉，而鼠线则只显示元器件间的最短距离连接，因此显示鼠线的电路板是杂乱无章的，在某些情况下为清晰显示元器件，可取消鼠线的显示。

1）在“设计工具箱”中的“图层”选项卡下勾选“信息”选项组下的“鼠线”复选框，如图 12-1 所示，显示电路板中的所有鼠线，如图 12-2 所示。

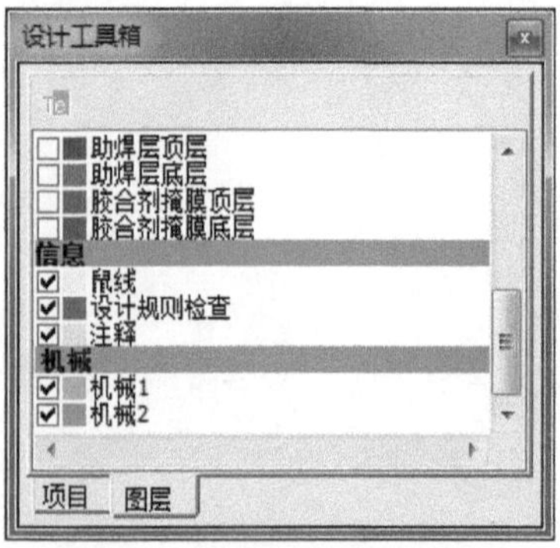

图 12-1　“设计工具箱”窗口

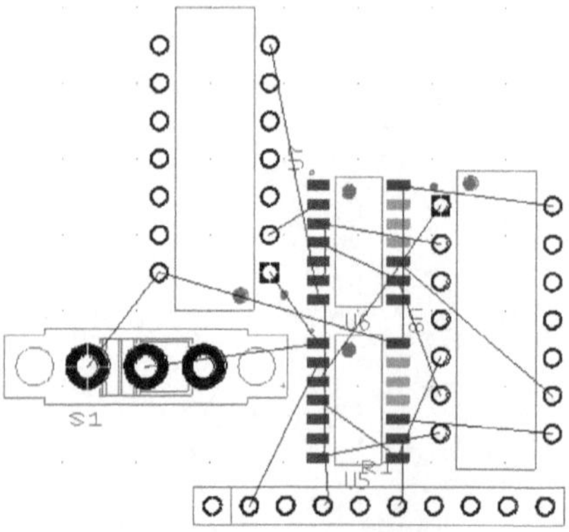

图 12-2　显示全部鼠线

2）取消勾选“鼠线”复选框，则不显示与元器件相连的鼠线，如图 12-3 所示。

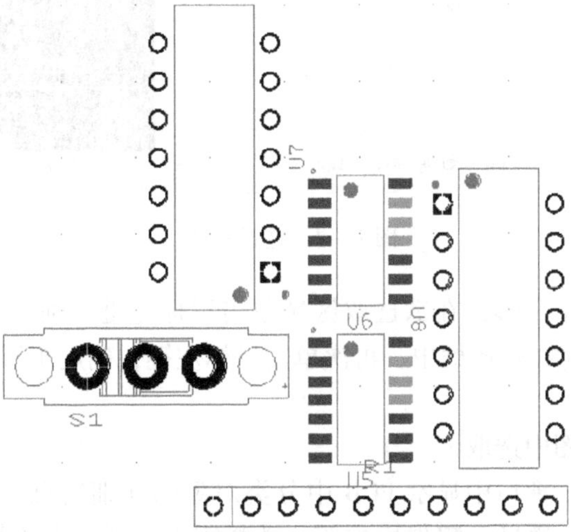

图 12-3　不显示元器件间的鼠线

12.1.2　对象的交换

当元器件放置到电路板上进行布线之前，可以使用引脚交换、门交换功能来进一步减少信号长度并避免鼠线的交叉。

在 Allegro 中可以进行引脚交换、门交换（功能交换）和元器件交换。

- 交换引脚：允许交换两个等价的引脚，如与非门的输入端或电阻排输入端。
- 交换栅极：允许交换两个等价的门电路。
- 自动引脚栅极交换：系统自动避免交叉交换引脚或栅极。

12.2　PCB 编辑器的编辑功能

PCB 编辑器的编辑功能包括对象的选取、取消选取、移动、删除、复制、粘贴、翻转以及对齐等，利用这些功能，可以很方便地对 PCB 图进行修改和调整。下面开始介绍这些功能。

12.2.1　对象的选取

1. 对象的选取

（1）用鼠标直接选取单个或多个元器件

对于单个元器件的情况，将光标移到要选取的元器件上单击即可。这时整个元器件变成灰色，表明该元器件已经被选取，如图 12-4 所示。

对于多个元器件的情况，单击鼠标并拖动鼠标，拖出一个矩形框，将要选取的多个元器件包含在该矩形框中，释放鼠标后即可选取多个元器件，或者按住〈Shift〉键，用鼠标逐一单击要选取的元器件，也可选取多个元器件。

（2）用（捕获屏幕区）命令选取

选择菜单栏中的“工具”→“捕获屏幕区”命令或单击“主”工具栏中的“捕获屏幕

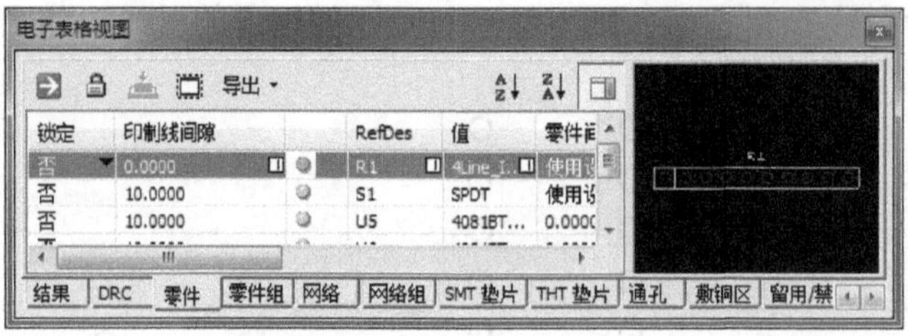

图 12-4　选择零件

区”按钮，光标变成十字形，在欲选取区域单击鼠标左键，确定矩形框的一个端点，拖动鼠标将选取的对象包含在矩形框中，再次单击鼠标左键，确定矩形框的另一个端点，此时矩形框内的对象被选中。

（3）在电子表格视图中选取

在“电子表格视图”窗口中显示 PCB 中分类对象的详细信息。打开“零件”选项卡，在“RefDes”（标识符）栏显示零件标志符，选择零件，则在电路板中该零件显示选中状态；同样的方法选择网络、SMT 垫片、通孔等。

2. 取消选取

直接用鼠标单击 PCB 图纸上的空白区域，即可取消选取。

3. 全部选择

选择菜单栏中的“编辑”→“全部选择”命令，选择 PCB 中所有对象。

4. 特殊对象的选取

在 PCB 上，经常把相同的元器件排列放置在一起，如电阻、电容等。若 PCB 上这类元器件较多，依次单独选取很麻烦，可以采用以下方法进行选取。

选择菜单栏中的“编辑”→“查找”命令，系统弹出“查找”对话框，如图 12-5 所示。

在该对话框中的“查找内容”栏中输入需要查找对象的关键词，在“特殊查找”栏选择对象类别，单击 查找(F) 按钮，PCB 图中所有符合条件的对象都处于选取状态。

5. 选择同类别对象

若对象过多，放置过程中略有重叠，则无法用户手工辨别并选取对象，通过选择对象的类型，可以轻松选取对象。

选择菜单栏中的“编辑”→“选择过滤器”命令，弹出如图 12-6 所示的子菜单，设置鼠标选择对象。

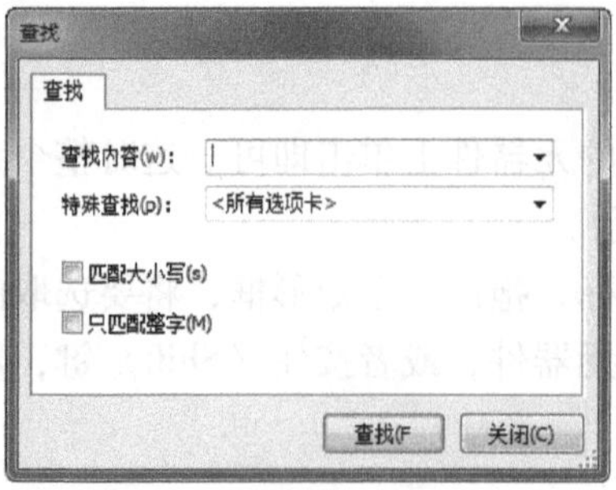

图 12-5　“查找”对话框

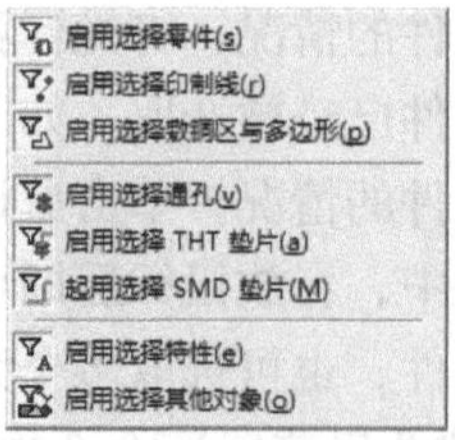

图 12-6　“选择过滤器”子菜单

该子菜单包括 8 种类型的对象，如需选择其中某一命令，则鼠标在 PCB 工作区中单击，选中该命令对应类型的对象，最后“启用选择其他对象”命令，则指定选择 7 种类型之外的类型对象。

12.2.2 对象的移动、删除

1. 单个对象的移动

（1）单个未选取对象的移动

将光标移到需要移动的对象上（不需要选取），按下鼠标左键不放，拖动鼠标，对象将会随光标一起移动，到达指定位置后松开鼠标左键，即可完成移动。

（2）单个已选取对象的移动

将光标移到需要移动的对象上（该对象已被选取），同样按下鼠标左键不放，对象将随光标一起移动，到达指定位置后再次单击鼠标左键，完成移动。

2. 多个对象的移动

需要同时移动多个对象时，首先要将所有要移动的对象选中。不必逐个移动，可以按住键盘上的〈Shift〉键，逐个选中，然后在其中任意一个对象上按下鼠标左键不放，拖动鼠标，所有选中的对象将随光标整体移动，到达指定位置后松开鼠标左键。

3. 元器件的精确移动

要用鼠标移动元器件，将光标选中要移动的元器件封装符号上，按住左键不放拖拽鼠标，使该元器件移动到位后放开鼠标左键，按此方式可继续移动其他元器件。受鼠标网格当前设置的限制，有时用鼠标移动元器件无法移到准确的坐标位置，此则可利用坐标移动元器件。

双击要移动的元器件，屏幕上出现“零件属性”对话框，选中“位置”，如图 12-7 所示。不但可以改变元器件放置的坐标、角度，还可以根据实际需要调整元器件其他特性。

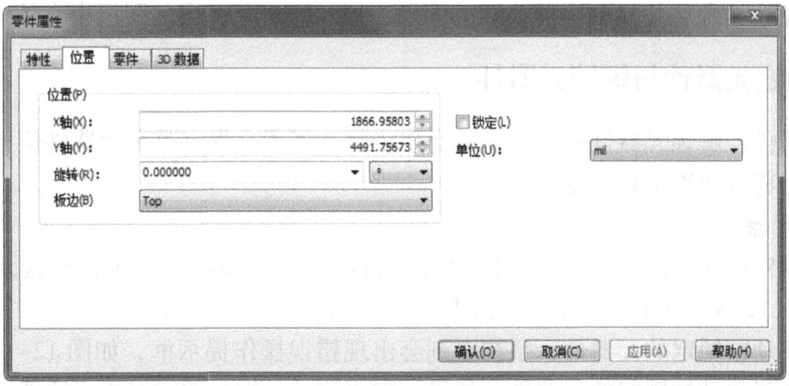

图 12-7 “零件属性”对话框

该对话框中，在“位置”栏内输入准确的 X、Y 轴坐标参数，并可根据需要调整“旋转”栏内的角度参数，单击“应用”按钮，再单击“确认”按键关闭对话框。

4. 删除元器件

当放置的元器件封装不合适或者要用其他元器件封装代替时，就需要进行元器件删除操作。将光标置于要删除的元器件上，单击左键选中元器件，单击或按键盘上的〈Delete〉按键，或选择菜单栏种的“编辑”→“删除”命令，删除所选元器件。

12.2.3 对象的复制、剪切和粘贴

1. 对象的复制

对象的复制是指将对象复制到剪贴板中，具体步骤如下。

在 PCB 图上选取需要复制的对象，选择菜单栏中的“编辑”→“复制”命令，或单击“标准”工具栏中的“复制”按钮，或使用快捷键〈Ctrl〉+〈C〉，光标变成十字形，单击已被选取的复制对象，即可将对象复制到剪贴板中，完成复制操作。

2. 对象的剪切

在 PCB 图上选取需要剪切的对象，选择菜单栏种的“编辑”→“剪切”命令，或单击“标准”工具栏中的“剪切”按钮，或使用快捷键〈Ctrl〉+〈X〉，光标变成十字形，单击要剪切对象，该对象将从 PCB 图上消失，同时被复制到剪贴板中，完成剪切操作。

3. 对象的粘贴

对象的粘贴就是把剪贴板中的对象放置到编辑区里，选择菜单栏中的“编辑”→“粘贴”命令，或单击“标准”工具栏上的“粘贴”按钮，或使用快捷键〈Ctrl〉+〈V〉，光标变成十字形状，并带有粘贴对象的虚影，在指定位置上单击即可完成粘贴操作。

4. 对象的选择性粘贴

使用选择性粘贴时，不仅粘贴对象本身，还可以对粘贴的对象添加某种特性。

（1）带网络粘贴

完成复制或剪切操作，选择菜单栏中的“编辑”→“选择性粘贴”→“带网络粘贴”命令，则粘贴的对象将附带源对象的网络属性。

（2）粘贴至有效图层

完成复制或剪切操作，选择菜单栏中的“编辑”→“选择性粘贴”→“粘贴至有效图层”命令，粘贴对象将切换到当前显示的图层，提示该对象在当前图层中有效。

12.2.4 锁定元器件与解锁元器件

锁定元器件与解锁元器件也是重要的操作步骤。当用户肯定整个元器件位置不需要再移动位置后，可将其放置位置锁定。

1. 锁定元器件

选中要锁定的元器件，选择菜单栏中的“编辑”→“锁定”命令，则这元器件的位置被锁定，如图 12-8 所示在用橙色实现矩形边框标出。

如果要移动被锁定的元器件，系统立刻会出现错误操作提示框，如图 12-9 所示。系统不允许用户随意移动被锁定的元器件，如果一定要移动，则必须解锁该元器件。

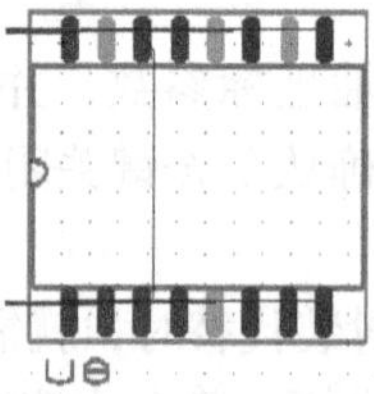

图 12-8　显示锁定边框

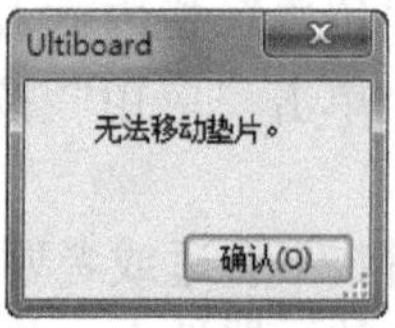

图 12-9　显示提示对话框

2. 解锁元器件

选中要解锁的元器件，选择菜单栏中的“编辑”→“解锁”命令，该元器件便可以自由移动了。

3. 查找与锁定元器件

打开“电子表格视图”窗口，在“零件”选项卡下选中零件名称，单击零件标识符前的圆形指示灯上单击右键，弹出如图 12-10 所示的快捷菜单，选择“查找所选对象”或“锁定所选对象”。

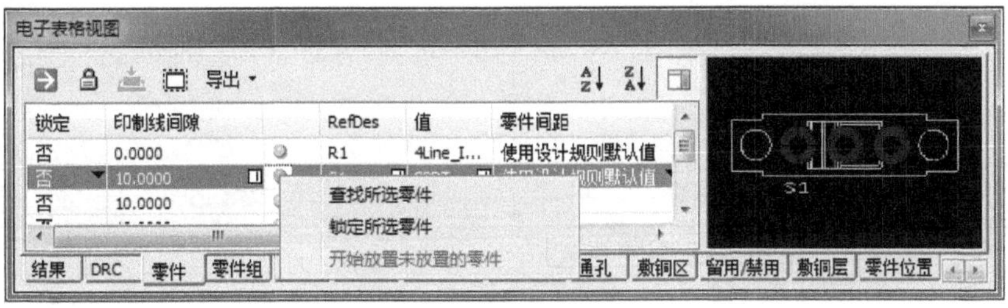

图 12-10 “电子表格视图”窗口

12.3 元器件的布局

网络报表导入后，所有元器件的封装已经加载到 PCB 上，这里需要对这些封装进行布局。合理的布局是 PCB 布线成功的关键。若单面板设计元器件布局不合理，将无法完成布线操作；若双面板元器件布局不合理，布线时将会放置很多过孔，使电路板导线变得非常复杂。

Ultiboard 14.0 提供了两种元器件布局的方法，一种是自动布局，另一种是手工布局。这两种方法各有优劣，用户应根据不同的电路设计需要选择合适的布局方法。

12.3.1 自动布局

自动布局适合于元器件比较多的情况。Ultiboard 14.0 提供了强大的自动布局功能，设置好合理的布局规则参数后，采用自动布局将大大提高设计电路板的效率。

1. 自动布局

在 PCB 编辑环境下，选择菜单栏中的“自动布线”→“自动放置零件”命令，系统将图 12-11 所示的零件放置到板框内部，系统将根据元器件之间的连接性，将元器件划分成组，并以布局面积最小为标准进行布局，结果如图 12-12 所示。

在“电子表格视图”窗口中“结果”选项卡下显示自动布局结果。

2. 局部自动布局

在 PCB 编辑环境下，选择菜单栏中的“自动布线”→“对选定的零件进行自动布局”命令，系统将 PCB 中选中的零件进行布局。

使用系统的自动布局功能，虽然布局的速度和效率都很高，但是布局的结果并不令人满意。因此，很多情况下必须对布局结果进行调整，即采用手工布局，按用户的要求进一步进行设计。

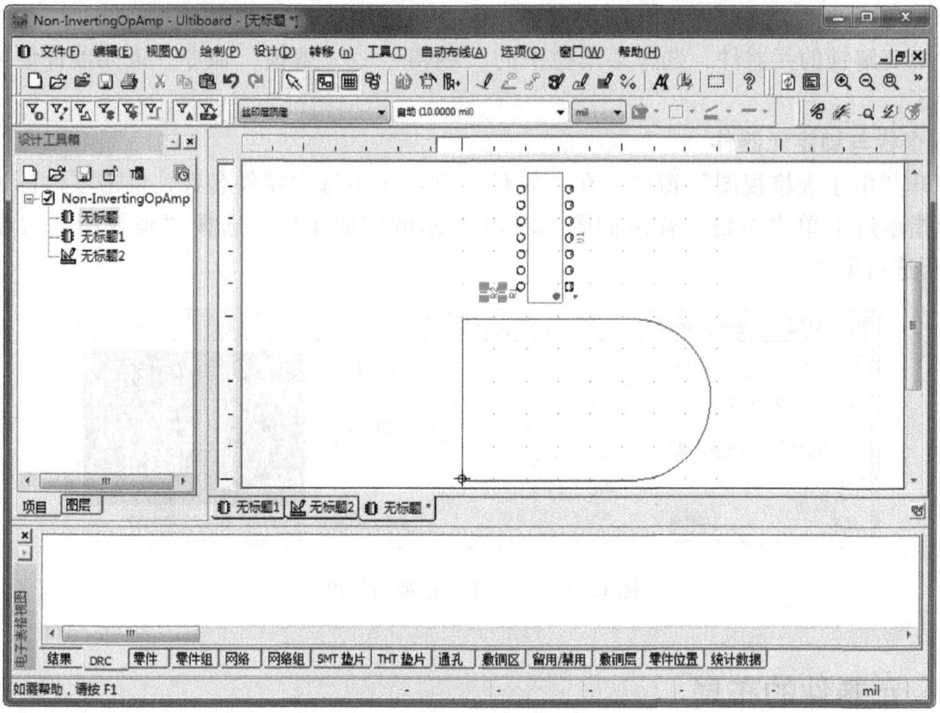

图 12-11　导入的元器件封装

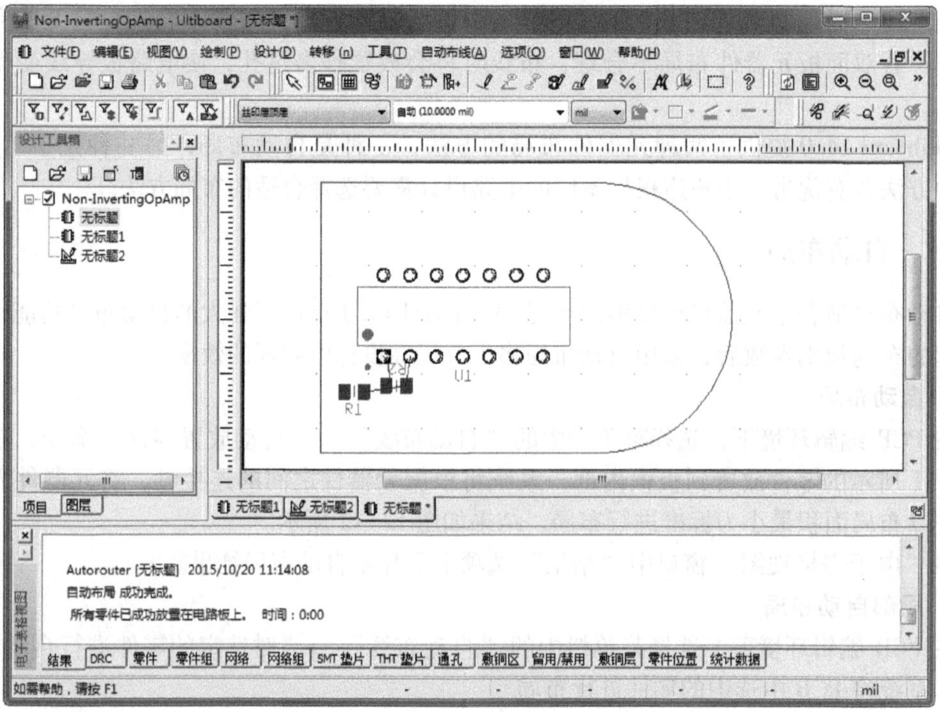

图 12-12　自动布局结果

12.3.2 手工布局

在系统自动布局后，若结果不满意可手工对元器件布局进行调整。

1. 调整元器件位置

手工调整元器件的布局时，需要移动元器件，其方法在前面的 PCB 编辑器的编辑功能中已经讲过。

2. 调整元器件方向

元器件方向的调整主要包括水平和垂直两个方向上的调整。

选择菜单栏中的“编辑”→“方向”命令，弹出如图 12-13 所示的子菜单，选择该菜单上的命令可对元器件的放置方向进行调整。

3. 元器件的对齐操作

元器件的对齐操作可以使 PCB 布局，从而更好地满足“整齐、对称”的要求。这样不仅使 PCB 看起来美观，而且也有利于进行布线操作。对元器件未对齐的 PCB 进行布线时会有很多转折，走线的长度较长，占用的空间也较大，这样会降低布通率，同时也会使 PCB 信号的完整性较差。

选择菜单栏中的“编辑”→“对齐”命令，弹出如图 12-14 所示的子菜单，调整元器件的对齐与间距，其中常用对齐命令的功能简要介绍如下。

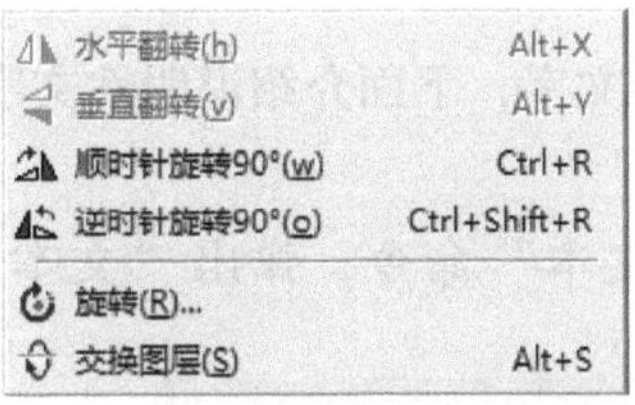

图 12-13 “方向”子菜单

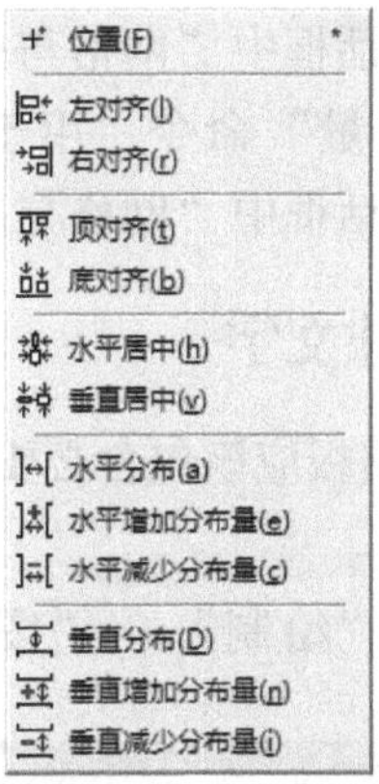

图 12-14 “对齐”子菜单

- “位置”命令：用于使所选元器件位置的精确确定。选择该命令，系统弹出如图 12-15 所示的“输入坐标”对话框，在该对话框中输入 X 轴、Y 轴坐标。网格的存在能使各种对象的摆放更加方便，更容易满足对 PCB 布局的“整齐、对称”的要求。手动布局过程中移动的元器件往往并不是正好处在格点处，这时就需要勾选“对齐网格”复选框，勾选该命令时复选框，元器件的原点将被移到与其最靠近的格点处。
- “左对齐”命令：用于使所选的元器件按左对齐方式排列。
- “右对齐”命令：用于使所选元器件按右对齐方式排列。

图 12-15 “输入坐标”对话框

- “水平居中对齐” 命令：用于使所选元器件按水平居中方式排列。
- “顶对齐” 命令：用于使所选元器件按顶部对齐方式排列。
- “底对齐” 命令：用于使所选元器件按底部对齐方式排列。
- “水平居中” 命令：用于使所选元器件按水平居中方式排列。
- “垂直分布” 命令：用于使所选元器件按垂直居中方式排列。
- “水平分布” 命令：选择该命令，系统将以最左侧和最右侧的元器件为基准，元器件的 Y 坐标不变，X 坐标上的间距相等。当元器件的间距小于安全间距时，系统将以最左侧的元器件为基准对元器件进行调整，直到各个元器件间的距离满足最小安全间距的要求为止。
- “水平增加分布量” 命令：用于将增大选中元器件水平方向上的间距。增大量为 “PCB 属性” 对话框中 “网格与单元” 选项卡下的 “可见网格” 参数。
- “水平减少分布量” 命令：用于将减小选中元器件水平方向上的间距，减小量为 “PCB 属性” 对话框中 “网格与单元” 选项卡下的 “可见网格” 参数。
- “垂直分布” 命令：选择该命令，系统将以最顶端和最底端的元器件为基准，使元器件的 X 坐标不变，Y 坐标上的间距相等。当元器件的间距小于安全间距时，系统将以最底端的元器件为基准对元器件进行调整，直到各个元器件间的距离满足最小安全间距的要求为止。
- “垂直增加分布量” 命令：用于将增大选中元器件垂直方向上的间距，增大量为 “PCB 属性” 对话框中 “网格与单元” 选项卡下的 “可见网格” 参数。
- “垂直减少分布量” 命令：用于将减小选中元器件垂直方向上的间距，减小量为 “PCB 属性” 对话框中 “网格与单元” 选项卡下的 “可见网格” 参数。

12.3.3 元器件标注文字

规范性的印刷电路板应该包含必要性的说明性文字，下面介绍说明性文字的放置步骤。

1. 放置文字

选择菜单栏中的 “绘制” → “图形” → “文本” 命令，弹出 “文本” 对话框，如图 12-16 所示。

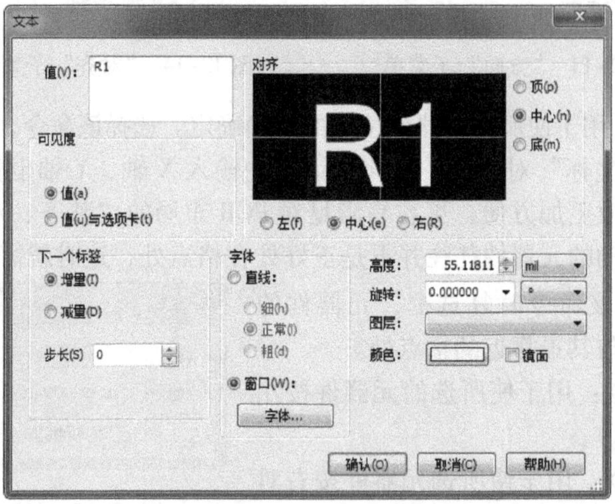

图 12-16 “文本” 对话框

- 在“值”框内输入要放置的文字。
- 在“可见度”选项组下显示在 PCB 中显示的对象，值或值与选项卡。
- 在“下一个标签”选项组下显示继续放置的文本标签是递增还是递减；在“步长”栏输入增量或减量值。
- 在“对齐”选项组下显示文字放置位置，左、中心或右；顶、中心或底。
- 在“字体”选项组下选择“直线”，可选细、正常、粗；或选择“窗口”单选钮，激活“字体”按钮，单击该按钮，弹出如图 12-17 所示的“字体”对话框，设置文本字体名称、字形和大小。
- 最后还可设置文本的高度、旋转角度、所在图层及颜色，单击颜色框，弹出“选择颜色”对话框，如图 12-18 所示，设置文本颜色。

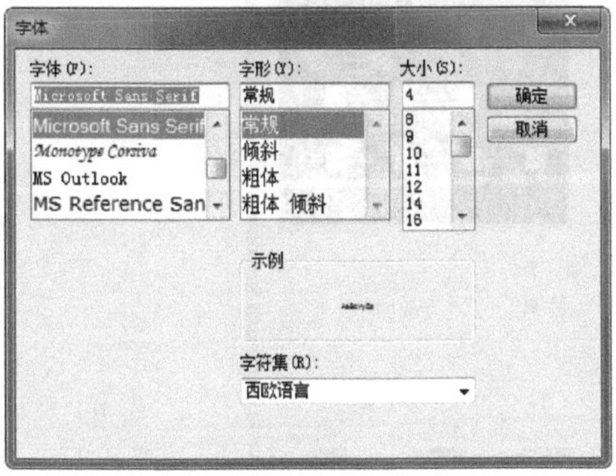

图 12-17 “字体”对话框

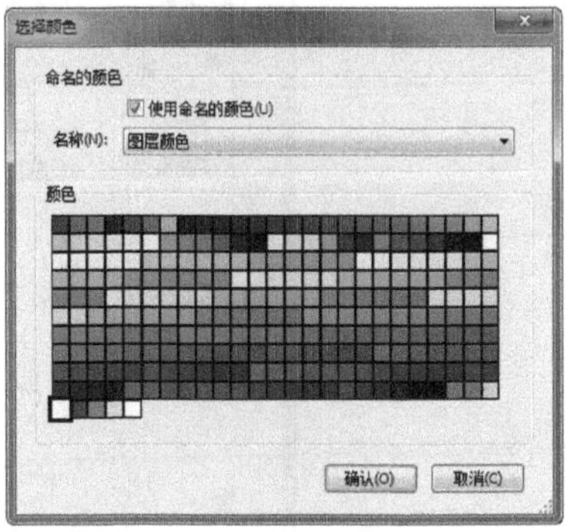

图 12-18 “选择颜色”对话框

单击 确认(O) 按钮，属性窗口消失，需放置的文字附着在光标上，如图 12-19 所示；移动光标到合适的位置后单击鼠标左键即可完成文字的放置；单击鼠标右键则取消文字的放置命令。

2. 编辑修改文字

双击需要修改的文字，弹出“属性特征”对话框，并显示文字以及它相应的参数，如图 12-20 所示。

图 12-19 显示浮动的文字

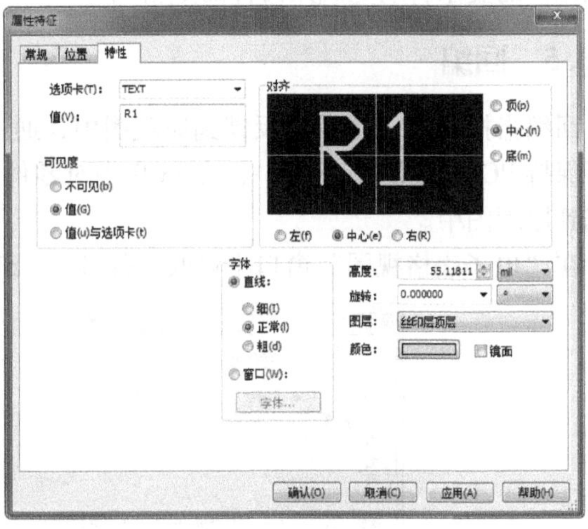

图 12-20 “属性特征”对话框

打开“特性”选项卡，编辑对应文字，单击 确认(O) 按钮，完成编辑修改。

如果要移动或删除已放置的文字，可直接选中，然后进行移动或删除。

12.3.4　元器件的重新编号

由于布局时元器件位置的调整，原有元器件编号顺序已经被打乱，为了便于生产和售后服务，应按照元器件放置的顺序重新对元器件进行编号，使设计更加规范。

选择菜单栏中的“工具”→“给零件重新编号”命令，弹出如图 12-21 所示的对话框，对 PCB 中的零件进行重新编号。

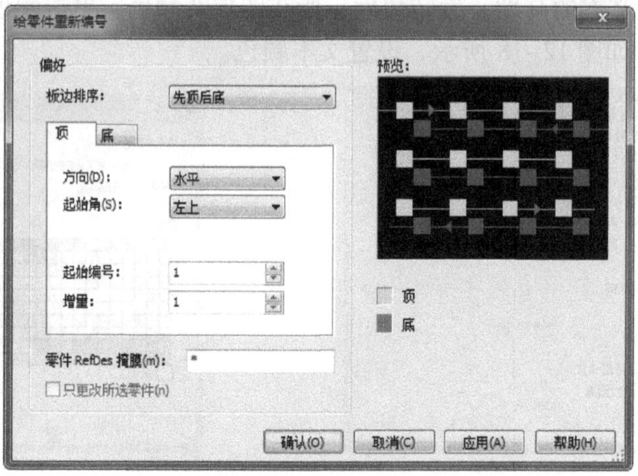

图 12-21　“给零件重新编号”对话框

在“板边排序”下拉列表中显示编号顺序，包括先顶后底、先底后顶、仅顶部和仅底部；在“方向”下拉列表内选择元器件编号顺序方向，水平、垂直；在“起始角”的下拉列表内选择元器件编号顺序的起始位置，包括左上、左下、右上、右下；完成各项选择后单击 应用(A) 按钮，使系统接受设置，单击 确认(O) 按钮，关闭对话框。Ultiboard 14.0 将立刻按照用户的要求自动完成元器件的重新编号。

12.3.5　回编

回编指把 PCB 上的信息反馈到原理图中，通过此操作，以保证实物 PCB 与原理图同步。为了保持 PCB 与原理图的统一，在 PCB 中对零件的交换、重命名序号等更改的内容，必须回编到原理图中。

在“电子表格视图”窗口中修改零件 S1 为 S11，如图 12-22 所示。

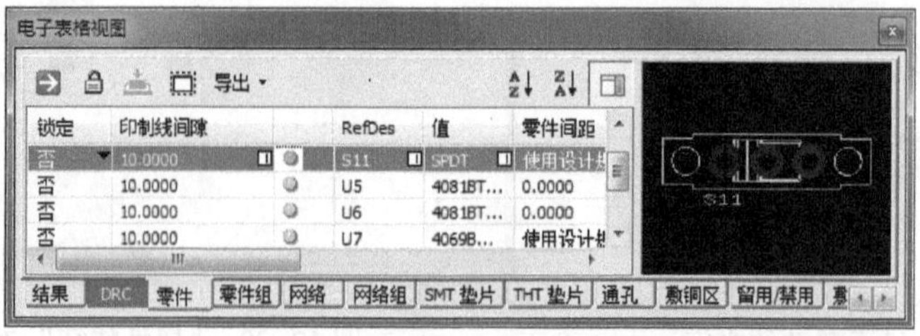

图 12-22　修改零件标识符

1）选择菜单栏中的“转移”→“反向标注到 Multisim”→“反向标注到 Multisim 14.0”命令，弹出“另存为”对话框，如图 12-23 所示，保存“ *.ewnet”网络表文件，在该文件中，包含更改后的 PCB 零件信息。

图 12-23 “另存为”对话框

2）单击“保存”按钮，自动打开 NMultisim 14.0，并打开图 12-24 所示“反向注解”对话框，在该对话框中显示修改信息，如图 12-24 所示。

图 12-24 “反向注解”对话框

3）单击 确认(O) 按钮，弹出进程对话框，更新结束后，完成 PCB 与原理图的统一更新，如图 12-25 所示。

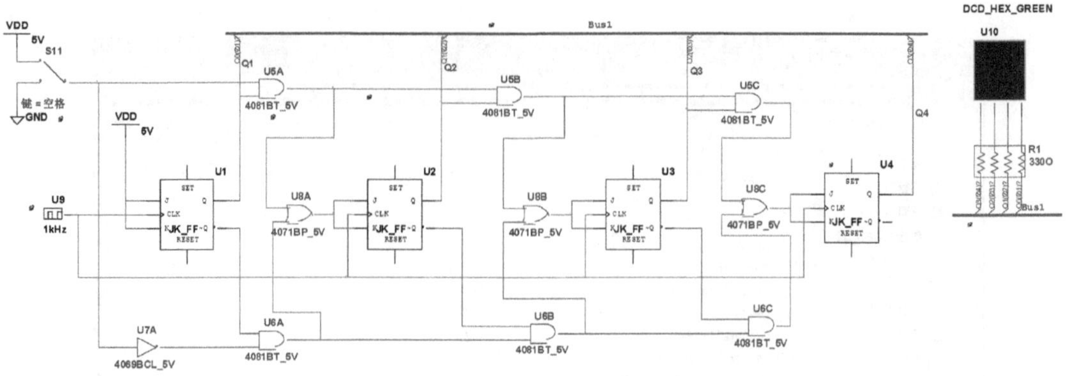

图 12-25　被修改的原理图

12.3.6　3D 效果图

手工布局完成以后，用户可以查看 3D 效果图，以检查布局是否合理。

1. 显示预览图

执行菜单命令“视图”→“3D 预览”，系统打开 3D 显示对话框，如图 12-26 所示。

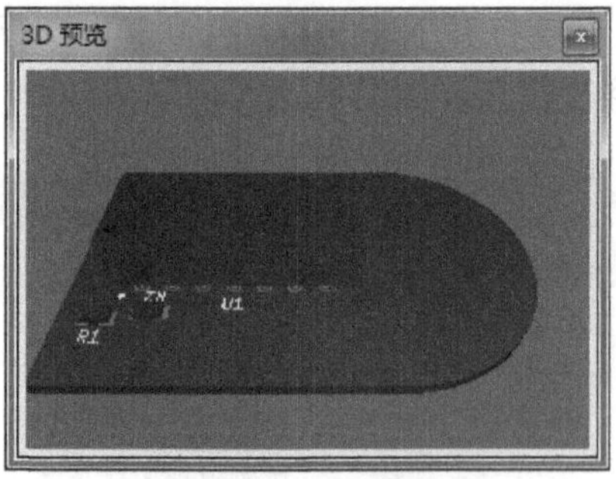

图 12-26　三维显示图

在该对话框中利用鼠标向上下滑动，缩放视图，按住鼠标可选准视图，全方位显示电路板三维模型。

2. 视图显示

在 PCB 编辑器内，选择菜单栏中的“工具”→“查看 3D”命令，系统生成该 PCB 的 3D 效果图，加入到该项目生成的“3D 视图 1”文件夹，并自动打开“3D 视图 1”，如图 12-27 所示。

在 PCB 3D 编辑器内，单击“视图”工具栏中的“内层”按钮，显示带内层的电路板，如图 12-28 所示。

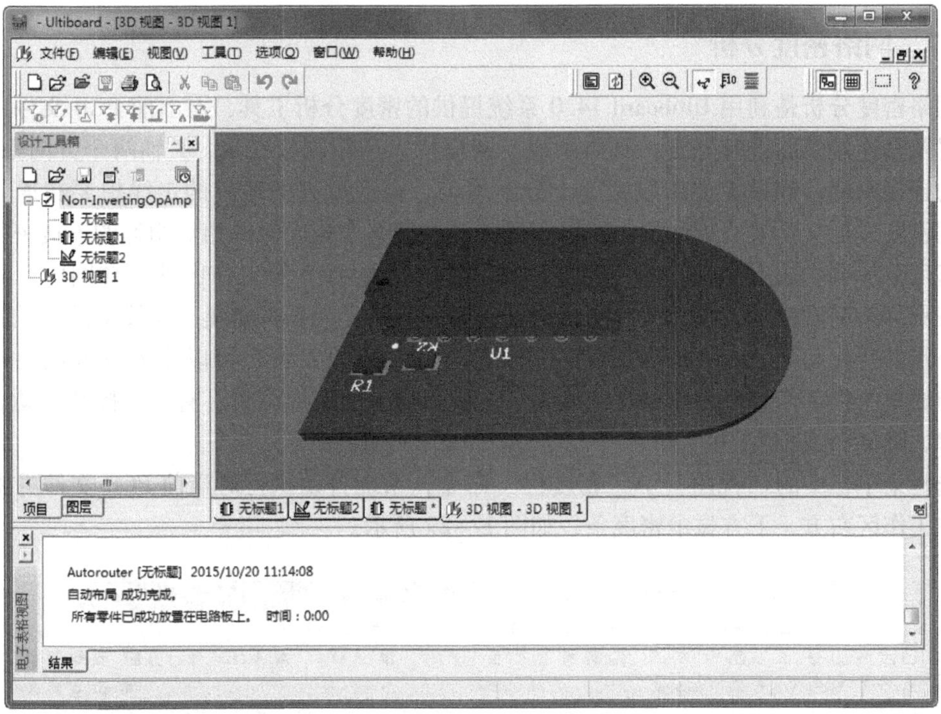

图 12-27　PCB 的 3D 效果图

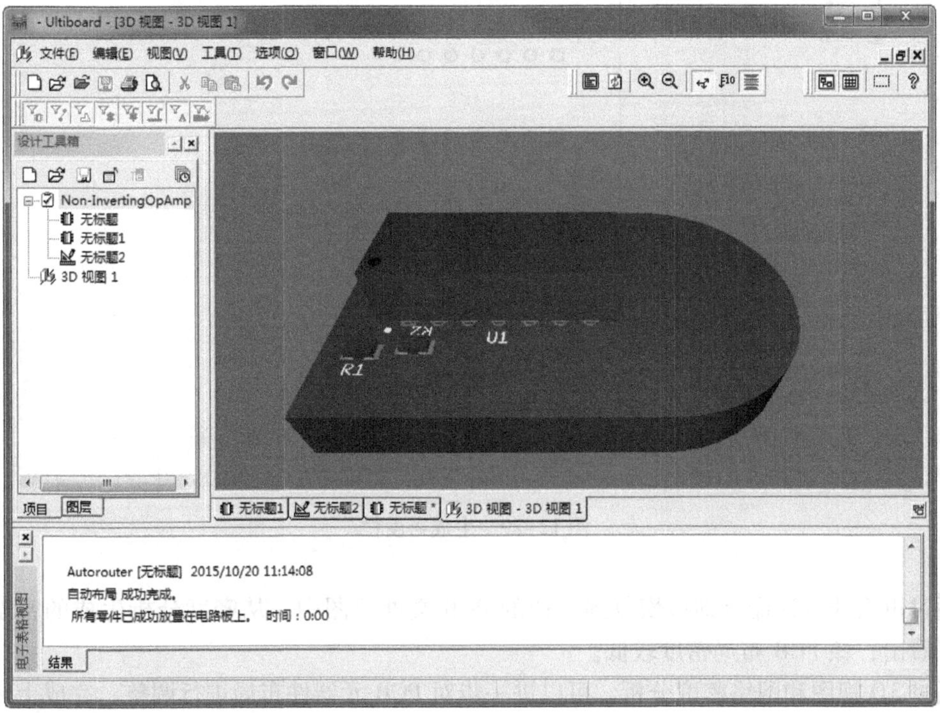

图 12-28　显示内层

12.3.7 网络密度分析

网络密度分析是利用 Ultiboard 14.0 系统提供的密度分析工具，对当前 PCB 文件的元器件放置及其连接情况进行分析。具体来说，密度栏表示印刷板在 X、Y 轴两个方向剖面上，布线的连接密度。如果板上布线密度十分不均匀，密度过高的地方的走线想要布通就很困难，而密度过低又会浪费板面积，所以布局时最好使整个板面保持相对均匀的连接密度。

密度分析会生成一个临时的密度指示图，覆盖在原 PCB 图工作区外。在图中，绿色的部分表示网络密度较低，红色表示网络密度较高的区域，元器件密集、连线多的区域颜色会呈现一定的变化趋势。密度指示图显示了 PCB 布局的密度特征，可以作为各区域内布线难度和布通率的指示信息。用户根据密度指示图进行相应的布局调整，有利于提高自动布线的布通率，降低布线难度。

选择菜单栏中的“视图”→“密度栏”命令，系统自动执行对当前 PCB 文件的密度分析，在工作区右方、下方显示密度条，如图 12-29 所示。

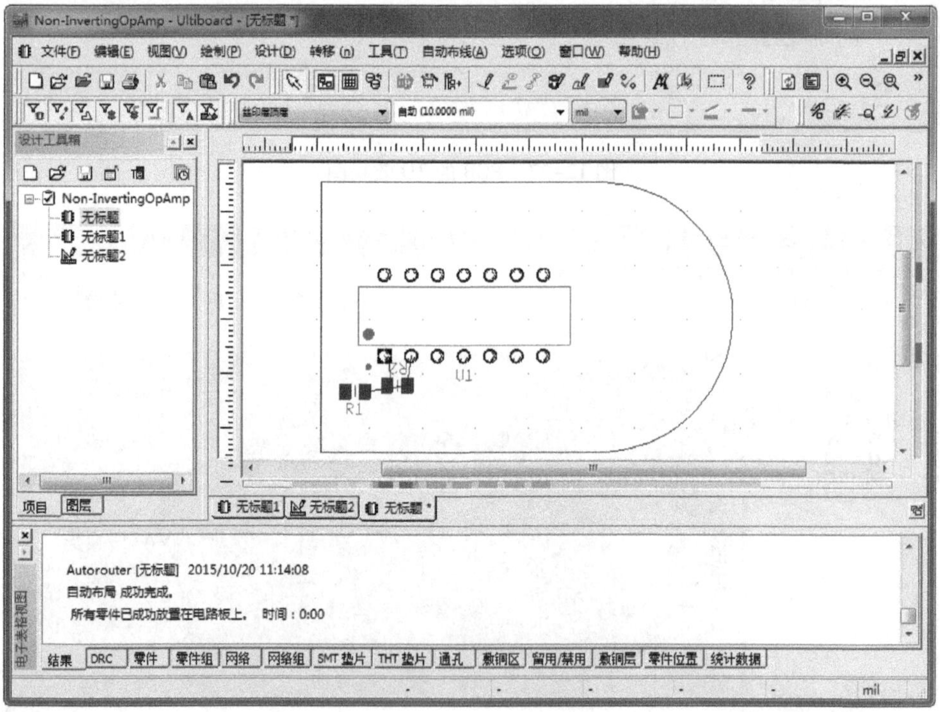

图 12-29 生成密度栏

通过再次执行该命令即可恢复到普通的 PCB 文件视图中。从密度分析生成的密度指示图可以看出，该 PCB 布局密度较低。

通过 3D 视图和网络密度分析，可以进一步对 PCB 元器件布局进行调整。完成上述工作后，就可以进行布线操作了。

12.4 电路板的布线

在电路板布局结束后，便进入了电路板的布线过程。布线包括自动布线和手动布线，如果自动布线不能够满足实际工程设计的要求，可以通过手动布线进行调整。

12.4.1 布线原则

在布线时，应遵循以下基本原则。

- 输入端与输出端导线应尽量避免平行布线，以避免发生反馈耦合。
- 对于导线的宽度，应尽量宽些，最好取 15 mil 以上，最小不能小于 10 mil。
- 导线间的最小间距是由线间绝缘电阻和击穿电压决定的，满足电气安全要求，在条件允许的范围内尽量大一些，一般不能小于 12 mil。
- 微处理器芯片的数据线和地址线尽量平行布线。
- 布线时布线尽量少拐弯，若需要拐弯，一般取 45°走向或圆弧形。在高频电路中，拐弯时不能取直角或锐角，以防止高频信号在导线拐弯时发生信号反射现象。
- 在条件允许范围内，尽量使电源线和接地线粗一些。
- 阻抗高的布线越短约好，阻抗低的布线可以长一些，因为阻抗高的布线容易发射和吸收信号，使电路不稳定。电源线、地线、无反馈组件的基极布线、发射极引线等均属低阻抗布线，射极跟随器的基极布线、收录机两个声道的地线必须分开，各自成一路，一直到功效末端再合起来。

在电源信号和地信号线之间应加上去耦电容；尽量使数字地和模拟地分开，以免造成地反射干扰，不同功能的电路块也要分割，最终地与地之间使用电阻跨接。由数字电路组成的印制板，其接地电路布成环路大多能提高抗噪声能力。接地线构成闭环路，因为环形地线可以减小接地电阻，从而减小接地电位差。

12.4.2 布线策略设置

在自动布线之前，用户首先要设置布线规则，使系统按照规则进行自动布线。在利用系统提供自动布线操作之前，先要对自动布线策略进行设置。

选择菜单栏中的“自动布线”→“自动布线/放置选项”命令，系统弹出“布线选项”对话框。在该对话框中 6 个选项卡，“常规”、“成本因数”、“拆线”、“优化”、“自动布局”和“总线自动布线”。

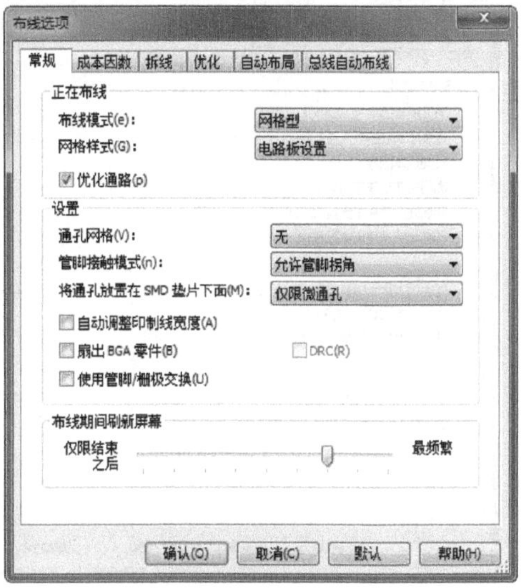

图 12-30 “布线选项”对话框

1. “常规”选项卡

打开“常规”选项卡，如图 12-30 所示。

（1）“正在布线”选项组

“布线模式”包括网格型、无网格和渐进；

“网格样式”包括电路板设置、英制和公制 3 种。

(2)“设置”选项组

- 在布线过程中设置基本参数：包括通孔网络、管脚接触模式、将通孔放置在 SMD 垫片下面。
- 自动调整印制线宽度：勾选该复选框，可忽略设置的印制线宽度，在布线过程中根据所需调整线宽。
- 扇出 BGA 零件：勾选改复选框，在布线过程中，扇出 BGA 零件。
- 使用管脚/栅极交换：勾选该复选框，在布线过程中，为提高布线率，可交换零件的管脚或栅极。
- 布线期间刷新屏幕：调整刷新频率。

2. “成本因数”选项卡

打开“成本因数”选项卡，如图 12-31 所示。

(1)“布线与优化”选项组

在该选项组下有设置 6 个参数：通孔成本因数、每条印制线的最大通孔数、反向成本因数、离网格布线成本因数、印制线交叉成本因数和调整后的宽度成本因数。

(2)“正在布线”选项组

在该选项组下有设置 3 个参数：管脚沟道成本因数、包装成本因数和动态密度成本因数。

(3)“优化”选项组

在该选项组下有设置两个参数：更改方向成本因数和等距印制线成本因数。

3. “拆线”选项卡

打开“拆线”选项卡，如图 12-32 所示。在“拆线树”选项组下设置“拆线树上限”、“拆线深度上限”、“拆线重试次数上限”、“距离 -1 成本因数”和“距离 -2 成本因数”。

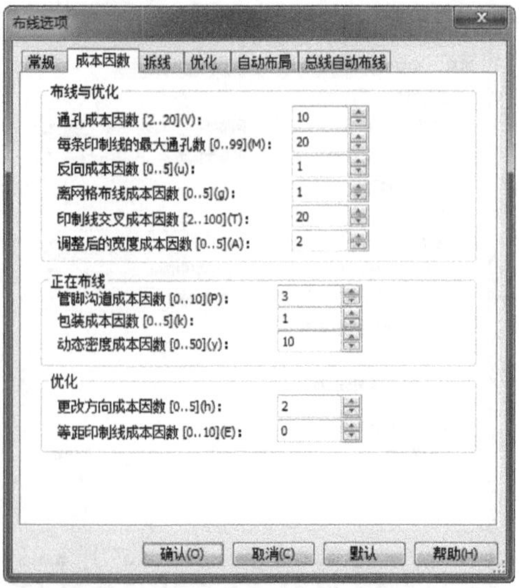

图 12-31 “成本因数”选项卡

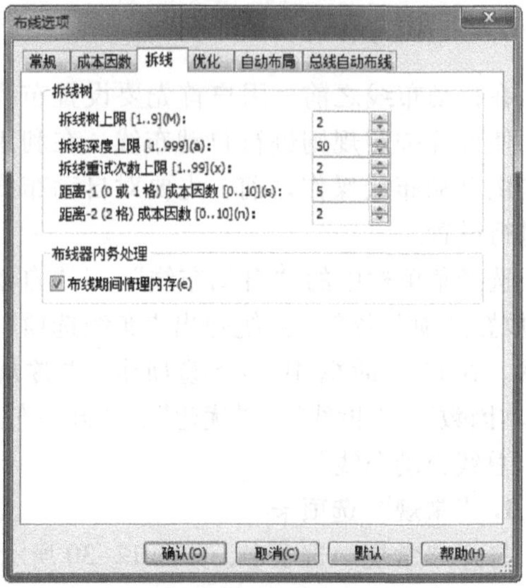

图 12-32 “拆线”选项卡

4. “优化”选项卡

打开“优化”选项卡，如图 12-33 所示。

（1）“优化器”选项组

显示“优化器通路”参数值并选择“优化方向”，在下拉列表中选择“正常”、“优化方向”或 45°。

（2）“优化器内务处理”选项组

勾选“优化期间清理内存”复选框，在进行自动布线过程中清理运行过程中产生的内存，减少无用的内存，提高布线速度。

5. “自动布局”选项卡

打开“自动布局”选项卡，如图 12-34 所示。

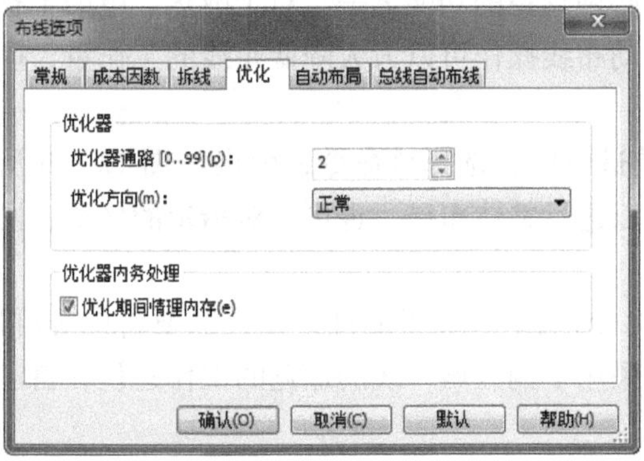

图 12-33 “优化”选项卡

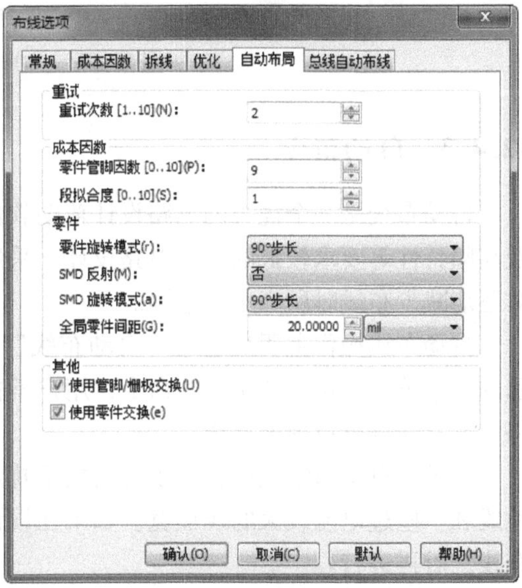

图 12-34 “自动布局”选项卡

（1）“重试”选项组

在“重试次数”文本框中输入自动布局次数，最高次数为 10，默认次数为 2。

（2）“成本因数”选项组

可以输入“零件管脚因数”与“段拟合度”的参数值。

（3）“零件”选项组

设置零件旋转模式、SMD 反射、SMD 旋转模式和全局零件间距。

（4）“其他”选项组

勾选“使用管脚/栅极交换”、“使用零件交换”复选框，为提高布线成功率，可交换引脚、栅极、零件位置。

6. “总线自动布线”选项卡

打开“总线自动布线”选项卡，如图 12-35 所示。在“确定的总线组合”列表中显示添加的总线，并对选中的总线进行编辑操作。

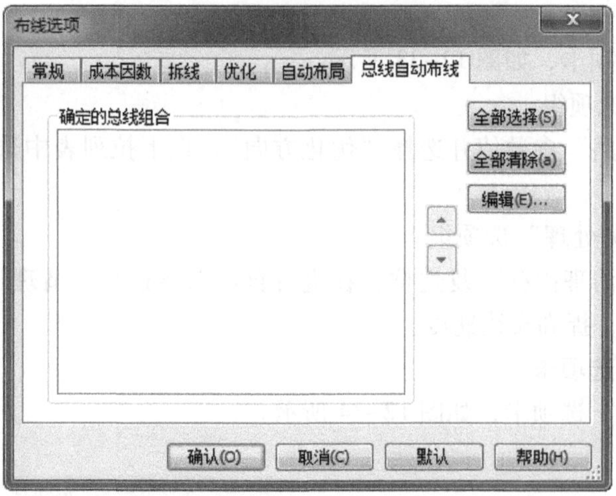

图 12-35 “总线自动布线”选项卡

12.4.3 自动布线

自动布线是一个优秀的电路设计辅助软件所必须具备的功能之一。对于散热、电磁干扰及高频特性等要求较低的大型电路设计，采用自动布线操作可以大大降低布线的工作量，同时还能减少布线时所产生的遗漏。

自动布线操作主要是通过“自动布线”菜单进行的，选择该命令，弹出如图 12-36 所示的子菜单，使用子菜单中的命令，用户不仅可以进行整体布局，也可以对指定的区域、网络及元器件进行单独的布线。

在进行自动布线之前，为了提高抗干扰能力，增加系统的可靠性，往往需要将电源/接地线和一些过电流较大的线加宽。如果在设计中采用了铜区域，线的加宽的工作建议在自动布线之后再进行。

1. 全局自动布线

选择菜单栏中的“自动布线”→“开始/恢复自动布线”命令，系统即可进入自动布线状态。布线过程中将在“电子表格视图”窗口中提供自动布线的状态信息，如图 12-37 所示。由最后一条提示信息可知，此次自动布线全部布通。

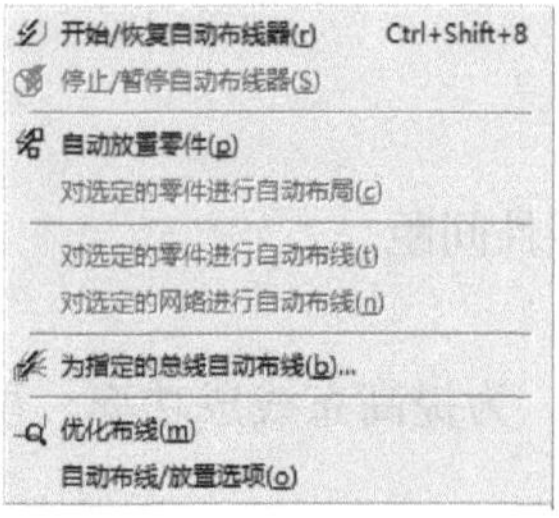

图 12-36 “自动布线”子菜单

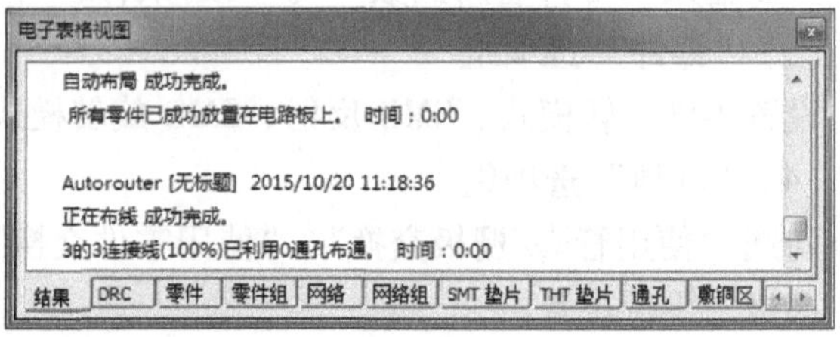

图 12-37 “电子表格视图”窗口

全局布线后的 PCB 图如图 12-38 所示。

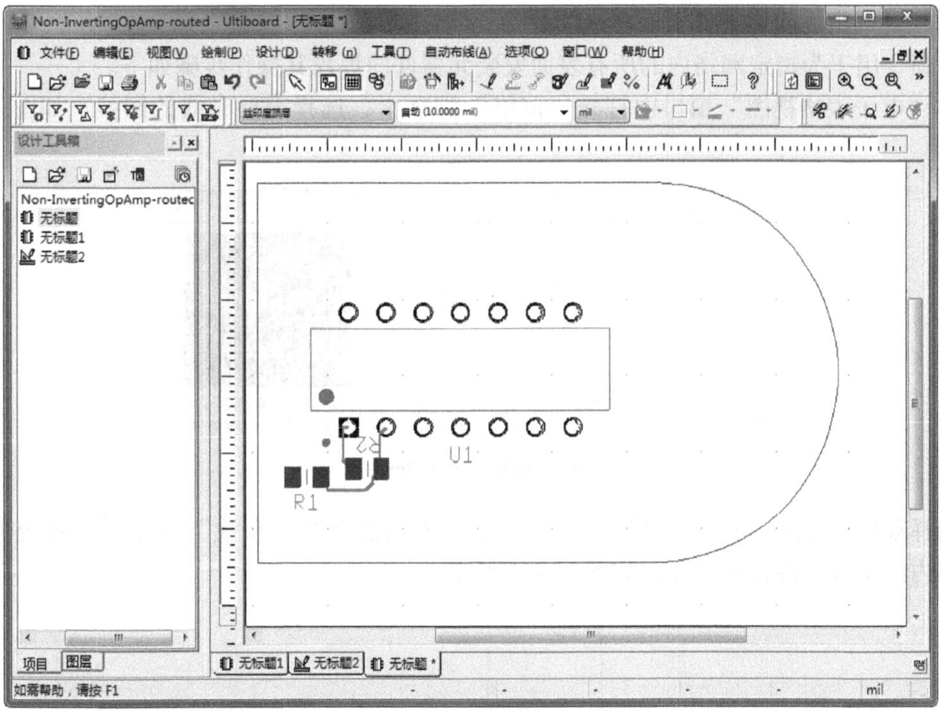

图 12-38 全局布线后的 PCB 图

当元器件排列比较密集或者布线规则设置过于严格时，自动布线可能不会完全布通。即使完全布通的 PCB 仍会有部分网络走线不合理，如绕线过多、走线过长等，此时就需要进行手动调整了。

2. “对选定的零件进行自动布线”命令

该命令用于为指定的对象自动布线，其操作步骤如下。

选中需要进行布线的零件，激活“对选定的零件进行自动布线”命令，选择该命令，系统将自动对该网络进行布线，结果如图 12-39 所示。

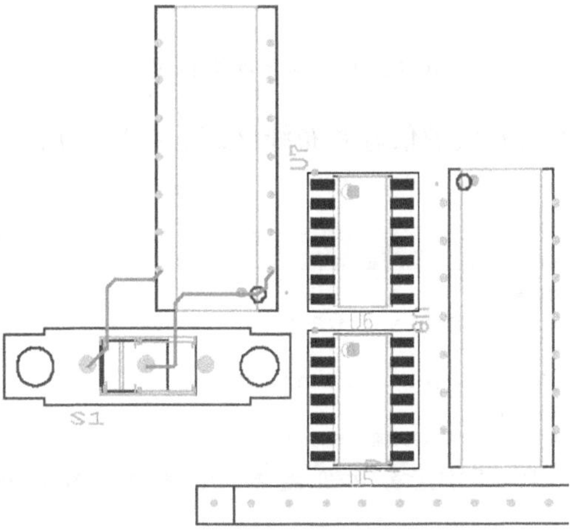

图 12-39 对选定的零件进行自动布线

3. “对选定的网络进行自动布线”命令

该命令用于为指定网络内的所有表面安装元器件的焊盘其操作步骤如下。

在“电子表格视图”窗口中打开“网络”选项卡，选择需要布线的网络，如图 12-40 所示。

图 12-40　选择网络

选择菜单栏中的“自动布线”→“对选定的网络进行自动布线”命令后，系统即可将该网络内的所有零件自动布线，如图 12-41 所示。

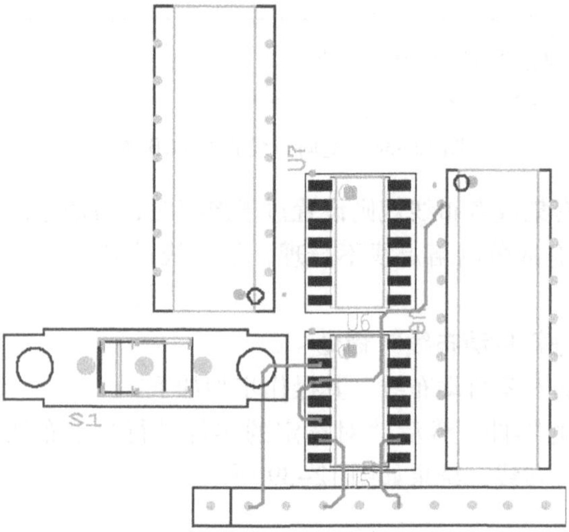

图 12-41　显示网络布线

在自动布线过程中，所有布线的信息和布线状态、结果会在“结果”面板中显示出来，如图 12-42 所示。

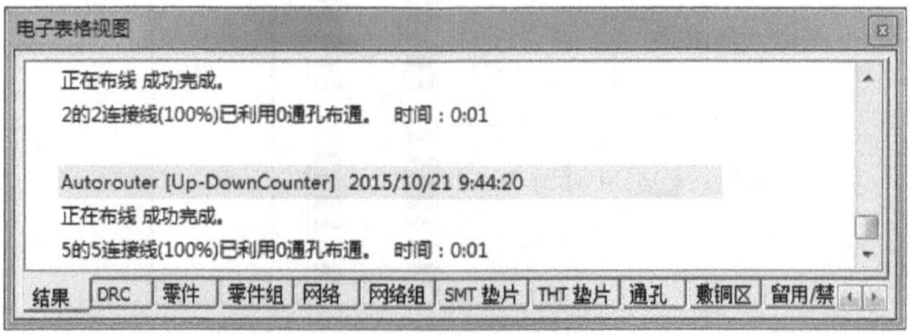

图 12-42　显示布线结果

12.4.4　手动布线

自动布线会出现一些不合理的布线情况，如有较多的绕线、走线不美观等。此时可以通过手动布线进行修正，对于元器件网络较少的 PCB 也可以完全采用手动布线。下面简单介绍手动布线的一些技巧。

对于手动布线，要靠用户自己规划元器件布局和走线路径，而网格是用户在空间和尺寸度量过程中的重要依据。因此，合理的设置网格，会更加方便设计者规划布局和放置导线。用户在设计的不同阶段可根据需要随时调整网格的大小。

1. 导线连接

选择菜单栏中的“绘制”→“直线”命令，将光标放在需要连线的焊盘上，此时焊盘上将出现一个“×”，选择合适的路径移动光标到另一个与此焊盘有电气连接显示“×”的焊盘上，如图 12–43 所示，右键单击鼠标，即可完成导线的放置，如图 12–44 所示。

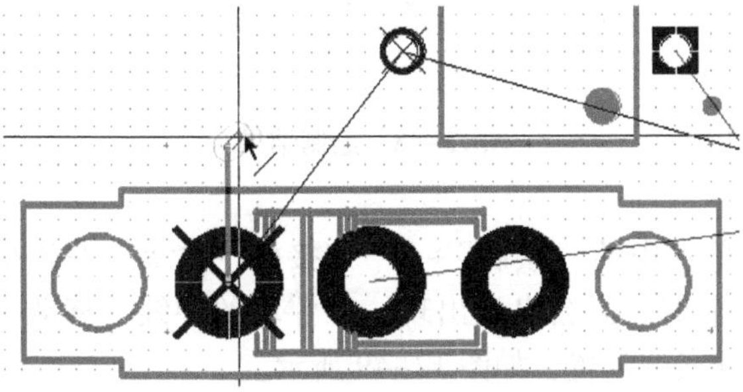

图 12–43　显示有电气连接的焊盘

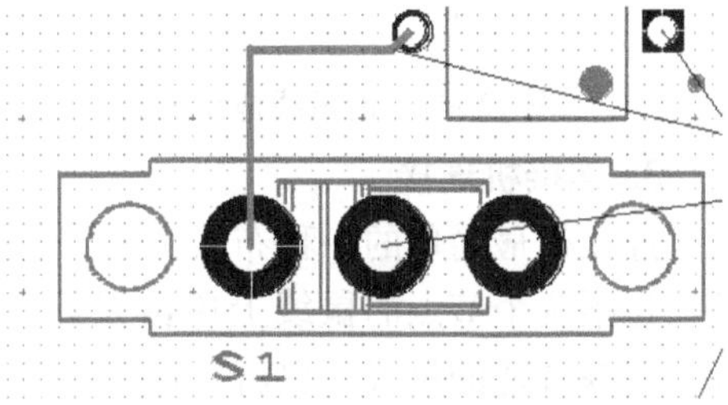

图 12–44　连接导线

若在放置导线的过程中出现与同层导线间的交叉，则无法继续布线，此时可采取更改电路层的方法，将导线放置在其他的电路层上继续布线。布线的同时更改电路层，则 Ultiboard 会自动在导线上加入过孔。

在绘制过程中，右键单击鼠标弹出快捷菜单，如图 12–45 所示，下面介绍这些快捷命令。

- 选择“取消”命令，结束放置导线操作，否则继续连线。
- 选择“加宽”命令，则加宽继续放置的导线宽度，如图 12–46 所示。

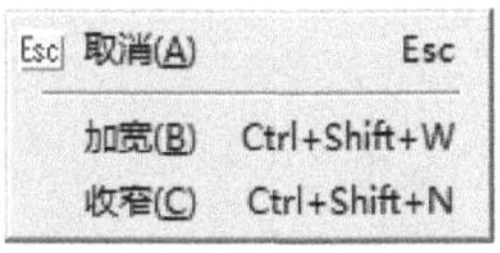

图 12–45　快捷命令

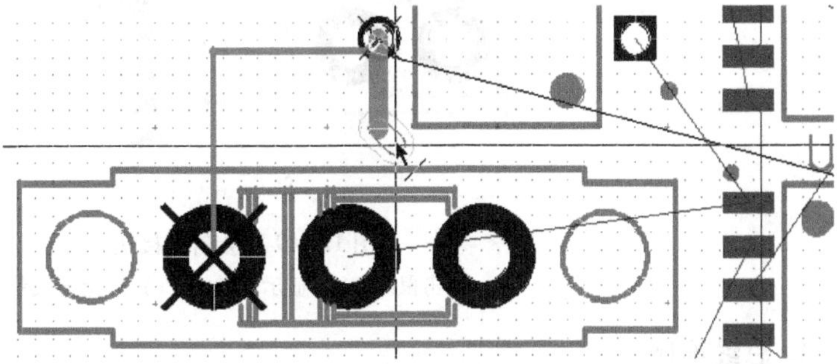

图 12–46　加宽导线

- 选择“收窄”命令，则减少继续放置的导线宽度。

2. 跟随连接

“跟随”与“直线”命令均是两个焊盘间导线连接，不同点在于，在放置导线的过程中，Ultiboard 会通过鼠线指引布线的路径。

选择菜单栏中的“绘制”→“跟随”命令，将光标放在需要连线的焊盘上，此时焊盘上将出现一个“×”，拖动光标沿鼠线移动到另一个焊盘上，如图 12-47 所示，右键单击鼠标完成导线的放置，如图 12-48 所示。

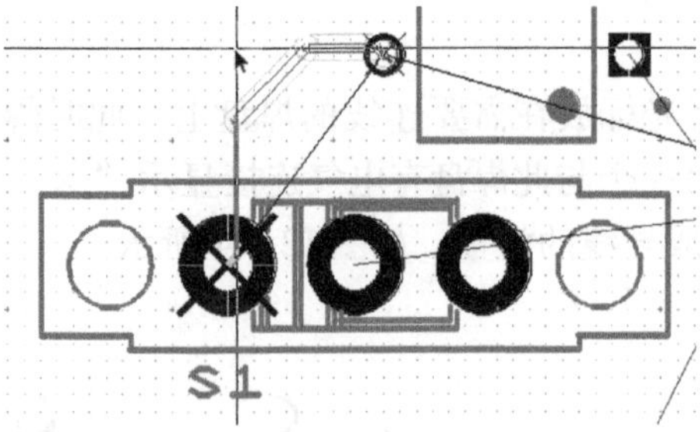

图 12-47　沿鼠线拖动鼠标

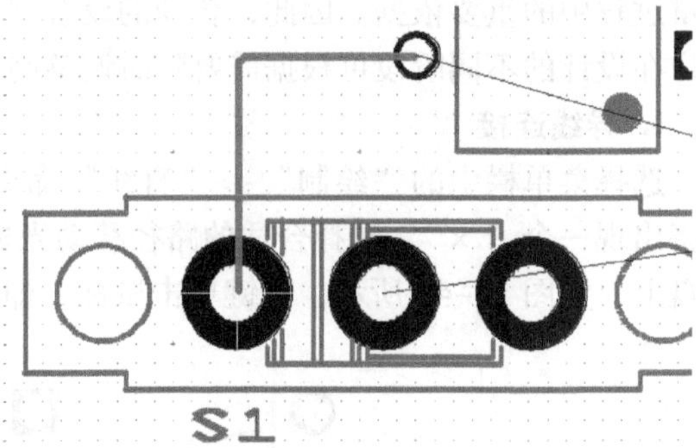

图 12-48　绘制结果

3. 连接机连接

连接机最简单的一种布线方式。选择菜单栏中的“绘制”→“连接机”命令，在连接任一包括两个节点的鼠线上单击鼠标，则两个节点间会自动出现一条浮动的导线，移动光标，选择合适的位置，单击鼠标，即可完成导线的放置，如图 12-49 所示。

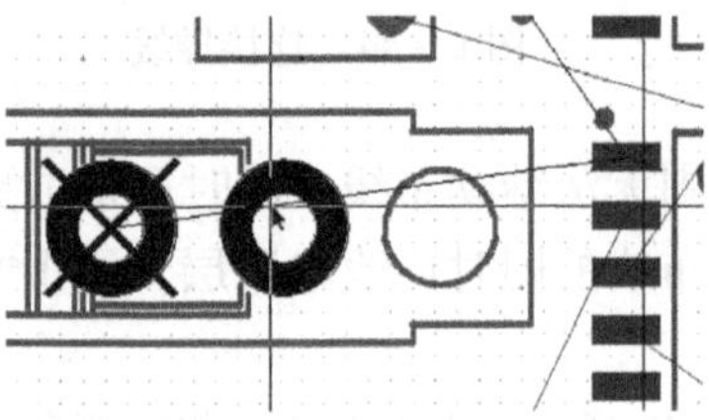

a)

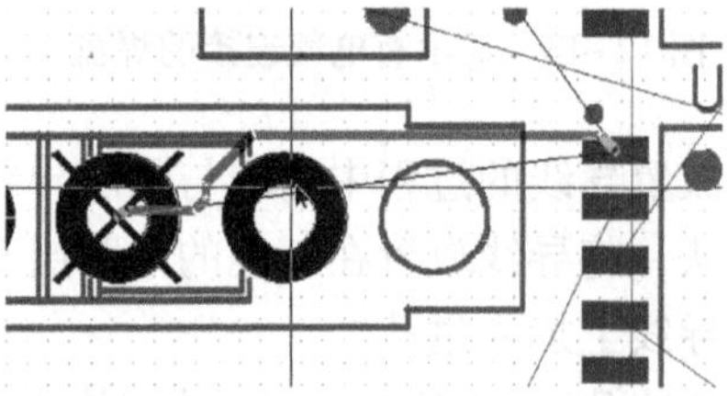

b)

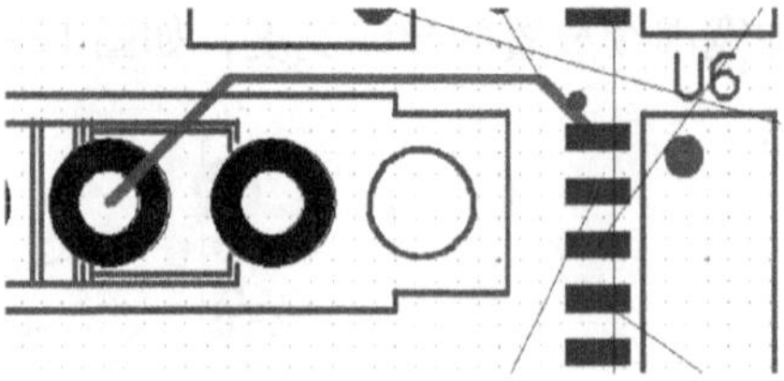

c)

图 12-49　绘制连接机

a）单击鼠线　b）显示浮动线　c）确定导线位置

4. 总线连接

选择菜单栏中的“绘制”→“总线”命令，鼠标上显示浮动的总线符号，依次选中需要放置总线的若干个引脚，拖动鼠标，向总线的另一端移动，在合适的位置上双击鼠标，即可完成总线的连接，如图 12-50 所示。

5. 编辑布线

为了减小高频工作时的辐射和适当缩短连线的长度，必须保证电路板上的连线在适当位置、拐角为 45°。

6. 选择导线

只要将当前工作层设置为导线所在的电路层，单击导线即可使用导线处于选中状态，如图 12-51 所示。

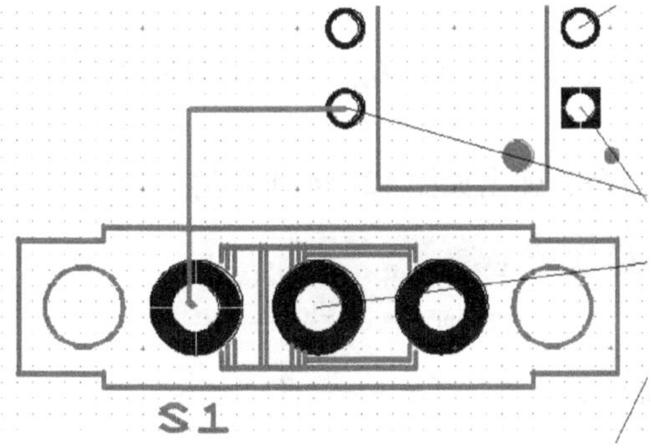

图 12-50　总线连接

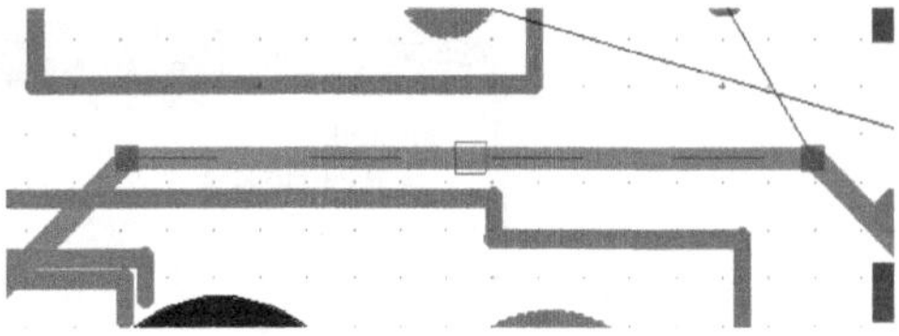

图 12-51　选中导线

7. 移动导线

选中导线之后，单击导线并用鼠标拖动导线，移动的导线上将显示实线框，如图 12-52 所示，从而实现导线的移动。

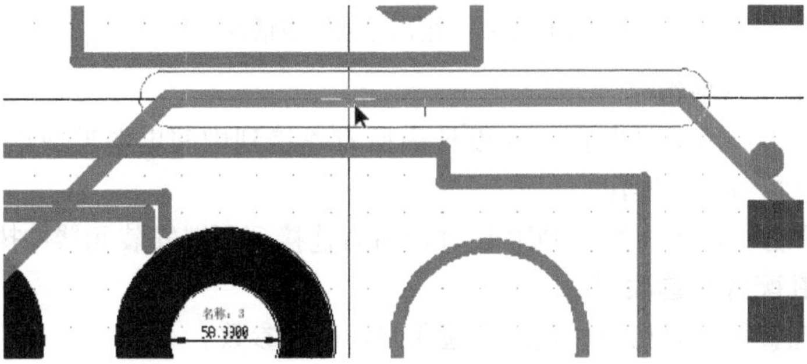

图 12-52　拖动导线

8. 删除导线

选中导线，选择菜单栏中的“编辑”→“删除”命令，或者使用键盘上的〈delete〉按键，即可删除导线。

9. 设置拐角

选择需要斜接的连线，选择菜单栏中的“设计”→“角斜接”命令，弹出“角斜接”对话框，如图 12-53 所示。

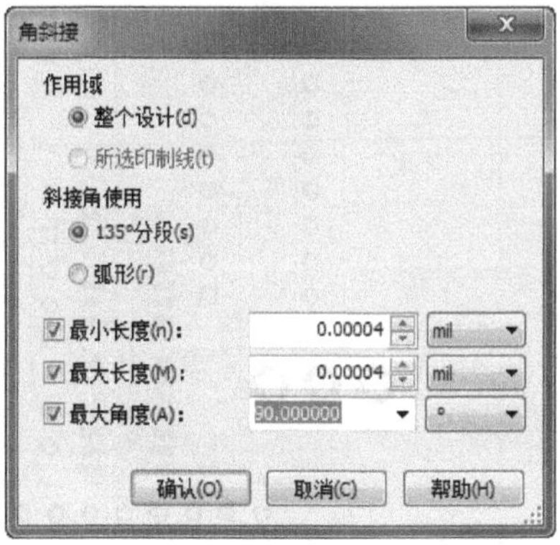

图 12-53　“角斜接”对话框

下面介绍该对话框中的各选项参数。

- “所选印制线”：适用于已选择了所需斜接的连线。

- “整个设计”：适用于整个设计中。
- “斜接角使用”：设置斜角转换样式，包括 135°分段或弧形。
- “最小长度”：为设计拐角线段的最小长度。
- “最大长度”：为设计拐角线段的最大长度，一般采用默认值。
- “最大角度”：设置为 90°，所有小于 90°的拐角均被斜接为 135°，一般采用默认值。

12.4.5 扇出布线

在 PCB 设计中扇出是指从 SMC 的引脚拉一小段线后再打过孔。在扇出阶段要使自动布线工具可以对元器件引脚进行连接。

选择菜单栏中的“设计”→“扇出 SMD”命令，弹出如图 12-54 所示的对话框。

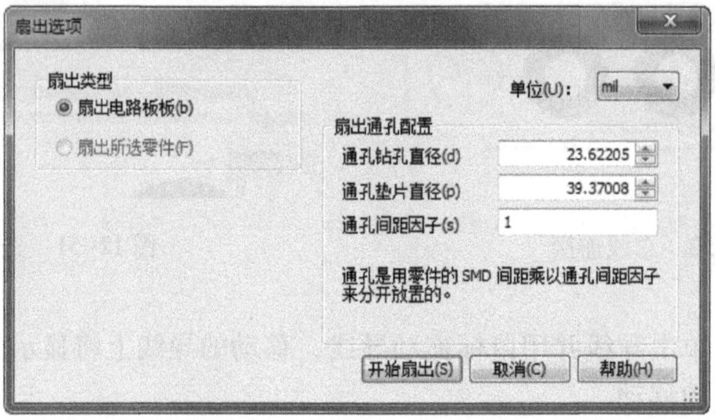

图 12-54 “扇出选项”对话框

1. “扇出类型”选项组

- 扇出电路板板：用于对当前 PCB 设计内所有连接到中间电源层或信号层网络的表面安装元器件执行扇出操作。
- 扇出所选零件：用于对当前 PCB 设计内所有连接到所选安装元器件执行扇出操作。

2. “扇出通孔配置”选项组

设置通孔钻孔直径、通孔垫片直径、通孔间距因子参数。

单击开始扇出(S)按钮，开始对图 12-55 所示的自动布线结果添加扇出通孔，结果如图 12-56 所示，对比两图，观察扇出通孔放置位置，思考系统放置通孔原因。

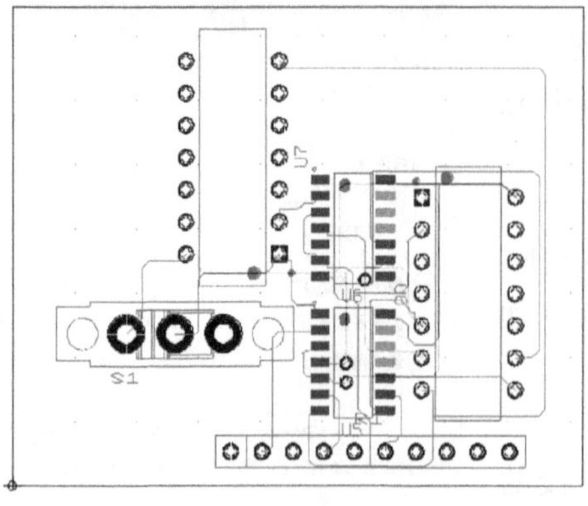

图 12-55 自动布线结果

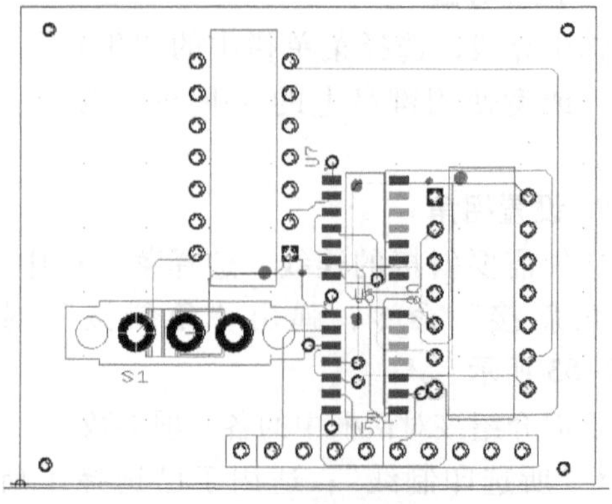

图 12-56 扇出结果

12.5 添加安装孔

电路板布线完成之后，就可以开始着手添加安装孔。安装孔通常采用过孔形式，并和接地网络连接，以便于后期的调试工作。

过孔是多层 PCB 设计中的一个重要因素，过孔可以起到电气连接、固定或定位器件的作用。

从工艺制程上来说，这些过孔一般又分为 3 类，即盲孔、埋孔和通孔，结构如图 12-57 所示。其中，安装孔为通孔。

选择菜单栏中的“绘制”→“通孔”命令，此时光标将变成十字形状，并带有一个过孔图形，在适当位置单击，系统将弹出图 12-58 所示的“为通孔选择分层”对话框，显示通孔的起始层与终止层。设置完毕单击“确认”按钮，即可放置一个过孔。

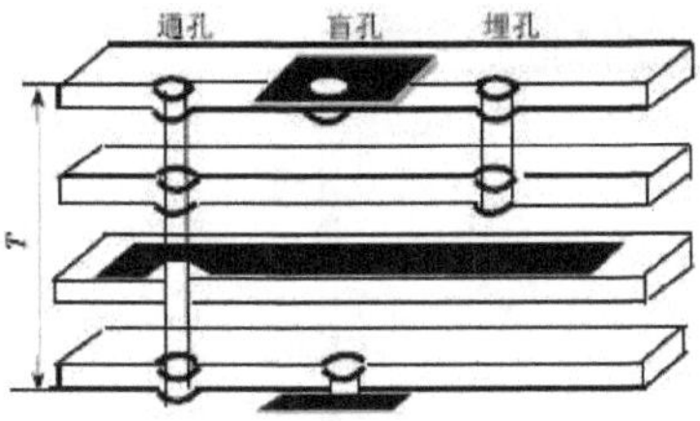

图 12-57　过孔的分类

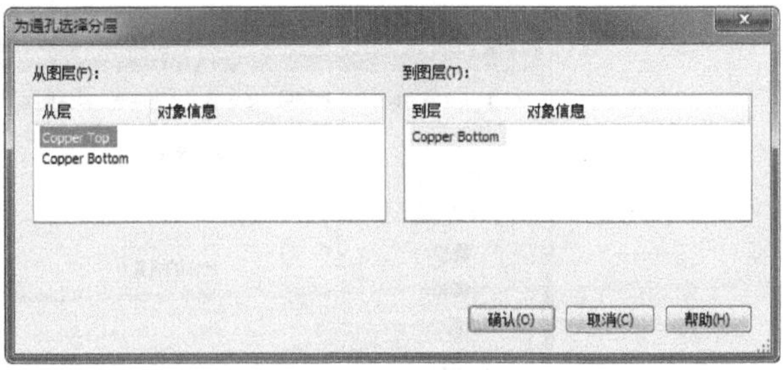

图 12-58　“为通孔选择分层”对话框

此时，光标仍处于放置过孔状态，可以继续放置其他的过孔。

右键单击或者按〈Esc〉键，即可退出该操作。

这里的过孔作为安装孔使用，过孔的位置将根据需要确定。通常，安装孔放置在电路板的 4 个角上。如图 12-59 所示为放置完安装孔的电路板。

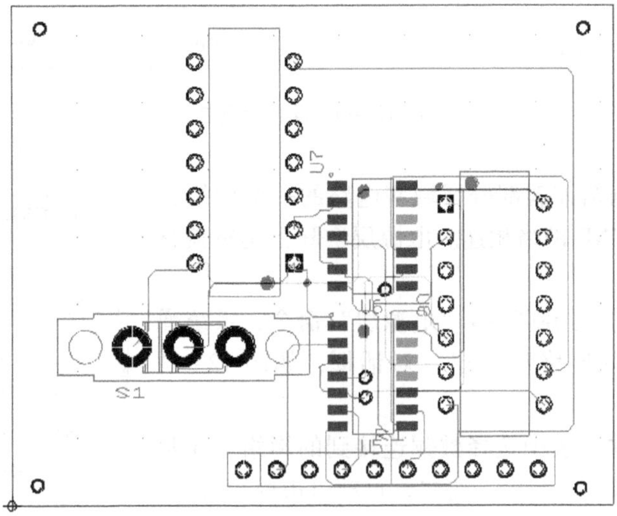

图 12-59　放置完安装孔的电路板

12.6 敷铜

敷铜由一系列的导线组成，可以完成电路板内不规则区域的填充。在绘制 PCB 图时，敷铜主要是指把空余没有走线的部分用导线全部铺满。单面电路板敷铜可以提高电路的抗干扰能力，经过敷铜处理后制作的印制板会显得十分美观。同时，通过大电流的导电通路也可以采用敷铜的方法来加大过电流的能力。通常敷铜的安全间距应该在一般导线安全间距的两倍以上。

12.6.1 添加敷铜区

选择“Copper Top”图层。在“PCB 属性”对话框中的“敷铜层”选项卡下显示设置敷铜层为“Copper Top”，如图 12-60 所示。

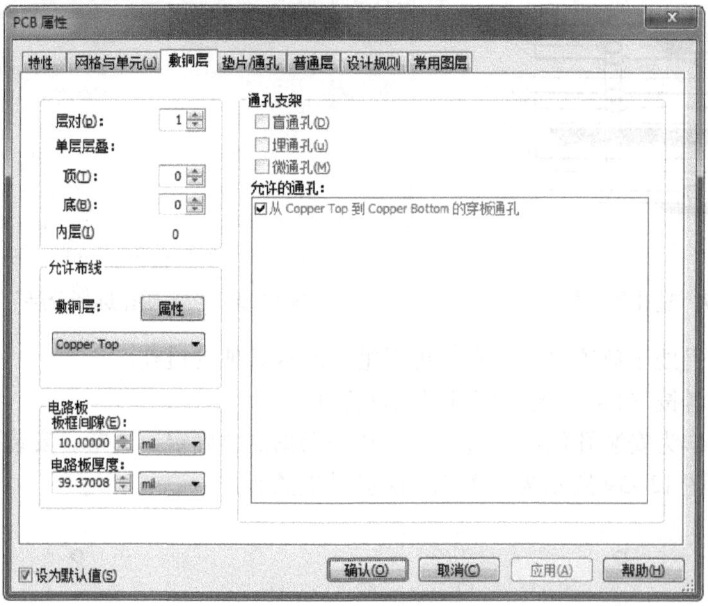

图 12-60 设置敷铜层

敷铜区是指用铜箔铺满部分区域和电路的一个网络相连，多数情况是和 GND 网络相连。电源层实际上是覆盖整个平面的敷铜区。

图 12-61 “为电源平面选择网络和图层”对话框

选择菜单栏中的“绘制”→“电源层”命令，系统弹出“为电源平面选择网络和图层”对话框，如图 12-61 所示。

在“网络”下拉列表中选择敷铜连接到的网络。通常连接到 GND 网络。单击 确认(O) 按钮，自动以边框为边界，执行敷铜命令，结果如图 12-62 所示。

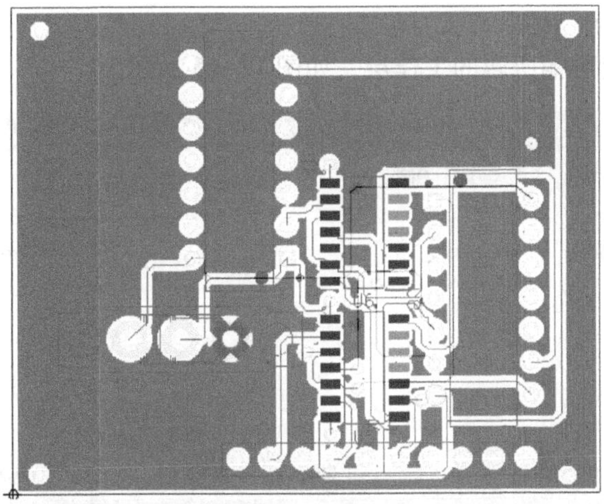

图 12-62　敷铜结果

12.6.2　敷铜属性设置

双击已放置的敷铜，系统弹出“多边形敷铜属性”对话框，如图 12-63 所示，其中各选项卡的功能分别介绍如下。

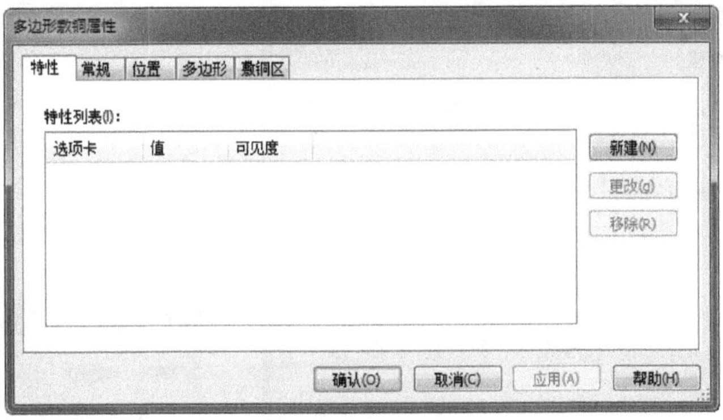

图 12-63　“多边形敷铜属性”对话框

1. “常规”选项卡

该选项卡用于显示敷铜区连接的网络 GND，如图 12-64 所示。

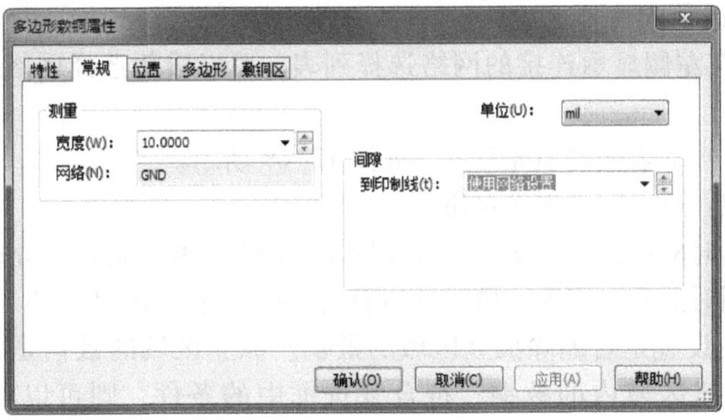

图 12-64　“常规”选项卡

2. “位置”选项卡

该选项卡用于设定敷铜所属的工作层，如图 12-65 所示。

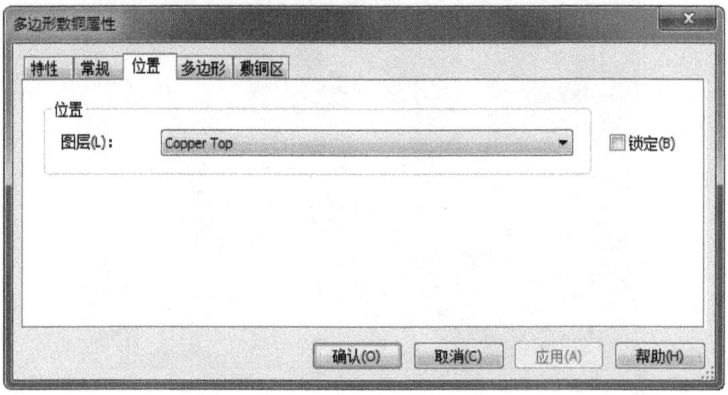

图 12-65 “位置”选项卡

3. “多边形”选项卡

该选项卡用于显示敷铜区顶点坐标，调整敷铜区大小，如图 12-66 所示，双击坐标点，弹出“坐标”对话框，在该对话框中可修改 X 轴、Y 轴坐标值，如图 12-67 所示。

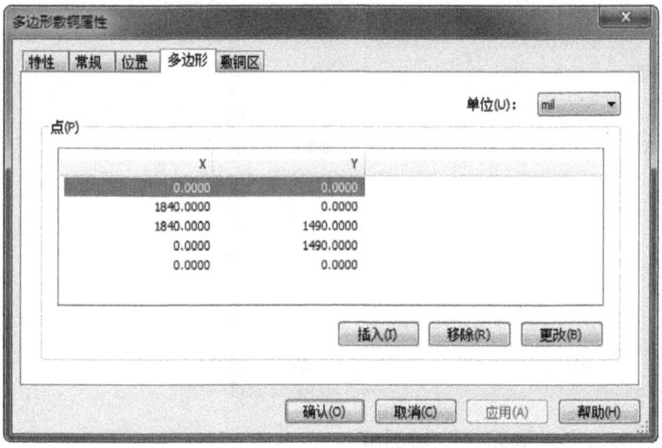

图 12-66 “多边形”选项卡

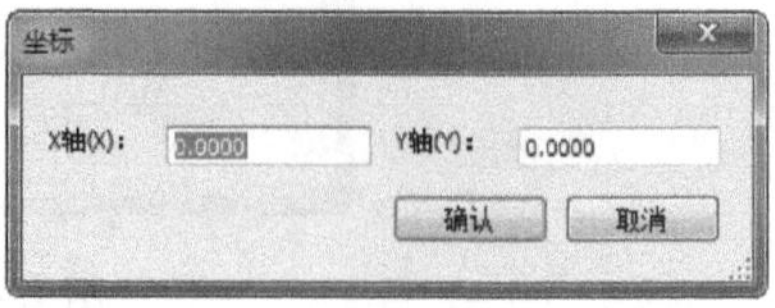

图 12-67 “坐标”对话框

选中敷铜区，显示空心矩形框，拖动鼠标，调整矩形框大小，如图 12-68 所示。

4. “敷铜区”选项卡

该选项卡用于在左侧显示连接的网络选择列表，可以重新选择网络；在右侧显示敷铜样式。

1）填充样式：选择敷铜的填充图案，如图 12-69 所示。

2）热涨缩间隙：显示间隙填充对象。

3）被垫片引用时的样式：敷铜的内部与同网络的垫片相连时的填充样式。

4）被垫片引用时的开口宽度：填充开口宽度可选值为自动、5、10、20、40。

5）移除多余：设置是否删除孤立区域的敷铜。孤立区域的敷铜是指没有连接到指定网络元器件上的封闭区域内的敷铜；符合复选框中的条件，则可以将这些区域的敷铜去除。

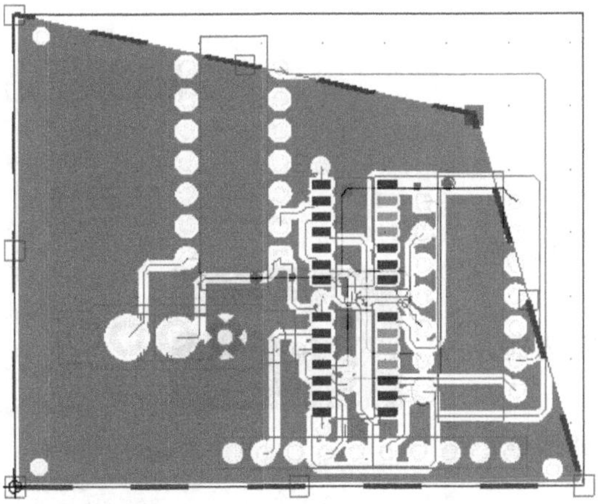

图 12-68　调整敷铜区大小

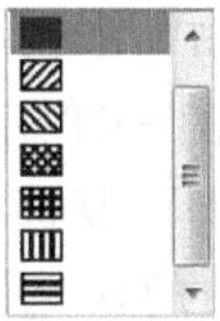

图 12-69　敷铜填充图案

12.6.3　敷铜属性设置

选择菜单栏中的“设计”→“敷铜区分离器”命令，将光标移动到敷铜边界处，单击确定分离起始点，移动光标，在敷铜区显示分离边界，单击左键确定终止位置，单击右键结束操作，隔离区显示如图 12-70 所示。

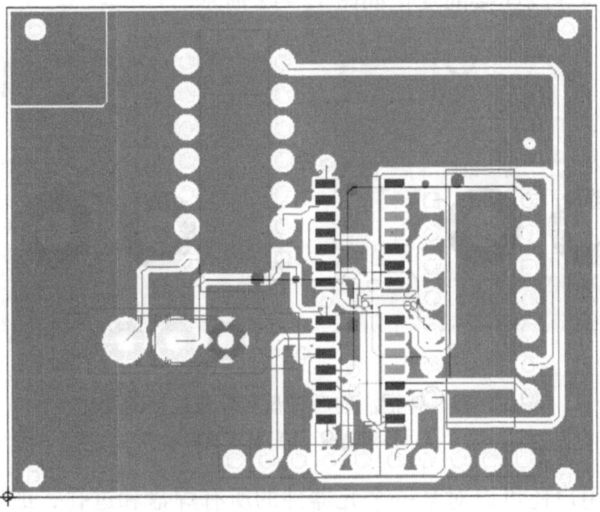

图 12-70　显示敷铜隔离区

12.6.4　补泪滴

为提高接脚的可靠性，需要增大焊盘面积，在导线和焊盘或者过孔的连接处，通常需要补泪滴，以去除连接处的直角，加大连接面。

补泪滴的作用有两个：

- 在 PCB 的制作过程中，避免因钻孔定位偏差导致焊盘与导线断裂；
- 在安装和使用过程中，可以避免因用力集中导致连接处断裂。

选择菜单栏中的“设计”→“添加泪滴”命令，系统弹出“泪滴”对话框，如

图 12-71 所示。

(1)“长度”选项组

设置泪滴的首选与最小值。

(2)“应用到”选项组

该选项组中各选项的含义如下。

- “选定的垫片”单选钮，选择该项，将对所选的垫片添加泪滴。
- “SMT 管脚”复选框：勾选该复选框，将对所有的 SMT 引脚添加泪滴。
- “THT 管脚”复选框：勾选该复选框，将对所有的 THT 引脚添加泪滴。
- “标准通孔”复选框：勾选该复选框，将对所有的标准通孔添加泪滴。

(3)“发生 DRC 错误之后”选项组

设置在发生 DRC 检测时出现错误信息后泪滴操作的执行方案。

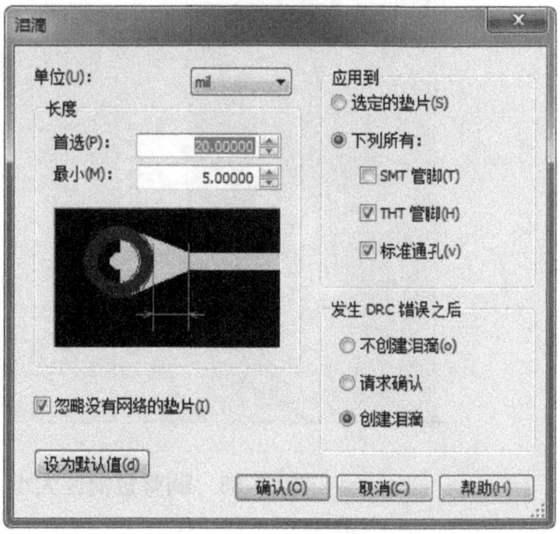

图 12-71 “泪滴”对话框

设置完毕后，单击 确认(O) 按钮，完成对象的泪滴添加操作。

补泪滴前后焊盘与导线连接的变化如图 12-72 所示。

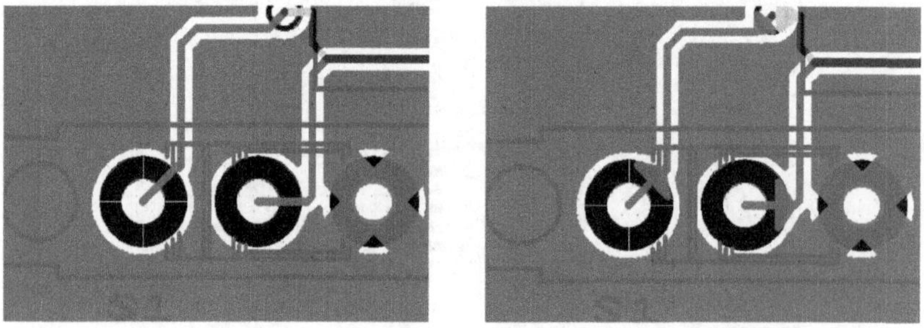

a) b)

图 12-72 补泪滴前后焊盘与导线连接的变化

a) 补泪滴前 b) 补泪滴后

按照此种方法，用户还可以对某一个元器件的所有焊盘和过孔，或者某一个特定网络的焊盘和过孔进行补泪滴操作。

12.7 操作实例

1) 单击图标 NI Multisim 14.0，打开 NI Multisim 14.0，打开设计文件“QuizShowVariants. ms14”，原理图如图 12-73 所示。

2) 选择菜单栏中的“转移”→“转移到 Ultiboard”→“转移到 Ultiboard 14.0”命令，弹出如图 12-74 所示的“另存为”对话框，保存包含原理图信息的 PCB 网络表文件“ * . ewnet”。

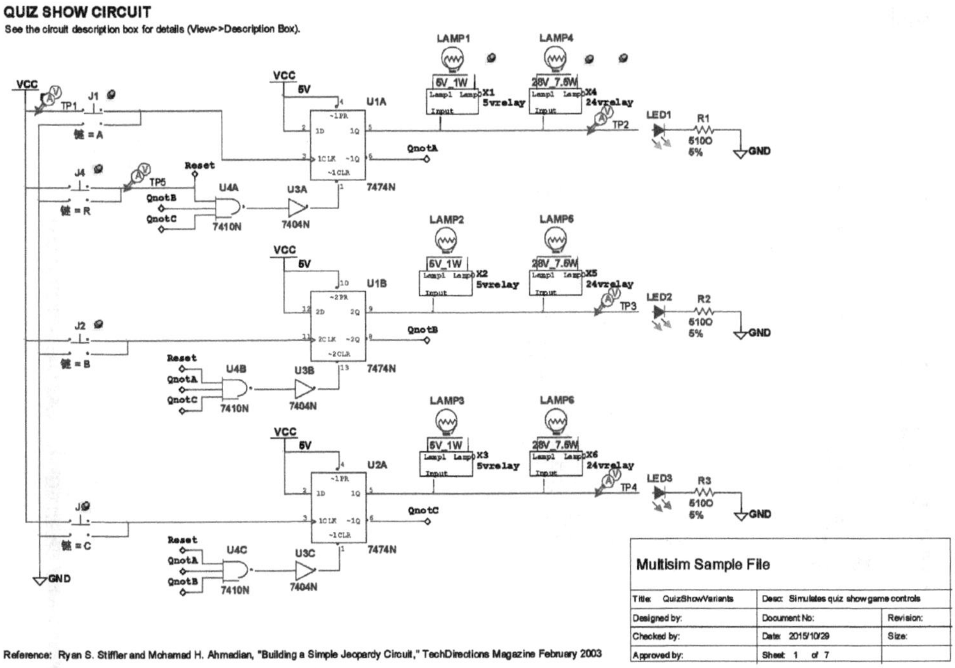

图 12-73　原理图显示

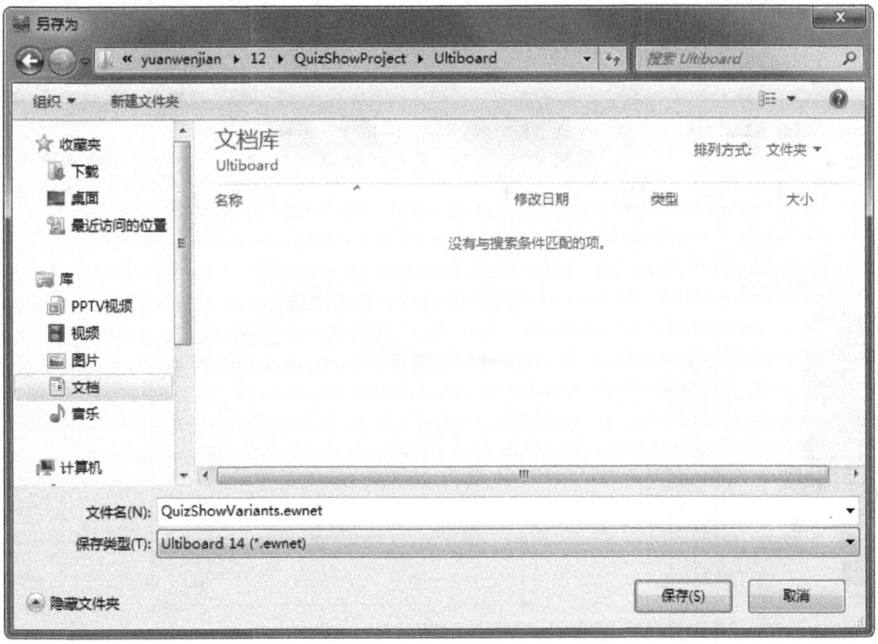

图 12-74　“另存为”对话框

3）单击 保存(S) 按钮，生成 PCB 网络表文件，打开 Ultiboard 14.0，自动弹出“导入网表”对话框，如图 12-75 所示，显示网络表信息。

4）单击 确认(O) 按钮，导入封装元器件，此时可以看到在 PCB 图布线框的外侧出现了导入的所有元器件的封装模型，如图 12-76 所示。各元器件之间通过鼠线连接仍保持着与原理图相同的电气连接。

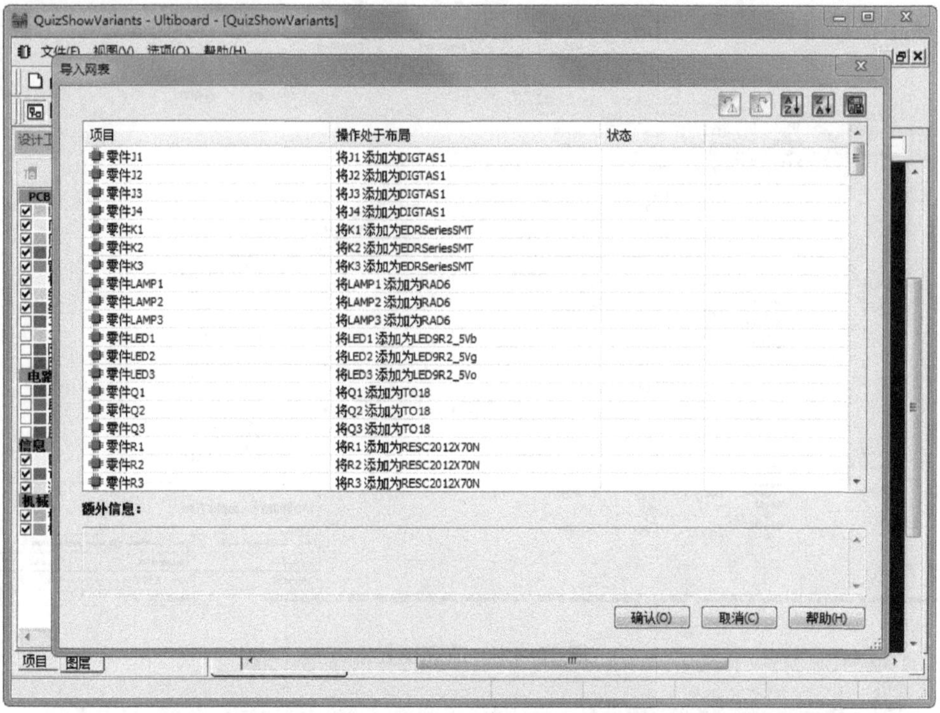

图 12-75 “导入网表”对话框

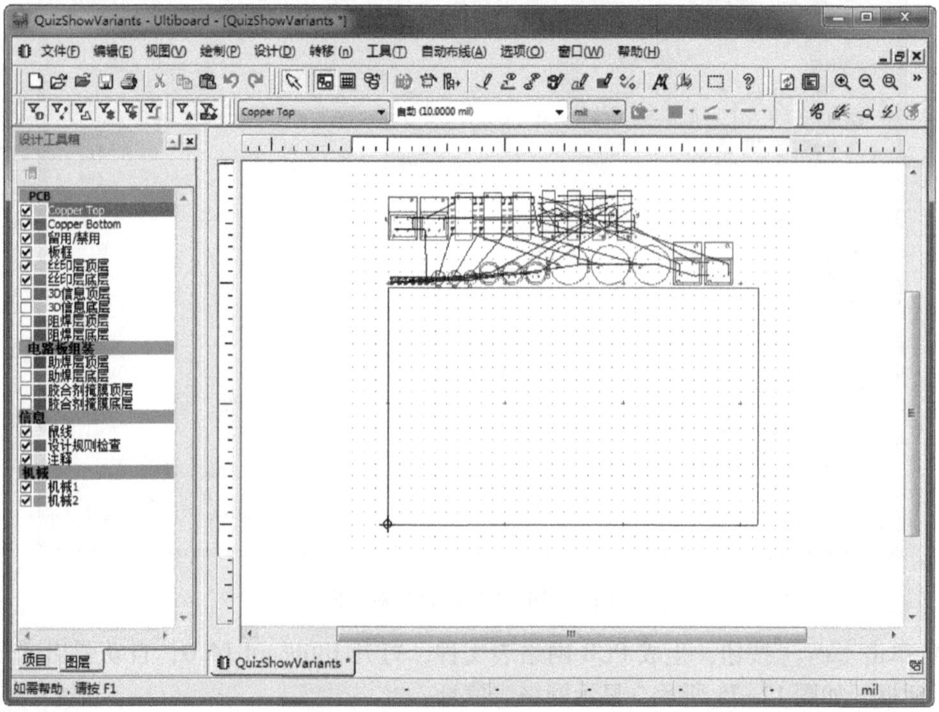

图 12-76 导入网络表后的 PCB 图

5）选择菜单栏中的“自动布线”→“自动放置零件”命令，将系统板框外零件放置到板框内部，以布局面积最小为标准进行布局，结果如图 12-77 所示。

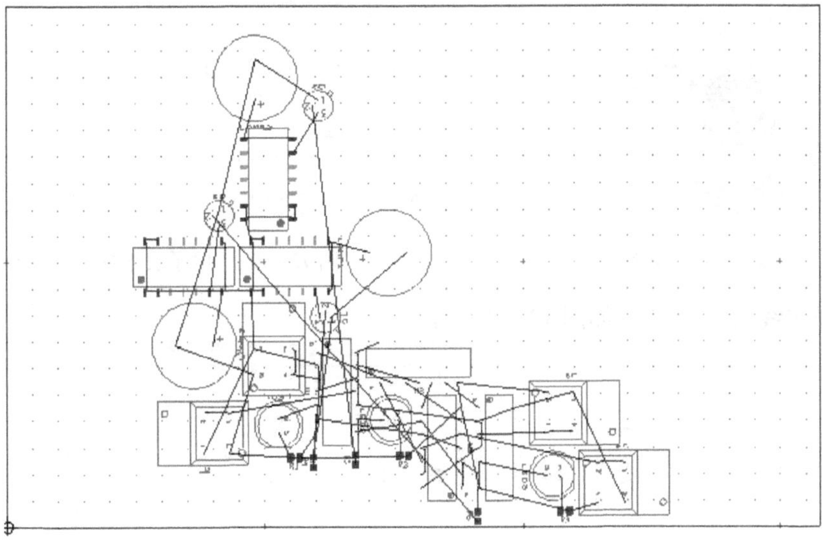

图 12-77　自动布局结果

6）手工调整元器件的布局结果，移动相关元器件，结果如图 12-78 所示。

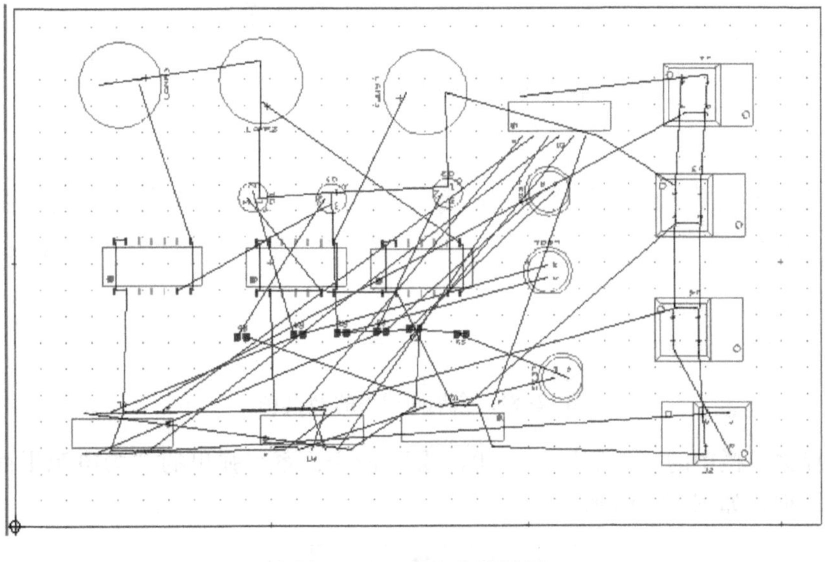

图 12-78　手工布局结果

7）选择菜单栏中的“视图”→“3D 预览”命令，系统打开 3D 显示对话框，如图 12-79 所示。

8）选择菜单栏中的“自动布线”→“开始/恢复自动布线”命令，系统即可进入自动布线状态，在“电子表格视图”窗口中提供自动布线的状态信息，如图 12-80 所示。

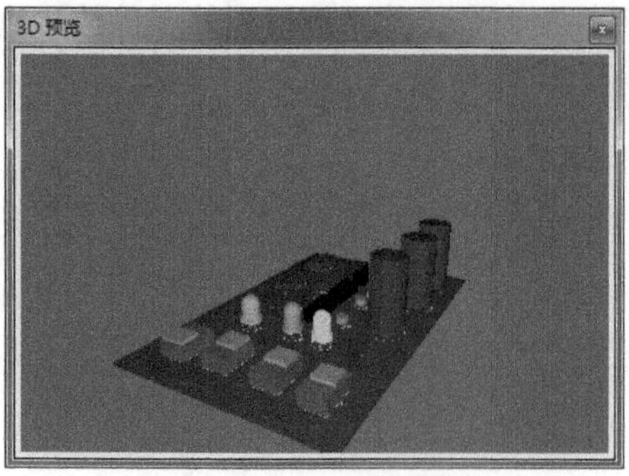

图 12-79　三维显示图

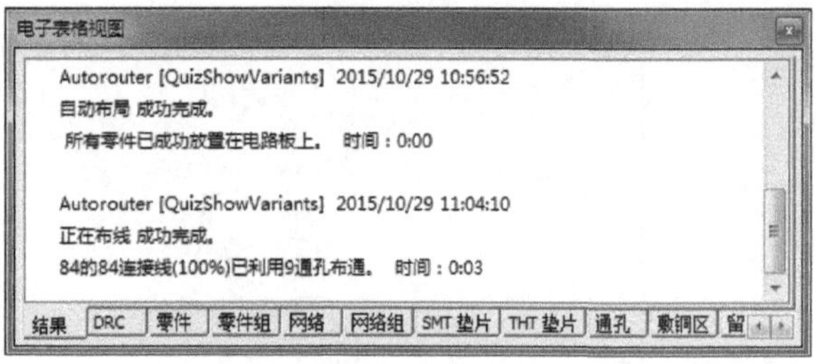

图 12-80　“电子表格视图”窗口

9）全局布线后的 PCB 图如图 12-81 所示。

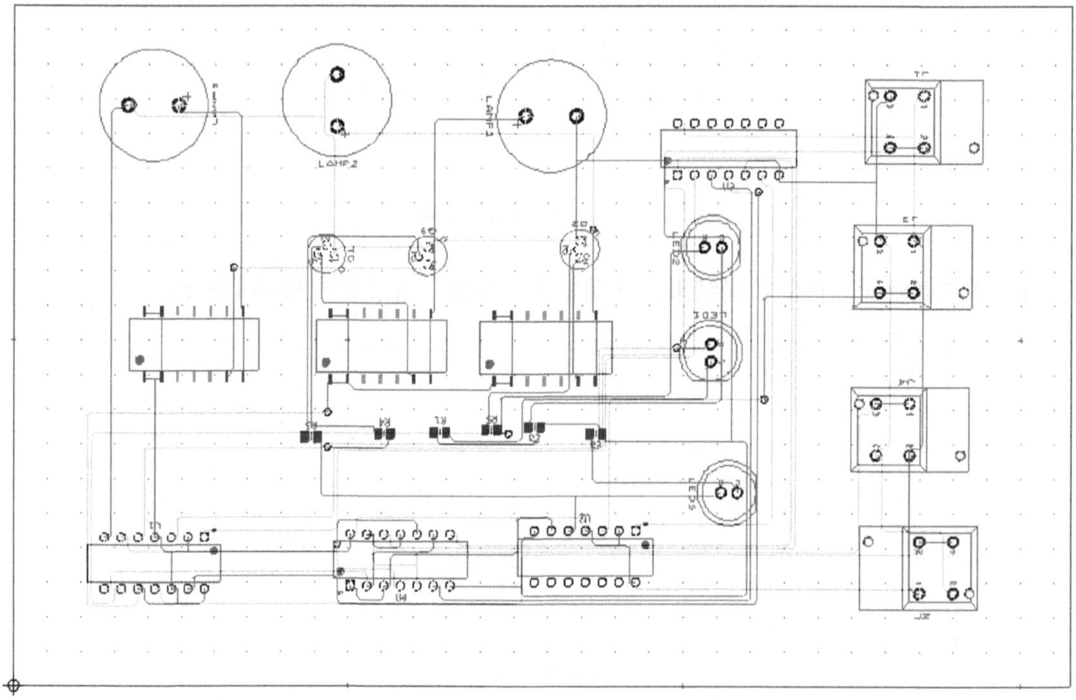

图 12-81　全局布线后的 PCB 图

10）选择菜单栏中的“绘制”→“电源层”命令，系统弹出的“为电源平面选择网络和图层”对话框，如图 12-82 所示。

图 12-82　“为电源平面选择网络和图层”对话框

11）在“网络”下拉列表中选择敷铜连接到 VCC 网络，单击 确认(O) 按钮，自动以边框为边界，执行敷铜命令，结果如图 12-83 所示。

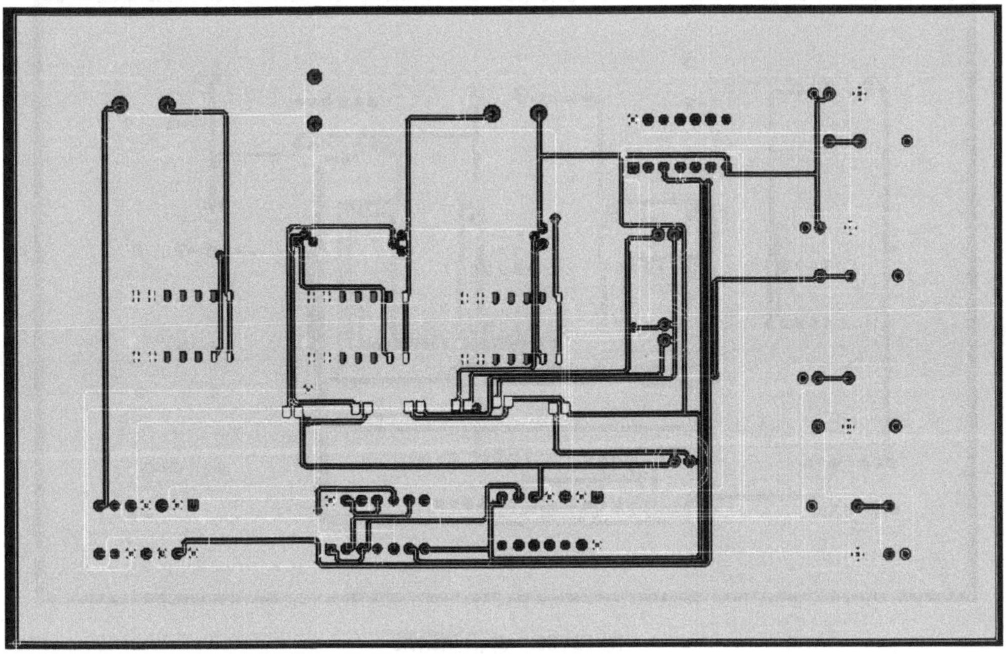

图 12-83　敷铜结果

12）选择菜单栏中的“设计”→“添加泪滴”命令，系统弹出“泪滴”对话框，如图 12-84 所示。

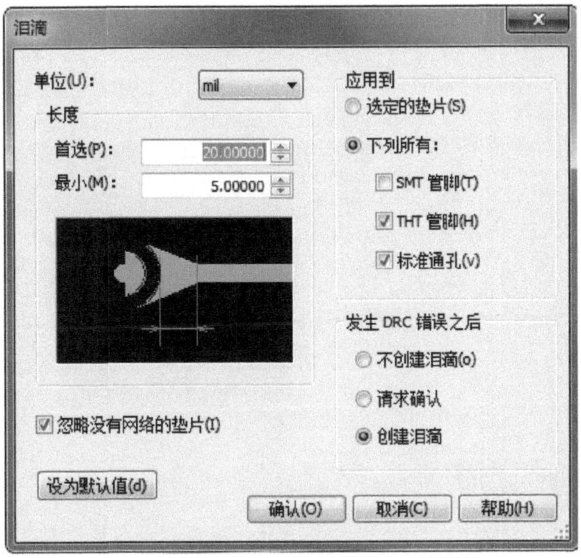

图 12-84　“泪滴”对话框

13）选择默认设置，单击 确认(O) 按钮，完成对象的泪滴添加操作，结果如图 12-85 所示。

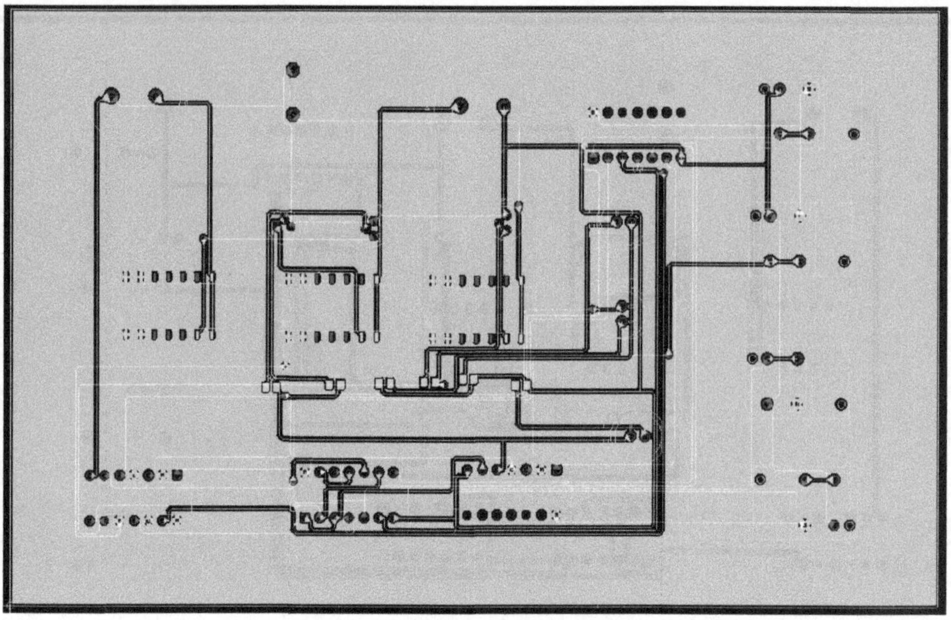

图 12-85 补泪滴结果

第 13 章　电路板的后期制作

在 PCB 设计的最后阶段，需要通过设计规则检查来进一步确认 PCB 设计的正确性。

本章将介绍不同类型文件生成和输出的操作方法，包括报表文件和 PCB 打印文件等。读者通过对本章内容的学习，将对 Ultiboard 14.0 形成更加系统的认识。

知识点

- 电路板的测量
- PCB 的输出

13.1　电路板的测量

Ultiboard 14.0 提供了电路板的测量工具，就是对设计中的各个环节进行标注，方便设计电路时的检查。同时，它还可以使生产过程中的相关因素能够更好地控制，包括大范围的标注标准集和对设备中的细节进行标注。尺寸标注必须在“注释”图层下进行，在其他图层上不能使用。

选择菜单栏中的“绘制”→“尺寸”命令，弹出如图 13-1 所示的快捷菜单，在该菜单中显示尺寸标注命令。

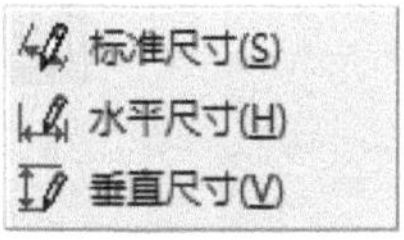

图 13-1　快捷菜单

下面将从上到下分别介绍这 8 个尺寸标注命令。

- 标准尺寸：对线型对象或者两点之间的距离进行标注。
- 水平尺寸：水平方向两点间距离的标注。
- 垂直尺寸：垂直方向两点间距离的标注。

图 13-2 所示为 3 种尺寸标注样例。

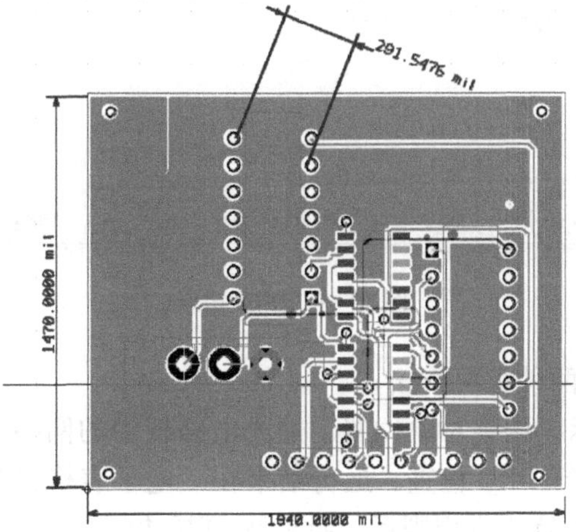

图 13-2　尺寸标注样例

13.2 PCB 的输出

PCB 绘制完毕后，为 PCB 设计的后期制作、元器件采购、文件交流等提供了方便，当对 PCB 文件进行检查设置时，就可以将其源文件、制造文件和各种报表文件按需要进行存档、打印、输出等。

13.2.1 设计规则检查

电路板布线完毕，在输出设计文件之前，还需要进行一次完整的设计规则检查。设计规则检查是进行 PCB 设计时的重要检查工具。系统会根据用户设计规则的设置，对 PCB 设计的各个方面进行检查校验，如导线宽度、安全距离、元器件间距、过孔类型等。DRC 是 PCB 设计正确性和完整性的重要保证。灵活运用 DRC，可以保障 PCB 设计的顺利进行和最终生成正确的输出文件。

选择菜单栏中的“设计”→“DRC 及网表检查”命令，系统执行 DRC 及网表检查，在“电子表格视图”窗口中“结果”选型卡下显示检查结果，发现 1 个设计规则错误，如图 13-3所示。

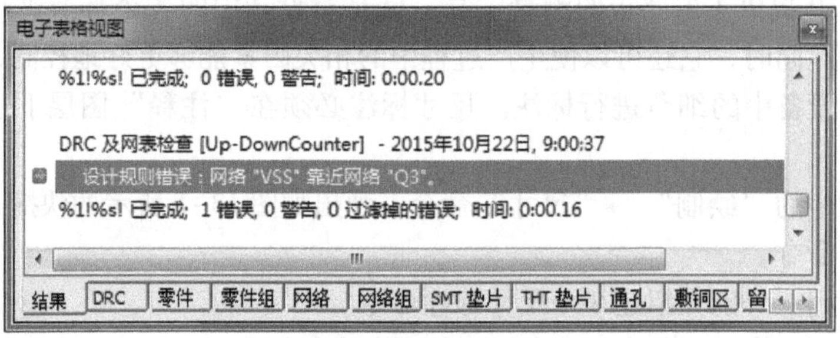

图 13-3 显示检查结果

在“DRC”选项卡下同时可显示违规信息，如图 13-4 所示。

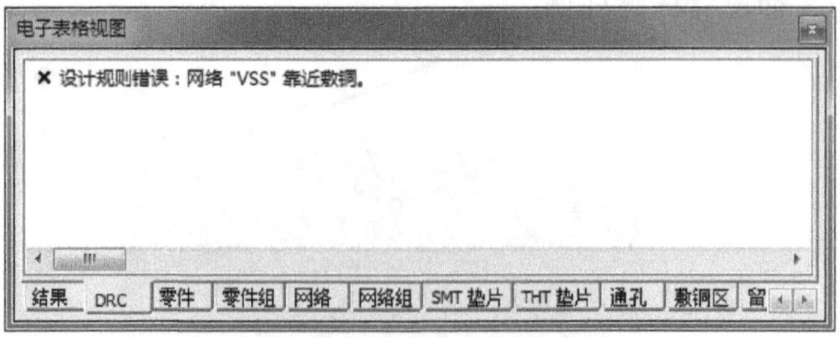

图 13-4 DRC 错误

检查发生错误后包括两种解决方法。

1）直接按照错误提示，调整对象位置，加大电路板中的网络与敷铜间距，符合设计规则的默认值，系统再次执行 DRC 检查，运行结果在“电子表格视图”窗口中显示出来，如图 13-5 所示。可见重新配置检查规则后，批处理 DRC 检查得到了 0 项 DRC 违例信息，如

图 13-6 所示。检查原理图确定这些引脚连接的正确性。

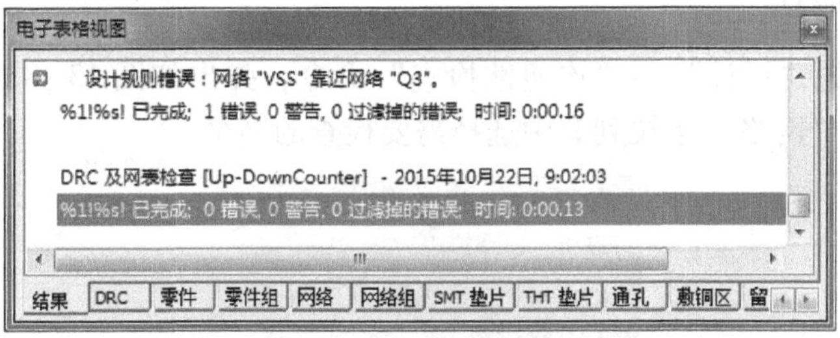

图 13-5　检查结果显示

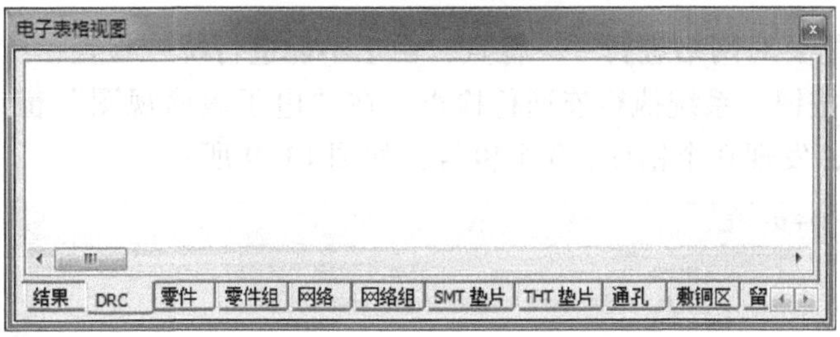

图 13-6　显示无 DRC 错误

2）修改设计规则。选择菜单栏中的“选项”→“PCB 属性”命令，打开“PCB 属性”对话框，打开“设计规则”选项卡，这里的选项主要用于对 DRC 报表的内容和方式进行设置，线宽设定、引线间距、过孔大小、元器件安全距离等，通常保持默认设置即可，如图 13-7所示。

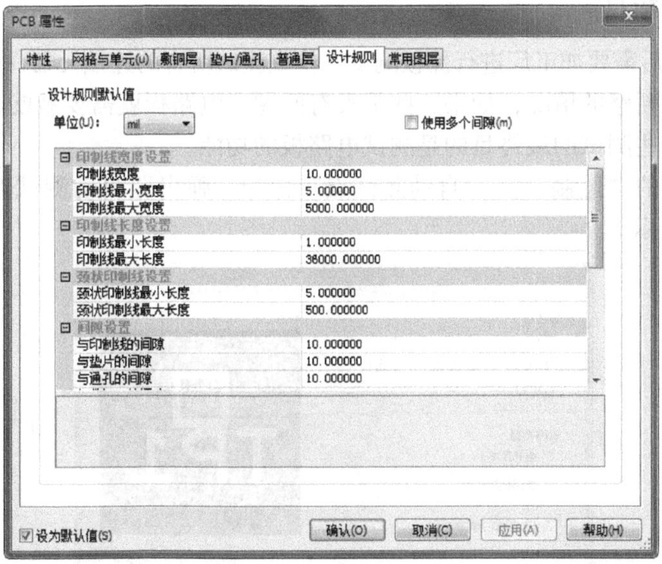

图 13-7　“设计规则”选项卡

在发生电路板设置与其冲突后，在电路板要求允许的情况下，可以根据规则的名称进行具体设置。将电路板实际参数包含在修改之允许范围内，即可解决 DRC 错误。

13.2.2 连通性检查

选择菜单栏中的“设计”→“连通性检查”命令，弹出如图 13-8 所示的“选择一个网络”对话框，在“网络”下拉列表中选择需要检查的网络。

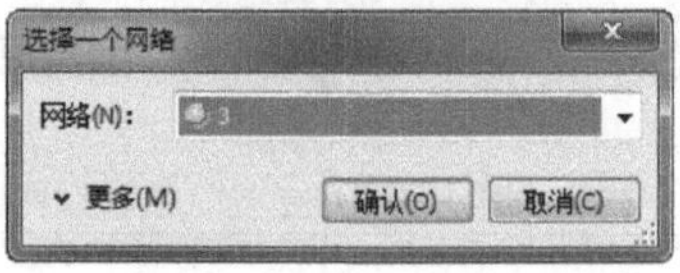

图 13-8　选择网络

连通性的检查需要对网络进行一一检查，由于不能进行统一检查，所以步骤相对烦琐。

单击“确认”按钮，系统执行连通行检查，在“电子表格视图”窗口中“结果”选项卡下显示检查结果，发现 0 个错误，0 个警告，如图 13-9 所示。

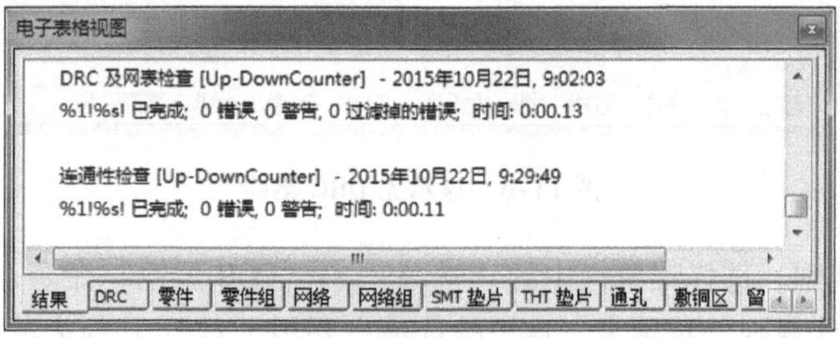

图 13-9　显示检查结果

13.2.3 测试点检查

电路板加工好后需要加工厂进行裸板测试，检查测试所有的连接元器件引脚间连接是否完好，是否有短路和断路的情况，如果这些都没有问题，电路板就需要装配，在装配之后还要进行在线测试。这些测试的最终目的是测试电路板的功能。

选择菜单栏中的“绘制”→“自动测试点”命令，弹出“自动测试点布局设置”对话框，如图 13-10 所示。

图 13-10　“自动测试点布局设置”对话框

单击“开始”按钮，在“电子表格视图”中显示自动测试点检查结果，如图 13-11 所示。

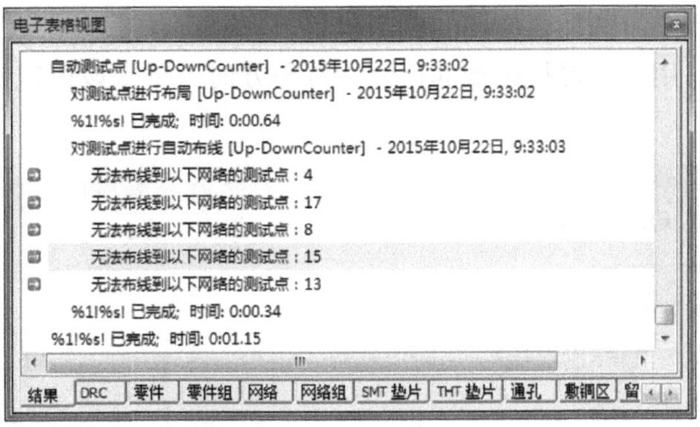

图 13-11 “电子表格视图”窗口

13.2.4 打印 PCB 文件

利用 PCB 编辑器的文件打印功能，可以将 PCB 文件不同工作层上的图元按一定比例打印输出，用以校验和存档。

选择菜单栏中的“文件”→“打印”命令，系统弹出如图 13-12 所示的“打印”对话框，该对话框中各选项的功能介绍如下。

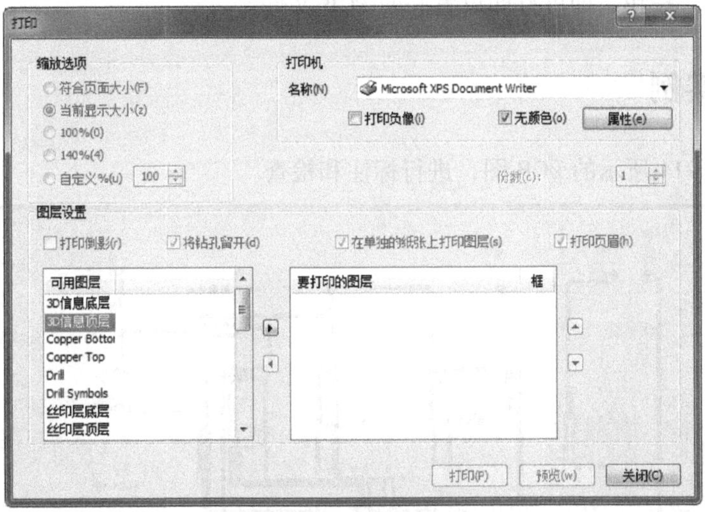

图 13-12 “打印”对话框

- “缩放选项”选项组：用于设定打印内容与打印纸的匹配方法。系统提供了 5 种缩放匹配模式，即“符合页面大小”“当前显示大小”“100%”“140%”和“自定义”。前者将打印内容缩放到适合图纸大小，后者由用户设定打印缩放的比例因子。在“自定义”文本框中填写比例因子设定图形的缩放比例，填写“100”时，将按实际大小打印 PCB 图形。
- “图层设置”选项组：显示 PCB 中的可用图层和要打印的图层。勾选“打印倒影”复选框，打印图形时将打印倒影；勾选“将钻孔留开”复选框，打印图形时将打印钻孔区域；勾选“在单独的纸张上打印图层”复选框，将选中图层对象在单独的打印纸上打印；勾选“打印页眉”复选框，将打印图形时将打印页眉。

- “名称”下拉列表：选择要使用的打印机。
- “属性”按钮：用于设置打印纸的尺寸和打印方向，单击该按钮，弹出如图 13-13 所示的对话框。

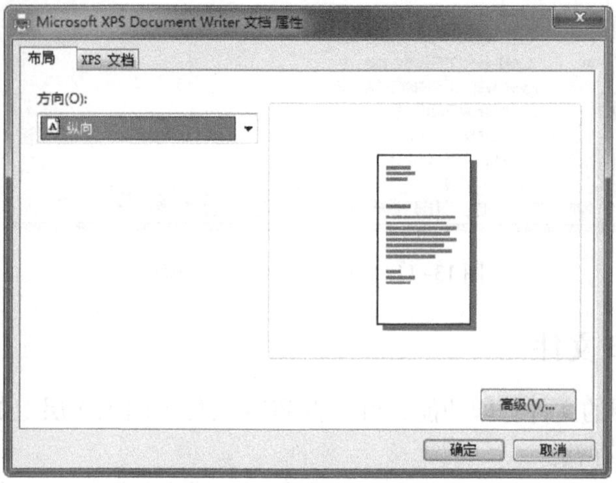

图 13-13 “属性”对话框

单击“打印”按钮，即可打印设置好的 PCB 文件。

13.3 操作实例

利用如图 13-14 所示的 PCB 图，进行标注和检查。

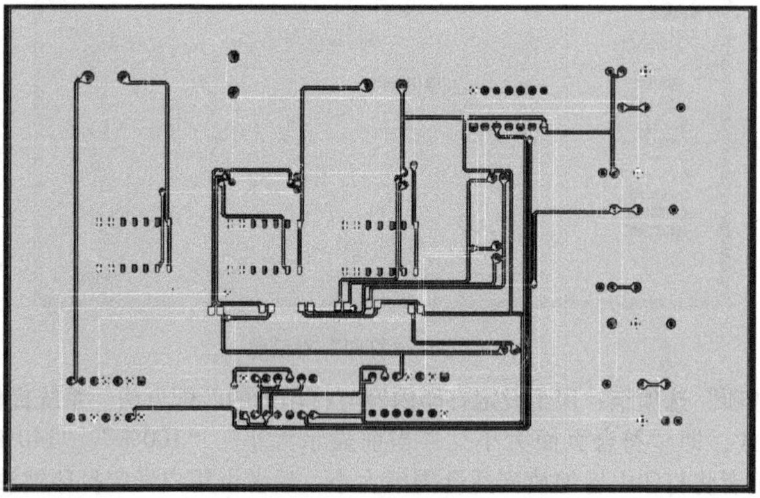

图 13-14 PCB 图

1. 标注尺寸

选择菜单栏中的“选项”→“全局偏好”命令，弹出如图 13-15 所示的“全局偏好”对话框，打开“尺寸”选项卡，设置箭头样式、文本样式参数。

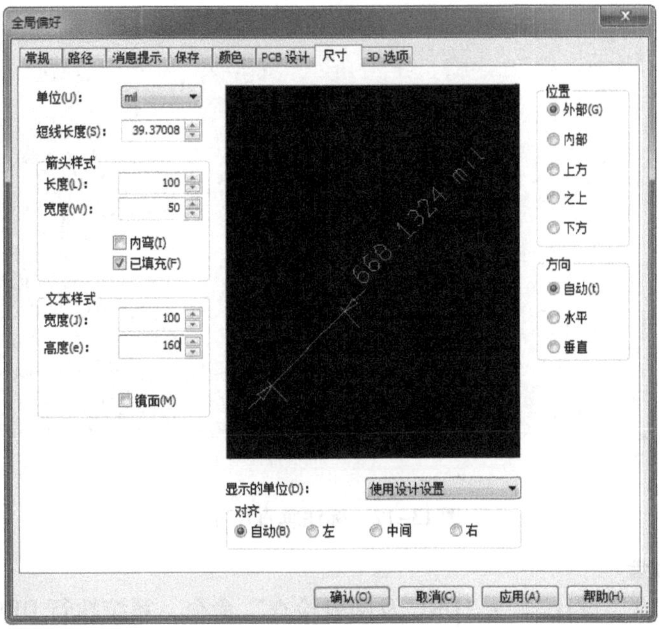

图 13-15　设置“尺寸”选项卡

2. 选择“注释”图层

1）选择菜单栏中的“绘制”→“尺寸”→“水平尺寸”命令，对板框水平方向进行标注，如图 13-16 所示。

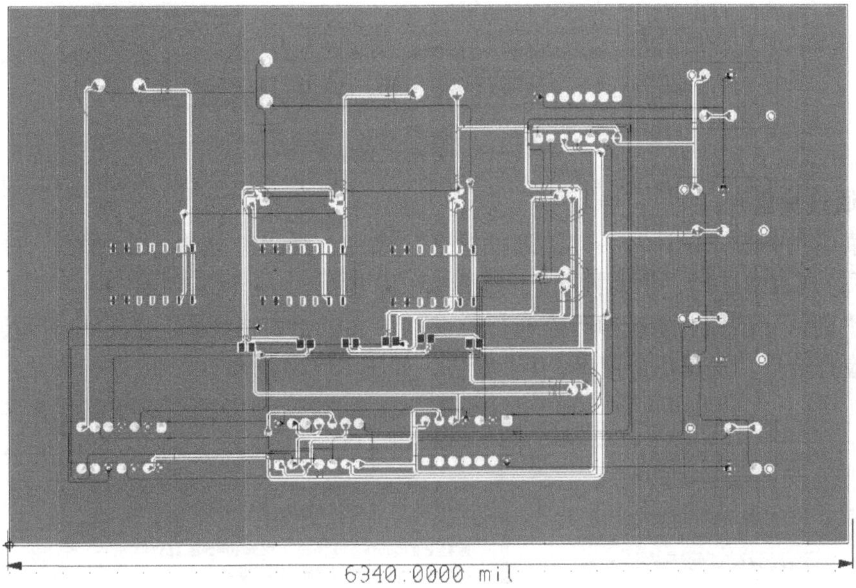

图 13-16　标注水平尺寸

2）选择菜单栏中的“绘制”→“尺寸”→“垂直尺寸”命令，对板框垂直方向进行标注，如图 13-17 所示。

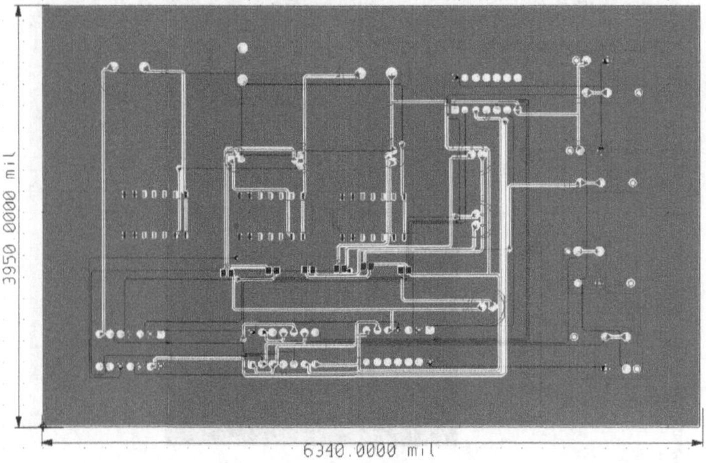

图 13-17　标注垂直尺寸

3. 设计规则检查

选择菜单栏中的“设计”→“DRC 及网表检查”命令，系统执行 DRC 及网表检查，在“电子表格视图”窗口中“结果”选项卡下显示检查结果，发现 0 个设计规则错误，如图 13-18所示。

图 13-18　显示检查结果

4. 连通性检查

选择菜单栏中的“设计”→“连通性检查”命令，弹出“选择一个网络”对话框，在“网络”下拉列表中选择“所有网络”，如图 13-19 所示。

单击“确认”按钮，系统执行连通行检查，在“电子表格视图”窗口中“结果”选项卡下显示检查结果，发现 0 个错误，0 个警告，如图 13-20 所示。

图 13-19　选择网络

图 13-20　显示检查结果

5. 测试点检查

选择菜单栏中的“绘制”→“自动测试点”命令，弹出如图 13-21 所示的“自动测试点布局设置”对话框。

图 13-21 “自动测试点布局设置”对话框

单击“开始”按钮，在“电子表格视图”中显示自动测试点检查结果，如图 13-22 所示。

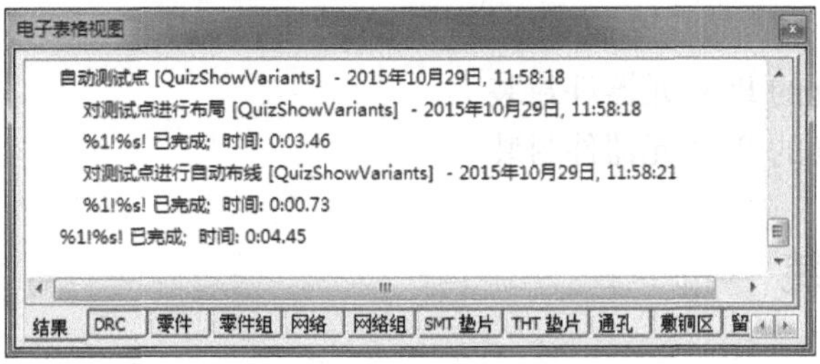

图 13-22 “电子表格视图”窗口

6. 打印 PCB 文件

选择菜单栏中的“文件”→“打印”命令，系统弹出“打印”对话框，在“可用图层”列表框中选择要打印的图层，单击▶按钮，添加到右侧“要打印的图层”列表框下，其余参数选择默认设置，如图 13-23 所示。

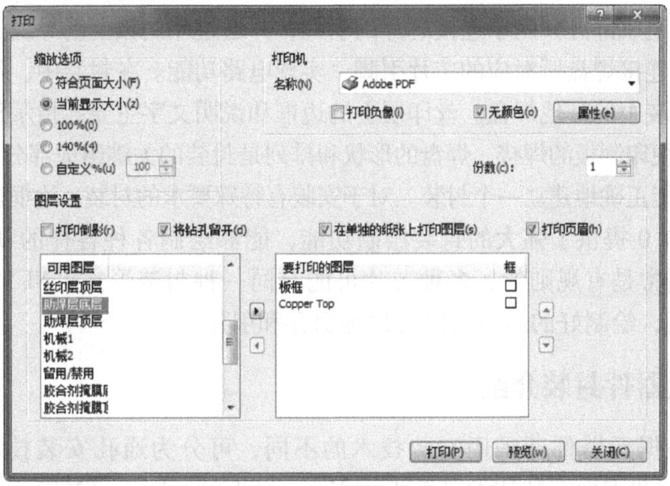

图 13-23 “打印”对话框

单击“打印”按钮，打印设置好的 PCB 文件。

第 14 章　封装元器件设计

根据工程项目的需要，建立基于该项目的元器件封装库，有利于人们在以后的设计中更加方便快速地调入元器件封装，管理工程文件。

本章将对元器件封装设计进行详细介绍，使读者学习如何管理自己的元器件封装库，从而更好地为设计服务。

知识点

- 元器件封装
- 用向导创建规则的 PCB 元器件封装
- 手动创建不规则的 PCB 元器件封装

14.1　元器件封装

14.1.1　封装概述

电子元器件种类繁多，其封装形式也是多种多样。所谓封装是指安装半导体集成电路芯片用的外壳，它不仅起着安放、固定、密封、保护芯片和增强导热性能的作用，还是沟通芯片内部世界与外部电路的桥梁。

芯片的封装在 PCB 上通常表现为一组焊盘、丝印层上的边框及芯片的说明文字。焊盘是封装中最重要的组成部分，用于连接芯片的引脚，并通过印制板上的导线连接到印制板上的其他焊盘，进一步连接焊盘所对应的芯片引脚，实现电路功能。在封装中，每个焊盘都有唯一的标号，以区别封装中的其他焊盘。丝印层上的边框和说明文字主要起指示作用，指明焊盘组所对应的芯片，方便印制板的焊接。焊盘的形状和排列是封装的关键组成部分，只有确保焊盘的形状和排列正确才能正确地建立一个封装。对于安装有特殊要求的封装，边框也需要绝对正确。

NI Multisim 14.0 提供了强大的封装绘制功能，能够绘制各种各样的新型封装。考虑到芯片引脚的排列通常是有规则的，多种芯片可能有同一种封装形式，NI Multisim 14.0 提供了封装库管理功能，绘制好的封装可以方便地保存和引用。

14.1.2　常用元器件封装介绍

总体上讲，根据元器件所采用安装技术的不同，可分为通孔安装技术（Through Hole Technology，THT）和表面安装技术（Surface Mounted Technology，SMT）。

使用通孔安装技术安装元器件时，元器件安置在电路板的一面，元器件引脚穿过 PCB 焊接在另一面上。通孔安装元器件需要占用较大的空间，并且需要为所有引脚在电路板上钻孔，所以它们的引脚会占用两面的空间，而且焊点也比较大。但从另一方面来说，通孔安装元器件与

PCB 连接较好，机械性能好。例如，排线的插座、接口板插槽等类似接口都需要一定的耐压能力，因此，通常采用 THT 安装技术。

表面安装元器件，其引脚焊盘与元器件在电路板的同一面。表面安装元器件一般比通孔元器件体积小，而且不必为焊盘钻孔，甚至还能在 PCB 的两面都焊上元器件。因此，与使用通孔安装元器件的 PCB 比起来，使用表面安装元器件的 PCB 上元器件布局要密集很多，体积也小很多。此外，应用表面安装技术的封装元器件也比通孔安装元器件要便宜一些，所以目前的 PCB 设计广泛采用了表面安装元器件。

常用元器件封装分类如下。

- BGA（Ball Grid Array）：球栅阵列封装。因其封装材料和尺寸的不同还细分成不同的 BGA 封装，如陶瓷球栅阵列封装 CBGA、小型球栅阵列封装 μBGA 等。
- PGA（PNI Grid Array）：插针栅格阵列封装。这种技术封装的芯片内外有多个方阵形的插针，每个方阵形插针沿芯片的四周间隔一定距离排列，根据引脚数目的多少，可以围成 2 ~5 圈。安装时，将芯片插入专门的 PGA 插座。该技术一般用于插拔操作比较频繁的场合，如计算机的 CPU。
- QFP（Quad Flat Package）：方形扁平封装，是当前芯片使用较多的一种封装形式。
- PLCC（Plastic Leaded Chip Carrier）：塑料引线芯片载体。
- DIP（Dual in - line Package）：双列直插封装。
- SIP（SNIgle in - line Package）：单列直插封装。
- SOP（Small Out - line Package）：小外形封装。
- SOJ（Small Out - line J - Leaded Package）：J 形引脚小外形封装。
- CSP（Chip Scale Package）：芯片级封装，这是一种较新的封装形式，常用于内存条。在 CSP 方式中，芯片是通过一个个锡球焊接在 PCB 上，由于焊点和 PCB 的接触面积较大，所以内存芯片在运行中所产生的热量可以很容易地传导到 PCB 上并散发出去。另外，CSP 封装芯片采用中心引脚形式，有效地缩短了信号的传输距离，其衰减随之减少，芯片的抗干扰、抗噪性能也能得到大幅提升。
- Flip - Chip：倒装焊芯片，也称为覆晶式组装技术，是一种将 IC 与基板相互连接的先进封装技术。在封装过程中，IC 会被翻转过来，让 IC 上面的焊点与基板的接合点相互连接。由于成本与制造因素，使用 Flip - Chip 接合的产品通常根据 I/O 数多少分为两种形式，即低 I/O 数的 FCOB（Flip Chip on Board）封装和高 I/O 数的 FCIP（Flip Chip in Package）封装。Flip - Chip 技术应用的基板包括陶瓷、硅芯片、高分子基层板及玻璃等，其应用范围包括计算机、PCMCIA 卡、军事设备、个人通信产品、钟表及液晶显示器等。
- COB（Chip on Board）：板上芯片封装，即芯片被绑定在 PCB 上。这是一种现在比较流行的生产方式。COB 模块的生产成本比 SMT 低，还可以减小封装体积。

14.2 用向导创建规则的 PCB 元器件封装

下面用 PCB 元器件向导来创建规则的 PCB 元器件封装。由用户在一系列对话框中输入参数，然后根据这些参数自动创建元器件封装。

1）选择菜单栏中的“工具”→“零件向导”命令，系统将弹出如图 14-1 所示的“零件向导”对话框。在该对话框中可选择设置通孔或表面贴装的 PCB 封装的元器件。

2）选择“THT（通孔）选项”，单击“下一步”按钮，进入元器件封装类型选择界面。在模式类表中列出了各种封装模式，如图 14-2 所示，这里选择 DIP 封装模式。

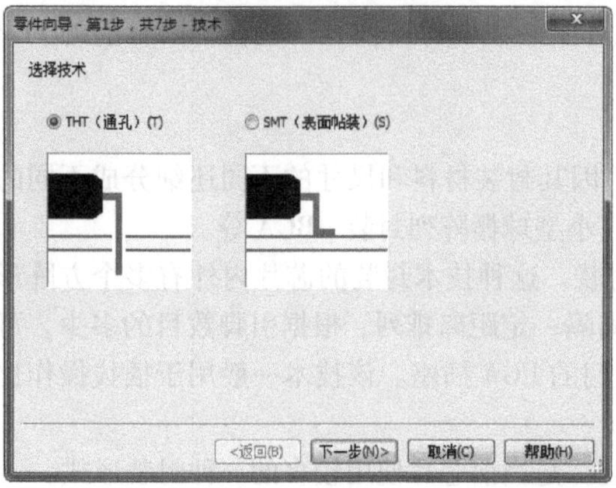

图 14-1　选择技术

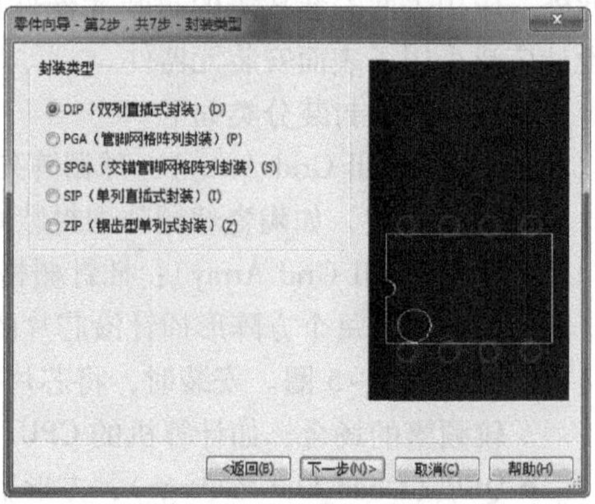

图 14-2　元器件封装样式选择界面

3）单击“下一步”按钮，进入封装尺寸设定界面。在这里设置焊盘的长、宽，选择单位“mil”如图 14-3 所示。

4）单击“下一步”按钮，进入 3D 视图设定界面，如图 14-4 所示。在这里颜色使用默认设置，以便于区分。

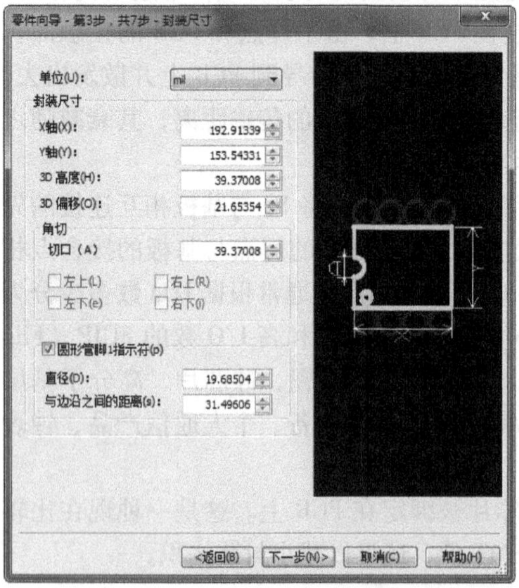

图 14-3　封装尺寸设定界面

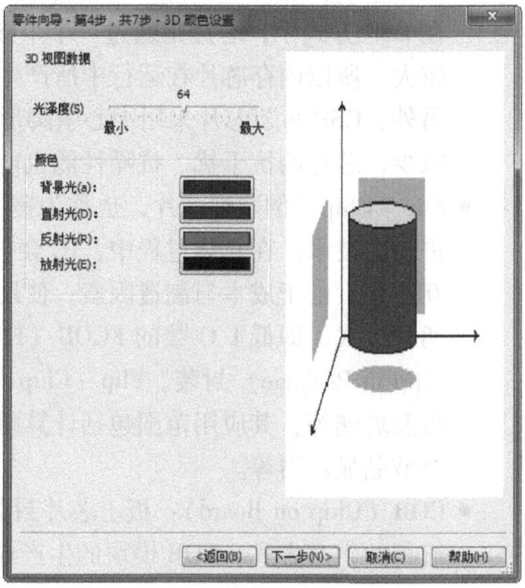

图 14-4　3D 视图设定界面

5）单击“下一步”按钮，进入垫片大小设置界面，如图 14-5 所示。这里使用默认设置。

6）单击“下一步”按钮，进入焊盘数目设置界面、设置引脚间距，如图 14-6 所示。

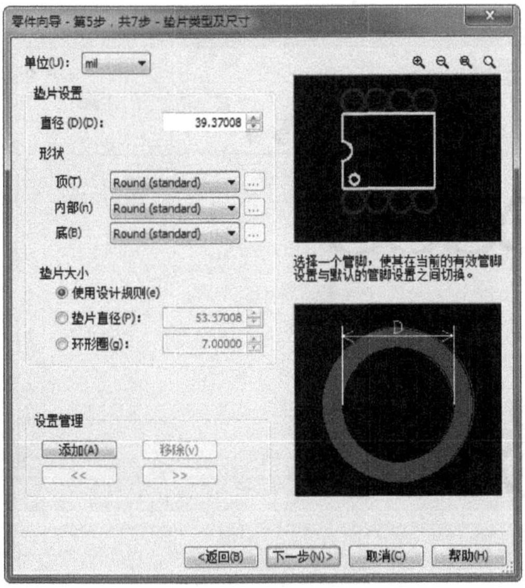

图 14-5　垫片大小设置界面

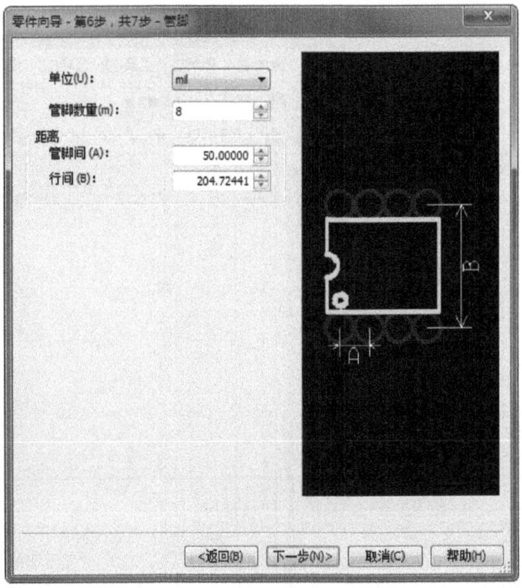

图 14-6　焊盘间距设置界面

7）单击“下一步”按钮，进入垫片编号和方向设置界面，如图 14-7 所示。单击选择可以改变焊盘命名方向。采用默认设置，将第一个焊盘设置在封装左上角，命名方向为逆时针。

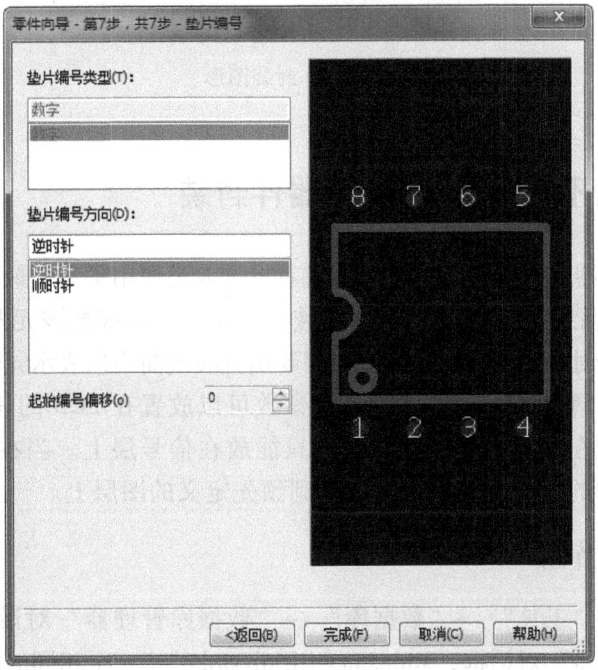

图 14-7　焊盘起始位置和命名方向设置界面

8）单击“完成”按钮，退出封装向导。至此，封装就制作完成了，工作区内显示的封装图形如图 14-8 所示。

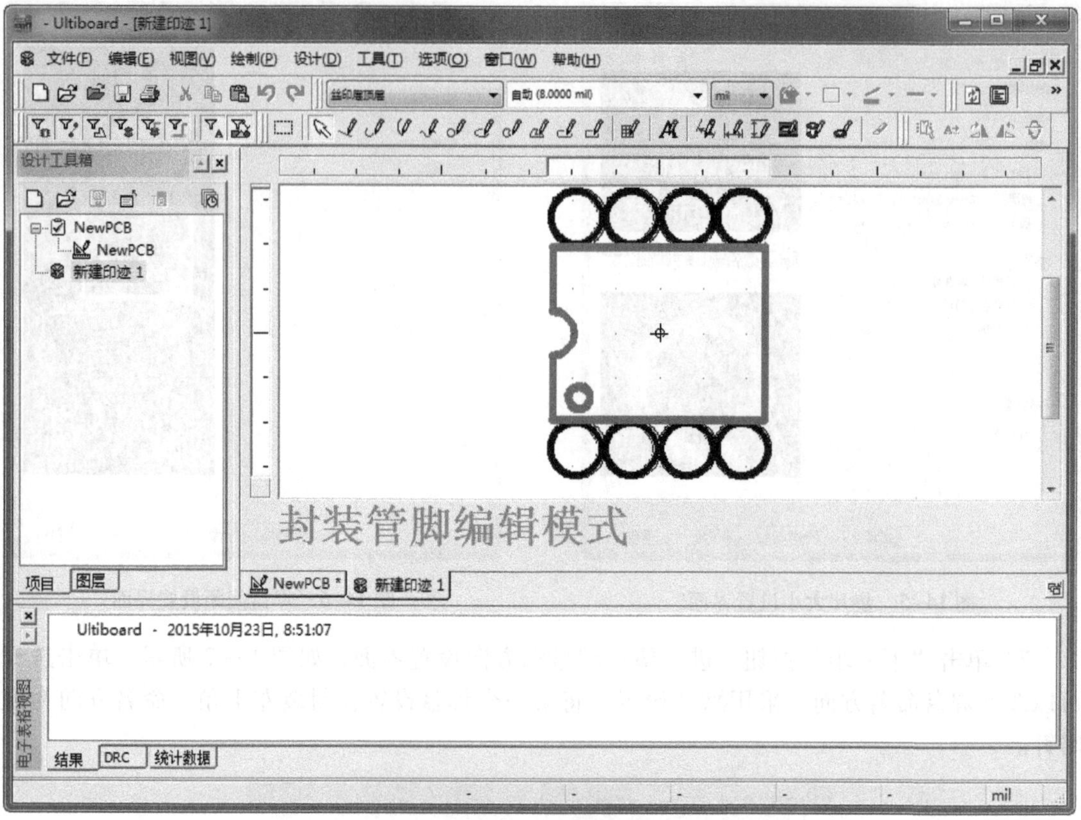

图 14-8　封装图形

14.3　手动创建不规则的 PCB 元器件封装

由于某些电子元器件的引脚非常特殊，或者设计人员使用了一个最新的电子元器件，用 PCB 元器件向导往往无法创建新的元器件封装。这时，可以根据该元器件的实际参数手动创建引脚封装。手动创建元器件引脚封装，需要用直线或曲线来表示元器件的外形轮廓，然后添加焊盘来形成引脚连接。元器件封装的参数可以放置在 PCB 的任意工作层上，但元器件的轮廓只能放置在顶层丝印层上，焊盘只能放在信号层上。当在 PCB 上放置元器件时，元器件引脚封装的各个部分将分别放置到预先定义的图层上。

14.3.1　创建数据库组

选择菜单栏中的“工具”→“数据库”→“数据库管理器”对话框，弹出如图 14-9 所示的“数据库管理器”对话框，Multisim 与 Ultiboard 共享一个相同的数据库管理器，按照不同类型的元器件分组显示，因此创建封装元器件前设置元器件放置位置。

在“数据库”栏上方显示基本工具栏。

- “新建”按钮□：创建“组”管理列，帮助数据库的分类组织，可无限往下一级别递增创建分支，如图 14-10 所示。

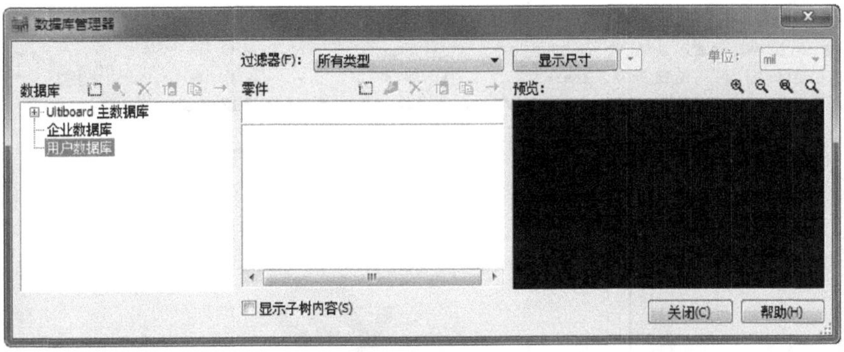

图 14-9 “数据库管理器”对话框

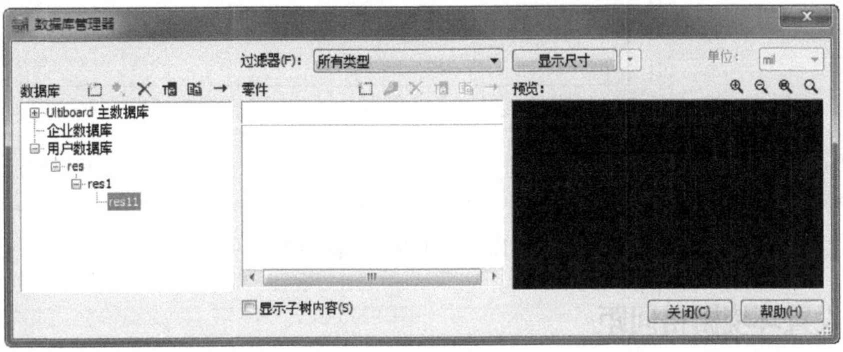

图 14-10 创建组

- “删除”按钮 ×：删除组。
- “重命名”按钮：对创建的组系列进行命名。

14.3.2 定义 PCB 零件

在“零件”列表上方单击“创建新零件”按钮，弹出如图 14-11 所示的“选择要创建的零件”对话框，显示要创建的零件类型，包括网桥、自定义垫片形状、PCB 零件和 CAD 零件。

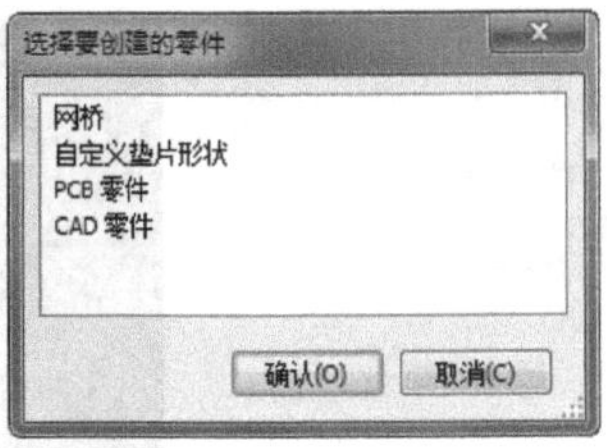

图 14-11 “选择要创建的零件”对话框

选中“PCB 零件”选项，单击“确认”按钮，进入 PCB 编辑环境，在工作区显示“x??”符号，如图 14-12 所示。其中，“x?”表示引用的 RefDes（标识符），第二个“?”表示元器件的赋值。

图 14-12　PCB 封装编辑环境

14.3.3　设置环境栅格间距

在封装设计过程中，为焊盘图案设计栅格、设置测量单位是很关键的工作。在对元器件进行布局过程中，设计栅格在被移动时需要依靠栅格作为基本单位，栅格间距定义了对象在工作区域中布置所能达到的精确度。

选择菜单栏中的“选项”→“PCB 属性”命令，弹出“PCB 属性”对话框，打开“网格与单元”选项卡，设置单位为 mil，在“网格阶步名称”下拉列表选择“零件网格”，输入大小为 20，选择“敷铜网格”选项，设置大小为 10，如图 14-13 所示。

图 14-13　设置栅格

完成设置后，单击“确认”按钮，关闭对话框。

14.3.4 布置 SMD 焊盘

1. 放置阵列焊盘

选择菜单栏中的“绘制”→“管脚”命令或单击“绘制”工具栏中的“管脚”按钮，弹出如图 14-14 所示的“放置管脚”对话框。

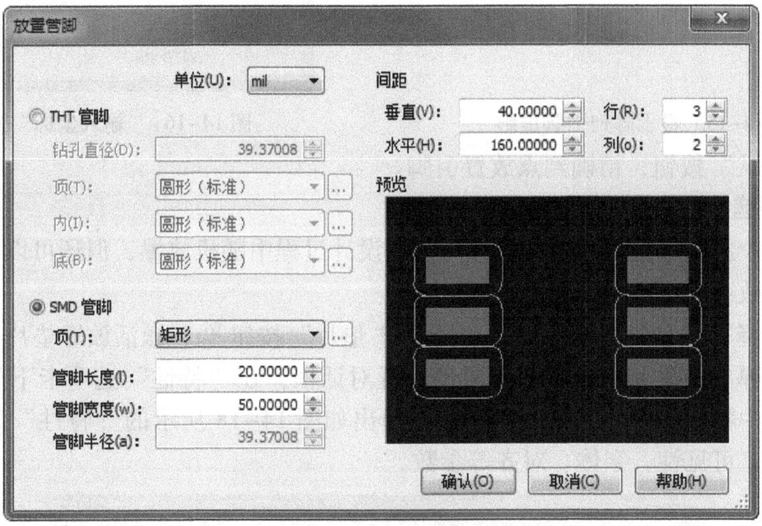

图 14-14　设置管脚

根据元器件所采用安装技术的不同，可分为通孔安装技术（Through Hole Technology，THT）和表面安装技术（Surface Mounted Technology，SMT）。下面讲述添加 SMT 焊盘。

1）选择“SMD 管脚”单选钮，将激活该选项下的参数，根据这些参数定义每一个引脚的形状和物理大小。

- 顶：描述了焊盘的形状，包括圆形、长方形、圆角矩形等。
- 管脚长度：定义了引脚的垂直大下。
- 管脚宽度：定义了引脚的水平大小。
- 管脚半径：定义了该对象的圆形部分半径，只适用于包含圆形部分的类型，若选择“矩形”形状，则该参数不可用。

2）“间距”选项组。封装零件可能不止包括一个引脚，因此需要设置不同引脚间距。

- 垂直：相邻引脚间的中心垂直间距。
- 水平：相邻引脚间的中心水平间距。
- 行：引脚阵列中的行数。
- 列：引脚阵列中的列数，若行数、列数均为 1，则显示只包含一个引脚；若行、列数不为 1，则在缩略图中显示阵列结果。

单击“确认”按钮，关闭对话框，在鼠标上显示悬浮的阵列引脚虚影，如图 14-15 所示。引脚阵列的左上方管脚为引脚 1，鼠标在引脚 1 处，确定布置焊盘的中心点。

为精确焊盘中心点位置，在放置过程中，单击键盘上右侧小键盘上的“ * ”键，弹出

"输入坐标"对话框，如图 14-16 所示，显示 X 轴、Y 轴坐标。

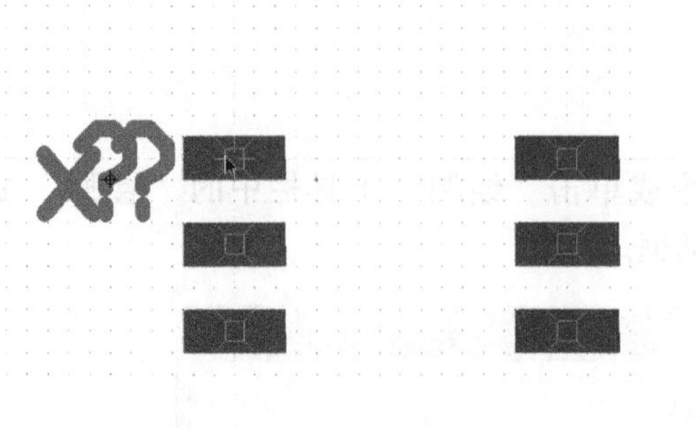

图 14-15　显示阵列引脚虚影

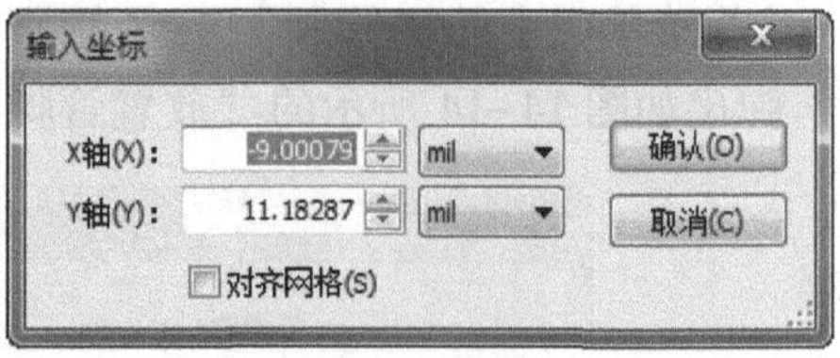

图 14-16　"输入坐标"对话框

单击"确认"按钮，精确到点放置引脚。

2. 编辑焊盘

在创建一个新的焊盘过程中，引脚可以在设计过程中随机放置，但还可以在后期进行属性的设置，按数字顺序排列引脚。

单击"选择"工具栏中的"启用选择 SMT 垫片"按钮，激活放置垫片对象。选中任意焊盘，双击弹出如图 14-17 所示的属性设置对话框，在"特性"选项卡下显示特性并可进行更改。选中特性，单击"更改"按钮，弹出如图 14-18 所示的"特性"对话框，显示特性名称、值、可见性、字体、对齐等参数。

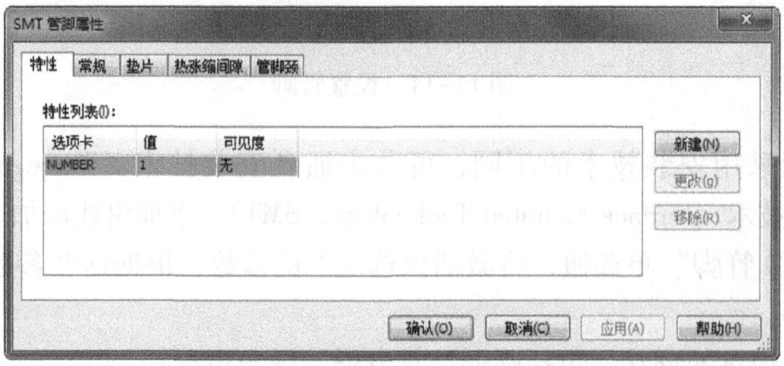

图 14-17　"SMT 管脚属性"对话框

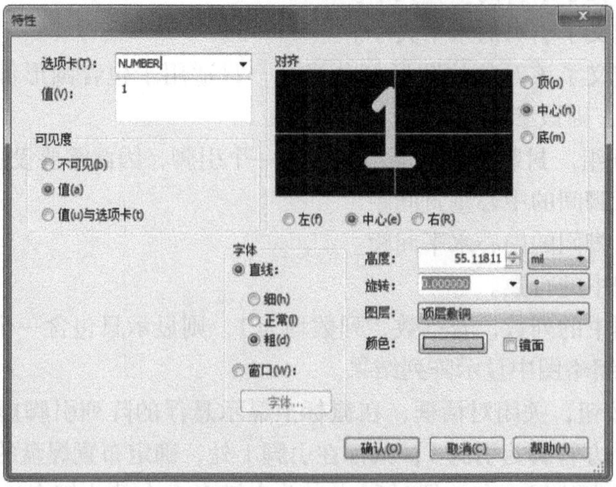

图 14-18　"特性"对话框

完成特性设置后，单击“确认”按钮，关闭该对话框。

在“常规”选项卡中可以设置该引脚的基本信息，包括位置坐标值、旋转角度、单位及与边框的间隙，如图 14-19 所示。

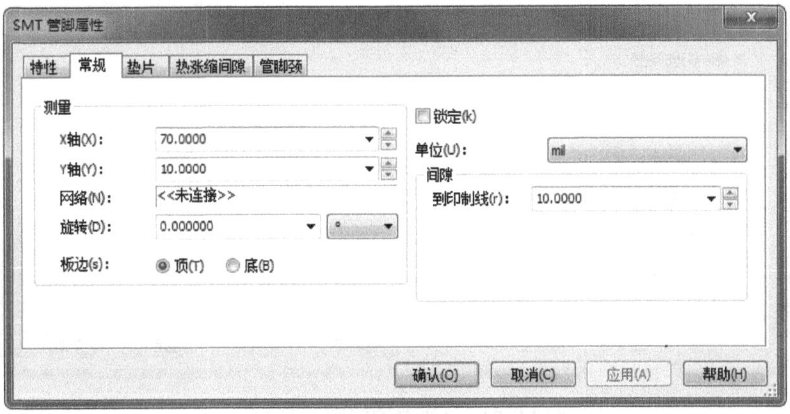

图 14-19 “常规”选项卡

在“垫片”选项卡下可以修改选中引脚的形状、长度、半径及宽度等参数，如图 14-20 所示。

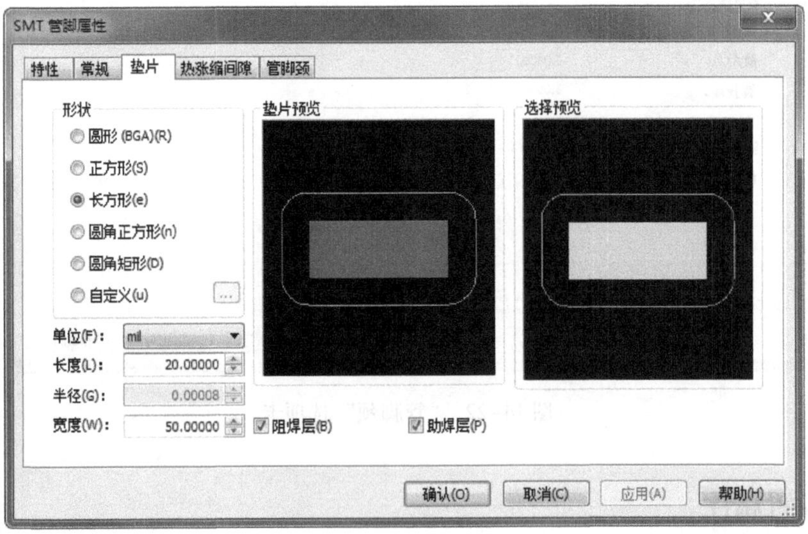

图 14-20 “垫片”选项卡

在“热涨缩间隙”选项卡下可以显示“开口宽度”及间隙类型，如图 14-21 所示。

在“管脚颈”选项卡下设置颈状线参数，如图 14-22 所示。

完成以上参数设置后，单击“确认”按钮，关闭对话框，工作区中选中的引脚将自动更新属性。

图 14-21 “热涨缩间隙”选项卡

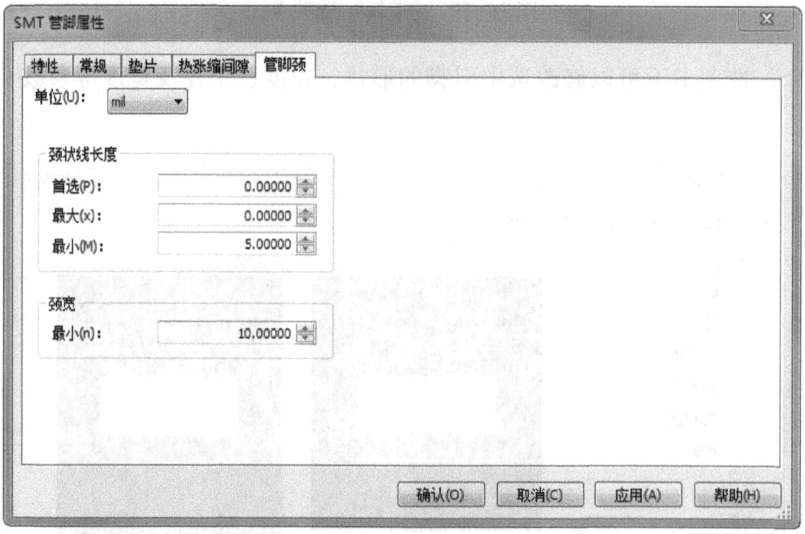

图 14-22 “管脚颈”选项卡

14.3.5 设置属性

完成焊盘设置后，需要设置焊盘的赋值，即图中的“x??”符号。

元器件的关键标识符“x?”中的 x 可根据关联元器件的类型进行修改，“?”表示元器件的数字编号。赋值符号“?”是元器件的物理值，相当于电阻元器件 *R* 的阻值。

单击“选择”工具栏中的“启用选择特性”按钮，激活选择对象，取消其余按钮的选择。移动符号“x?”将其放置在焊盘阵列的右上角，将“?”符号放置在右上方，“x?”下方，如图 14-23 所示。

双击“x?”图标，弹出“属性特征”对话框，如图 14-24 所示，在“值”文本框中输入标签名，单击“确认”按钮，关闭该对话框。在使用该零件时，序号为 J1、J2、J3。

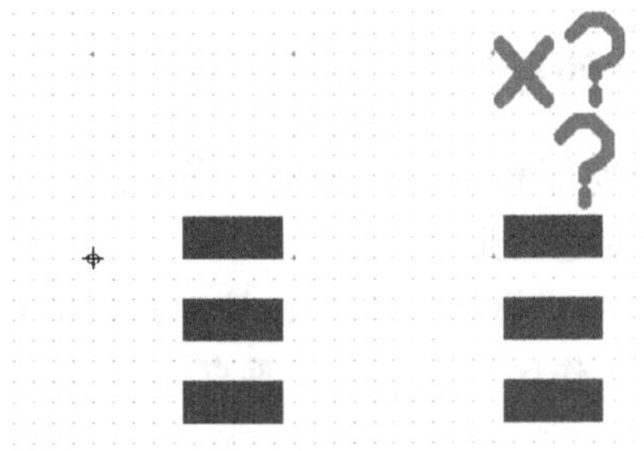

图 14-23　调整符号位置

图 14-24　“属性特征”对话框

双击“?”图标，弹出“属性特征”对话框，在“值”文本框中输入对应值，如图 14-25 所示，单击“确认”按钮，完成设置，在途中显示设置完成的参数，如图 14-26 所示。

图 14-25　设置值

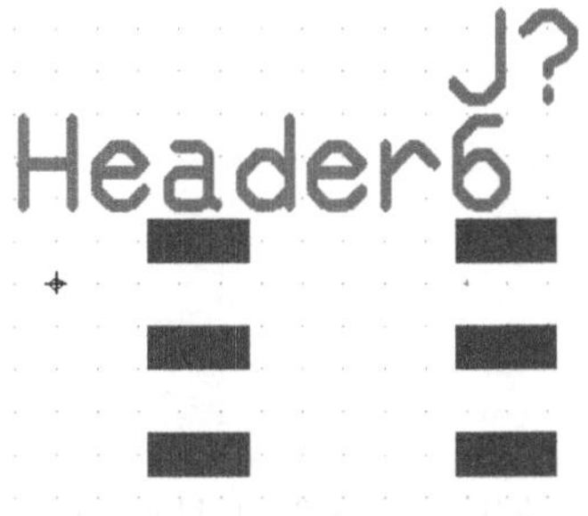

图 14-26　设置参数结果

14.3.6 使用用于对象定位的标尺条

在 Ultiboard 设计工作区的顶部和左侧均为标尺条，这些标尺条支持虚拟定位，再设计区域内可精确地逐个安排各个对象的形状。

选择菜单栏中的“视图”→“标尺”命令，控制标尺的可见性。在标尺上的刻度上单击，标尺条上显示小箭头，在工作区显示水平、垂直标度线，如图 14-27 所示。

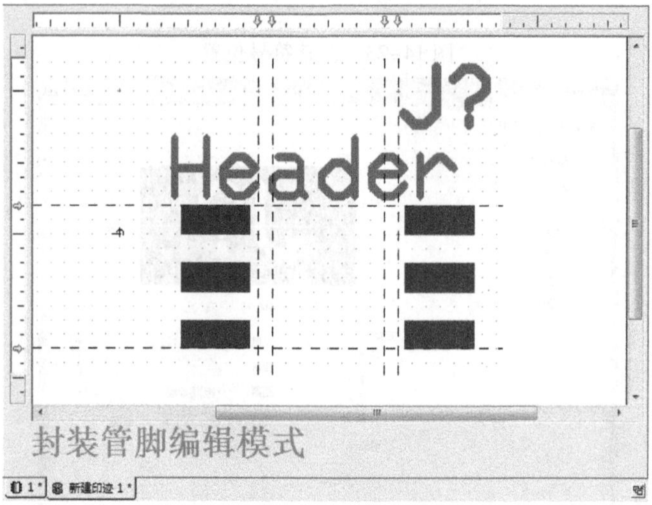

图 14-27 显示刻度线

若需要删除该标尺线，在小箭头上单击右键，选择“清除”命令，即可清除该标尺线。

14.3.7 增加 PCB 封装的丝印外框

当放置好所有的元器件脚焊盘之后，接下来就是建立这个 PCB 封装的外框。丝印层上的形状定义了封装的物理大小，根据标尺线绘制封装外形可以事半功倍。

在“设计工具箱”面板中打开“图层”选项卡，选中“丝印层顶层”，双击激活该层，变成红色高亮显示，如图 14-28 所示。

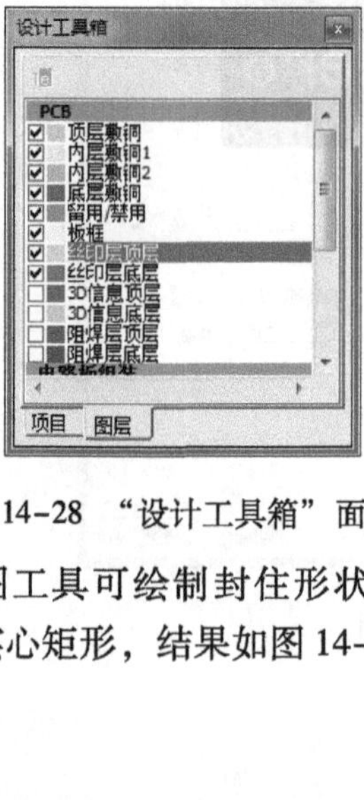

图 14-28 “设计工具箱”面板

使用“绘图”工具栏中的绘图工具可绘制封住形状，单击“绘制”工具栏中的“矩形”按钮，捕捉标度线，绘制实心矩形，结果如图 14-29 所示。

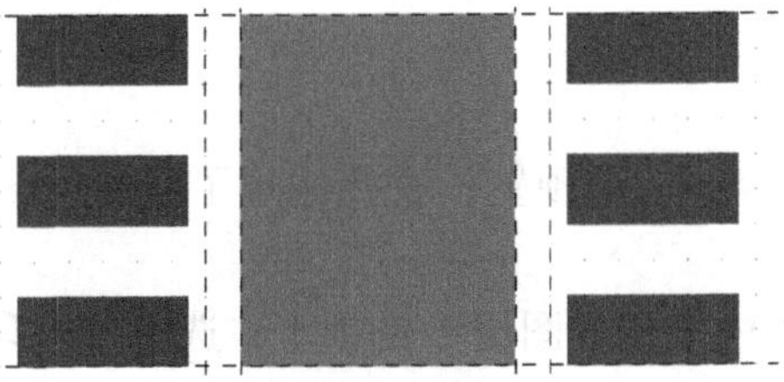

图 14-29　绘制矩形

单击“选择”工具栏中的“选择其他对象”按钮，激活矩形选择功能，双击该矩形，弹出如图 14-2 所示的“矩形属性”对话框，如图 14-30 所示。

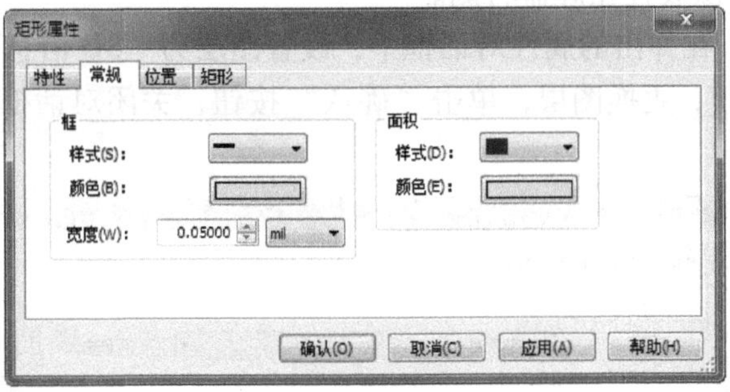

图 14-30　“矩形属性”对话框

在“常规”选项卡下“面积”选项组中选择“样式”下拉列表为□，取消矩形实心显示，单击“确定”按钮，显示设置结果，如图 14-31 所示。

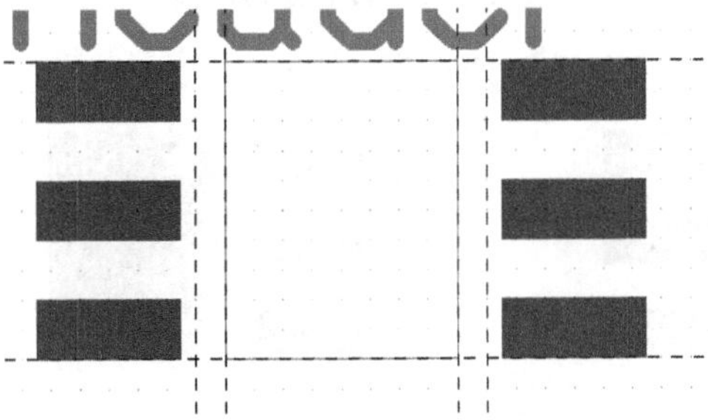

图 14-31　设置矩形样式

同时还可以设置线宽，取消标度线显示，最小封装零件显示结果如图 14-32 所示。

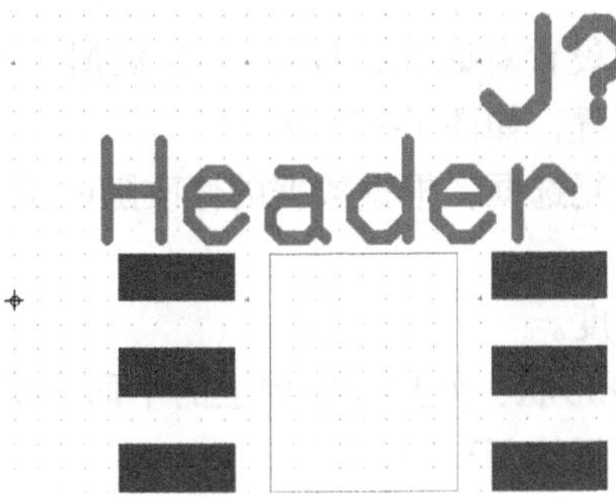

图 14-32　修改结果

14.3.8 创建3D模型

在 Ultiboard 中，还可以实现 3D 预览，直接体现了最终结果。为了实现 3D 模型预览，还需要设置相关信息。

在“设计工具箱”面板中打开“图层”选项卡，选中“丝印层顶层”，双击激活该层，红色高亮显示。

单击“选择”工具栏中的“选择其他对象”按钮，激活矩形选择功能，选择矩形外形，单击右键，选择“复制”命令，选择菜单栏中的“编辑”→“粘贴”命令，将Ultiboard工作区中的图像放置在焊盘右侧。

双击粘贴的矩形，在弹出的属性对话框中，设置图层为“3D 信息顶层”，如图 14-33 所示，单击“应用”按钮，更换图层，单击“确认”按钮，关闭对话框，在图 14-34 中将显示设置结果。

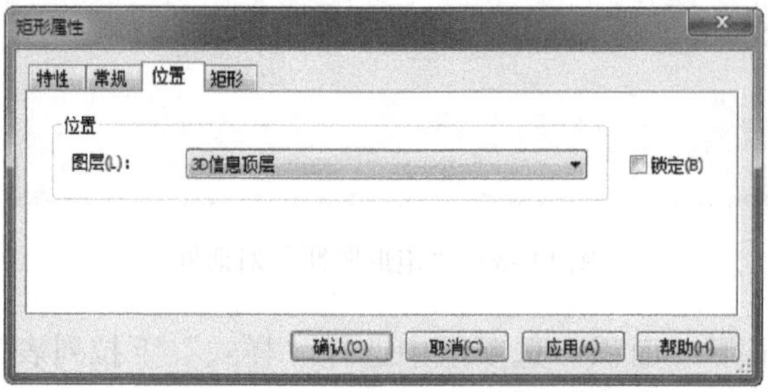

图 14-33　设置矩形属性

图 14-34　图层设置结果

将 3D 层的矩形放置到丝印层矩形上，重合显示，设置“样式”下拉列表为□，取消矩形实心显示。

双击工作区域，弹出属性设置对话框，打开“3D 数据”选项卡，勾选“为该对象启用 3D”复选框，激活 3D 信息设置，如图 14-35 所示。

- 自动预览更新：勾选该复选框，根据数据的修改随时更新 3D 模型。
- 高度：3D 模型的高度。
- 偏移：电路板的偏移高度。
- 使用 2D 数据来创建 3D 形状：使用丝印层上的平面形状来创建封装 3D 多模型显示。
- 实心形状：创建一个是新的 3D 模型。

可以看出，封装与引脚分离不相连，下面需要将引脚进行 180°翻转与封装相连。

打开“管脚”选项卡，激活引脚信息设置，如图 14-36 所示。

图 14-35 “3D 数据”选项卡

图 14-36 “3D 数据”选项卡

- 与垫片所成角度：设置 Ultiboard 中的引脚与封装连接所称的角度。
- 类型：定义 3D 引脚的特定形状

单击“确认”按钮，完成引脚设置。至此，完成封装零件 3D 模型得到设置。选择菜单栏中的“视图”→“3D 预览”命令，弹出“3D 预览”对话框，显示封装3D 模型显示，如图 14-37 所示。

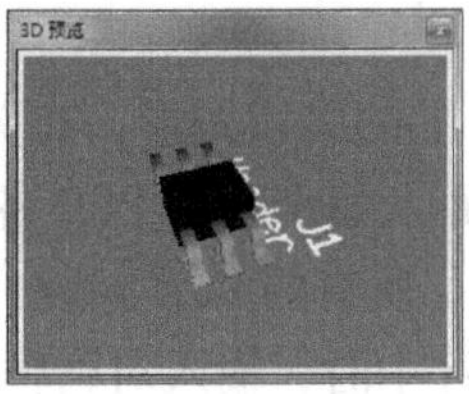

图 14-37 “3D 预览”对话框

14.4　保存 PCB 封装至数据库

选择菜单栏中的“文件”→“保存到数据库”命令，弹出如图 14-38 所示的“添加所选内容到数据库”对话框，在左侧“数据库”列表栏中显示保存路径，在“现有零件”栏输入零件名称，单击“确认”按钮，完成保存。

图 14-38　“添加所选内容到数据库”对话框

14.5　元器件类型

很多的电气软件用户，特别是新的用户对 PCB 封装、CAE 和元器件类型非常容易搞混淆，简单讲，只要记住 PCB 封装和逻辑封装只是一个具体的封装，不具有任何电气特性，它是元器件的一个组成部分，是元器件类型在设计中的一个实体表现即可。

不管是在建一个新的元器件还是对一个旧的元器件进行编辑，都必须要清楚地知道在 Multisim中，一个完整的元器件到底包含了哪些内容以及这些内容是怎样来有机地表现一个完整的元器件。

不管是在绘制一张原理图还是设计一块 PCB，都必须要用到一个用于表现一个元器件的具体图形，借此该元器件的图形就会清楚地知道各个元器件之间的电性连接关系，人们把元器件在 PCB 上的图形称为 PCB 封装，而把原理图上的元器件图形称为 CAE 封装（逻辑封装），但“元器件”又是什么呢？

对于元器件类型，Multisim 巧妙地使用了这种类的管理方法来管理同一个类型的元器件有多种封装的情况。一个元器件类型（也就是一个类）中可以最多包含 4 种不同的 CAE 封装和 16 种不同的 PCB 封装。

PCB 封装是一个实际零件在 PCB 上的脚印图形，有关这个脚印图形的相关资料都存储在库文件中，它包含各个引脚之间的间距及每个脚在 PCB 各层的参数“焊盘栈”、元器件外框图形、元器件的基准点“原点”等信息。所有的 PCB 封装只能在 PCB 封装编辑器中建立。

当用添加一个元器件到当前的设计中时，输入对话框或从库中去寻找的不是 PCB 封装名，也不是 CAE 封装名，而是包含有这个元器件封装的元器件类型名，元器件类型的资料存储在库文件中。当调用某元器件时，系统一定会先从库中按照输入的元器件类型名寻找该元器件的类型名称，然后再依据这个元器件类型中包含的资料里所指示的 PCB 封装名称或 CAE 封装名称到库中去找出这个元器件类型的具体封装，进而将该封装调入当前的设计中。

完成 PCB 封装设计后，需要创建 PCB 封装与 CAE 符号的联系，完成元器件类型的确定。

打开 NI Multisim 14.0，选择菜单栏中的“工具”→“数据库”→“数据库管理器”命令，打开“元器件”选项卡，在“数据库名称”下拉列表中选择“用户数据库”选项，在“元器件列表”栏中选择该路径下的 CAE 符号，如图 14-39 所示。

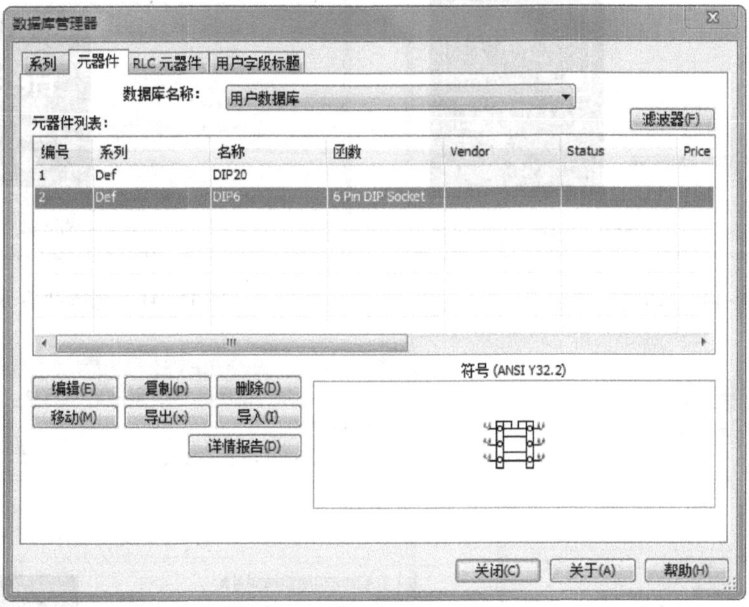

图 14-39　显示 CAE

单击“编辑”按钮，弹出如图 14-40 所示的“元器件属性”对话框，打开“印迹”选项卡，如图 14-2 所示，单击 从书库库中添加(A) 按钮，弹出“选择一个印迹”命令，在“数据库名称”栏选择“用户数据库”，在“数据列表”显示包括的 PCB 封装零件，选择“Header6”，如图 14-41 所示。

单击“添加”按钮，弹出“添加一个印迹”按钮，如图 14-42 所示，显示添加的 PCB 封装的参数。

- 数据库名称：在 Ultiboard 中保存焊盘的数据库。
- 制造商：一个额外的制造商识别符。
- 印迹：PCB 封装名称，区分大小写，必须严格显示在 Ultiboard 中保存焊盘时的信息。
- Ultiboard 印迹：引脚识别元器件的特定封装名称，与 Ultiboard 中的引脚相关联。
- 管脚数量：焊盘图形的引脚数目。
- SMT/TH：表贴或通孔插入式引脚技术的类型。

单击“选择”按钮，为元器件选择与 CAE 符号对应的 PCB 封装 Header6，在预览窗口中显示 PCB 封装的缩略图，如图 14-43 所示。

单击“保存”按钮，完成 CAE 与 PCB 封装的对应联系，将设置好的元器件类型保存到数据库中。

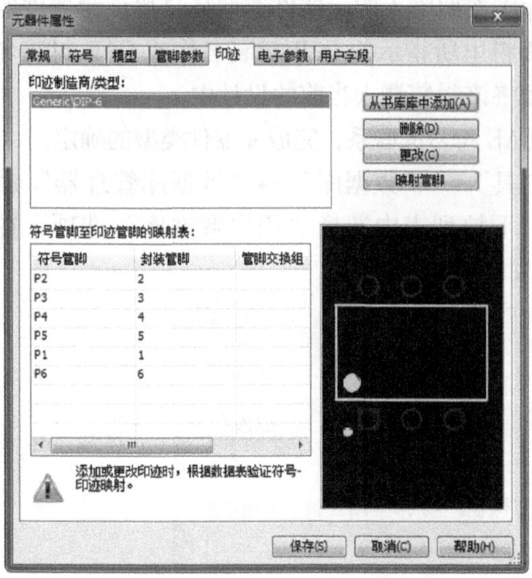

图 14-40 “印迹”选项卡

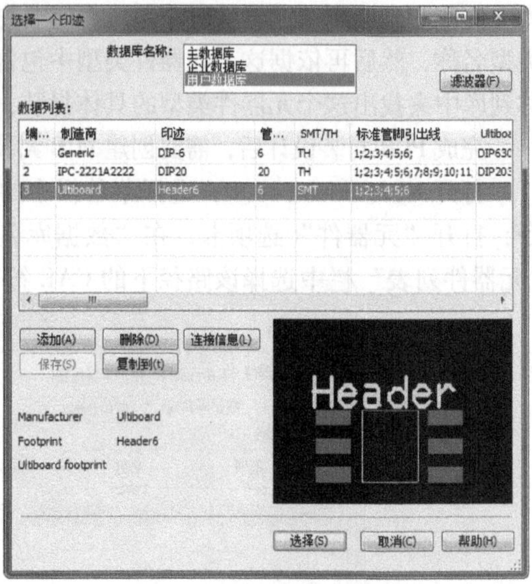

图 14-41 选择 PCB 封装

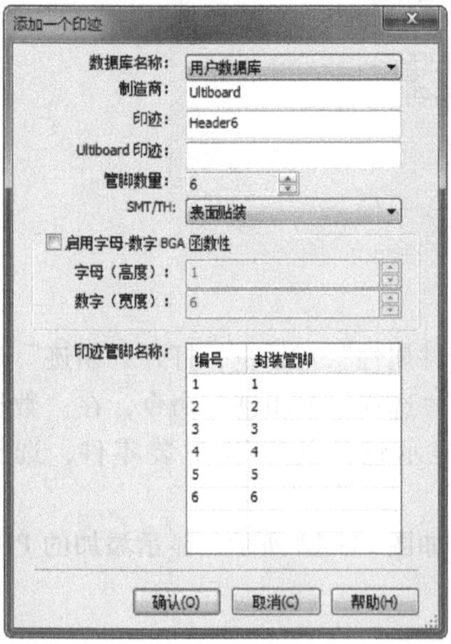

图 14-42 “添加一个印迹”对话框

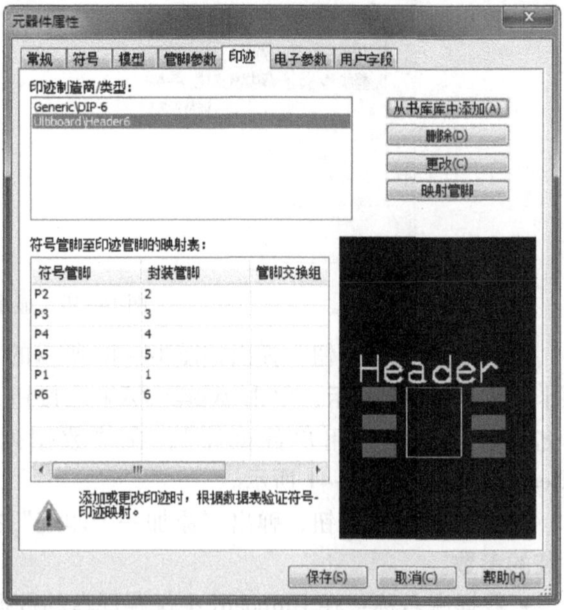

图 14-43 选择 PCB 封装

14.6 操作实例

14.6.1 ATF750C - 10JC

本节将以 ATMEL 公司的 ATF750C - 10JC 为例，利用封装向导创建一个封装元器件，ATF750C - 10JC 为 28 引脚 PLCC 封装。

1）选择菜单栏中的“工具”→“零件向导”命令，系统将弹出如图 14-44 所示的“零件向导”对话框，选择表面贴装 SMT 的 PCB 封装的元器件。

单击“下一步”按钮，进入元器件封装类型选择界面。在模式类表中列出了各种封装模式，如图 14-45 所示。这里选择 PLCC 封装模式，在“选择单位”下拉列表框中选择默认单位。

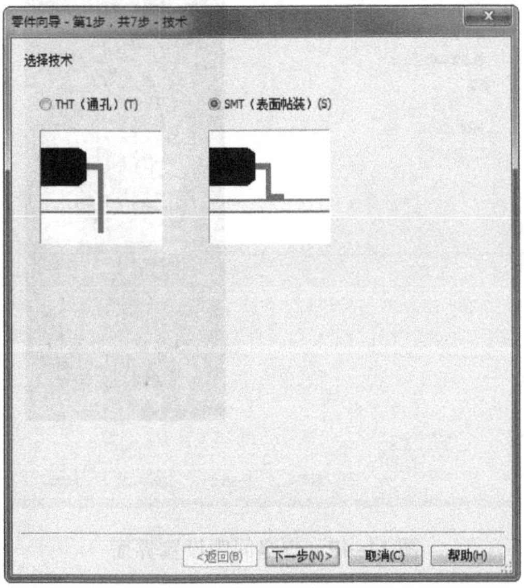

图 14-44　选择技术

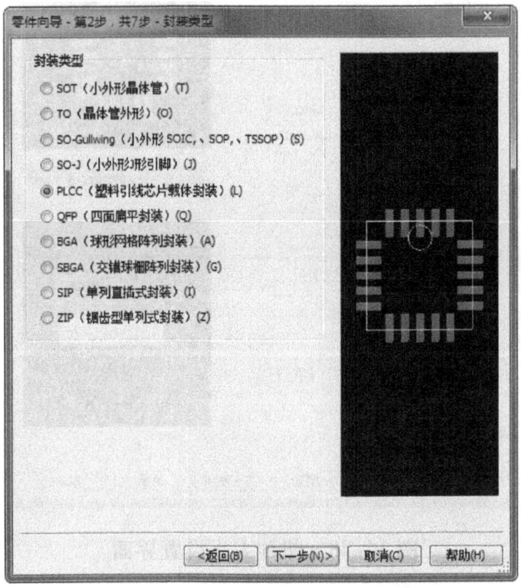

图 14-45　元器件封装样式选择界面

2）单击“下一步”按钮，进入封装尺寸设定界面。在这里设置焊盘的高度与偏移，选择单位“mil”如图 14-46 所示。

3）单击“下一步”按钮，进入 3D 视图设定界面，如图 14-47 所示。在这里颜色使用默认设置，以便于区分。

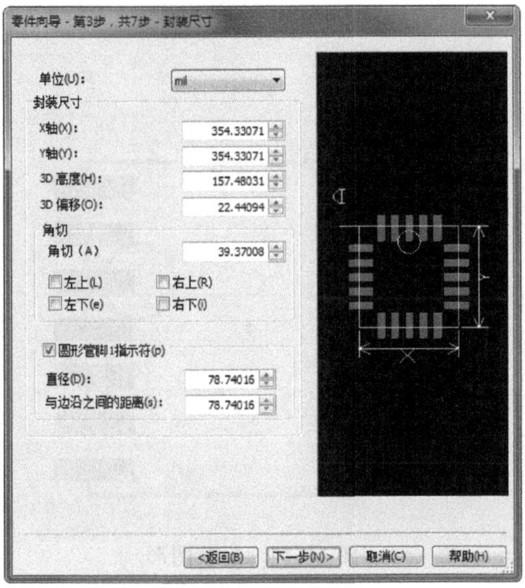

图 14-46　封装尺寸设定界面

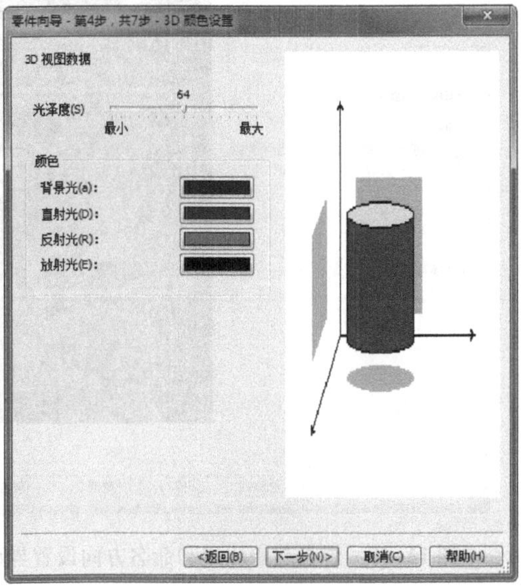

图 14-47　3D 视图设定界面

4）单击“下一步”按钮，进入垫片大小设置界面，如图 14-48 所示。这里使用默认设置。

5）单击“下一步”按钮，进入焊盘数目设置界面，设置引脚间距，如图 14-49 所示。

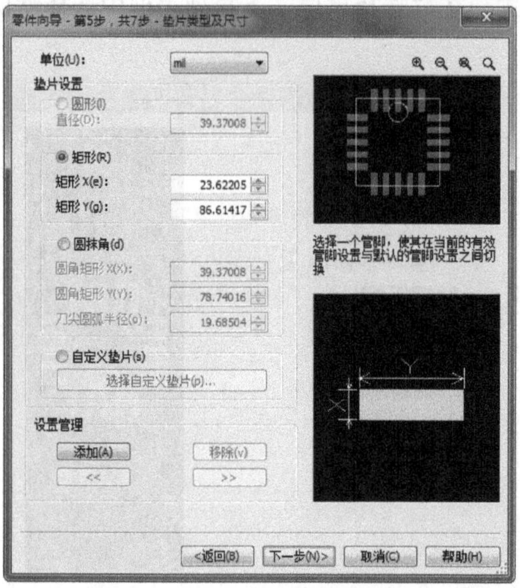

图 14-48　垫片大小设置界面

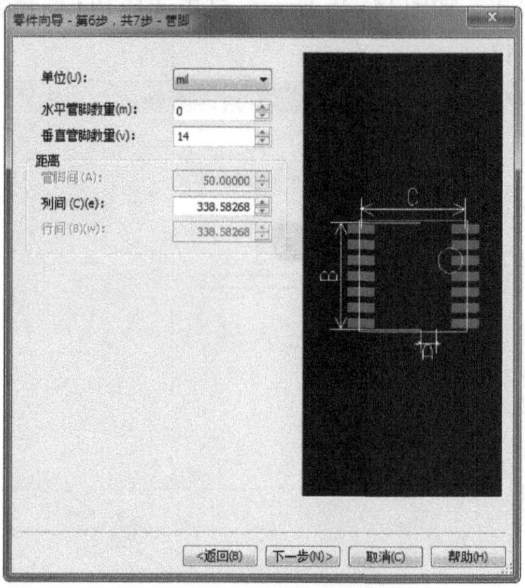

图 14-49　焊盘间距设置界面

6）单击“下一步”按钮，进入垫片编号和方向设置界面，如图 14-50 所示。

7）单击“完成”按钮，退出封装向导。至此，封装就制作完成了，工作区内显示的封装图形如图 14-51 所示。

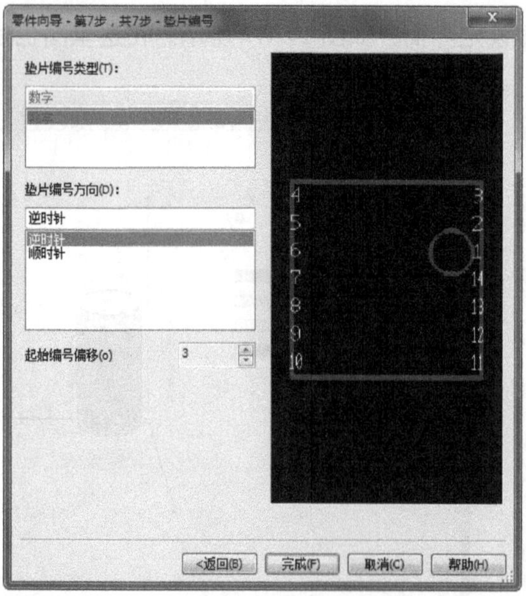

图 14-50　焊盘起始位置和命名方向设置界面

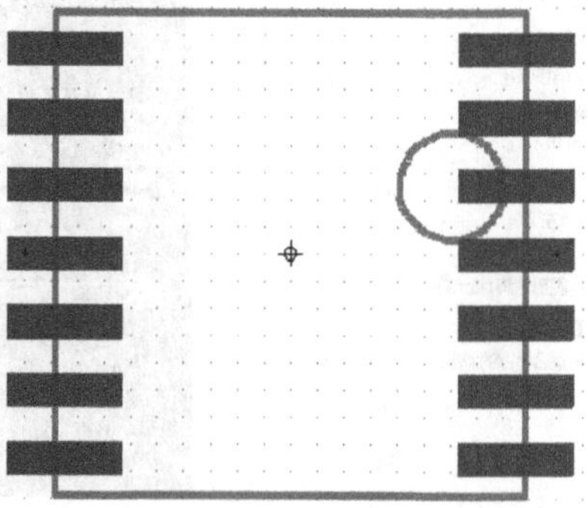

图 14-51　封装图形

选择菜单栏中的“文件”→“保存到数据库”命令，弹出如图 14-52 所示的“添加所选内容到数据库”对话框，在左侧“数据库”列表栏中创建系列 ATMEL，在“现有零件”栏输入零件名称 ATF750C－10JC，单击“确认”按钮，完成保存。

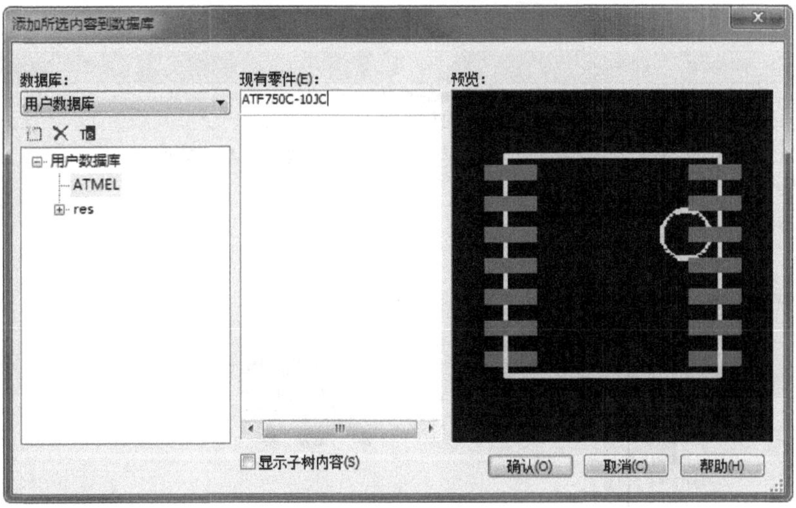

图 14-52 “添加所选内容到数据库”对话框

14.6.2 New－NPN

1. 创建零件

选择菜单栏中的“工具”→“数据库”→“数据库管理器”对话框，弹出如图 14-53 所示的“数据库管理器”对话框，创建系列 NPN，在“零件”列表上方单击“创建新零件”按钮，弹出图 14-54 所示的“选择要创建的零件”对话框。

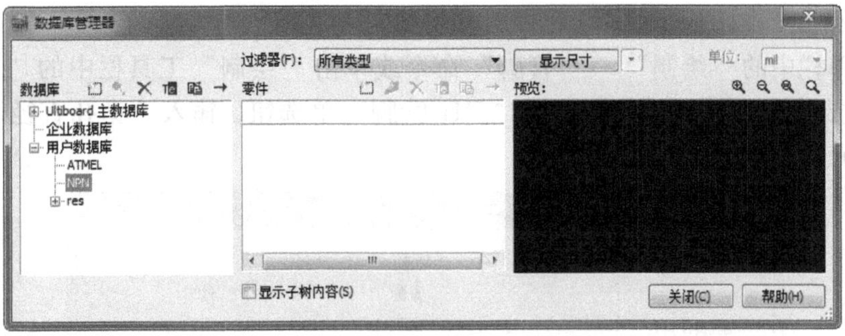

图 14-53 “数据库管理器”对话框

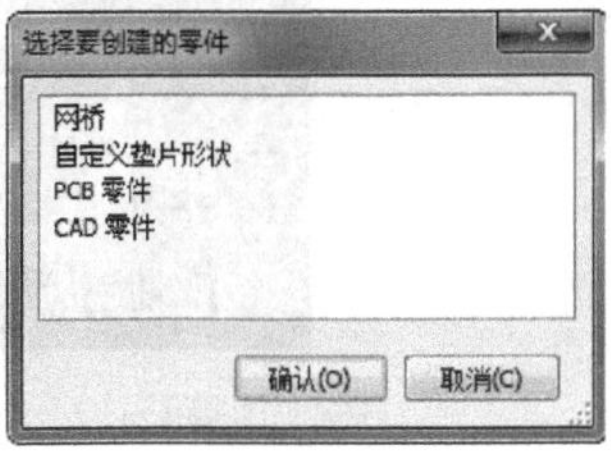

图 14-54 “选择要创建的零件”对话框

显示要创建的零件类型，包括网桥、自定义垫片形状、PCB 零件和 CAD 零件。

选中“PCB 零件”选项，单击“确认”按钮，进入 PCB 编辑环境，在工作区显示“x??”符号，如图 14-55 所示。

图 14-55　PCB 封装编辑环境

2. 放置焊盘

选择菜单栏中的“绘制”→“管脚”命令或单击“绘制”工具栏中的“管脚”按钮 ，弹出“放置管脚”对话框，选择“THT 管脚”单选钮，输入“钻孔直径”为 40，如图 14-56所示。

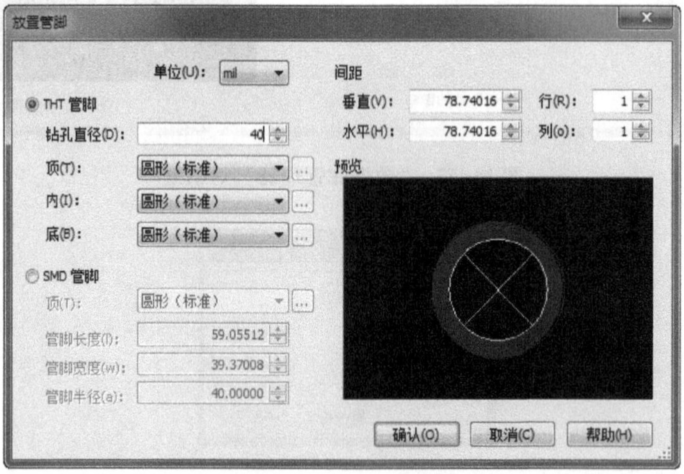

图 14-56　设置引脚

单击“确认”按钮，关闭对话框，在鼠标上显示悬浮的阵列引脚虚影，单击键盘右侧小键盘上的“＊”键，弹出“输入坐标”对话框，输入焊盘坐标（0，0），如图 14-57 所示。

单击“确认”按钮，精确到点放置引脚。

同样的方法放置其余焊盘，坐标分别为（-100，-100）、（100，-100），放置好焊盘如图 14-58 所示。

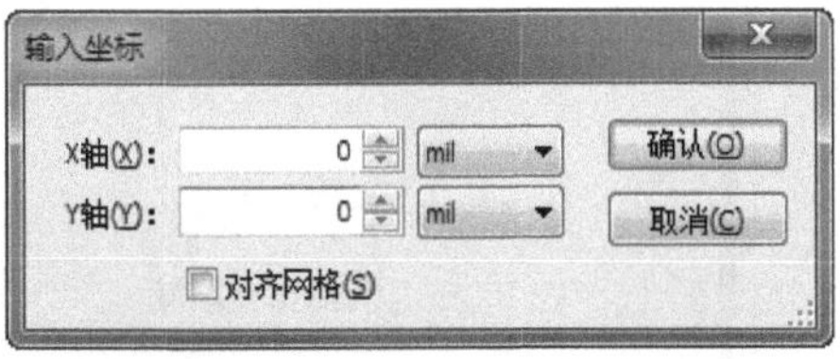

图 14-57 “输入坐标”对话框

图 14-58 焊盘放置结果

3. 设置赋值

单击“选择”工具栏中的“启用选择特性”按钮，激活选择对象，取消其余按钮的选择。移动符号“x?”将其放置在焊盘的右上角，将“?”符号放置在右上方，“x?”下方，双击“x?”，弹出属性设置对话框，如图 14-59 所示，在“值”文本框中输入标签名 D?，单击“确认”按钮，关闭该对话框。

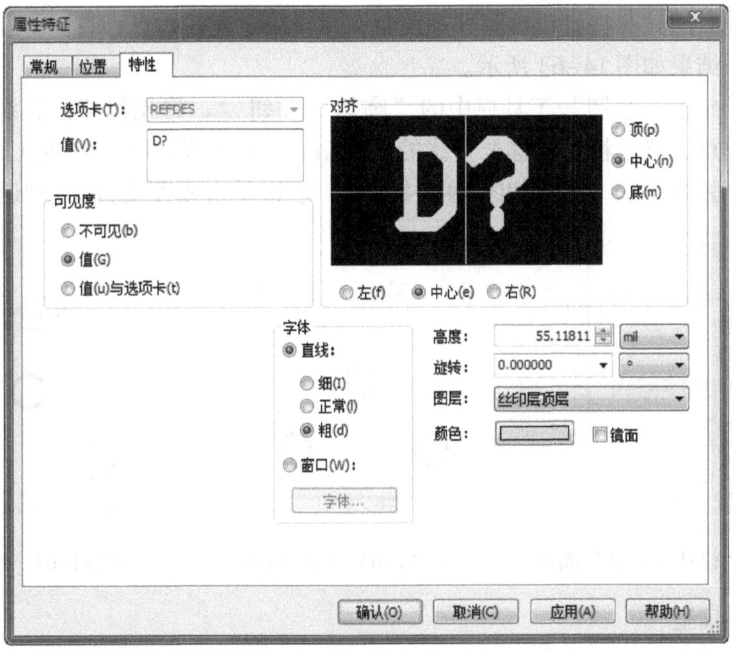

图 14-59 “属性特征”对话框

双击“?”，弹出“属性特征”对话框，在“值”文本框中输入对应值，如图 14-60 所示，单击“确认”按钮，完成设置，在途中显示设置完成的参数，如图 14-61 所示。

图 14-60　设置值

图 14-61　设置参数结果

4. 绘制封装外形

在“设计工具箱”面板中打开“图层”选项卡，选中“丝印层顶层”，双击，激活该层，变为红色高亮显示，如图 14-62 所示。

绘制直线。单击“绘制”工具栏中的“直线”按钮，单击确定直线的起点，移动光标拉出一条直线，用光标将直线拉到合适位置，单击确定直线终点。右键单击或者按〈Esc〉键退出该操作，结果如图 14-63 所示。

绘制弧线。单击“绘制”工具栏中的“圆弧”按钮，将光标移至直线右侧端点，单击确定弧线的起点，然后将光标移至直线的左侧端点，单击确定圆弧的终点。再向直线上方拖动单击确定该弧线形状，结果如图 14-64 所示。右键单击或者按〈Esc〉键退出该操作。

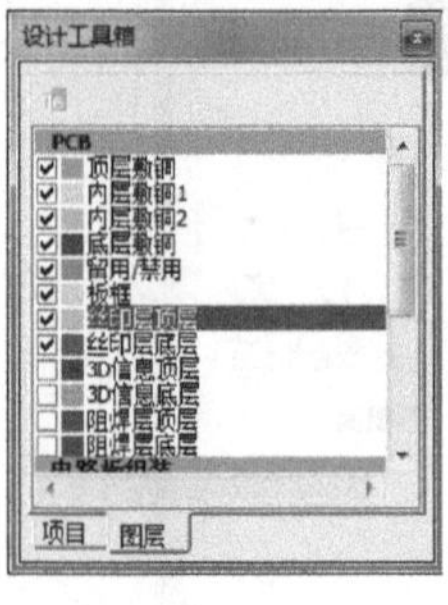

图 14-62　“设计工具箱”面板

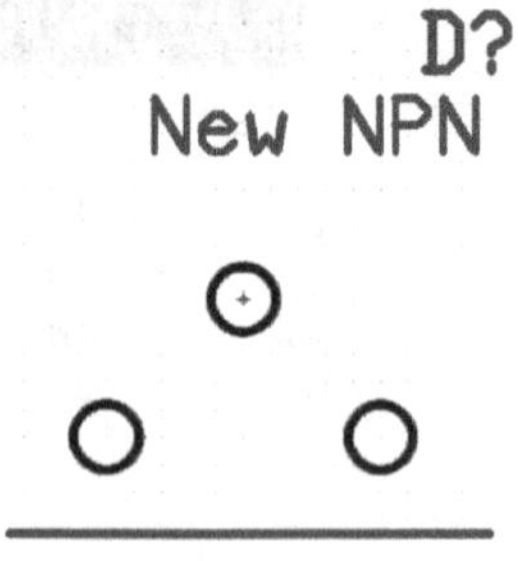

图 14-63　绘制直线

图 14-64　绘制圆弧

5. 创建 3D 模型

在“设计工具箱”面板中打开“图层”选项卡，选中“丝印层顶层”，双击激活该层，变为红色高亮显示。

按住〈Shift〉键选中直线与圆弧，选择“编辑”→“组合所选对象”命令，组合直线与圆弧组成的闭合图形。

选中该组合对象，执行复制粘贴命令，将粘贴对象放置在右侧空白处，选中该对象右侧，单击右键选择“属性”命令，弹出“选择属性”对话框中，设置图层为“3D 信息顶层”，如图 14-65 所示，单击“应用”按钮，更换图层，单击“确认”按钮，关闭对话框。

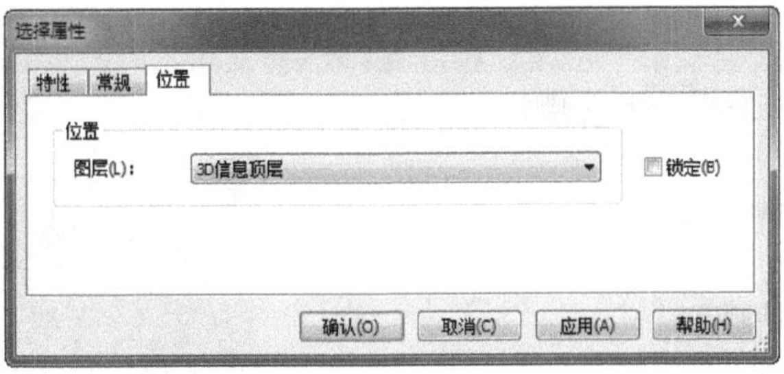

图 14-65　设置属性

将复制后的图形移动到原图形处，可继续按小键盘处的“ * ”键，输入坐标值，结果如图 14-66 所示。

图 14-66　图层设置结果

双击工作区域，弹出属性设置对话框，打开“3D 数据”选项卡，勾选“为该对象启用 3D”复选框，激活 3D 信息设置，如图 14-67 所示。

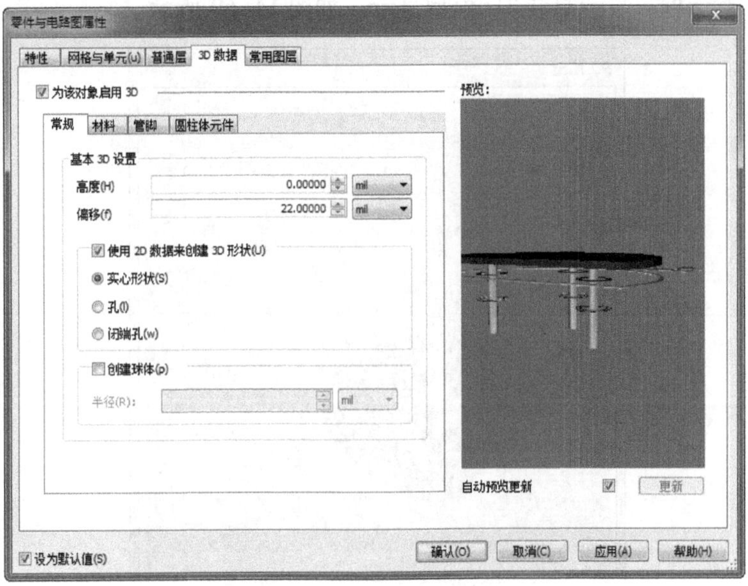

图 14-67　“3D 数据”选项卡

打开“管脚”选项卡，勾选“为该对象启用3D”，选择引脚类型为“SMDPNI”，角度为0，如图14-68所示。

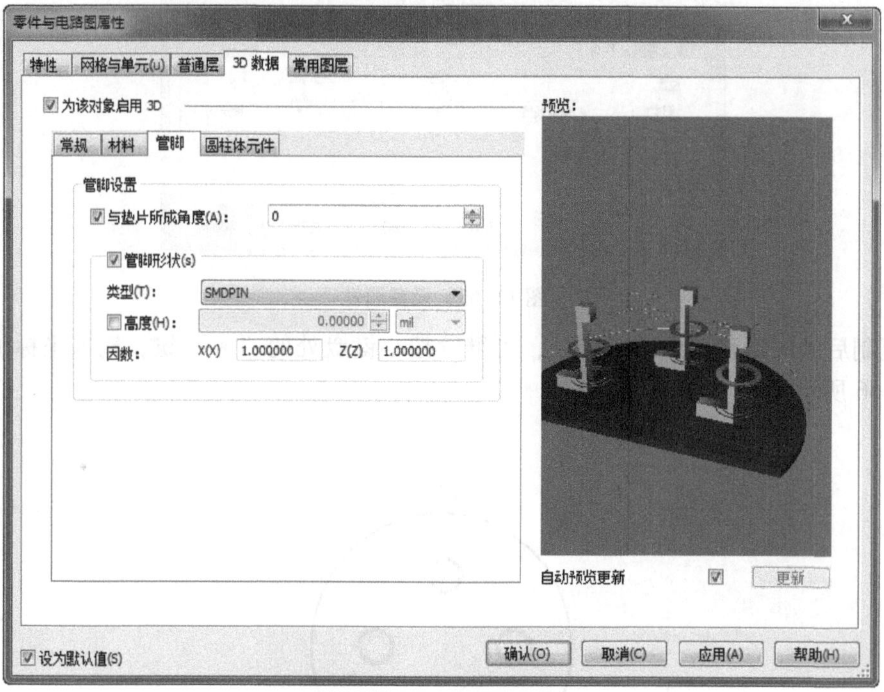

图14-68 “3D数据”选项卡

单击“确认”按钮，完成引脚设置。

至此，封装零件3D模型完成设置。选择菜单栏中的“视图”→“3D预览”命令，弹出“3D预览”对话框，显示封装3D模型显示，如图14-69所示。

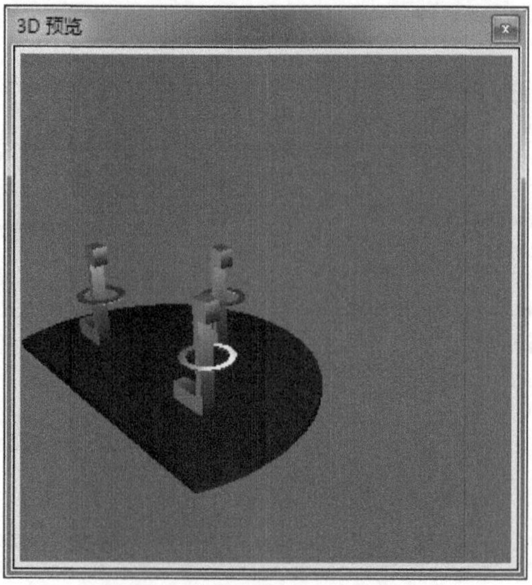

图14-69 “3D预览”对话框

6. 保存 PCB 封装至数据库

选择菜单栏中的“文件”→“保存到数据库”命令，弹出如图 14-70 所示的“添加所选内容到数据库”对话框，在左侧“数据库”列表栏中显示保存路径，在“现有零件”栏输入零件名称，单击“确认”按钮，完成保存。

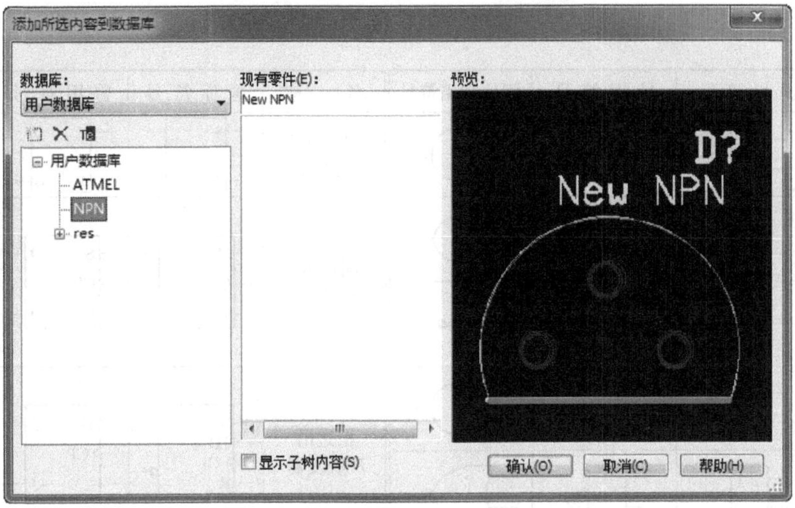

图 14-70 “添加所选内容到数据库”对话框

附录　常用逻辑符号对照表

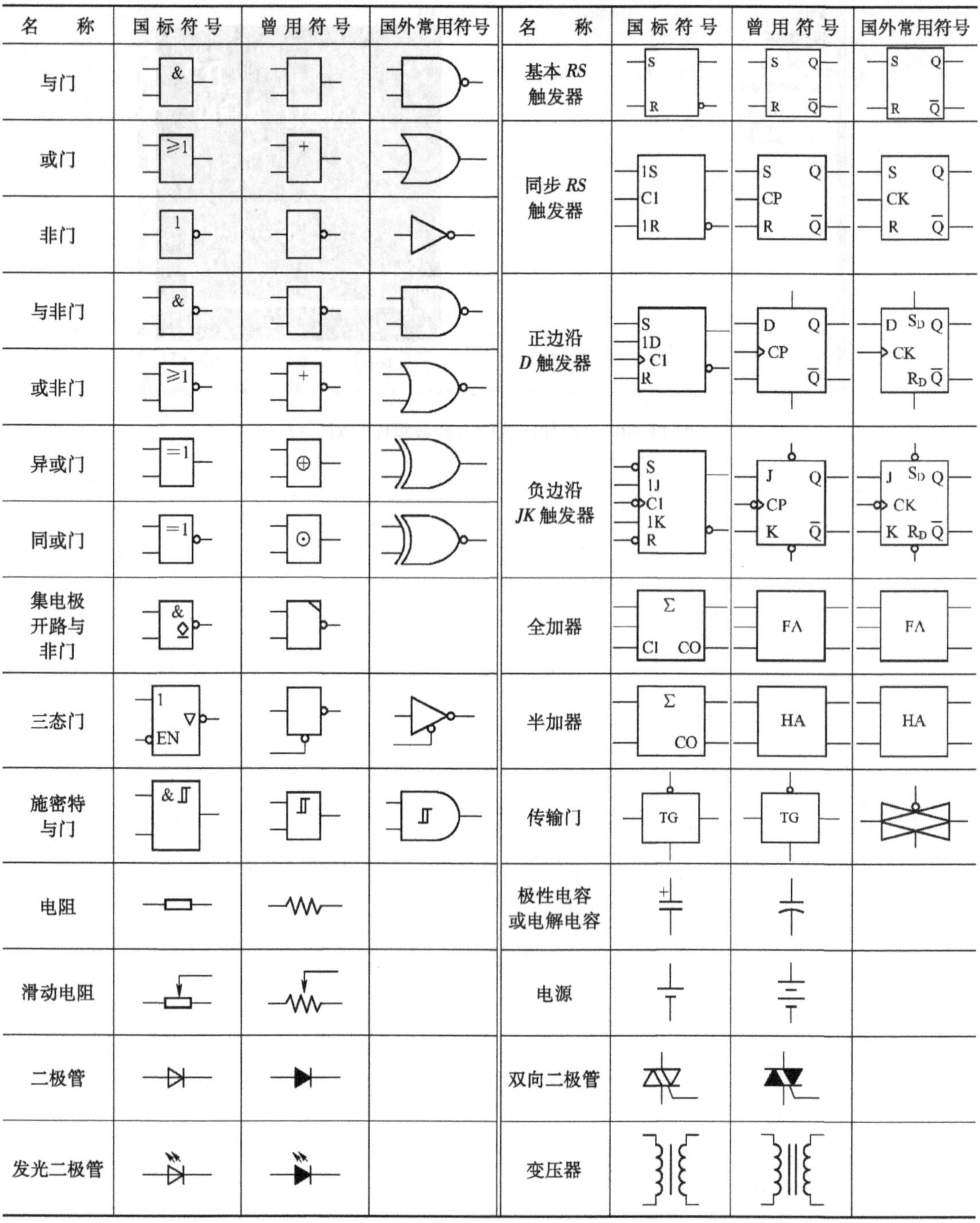
名　称
国标符号
曾用符号
国外常用符号
与门
或门
非门
与非门
或非门
异或门
同或门
集电极开路与非门
三态门
施密特与门
电阻
滑动电阻
二极管
发光二极管
基本 RS 触发器
同步 RS 触发器
正边沿 D 触发器
负边沿 JK 触发器
全加器
半加器
传输门
极性电容或电解电容
电源
双向二极管
变压器

参 考 文 献

[1] 朱彩莲．Multisim 电子电路仿真教程［M］．西安：西安电子科技大学出版社，2007.

[2] 郑步生．Multisim 电子电路设计及仿真入门与应用［M］．北京：电子工业出版社，2014.

[3] 阎石．数字电子技术基础［M］．北京：高等教育出版社，1998.

[4] 刘建清．从零开始电路仿真 Multisim 与电路设计 Protel 技术［M］．北京：国防工业出版社，2006.

[5] 李良荣．EDA 技术及实验［M］．成都：电子科技大学出版社，2008.

[6] 程勇．实例讲解 Multisim10 电路仿真［M］．北京：人民邮电出版社，2010.

[7] 韩国栋．Altium Designer Winter 09 电路设计入门与提高［M］．北京：化学工业出版社，2007.

[8] 李建兵．EDA 技术基础教程——Multisim 与 Protel 的应用［M］．北京：国防工业出版社，2009.

[9] 聂典．Multisim 12 仿真设计［M］．北京：电子工业出版社，2014.

[10] 蒋黎红．模电数电基础实验及 Multisim 7 仿真［M］．杭州：浙江大学出版社，2007.